Elemente der Chemie-Ingenieur-Technik

Wissenschaftliche Grundlagen und Arbeitsvorgänge der chemisch-technologischen Apparaturen

von

Walter L. Badger
Professor des Chemie-Ingenieurwesens
an der Universität von Michigan

und

Warren L. McCabe
Assistent der Abteilung für Chemie-Ingenieur-
wesen an der Universität von Michigan

Berechtigte deutsche Übersetzung von

Dipl.-Ing. K. Kutzner

Mit 304 Abbildungen im Text
und auf einer Tafel

Berlin
Verlag von Julius Springer
1932

ISBN-13: 978-3-642-89241-7 e-ISBN-13: 978-3-642-91097-5
DOI: 10.1007/978-3-642-91097-5

Vorwort zur amerikanischen Ausgabe.

Die Ansicht, daß das Chemieingenieurwesen auf den Grundverrichtungen und ihrer industriellen Anwendung beruht, ist verhältnismäßig neuen Datums. Ebenso neu ist das spezielle Studium der Theorie dieser Grundverrichtungen und ein planmäßiges Erforschen der Einrichtungen, die dazu dienen, sie durchzuführen. Es ist deshalb nicht überraschend, daß bisher nur ein der Erwähnung wertes Buch auf diesem Gebiete erschienen ist. Dies ist „Prinzipien des Chemie-Ingenieurwesens" von Walker, Lewis und Mc Adams. Dieses ausgezeichnete, neue Wege einschlagende Werk, zum ersten Male im Jahre 1923 veröffentlicht, war das erste, in dem ausdrücklich darauf hingewiesen wurde, daß das Fundament des Chemieingenieurwesens durch einige Grundverrichtungen gebildet wird. Es fand bei den Chemieingenieuren den gebührenden Anklang.

Mit einigem Bedenken veröffentlichen wir daher das vorliegende Buch, das sich mit dem gleichen Gegenstande beschäftigt. Unsere einzige Entschuldigung dafür ist, daß die „Prinzipien" trotz ihrer überragenden Güte dem jungen Studenten oder dem Anfänger, der noch keine Kenntnis der Theorien dieser Grundverrichtungen hat, ziemliche Schwierigkeiten bereiten. Auch ist die Behandlung des Themas dort so sehr theoretisch, daß der junge Student, der noch keine Praxis hat und demzufolge mit dem Aussehen und dem Aufbau der Apparate noch nicht vertraut ist, die Theorie nur mit Schwierigkeiten auf den konkreten Fall anzuwenden imstande ist, selbst wenn er sie im Abstrakten verstanden hat.

Ein Vergleich des Titels des vorliegenden Buches mit dem des oben erwähnten wird die Beziehung zwischen beiden schon im großen und ganzen ergeben. Wir beginnen die theoretischen Erörterungen von einem einfachen, elementaren Standpunkte aus. Selbst auf die Gefahr hin, daß uns zu große Breite vorgeworfen wird, haben wir versucht, die elementar gefundene Theorie ebenso einfach und möglichst systematisch weiterzuentwickeln. Wir haben auch die Theorie nicht so weit getrieben, wie dies Walker, Lewis und Mc Adams taten. Andererseits sind aber auch wichtige Theorien nicht einfach übergangen, nur weil sie schwierig sind. Wir wollen hier nicht um Entschuldigung bitten, daß Zahlenrechnungen im ganzen Buche überall angewendet sind, aber wir haben graphische Methoden angegeben, diese Rechnungen so einfach und erfolgreich durchzuführen wie möglich. Wir haben ferner viel Anschauungsmaterial beigebracht, um den Untergrund zu schaffen, auf welchem uns der junge Anfänger bei den theoretischen Erörterungen folgen kann.

In den beschreibenden Kapiteln haben wir uns bemüht, die Apparatur eines jeden Gebietes so zu ordnen, daß die Behandlung der verschiedenen Typen nach einer gewissen Systematik erfolgt. Wo es möglich war, haben wir nach verschiedenen Anwendungsgebieten unterteilt und in einigen Fällen versucht, charakteristische Formen der Apparate aus der Theorie der von ihnen zu leistenden Verrichtungen abzuleiten. Wir hoffen, daß dieses Anschauungsmaterial nicht nur als ein Auszug aus Prospekten angesehen wird, sondern als ein ernster Versuch, den mannigfaltig verschiedenen Apparatetypen, die der Chemieingenieur je nach dem Zwecke anwenden muß, gerecht zu werden.

Bei der Beschaffung der Abbildungen ist keine Mühe gescheut worden. Es sind nur Zeichnungen verwendet worden. Jede ist für dieses Buch besonders angefertigt worden. Bei den abgebildeten Apparaten sind alle unwesentlichen Kleinigkeiten fortgelassen worden. Wir hoffen aber, in den Abbildungen verdeutlicht zu haben, daß jeder Apparat aus ganz bestimmten Einzelteilen aufgebaut werden muß, die wiederum für sich entworfen, angefertigt und montiert werden müssen. Aus diesem Grunde sind auch die Einzelteile, die im Bilde gezeigt werden, so genau wie möglich gezeichnet worden. Weil alle diese Abbildungen besonders für dieses Buch gezeichnet und mehr oder weniger aus verschiedenen Vorlagen zusammengestellt sind, war es uns nicht möglich, all die Firmen ehrend zu erwähnen, aus deren Listen die Vorlagen entnommen sind. Für die Abbildungen ist ganz allein verantwortlich Herr P. A. Badger, unter dessen Aufsicht jede Zeichnung für dieses Buch entstanden ist.

Es war ferner unmöglich, überall den Urheber gebührend zu erwähnen. Soweit als möglich haben wir versucht, auf diejenigen hinzuweisen, welche als erste die charakteristischen Gedankengänge der dargelegten Theorien aufgezeigt haben. Wir erheben nicht den Anspruch auf Originalität, was den Inhalt an sich anbetrifft, da eigentlich alles, was wir hier bringen, schon früher veröffentlicht ist. Wir hoffen aber, daß unsere Darstellung vor den Forschungsberichten, welche wir benutzten, den Vorzug der Klarheit und Einfachheit hat. Besonderen Dank schulden wir Herrn Professor W. P. Wood von der Michigan-Universität für wertvolle Beiträge zum Kapitel Nasse Klassierung.

Ann Arbor, Mich., November 1930.

W. L. Badger. W. L. McCabe.

Einführung zur amerikanischen Ausgabe.

Ingenieurwesen ist definiert worden als die Kunst und die Lehre von der Benutzung mechanischer Eigenschaften der Materie in Bauwerken und Maschinen. Erste Anerkennung als selbständige Disziplin fand es durch die Tätigkeit der Erbauer von Kriegsmaschinen und Verteidigungswerken, und nur die Beschäftigung auf diesem Gebiete war nach damaliger Ansicht Aufgabe des Ingenieurs. Viel später, eigentlich erst vor 200 Jahren, mit dem gesteigerten Bedarf an Bauwerken, die friedlichen Zwecken dienen sollten, traten die Zivilingenieure auf, deren Tätigkeitsgebiet, wie 1828 in der Urkunde der Institution of Civil Engineers festgelegt wurde, das folgende war: „Die Kunst, die großen Kraftquellen in der Natur für den Gebrauch und zum Nutzen der Menschheit dienstbar zu machen, als Produktions- und Verkehrsmittel, für Binnen- und Außenhandel, sie auszunutzen bei der Anlage von Straßen, Brücken, Wasserleitungen, Kanälen, von Einrichtungen für Flußschiffahrt und von Docks für inneren und Umladeverkehr, bei dem Bau von Häfen, Schleusen, Molen und Leuchttürmen, ferner für die Handelsschiffahrt mit durch Maschinen angetriebenen Fahrzeugen, für den Bau und Betrieb von Maschinenanlagen und für die Kanalisation von Groß- und Kleinstädten.“

Dieses Programm konnte dem größten Ehrgeiz genügen, und es ist nicht überraschend, daß bald die Notwendigkeit entstand, die Gebiete des Ingenieurwesens weiter aufzuteilen. So entstand der Maschineningenieur, der den „Bau und Betrieb von Maschinen“ übernahm, der Schiffbauer, der die Mittel schuf zur Ausübung „der Schiffahrt mit durch Maschinen angetriebenen Fahrzeugen“, der Gesundheitsingenieur, der die Verantwortung übernahm für die „Kanalisation von Groß- und Kleinstädten“ und die sonstigen hygienischen Einrichtungen der Gemeinden. Einmal begonnen, ging die Aufteilung in Fachgebiete schnell weiter, da die Fortschritte der Wissenschaft und die Anforderung der Industrie weitere Spezialisierung erforderten. Der Ausbau der Bergwerke brachte den Bergwerksingenieur, und mit der Flut des Erdöls kam der Erdölingenieur. Die neue Wissenschaft der Elektrizität schuf den Bedarf an Elektroingenieuren und brachte ihnen günstige Arbeitsmöglichkeiten. Jedes Fach des Ingenieurwesens, wie es sich herausgebildet und weiterentwickelt hat, ist, trotz der Verschiedenheit der Arbeitsgebiete, charakterisiert durch das gemeinsame Ziel: „die großen

Kraftquellen in der Natur für den Gebrauch und den Nutzen der Menschheit dienstbar zu machen".

Die chemische Industrie im weitesten Sinne ist eine Schöpfung der letzten 100 Jahre. Obwohl man sagen kann, daß sie mit der Erfindung von Leblanc, Soda aus Kochsalz herzustellen, für die er im Jahre 1791 den Preis der französischen Akademie erhielt, ihren Anfang nahm, hat eigentlich im Jahre 1800 eine chemische Industrie weder in England noch auf dem Kontinent bestanden. In Amerika wurde sie zur Hauptsache erst in den letzten 35 Jahren entwickelt.

Der Bau und die Einrichtung von chemischen Fabriken und die Durchführung von chemischen Prozessen erforderten immer die Lösung von ingenieurtechnischen Aufgaben, die oft schwierig waren und besondere Spezialkenntnisse verlangten. Verhältnismäßig lange jedoch blieb dies den Chemikern überlassen, die in den Fabriken oder sonstwo sich einige maschinentechnische Kenntnisse angeeignet hatten, oder auch Maschineningenieuren, deren chemische Kenntnisse meist zufällig und oberflächlich waren. Noch als ich meine Laufbahn in der Industrie begann, wurden meine Vorschläge im allgemeinen dem jedem Fortschritt abholden Betriebsingenieur zur Stellungnahme zugewiesen, wo sie gewöhnlich ohne viel Federlesens abgelehnt wurden.

Mit der Zunahme der Zahl und der Kompliziertheit der Aufgaben, die aus dem schnellen Ausbau der chemischen Industrie erwuchs, wuchs auch nach und nach die Erkenntnis, daß hier ein neuer Zweig des Ingenieurwesens gebildet und eingerichtet werden mußte, dem die Lösung dieser Aufgaben übertragen werden konnte. Aus dieser Notwendigkeit heraus entstand also das Chemieingenieurwesen nicht als eine Zusammenfassung von Chemie einerseits und Maschinen- oder Bauingenieurwesen andererseits, sondern als ein besonderer Zweig der Ingenieurwissenschaft, dessen Grundlage die im ersten Kapitel dieses Buches behandelten Grundverrichtungen bilden, welche in sachgemäßer Folge und Nebeneinanderreihung ein chemisches Verfahren bilden, wie es im industriellen Maßstabe durchgeführt wird.

Diese Grundverrichtungen sind an sich mehr physikalischer als chemischer Natur, obwohl sie letzten Endes eine chemische Umwandlung bezwecken. Es sind nur verhältnismäßig wenige an Zahl, aber die Bedingungen, unter welchen sie ausgeführt werden müssen, sind so mannigfach verschieden, da sie gegeben werden durch die Natur der reagierenden Stoffe, ihre Menge, Temperatur, Druck und andere Faktoren, die von der Führung des Prozesses selbst abhängen. Der Ingenieur muß daher genaue Kenntnisse der chemischen und physikalischen Eigenschaften der zu behandelnden Stoffe besitzen. Er muß ferner vertraut sein mit den Eigenschaften der Werkstoffe und den Anforderungen, die man an sie stellen kann, den Gesetzen des Wärmeübergangs, den Gesetzen der Flüssigkeitsgrenzschichten und den vielen anderen Faktoren, von welchen der Erfolg oder die Undurchführbarkeit eines Verfahrens abhängen kann.

Der Chemieingenieur muß die vielen Typen von Apparaten theoretisch verstehen und praktisch kennengelernt haben, die für jede einzelne Grundverrichtung anwendbar sind, damit er diejenige auswählen kann, welche den Anforderungen des Spezialfalles am besten entspricht, und Fabrik und Verfahren die beste Wirkung bei den geringsten Kosten erreichen. Man sei sich daher bewußt, daß der Beruf des Chemieingenieurs schwer ist und hohe Anforderungen an die ihn Ausübenden stellt. Wie der Architekt im Schaffen von herrlichen und die Gegenwart überdauernden Bauwerken, wie die Magdalenen-Kirche in Paris, Befriedigung findet und der Bauingenieur voller Stolz auf die Brooklyn-Brücke oder den Panamakanal hinweisen mag, so kann auch der Chemieingenieur Triumphe erringen, die nicht geringer zu werten sind und nicht weniger zum Wohle der Menschheit dienen, wie z. B. die großen Anlagen zur Erzeugung von Luftstickstoff, zur Raffination und zum Cracken von Petroleum oder zur Herstellung von Kunstseide.

Neue chemische Verfahren werden im allgemeinen von Chemikern erdacht und werden zunächst im Becherglase vorgeführt. Für die Lösung der zahlreichen und schwierigen Fragen, die bei der Entwicklung eines Verfahrens von der Vorführung im Laboratorium bis zur industriell brauchbaren Anlage auftreten, ist der Chemieingenieur zuständig.

Alle erfahrenen Chemieingenieure stimmen darin überein, daß man bei der Entwicklung eines Verfahrens zweckmäßig schrittweise so vorgeht, daß Größe und Stoffmengen allmählich erhöht werden, da es ja durchaus anzustreben ist „Fehler in kleinem, Gewinne in großem Maßstabe zu machen", wie es Dr. Baekeland sehr anschaulich formuliert. Handelt es sich um ein erfolgversprechendes Verfahren, das schließlich hohe Aufwendungen für Apparate erfordert, so haben wir es in unserer Praxis ratsam gefunden, in fünf oder sechs Stufen von der Laboratoriumsgröße auf die endliche Fabrikgröße überzugehen. Auf diese Weise wird die Durchführbarkeit der geplanten Umsetzungen bewiesen, Anfangsschwierigkeiten vermieden oder leicht beseitigt, der Ertrag nach und nach vergrößert und alle Fehler in der Auswahl der Werkstoffe oder der Größenbestimmung der Apparate ausgemerzt. Nicht eher als bis die betriebliche Durchführung einer Anlage von etwa halber Leistung die Vorkalkulationen der Betriebskosten bestätigt hat, das Produkt zu einem angemessenen Preise verkauft ist und, wie Dr. Whitaker sagt, „beim Kunden bleibt", kann man sich einbilden den langen Weg der Entwicklung eines Verfahrens bis zum Ende durchschritten zu haben.

Die Anforderungen an den Chemieingenieur steigern sich ständig infolge des schnell wachsenden Einflusses neuer Verfahren, des Bestrebens, bei hohen Temperaturen und Drücken zu arbeiten, der dauernden Verbesserung der Regel- und Kontrollinstrumente, des zunehmenden Angebots neuer Werkstoffe, der Entwicklung neuer Heizmethoden durch die Anwendung von Quecksilber oder Diphenyl oder in Strahlungsöfen und des raschen Wechsels und der Verbesserungen auf dem Gebiete des Apparatewesens, wie sie uns z. B. bei der Destillation in dem Ersatz von Schichtapparaten durch Röhrenapparate begegnen. Der Chemieingenieur muß daher dauernd darauf bedacht sein, sich diese Verbesserungen in Betriebsführung und Apparatur zunutze zu machen.

In den letzten Jahren ist die Ausbildung der Chemieingenieure oft Gegenstand eingehender Besprechungen gewesen. Es ist einleuchtend, daß eine sichere Vertrautheit mit der Mathematik wesentlich ist im Hinblick darauf, daß die dem Chemieingenieur gestellten Aufgaben oft einer mathematischen Behandlung zur erfolgreichen Lösung bedürfen. Da die Tätigkeit des Chemieingenieurs es auch oft mit sich bringt, daß Berichte geschrieben werden müssen, von deren Brauchbarkeit der Erfolg des Unternehmens abhängen kann, sollte er sich die Beherrschung der englischen Sprache ebenso aneignen wie die eines Werkzeuges. Der Student kann ferner keine brauchbare Vorstellung oder das für die Handhabung großer Apparaturen erforderliche Selbstvertrauen aus Zeichnungen oder Photographien gewinnen. Zu seiner Ausbildung ist daher auch etwas tätige Mitarbeit im Produktionsbetriebe erforderlich. Nach einigen Jahren der Beobachtung hat das Komitee für die Ausbildung der Chemieingenieure des American Institute of Chem. Eng. versucht, festzustellen, welchen relativen Anteil die hauptsächlichsten Fächer seiner Meinung nach im Studium des Chemieingenieurwesens haben sollen. Die folgende Aufstellung ist vielleicht der richtige Durchschnitt aus seinen Schätzungen des prozentualen Anteils, der in einem Kursus von vier Jahren an die verschiedenen Fächer gewendet werden soll.

Allgemeinbildung	15%
Mathematik	12%
Physik	8%
Mechanik	6%
Chemie	28%
Chemisches Apparatewesen	12%
Andere Ingenieurfächer	14%
Andere Wissenschaften	2%
Wahlfächer	3%

Bei der Ausbildung der Chemieingenieurstudenten sollte immer die Trennungslinie im Auge behalten werden zwischen chemischer Technologie, welche sich mit den einzelnen Herstellungsverfahren im ganzen befaßt, und dem Chemieingenieurwesen, welches sein Augenmerk auf die erwähnten Grundverrichtungen, die bei vielen Verfahren immer wieder vorkommen, und ihre zweckmäßige Anordnung richtet, mit welcher erreicht werden soll, daß das erstrebte Produkt mit so hohem Wirkungsgrad und so billig erzeugt wird, wie die vorliegenden Verhältnisse es gestatten.

Die Chemieingenieurstudenten haben das Glück, daß ihnen in dem vorliegenden Werke die gereiften Erfahrungen und Schlußfolgerungen zweier so erfahrener Chemieingenieure wie der Verfasser dieses Buches zur Verfügung gestellt werden.

Cambridge, Mass., November 1930.

Arthur D. Little.

Vorwort zur deutschen Ausgabe.

Die vorauszusehende Frage, ob eine Notwendigkeit vorlag, das vorliegende Buch durch eine Übersetzung ins Deutsche einem weiteren Leserkreise zugänglich zu machen, möchte ich damit beantworten, daß es wohl imstande ist eine Lücke in unserer einschlägigen Fachliteratur auszufüllen. Zunächst einmal sind in Deutschland erst die Anfänge gemacht in einer speziellen Ausbildung von Ingenieuren für chemische Betriebe. Wir finden hier die Amerikaner und Engländer konsequenter, für welche der „Chemical Engineer" schon lange der Vertreter einer besonderen Fakultät des Ingenieurwesens ist. Infolgedessen ist zum mindesten die pädagogische Seite dieses Gebietes drüben erheblich mehr gefördert, als es bei uns der Fall ist. Hinzu kommt die unbekümmerte, gerade auf das Ziel losgehende Art des Amerikaners, wodurch eine pädagogisch sehr wertvolle Beschränkung auf wenige Grundsätze entsteht, die sich auch gerade im vorliegenden Buche sehr vorteilhaft zeigt.

Die Verfasser wollen in diesem Buche ihren Studenten, die noch wenig oder gar keine Praxis haben, den Weg zum Verständnis praktischer, die Apparatur chemischer Fabriken betreffender Fragen ebnen. Unsere Chemiker, die ihre Ausbildung auf Universitäten genossen haben, stehen derartigen Fragen anfänglich im Betriebe infolge der vorzugsweise wissenschaftlichen Ausbildung auf der Universität mit recht geringem Rüstzeug gegenüber. Gerade die Anfangsgründe jeglicher Apparaturkenntnis sind in der deutschen Literatur bisher stiefmütterlich behandelt worden, so daß m. E. schon dadurch die Übersetzung gerechtfertigt ist.

Ich habe mich bemüht, den Charakter des Buches durch die Übersetzung so wenig wie möglich zu ändern. Zwar sind die amerikanischen Maßeinheiten durchgehend in metrische umgerechnet, im übrigen habe ich mich jedoch streng an den Urtext gehalten. Einmal aus der Überlegung, daß ein gutes Buch durch fremdes Hinzutun nur verschlechtert wird, und zum zweiten, weil es für manche Leser vielleicht gerade einen gewissen Reiz haben mag, amerikanische Denkweise kennenzulernen. Nur eine Änderung glaube ich verantworten zu können: Im Original sind jedem Kapitel eine Reihe von Aufgaben angeschlossen, die ich fortgelassen habe. Dies ist aus der Überlegung geschehen, daß die deutsche Übersetzung niemals in dem Sinne als Lehrbuch dienen wird wie der Urtext, und die deutschen Leser während des Studiums, und erst recht nach dem Studium, die zur Durcharbeitung derartiger Aufgaben erforderliche Zeit gar nicht aufbringen können.

An den Figuren war nichts zu verbessern. Eine nur flüchtige Durchsicht vermag schon zu zeigen, daß sie infolge sehr klaren Herausarbeitens der springenden Punkte den Text sehr wirksam unterstreichen. Da ich damit ihre Aufgabe als erfüllt ansah, habe ich auch davon abgesehen, sie durch Abbildungen von in Deutschland besser eingeführten Apparaten zu ersetzen.

Hannover, den 30. September 1932.

K. Kutzner, Dipl.-Ing.

Inhaltsverzeichnis.

I. Allgemeine Betrachtungen.

Das Gebiet des chemischen Apparatewesens ist neuerdings so schnell erweitert worden, daß seine Grenzen nicht überall genau bestimmt sind. 25 Jahre früher war ein Chemieingenieur ein Mann, dessen Ausbildung im großen ganzen dieselbe wie die des Chemikers war, deren Grundlage also das chemische Laboratorium bildete, der aber dank genügender Betriebserfahrung mit der Wirkungsweise bestimmter Apparatetypen vertraut war. Er dachte von einem Prozeß in Begriffen, die die Chemie entwickelt hatte und betrachtete die Einzeloperationen, die einen Prozeß bildeten, nur im Zusammenhang mit diesem einen Prozeß. Es war daher durchaus natürlich, daß damals das Gebiet des Chemieingenieurs nach Fabrikationsprozessen, also z. B. Schwefelsäure, Ätzalkalien, Gummi, Seife, Textilien usw., eingeteilt war. Man betrachtete diese verschiedenen Industrien von keinem gemeinsamen Gesichtspunkte aus, und es war deshalb kein Austausch von Ideen oder Apparaten zwischen ihnen möglich.

Die Grundverrichtungen des Chemieingenieurwesens.

Zusammen mit der erstaunlichen Entwicklung der chemischen Industrie in den Vereinigten Staaten zwischen 1914 und 1920 (und möglicherweise zum großen Teil infolge des Tempos dieser Entwicklung und der Pionierarbeit, die dabei geleistet werden mußte) kam die Erkenntnis, daß gewisse Operationen vielen Prozessen gemeinsam wären, die man früher jeden für sich nur in hermetischer Abgeschlossenheit von den anderen kannte. Man erkannte z. B., daß die Förderung von Flüssigkeiten und der Wärmeübergang eigentlich allen Prozessen gemeinsam wären. Filtrationsspezialisten machten die Entdeckung, daß ein bestimmtes Filter, das für die Extraktion von Gold aus Golderzen entwickelt war, auch für die Filtration in sehr vielen chemischen Industrien geeignet war. Zur selben Zeit kam auch die Erkenntnis, daß viele von diesen Operationen noch wenig geklärt wären, und daß sie alle der Nachprüfung, Verbesserung und Ausarbeitung bedürften. Sobald diese rege Forschertätigkeit begann, wurde die Tatsache immer klarer, daß auf eine bestimmte Operation immer das gleiche Prinzip angewendet werden konnte, ganz gleich, um welche Industrie es sich im speziellen handelte. Als man dann weiter eingesehen hatte, daß die Kenntnis dieser Grundoperationen der eigentliche Schlüssel für das Verständnis der Fabrikationsprozesse sei, sah man in der Beherrschung dieser Grundoperationen das spezielle Arbeitsgebiet des Chemieingenieurs.

Obwohl vielen Kollegen aus den älteren Zweigen des Ingenieurwesens die Aufgaben des Chemieingenieurs etwas unklar sind, herrschen heute bei Chemieingenieuren und Chemikern im wesentlichen dieselben Ansichten über die Bedeutung der Grundoperationen und die Trennungslinien zwischen dem Aufgabenkreis des Chemieingenieurs und Chemikers einerseits und dem des Chemieingenieurs und Maschineningenieurs andererseits. Unter den Berufskollegen ist es noch zu keiner allseits anerkannten Ansicht über die Zahl, Bezeichnung und Systematik dieser Grundverrichtungen gekommen, so daß die Reihe der in diesem Buche besprochenen Operationen von der von anderer Seite aufgestellten wohl abweichen kann. Solche Unterschiede in Benennung und Systematik sind indessen von untergeordneter Bedeutung. Im allgemeinen wird man annehmen können, daß praktisch jeder chemische Fabrikationsprozeß in eine Reihe von Einzeloperationen aufgelöst werden kann, die auf den folgenden Seiten beschrieben sind.

Des weiteren wurde erkannt, daß diese selben Grundverrichtungen eine wesentliche Rolle in vielen Industrien spielen, die nicht eigentlich zu den chemischen Industrien gezählt werden. Die Kochsalzerzeugung ist denkbar ohne jede chemische Reaktion, es braucht vielleicht nur einer Reihe solcher Grundverrichtungen, wie Förderung von Flüssigkeiten, Verdampfen, Kristallisieren, Trocknen und Klassieren, vorgenommen zu werden. Ebenso ergab sich, daß die Grundoperationen die Grundlagen bildeten von vielen wirklich chemischen Prozessen, die aber gewöhnlich nicht als zur chemischen Industrie gehörig angesehen werden. Als Beispiel sei hier die Extraktion von Metallen aus ihren Erzen (besonders durch nasse Verfahren), die Herstellung mancher Lebensmittel und die Vergütung der Metalle angeführt.

Grundbegriffe.

Der Ersatz der langen Liste der voneinander unabhängigen Fabrikationsverfahren durch eine kürzere Liste der hauptsächlichsten Grundverrichtungen vereinfacht die Behandlung von Fragen des Chemieingenieurwesens beträchtlich und gibt denen, welche diese Grundverrichtungen vollständig beherrschen, die Möglichkeit, ihre Fähigkeit besser anzuwenden. Doch geht die Vereinfachung noch weiter, weil die Grundverrichtungen selbst, obwohl in einer ganzen Reihe ganz verschiedener Apparate, die nichts miteinander gemein haben, ausgeführt, vom theoretischen Standpunkte aus die Anwendung sehr weniger Fundamentalgesetze gestatten. Im Grunde sind diese Gesetze die Fundamentalgesetze der Physik, welchen alle technischen Einrichtungen unterliegen. Diese Anwendung der wenigen Fundamentalgesetze auf die Grundverrichtungen bildet die Grundlage der theoretischen Teile dieses Buches. Die drei Fundamentalgesetze sind erstens die Erhaltung der Materie und Energie, zweitens die Gleichgewichtsbedingungen chemischer und physikalischer Prozesse und drittens die Gesetze, welche die Veränderungen in den nicht im Gleichgewicht befindlichen Systemen beherrschen.

Stoffbilanzen. Das erste Grundgesetz besagt, daß die Materie weder geschaffen noch vernichtet werden kann. Im besonderen geht daraus hervor, daß die in einen Prozeß eingehenden Stoffe sich entweder anhäufen oder aus dem Prozeß auch ausgehen müssen. Es kann kein Gewinn oder Verlust an Materie während des Prozesses stattfinden. Bei den in diesem Buche behandelten typischen Prozessen ist Anhäufung oder Verarmung nicht vorhanden, und daher nimmt das Gesetz von der Erhaltung der Materie die sehr einfache Form an, daß die eingehende gleich der ausgehenden Stoffmenge sein muß. Dies Gesetz wird oft in der Form der Stoffbilanz benutzt. Diese besteht darin, daß der Prozeß mit jeder Stoffmenge, die eingeht, belastet und für jede, die ausgeht, erkannt wird und daß die Kreditsumme gleich der Debetsumme sein muß. Die Bedeutung dieser einfachen aber umfassenden Feststellung kann kaum überschätzt werden. Stoffbilanzen müssen aufgestellt werden für den ganzen Prozeß oder Apparat oder jeden Teil davon. Sie müssen sich erstrecken auf alle Stoffe, die ein- und ausgehen, alle chemischen Elemente und alle Stoffe, die unverändert durch den Prozeß hindurchwandern.

Wärmebilanzen. Das Gesetz der Erhaltung der Energie drückt hinsichtlich der Energieein- und ausgänge das gleiche aus wie das Gesetz der Erhaltung der Materie hinsichtlich dieser. Um gültig zu sein, muß die Bilanz alle Arten von Energien, die in dem Prozeß zur Wirkung kommen, einschließen, ob diese Energien als Wärme, mechanische Energie elektrische Energie, Strahlungsenergie, chemische Energie oder in noch anderen Formen auftritt. Nun ist in den meisten Prozessen die einzige in Frage kommende Energie die Wärme; in diesen Fällen sind Wärmebilanzen, die die Gleichheit der Wärmezu- und -abfuhr feststellen, gültig und außerordentlich nützlich. Hier kann auch wieder die Wärmebilanz für den ganzen Apparat oder Prozeß oder jeden ihrer Teile besonders aufgestellt werden. Eine Wärmebilanz ist ein Grundhilfsmittel von außerordentlicher Wichtigkeit.

Gleichgewichtsverhältnisse. Systeme, die von selbst miteinander in Reaktion treten, tun dies in einer ganz bestimmten Richtung. Wenn sie sich selbst überlassen bleiben, werden sie unter Umständen einen Zustand erreichen, bei dem weiter keine Reaktion stattfindet. Einen derartigen Zustand nennt man Gleichgewichtszustand. Wenn z. B. ein Stück heißes Eisen mit einem Stück kalten Eisens in Berührung gebracht wird, wird sich das kalte Eisen erwärmen und das heiße Eisen abkühlen, bis das Gleichgewicht erreicht ist, wenn nämlich beide Stücke die gleiche Temperatur haben. Ebenso wird sich eine Handvoll Salz in einem Gefäß mit Wasser auflösen, bis die Konzentration der Salzlösung bei konstant gehaltener Temperatur einen gewissen Wert erreicht, vorausgesetzt, daß immer ein Salzüberschuß vorhanden ist. Hier kommt augenscheinlich der Prozeß wieder zu einem Stillstand, wenn der Gleichgewichtspunkt erreicht und die Lösung gesättigt ist. Solcher Beispiele lassen sich unzählige anführen. Die Gleichgewichtsbedingungen stellen Endpunkte von natürlich ablaufenden Prozessen dar, die nicht beeinflußt werden können ohne Änderung der den Zustand des Systems bestimmenden Verhältnisse.

Reaktionsgeschwindigkeit. Von für die Praxis noch größerer Wichtigkeit als der Endzustand eines Systems ist die Frage nach der Geschwindigkeit, mit der der Prozeß dem Endzustand zustrebt. Denn alle die Systeme, die zwar sehr weit von dem Gleichgewichtszustand entfernt sind, aber diesem nur mit sehr geringer Geschwindigkeit zustreben, können für die Praxis als im Gleichgewicht befindlich angesehen werden. Andererseits ist es im allgemeinen erwünscht, daß, wo man mit dem Ablauf einer Reaktion rechnet, dieser mit leidlicher Geschwindigkeit erfolgt; denn die Zeit ist ein ausschlaggebender Faktor bei der praktischen Durchführung. Man denke sich z. B. einen großen, mit einer kalten, viskosen Flüssigkeit gefüllten Tank, der von einem Dampfheizmantel umschlossen ist. Wenn die Flüssigkeit nicht bewegt wird, wird das Wärmegleichgewicht mit dem Dampf, d. h. die Dampftemperatur nur sehr langsam erreicht werden. Möglicherweise können mehrere Tage dafür erforderlich sein. Wenn aber die Flüssigkeit heftig gerührt oder mit großer Geschwindigkeit durch ein dampfbeheiztes Rohr gepumpt wird, erfordert es nur Stunden oder Minuten, bis das gewünschte Gleichgewicht hergestellt ist.

Leider sind die die Reaktionsgeschwindigkeit bestimmenden Gesetze nicht annähernd so genau und sicher bekannt wie die Gesetze der Erhaltung der Materie und der Energie oder die des Gleichgewichtszustandes. Sie sind auch schwieriger mathematisch zu fassen, und es erfordert eine geschultere Übung, ihre Konstanten zu bestimmen oder mit ihnen zu rechnen. Im allgemeinen kann man aber die Geschwindigkeit, mit der sich das System im Zeitelement dem Gleichgewichtszustand nähert, angenähert als proportional zu einer treibenden Kraft und umgekehrt proportional zu einem Widerstande annehmen. Die Natur der Kraft hängt dabei von der Art des betrachteten Prozesses ab. Die Größe der Kraft muß so bestimmt sein, daß sie beim Erreichen des Gleichgewichtszustandes verschwindet. Die Anwendung dieses Satzes wird am besten an einigen Beispielen erläutert. So ist die Kraft, welche den

Wärmefluß vom heißen zum kalten Körper verursacht, der Temperaturunterschied zwischen ihnen. Wenn dieser gleich Null ist, sind die Körper im Gleichgewichtszustand, und der Wärmefluß hört auf. Die Kraft, die das Strömen einer Flüssigkeit durch ein horizontales Rohr verursacht, ist der Druckunterschied zwischen zwei Querschnitten. Wenn an beiden Querschnitten gleicher Druck herrscht, gibt es keine Strömung und es besteht Gleichgewichtszustand. Ein elektrischer Strom entsteht, wenn eine elektrische Potentialdifferenz vorhanden ist, er hört auf, wenn die Potentiale der beiden leitend verbundenen Körper gleich sind. Salz löst sich in einer ungesättigten Lösung auf, die diesen Vorgang verursachende Kraft kann man in dem Unterschiede der Konzentration zwischen einer gesättigten und der vorliegenden Lösung sehen.

Dieses Gesetz der Reaktionsgeschwindigkeit muß als Differentialgleichung geschrieben werden, welche ausdrückt, daß die Geschwindigkeit proportional ist der treibenden Kraft, dividiert durch den Widerstand. Und zwar muß diese Gleichung eine Differentialgleichung sein, weil mit dem Fortschreiten des Prozesses sich die Kraft ändert und damit auch die Geschwindigkeit. Auf diesen Umstand wird später genauer zurückzukommen sein, wenn die Grundtheorie verschiedener Vorgänge behandelt wird. Mathematisch erhält die Gleichung die Form:

$$\frac{dQ}{dt} = K \frac{\Delta F}{R}, \tag{1}$$

worin

Q = übergehende Menge (die Wärme, Materie oder Energie in irgendeiner Form sein kann)
t = Zeit
F = treibende Kraft
K = Konstante
R = Widerstand.

Mol-Einheiten. Bei der Berechnung von Stoffbilanzen, besonders wenn chemische Reaktionen eine Rolle spielen, ist es einfacher, Mol-Einheiten zu benutzen als die gewöhnlichen Gewichtseinheiten. Im technischen Rechnen wählt man gewöhnlich das Kilogrammol als Einheit. Ein Mol irgendeines elementaren Stoffes ist definiert als diejenige Menge, deren Gewicht in Kilogramm oder Gramm numerisch gleich seinem Molekulargewicht ist. Aus dieser Definition erhellt die Bedeutung der Begriffe Kilogrammol und Grammol. Das mittlere Molekulargewicht eines Gemenges von verschiedenen Stoffen erhält man durch Division der Einzelgewichte jeden Stoffes durch das entsprechende Molekulargewicht, Addition der Quotienten und Division des Gesamtgewichtes durch diesen Quotienten. Folgende Gleichung zeigt dies:

$$m = \frac{G_a + G_b + G_c + \cdots}{\frac{G_a}{M_a} + \frac{G_b}{M_b} + \frac{G_c}{M_c} + \cdots}, \tag{2}$$

worin

m = mittleres Molekulargewicht

G_a, G_b, G_c = Gewichte der einzelnen Komponenten des Gemenges

M_a, M_b, M_c = Molekulargewichte der Komponenten.

Mol-Verhältnis. Es ist oft von Vorteil, für zusammengesetzte Stoffe nicht das Gewichtsverhältnis oder Gewichtsprozente, sondern das Molverhältnis oder Molprozente anzugeben. Das Molverhältnis ist das Verhältnis der Mole des einen Bestandteiles zu den Gesamtmolen der Mischung. Z. B. ist, unter Benutzung der gleichen Bezeichnungen wie in Gleichung (2), das Molverhältnis für den Bestandteil A:

$$\text{Molverhältnis } A = \frac{\frac{G_a}{M_a}}{\frac{G_a}{M_a} + \frac{G_b}{M_b} + \frac{G_c}{M_c} + \cdots}, \tag{3}$$

ebenso:

$$\text{Molverhältnis } B = \frac{\frac{G_b}{M_b}}{\frac{G_a}{M_a} + \frac{G_b}{M_b} + \frac{G_c}{M_c} + \cdots}. \tag{4}$$

Es braucht kaum erwähnt zu werden, daß die Summe der Molverhältnisse aller Komponenten gleich 1 werden muß. Unter „Molprozenten“ versteht man natürlich Molverhältnis multipliziert mit 100.

Gasgesetze. Zu den fundamentalen Grundgesetzen, die oben auf S. 3 und 4 behandelt sind, kommen einige nicht so allgemeine Beziehungen, deren Anwendung aber auch sehr vorteilhaft ist. Von diesen werden einige, z. B. das Gesetz von Raoult im Zusammenhang mit besonderen Fragen behandelt werden. Im Rahmen dieses Buches ist aber das wahrscheinlich Wichtigste das gewöhnliche Gasgesetz. Obwohl dem Gasgesetz nicht jedes wirkliche Gas genau folgt, ist es doch für die größte Mehrzahl aller Gase und Dämpfe bei gewöhnlichen Temperaturen und Drücken für technische Rechnungen genau genug. Dieses Gesetz wird gewöhnlich in folgender Fassung geschrieben:

$$P \cdot V = n\, R\, \Theta, \tag{5}$$

worin

P = Druck

V = Volumen je Mol

Θ = absolute Temperatur

R = für alle Gase gleiche Konstante

n = Anzahl der Mole des Gases.

In dieser Form wird die Gleichung selten benutzt. Sie drückt eine dreifache Beziehung aus: erstens, daß das Volumen des Gases zur Anzahl der Mole direkt proportional ist; zweitens, daß das Volumen zur absoluten Temperatur direkt proportional ist und drittens, daß das Volumen zum Druck umgekehrt proportional ist. Die beiden letzten Beziehungen sind besonders wichtig beim Umrechnen von Gasvolumen auf andere Temperaturen und Drücke. Z. B. nehmen V_1 m³ eines Gases von der absoluten Temperatur Θ_1 und dem absoluten Druck P_1 bei einer anderen Temperatur Θ_2 und einem anderen Druck P_2 das Volumen V_2 ein, dessen Wert gegeben ist durch die Gleichung

$$V_2 = V_1 \frac{P_1}{P_2} \frac{\Theta_2}{\Theta_1}. \qquad (6)$$

Man braucht nun Gleichung (6) nicht auswendig zu lernen, um zu wissen, welche Größen in den Zähler und welche in den Nenner gehören. Man braucht nur daran zu denken, daß einer Drucksteigerung eine Volumenverminderung und einer Temperatursteigerung eine Volumenvergrößerung entspricht.

Ein zweites wichtiges Gesetz über das Verhalten der Gase ist bekannt als Daltons Gesetz der Partialdrücke. Dieses Gesetz besagt, daß der von einer Gasmischung ausgeübte Druck als die Summe derjenigen Drücke betrachtet werden kann, welche von jedem Gase einzeln ausgeübt werden würden, wenn es allein das ganze Volumen hätte. Eine Gasmischung kann man deshalb ansehen entweder, von den Partialvolumen ausgehend, als Gaskomplex von Einzelgasen, wobei jedes Gas das Partialvolumen bei dem Gesamtdruck einnimmt; oder, von den Partialdrücken ausgehend, als Gaskomplex von Einzelgasen, wobei jedes Gas das ganze Volumen ausfüllt, aber nur unter dem Partialdruck steht.

Luft besteht z. B. dem Volumen nach aus 79% Stickstoff und 21% Sauerstoff. Dies bedeutet, daß von dem Gesamtdruck einer Luftprobe 79% dem Stickstoff und 21% dem Sauerstoff angerechnet werden. Auf andere Weise kann dieses selbe Verhältnis auf die Volumeneinheit, m³, bezogen ausgedrückt werden. Man kann sich vorstellen, daß dieses Kubikmeter Luft besteht aus 0,21 m³ Sauerstoff und 0,79 m³ Stickstoff, wobei beide Teile nun aber unter dem Gesamtdruck (z. B. 1 at) stehen; oder man kann dieses Kubikmeter Luft als zusammengesetzt ansehen aus 1 m³ Sauerstoff unter dem Druck von 0,21 at und 1 m³ Stickstoff unter dem Druck von 0,79 at. Eine Folgerung aus dem Gasgesetz, das in Gleichung (5) gegeben wurde, verlangt, daß im gleichen Volumen bei gleichen Temperaturen und gleichen Drücken von allen Gasen die gleiche Anzahl von Molekülen enthalten sein muß. Wenn man Gleichung (5) für zwei verschiedene Gase, unterschieden durch den Index 1 und 2, aufstellt:

$$\begin{aligned} 1.\quad & P_1 \cdot V_1 = n_1 R T_1 \\ 2.\quad & P_2 \cdot V_2 = n_2 R T_2, \end{aligned} \qquad (7)$$

so muß, wenn $P_1 = P_2$, $T_1 = T_2$ und $V_1 = V_2$ ist, auch $n_1 = n_2$ sein, da ja R für alle Gase denselben Wert hat. Gleiche Volumina enthalten daher die gleiche Anzahl von Kilogrammolen oder Grammolen, vorausgesetzt, daß die Messung bei gleichen Temperaturen und gleichen Drücken vorgenommen wird.

Das Mol-Volumen. Nach Gleichung (5) muß ein Mol eines Gases unter bestimmten Temperaturen und Drücken immer ein bestimmtes Volumen haben, unabhängig von der Natur des Gases. Dieses Volumen nennt man das Molvolumen. Es ist festgestellt worden, daß ein Grammol eines Gases bei 0° C und dem Druck von 760 mm Quecksilbersäule ein Volumen von 22,4 l hat. Das Kilogrammol-Volumen unter irgendwelchen anderen Temperatur- oder Druckbedingungen kann leicht nach Gleichung (6) berechnet werden. Der Begriff des Moles kann für Gasmischungen ebenso angewendet werden wie für reine Gase. Allgemein ist das Kilogrammol das Gewicht einer Gasmischung, die bei 760 mm Hg und 0° C das Volumen von 22,4 m^3 besitzt. Diese Menge entspricht dann also dem mittleren Molekulargewicht des Gases.

Da das Volumen eines Moles für alle Gase dasselbe ist, so folgt, daß bei jeder Temperatur und jedem Druck ein gegebenes Volumen dieselbe Anzahl Mole enthält, gleichgültig, welches Gas vorliegt. Es folgt ferner hieraus und aus dem Daltonschen Gesetz, daß für eine Gasmischung Gleichung (8) geschrieben werden kann:

$$\text{Mol}\,\% = \text{Volumen}\,\% = \text{Druck}\,\%. \tag{8}$$

Beispiel 1. Eine Anlage zur Rückgewinnung von Lösungen liefert ein mit Benzoldampf (C_6H_6) gesättigtes Gas, dessen Analyse nach Entfernung der Benzoldämpfe 15% CO_2, 4% O_2 und 81% N_2 ergibt. Die Temperatur beträgt 22° C. Der Druck 750 mm Hg. Es wird auf 5 at Druck komprimiert und nach der Kompression auf 22° C zurückgekühlt. Wieviel Kilogramm Benzol werden dabei kondensiert, bezogen auf 1000 m^3 des eingehenden Gasgemisches? Der Dampfdruck des Benzols bei 22° C beträgt 75 mm.

Lösung: Da Volumenprozente gleich Druckprozenten sind, beträgt das Volumen des inerten Gases $1000 \cdot \frac{750 - 75}{75} = 900\ m^3$. Dies Volumen wird in Mole umgerechnet:

$$\frac{900}{22{,}41} \cdot \frac{273}{273 + 22} \cdot \frac{750}{760} = 36{,}7 \text{ Mol inertes Gas.}$$

Das Verhältnis Mole Benzoldampf zu Mole inertes Gas vor und nach der Kompression ist folgendes:

$$\text{Vor der Kompression } \frac{75}{750 - 75} = 0{,}1111,$$

$$\text{Nach der Kompression } \frac{75}{(760 \cdot 5) - 75} = 0{,}0211,$$

daraus ergibt sich, daß $0{,}1111 - 0{,}0211 = 0{,}09$ Mol Benzol je Mol inertes Gas kondensiert sein müssen; das Gewicht des kondensierten Benzols wird damit

$$0{,}09 \cdot 36{,}7 \cdot 78 = 257 \text{ kg}.$$

Mathematische Methoden.

Die mathematischen Berechnungen, die für die Theorie der in diesem Buche behandelten Grundverrichtungen erforderlich sind, verlangen nur die Anwendung der elementarsten Rechnungsarten. Es ist vorausgesetzt, daß der Leser mit diesen Elementen vertraut ist. Es gibt indessen zwei mathematische Methoden, deren Anwendung bei aller Einfachheit so vorteilhaft werden kann, daß sie hier kurz besprochen werden sollen. Die erste ist die graphische Integration und die zweite die graphische Behandlung der Exponentialfunktionen.

Graphische Integration. Man wird sich aus den ersten Anfangsgründen der Integralrechnung erinnern, daß der Wert eines bestimmten Integrals

$$\int_{x=x_a}^{x=x_b} f'(x)\,dx$$

durch die Fläche dargestellt ist, die begrenzt wird durch die Kurve von $f'(x)$, aufgetragen über x, die Ordinaten $x = x_a$ und $x = x_b$ und die x-Achse. Jedes bestimmte Integral kann daher zahlenmäßig ermittelt werden ohne die Anwendung von Tabellen, indem man $f'(x)$ über x aufträgt, die zwei Vertikallinien, die den Grenzen entsprechen, einzeichnet und die Fläche ermittelt, die eingeschlossen wird von der Kurve, den Grenzen und der x-Achse. So ist in Abb. 1, wenn die Kurve *abcde* die Funktion $f'(x)$, aufgetragen über x, darstellt und die Linien *af* und *eg* den Grenzwerten von x_a und x_b entsprechen, die Fläche *abcdegf* unter Beachtung des Maßstabes das gesuchte Integral. Diese Fläche kann bestimmt werden durch Aufteilung in eine Reihe von Rechtecken oder durch Ausmessung mittels Planimeter.

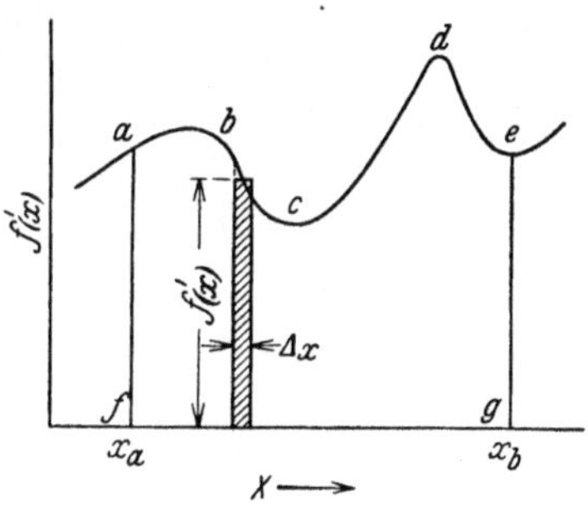

Abb. 1. Prinzip der graphischen Integration.

Diese Methode der Integration ist deshalb besonders wichtig, weil in vielen Fällen für $f'(x)$ gar keine mathematische Formulierung vorliegt, z. B., wenn die Kurve $f'(x)$ experimentell ermittelt ist.

Beispiel 2. In Abb. 2 stellt die Kurve den von einem schreibenden Instrument gemessenen und aufgezeichneten Dampfdurchfluß einer Rohrleitung dar. Die Einheit der x-Achse beträgt im Diagramm 2,5 Minuten $= \frac{2{,}5}{60}$ h, die Einheit der Ordinaten 100 t Dampf / h. Für jedes kleine Quadrat ergibt sich also

$$\frac{100 \cdot 2{,}5}{60} \text{ t Dampf} \cdot \text{h/h} = 4{,}167 \text{ t Dampf.}$$

Durch Auszählen der kleinen Quadrate kann also der Dampfverbrauch für jede gewünschte Zeitspanne ermittelt werden.

Exponentialgleichungen und Diagramme auf logarithmischem Papier. In vielen Fällen fügen sich experimentell ermittelte Werte der Veränderlichen x und y in eine Gleichung von der Form

$$y = a \cdot x^n \, , \tag{9}$$

worin a und n Konstanten sind. Diese Gleichung kann auch in der Form

$$\log y = \log a + n \cdot \log x \tag{10}$$

geschrieben werden. Man sieht sofort, daß dies die Gleichung einer Geraden ist mit der Neigung n und dem Abschnitt $\log a$ auf der y-Achse.

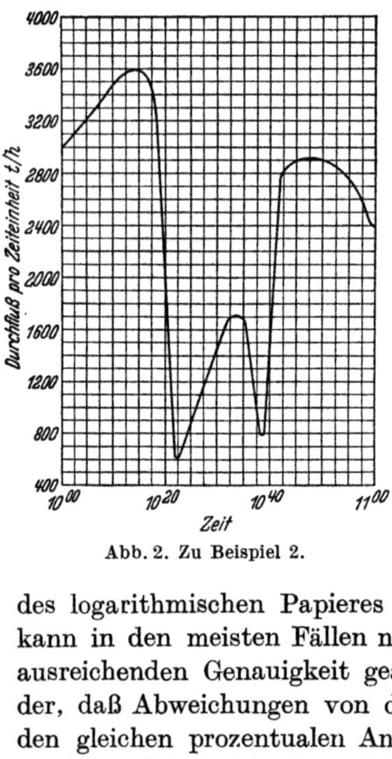

Abb. 2. Zu Beispiel 2.

Man kann nun wohl auf gewöhnlichem Millimeterpapier die Logarithmen der numerischen Werte der beiden Veränderlichen auftragen, einfacher ist jedoch die Anwendung von logarithmischem Papier. Letzteres ist ein Koordinatenpapier, das logarithmisch eingeteilt ist. Die Einteilung der Achsen entspricht also der Teilung des Rechenschiebers. Infolgedessen ergibt sich auf diesem Papier ohne Gebrauch der Logarithmentafel dieselbe Kurve wie auf numerisch geteiltem Papier beim Auftragen der Logarithmen. Wenn die auf dem logarithmischen Papier aufgetragenen Punkte in eine Gerade fallen, hat die Gleichung die Form der Gleichung (10). Der einzige Nachteil des logarithmischen Papieres ist der ziemlich kleine Maßstab, doch kann in den meisten Fällen noch mit der für den technischen Bedarf ausreichenden Genauigkeit gearbeitet werden. Ein Vorteil dagegen ist der, daß Abweichungen von der Kurve in bestimmter Größe überall den gleichen prozentualen Anteil vom Werte der Veränderlichen ausmachen, gleichgültig in welchem Gebiete sie auftreten. Im gewöhnlichen, numerisch eingeteilten Koordinatensystem bedeutet die gleiche Abweichung von der Kurve im Gebiete kleiner Werte der Veränderlichen einen erheblichen Prozentsatz, im Gebiete großer Werte dagegen einen geringen. Daher ist der Gebrauch von logarithmischem Papier beim Auftragen von Versuchsergebnissen von Vorteil, weil eben die Genauigkeit der Angaben der Kurve im ganzen Bereiche die gleiche ist.

Beispiel 3. Die Eichung einer Meßdüse ergab die in folgender Tabelle zusammengestellten Ablesungen:

Mittlere Geschwindigkeit des Wassers im Rohr m/sek	Ablesung des Differential-Manometers mm Hg
1,16	30,3
1,40	58,0
1,72	75,5
1,93	93,5
2,30	137,5
2,39	148,0
3,45	261,0

Es wird vermutet, daß zwischen der Geschwindigkeit des Wassers und der Ablesung des Differential-Manometers eine Beziehung von der Form

$$v = a \cdot R^n$$

besteht, worin

v = Geschwindigkeit des Wassers,
R = Ablesung am Manometer,
a, n Konstanten sind, deren Wert zu ermitteln ist.

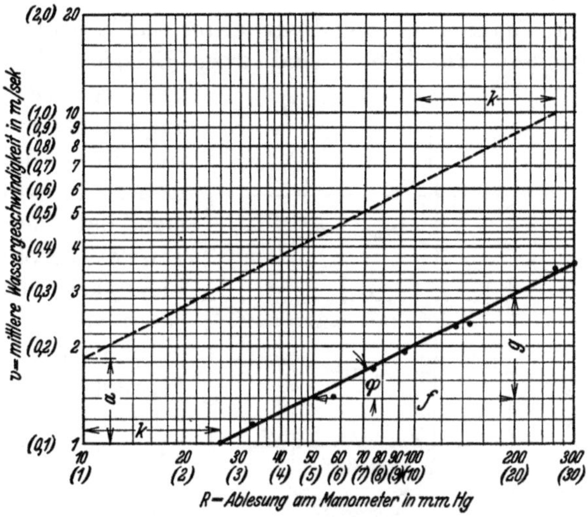

Abb. 3. Lösung von Beispiel 3.

Lösung: Die gemessenen Werte werden auf logarithmischem Papier aufgetragen. Es ergibt sich die Kurve Abb. 3, welche mit großer Genauigkeit eine Gerade ist. Die Neigung dieser Geraden kann mittels Transporteurs durch Bestimmung des Winkels φ abgemessen oder aus den (mit numerisch eingeteiltem Maßstabe) gemessenen Strecken f und g berechnet werden. Der Tangens des Winkels $\varphi = \frac{g}{f}$ ergibt dann den Wert der Konstanten n in der Gleichung der Geraden. Im vorliegenden Falle wird $n = 0{,}5$ ermittelt.

Der Abschnitt auf der y-Achse, d. h. die Konstante a der Gleichung, kann hier nicht unmittelbar bestimmt werden, da er außerhalb des Diagramms liegt. Beim logarithmischen Papier wiederholt sich für jede Zehnerpotenz die gleiche Einteilung in gleicher Größe. Es ist also nur erforderlich, die Gerade parallel zu sich selbst in die gestrichelte Lage, die durch die mit k bezeichneten Abstände gegeben ist, zu verschieben, um ihren Schnittpunkt mit der Anfangsordinate ($x = 1$, $\log x = 0$) zu erhalten. Für die gestrichelte Gerade gelten dann die in Klammern beigefügten Koordinatenzahlen.

Aus dem Diagramm ist folgende für diese Meßdüse gültige Gleichung ermittelt:

$$v = 0{,}185 \cdot R^{0{,}5} = 0{,}185 \cdot \sqrt{R}.$$

II. Strömung flüssiger und gasförmiger Medien.

Die Mechanik der Flüssigkeiten, worunter im folgenden sowohl flüssige wie gasförmige Medien verstanden werden sollen, wird in zwei Abschnitte eingeteilt: die Hydrostatik, welche sich mit in Ruhe befindlichen Flüssigkeiten und die Hydrodynamik, welche sich mit bewegten Flüssigkeiten beschäftigt. Die Hydrostatik wird in allen Elementarbüchern der Physik behandelt, und es braucht daher hier nicht näher darauf eingegangen zu werden. Nur eine wichtige Anwendung hydrostatischer Gesetze soll hier kurz besprochen werden.

Manometer. Manometer sind Instrumente zur Messung des Druckes von Flüssigkeiten. In Abb. 4 sind zwei Beispiele für Manometer gegeben. Die in Abb. 4a dargestellte ist die einfachste Form dieser Instrumente. Es wird angenommen, daß der schraffierte Teil des U-Rohres mit einer Flüssigkeit A gefüllt ist, deren spezifisches Gewicht γ_a kg/m³ ist. Über dieser Flüssigkeit sind die Schenkel des U-Rohres mit dem Medium B gefüllt, welches sich mit A nicht mischt und das spezifische Gewicht γ_b kg/m³ hat.

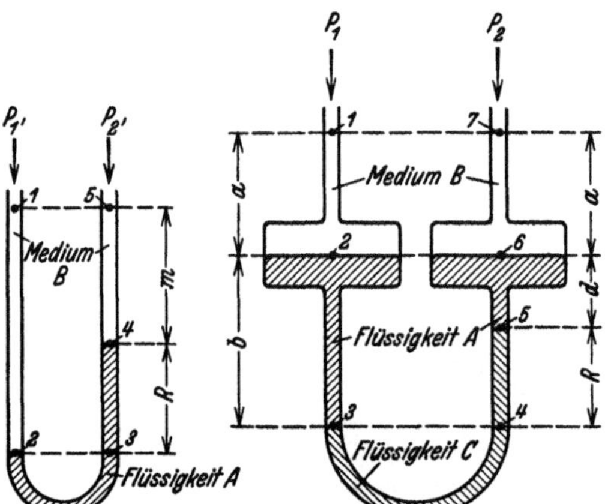

Abb. 4. Flüssigkeitsmanometer.
a Einfaches. *b* Differentialmanometer.

Auf dem einen Schenkel des U-Rohres lastet der Druck P_1, auf dem anderen der Druck P_2. Die Folge dieses Druckunterschiedes ist, daß die Flüssigkeit in dem einen Schenkel höher steht als in dem anderen, und zwar um die vertikal in Metern gemessene Strecke R. Durch Messung dieser Strecke R wird mittels des Manometers der Druckunterschied $P_1 - P_2$ gemessen. Um die Beziehung zwischen dem Druckunterschied und der Strecke R aufzustellen, beginnen wir beim Punkt *1*, an welchem der Druck P_1 herrscht. Dann ist der Druck am Punkt *2*: $P_1 + (m + R) \cdot \gamma_b$. Nach den Gesetzen der Hydrostatik ist der Druck am Punkt *3* gleich dem am Punkt *2*. Am Punkt *4* ist der Druck um $R \cdot \gamma_a$ geringer als am Punkt *3* und am Punkt *5* noch um $m \cdot \gamma_b$ geringer als am Punkt *4*. In eine Gleichung zusammengefaßt, ergibt sich also:

$$P_1 + (m + R) \cdot \gamma_b - R \cdot \gamma_a - m \cdot \gamma_b = P_2$$

und durch Vereinfachung:

$$\Delta P = P_1 - P_2 = R\,(\gamma_a - \gamma_b). \qquad (11)$$

Da m herausgefallen, ist die Messung von dieser Größe, also auch von der Länge der Schenkel des U-Rohres, unabhängig, vorausgesetzt, daß P_1 und P_2 in derselben Niveauebene gemessen werden.

Zur Messung kleiner Druckunterschiede wird oft das sogenannte Differential-Manometer Abb. 4b benutzt. Dieses Manometer enthält zwei Flüssigkeiten A und C, welche sich nicht vermischen dürfen und deren spezifische Gewichte so wenig wie möglich voneinander verschieden sein sollen. In den Schenkeln der U-Rohre sind Erweiterungen vorgesehen, so daß die Flüssigkeitsspiegel an den Punkten *2* und *6* nur so wenig schwanken, daß diese Schwankungen gegen die Größe R vernachlässigt werden können. Folglich kann der Höhenunterschied zwischen den Punkten *1* und *2* gleich dem zwischen den Punkten *6* und *7* eingesetzt werden. Um die Beziehung zwischen der Meßgröße R und dem Druckunterschied $P_1 - P_2$ aufzustellen, wird wie oben vorgegangen. Die Drücke an den Punkten *1*—*7* sind folgende:

Punkt *1*: Druck P_1
2: $P_1 + a \cdot \gamma_b$
3: $P_1 + a \cdot \gamma_b + b \cdot \gamma_a$
4: $P_1 + a \cdot \gamma_b + b \cdot \gamma_a$
5: $P_1 + a \cdot \gamma_b + b \cdot \gamma_a - R \cdot \gamma_c$
6: $P_1 + a \cdot \gamma_b + b \cdot \gamma_a - R \cdot \gamma_c - d \cdot \gamma_a$
7: $P_1 + a \cdot \gamma_b + b \cdot \gamma_a - R \cdot \gamma_c - d \cdot \gamma_a - a \cdot \gamma_b = P_2$.

Die für Punkt *7* angegebene Gleichung wird vereinfacht zu:

$$P_2 - P_1 = -\Delta P = (b - d) \cdot \gamma_a - R \cdot \gamma_c$$

und da $b - d = R$

$$\Delta P = R\,(\gamma_c - \gamma_a). \qquad (12)$$

Daraus folgt, daß je kleiner die Differenz $\gamma_c - \gamma_a$ ist, um so größer der Ausschlag R des Manometers bei einem gegebenen Druckunterschied ΔP werden muß.

Zur Messung kleiner Druckdifferenzen wird auch ein Manometer benutzt, das in Abb. 5 dargestellt ist und eine Abart des Manometers Abb. 4a bildet. Der eine Schenkel dieses Manometers ist

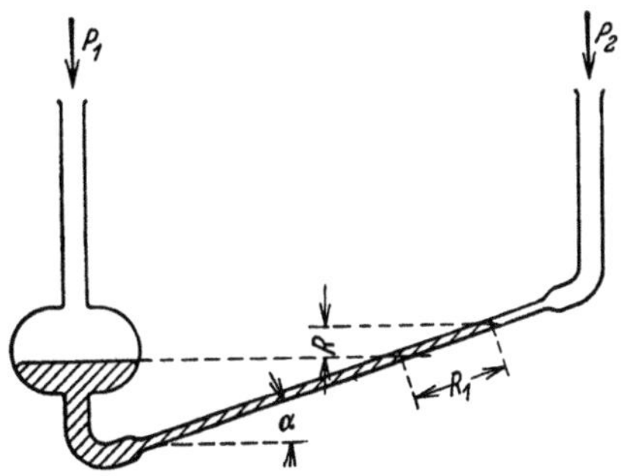

Abb. 5. Flüssigkeitsmanometer mit geneigtem Schenkel.

geneigt, so daß bei einem kleinen Wert der vertikal gemessenen Strecke R vom Meniskus in dem geneigten Schenkel eine große Strecke R_1 zurückgelegt wird. Letztere ist gleich R dividiert durch den Sinus des Neigungswinkels α. Je kleiner α gewählt wird, um so stärker ist die Vergrößerung von R auf R_1. Auch bei diesem Manometer ist eine Erweiterung in dem vertikalen Schenkel erforderlich, damit die Schwankung des Meniskus in diesem Schenkel gegenüber der im geneigten Schenkel zu vernachlässigen ist.

Bernoullis Theorem.

In Kapitel I war schon gesagt, daß eines der wichtigsten Hilfsmittel für die Berechnung von irgendwelchen Vorgängen das Gesetz von der Erhaltung der Energie ist. Wenn dieses Gesetz auf die Flüssigkeitsströmung angewendet wird, so ergibt sich eine Gleichung, welche „Bernoullis Theorem“ genannt wird. Es muß indessen ausdrücklich darauf hingewiesen werden, daß dieses Theorem nur ein Spezialfall des allgemeinen Gesetzes der Erhaltung der Energie ist. Da es theoretisch möglich ist, alle Arten von Energie, welche dem System, in welchem eine Flüssigkeitsströmung stattfindet, zugeführt werden, in der Energiebilanz zu berücksichtigen, kann auch Bernoullis Theorem in einer ganz allgemeinen und umfassenden Form geschrieben werden. In den meisten Fällen schrumpft die Energiebilanz indessen zu einer verhältnismäßig einfachen Gleichung zusammen.

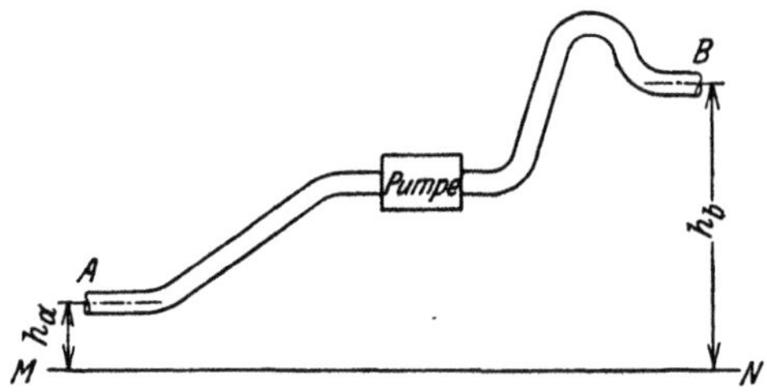

Abb. 6. Ableitung von Bernoullis Theorem.

Es sei angenommen, daß in dem in Abb. 6 dargestellten System überall gleiche Temperatur herrscht. Abb. 6 stellt eine Rohrleitung dar, in welcher eine Flüssigkeit vom Punkt A nach B gefördert wird. Die Pumpe liefert die für die Aufrechterhaltung der Strömung erforderliche Energie. Wir betrachten 1 kg Flüssigkeit, welches bei A eingeht. Der Druck bei A möge P_a kg/m² betragen, die Geschwindigkeit der Flüssigkeit c_a m/sek, das spezifische Volumen der Flüssigkeit v_a m³/kg. Punkt A liegt h_a m über einer horizontalen Bezugsebene, welche durch die Linie MN angedeutet ist. Das Kilogramm Flüssigkeit hat bei A eine potentielle Energie, welche über der Bezugsebene MN gemessen h_a mkg beträgt. Da die Flüssigkeit die Geschwindigkeit von c_a m/sek hat, besitzt das Kilogramm ferner eine kinetische Energie von $c_a^2/2g$ mkg. Weiterhin muß das Kilogramm Flüssigkeit in das Rohr gegen einen Druck von P_a kg/m² eintreten und deshalb eine Arbeit von $P_a \cdot v_a$ mk aufgewendet werden, wodurch sein Energieinhalt um den gleichen Betrag erhöht wird. Der gesamte Energieinhalt eines Kilogramm Flüssigkeit beim Eintritt in das Rohr ist die Summe dieser drei Größen.

Wenn das System den Beharrungszustand erreicht hat, muß nach dem Gesetz von der Erhaltung der Materie für jedes bei A eingehende bei B ein Kilogramm ausgehen. Das bei B ausgehende hat einen Energieinhalt von $h_b + \frac{c_b^2}{2g} + P_b v_b$ mkg, worin h_b, c_b, P_b und v_b Höhe, Geschwindigkeit, Druck und spezifisches Volumen am Punkt B bedeuten.

Wenn keine Veränderung im Energieinhalt zwischen den Punkten A und B einträte, müßte nach dem Gesetz der Erhaltung der Energie der Energieinhalt an beiden Punkten genau der gleiche sein. Es war aber gefordert, daß durch die Pumpe Energie zugeführt wird. Diese möge w mkg je Kilogramm Flüssigkeit betragen. Ein Teil davon wird durch Reibung in Wärme verwandelt. Es war angenommen, daß das ganze System gleiche Temperatur hat, infolgedessen muß die entwickelte Wärme durch Strahlung verloren werden. Dieser Reibungsverlust möge f mkg je Kilogramm Flüssigkeit betragen. Die vollständige Energiebilanz des Systems zwischen den Punkten A und B wird daher ausgedrückt durch die Gleichung

$$h_a + \frac{c_a^2}{2g} + P_a \cdot v_a - f + w = h_b + \frac{c_b^2}{2g} + P_b \cdot v_b \,. \tag{13}$$

Drückt man das spezifische Gewicht γ der Flüssigkeit in kg/m³ aus, dann ist $v_a = \frac{1}{\gamma_a}$; $v_b = \frac{1}{\gamma_b}$, und Gleichung (13) kann geschrieben werden:

$$h_a + \frac{c_a^2}{2g} + \frac{P_a}{\gamma_a} - f + w = h_b + \frac{c_b^2}{2g} + \frac{P_b}{\gamma_b} \,. \tag{14}$$

Druckhöhen. Um die Größen der Gleichungen (13) und (14) zu addieren, müssen sie in gleichen Einheiten ausgedrückt werden. Die Höhen h werden in Metern gemessen. Jeder andere Ausdruck in der Gleichung muß daher gleichfalls in Metern gemessen werden. Die Betrachtung der anderen Größen in Gleichung 13 und 14 zeigt, daß diese Forderung erfüllt wird. Die Geschwindigkeit z. B. wird gemessen in Metern je Sekunde. g ist eine Beschleunigung und als solche gemessen in Metern je sek². Die die Geschwindigkeit enthaltenden Größen haben also die Dimension $\frac{\text{m}^2 \cdot \text{sek}^2}{\text{m} \cdot \text{sek}^2} = \text{m}$. Ebenso ergibt die Berechnung der Dimensionen für den Ausdruck $P \cdot v$ $\text{kg/m}^2 \cdot \text{m}^3/\text{kg} = \text{m}$. W und f müssen ebenfalls in Metern ausgedrückt werden, um in Übereinstimmung mit den Einheiten der anderen Größen zu kommen.

Eine Flüssigkeitssäule mit 1 m² Grundfläche und h Metern Höhe übt auf die Grundfläche bei einem spezifischen Gewicht von γ kg/m³ einen Druck aus, welcher gegeben ist durch das Volumen der Flüssigkeit, multipliziert mit ihrem spezifischen Gewicht. Da nun die Fläche des Querschnittes der Flüssigkeitssäule gleich der Flächeneinheit ist, ist ihr Volumen zahlenmäßig gleich der Höhe h und der von ihr ausgeübte Druck also

$$P = h \cdot \gamma \,, \tag{15}$$

mit anderen Worten: Man kann einen Druck messen durch die Höhe einer Flüssigkeitssäule, deren spezifisches Gewicht bekannt ist. Man spricht daher in der Hydraulik von Druckhöhen.

Da die Größen in Gleichungen (13) und (14) sämtlich linear sind, bedeuten sie alle Drücke, und man wendet für sie alle oft den Ausdruck „Höhe" an. h wird „Potentialhöhe" genannt. Die die Geschwindigkeit enthaltenden Ausdrücke werden „Geschwindigkeitshöhen" und die den Druck enthaltenden „Druckhöhen" genannt, f wird als Reibungshöhe und w als Förderhöhe der Pumpe bezeichnet.

Zu Gleichung (15) müssen zwei Bemerkungen gemacht werden: Erstens hängen die Einheiten, in welchen der Druck gemessen wird, mit den für h und γ gewählten Einheiten zusammen, so ist am bequemsten h in Metern und γ in kg/m^3 zu messen, wobei sich P in kg/m^2 ergibt. Zweitens ist der Ausdruck „Höhe" zur Bezeichnung eines Druckes nur dann eindeutig, wenn das spezifische Gewicht der Flüssigkeit angegeben ist. Aus diesem Grunde beziehen sich Druckangaben in Metern Flüssigkeitssäule immer auf das spezifische Gewicht der Förderflüssigkeit.

Gleichung (13) umfaßt nicht alle möglichen Fälle. Wenn zwischen den Punkten A und B außer der Reibung und der Arbeitsleistung der Pumpe noch irgendeine andere Energie in irgendeiner Form zu- oder abgeführt wird, muß dies bei der Aufstellung der Gleichung berücksichtigt werden. Wird z. B. zwischen A und B Wärme zu- oder abgeführt, muß ein dementsprechender Ausdruck in die Gleichung (13) eingesetzt werden. Die Größe f in Gleichung (13) ist schon ein Spezialfall dieser Art. Wenn das strömende Medium ein Gas ist, wird sich das spezifische Gewicht beim Durchgang durch das System infolge von Druckänderungen verändern. Ein expandierendes Gas leistet Arbeit auf seine Umgebung, diese Arbeit wird gemessen durch $\int_{v_a}^{v_b} P\,dv$. Wenn Änderungen im spezifischen Gewicht innerhalb des Systems, auf welches Bernoullis Theorem angewendet wird, erfolgen, muß dieses Integral bestimmt und in die Gleichung eingesetzt werden, genau wie die Ausdrücke w und f. Um dieses Integral zu bestimmen, muß die Abhängigkeit zwischen P und v für das ganze System, auf welches die Gleichung angewendet wird, bekannt sein. Es kann also eine allgemeine Regel hierfür nicht gegeben werden, weil die Beziehung verschiedenartig sein kann. Es würde zu weit führen, hier auf alle möglichen Fälle einzugehen.

In Abb. 6 war Bernoullis Theorem für Anfang und Ende des Systems angewendet, es kann natürlich auch für jeden kleinen Teil einzeln oder in Gruppen angewendet werden, in jedem Falle ist die Gleichung gültig. Im allgemeinen wählt man die beiden Punkte des Systems, für welche die meisten Daten erhältlich sind. Ein Beispiel wird die Anwendung der Gleichung am besten zeigen.

Beispiel 4 (siehe Abb. 7). Eine Pumpe saugt eine Lösung ($\gamma = 1840$ kg/m³) aus einem Lagerbehälter durch ein Rohr von 76 mm ⌀, die Geschwindigkeit in der Saugleitung beträgt 3 m/sek. Die Pumpe drückt durch ein Rohr mit 50 mm ⌀ in einen Hochbehälter. Der Ausguß des Druckrohres liegt 15,25 m über dem Flüssigkeitsspiegel im Saugbehälter. Die Reibungsverluste im ganzen System betragen 3 m (der Förderflüssigkeit). Welchen Druck muß die Pumpe erzeugen in kg/cm²? Wie groß ist theoretisch der Kraftbedarf der Pumpe?

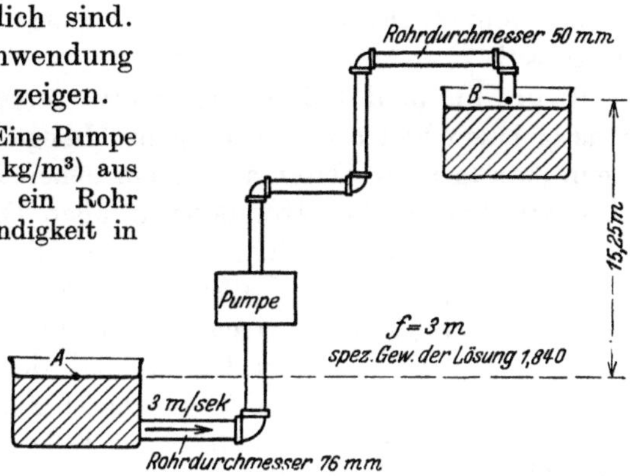

Abb. 7. Zu Beispiel 4.

L ö s u n g : Wir stellen die Bernoullische Gleichung für die Punkte A an der Flüssigkeitsoberfläche im Saugbehälter und B am Ausguß des Druckrohres auf. Die horizontale Bezugsebene wird durch Punkt A gelegt. Dann ist

$$h_a = 0; \quad h_b = 15{,}25 \text{ m}: \quad c_a = 0; \quad c_b = 3 \cdot \frac{76^2}{50^2} = 6{,}95 \text{ m/sek},$$

$$f = 3 \text{ m}; \quad P_a = P_b \text{ (beide unter Atmosphärendruck)},$$

$$\gamma_a = \gamma_b = 1840 \text{ kg/m}^3.$$

Gleichung 14 lautet dann:

$$-3 + w = 15{,}25 + \frac{6{,}95^2}{2 \cdot 9{,}81},$$

$$w = 20{,}7 \text{ m (der Förderflüssigkeit)}.$$

Der Druck in kg/m² ergibt sich durch Anwendung der Gleichung (15) zu ∼ 38000 kg/m², entsprechend 3,8 kg/cm².

Die Leistung der Pumpe ergibt sich als Produkt von sekundlich gefördertem Volumen mal Druck. Ersteres wird errechnet aus der Querschnittsfläche der Rohrleitung und der Geschwindigkeit zu 0,0136 m³/sek. Daher Leistung in mkg/sek: 0,0136 · 38000 = etwa 520 mkg/sek, und da 75 mkg/sek = 1 PS, ist der Kraftbedarf der Pumpe ∼ 7 PS.

Arten der Flüssigkeitsströmung.

Wenn Flüssigkeiten durch eine Rohrleitung beliebigen Querschnittes strömen, können zwei verschiedene Arten der Strömung je nach den vorliegenden Bedingungen auftreten. Diese Arten der Strömung werden durch einen klassischen Versuch sehr leicht augenfällig demonstriert, der zuerst von Osborne-Reynolds vorgeführt wurde. Bei Reynolds'

Versuch war ein Glasrohr an einen hochstehenden Wasserbehälter angeschlossen, die Geschwindigkeit des ausfließenden Wassers konnte beliebig verändert werden. In das Eintrittsende des Rohres ragte eine Düse, durch welche ein feiner Strahl gefärbten Wassers eingeleitet werden konnte. Das Wesentliche des Apparates ist schematisch in Abb. 8 dargestellt.

Reynolds fand, daß bei niedriger Wassergeschwindigkeit das gefärbte Wasser einen Faden durch die ganze Länge des Rohres bildete. Auch wenn man mehrere Düsen an verschiedenen Punkten des Querschnittes einsetzte, blieben die Stromfäden in allen Teilen parallel und es zeigte sich, daß in dem Rohr keine Mischung eintrat.

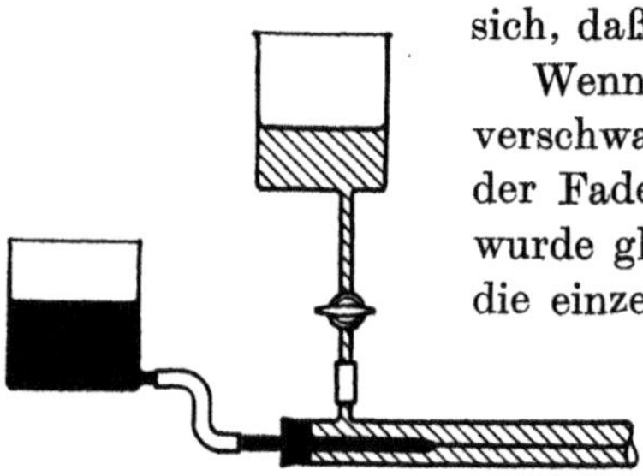

Abb. 8. Reynolds' Versuch.

Wenn die Geschwindigkeit erhöht wurde, verschwand bei einer gewissen Größe derselben der Faden, und der ganze Inhalt des Rohres wurde gleichmäßig gefärbt. Das bedeutet, daß die einzelnen Teilchen der Flüssigkeit jetzt in Wirbeln strömten, so daß völlige Mischung eintrat und keine parallelen Stromfäden mehr vorhanden waren.

Diese zwei Arten der Flüssigkeitsströmung werden Laminarströmung und turbulente Strömung genannt. Die Geschwindigkeit, bei welcher die Laminarströmung in die turbulente Strömung übergeht, nennt man kritische Geschwindigkeit. Diese ist nicht immer für alle Verhältnisse genau bestimmt, da die Laminarströmung bei höheren und die turbulente auch bei niedrigeren Geschwindigkeiten auftreten kann, doch ist dann der Zustand nicht stabil.

Reynolds' Kriterium. Reynolds hat in einer späteren mathematischen Behandlung der Bedingungen, unter welchen diese beiden Strömungsarten auftreten, gezeigt, daß die kritische Geschwindigkeit abhängt von dem Durchmesser des Rohres, der Geschwindigkeit der Flüssigkeit, ihrem spezifischen Gewicht und ihrer Viskosität. Wenn der lichte Durchmesser des Rohres mit D, die mittlere Geschwindigkeit der Flüssigkeit mit c, ihr spezifisches Gewicht mit γ und ihre Viskosität mit Z bezeichnet wird, ergibt der Ausdruck $\frac{D \cdot c \cdot \gamma}{Z}$ einen charakteristischen Wert. Dieser wird nach Reynolds „Reynolds' Kriterium" genannt und spielt in hydraulischen Berechnungen eine wichtige Rolle. Er hat auch bei vielen Problemen des chemischen Apparatebaues fundamentale Bedeutung, so daß sich der Chemieingenieur damit befassen muß. In diesem besonderen Falle ist gezeigt worden, daß die kritische Geschwindigkeit für eine Flüssigkeit dann auftritt, wenn obiger Ausdruck $\frac{D \cdot c \cdot \gamma}{Z}$ den Wert von 93—118 ergibt, worin D in cm, c in m/sek, γ in kg/m³ und Z in Zentipoisen gemessen wird.

Geschwindigkeitsverteilung. Werden die Geschwindigkeiten in einem Rohr mit rundem Querschnitt in verschiedenen Abständen von der Mittelachse gemessen, so findet man, daß in beiden Fällen, bei laminarer und turbulenter Strömung, die Flüssigkeit in der Mitte des Rohres schneller strömt als in der Nähe der Rohrwand. Trägt man die Geschwindigkeit über dem Abstand von der Wandung auf, so erhält man Kurven, wie sie in Abb. 9 dargestellt sind. Bei laminarer Strömung ist die Kurve eine genaue Parabel mit scharf ausgeprägtem Maximum und den Rohrwänden als Asymptoten. Wie die Kurve für laminare Strömung zeigt, ist die mittlere Geschwindigkeit über den ganzen Querschnitt halb so groß wie die maximale. Bei turbulenter Strömung wird die Kurve in der Mitte etwas abgeflacht, siehe die Kurve der turbulenten Strömung, und die mittlere Geschwindigkeit beträgt etwa das 0,8fache der maximalen. Die genaue Beziehung zwischen mittlerer und maximaler Geschwindigkeit ist als Funktion von Reynolds' Kriterium in Abb. 10 aufgetragen. Es muß indessen bemerkt werden, daß diese Verhältnisse nur für gerade Rohrstränge gelten, in welchen die Strömung stetig und isotherm verläuft. Veränderungen der Richtung, der Temperatur oder des Querschnittes verändern auch den Verlauf und Charakter der Geschwindigkeitsverteilungskurven.

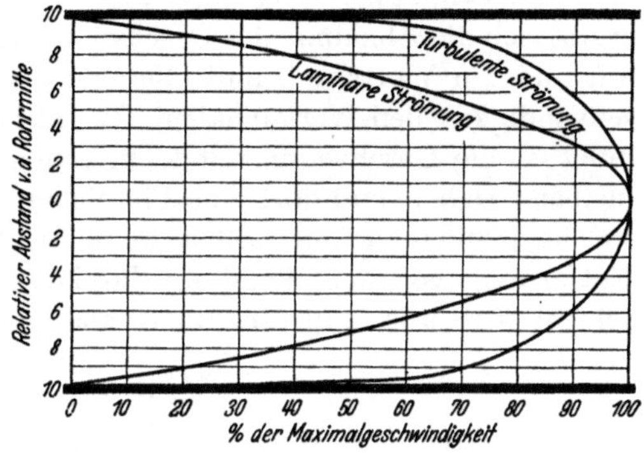

Abb. 9.
Geschwindigkeitsverteilung über dem Rohrquerschnitt.

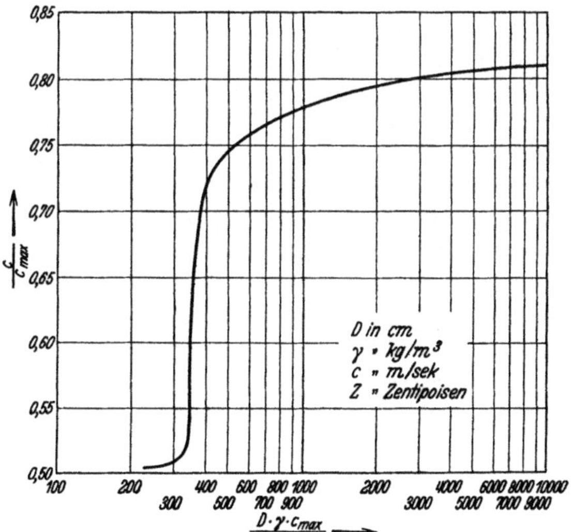

Abb. 10.
Beziehung zwischen maximaler und mittlerer Geschwindigkeit.

Bemerkenswert ist ferner, daß diese Kurven der Geschwindigkeitsverteilung die Rohrwände tangieren, woraus abzuleiten ist, daß die Geschwindigkeit sich um so mehr dem Wert 0 nähert, je geringer die Entfernung von der Rohrwand ist. Je feinere Methoden für die Messung der Geschwindigkeitsverteilung angewendet werden, um so deutlicher ergibt sich die Abnahme der Geschwindigkeit in der Nähe der Wandung. Mit anderen Worten: Unmittelbar an der Rohrwandung muß die Geschwindigkeit den Wert 0 haben. Bei kleinen Abständen von der Wandung ist die Geschwindigkeit klein genug, um unter der kritischen zu bleiben. Daher muß dort eine Flüssigkeitsgrenzschicht vorhanden sein, welche laminar strömt, selbst wenn die Strömung in etwas größerer Entfernung von der Wandung durchaus turbulent ist. Diese Grenzschicht wird uns in diesem Buche später noch oft begegnen.

Viskosität.

Der Ausdruck „Viskosität" wurde schon mehrere Male in den vorhergehenden Erörterungen gebraucht. Es ist deshalb erforderlich, ihn genau zu definieren und zu erklären, nach welchen Methoden die Viskosität gemessen wird. In der Hydrodynamik werden Flüssigkeiten oft im Idealfall als nicht viskos angenommen. Solche Flüssigkeiten würden Scherkräften keine Widerstände entgegensetzen, d. h. es wäre keine Kraft erforderlich, um eine Schicht einer derartigen Flüssigkeit auf der anderen zu verschieben. Eine Analogie zu solch einer vollkommenen Flüssigkeit ist ein Stoß idealer Spielkarten, welche ohne jede Reibung aufeinandergleiten. Wenn in diesem Idealfalle die oberste Karte in ihrer Ebene verschoben wird, würde sich keine der anderen Karten bewegen. Alle wirklichen Flüssigkeiten setzen indessen solchen Scherkräften Widerstand verschiedener Größe entgegen. Eine Analogie zu einer wirklichen Flüssigkeit ist ein Stoß wirklicher Spielkarten, bei dem sich alle anderen Karten in einem gewissen Maße verschieben, wenn die oberste Karte verschoben wird.

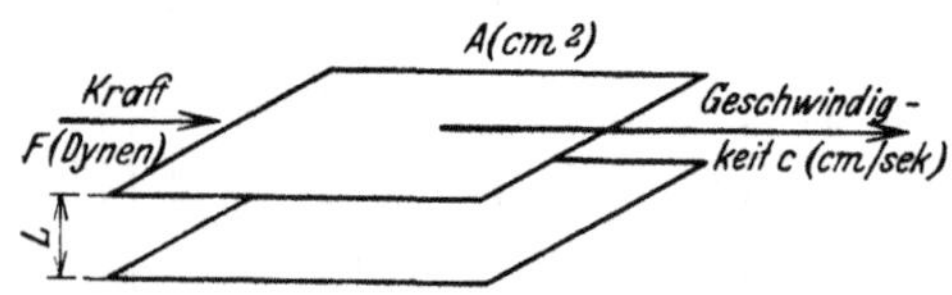

Abb. 11. Definition der Viskosität.

Einheiten der Viskosität. Wir betrachten zwei Schichten einer Flüssigkeit in dem Abstand L (Abb. 11). Jede dieser Schichten möge eine Fläche von A cm² haben und die obere Schicht möge parallel zu der unteren mit einer Geschwindigkeit von c cm/sek verschoben werden. Wenn eine vollkommene Flüssigkeit vorläge, könnte diese konstante Geschwindigkeit c aufrechterhalten werden, ohne jede Zufuhr von Energie oder den Aufwand irgendwelcher Kraft. Für jede wirkliche Flüssigkeit indessen ist eine Kraft von F Dynen erforderlich, um die Geschwindigkeit c aufrechtzuerhalten. Experimentell ist festgestellt, daß die Kraft F der Geschwindigkeit c und der Fläche A direkt, dem Abstand L umgekehrt proportional ist. Durch eine mathematische Gleichung wird diese Feststellung folgendermaßen ausgedrückt:

$$F = \frac{\mu \cdot c \cdot A}{L}, \tag{16}$$

worin μ ein konstanter Proportionalitätsfaktor ist. Die Gleichung kann benutzt werden, die Einheit der Viskosität zu definieren. Nach μ aufgelöst, lautet sie:

$$\mu = \frac{L \cdot F}{c \cdot A}. \tag{17}$$

Setzt man in diese Gleichung die Einheiten des *cgs*-Systems ein, so findet man die Dimension der Viskosität als $\frac{\text{Masse}}{\text{Länge} \cdot \text{Zeit}}$. Die Einheit der Viskosität im *cgs*-System ist also definiert als 1 g Masse, dividiert durch 1 cm und 1 Sekunde. Diese Einheit wird „Poise" genannt, nach dem französischen Forscher Poiseuille, der grundlegende Forschungen über die Viskosität anstellte. Sie ist aber für die meisten Flüssigkeiten unbequem groß. Z. B. wurde die Viskosität des Wassers bei einer Temperatur von 20,5° C experimentell zu 0,01 Poisen festgestellt. Aus diesem Grunde wird gewöhnlich die Viskosität in Zentipoisen angegeben, d. h. dem hundertsten Teil einer Poise. Es ist auch gebräuchlich, Viskositäten auf die Viskosität des Wassers bei 20,5° C zu beziehen. Diese sogenannte relative Viskosität ist dann numerisch gleich der absoluten Viskosität in Zentipoisen.

Bestimmung der Viskosität. Theoretisch und experimentell wurde nachgewiesen, daß, wenn Flüssigkeiten laminar durch ein Rohr von kreisrundem Querschnitt fließen, die Strömung nach der von Poiseuille aufgestellten Gleichung erfolgt:

$$\Delta P = \frac{318 \cdot L \cdot c \cdot Z}{g \cdot D^2}, \tag{18}$$

worin

P = Druck in kg/m²,
L = Rohrlänge in m,
Z = Viskosität in Zentipoisen,
g = Beschleunigung durch die Schwerkraft in m/sek²,
c = Geschwindigkeit in m/sek,
D = Rohrdurchmesser in cm.

Ist die Viskosität bekannt, so kann nach dieser Gleichung der Druckverlust infolge Reibung für laminare Strömung berechnet werden. Wichtiger ist die Gleichung indessen zur Bestimmung der Viskosität aus den anderen bekannten Größen.

Viskosimeter. Da nachgewiesen wurde, daß die turbulente Strömung in die laminare Strömung übergeht, wenn Reynolds' Kriterium den Wert von 93 ÷ 118 unterschreitet, ist es erforderlich, zur Bestimmung der Viskosität die Konstanten des Apparates so zu wählen, daß bestimmt

Laminarströmung auftritt und der Wert von Reynolds' Kriterium kleiner ist als der der kritischen Geschwindigkeit entsprechende. Dies wird leicht erreicht, wenn der Rohrdurchmesser entsprechend klein gewählt wird. Ein Viskosimeter besteht daher im wesentlichen aus einem Kapillarrohr, durch welches man die Flüssigkeit strömen läßt, um dabei die Größen der Gleichung (18) zu bestimmen. Gewöhnlich wird ein Kapillarrohr aus Glas verwendet, welches an einem Ende erweitert ist. Die Erweiterung ist kalibriert und ihr Volumen zwischen zwei Marken geeicht. Erweiterung und Kapillarrohr werden mit der zu prüfenden Flüssigkeit gefüllt. Dann läßt man die Flüssigkeit unter einem gemessenen Drucke durch die Kapillare ausfließen und beobachtet die Zeit, die das Ausfließen des bekannten Volumens zwischen den Marken erfordert. Aus der Zeit und dem bekannten Volumen wird die mittlere Geschwindigkeit berechnet. Länge und Durchmesser der Kapillare können regelrecht ausgemessen werden, meist aber bestimmt man sie durch Eichung mit einer Flüssigkeit, deren Viskosität bekannt ist. Damit sind alle Größen der Gleichung (18) mit Ausnahme von Z bekannt, und letzteres kann berechnet werden. Die Benutzung des Apparates erfordert gewisse Korrektionen, die hier nicht näher erörtert werden sollen. Für Flüssigkeiten mit einer Viskosität, die der des Wassers gleichkommt, müssen sehr feine Kapillaren und ziemlich empfindliche Apparate angewendet werden. Für sehr viskose Flüssigkeiten, wie z. B. Öle, kann der Durchmesser der Kapillare größer gewählt werden, so daß die Flüssigkeit unter dem Einfluß der Schwerkraft allein ausfließt. Viskosimeter dieser Art findet man sehr häufig. Ein derartiges Instrument besteht aus einem Behälter mit einem kurzen Kapillarrohr im Boden und umgeben von einem Bad zur Konstanthaltung der Temperatur. Ein bestimmtes Volumen der Flüssigkeit, deren Viskosität bestimmt werden soll, wird in den Behälter gefüllt und ein Meßglas unter die Kapillare gestellt. Mißt man die Zeit, die erforderlich ist, das Meßglas zu füllen, so erhält man eine Zahl, welche eine Funktion der Viskosität ist. Zwei bekannte Viskosimeter sind die Apparate von Engler und Saybolt. Das mit diesen Apparaten ermittelte Ergebnis drückt man gewöhnlich in Sekunden statt in absoluten Viskositätseinheiten aus. Für den Vergleich der mit verschiedenen Instrumenten ermittelten Werte und die Umrechnung in absolute Viskositätseinheiten sind Tabellen aufgestellt. Im allgemeinen jedoch sind solche Instrumente für die direkte Bestimmung der Viskosität in absoluten Einheiten nicht geeignet. Für einige Medien geben die Abb. 303 und 304 im Anhang die Viskosität an.

Reibungsverluste.

Bei der Ableitung der Bernoullischen Gleichung war eine Größe eingesetzt, die den Energieverlust infolge der Reibung in dem System ausdrückt. Diese Reibungsverluste können verschiedene Ursachen haben. Der größte Reibungsverlust entsteht wahrscheinlich durch die Strömung der Flüssigkeit durch die Leitung. Eine für den Ingenieur wichtige Frage ist die Berechnung dieses Verlustes aus den Bedingungen der Strömung und den physikalischen Eigenschaften, nicht nur für Wasser, sondern auch für jede andere Flüssigkeit. Es war gesagt worden, daß zwei Arten der Strömung auftreten können, die laminare oder die turbulente. Für isotherme laminare Strömungen kann zur Berechnung des Reibungsverlustes Gleichung (18) benutzt werden. Leider tritt laminare Strömung in praxi fast niemals auf. Infolge der großen Verschiedenheit zwischen diesen beiden Strömungen muß der Reibungswiderstand in jedem Falle einem anderen Gesetz folgen je nachdem, ob turbulente oder laminare Strömung vorliegt. Andererseits wird gezeigt werden, daß in beiden Fällen in gleicher Weise vorgegangen werden kann, so daß es nicht nötig ist, vorauszuberechnen, welche Strömung eintreten wird.

Der Reibungsverlust in einer durch ein Rohr strömenden Flüssigkeit ist nur ein Spezialfall eines allgemeinen Gesetzes über den Widerstand, welchen eine bewegte Flüssigkeit an einer rauhen Wand findet. Wir betrachten einen festen Körper irgendeiner Form, der in einen Flüssigkeitsstrom eingetaucht ist. Die Länge dieses Körpers, gemessen parallel zur Hauptrichtung der Flüssigkeitsströmung, sei D; die benetzte Fläche sei A. Wenn die Geschwindigkeit der Flüssigkeit längs des Körpers klein ist im Vergleich zur Schallgeschwindigkeit, so hängt, wie experimentell festgestellt wurde, der Widerstand nur von der Oberflächenbeschaffenheit, der Größe und der Form des festen Körpers und von der Geschwindigkeit, dem spezifischen Gewicht und der Viskosität der Flüssigkeit ab. Es läßt sich beweisen[1], daß

$$\frac{F}{A} = \frac{\gamma \cdot c^2}{g} \cdot \Phi\left(\frac{D \cdot c \cdot \gamma}{Z}\right), \tag{19}$$

worin F = Gesamtwiderstand, A = benetzte Fläche, c = Geschwindigkeit der Flüssigkeit längs des Körpers, γ = spezifisches Gewicht der Flüssigkeit, Z = Viskosität der Flüssigkeit, g = Beschleunigung durch die Schwerkraft, Φ = eine Funktion, deren genaue Form von Fall zu Fall bestimmt werden muß. Man bemerkt, daß hier wieder Reynolds' Kriterium $\frac{D \cdot c \cdot \gamma}{Z}$ erscheint. Die Form der Funktion Φ hängt ab von der geometrischen Gestalt des eintauchenden Körpers und seiner Rauheit.

Reibung in Rohren. In dem besonderen Falle der Strömung einer Flüssigkeit durch ein Rohr mit rundem Querschnitt und der Länge L muß der Gesamtwiderstand gleich sein dem Produkt aus der benetzten

[1] Bridgemann: Dimensional Analysis, pp. 83—86, Yale-University Press 1922.

Fläche und der Größe $\frac{F}{A}$ der Gleichung (19). Der Druckabfall wiederum muß gleich sein diesem Produkt, dividiert durch die Querschnittsfläche des Rohres, da ja der Druck gemessen wird als Kraft je Flächeneinheit. Es gilt infolgedessen:

$$\Delta P_r = \frac{F}{A} \cdot \frac{L \cdot \pi \cdot D}{100} \cdot \frac{1}{\frac{\pi \cdot D^2}{4 \cdot 10\,000}} = \frac{F}{A} \cdot \frac{L \cdot 400}{D} = \frac{\gamma \cdot c^2}{g} \cdot \Phi\left(\frac{D \cdot c \cdot \gamma}{Z}\right) \cdot \frac{L \cdot 400}{D},$$

was auch in folgender Form geschrieben werden kann:

$$\frac{\Delta P_r \cdot D}{L \cdot c^2 \cdot \gamma} = \Phi'\left(\frac{D \cdot c \cdot \gamma}{Z}\right) = \frac{\Delta h_r \cdot D}{L \cdot c^2}, \tag{20}$$

worin

ΔP_r = Druckabfall infolge Reibung in kg/m²,
$\frac{F}{A}$ = Widerstand in mkg je m² benetzter Fläche,
L = Rohrlänge in m,
D = lichter Durchmesser des Rohres in cm,
γ = spezifisches Gewicht in kg/m³,
c = mittlere Geschwindigkeit der Flüssigkeit in m/sek (= Durchflußmenge in m³/sek dividiert durch Querschnittsfläche des Rohres in m²),
Z = Viskosität der Flüssigkeit in Zentipoisen,
g = Beschleunigung der Schwerkraft (9,81 m/sek²),
Δh_r = Druckverlust infolge der Reibung in m $\left(= \frac{\Delta P_r}{\gamma}\right)$.

Bei dieser Vereinfachung wurden alle numerischen Konstanten einschließlich Φ zu einer neuen Funktion Φ' zusammengefaßt. Der Faktor, mit welchem die Oberflächenbeschaffenheit berücksichtigt wird, kann numerisch nicht erfaßt werden, er erscheint als Veränderung von Φ. Gleichung (20) drückt aus, daß der Druckverlust infolge Reibung multipliziert mit $\frac{D}{\gamma \cdot c^2 \cdot L}$ nur eine Funktion von Reynolds' Kriterium und der Oberflächenbeschaffenheit ist. Versuche haben gelehrt, daß es nicht ausführbar ist, Φ mathematisch auszudrücken, dagegen führt eine experimentell ermittelte Kurve, welche die Beziehung zwischen Reynolds' Kriterium und dem Ausdruck

$$\frac{\Delta P_r \cdot D}{\gamma \cdot c^2 \cdot L}$$

angibt, zur Lösung der Gleichung (20). Diese Kurve[1], welche auf Versuchen basiert, in welchen die Abmessungen der Rohre, das spezifische Gewicht, die Viskosität und Geschwindigkeit der Flüssigkeit in weiten Grenzen variiert wurden, ist in Abb. 12 wiedergegeben.

Man bemerkt, daß in Abb. 12 zwei Kurven vorhanden sind. Die eine gibt den Reibungsverlust in Rohren aus Eisen oder Stahl an, die andere in Kupfer oder Messing. Der Grund für das Vorliegen dieser beiden Kurven ist die verschiedene Oberflächenbeschaffenheit von gewöhn-

[1] Wilson, McAdams und Seltzer: I. Ind. Eng. Chem. Bd. 42 (1922) S. 105—119.

lichem Eisen- und Stahlrohr einerseits und Kupfer- oder Messingrohr andererseits.

Zur Berechnung des Druckverlustes ist es nur nötig, den numerischen Wert des Kriteriums zu berechnen, aus der Kurve den Wert $\frac{\Delta P \cdot D}{\gamma \cdot c^2 \cdot L}$ oder $\frac{\Delta h_r \cdot D}{c^2 \cdot L}$ zu bestimmen und ΔP oder Δh daraus zu berechnen[1]. Das allgemeine Gesetz, das den Widerstand fester Körper in strömenden Flüssigkeiten ausdrückt und in Gleichung (19) gegeben ist, muß in gewissen Geschwindigkeitsbereichen in bestimmtem Sinne abgeändert werden. Z. B. wird für kleine Werte von Reinolds' Kriterium (wo die

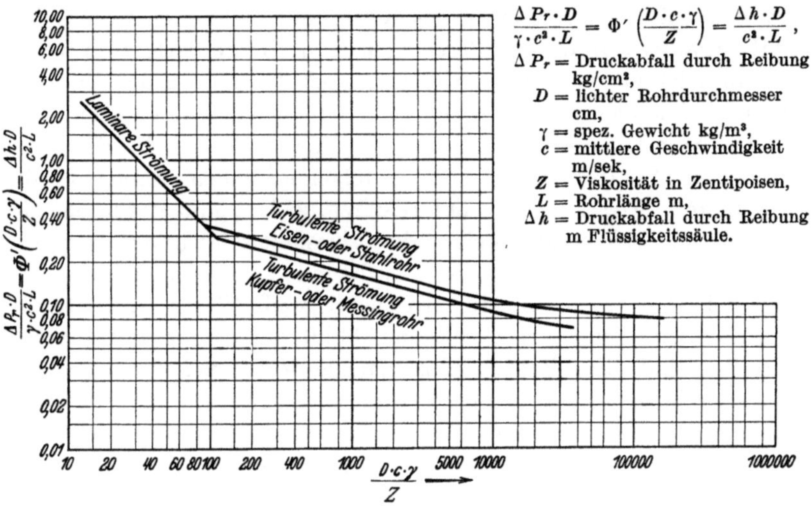

Abb. 12. Reibung von Flüssigkeiten in Rohren.

Strömung laminar ist) die Funktion $\Phi'\left(\frac{D \cdot c \cdot \gamma}{Z}\right) = \frac{Z}{D c \gamma}$ und Gleichung (19) schrumpft zusammen zur Gleichung:

$$\frac{F}{A} = \frac{c \cdot Z}{g \cdot D}. \tag{21}$$

Wenn die Kraft je Flächeneinheit umgewandelt wird in Druckverlust in einem Rohr, ergibt sich Poiseuilles Gleichung [Gleichung (18)] mit Ausnahme der numerischen Konstanten. Man bemerkt in Abb. 12, daß bei kleinen Werten der Reynoldsschen Zahl die beiden Kurven plötzlich

[1] Die hier beschriebene Methode der Berechnung der Flüssigkeitsreibung ist von Reynolds angegeben und von Stanton vervollkommnet worden. Oft wird im wesentlichen dieselbe Methode unter dem Namen Fannings Gleichung benutzt. Gleichung (20) ist im wesentlichen Fannings Gleichung mit dem Unterschied, daß in Fannings Gleichung ein Reibungsfaktor eingeführt ist, welcher aber nur eine Funktion der Reynoldschen Zahl und der Oberflächenbeschaffenheit ist und gewöhnlich Tabellen entnommen wird.

in eine einzige gerade Linie übergehen, die gegen die X-Achse eine Neigung von 45° hat. Diese gerade Linie stellt Poiseuilles Gleichung dar und ergibt den Reibungsverlust bei laminarer Strömung, d. h. für den Bereich, in welchem der Wert des Kriteriums unter dem der kritischen Geschwindigkeit entsprechenden liegt. Diese Linie ist gerade und hat eine Neigung von — 45°, weil nach $\Phi'\left(\frac{D\cdot c\cdot\gamma}{Z}\right)=\frac{Z}{D\cdot c\cdot\gamma}$ auf logarithmischem Papier der Tangens des Neigungswinkels $= -1$ werden muß. Abb. 12 kann daher für alle Arten der Flüssigkeitsströmung benutzt werden.

Eine Betrachtung der Kurven für die turbulente Strömung in Abb. 12 zeigt, daß bei höheren Werten des Kriteriums die Linien nahezu horizontal verlaufen. In diesem Bereich ist der Reibungsverlust im wesentlichen unabhängig von dem Kriterium und damit von der Viskosität und wird schließlich direkt proportional dem Quadrat der Geschwindigkeit. Die beim Übergang von niedrigen zu hohen Werten des Kriteriums eintretenden Veränderungen können folgendermaßen erklärt werden: Bei laminarer Strömung wird der Widerstand fast ganz durch das ohne Wirbelbildung erfolgende Gleiten der Flüssigkeit längs der Rohrwand verursacht. Wenn die kritische Geschwindigkeit überschritten wird, bilden sich aber Wirbel und für zwischenliegende Werte des Kriteriums liegen die Bedingungen vor, die in Abb. 9 dargestellt und auf S. 19 besprochen sind. Für diesen Fall ist nachgewiesen, daß sich die Flüssigkeit in der Mitte in turbulenter Strömung befindet, während dicht an der Wandung eine Grenzschicht in laminarer Strömung fließt. Der Gesamtdruckverlust infolge der Reibung ist die Summe der Verluste in der inneren turbulenten Strömung und der laminar strömenden Grenzschicht. Der letztere überwiegt, solange es sich um Geschwindigkeiten handelt, die von der kritischen nicht sehr verschieden sind. Für große Werte des Kriteriums sind die Reibungskräfte klein im Vergleich zu den Wirbelverlusten; der ganze Reibungsverlust entsteht durch die in Wirkeln stattfindende Vernichtung kinetischer Energie (gemessen durch das Quadrat der Geschwindigkeit), und die Kurve verflacht sich zu einer Geraden, parallel zur Abszissenachse.

Die bisherigen Erörterungen beziehen sich allein auf Reibungsverluste bei der Strömung durch ein gerades Rohr. Wenn die Strömung durch Querschnitts- oder Richtungsveränderungen gestört wird, treten weitere Verluste auf, welche besonders zu betrachten sind. Es muß darauf hingewiesen werden, daß diese Verluste irreversibel sind, da sie durch die Umwandlung kinetischer oder potentieller Energie in Wärme entstehen. Sie entsprechen nicht den Ausdrücken für Geschwindigkeits- und Druckhöhen in der Bernoullischen Gleichung.

Verluste durch Querschnittserweiterungen. Wenn der Querschnitt eines Rohres so allmählich erweitert wird, daß die Flüssigkeit sich dem veränderten Querschnitt ohne Wirbelbildung anpaßt, treten keine Energieverluste auf. Wenn die Querschnittsveränderung schroff ist, verursacht der Wechsel zusätzliche Verluste infolge der Wirbel, welche an dieser Stelle größer als in einem glatten Rohre sind. Für eine plötzliche Erweiterung nimmt der Verlust die Größe an:

$$\Delta h_w = \frac{(c_1 - c_2)^2}{2g}, \tag{22}$$

worin

Δh_w = Druckhöhenverlust in m;
c_1 = Geschwindigkeit in m/sek in dem kleineren Querschnitt;
c_2 = Geschwindigkeit in m/sek in dem größeren Querschnitt.

Verluste durch Querschnittsverengung. Wenn der Querschnitt des Rohres plötzlich verengt wird, nehmen die Verluste infolge zusätzlicher Wirbelbildung folgende Größe an:

$$\Delta h_e = \frac{K \cdot c_2^2}{2g}, \tag{23}$$

worin c_2 die Geschwindigkeit in dem kleineren Querschnitt und K eine Konstante ist, die von dem Verhältnis der beiden Querschnitte abhängt. Die Werte dieser Konstanten sind Abb. 13 zu entnehmen.

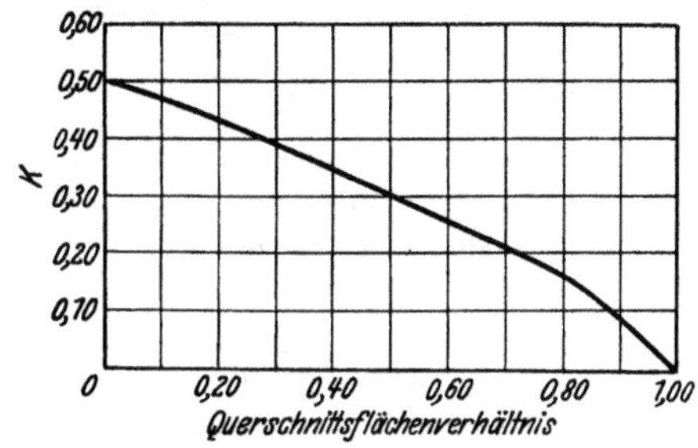

Abb. 13. Kontraktionskoeffizienten.

Verluste in Formstücken. Jede Richtungsänderung des Rohres verursacht einen zusätzlichen Verlust infolge zusätzlicher Wirbelbildung. Die Angaben über diese Verluste in handelsüblichen Formstücken sind durchaus nicht vollkommen, jedoch gibt Tabelle 1 im Anhang angenäherte Werte in geraden Rohrlängen, welche denselben Verlust verursachen würden.

Beispiel 5. Abb. 14 stellt einen Hochbehälter mit anschließender Rohrleitung dar. Die Temperatur des Wassers beträgt etwa 82° C. Wie hoch muß das Wasser im Behälter stehen, damit je Minute 378,5 l ausfließen?

Lösung: Den Tabellen im Anhang wird entnommen:

$\gamma = 970$ kg/m³,
$Z = 0{,}347$ Zentipoisen,
$D = 52$ mm, bzw. 102 mm = 5,2 bzw. 10,2 cm.

Für die Punkte A und B wird Bernoullis' Gleichung aufgestellt. Die Bezugsebene wird durch B gelegt. Da die Flüssigkeit keine weitere Arbeit leistet als die Überwindung der Reibung und auch keine Energie zugeführt wird, lautet Gleichung (14)

$$h + \frac{P_a}{\gamma} + \frac{c_a^2}{2g} - f = \frac{P_b}{\gamma} + \frac{c_b^2}{2g}.$$

c_a wird bei großer Oberfläche im Behälter = 0; die Drücke an den Punkten sind beide gleich, da atmosphärisch. Daher wird

$$h - f = \frac{c_b^2}{2g}.$$

f enthält 1. Eintrittsverlust in die Rohrleitung aus dem Behälter.
2. Reibung im 4″ Rohr.
3. Verlust durch Verengung von 4″ auf 2″.
4. Reibung im 2″ Rohr.

Zu 1. Eintrittsverlust: Die Geschwindigkeit im 4″ Rohr ist

$$\frac{0{,}3785}{60}\ \text{m}^3/\text{sek} \cdot \frac{4}{\pi \cdot 0{,}102^2}\ \text{m}^2 = 0{,}773\ \text{m/sek}.$$

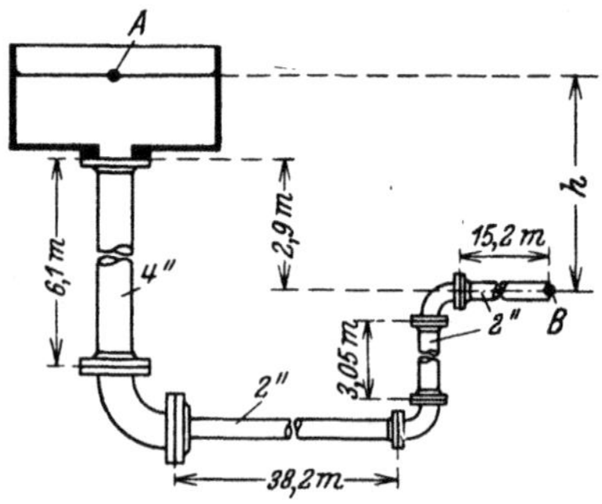

Abb. 14. Zu Beispiel 5.

Der Querschnitt des Behälters ist im Vergleich zu dem des Rohres so groß, daß das Verhältnis beider Geschwindigkeiten mit 0 eingesetzt werden kann. Aus Abb. 13 ergibt sich dafür die Konstante zu 0,5. Dies in Gleichung (23) eingesetzt, ergibt:

$$h_1 = \frac{0{,}5 \cdot 0{,}773^2}{2 \cdot 9{,}81} = 0{,}015\ \text{m},$$

Zu 2. Reibung im 4″-Rohr. Es wird Gleichung (20) benutzt und Abb. 12, sowie Tabelle 1 im Anhang:

$D = 10{,}2$ cm $\qquad Z = 0{,}347$ Zentipoisen

$c = 0{,}773$ m/sek $\qquad L = 6{,}1 + 40 \cdot 0{,}1 = 10{,}1$ m

$\gamma = 970$ kg/m³

$$\frac{D \cdot c \cdot \gamma}{Z} = \frac{10{,}2 \cdot 0{,}773 \cdot 970}{0{,}347} = 22\,000.$$

Aus Abb. 12 ergibt sich für $\frac{\varDelta h \cdot D}{c^2 \cdot L}$ der Wert 0,095, daraus

$$h_2 = \frac{0{,}095 \cdot 0{,}773^2 \cdot 10{,}1}{10{,}2}$$

$$h_2 = 0{,}056\ \text{m}.$$

Zu 3. Das Verhältnis der Querschnittsflächen ist gleich dem Quadrat des Verhältnisses der Durchmesser, also $\frac{(5{,}2)^2}{(10{,}2)^2} = 0{,}26$. Dafür ist aus Abb. 13 die Konstante für Gleichung (23) zu entnehmen: $= 0{,}40$. Die Geschwindigkeit im 2″-Rohr ist gleich der Geschwindigkeit im 4″-Rohr dividiert durch das Querschnittsflächenverhältnis

$$c_2 = \frac{0{,}773}{0{,}26} = 2{,}97\ \text{m/sek}.$$

Gleichung (23) lautet also für diesen Fall:

$$h_3 = \frac{0{,}4 \cdot 2{,}97^2}{2 \cdot 9{,}81} = 0{,}18\ \text{m}.$$

Zu 4. Die Länge des Rohres vermehrt um die gleichwertige Rohrlänge der zwei Krümmer beträgt:

$$38{,}2 + 3{,}05 + 15{,}2 + 2 \cdot 0{,}05 \cdot 30 = 38{,}2 + 3{,}05 + 15{,}2 + 3{,}0 = 59{,}45\ \text{m}.$$

$$\frac{D \cdot c \cdot \gamma}{Z} = \frac{5{,}2 \cdot 2{,}97 \cdot 970}{0{,}347} = 43\,200.$$

Aus Abb. 12 ergibt sich dafür:

$$\frac{\Delta h_4 \cdot D}{c^2 \cdot L} = 0{,}0913\,,$$

$$h_4 = \frac{0{,}0913 \cdot 2{,}97^2 \cdot 59{,}45}{5{,}02} = 9{,}50 \text{ m}\,.$$

Der Gesamtverlust ist also
1. 0,015 m
2. 0,056 „
3. 0,180 „
4. 9,500 „

9,751 m

Eingesetzt in die Bernoullische Gleichung

$$h - 9{,}751 = \frac{2{,}97^2}{2 \cdot 9{,}81}\,.$$

$$h = 9{,}751 + 0{,}45\,, \quad h = 10{,}20 \text{ m}$$

und der Wasserstand im Behälter muß 10,2 — 2,9 = 7,3 m betragen.

Beispiel 6. 570 l Wasser von 4,5° C sollen durch eine horizontale, eiserne Leitung von 304,8 m Länge abfließen. Die Druckhöhe kann 6,1 m betragen. Wie groß muß der Rohrdurchmesser sein?

Lösung: In Gleichung (20) steht die Unbekannte D auf beiden Seiten. Daher ist eine direkte mathematische Berechnung unmöglich. Man kann aber durch Probieren zum Ziele kommen. Man wählt zunächst einen Durchmesser, berechnet die Reibungsverluste und sieht zu, ob mit der gegebenen Druckhöhe auszukommen ist, oder ob der gewählte Durchmesser vielleicht zu groß ist.

Zunächst wird der Durchmesser angenommen zu 10,2 cm

$$\gamma = 1000 \text{ kg/m}^3\,,$$
$$Z = 1{,}55 \text{ Zentipoisen}\,,$$
$$D = 10{,}2 \text{ cm}\,,$$
$$L = 304{,}8 \text{ m}\,,$$
$$c = \frac{0{,}570 \cdot 4}{60 \cdot \pi \cdot 0{,}102^2} = 1{,}16 \text{ m/sek}\,,$$
$$\frac{D \cdot c \cdot \gamma}{Z} = \frac{10.2 \cdot 1{,}16 \cdot 1000}{1{,}55} = 7630\,,$$
$$\frac{\Delta h \cdot D}{c^2 \cdot L} = 0{,}116\,,$$
$$\Delta h = \frac{1{,}16^2 \cdot 304{,}8 \cdot 0{,}116}{10{,}2} = 4{,}67 \text{ m}\,.$$

Die Geschwindigkeitshöhe beträgt $\frac{c^2}{2g} = \frac{1{,}16^2}{2 \cdot 9{,}81} = 0{,}07$ m.

Erforderliche Druckhöhe also 4,74 m, während 6,1 m zur Verfügung stehen. Der Rohrdurchmesser ist also zu groß gewählt. Der nächst kleinere normale Durchmesser ist 89 mm.

$$c = \frac{0{,}570 \cdot 4}{60 \cdot \pi \cdot 0{,}0892^2} = 1{,}52 \text{ m/sek}\,,$$
$$c^2 = 2{,}31 \text{ m}^2/\text{sek}^2\,,$$
$$\frac{D \cdot c \cdot \gamma}{Z} = \frac{8{,}9 \cdot 1{,}52 \cdot 1000}{1{,}55} = 8720\,,$$
$$\frac{\Delta h \cdot D}{c^2 \cdot L} = 0{,}1155\,,$$

$$\Delta h = \frac{0{,}1155 \cdot 2{,}31 \cdot 304{,}8}{8{,}9} = 9{,}15 \text{ m};$$

Da nur 6,1 m zur Verfügung stehen, ist dieser Rohrdurchmesser zu klein.

Anwendung auf Gase. Der Druckverlust, der nach Abb. 12 berechnet wird, gilt auch für Gase, wenn die entsprechenden Werte der Konstanten eingesetzt werden. Bei der Erörterung der Bernoullischen Gleichung war darauf hingewiesen worden, daß bei strömenden Gasen unter Umständen die Arbeit der Expansion oder Kompression berücksichtigt werden muß. Wendet man Abb. 12 auf die Strömung von Gasen in einer Rohrleitung an, so sind die Ergebnisse, wenn man den Endzustand des Gases in die Rechnung einführt, nur dann ausreichend genau, wenn der Druckverlust nicht mehr als 10% des Anfangsdruckes beträgt. Wenn der Druckverlust größer als dieser Betrag ist, darf die einfache Form der Gleichung (20) nicht angewendet werden, sondern es muß auf genauere Gleichungen zurückgegriffen werden, in welchen die Arbeitsleistung infolge der Änderung des spezifischen Volumens des strömenden Mediums berücksichtigt wird.

Nichtkreisförmige Querschnitte. Will man Gleichung (20) auf die Flüssigkeitsströmung in Kanälen anwenden, welche keinen kreisförmigen Querschnitt haben, so erhebt sich die Frage, welcher Durchmesser eingesetzt werden muß. In diesen Fällen benutzt man gewöhnlich den äquivalenten Durchmesser[1], der bestimmt ist durch die Querschnittsfläche des Kanals multipliziert mit 4 und dividiert durch den benetzten Umfang. Z. B. würde für den ringförmigen Querschnitt mit den Durchmessern D_1 und D_2 der äquivalente Durchmesser sich ergeben zu

$$\frac{4 \cdot \pi (D_1^2 - D_2^2)}{4 \cdot \pi (D_1 + D_2)} = D_1 - D_2,$$

welcher Wert für D in Gleichung (20) einzusetzen wäre. Man bemerkt, daß, wenn hiernach der äquivalente Durchmesser für den Kreisquerschnitt berechnet wird, sich eben wieder der Durchmesser des Rohres ergibt, wie es ja natürlich ist, wenn die Definition des äquivalenten Durchmessers einen Sinn haben soll.

Messung von Flüssigkeitsmengen.

Zur Kontrolle von Vorgängen im Betriebe ist die Kenntnis der Menge der benutzten Stoffe wünschenswert. Da, wenn irgend möglich, diese Stoffe als Flüssigkeiten oder Lösungen verwendet werden, ist die Messung der augenblicklich durch ein Rohr oder irgendeine Leitung fließenden

---

[1] In der Hydraulik wird auch der „hydraulische Radius" benutzt. Nach der oben gegebenen Definition des äquivalenten Durchmessers ist dieser viermal so groß wie der hydraulische Radius.

Flüssigkeitsmenge außerordentlich wichtig. Die zur Messung von Flüssigkeiten angewendeten Methoden können folgendermaßen eingeteilt werden:

1. Direkte Wägung oder Messung.
2. Hydrodynamische Methoden. a) Stauränder, c) Pitotrohr, b) Venturimesser, d) Wehre.
3. Direkte Volumenmessung. a) Messer mit Taumelscheibe, b) Strahlmesser.
4. Messung mittels besonderer Methoden. a) Thomas-Messer, b) Verdünnungsmethoden.

Die unter 1 genannten Methoden erfordern mechanische Wäge- oder

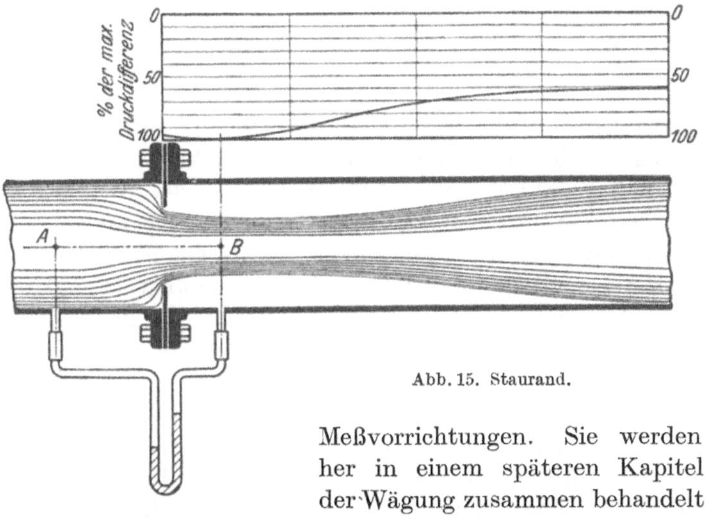

Abb. 15. Staurand.

Meßvorrichtungen. Sie werden daher in einem späteren Kapitel mit der Wägung zusammen behandelt werden. Ein Gas zu wägen ist umständlich, aber es kann direkt gemessen werden, wenn man es in eine Glocke, die in eine Flüssigkeit eintaucht, einschließt. Der Inhalt der Glocke wird durch Eichung bestimmt. Die Höhe, bis zu welcher sie austaucht, ergibt ein Maß für das Volumen des angesammelten Gases. Derartige Apparate sind so einfach, daß hier nicht näher darauf eingegangen zu werden braucht.

Stauränder. Der Staurand ist eine dünne Platte mit einer Öffnung, durch welche die Flüssigkeit austritt. Er kann auch in den Mantel oder Boden eines Behälters eingesetzt werden, hier jedoch soll nur die Rede davon sein, daß diese Platte in eine Rohrleitung eingesetzt ist.

Abb. 15 zeigt eine Anordnung, die für die Durchflußmessung einer Flüssigkeit gebräuchlich ist. Wenn der Rand des Staurandes scharfkantig ist, verliert die Flüssigkeit nicht sofort die Geschwindigkeit, welche sie beim Durchströmen der Öffnung angenommen hat. Bernoullis Theorem auf die beiden Punkte A und B angewendet, ergibt folgende Gleichung (14):

$$h_a + \frac{c_a^2}{2g} + \frac{P_a}{\gamma_a} - f + w = \frac{c_b^2}{2g} + \frac{P_b}{\gamma_b} + h_b .$$

Liegt die Rohrleitung horizontal, so fallen die beiden Ausdrücke der Höhenlage fort. In erster Annäherung werden die Reibungsverluste vernachlässigt und der Ausdruck f in der Gleichung wird 0. Ebenso wird $w = 0$, weil keine Arbeit aufgewendet oder geleistet wird. Es wird noch angenommen, daß die Flüssigkeit inkompressibel und $\gamma_a = \gamma_b$ ist. Dann ergibt sich aus Gleichung (14):

$$c_b^2 - c_a^2 = \frac{2g}{\gamma}(P_a - P_b) . \tag{24}$$

Setzt man $P_a - P_b = \Delta P$ und $\frac{\Delta P}{\gamma} = \Delta h$, so nimmt Gleichung (24) die Form an:

$$\sqrt{c_b^2 - c_a^2} = \sqrt{2g\Delta h} . \tag{25}$$

Wenn das Rohr rechts von dem Staurand in Abb. 15 nicht vorhanden wäre, so daß die Flüssigkeit in einem Strahl aus der Mündung austräte, würde dieser Strahl einen kleineren Durchmesser annehmen, als der Durchmesser der Mündung ist. Dieser kleinste Querschnitt, an welchem natürlich die maximale Geschwindigkeit vorhanden ist, hat einen bestimmten Abstand von der Mündung. Man nennt diese Erscheinung Strahlkontraktion. Sie tritt ebenso auf, wenn der austretende Strahl von einem Rohr umschlossen ist, das sich dann mit Flüssigkeit füllt. Der Strahl im geschlossenen Rohr (Abb. 15) ist dann von heftig wirbelnder Flüssigkeit umgeben. Punkt B war an der engsten Stelle des Strahlquerschnittes angenommen. In praxi ist der Durchmesser des Strahles an der engsten Stelle nicht bekannt, sondern nur der Durchmesser des Staurandes. Gleichung (25) kann aber auf die Geschwindigkeit im Mündungsquerschnitt bezogen werden, wenn man eine Konstante einführt, um den Unterschied zwischen der Geschwindigkeit in der Mündung und der an der engsten Stelle des Strahles herrschenden zu berücksichtigen. Außerdem tritt noch ein Reibungsverlust auf, welcher ebenfalls in die Konstante einbezogen wird. Gleichung (25) nimmt dann die Form an:

$$\sqrt{c_0^2 - c_a^2} = K_0 \sqrt{2g\Delta h} , \tag{26}$$

worin c_0 die Geschwindigkeit im Mündungsquerschnitt und K_0 die Konstante ist. Wenn ein Manometer zwischen die Punkte A und B gelegt wird, wie in Abb. 15 angegeben, kann die Differenz der Drücke Δh unmittelbar abgelesen werden. Das Verhältnis zwischen der Querschnittsfläche der Mündung und der des unverengten Rohres ist bekannt, infolgedessen auch das Verhältnis zwischen c_o und c_a. Gleichung (26) kann daher für eine der beiden Geschwindigkeiten aufgelöst werden. Wenn c_a und der Querschnitt des Rohres bekannt sind, ergibt sich als Produkt beider direkt das Volumen der strömenden Flüssigkeit.

Die Konstante K_o muß im allgemeinen für jeden Fall besonders bestimmt werden. Vorausgesetzt, daß die Mündung scharfkantig und kreisrund ist und ihr Durchmesser $^1/_5$ oder weniger des Rohrdurchmessers unmittelbar davor beträgt, daß ferner die Viskosität der Flüssigkeit von der des Wassers nicht erheblich verschieden ist, und daß Punkt A um $0{,}8 \cdot D$ vor der Mündung und Punkt B $0{,}4 \cdot D$ hinter der Mündung liegt, so ist für die Konstante K_o in Gleichung (26) der Wert 0,61 einzusetzen.

Der Staurand ist ein sehr einfaches Hilfsmittel und sehr einfach einzubauen. Sein hauptsächlichster Nachteil ist indessen ein großer Druckverlust infolge der Wirbelbildung an seiner Rückseite. Der Staurand verursacht einen nicht wieder zurückzugewinnenden Druckverlust, welcher um so größer ist, je größer das Verhältnis des Rohrdurchmessers zum Mündungsdurchmesser ist und bis zu 90% des Meßdruckes betragen kann. Abb. 16 gibt die Beziehungen zwischen Druckverlust und Durchmesserverhältnis.

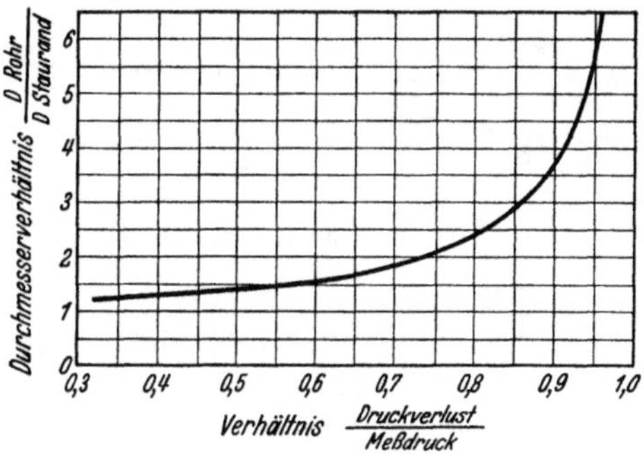

Abb. 16. Druckverlust durch Stauränder.

Venturimesser. Oben wurde gesagt, daß der hauptsächlichste Nachteil des Staurandes der Druckverlust ist, der durch die plötzliche Querschnittsverengung entsteht, welche Wirbel auf der Rückseite erzeugt. Wenn die Änderung der Geschwindigkeit allmählich geschähe, so daß keine Unstetigkeiten vorhanden sind, würden die Verhältnisse wie bei dem Staurand bestehen bleiben, aber der Energieverlust würde vermindert werden. Der Venturimesser (Abb. 17) wird durch allmähliche Verengung und daran anschließende Erweiterung des Rohrquerschnittes gebildet. Die Übergänge werden mit schlanken Winkeln ausgeführt, so daß keine erheblichen Verluste entstehen.

Wenn Punkt A im unverjüngten Rohrquerschnitt und Punkt B an der engsten Stelle des Venturimessers angenommen wird kann Gleichung (25) für einen reibungslosen Venturimesser ebenso aufgestellt werden wie für den Staurand. Da praktisch keine Wirbelverluste auftreten, und da der Querschnitt, in welchem die Strömung mit der größten Geschwindigkeit erfolgt, genau definiert ist, entspricht der Venturimesser der theoretischen Gleichung besser als der Staurand. Für den Venturimesser kann man schreiben:

$$\sqrt{c_b^2 - c_a^2} = C_o \sqrt{2 g \Delta h}\,, \tag{27}$$

worin c_b die Geschwindigkeit in dem engsten Querschnitt des Venturirohres ist. Es ist dies dieselbe Gleichung wie Gleichung (26). Der Faktor C_o hat beim Venturimesser etwa den Wert 0,98 und der nicht wiederzugewinnende Druckverlust beträgt $^1/_8$ bis $^1/_{10}$ des Meßdruckes.

Sowohl für den Venturimesser wie auch für den Staurand wird, wenn der Druchmesser des kleineren Querschnittes $^1/_5$ oder weniger des Rohrdurchmessers beträgt, c_a^2 so klein im Vergleich zu c_b^2 sein, daß es vernachlässigt werden kann und die Gleichungen lauten:

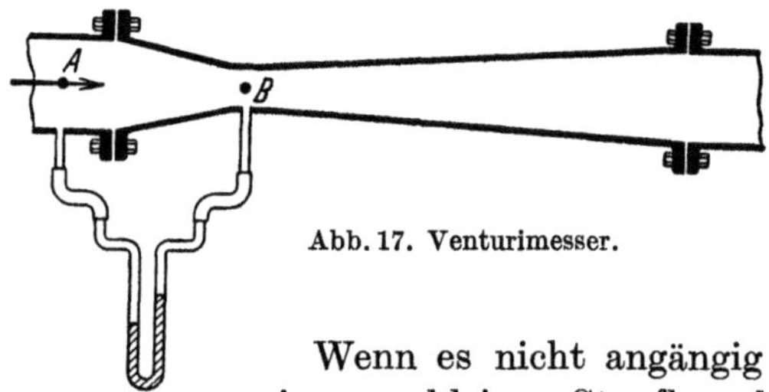

Abb. 17. Venturimesser.

$$c = C \sqrt{2 g \Delta h}\,. \tag{28}$$

Wenn es nicht angängig ist, die Rohrleitung durch einen so kleinen Stauflansch oder Venturimesser soweit zu verengen, kann man denselben Erfolg dadurch erreichen, daß man den Rohrdurchmesser vor dem Meßgerät entsprechend erweitert. Die Erweiterung muß sich jedoch auf eine Länge erstrecken, die ausreicht, daß die Strömung unmittelbar vor dem Meßapparat frei von Wirbeln und Störungen ist und sich eine stetige Strömung in dem erweiterten Teil der Rohrleitung einstellen kann.

Für einen Vergleich des Venturimessers mit dem Staurand müssen sowohl die Kosten der Anschaffung und Montage als auch die Betriebskosten berücksichtigt werden. Der Staurand ist billig und schnell einzubauen. Der Venturimesser ist ausgesprochen teuer, da er sorgfältig berechnet und hergestellt werden muß. Ein selbstangefertigter Staurand ist oftmals vollkommen ausreichend, wogegen ein Venturimesser in praxi immer von einer einschlägigen Firma bezogen werden muß. Andererseits ist der Energieverlust durch den Staurand bei gleichen Bedingungen das Vielfache von dem im Venturimesser. Der Kraftverlust ist verhältnismäßig größer, und wenn ein Staurand in eine Rohrleitung eingebaut wird, durch welche während langer Zeiten dauernd eine Flüssigkeit strömt, können die durch diesen Kraftverlust entstehenden Kosten die Ersparnis bei der Anschaffung und Montage mehrmals aufwiegen. Stauränder werden deshalb für Kontrollzwecke oder dort gebraucht, wo der Kraftverlust keine Rolle spielt, niemals jedoch in Dampfleitungen. Venturimesser werden für dauernden Gebrauch eingebaut. In diesem Zusammenhang sei bemerkt, daß bei einem gleichen Öffnungsverhältnis die Ablesung am Venturimesser zu der des Stauflansches bei gleicher Geschwindigkeit sich verhält wie $\left(\frac{0,61}{0,98}\right)^2$ oder wie 1 zu 2,58.

Bei der Ableitung der Gleichungen für den Staurand und Venturimesser sind Flüssigkeiten vorausgesetzt worden. Wenn das strömende Medium ein Gas ist, führt die richtige Anwendung der Bernoullischen Gleichung ebenfalls zum Ziel. Erforderlich ist dann aber, daß das Integral der Arbeit in Gleichung (14) bestimmt wird. Es fällt aus dem Rahmen dieses Buches, diese Ableitung im einzelnen auszuführen, aber als Ergebnis dieser Integration ergibt sich kurz folgendes: Für Werte von Δh unter 20% des Druckes vor dem Meßgerät sind die Gleichungen (26), (27), (28) auch für die Strömung von Gasen anwendbar, vorausgesetzt, daß eine Bedingung erfüllt ist: daß die Druckdifferenz als Flüssigkeitshöhe bezogen auf das hinter dem Meßgerät vorliegende spezifische Gewicht ausgedrückt wird. In solchen Fällen ist der Fehler nicht größer als 10%. Wenn der Druckabfall über 20% des vor dem Meßgerät herrschenden Druckes hinausgeht, müssen genauere Rechnungen durchgeführt werden. Es ist aber anzunehmen, daß, wenn der Druckverlust so groß wird, das Meßgerät kaum noch für die praktische Anwendung geeignet ist, weil der Druckverlust untragbar wird.

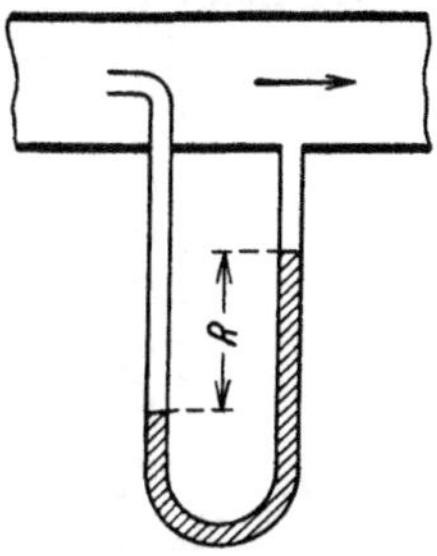
Abb. 18. Schema des Pitotrohres.

Pitotrohr. Wenn zwei Rohre in eine Rohrleitung, in welcher eine Flüssigkeit strömt, so eingebaut werden wie in Abb. 18 angegeben, so wird das stumpf angesetzte Rohr die Druckhöhe allein messen, während das mit der Mündung gegen die Strömung gerichtete Rohr, die Druckhöhe und Geschwindigkeitshöhe mißt. Die Meßhöhe R des Manometers ergibt daher die Geschwindigkeitshöhe, und es gilt die Gleichung

$$\Delta h = \frac{c^2}{2g}, \tag{29}$$

worin Δh die Höhe einer Säule von der Flüssigkeit bedeutet, deren Durchfluß gemessen werden soll. Δh entspricht dabei der Meßhöhe R. Es ist zu bemerken, daß, während der Staurand und der Venturimesser die mittlere Geschwindigkeit des ganzen Flüssigkeitsstromes messen, das Pitotrohr die Geschwindigkeit nur an einem einzigen Punkte mißt. Wie auf S. 19 ausgeführt, ist die Geschwindigkeit nicht in dem ganzen Querschnitt des Rohres überall dieselbe. Um die mittlere Geschwindigkeit zu erhalten, kann nun eine von zwei Maßnahmen getroffen werden. Das Pitotrohr kann in die Mitte des Rohres eingebaut und die mittlere

Geschwindigkeit aus dem dann gemessenen Maximum an Hand der Abb. 10 berechnet werden. Wenn so verfahren wird, ist darauf zu achten, daß das Pitotrohr zum mindesten um 100 Rohrdurchmesser von jeder Störung in der Strömung entfernt eingebaut wird, damit an der Meßstelle normale Geschwindigkeitsverteilung herrscht. Die andere Maßnahme besteht darin, daß man das Pitotrohr einstellbar einrichtet. Dann werden Messungen an verschiedenen Punkten des Rohrquerschnittes vorgenommen und die mittlere Geschwindigkeit durch graphische Integration ermittelt. Diese letztere Maßnahme wird gewöhnlich angewendet, wenn es sich um die Messung von Gasmengen handelt, welche unter niedrigem Druck in weiten Kanälen strömen.

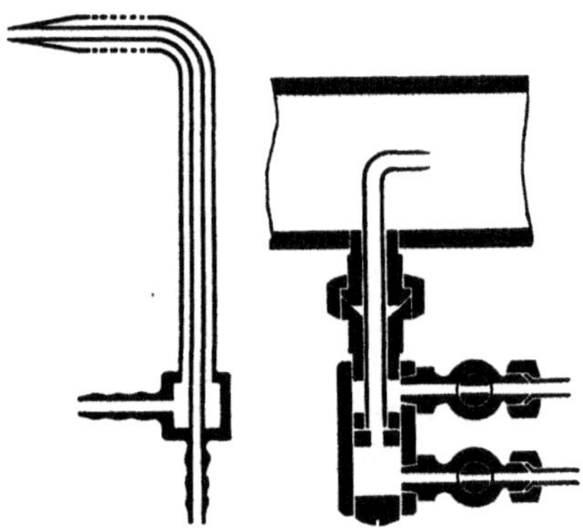

Abb. 19. Pitotrohre.

Die einfache Form des Pitotrohres, wie sie Abb. 18 zeigt, ist nicht empfehlenswert. Die Rohre selbst verursachen zuviel Störung und geben Veranlassung zum Auftreten von Wirbeln innerhalb der Meßrohre selbst, wodurch die Messung beeinflußt wird. Andere Formen der Pitotrohre zeigt Abb. 19. Auch dies sind noch keine idealen Lösungen. Da die Meßrohre klein sein müssen, um Wirbelbildungen zu vermeiden, setzen sie sich oft mit Staub zu, wenn sie zur Messung von Gasströmen benutzt werden. Ein vollkommenes Pitotrohr sollte genau der Gleichung (29) entsprechen. Alle in der Praxis gebrauchten Instrumente dieser Art müssen geeicht werden und bedürfen einer Korrektur. Die Nachteile des Pitotrohres sind erstens, daß es die mittlere Geschwindigkeit nicht direkt ergibt und zweitens, daß seine Angaben bei Gasen außerordentlich klein sind. Wenn das Pitotrohr für Gase unter niedrigem Druck angewendet wird, muß der Ausschlag des Instrumentes vergrößert werden, etwa wie in Abb. 4b oder 5 gezeigt ist.

Stauwehre. Wehre können nur in offenen Kanälen angewendet werden, nicht in geschlossenen Rohrleitungen. Sie bestehen aus einer Wand, in die von oben eine Öffnung eingeschnitten ist, durch welche die Flüssigkeit ausfließt. Die Menge der Flüssigkeit wird gemessen durch Feststellung der Höhe des Flüssigkeitsspiegels oberhalb des Wehres über der Unterkante des Überlaufes. Diese Messung muß weit genug oberhalb vorgenommen werden, wo die Strömung wirbelfrei und der Flüssigkeitsstand durch den Abfluß noch nicht beeinflußt ist. Es werden verschiedene Formen der Überläufe angewendet, rechteckig, V-förmig und mit kurvenförmigen Begrenzungen. Für den rechteckigen

Überlauf ist die Durchflußmenge gegeben durch die Gleichung

$$V = 1{,}83 \cdot C \cdot L \cdot H^{\frac{3}{2}}, \tag{30}$$

worin

V = Durchflußmenge in m^3/sek,
C = Korrektionsfaktor, der bestimmt ist durch das Verhältnis der Breite der Durchflußöffnung zu der des freien Kanals,
L = Breite des Einschnittes in Metern,
H = Höhe des Flüssigkeitsstandes über der Unterkante des Einschnittes.

Für den V-förmigen Überlauf, welcher einen Winkel von 90° bildet, ist die Durchflußmenge $= 1{,}457\, H^{\frac{5}{2}} \cdot m^3$/sek. Ein Wehr, dessen Überlauf durch besondere Kurven begrenzt wird, kann so eingerichtet werden, daß der Durchfluß direkt proportional der Höhe des Flüssigkeitsstandes über Unterkante Überlauf ist.

Beim Staurand oder Venturimesser ist die Durchflußmenge proportional zur Quadratwurzel aus der Höhe; deshalb ist der Staurand für Messungen, bei welchen sich nur geringe Höhen ergeben, weniger zu empfehlen. Wehre dagegen sind bei Messungen von kleinen Durchflußmengen genauer als bei großen, und zwar besonders bei V-förmigen Durchflußöffnungen. Die Beziehung zwischen Meßdruck und Durchflußmenge, beides im Verhältnis zum möglichen Maximum, ist in Abb. 20 dargestellt. In einem weiten Bereiche von kleinen Durchflußmengen bis zu großen ist das Wehr mit V-förmigem Einschnitt ein befriedigendes Meßinstrument. Sein hauptsächlichster Nachteil indessen ist, daß es schwierig in eine Rohrleitung einzufügen ist. Es müßte ein Behälter, in den das Wehr eingebaut ist, zwischen die Rohrleitung gelegt werden, so daß die Rohrleitung oberhalb des Wehres offen in diesen Behälter einmündet und unterhalb des Wehres sich wieder eine Rohrleitung anschließt. Dieser umständliche Einbau verhindert oft die Anwendung des Wehres.

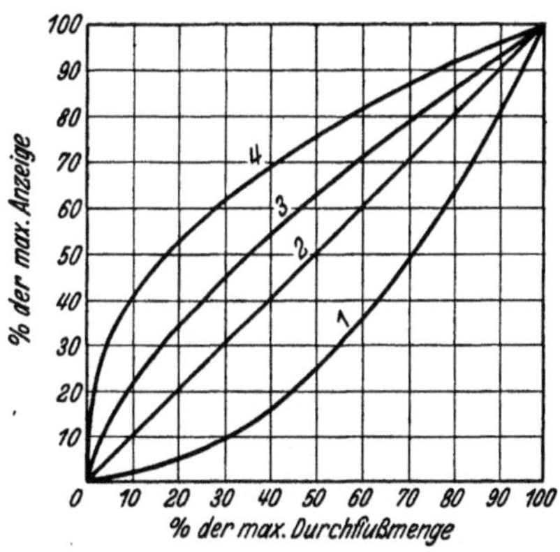

Abb. 20. Vergleich verschiedener Meßapparate. *1* Staurand oder Venturi. *2* Stauwehr mit kurvenförmiger Begrenzung des Überlaufes. *3* Stauwehr mit rechteckigem Überlauf. *4* Stauwehr mit V-förmigem Überlauf.

Durchflußmesser. Die bisher beschriebenen Instrumente benutzen zur Durchflußmessung eine Druckdifferenz. Im Betriebe indessen ist es wünschenswert, fortlaufend Diagramme für die Durchflußmenge einer Rohrleitung zu bekommen. Es gibt eine ganze Reihe von Instrumenten, welche den Druck aufschreiben. Es würde also möglich sein, diese Druckschreiber irgendeinem der oben beschriebenen Instrumente anzufügen und aus dem Diagramm den mittleren Druckabfall zu bestimmen und daraus den mittleren Durchfluß. Dies würde aber zu falschen Resultaten führen, wie aus einer Betrachtung der Gleichungen (26), (28) und (29) hervorgeht. In keinem Falle, mit Ausnahme des Wehres mit besonders für diesen Zweck geformter Überlauföffnung, ist der Durchfluß dem Druck proportional. Bei dem Staurand z. B. ist die Geschwindigkeit und damit die Menge des strömenden Mediums der Quadratwurzel aus der Druckdifferenz proportional. Wenn diese Druckdifferenz innerhalb gewisser Grenzen schwankt, ist die Quadratwurzel aus dem mittleren Druck nicht gleich dem Mittel aus den Quadratwurzeln der einzelnen Drücke. Dieses letztere aber müßte bei der Berechnung des Durchflusses eingesetzt werden. Es wäre aber zu umständlich, das Diagramm, das nur die Drücke angibt, für diese Rechnung zu benutzen. Man hat deshalb Schreibvorrichtungen erfunden, welche nicht die Druckdifferenz selbst, sondern die Quadratwurzel der Druckdifferenz aufzeichnen. Solche Diagramme können dann ausgemittelt werden und aus dem Mittelwert durch Multiplikation mit einem konstanten Faktor kann daraus die Gesamtmenge für eine gewisse Zeit berechnet werden.

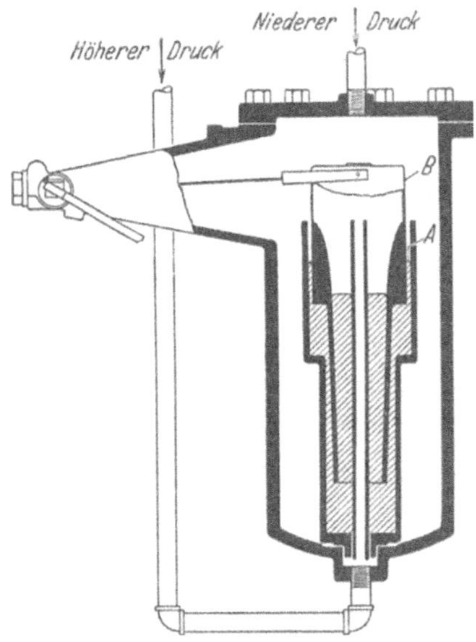

Abb. 21. Bailey-Durchflußmesser.

Derartige Apparate sind ziemlich umständlich und werden von Spezialfirmen vertrieben. Bei dem Baileymesser (Abb. 21) wird dies erreicht durch einen Behälter, der mit Quecksilber gefüllt ist, in welchem ein Schwimmer mit veränderlichem Querschnitt schwimmt. Der eine Anschluß des Manometers führt zu dem Innern des Behälters und wirkt auf die Quecksilberoberfläche bei A. Der andere Anschluß führt unter die Glocke B. Wenn nun der Druckunterschied zwischen A und B schwankt, steigt oder fällt die Glocke B. Ihre Lage ist bestimmt durch das Gleichgewicht zwischen ihrem Gesamtgewicht und dem Auftrieb ihres eingetauchten Teiles, vermehrt um den Druckunterschied. Die Wände dieser Glocke sind so nach Kurven geformt, so daß ihre vertikale Verschiebung proportional zur Quadratwurzel der Druckdifferenz ist. Die Bewegung der Glocke B wird in einem Diagramm aufgezeichnet, welches also die Quadratwurzel der Druckdifferenz ohne weitere Rechnung ergibt. Abb. 22 zeigt das Prinzip des Republik-Durchflußmessers. Ein Anschluß des Manometers ist an die Kammer A geführt, deren Querschnitt so groß ist, daß der Quecksilberstand darin als konstant anzusehen ist. Infolgedessen steigt der Quecksilberstand in der Kammer B proportional zur Druckdifferenz. In die Kammer B ist eine Reihe von Widerstandsspulen eingebaut, R_1, R_2, R_3 usw. An jeden Widerstand ist ein Kontaktgeber C angeschlossen. Die Batterie E liefert eine konstante Spannung. Wenn das Quecksilber in der Kammer B steigt, schließt es die Widerstände einen nach dem anderen kurz, wodurch sich der Strom ändert. Wenn die Widerstände aller Spulen gleich sind und die Endpunkte der Kontaktgeber C so liegen, daß sie die Kurve einer Quadratwurzel bilden, wird der Strom in dem Stromkreise nicht der Differenz der Quecksilberspiegel A und B, sondern der Quadratwurzel aus dieser Differenz proportional sein. Dieser Strom wird durch ein schreibendes Amperemeter aufgezeichnet. Der Vorteil dieses Instrumentes ist, daß der in dem Stromkreis fließende Strom nicht klein zu sein braucht und daher das schreibende Instrument sehr robust gebaut sein kann. Es kann ferner an jedem passenden Platze ohne Rücksicht auf die Entfernung von dem Punkte, an welchem die Druckdifferenz tatsächlich gemessen wird, aufgestellt werden. Der einzige Nachteil ist aber, daß das Diagramm keine stetige Kurve ist, sondern treppenförmig geschrieben wird; macht man aber die Zahl der Kontakte genügend groß, so werden die Stufen so klein, daß die Kurve wie eine stetige ausfällt.

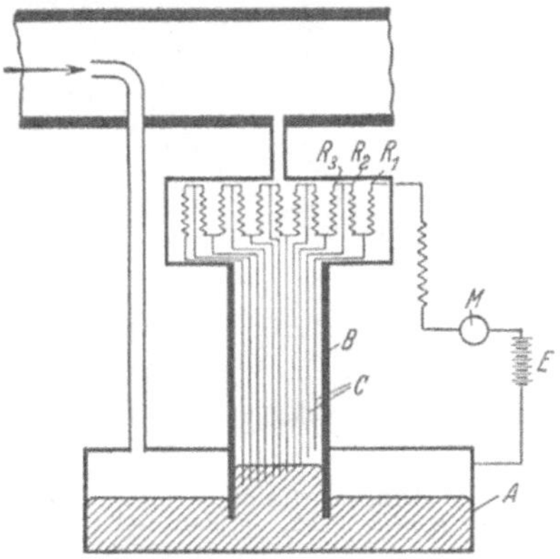

Abb. 22.
Prinzip des Republik-Durchflußmessers. A Quecksilberbehälter. B Meßkammer. C Kontaktgeber. E Stromquelle konstanter Spannung. M Schreibendes Amperemeter. R_1, R_2, R_3 Widerstandsspulen.

Verdrängungsmesser. Dieser Ausdruck bezieht sich auf Instrumente zur Messung von Flüssigkeiten, welche darauf beruhen, daß der Flüssigkeitsstrom ein bewegliches Element verschiebt. Sie können eingeteilt werden in Messer mit Taumelscheibe und Strahlmesser. Abb. 23a stellt einen typischen Messer mit Taumelscheibe dar. Das Element, dessen Bewegung die Anzeigeeinrichtung in Bewegung setzt, ist eine Hartgummischeibe A. Diese Scheibe ist in einer Meßkammer B untergebracht, welche einen konischen Boden und Deckel hat. Die Scheibe ist so eingebaut, daß sie dauernd am oberen Kegel in einer Linie und ebenfalls in einer Linie, welche der ersteren um 180° gegenüberliegt, am unteren Kegel anliegt. Die Meßkammer hat eine Trennwand C, welche sich bis in die Mitte erstreckt. Die Scheibe hat an dieser Stelle einen Einschnitt. Die Meßkammer wird nun in das Gehäuse des Messers so eingebaut, daß die Flüssigkeit auf der einen Seite der Trennwand eintritt, die Meßkammer rund herum durchströmt und an der anderen Seite der Meßwand wieder austritt. Ob nun die Flüssigkeit über oder unter der Scheibe eintritt, sie muß die letztere bei ihrem Durchgang bewegen, und diese Bewegung der Scheibe verursacht eine Bewegung der Achse, die jedoch so geführt wird, daß sie einen Kegel beschreibt, dessen Spitze mit dem Mittelpunkt der Scheibe zusammenfällt und dessen Achse senkrecht steht. Diese Bewegung der Achse der Scheibe wird durch eine Reihe von Zahnrädern *D* auf die Zeiger *E* in dem oberen Raum des Messers übertragen.

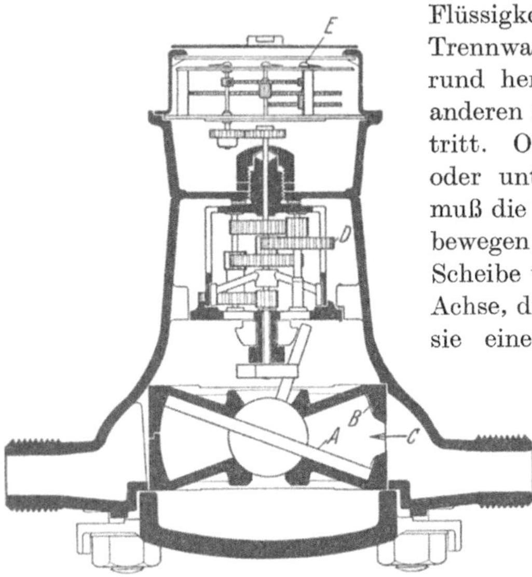

Abb. 23a. Scheibenwassermesser, Vertikalschnitt. *A* Taumelscheibe. *B* Meßkammer. *C* Trennwand. *D* Übersetzungszahnräder. *E* Zeiger.

Ein Strahlmesser ist in Abb. 24 dargestellt. Das Turbinenrad und das Zahnradgetriebe, welches von ersterem angetrieben wird, sind sehr sorgfältig gelagert, so daß sie sich fast ohne Reibung bewegen. Der eintretende Wasserstrom trifft die Schalen am Umfang des Rades und bringt es zur Rotation mit einer Geschwindigkeit, welche der des fließenden Wassers proportional ist. Es sind sehr zahlreiche Abarten der Strahlmesser auf dem Markte, welche sich in der Konstruktion des rotierenden Elementes unterscheiden. Im Prinzip sind sie aber alle gleich. Sie bestehen aus einem rotierenden Teil, der sich mit geringster Reibung bewegt und so gestaltet ist, daß seine Rotationsgeschwindigkeit der durchfließenden Menge proportional ist.

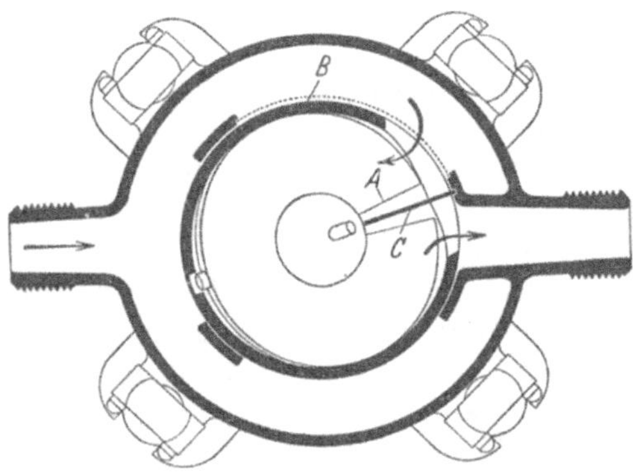

Abb. 23b. Scheibenwassermesser, Horizontalschnitt.

Diese beiden Arten von Durchflußmessern werden gewöhnlich in Abmessungen bis zu 2″ hergestellt. Sie sind auch in größeren Abmessungen erhältlich, sind aber dann schwer und teuer. Der Messer mit Taumelscheibe wird oft für kleine Durchflußmengen für genauer gehalten als der Strahlmesser. Es ist indessen zu bezweifeln, ob die Genauigkeit einer dieser Typen größer ist als 98%.

Der Strahlmesser ist für große Durchflußmengen mehr zu empfehlen, der Messer mit Taumelscheibe für kleine. Für in weiten Grenzen veränderliche Durchflußmengen wird der Kombinationsmesser benutzt. Dieser besteht aus einem kleinen Messer mit Taumelscheibe und einem dazu parallel liegenden großen Strahlmesser. Ein automatisch hydraulisch betätigtes Ventil schaltet bei kleinen Wassergeschwindigkeiten den Taumelscheibenmesser ein. Dieser wird aus- und der Strahlmesser eingeschaltet, wenn der Verbrauch groß wird. Der Gesamtdurchfluß ergibt sich aus der Summe der Angaben beider Instrumente.

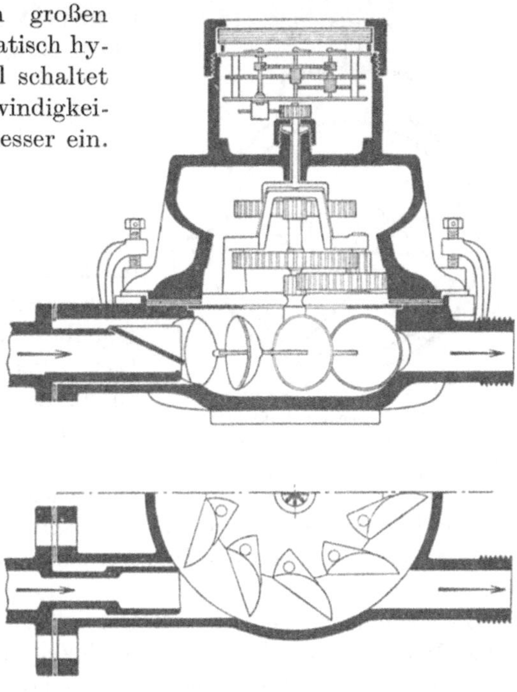

Abb. 24. Strahlmesser.

Verdünnungsmethode. In solchen Fällen, wo kein mechanisch messendes Instrument möglich oder leicht einzubauen ist, kann man eine zweite Flüssigkeit in bekannter Menge dem Strom der zu messenden Flüssigkeit zufügen. Die Konzentration der letzteren, durch Analyse einer Probe, die weit genug unterhalb zu nehmen ist, bestimmt, ermöglicht die Berechnung der Flüssigkeitsmengen, z. B. kann der in einem offenen Kanal fließende Wasserstrom gemessen werden, indem man eine Kochsalzlösung bekannter Konzentration in bestimmter Menge zuführt und dann den Salzgehalt des Flusses in einiger Entfernung bestimmt. Dieselbe Methode ist auf Gase anwendbar, in welchem Falle das zugeführte Gas entweder Kohlendioxyd oder Ammoniak sein mag, weil diese Gase leicht durch Analyse festzustellen sind.

Messung von Gasen. In kleinen Mengen können Gase mittels mechanischer Gasmesser, wie sie auch für die Messung des Gasverbrauches im Haushalt benutzt werden, gemessen werden. Diese Gasmesser bestehen aus einem Paar Lederbeutel, von welchen der eine sich füllt, während der andere sich entleert. Die Bewegung der Beutel wird durch ein Hebelwerk auf ein Zahnradgetriebe übertragen.

Der Naßläufer ist in Abb. 25 dargestellt. Er besteht aus einer Trommel, welche halb in eine Flüssigkeit eintaucht. Am Umfang der Trommel befinden sich die Auslaßöffnungen (*a'*, *b'*, *c'*, *d'*). Im Innern ist die Trommel durch Trennwände in eine Reihe radialer Kammern (*A*, *B*, *C*, *D*) geteilt. Das Gas gelangt durch *E* zu den Eintrittsöffnungen (*a*, *b*, *c*, *d*) in der Nähe der Achse. Die Füllung einer Kammer mit Gas verursacht ihr Aufsteigen. So entsteht eine Drehung der Trommel, welche eine andere Kammer unter den Flüssigkeitsspiegel bringt, wodurch das Gas aus dieser durch die Flüssigkeit verdrängt wird. Diese Gasmesser werden in allen Größen gebaut, groß genug, die Produktion ganzer Gasanstalten zu messen.

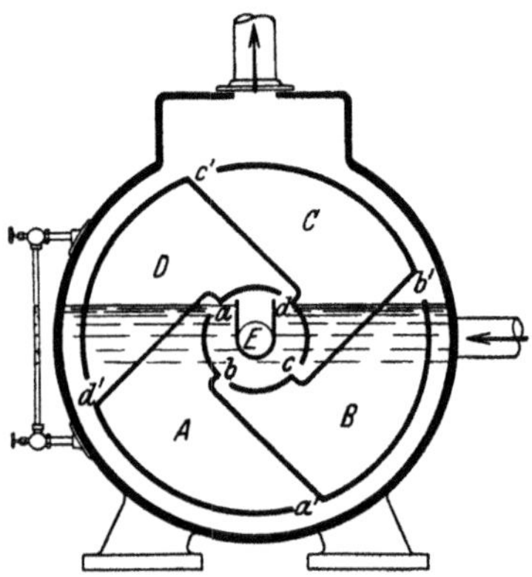

Abb. 25. Gasmesser, Naßläufer. *A*, *B*, *C*, *D* Meßkammern. *a*, *b*, *c*, *d* Eintrittsöffnungen. *a'*, *b'*, *c'*, *d'* Austrittsöffnungen. *E* Gaseintritt.

Kapselgebläse — wie in Abb. 72 dargestellt — können für die Messung von Gasen verwendet werden, wenn die Drehkolben so eingebaut werden, daß sie spielend laufen. Ein derartiger Messer ist sozusagen ein Gebläse, welches rückwärts läuft, wobei also das Gas die Kolben bewegt, anstatt umgekehrt die Kolben das Gas. Selbst große Messer dieser Art arbeiten mit einem Druckgefälle von nur 25 mm Wassersäule.

Der **Thomasmesser** ist ein Spezialfall der Verdünnungsmethode, wobei Wärme an Stelle der Meßflüssigkeit zugeführt wird. Zwei Drahtnetze sind eine gewisse Strecke voneinander entfernt in die Gasleitung eingebaut. Diese Netze sind so an eine Stromquelle angeschlossen, daß sie elektrische Widerstandsthermometer darstellen. Zwischen ihnen wird ein elektrischer Heizwiderstand eingebaut. Die beiden Thermometer sind an einen Thermostaten angeschlossen, welcher die Zufuhr an Energie zu dem Heizwiderstand so regelt, daß eine ganz bestimmte Temperaturerhöhung eintritt. Wenn die spezifische Wärme des Gases bekannt ist, ist zur Bestimmung des Gasdurchflusses nur die Messung des elektrischen Kraftverbrauches erforderlich. Dieser elektrische Kraftverbrauch kann durch ein gewöhnliches schreibendes Wattmeter aufgezeichnet werden, welches noch nach Kubikmetern Gas geeicht werden kann.

III. Fördern gasförmiger und flüssiger Medien.

Die Förderung gasförmiger und flüssiger Medien ist eine der wichtigsten Grundverrichtungen. Die Förderung von Stoffen in flüssiger Form ist so viel leichter und billiger als die Förderung fester Stoffe, daß überall dort, wo es möglich ist, die Stoffe in Form von Flüssigkeiten oder Lösungen bewegt werden. In diesem Kapitel werden die Apparate zur Beförderung von Flüssigkeiten behandelt werden, nachdem in dem vorstehenden Kapitel die Mechanik der Flüssigkeitsströmung und der Rohrwiderstände behandelt ist.

Rohre.

Das erste Erfordernis zur Förderung der Flüssigkeit ist ein Kanal, in welchem die Strömung vor sich gehen kann. Im Wasserbau und in Bergwerken werden oftmals Kanäle angewendet, der Chemieingenieur dagegen fördert seine Flüssigkeiten gewöhnlich in irgendeiner Art Rohr. Obgleich man Rohre aus vielen besonderen Werkstoffen für besondere Zwecke anfertigt, ist das Eisenrohr soviel häufiger verwendet als irgendein anderes, daß es die Grundlage dieser Erörterung hier bildet.

Gußeisernes Rohr. Gußeiserne Rohre werden hauptsächlich für unterirdische Leitungen verwendet, in welchen verhältnismäßig wenig angreifende Flüssigkeiten fließen. Es ist schwerer und teurer als andere Rohre, über welche später gesprochen werden soll. Auch sind die Rohrverbindungen weniger zuverlässig. Gußeisernes Rohr widersteht der Korrosion erheblich besser als gewöhnliches Eisenrohr. Die Abmessungen der gußeisernen Rohre für gewöhnliche Zwecke sind normalisiert. Die gewöhnlichste Verbindung gußeiserner Rohre ist die Muffe, die in Abb. 26 dargestellt ist. Die Abmessungen auch dieser Rohrverbindungen sind bis in jede Kleinigkeit durch Normalien festgelegt. Beim Zusammenfügen dieser Verbindung wird der Raum zwischen Muffe und Rohr gewöhnlich zunächst mit Werg abgedichtet. Darauf wird Blei gegossen. Dieses Blei wird dann mittels Setzeisen eingestemmt, so daß es die Fuge zwischen Muffe und Rohr dicht ausfüllt. Manchmal wird an Stelle geschmolzenen Bleies auch Blei in faseriger Form, sogenannte Bleiwolle, verwendet. Portlandzement, Asbesttau und verschiedene andere Materialien dienen als Ersatz für Werg.

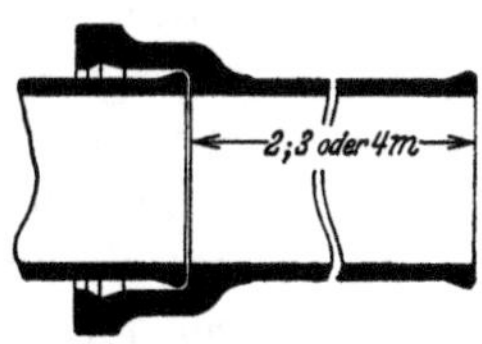

Abb. 26. Muffenverbindung gußeiserner Rohre.

Eine richtig ausgeführte Muffenverbindung hält einen Druck bis zu 7 kg/cm^2 und hat den Vorteil, daß die beiden Rohre nicht vollkommen ausgerichtet zu sein brauchen, wenn die Verbindung hergestellt ist. Im allgemeinen indessen wird sie für Drücke, welche $^1/_2$ atü überschreiten, für nicht ausreichend gehalten. Für höhere Drücke werden andere Rohrverbindungen, die später in diesem Buche besprochen werden, verwendet. Gußeiserne Flanschenrohre werden auch hergestellt, aber sie sind nicht zu empfehlen, weil Gußeisen anderen als reinen Druckbeanspruchungen nicht standhält.

Eisenrohr. In dem Zusammenhang mit Rohren unterscheidet sich hier die Materialbezeichnung etwas von der sonst üblichen. Der Maschineningenieur, der Bauingenieur und beinahe jeder andere, der Eisen und Stahl verbraucht, versteht unter dem Ausdruck Eisen ohne weitere nähere Bezeichnung stets Gußeisen. Im Rohrhandel wird Gußeisenrohr indessen immer ausdrücklich mit Gußeisenrohr bezeichnet und spricht man von Eisenrohr ohne weitere Bezeichnung, so ist immer ein Rohr aus Stahl mit niedrigem Kohlenstoffgehalt gemeint. Diese Bedeutung des Ausdruckes Eisenrohr ist durchaus allgemein üblich, so daß, wenn von Stahlrohr gesprochen wird, ein Spezialrohr aus einem Stahl mit höherem Kohlenstoffgehalt gemeint ist. In der ersten Zeit der Rohrindustrie wurden alle Rohre aus Schmiedeeisen gemacht. Noch heute bestehen einige Rohre daraus. Dieses Rohr muß aber besonders als schmiedeeisernes Rohr bezeichnet werden, und selbst dann noch geht viel Flußeisenrohr unter der Bezeichnung „schmiedeeisernes Rohr".

Eisenrohr wird angefertigt durch Walzen eines Flacheisens zur richtigen Weite und Dicke. Rohr unter $1^1/_2''$ wird dann in einer Operation durch Matrizen gezogen und stumpf geschweist (Gasrohr). Rohr über $1^1/_2''$ wird überlappt geschweißt, indem man es so zieht, daß die Kanten übereinandergreifen (Siederohr). Es muß wieder zur Schweißhitze erwärmt werden und läuft durch ein Paar Schweißrollen. Das stumpf geschweißte Rohr ist weniger empfehlenswert. Die normale Länge von Eisenrohr beträgt ungefähr 6 m. Das Flacheisen kann auch zu einer Spirale gerollt und dann genietet werden. In Spiralen genietete Rohre werden im allgemeinen mit viel geringeren Wandstärken ausgeführt als das normale Rohr. Es wird dort gebraucht, wo seine Benutzung nur vorübergehend ist, ferner für Ab- und Zuluftleitungen und in anderen Fällen, wo sein geringes Gewicht und sein billiger Beschaffungspreis eine entscheidende Rolle spielen.

Rohrnormalien. Eisenrohr wird in der Regel nach einem Normalmaß gezogen. Diese Normalien erstrecken sich nicht nur auf die Abmessung des Rohres selbst, sondern auch auf die Gewinde, die in der Rohrleitung gebraucht werden. Eine abgekürzte Zusammenstellung der Normalien ist im Anhang 4 gegeben. Es wird ausdrücklich bemerkt, daß die Nennweite nur angenähert zutrifft und weder den inneren lichten noch den äußeren Durchmesser genau bezeichnet. Z. B. hat ein $^1/_2''$-Rohr ungefähr $^5/_8''$ inneren und $^7/_8''$ äußeren Durchmesser. Bei den größeren Rohrweiten stimmt die Nennweite fast genau mit dem inneren Durchmesser überein. Die Normalien erstrecken sich nicht auf Rohre über 12″. Rohre mit größerem Durchmesser als 12″ werden anders bezeichnet, und zwar durch Angabe des tatsächlichen äußeren Durchmessers und der Wandstärke. Die gebräuchliche Wandstärke ist $^3/_8$″, es können aber auch andere Wandstärken bezogen werden. Es sei darauf hingewiesen, daß das Rohrgewinde feiner als das Gewinde der Maschinenschrauben von demselben Durchmesser und immer spitz ist. Rohrgewinde sind eigentlich immer Rechtsgewinde, doch werden in einigen ganz speziellen Fällen, wie z. B. bei Geländern auch Linksgewinde verwendet. Eisenrohr wird auch angefertigt mit extrastarker und doppelt extrastarker Wandstärke. Bei diesen Rohren stimmt der äußere Durchmesser und das Gewinde mit dem der Normalrohre überein. Die Wandstärke beeinflußt also den lichten Durchmesser. Der Grund hierfür ist, daß Rohre sämtlicher Wandstärken mit denselben Verschraubungen ausgerüstet und mit demselben Werkzeug bearbeitet werden können.

Nahtlose Rohre. Kupfer, Messing, Nickel und in gewissem Ausmaß auch Eisenrohre werden mehr als nahtlose Rohre denn als gewalzte Rohre gehandelt. Geschweißtes Rohr ist charakterisiert durch seinen inneren Durchmesser, wenn auch der tatsächliche innere Durchmesser im allgemeinen von der Nennweite etwas abweicht. Die Wandstärke des Rohres ist festgelegt durch die Normalien, so daß die Angabe des inneren Durchmessers allein ausreicht. Nahtlose Rohre andererseits werden gehandelt auf Grund des tatsächlichen äußeren Durchmessers und der Wandstärke. Nahtlose Rohre mit einem bestimmten äußeren Durchmesser werden mit verschiedenen Wandstärken hergestellt, so daß diese beiden Angaben gemacht werden müssen. Kupfer-, Messing- und Eisenrohre können entweder nach den Normalien oder als nahtlose Rohre mit bestimmten äußerem Durchmesser bezogen werden. Im letzteren Falle hat man hinsichtlich der Wandstärke bei jedem Durchmesser freie Wahl innerhalb weiter Grenzen. Die Wandstärke von Kupfer- und Messingrohren wird oft nach der Birmingham-Drahtlehre angegeben. Anhang 5 gibt die Abmessungen einiger gebräuchlicher nahtloser Rohre.

Rohrleitungsarmaturen. Armaturen werden in der Rohrleitung gebraucht:

1. Zur Verbindung zweier Rohre.
2. Zur Änderung der Richtung.
3. Zur Änderung des Durchmessers.
4. Zum Anschluß von Zweigleitungen.
5. Zum Verschluß der Rohrleitung am Ende.
6. Zur Regelung des Durchflusses durch die Leitung.

Natürlich können in vielen Fällen zwei oder mehrere dieser Aufgaben von derselben Armatur übernommen werden.

Der Werkstoff der Verschraubungen ist gewöhnlich graues Gußeisen. 90—95% der in der chemischen Industrie verbrauchten Verschraubungen sind daraus hergestellt. Wo Bruchgefahr durch Erschütterungen besteht, wird Temperguß verwendet. Für hohe Drücke und grobe Beanspruchungen werden auch Gußstahlverschraubungen geliefert und für ganz besondere Fälle kann man Verschraubungen aus geschmiedetem Stahl erhalten. Diese letzteren sind verhältnismäßig teuer und werden nur dort verwendet, wo die Beanspruchungen ganz außergewöhnlich sind, sei es durch Druck oder durch äußere Verhältnisse.

Druckstufen der Verschraubungen. Die Verschraubungen werden üblicherweise nach dem Druck eingeteilt für Niederdruck, normal, extraschwer und hydraulisch. Niederdruck wird bei Dampf oder Preßluft bis zu 1,6 kg/cm² gerechnet, Normaldruck bis etwa 9 kg/cm², Extraschwer bis 17,5 kg/cm², und für hydraulische Anlagen kommen verschiedene Stufen von 21 bis zu 700 at in Frage. Diese Drücke stehen jedoch nicht in direkter Beziehung zur Bruchfestigkeit der Verschraubungen. Es ist sehr selten, daß ein Rohr oder eine Verschraubung durch den Druck allein zu Bruch geht. Die meisten Verschraubungen werden durch Beanspruchungen infolge der Ausdehnung oder plötzlicher Schläge (Wasserschläge) beschädigt. Da man diese nicht im voraus übersehen kann, ist ein großer Sicherheitsfaktor bei der Angabe des Druckes, für welchen die Verschraubungen dienen sollen, eingerechnet worden. Manchmal werden, obwohl der Druck an sich nicht größer ist, als für die Verwendung von Normalverschraubungen noch zulässig wäre, vorsichtigerweise extraschwere Verschraubungen verwendet, wenn hohe Beanspruchungen infolge der Ausdehnung zu erwarten sind.

Die Verwendung der Niederdruckverschraubungen ist deshalb nicht anzuraten, weil sie leicht für Normalverschraubungen gehalten werden können und dann dort eingebaut werden, wo sie zu leicht sind. Sie werden hauptsächlich dort für Gasleitungen verwendet, wo ein so großer Vorrat gehalten werden muß, daß der geringe Unterschied im Stückpreise schon eine Ersparnis ausmacht, und wo sie dauernd gesondert von den sonst verwendeten Normalverschraubungen gehalten werden können.

Rohrverbindungen. Zwei Rohre können auf sehr verschiedene Art miteinander verbunden werden. Hier sollen nur die wichtigsten erwähnt werden. Muffen sind kurze Manschetten, die an beiden Seiten innen mit Gewinde versehen sind. In der Regel wird jedes Rohr mit einer Muffe versehen. Muffen werden für nicht empfehlenswert gehalten, wenn die Abmessung der Rohre über 2″ hinausgeht. Wenn aber die Verbindung in der Werkstatt und nicht bei der Montage hergestellt wird, werden sie auch dann noch manchmal gebraucht. Eine Art Kupplung oder Verschraubung ist in Abb. 27 dargestellt. In diesem Falle dichtet Metall auf Metall. Die besseren Kupplungen haben eingepreßte Messingringe, welche mit verschiedenen Radien kugelig ausgearbeitet sind, so daß die Dichtung selbst dann noch stattfindet, wenn das Rohr nicht ganz sorgfältig ausgerichtet ist. Weniger empfehlenswerte Ausführungen haben keine Messingringe. In diesem Falle erschwert der Rost eine dichte Verbindung, oder es ist ein Packungsring erforderlich, welcher von Zeit zu Zeit erneuert werden muß. Diese Verschraubungen werden aus verschiedenen Gründen über 2 oder $2^1/_2''$ nicht gern verwendet. Erstens ist es schwierig zu erreichen, daß das Rohrgewinde beim Einschrauben in die Verschraubung richtig faßt; zweitens müssen Gewinde über $2^1/_2''$ gewöhnlich auf einer Drehbank in der Werkstatt geschnitten werden; drittens sind die Schlüssel, die man für 3″ Rohre braucht, oft nur noch mit Schwierigkeiten zu handhaben.

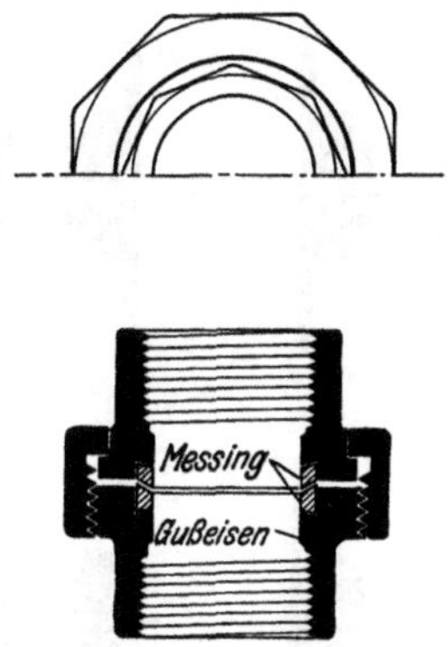

Abb. 27. Rohrkupplung.

Flanschen. Flanschen sind die gewöhnlichste Verbindung von Rohren über $2—2^1/_2''$. Sie können eingeteilt werden nach der Ausführung der Stirnflächen oder nach ihrer Befestigung auf dem Rohr. Daraus ergibt sich folgende Aufstellung:

Nach der Ausführung der Stirnflächen:

1. ebene Flächen,
2. mit Dichtungsrillen,
3. mit Dichtungsleisten,
4. geschliffene Flächen,
5. mit Dichtungsleiste und Eindrehung,
6. mit Nute und Feder.

Nach der Befestigung:

1. aufgeschraubt,
2. aufgewalzt,
3. genietet,
4. geschweißt,
5. gebördelt.

Abb. 28 zeigt die verschiedenen Arten der Ausführung der Stirnflächen. Die ebene Fläche (a) ist an sich klar. Die Dichtung mittels Rillen wird hergestellt, indem man mit einem runden Stahl leichte Eindrehungen in die Oberfläche macht. Dadurch wird die Packung fester gehalten. Diese Abdichtung ist aber nur für niedrigen Druck und weiche Packung anwendbar. Der Flansch mit Dichtungsleisten wird regelmäßig für Dampfdrücke von 7,5 at und höher verwendet, ist aber auch für niedrigere Drücke zu empfehlen. Die Packungsscheibe zwischen ebenen Flanschen reicht gewöhnlich bis zu dem äußeren Rande des Flansches. Wenn nun beim Anziehen der Schrauben erhebliche Kraft angewendet werden muß, um den Flansch dicht zu bekommen, federt der Flansch so viel, daß er am äußeren Umfange wohl gut anliegt, ohne indessen im Innern dicht zu sein. Da höhere Drücke im allgemeinen dünnere und härtere Packungen verlangen, ist diese Verbindung hierfür nicht geeignet. Dann ist der Flansch mit Dichtungsleisten zu wählen. Die Höhe dieser Dichtungsleisten beträgt im allgemeinen 1—2 mm. Die Packung wird so zugeschnitten, daß sie nur zwischen den Leisten liegt. Der Druck der Schrauben wird dann auf die Packung übertragen, ohne daß die Möglichkeit besteht, daß sich die Flanschen am äußeren Umfang berühren. Geschliffene Flanschen (*c*) werden nur dort verwendet, wo kein Packungsmaterial erhältlich ist, das für die vorliegenden Bedingungen brauchbar ist. Diese Verbindung ist sehr schwierig dicht zu bekommen und wird sehr selten angewendet. Die Dichtung mit Nute und Feder (*e*) und mit Dichtungsleiste im einen und entsprechender Eindrehung im anderen Flansch (*d*) werden dann benutzt, wenn die Drücke so hoch sind, daß die Gefahr besteht, daß die Packung herausgeblasen wird.

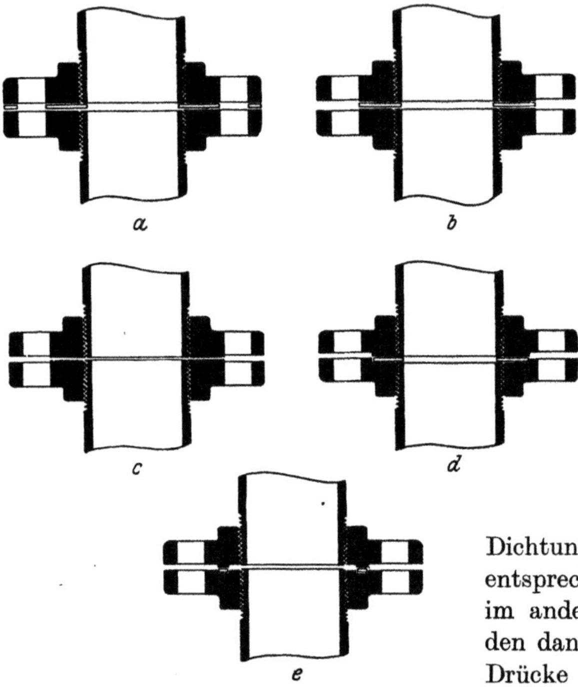

Abb. 28. Flanschdichtungen.
a Glatte Flächen. *b* Dichtungsleisten. *c* Geschliffene Flächen. *d* Dichtungsleiste und Rezeß. *e* Nute und Feder.

Abb. 29 stellt die Befestigungsarten der Flanschen auf dem Rohr dar. Die normale Methode besteht darin, daß das Ende des Rohres mit Gewinde versehen ist, auf welches der Flansch geschraubt wird (*a*). In besonderen Fällen kann der Flansch auf das Rohr aufgewalzt werden (*b*). Dann hat der Flansch eine konische Erweiterung, in welche das Rohr hineingewalzt wird. Manchmal haben die Flanschen eine besonders lange Buchse und werden durch diese Buchse mit dem Rohr nach dem Aufschrauben oder Aufwalzen vernietet (*c*). Diese besonders vorsichtige Maßnahme ist eigentlich nur im Kriegsschiffbau im Gebrauch, wo sie eine zusätzliche Sicherung gegen selbsttätiges Lösen infolge von Erschütterungen darstellt. Der Flansch kann auch auf das Rohr geschweißt werden, entweder mit dem Schweißbrenner oder auf die gewöhnliche

Art (*d*). Gußeiserne Flanschen können nicht auf Eisenrohre geschweißt werden, es kommen hierfür nur stählerne Flanschen in Frage. Diese Methode ist in Hochdruckanlagen oder Kraftwerken gebräuchlich. Schließlich kann das Ende des Rohres umgebördelt und zu einer brauchbaren Dichtungsfläche ausgestreckt werden, nachdem der Flansch auf das Rohr gestreift ist (*e*). Diese Methode hat den Vorteil, daß die

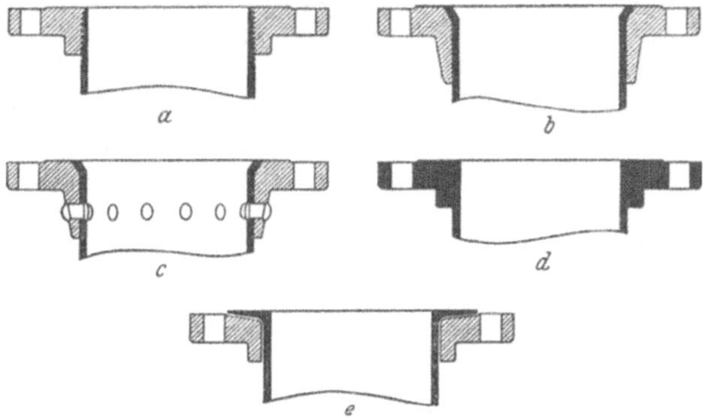

Abb. 29. Flanschbefestigungen.
a Aufgeschraubter Flansch. *b* Aufgewalzt und gebördelt. *c* Aufgewalzt und genietet. *d* Geschweißt. *e* Loser Flansch, Rohr gebördelt.

Schraubenlöcher immer übereinanderpassen, da ja der Flansch auf dem Rohr lose ist. Sie hat aber den Nachteil, daß jedes einzelne Rohrende besonders geschmiedet werden muß und Reparaturen langwierig und kostspielig sind. In praxi hat jede Firma, welche sich mit Rohrleitungsbau beschäftigt, einige Besonderheiten bei dieser Rohrverbindung, welche sie mit einem besonderen Namen bezeichnet. Allgemein bekannt ist wohl der Name „Van Stone-Flansch".

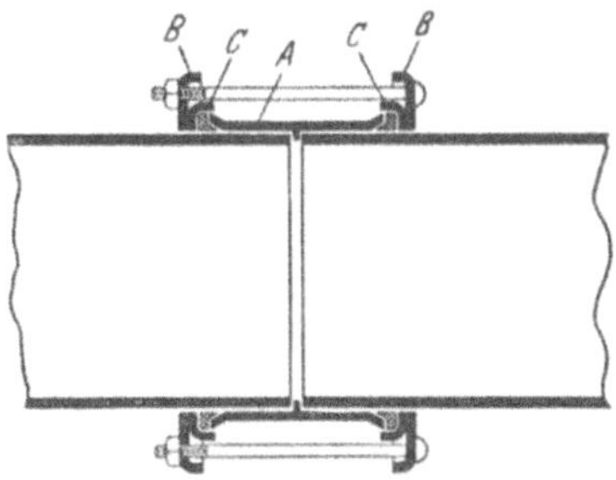

Abb. 30. Ringverbindung.
A Manschette. *B* Ringe. *C* Packungshalter.

Ringverbindung. Eine andere weit verbreitete, besonders für Gas- und Ölleitungen benutzte Verbindung ist die Ringverbindung, Abb. 30. Eine lose Muffe *A* wird über den Stoß gestreift. Diese Muffe ist an beiden Enden als Stopfbuchse ausgebildet. Über die Enden greifen die Ringe *B* mit einem vorstehenden Teil *C*, mit welchem die Stopfbuchse geschlossen und die Packung zusammengedrückt wird. Solche Verbindungen können leicht und schnell montiert werden, lassen eine gewisse Ausdehnung der Rohre zu und erfordern kein ganz genaues Ausrichten des Rohrstranges. Andererseits gibt die Packung zu Anständen Veranlassung und die Verbindung trägt sich auch nicht selbst. Infolgedessen wird sie in Fabrikanlagen selten, häufiger in unterirdisch verlegten Rohrleitungen angetroffen. Sie ist bekannt unter verschiedenen Handelsbezeichnungen. Die bekannteste lautet „Dresserverbindung".

Ausdehnungsstücke. Alle Rohrleitungen von einer gewissen Länge, die einem Temperaturwechsel ausgesetzt sind, müssen mit Vorrichtungen versehen sein, welche die Ausdehnung zulassen, so daß dadurch keine Beanspruchungen auftreten. Dies kann schon durch eine Anzahl von Bögen in der Leitung erreicht werden, wofür entweder gewöhnliche Formstücke oder Spezialkrümmer verwendet werden können. Diese Bögen werden so gelegt, daß keiner von ihnen den Gesamtdruck aufzunehmen hat. Manchmal wird für geringe Drücke ein kurzes Rohrstück aus biegsamem Kupferrohr eingefügt. Am meisten gebräuchlich indessen ist

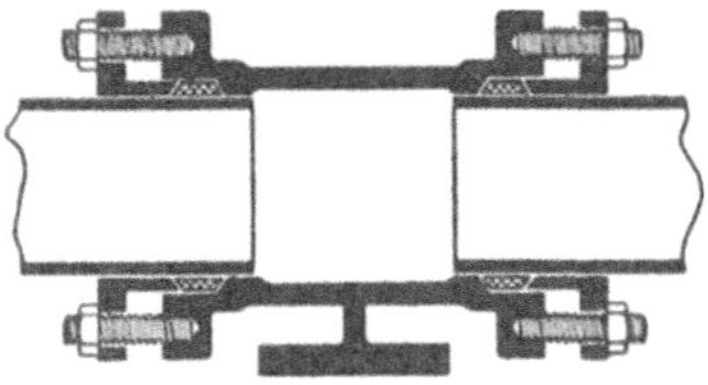

Abb. 31. Doppelseitige Rohrstopfbuchse.

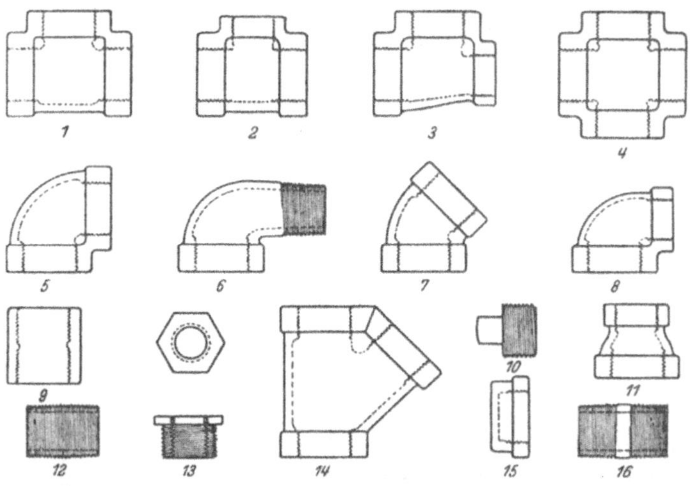

Abb. 32. Gewindeformstücke.
1 T-Stück. *2* T-Stück mit reduziertem Abzweig. *3* T-Stück mit reduziertem Durchgang. *4* Kreuzstück. *5* Bogenstück. *6* Winkel mit Außengewinde. *7* Bogen 45°. *8* Reduzierbogenstück. *9* Muffe. *10* Stopfen. *11* Reduzierstück. *12* Glatter Nippel. *13* Reduziernippel. *14* Y-Stück. *15* Kappe. *16* Rohrnippel.

eine Rohrstopfbuchse. Abb. 31 zeigt eine derartige Stopfbuchse; manchmal ist auch nur auf einer Seite eine Stopfbuchse vorhanden.

Formstücke. Wenn eine Verbindung mehrere der oben auf S. 45 angeführten Aufgaben erfüllt, wird sie durch ein Formstück hergestellt. Für Richtungsänderungen werden Krümmer, für Abzweigungen

T-Stücke, Kreuzstücke oder Y-Stücke verwendet. Reduzierstücke verändern den Durchmesser der Rohrleitung in gerader Flucht, bei Abzweigungen haben die Verschraubungen in diesem Falle verschiedene Durchmesser und übernehmen dann auch unter Umständen die Aufgabe eines Reduzierstückes. Der gebräuchlichste Weg, den Durchmesser der Rohrleitung zu ändern, besteht in der Anwendung von Reduzierstopfen bei kleinen, Reduzierflanschen bei großen Durchmessern. Zum Abschluß eines Endes der Rohrleitung werden bei kleinen Rohrweiten Stopfen oder bei großen Rohrweiten Blindflanschen benutzt.

Ein kurzes Rohrstück mit Gewinde an beiden Enden wird ein Nippel genannt. Mit Rohr- oder Bandnippel werden Nippel bis zu einer Länge von 150 mm bezeichnet. Bis zu dieser Länge können sie nicht auf dem gewöhnlichen Wege von Hand mit Gewinde versehen werden, sondern werden fertig gekauft. Von einem „glatten“ Nippel spricht man dann, wenn er so kurz ist, daß das Gewinde über die ganze Länge geschnitten ist. Ein Doppelnippel ist einer, der zwischen den Gewinden ein flaches Sechskantstück besitzt. Eine Anzahl der üblichen Formstücke sind in Abb. 32 dargestellt. Es muß aber darauf hingewiesen werden, daß es außer den dargestellten noch viele andere gibt. Formstücke, die mit Gewinde versehen direkt auf das Rohr geschraubt werden, sind nur bei Abmessungen unter 2—$2^1/_2''$ empfehlenswert. Bei größeren Abmessungen werden ganz allgemein Flanschenformstücke verwendet, welche gegen auf dem Rohr sitzende Flanschen geschraubt werden Typische Flanschenformstücke zeigt Abb. 33. Die Flanschen solcher Formstücke werden ebenso abgedichtet wie die anderen Flanschen der Rohrleitung, in welche sie eingebaut sind.

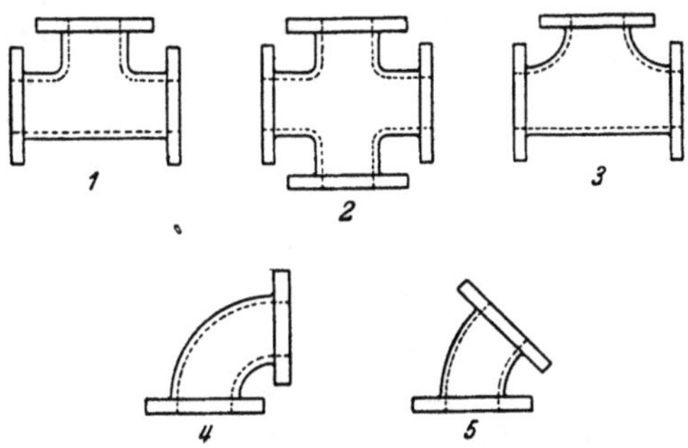

Abb. 33. Flanschenformstücke.
1 T-Stück. 2 Kreuzstück. 3 Geschweiftes T-Stück. 4 Krümmer. 5 45° Krümmer.

Absperrorgane.

Die Armaturen, die zur Regulierung des Durchflusses in Rohrleitungen benutzt werden, zeigen eine noch größere Mannigfaltigkeit als die Verbindungen. Für unsere Zwecke kann man sie einteilen wie folgt:

Hähne,
Kegelventile, mit Metalldichtungen,
„ Kompositionsdichtungen,

Schieber, mit feststehender Spindel,
„ nicht feststehender Spindel,
„ Außengewinde und Bock,
Rückschlagventile, mit Kugel,
„ Klappe,
Reduzierventile.

Hähne. Hähne sind die einfachsten Apparate für die Regulierung des Durchflusses einer Flüssigkeit. Sie bestehen im wesentlichen aus einem Gehäuse, in welches ein konisches mit einem Durchlaß versehenes Küken eingeschliffen ist. Das Küken muß an der Spindel irgendwie mit Packung abgedichtet sein. Ein einfacher Hahn ist in Abb. 34 dargestellt. Hähne werden ganz allgemein verwendet in Leitungen geringen Querschnittes für Druckluft, selten aber für Wasser oder Dampf. Ihr Nachteil ist, daß das Küken, wenn es nicht konisch genug ist, sehr leicht so fest in das Gehäuse hineingetrieben wird, daß es kaum zu bewegen ist, während andererseits, wenn der Konus zu steil ist, der in der Rohrleitung herrschende Druck das Küken aus seinem Sitz herauszuheben vermag. Die meisten Hähne neigen mehr zu der ersteren Schwierigkeit als zur letzteren, und man hört überall die Klage, daß die Hähne festsitzen und sich nicht öffnen lassen. Um hier Abhilfe zu schaffen, hat man eine ganze Anzahl von Sonderkonstruktionen auf den Markt gebracht. Bei einer der besten wird ein Schmiermaterial der Dichtungsfläche durch die Spindel des Kükens zugeführt. Dies reicht wohl für gewöhnliche Fälle aus, aber in Spezialfällen findet man oft nicht das Schmiermaterial, das nicht schmilzt oder sich nicht auflöst. Ein anderer Nachteil der Hähne ist der, daß, wenn die Durchlaßöffnung zylindrisch ist — und das ist fast immer der Fall —, die von dem Küken freigegebene Fläche sich beim Beginn des Öffnens bzw. Ende des Schließens mit der kleinsten Drehung schon sehr erheblich ändert, aber nahezu unverändert bleibt, wenn der Hahn beinahe offen ist. Infolgedessen ist es schwierig, die Durchflußmenge mittels eines Hahnes zu regulieren, besonders bei kleineren Durchflußmengen, welche nur teilweise Öffnung erfordern. Man braucht Hähne infolgedessen meist nur dort, wo sie entweder ganz offen oder ganz geschlossen sind.

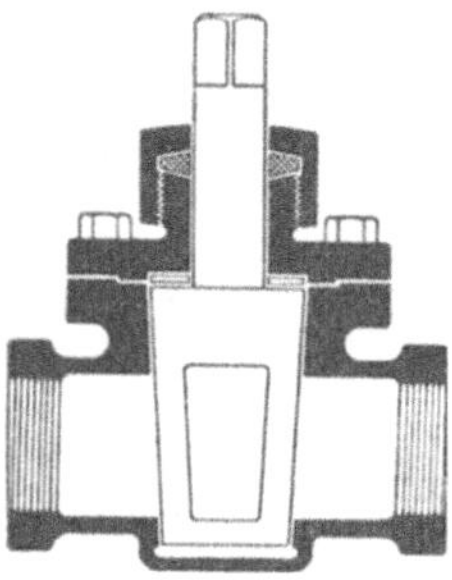
Abb. 34. Stopfbüchshahn.

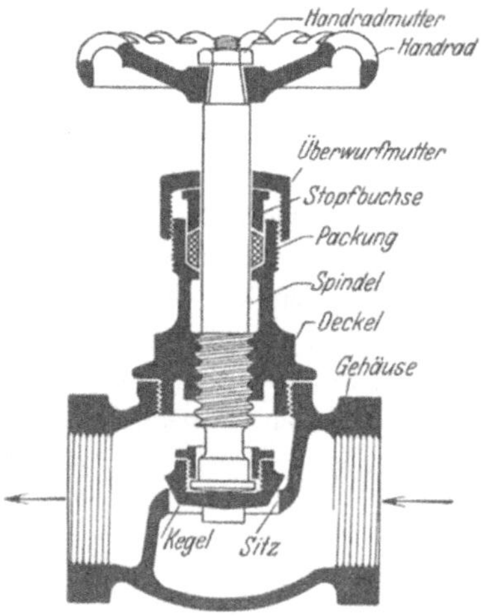

Abb. 35. Kegelventil.

Kegelventile. Abb. 35 und 36 stellen Normalkegelventile dar. Der charakteristische Teil dieser Absperrorgane ist ein kugelförmiges Gehäuse mit einer horizontalen Trennwand im Innern. In dieser Trennwand befindet sich ein kreisrundes Durchflußloch, in welches ein Ring, welcher der Sitz genannt wird, eingesetzt wird. Die Wirkungsweise des Ventils besteht darin, daß ein Kegel mit Hilfe der Ventilspindel niedergeschraubt wird, wodurch die zentrale Öffnung in der Trennwand geschlossen wird. Obgleich es eine große Anzahl von Kegelventilen gibt, verschieden hinsichtlich Preis und Widerstandsfähigkeit gegen Druck, erstrecken sich die Unterschiede der Konstruktion nur auf den Kegel und den Sitz, welcher bei den besseren Ventilen zum Zwecke einer leichten und billigen Erneuerung vorgesehen wird. Die zwei wichtigeren Typen des Kegelventiles sind das Kegelventil mit Metalldichtung, Abb. 35 und 36a und das Kompositionsventil, Abb. 36b. Das Kegelventil mit kugelig ausgestaltetem Kegel wird gewöhnlich in kleineren Abmessungen verwendet. Seine Verwendung in größeren Abmessungen als 2″ wird nicht für empfehlenswert gehalten.

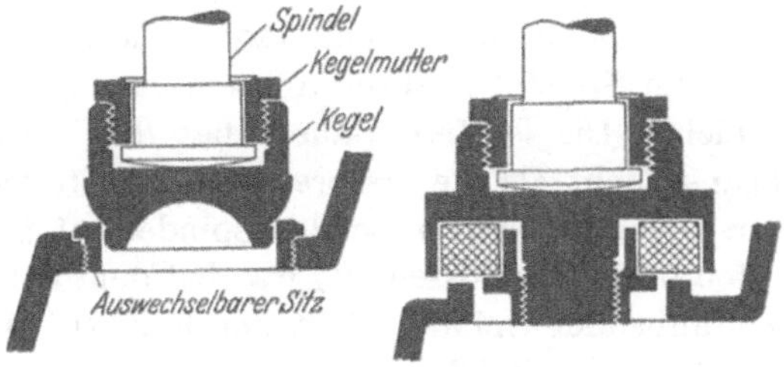

Abb. 36. Ventilkegel.
a Metallkegel. *b* Jenkinsventil.

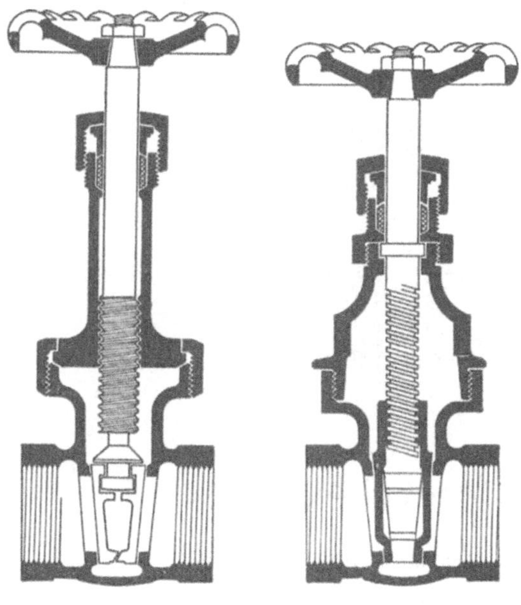

Abb. 37.
Schieber mit steigender Spindel und Innengewinde.

Abb. 38.
Schieber mit Innengewinde.

Schieber. Schieber werden allgemein in größeren Abmessungen benutzt und sind in verschiedenen Ausführungen hinsichtlich Kosten, Materialien, Bauarten und Konstruktionseinzelheiten erhältlich. Der Schieber mit sich herausschraubender Spindel (Abb. 37) ist die gewöhnlichste Bauart. Das Schiebergehäuse enthält einen geraden Kanal für den Durchfluß der Flüssigkeit, der teilweise oder vollständig durch den Schieberkörper verschlossen wird, indem letzterer mit Hilfe der mit Gewinde versehenen Spindel gehoben oder gesenkt wird. Der Schieber mit sich nicht herausschraubender Spindel (Abb. 38) unterscheidet sich von dem ersteren dadurch, daß sich die Spindel in den Schieberkörper hineinschraubt und dadurch letzteren hebt oder senkt, ohne daß sich die Spindel in ihrer Achsenrichtung durch die Stopfbüchsen verschiebt. Die letztere Bauart hat den Vorteil, daß sie weniger Platz beansprucht als die erstere; andererseits kann man bei dem Schieber mit sich herausschraubender Spindel auf den ersten Blick sehen, ob er offen oder geschlossen ist, was bei dem Schieber mit sich nichtherausschraubender Spindel nicht der Fall ist. Auch beim Schieber besteht die Möglichkeit, Schieberkörper und die Sitze sehr verschieden hinsichtlich Material und Konstruktion auszuführen, wofür hauptsächlich die Kostenfrage und der Verwendungszweck maßgebend sind.

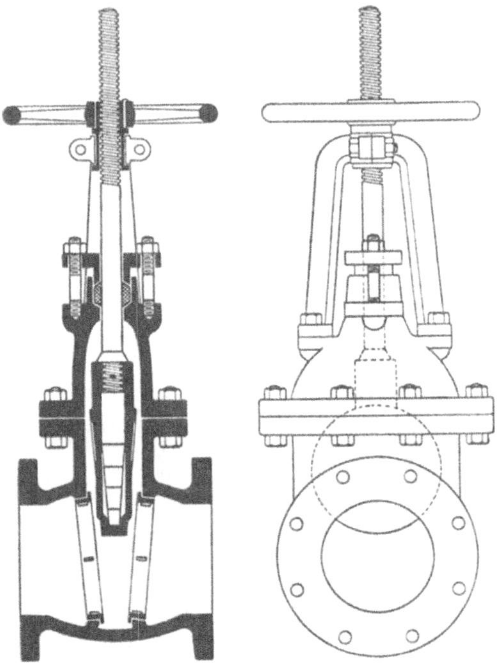
Abb. 39. Schieber mit Außengewinde und Bock.

Bei großen Ausführungen der Schieber muß auf hohen Druck besondere Rücksicht genommen werden. Er erfordert nicht allein schwere Schieberkonstruktion, sondern erschwert auch die Betätigung des Schiebers von Hand. Manchmal werden die Schieber mit kleinen Umgehungsventilen ausgerüstet, durch welche zunächst ein Druckausgleich auf beiden Seiten des Schiebers hergestellt werden kann, bevor man den Hauptschieber betätigt.

Eine dritte Bauart von Schiebern zeigt Abb. 39. Sie ist bekannt als Schieber mit außen liegendem Gewinde und Bock. Ihre Anwendung ist beschränkt auf große Rohrweiten, wo es erforderlich ist, die Abmessung des Gehäuses möglichst zu beschränken.

Schnellschußventile. Die vorstehend beschriebenen Abschlußorgane haben Gewindespindeln, weswegen eine Anzahl von Umdrehungen des Handrades erforderlich ist, um den Durchlaß vollkommen zu öffnen oder zu schließen. Sogenannte Schnellschlußventile haben glatte Spindeln und werden mittels eines Handhebels mit einem einzigen Griff geöffnet oder geschlossen. Derartige Abschlußorgane sind bequem, bringen aber die Gefahr von Wasserschlägen mit sich.

Wasserschlag. Wenn ein Rohr eine bewegte Flüssigkeitssäule enthält, ist in der bewegten Flüssigkeit infolge ihrer Masse und Geschwindigkeit eine nicht unbeträchtliche Energie aufgespeichert. Wenn die Geschwindigkeit durch schnelles Schließen eines Hahnes oder Ventiles plötzlich vernichtet wird, kann diese Energie nicht aufgefangen werden, weil die Flüssigkeit beinahe inkompressibel ist. Es entsteht ein plötzlicher Stoß, der außerordentlich hohe Drücke hervorrufen kann. Dieser Stoß ist um so größer, je länger die Rohrleitung, je größer die Geschwindigkeit und je kürzer die Zeit ist, in welcher das Ventil geschlossen wird. Rohrleitungen von einiger Länge enthalten genügend Flüssigkeit, daß durch einen Wasserschlag Formstücke zerbrochen werden können. Schnellschlußventile sollten deshalb nur in kurzen Leitungen eingebaut werden. Bei Hähnen liegt dieselbe Gefahr vor, wenn sie schnell geschlossen werden.

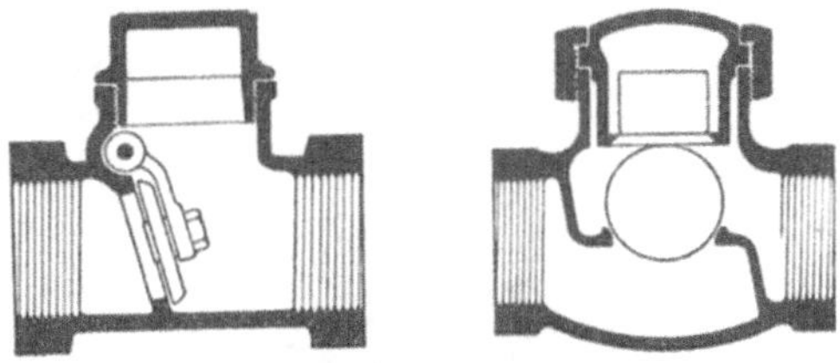

Abb. 40. Rückschlagventile.
a Rückschlagklappe. *b* Rückschlagkugelventil.

Rückschlagventile. Rückschlagventile werden dort benutzt, wo der Durchfluß nur in einer Richtung erfolgen soll. Sie arbeiten automatisch und schließen den Durchgang in der einen Richtung, öffnen ihn in der anderen. Abb. 40 zeigt zwei oft gebrauchte Bauarten von Rückschlagventilen. Zu den Abbildungen braucht keine Erklärung hinzugefügt werden, da die Wirkungsweise aus den Zeichnungen an sich hervorgeht.

Reduzierventile. Reduzierventile wendet man an, wenn in einem Teil der Rohrleitung niedrigerer Druck gehalten werden soll als in den anderen. Konstruktion und Wirkungsweise dieser Ventile sind noch mannigfaltiger als die der vorher besprochenen Armaturen. Eine sehr häufig anzutreffende Bauart zeigt Abb. 41. Dieses Ventil hat den Zweck, einen konstanten Druck auf der Austrittsseite zu halten, der niedriger ist als der auf der Eintrittsseite. Es besteht aus einem Hauptventilkegel A, welcher den Hauptstrom der Flüssigkeit (im allgemeinen Dampf) regelt. In der Abb. 41 erfolgt der Durchfluß von links nach rechts. Das Hauptventil wird mittels der Hauptventilfeder B geschlossen und durch den Druck, welcher unter dem Hauptkolben C herrscht, geöffnet. Im oberen Teil des Gehäuses befindet sich eine dünne Membrane D aus biegsamem Metall, auf welche die Reduzierfeder E auf der einen Seite und auf der anderen Seite der auf der Niederdruckseite des Ventils herrschenden Druck einwirkt. Die Verbindung des Membranegehäuses mit der Niederdruckseite ist durch den Durchlaß *F* hergestellt.

Wenn nun der Druck auf der rechten Seite des Ventiles zu fallen beginnt, drückt die Feder *E* die Membrane nach unten, dadurch öffnet sie das Steuerventil *G*, wodurch Hochdruckdampf durch den Durchlaß *H* in das Gehäuse unter den Kolben strömt. Der Kolben steigt, öffnet das Hauptventil, und der Dampf kann durch das Ventil nach der rechten Seite strömen. Wenn der Druck auf der rechten Seite die eingestellte Höhe erreicht, geht das Umgekehrte vor sich. Die Membrane wird aufwärts gedrückt, das Steuerventil schließt sich, der Druck unter dem Kolben fällt, und das Hauptventil wird zum Teil geschlossen. Wenn diese Ventile richtig arbeiten, wird das Hauptventil weder vollständig geöffnet, noch vollständig geschlossen, sondern nimmt eine Mittelstellung ein und steigt und fällt wie der Druck auf der rechten Seite des Ventiles. Alle Reduzierventile arbeiten nach einem ähnlichen Prinzip mit einer Membrane, welche einerseits von einer Feder oder einem Gegengewicht, andererseits von dem Druck auf der Niederdruckseite belastet wird. Schwankungen im Druck verursachen Änderung der Stellung der Membrane, die Bewegung der Membrane öffnet oder schließt ein Steuerventil, durch welches die bewegende Kraft für das Öffnen oder Schließen des Hauptventiles geliefert wird.

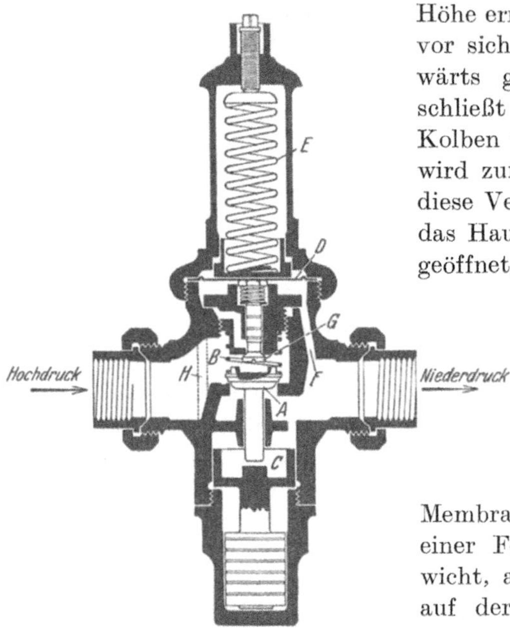

Abb. 41. Reduzierventil.
A Hauptventilkegel. *B* Hauptventilfeder. *C* Kolben. *D* Membran. *E* Regulierfeder. *F* Kanal auf der Niederdruckseite. *G* Steuerventilkegel. *H* Dampfkanal zum Kolben.

Werkstoffe der Absperrorgane. Ventile von 2″ Durchmesser und darunter bestehen gewöhnlich ganz aus Messing. Bei Größen über 2″ haben sie im allgemeinen gußeiserne Gehäuse mit Sitzen, Dichtungsflächen, Kegeln und manchmal auch Spindeln aus Messing oder Bronze. Solche Ventile sind bekannt als gußeiserne Ventile mit Messingarmaturen. Für Flüssigkeiten, welche Messing angreifen, wie Ammoniak- und Zyanlösungen, werden ganz aus Eisen bestehende Ventile benutzt, aber im allgemeinen sind diese wegen des Rostens der Dichtungsflächen nicht empfehlenswert. Für Hochdruck oder rauhe Beanspruchungen werden statt gußeiserner Ventilgehäuse solche aus hochlegierter Bronze oder Gußstahl verwendet. Für ganz außergewöhnliche Fälle werden auch aus dem Vollen geschmiedete Gehäuse genommen, in welchen die erforderlichen Bohrungen ausgedreht sind. Für überhitzten Dampf bei hohen Drücken werden Ventile verwendet, deren Sitz und Kegel nicht aus Messing, sondern aus Monelmetall (einer Legierung aus Nickel und Kupfer) hergestellt sind. Gußeiserne Ventile mit Messingarmaturen sind üblich in Größen über 2″, darunter Messingventile.

Allgemeine Bemerkungen.

In diesem Abschnitt sollen keine Einzelheiten über Dampfarmaturen gegeben werden, aber es erscheint wichtig, einige allgemeingültige Gesichtspunkte zu erwähnen. Mit Rücksicht auf das Aussehen sollen Rohrleitungen in geraden Linien und in rechten Winkeln verlegt werden. Die Anlage einer Rohrleitung mit schiefen Winkeln wird als liederliche Arbeit betrachtet, selbst wenn dadurch der Weg abgekürzt und die Zahl von Formstücken erniedrigt wird. Oft wird, wo die Rohrleitung rechtwinklig abbiegt, an Stelle eines Krümmers ein T-Stück eingebaut, dessen einer Winkel mit Blindflanschen, Stopfen oder Kappe geschlossen wird. Diese Maßnahme erleichtert nicht nur die Reinigung, sondern ermöglicht auch, die Rohrleitung fortzusetzen, ohne eine größere Anzahl von Verbindungen zu lösen. Aus ähnlichen Gründen sollten in langen Rohrleitungen, deren Verbindungen mit Muffen hergestellt sind, öfter Kupplungen oder Verschraubungen eingebaut werden, weil bei Reparaturen sonst das Rohr bis zur nächsten Kupplung heruntergenommen oder eine Muffe zerbrochen werden muß. Die Flanschverbindung hat in dieser Beziehung denselben Vorteil wie die Kupplung. Wo es erforderlich ist, zwei ungünstig liegende Punkte zu verbinden, kann, wenn die Verbindung auf vernünftigem Wege nicht durch eine Reihe von rechtwinkligen Krümmern herzustellen ist, die Anwendung von zwei 45°-Krümmern eine Verbindung in jedem erforderlichen Winkel herstellen.

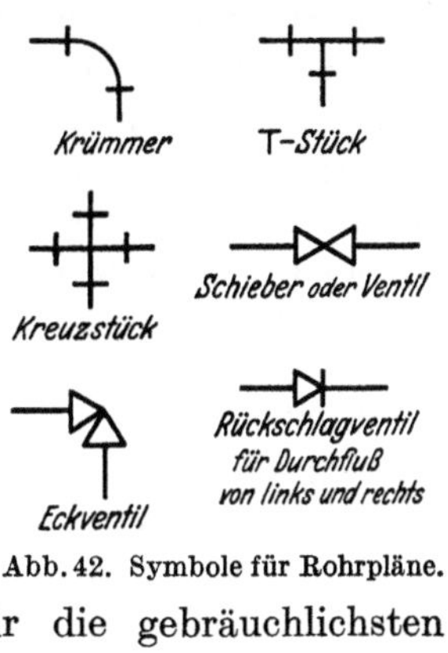

Abb. 42. Symbole für Rohrpläne.

Bei der Anfertigung von Skizzen und Zeichnungen, in welchen Rohrleitungen nur schematisch angegeben werden, zeichnet man die Rohrleitung als einfache Linie und benutzt für Armaturen und Formstücke Symbole. Abb. 42 gibt die üblichen Symbole für die gebräuchlichsten Armaturen.

Werkstoffe für spezielle Zwecke. Der Chemieingenieur muß oft mit Stoffen umgehen, welche Eisen in Rohrleitungen und Armaturen zerstören. Es gibt keinen für alle Zwecke brauchbaren Werkstoff. Die meisten haben schwerwiegende Nachteile. Von den zur Verwendung kommenden Werkstoffen sind die folgenden erwähnenswert.

Säurefestes Steinzeug. Dieses Material widersteht dem Angriff der Säuren vollkommen, hat aber sehr geringe Festigkeit. Es kann in großen Stücken nicht angefertigt werden. Es darf nicht erhitzt werden und springt bei geringen Temperaturänderungen. Eine übliche Rohrverbindung ist die Muffe. Es werden aber auch Rohre mit besonders geformten Flanschen verwendet.

Glas. Es werden nur Rohre in einigen Abmessungen mit besonders geformten Flanschen von einer Fabrik hergestellt. Glasrohr ist fester und leichter als Steinzeug und widersteht Temperaturänderungen besser. Infolge der geringen Anzahl der zur Zeit erhältlichen Formen kann man Glas jedoch nicht als überall verwendbaren Werkstoff ansehen.

Siliziumguß. Dies ist ein hoch mit Silizium legiertes Eisen. Es ist gegen Säuren sehr beständig, fester als Gußeisen und wird in vielen Formen und Abmessungen geliefert. Sein Hauptnachteil ist, daß es außerordentlich spröde und sehr hart ist und einen sehr großen Wärmeausdehnungskoeffizienten besitzt. Flanschen gewöhnlicher Form können nicht verwendet werden, es wird aber mit besonders geformten Flanschen geliefert. Bei der Verwendung muß die größte Sorge darauf verwendet werden, Spannungen fernzuhalten, welche durch Wärmedehnung auftreten und unbedingt zum Bruch führen. Es kann nicht bearbeitet werden.

Blei. Bleirohr wird in großer Auswahl mit verschiedenen Wandstärken und Durchmessern geliefert und ist besonders widerstandsfähig gegen Schwefelsäure. Es wird im allgemeinen durch Löten verbunden. Ein geschickter Bleilöter kann eigentlich jede Apparatur nur aus Bleirohr und Bleiblech zusammenbauen mit Abzweigungen und Verbindungen jeder Art. Der hauptsächlichste Nachteil des Bleies ist, daß seine Elastizitätsgrenze sehr niedrig liegt und infolgedessen jede Beanspruchung, sei sie mechanisch oder thermisch, eine Deformation hervorruft. Hiermit ist auch zu erklären, daß aus Blei hergestellte Stücke das Bestreben haben, zu kriechen, so daß sie sicher befestigt und in kurzen Zwischenräumen, am besten überall, fest gelagert werden müssen.

Kupfer und Messing. Diese Werkstoffe werden in der chemischen Fabrik oft verwendet, besonders Kupfer. Kupfer ist allen Säuren gegenüber widerstandsfähig mit Ausnahme der Salpetersäure mittlerer Konzentration, solange man Oxydation verhindern kann. Es besitzt große Festigkeit und ist leicht zu verarbeiten. Es ist aber teuer. obwohl die ersten Anschaffungskosten zum Teil durch seinen hohen Schrottpreis wieder ausgeglichen werden. Kupferrohrverbindungen werden gewöhnlich durch Hart- oder Weichlöten hergestellt. Messing ist nicht besonders widerstandsfähig und wird in Rohren selten verwendet, häufiger dagegen in kleinen Abschlußorganen.

Auskleidungen. Eiserne Apparaturen, in welchen aggressive Flüssigkeiten verarbeitet werden, können mit Blei oder Gummi ausgekleidet werden. Blei wird gewöhnlich mit dem Eisen durch eine Zinnschicht verbunden, wobei das Zinn sich einerseits mit dem Eisen, andererseits mit dem Blei legiert. Bleiauskleidung kann bei Rohren und Ventilen angebracht werden, bei komplizierteren Apparaten treten aber schon Schwierigkeiten auf. Gummiauskleidungen können auf das Eisen vulkanisiert werden. Diese Technik ist kürzlich so weit entwickelt worden, daß eigentlich jeder eiserne Apparat mit einer außerordentlich widerstandsfähigen Gummischicht, welche vollkommen fest auf dem Eisen haftet, versehen werden kann.

Speziallegierungen. Es gibt viele Arten von Speziallegierungen. Im allgemeinen teilt man sie in zwei Gruppen ein: Erstens mit Kupfer und zweitens mit Eisen als Grundstoff. Die Kupferlegierungen sind gewöhnlich recht kompliziert und enthalten vier oder fünf Komponenten. Einige von ihnen sind außerordentlich korrosionsfest. Sie sind in verschiedenen Profilen erhältlich, auch als Rohr. Die Eisenlegierungen sind gewöhnlich Legierungen des Eisens mit Chrom oder Nickel oder beiden. Einige sind bekannt als nichtrostender Stahl. Sie sind sehr korrosionsfest und heute eigentlich in jeder gewünschten Form erhältlich. Monelmetall ist eine Legierung von etwa 65% Nickel, 30% Kupfer und dem Rest von weniger wichtigen Komponenten. Es ist fest und leicht zu verarbeiten und ist genügend widerstandsfähig verdünnten Lösungen gegenüber. Es ist aber als Rohr nicht leicht zu bekommen. Neuerdings kann man auch Reinnickel zu einem annehmbaren Preise erhalten. Seine Verwendung nimmt infolgedessen größeren Umfang an. Es kann sowohl als Rohr wie als Blech und Barren bezogen werden.

Pumpen.

Die mannigfaltige Verschiedenheit der Bedingungen, unter welchen Pumpen arbeiten müssen, hat zu einer großen Zahl verschiedener Konstruktionen geführt. Keiner einzigen Pumpe oder Pumpenart kann eine besondere Vorrangstelle vor den anderen eingeräumt werden. Alle im folgenden beschriebenen Pumpen haben heute ihre Existenzberechtigung. Eine systematische Einteilung aller dieser Typen ist nicht möglich.

Druckfässer. Die einfachste Methode, eine Flüssigkeit zu fördern, ist vielleicht, sie aus einem Behälter mittels Druckluft zu verdrängen;

derartige Einrichtungen sind für die Förderung von Schwefelsäure schon lange allgemein bekannt. Die einfachste Ausführung ist, daß man einen Behälter mit der Menge der Flüssigkeit, die zu fördern ist, füllt und durch ein Rohr, welches oberhalb des Flüssigkeitsspiegels mündet, Luft einbläst. Diese verdrängt die Flüssigkeit durch ein Rohr, das dicht über dem Boden endigt. Ein halbautomatisches Druckfaß zeigt Abb. 43. In die Zulaufleitung ist ein Rückschlagventil eingebaut und die Druckluftleitung wird auf $^1/_2$ oder $^3/_4''$ reduziert. Das Druckluftsteuerventil kann an einem passenden Orte angeordnet werden, auch in einiger Entfernung von dem Automaten. Zwischen Druckfaß und Steuerventil ist an die Leitung ein Manometer angeschlossen. Wenn Druckluft angestellt ist, zeigt das Manometer einen gewissen Druck, entsprechend der Flüssigkeitssäule im Druckrohr. Der Querschnitt des Förderrohres ist so groß, daß der Druck sofort fällt, wenn die Flüssigkeit aus dem Automaten verdrängt ist, was vom Personal am Manometer festgestellt wird.

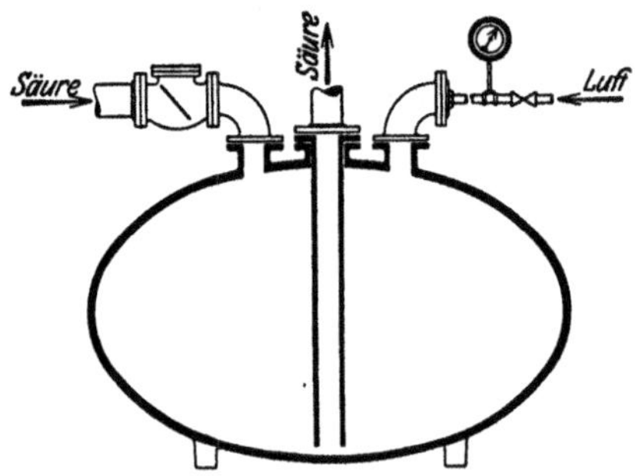

Abb. 43. Halbautomatisches Säuredruckfaß.

Komplizierter sind Apparate, welche vollkommen automatisch arbeiten und selbsttätig die Luft nach Bedarf an- und abstellen, ohne daß eine Bedienung nötig ist. Nachdem jedoch Zentrifugalpumpen aus absolut säurefesten Werkstoffen hergestellt werden, ist die Anwendung des Säuredruckfasses weniger geboten. Seine hauptsächlichsten Nachteile sind nicht allein, daß es Bedienung erfordert und intermittierend wirkt, sondern auch, daß es einen hohen Kraftverbrauch hat, weil nach dem Ende der Druckperiode das ganze Gefäß mit Luft, die unter dem Förderdruck steht, angefüllt ist. Diese Druckluft geht verloren, sobald das Förderrohr leer wird. Der Säureautomat kann die Arbeit, welche aus der expandierenden Luft noch zu gewinnen wäre, nicht nutzbar machen.

Berechnung des Druckfasses. Abb. 44 stellt das Diagramm des Arbeitsvorganges eines Druckfasses dar. Die Volumina sind längs der X-Achse, die Drücke längs der Y-Achse aufgetragen. A—B ist das Volumen des Automaten, A—C der Druck entsprechend der Flüssigkeitssäule, die gehoben werden muß. Der Druck der Luft muß größer sein als A—C, weil er auch die Reibungsverluste in der Rohrleitung zu überwinden hat, so daß der tatsächlich zugeführte Druck durch A—D dargestellt werden kann. Um das Volumen des Automateninhaltes gegen den Druck A—C in Bewegung zu setzen, ist eine Arbeit aufzuwenden, welche im Diagramm durch die Fläche $ACEB$ dargestellt ist. In Wirklichkeit ist es aber erforderlich, den Behälter mit komprimierter Luft vom Druck A—D zu füllen. Weiterhin könnte diese Luft längs der Linie F—G expandieren und dabei eine Arbeit leisten in derselben Größe, wie sie natürlich vorher bei der Kompression der Luft aufgewendet werden mußte. Der theoretisch erreichbare Wirkungsgrad des Druckbehälters ergibt sich aus dem Verhältnis der Flächen $ACEB$ zu $ADFG$. Dieser Wirkungsgrad muß dann noch mit dem Wirkungsgrad des Luftkompressors multipliziert werden. Wenn der Wirkungsgrad des Druckfasses 40% beträgt, was wahrscheinlich das erreichbare Maximum darstellt, und der Wirkungsgrad des Kompressors 60% ist, ergibt sich ein Gesamtwirkungsgrad von Kompressor und Druckfaß von nur 0,4 · 0,6 oder 24%. Dies würde dann noch ein theoretisch vollkommenes Arbeiten des Druckfasses voraussetzen, wobei die Luft in demselben Augenblick, in dem der Behälter leer wird, abgestellt wird. Wenn dies nicht der Fall ist und Luft durch das Förderrohr entweichen kann, wie es gewöhnlich im Betriebe geschieht, kann der Wirkungsgrad des Druckfasses leicht auf einen Bruchteil eines Prozentes herabsinken. Vergleicht man dies mit den Wirkungsgraden von 12—15%, die die einfachste und billigste Zentrifugalpumpe erreicht, so wird klar, daß das Druckfaß eine unwirtschaftliche Methode zur Förderung von Flüssigkeiten ist und nicht verwendet werden sollte, wenn es irgendeine andere Möglichkeit gibt.

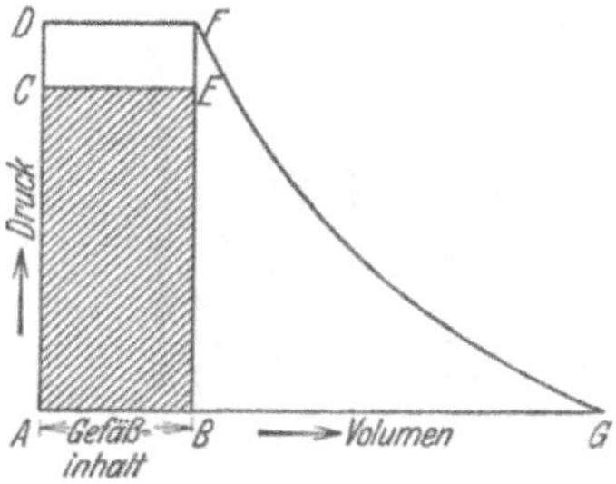

Abb. 44. Arbeitsdiagramm des Druckfasses.

Druckluftheber. Eine bessere Ausnutzung der komprimierten Luft bei der Förderung von Flüssigkeiten wird durch Druckluftheber erreicht. Abb. 45 zeigt eine derartige Anordnung. Bei diesem Apparat taucht das Förderrohr in die zu fördernde Flüssigkeit ein; ein Strahl komprimierter Luft wird am eingetauchten Ende in das Förderrohr eingeblasen. Druck und Geschwindigkeitshöhe der expandierenden Luft fördern die Luft und mit ihr gemischt die Flüssigkeit durch das Förderrohr nach dem Ausguß. Die Art der Zuleitung der Luft in das Fußstück ist für die Wirkung von großer Bedeutung. Abb. 46 zeigt zwei Fußstücke verschiedener Konstruktion.

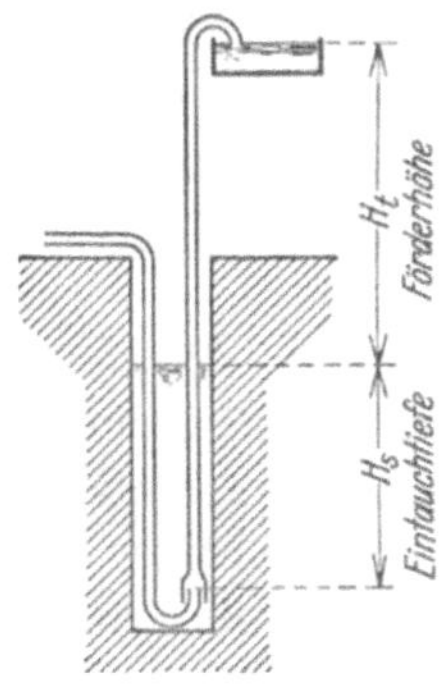

Abb. 45. Schema des Drucklufthebers.

Theorie der Druckluftheber. Obwohl die mechanische Konstruktion der Druckluftheber sehr einfach ist, ist ihre Wirkungsweise durch eine mathematische Theorie noch nicht erklärt. Eine solche Theorie müßte sich auch erstrecken auf die Reibungswiderstände von Luftblasen, welche in einer Wassersäule aufsteigen, was heute noch unsere Kenntnis überschreitet. Eine aus der Praxis entwickelte empirische Formel[1] lautet:

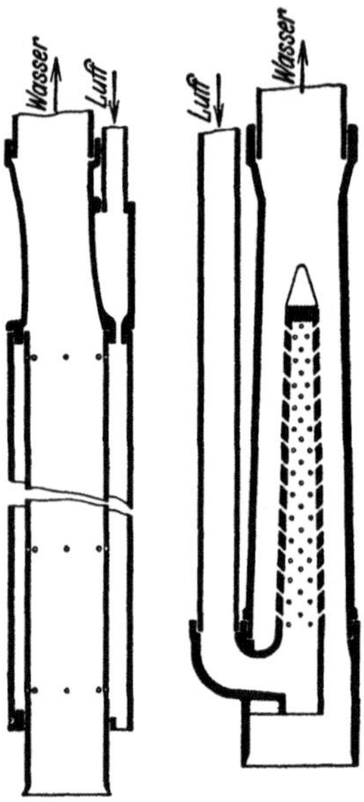

Abb. 46.
Fußstücke für Druckluftheber.

$$V_a = \frac{19{,}5 \cdot H_t}{C \cdot \log \frac{H_s + 10{,}4}{10{,}4}}, \qquad (31)$$

in welcher

V_a = Luftvolumen in m³ bezogen auf Atmosphärendruck, welches zur Förderung von 1 m³ Wasser erforderlich ist.

H_t = Gesamtförderhöhe, gemessen von der Oberfläche der Flüssigkeit bis zum Ausguß.

H_s = Eintauchtiefe, gemessen von der Flüssigkeitsoberfläche bis zum Lufteinlaß.

C = eine Konstante, welche der folgenden Tabelle entnommen werden kann.

Förderhöhe H_t in m	Konstante
3 — 18,3	245
18,4— 61	233
62 —155	216
153 —198	185
199 —229	156

Das Eintauchverhältnis, ausgedrückt durch $\frac{H_s}{H_s + H_t}$ soll betragen: 0,66 für 6 m bis 0,41 für 150 m Förderhöhe.

Diese Formel soll auf mittlere Verhältnisse zutreffen, doch kann die Konstruktion der Fußstücke die Resultate in weiten Grenzen variieren.

Diese Methode der Flüssigkeitsförderung hat Vorteile gegenüber der Druckfaßförderung insofern, als die Luft mit konstantem Wirkungsgrad dank der kontinuierlichen Wirkungsweise ausgenutzt wird. Ein zweiter sehr wichtiger Vorteil dieses Apparates besteht darin, daß der Apparat überhaupt keine bewegten Teile enthält und ganz außerordentlich einfach ist. Andererseits ist aber der Luftverbrauch ziemlich groß und der Gesamtwirkungsgrad von Kompressor und Pumpe immer noch niedrig, wenn auch schon höher als beim Druckfaß. Gewöhnlich werden hierbei wohl auch nicht mehr als 30% Wirkungsgrad erreicht werden. Ein anderer unvermeidlicher Nachteil ist die erforderliche Eintauchtiefe.

Ejektoren. Eine zweite Art der Flüssigkeitsförderung ohne bewegte Teile ist die mittels Ejektor. Abb. 47 zeigt einen solchen. Das Kenn-

[1] Ingersoll-Rand Company.

zeichen eines Ejektors ist die Expansion eines Gases oder Dampfes durch eine Düse, deren Mündung in Berührung mit der zu fördernden Flüssigkeit steht. Wenn das Gas aus der Düse austritt, wird seine Geschwindigkeitshöhe erhöht. was einer Verminderung der Druckhöhe entspricht. Wenn diese Druckhöhe geringer als die der Förderflüssigkeit an dieser Stelle ist, wird letztere in den Ejektor hineingesaugt. Der einfache Ejektor hat den Nachteil, daß er nur einen geringen Druck erzeugen kann, daß er einen schlechten mechanischen Wirkungsgrad hat und sich die Förderflüssigkeit mit dem Treibmittel vermischt. Der einfache Ejektor wird, mit Dampf betrieben, benutzt, um Flüssigkeiten von einem Behälter zum anderen zu fördern oder in ähnlichen Fällen, wo nur eine geringe Förderhöhe verlangt wird. Er wird auch benutzt, um Gase gegen niedrige Drücke zu fördern. Es sind aber auch verbesserte Apparate geschaffen worden, welche als Vakuumpumpen benutzt werden können. Der einfache Ejektor ist soweit vervollkommnet, daß er imstande ist, eine Flüssigkeit in einen Raum zu fördern, welcher unter demselben Druck steht wie die Arbeitsflüssigkeit. In diesem Falle nennt man ihn Injektor. Beste Beispiele hierfür geben die Injektoren, die zur Kesselspeisung dienen.

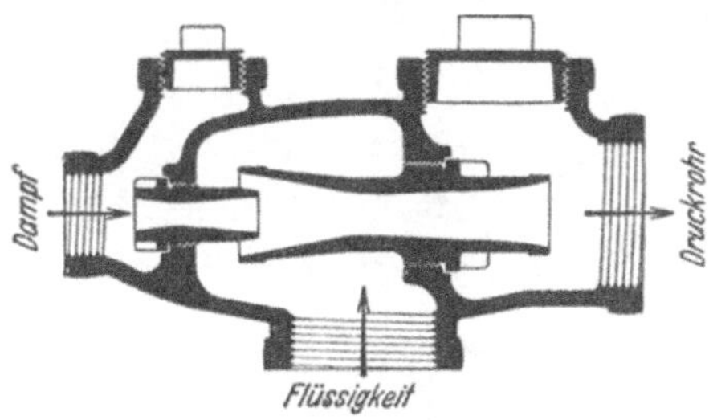

Abb. 47. Ejektor.

Kolbenpumpen.

Früher war die weitaus verbreitetste Methode der Flüssigkeitsförderung die Anwendung einer Kolbenpumpe in irgendeiner Form. Solche Pumpen haben heute noch sehr große Bedeutung, obwohl ihnen durch die später entwickelten Zentrifugalpumpen der Platz sehr streitig gemacht ist.

Kolbenpumpen können nach verschiedenen Gesichtspunkten eingeteilt werden. Die charakteristische Einteilung ist die nach der Konstruktion des Wasserzylinders. Als die gebräuchlichsten Konstruktionen seien folgende genannt:

A. Pumpen mit Scheibenkolben.

B. Tauchkolben. a) Innenliegende Stopfbüchsen.
b) Außenliegende Stopfbüchsen.
1. Stopfbüchsen in der Mitte.
2. Stopfbüchsen an den Enden.

Zur Vervollkommnung dieser Einteilung kann auch angeführt werden, ob der Wasserzylinder einfach oder doppeltwirkend ist. Eine andere

Einteilung gründet sich auf die Ventiltypen, welche Klappen- oder Kegelventile sein können.

Vom Gesichtspunkte der Antriebskraft aus können Kolbenpumpen eingeteilt werden in Dampfpumpen und andere Pumpen. Sie können ferner eingeteilt werden als Simplex-, Duplex-, Triplex- usw. Pumpen, je nach der Zahl der Wasserzylinder, welche durch ihren Antrieb zusammenhängen.

Pumpen mit Scheibenkolben. Abb. 48 zeigt eine doppeltwirkende Einzylinder-Klappenventilkolbenpumpe. Diese Pumpe ist verwendbar

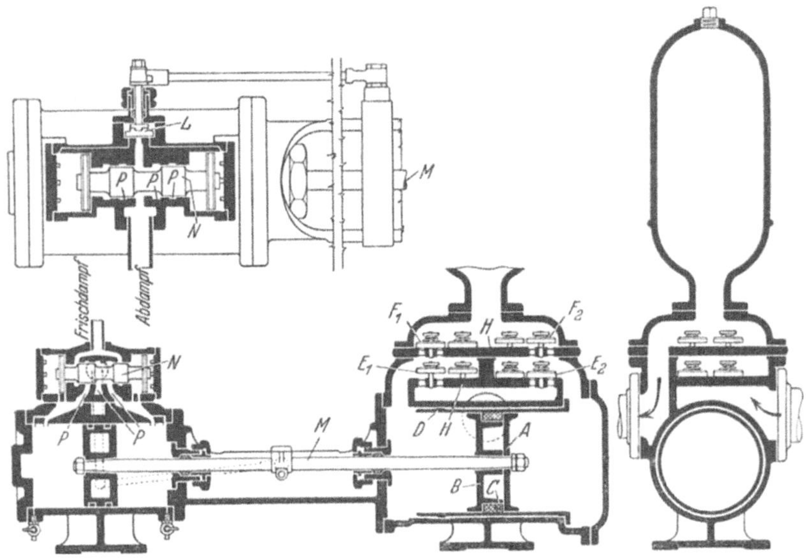

Abb. 48. Doppeltwirkende Simplexkolbenpumpe.
A, *B* Wasserkolben. *C* Wasserkolbenliderung. *D* Zylindereinsatz. E_1, E_2 Saugeventile. F_1, F_2 Druckventile. *H* Ventilböden. *L* Steuerventil. *M* Kolbenstange. *N* Hauptsteuerschieber. *P* Dampfkanäle.

für Druckhöhen bis zu 50—70 m und für alle Flüssigkeiten, die nicht ungewöhnlich viskos, angreifend oder verschleißend sind. Der Scheibenkolben besteht gewöhnlich aus zwei Scheiben *A* und *B*, zwischen welchen Packungsringe *C* liegen. Die Scheiben sind so eingerichtet, daß die äußere nachgezogen werden kann, um die Packung zusammenzudrücken. Der Kolben arbeitet in einem Zylinder, welcher mit dem Pumpengehäuse ein Stück bilden kann. In besseren Pumpen wird aber ein Zylindereinsatz *D* aus Bronze verwendet, welcher auswechselbar ist. Die Ventile *E* in der unteren Reihe sind Saugventile, in der oberen Reihe *F* Druckventile. Wenn der Kolben sich von links nach rechts bewegt, saugt er auf der linken Seite an, wodurch sich die linken Saugventile E_1 öffnen und die linken Druckventile F_1 schließen. Zur selben

Zeit wird rechts ein Druck erzeugt, welcher die rechten Saugventile E_2 niederdrückt und die rechten Druckventile F_2 öffnet. Die dargestellte Pumpe ist doppeltwirkend, weil sie mit jedem Hube fördert. Man erkennt, daß eine derartige Pumpe zum mindesten vier Ventile nötig hat.

Die Konstruktion dieser Ventile zeigt Abb. 49. Ein Ventilsitz aus Bronze *G* wird in den Ventilboden *H* eingepreßt oder eingeschraubt. Er trägt einen Rost, in welchen in der Mitte ein Bolzen eingeschraubt ist. Dieser Bolzen *J* hält die Feder, welche die Ventilklappe *H* gegen den Ventilsitz drückt. Die Ventilklappe kann aus Hartgummikomposition oder Metall sein, erstere Ausführung ist üblicher. Solche Ventile können mit einem Durchmesser von 125—150 mm ausgeführt werden. In größeren Ventilen würde der Gesamtdruck zu groß für die Gummischeibe werden. Gleichzeitig würde auch die Vergrößerung der Auflagefläche mehr Veranlassung dazu geben, daß das Ventil infolge ungleichmäßigen Anliegens nicht mehr dicht schließt. Wenn der Pumpenhub für ein Ventil zu viel Wasser fördert, hilft man sich durch Parallelanordnung mehrerer Ventile. In solchem Falle ist natürlich statt der Minimalzahl von vier eine größere Zahl von Ventilen vorhanden, die aber durch vier teilbar ist.

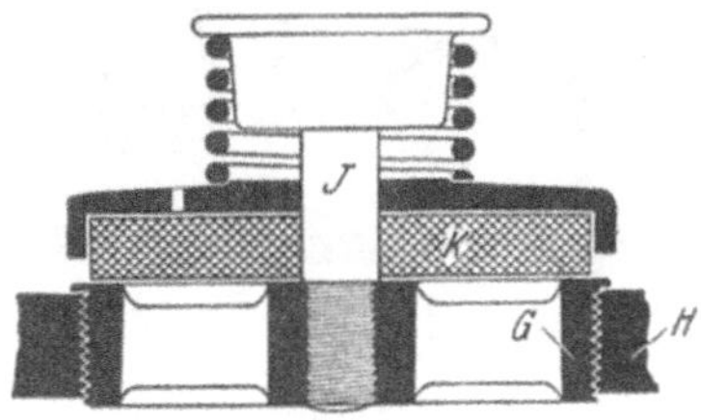

Abb. 49. Pumpenventil.
G Ventilsitz. *H* Ventilboden. *J* Bolzen. *K* Ventilscheibe.

Die Dampfzylinderkonstruktion ist bei Kolbenpumpen sehr mannigfaltig; aber diese Konstruktionen sollen hier nicht weiter behandelt werden. Im allgemeinen ist der Dampfzylinder einer Pumpe von dem einer Dampfmaschine insofern verschieden, als in der Pumpe der Dampf gewöhnlich nicht expandiert, sondern mit voller Füllung gearbeitet wird. Dies ist erforderlich, weil in dem Wasserzylinder während des ganzen Hubes ein konstanter Druck ausgeübt werden muß; infolgedessen muß die Dampfsteuerung so gestaltet sein; daß sich die Dampfkanäle im Totpunkt voll öffnen und bis zum anderen Totpunkt offen bleiben. Diese Forderung verlangt gewöhnlich eine Steuerung mit doppelten Ventilen. In der in Abb. 48 gezeigten Pumpe steuert das Steuerventil *L*, das durch die Kolbenstange betätigt wird, den Hauptsteuerschieber *N*, der sich weit genug bewegt, um die Dampfkanäle vollständig freizugeben.

Tauchkolbenpumpen. Ein Tauchkolben unterscheidet sich von einem Scheibenkolben dadurch, daß er sich in einer feststehenden Packung bewegt, während der Scheibenkolben selbst die Packung trägt. Mit der Größe solcher Pumpen wachsen auch die Schwierigkeiten bei der Erneuerung der Packung. Wenn die Pumpen Flüssigkeiten fördern, in welchen feste Teilchen suspendiert sind, die die Packung verschleißen und eine häufige Erneuerung der Packung veranlassen, ist es bequemer, die Packung leicht zugänglich zu haben. Dies erreicht man durch die Konstruktion der Pumpen mit außenliegender Packung, wie sie in Abb. 50 dargestellt ist. Hier ist das Pumpengehäuse in der Mitte geteilt, und anstatt daß die Packung auf dem beweglichen Kolben angebracht ist, sind zwei feststehende Stopfbuchsen vorgesehen, in welchen sich der Tauchkolben bewegt. Dadurch kommt die Packung nach außen zu liegen, wo sie leicht beobachtet werden kann und Reparaturen erforderlichenfalls leicht zu bewerkstelligen sind. Abb. 50 zeigt auch, wie die Fläche des Ventilbodens sich vergrößert, wenn die Abmessungen der Pumpe größer werden. Es ist klar, daß eine derartige Pumpe sich für hohe Drücke nicht eignet, weil der große, ebene, nicht abgestützte Ventilboden aus Gußeisen bei jedem Hub der Pumpe die volle Differenz zwischen den Drücken der Saug- und Druckseite aufnehmen muß. Dieser Druck auf einer derartig großen, ebenen Fläche kann nur durch ein Material aufgenommen werden, das eine größere Biegungsfestigkeit hat als Gußeisen; infolgedessen ist für Pumpen mit höheren Drücken ein anderes Ventil, das Kegelventil konstruiert worden.

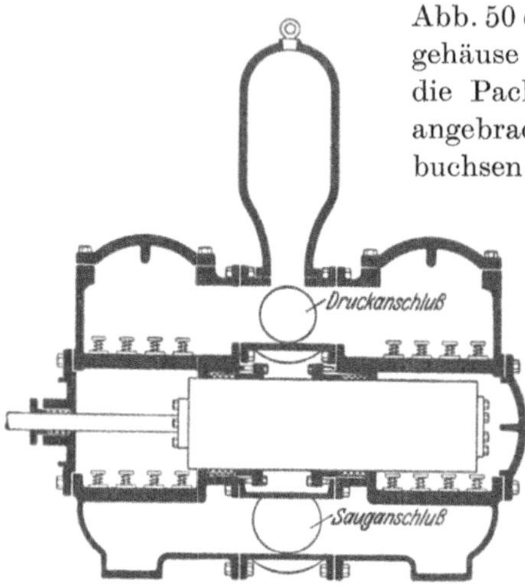

Abb. 50. Tauchkolbenpumpe mit von außen zugänglichen Mittelstopfbuchsen.

Pumpen mit Endstopfbuchsen. Abb. 51 a und 51 b zeigen den Wasserzylinder einer zweizylindrigen Tauchkolbenpumpe mit Kegelventilen und Endstopfbuchsen. Hier ist der Wasserzylinder durch eine Trennwand in zwei Teile geteilt, ebenso wie der Tauchkolben. Die linke Hälfte A des Tauchkolbens wird direkt mit der Kolbenstange B gekuppelt. Die rechte Hälfte C des Tauchkolbens auf der anderen Seite wird mit Hilfe der Traverse D und der Verbindungsstangen E angetrieben. In diesem Falle liegen die Stopfbuchsen an den äußeren Enden und sind

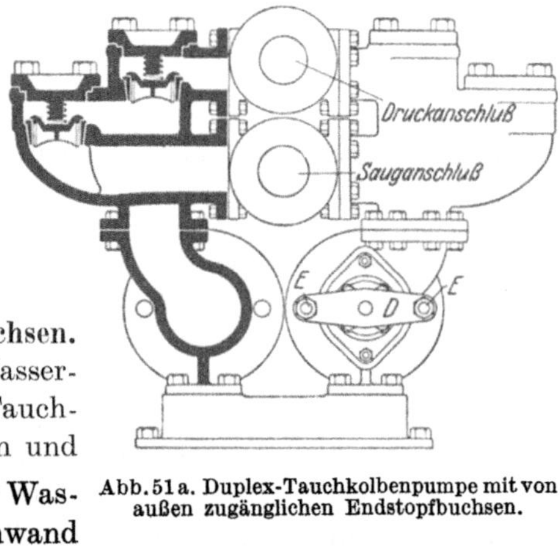

Abb. 51 a. Duplex-Tauchkolbenpumpe mit von außen zugänglichen Endstopfbuchsen.

viel leichter zugänglich als bei der Bauart mit in der Mitte liegenden Stopfbuchsen. Weil dabei die Packung leichter in Ordnung gehalten werden kann, ist auch dieser Pumpentyp besser geeignet für höhere Drücke. Höhere Drücke indessen schließen auch die Verwendung von Klappenventilen aus. Daher wird diese Pumpe mit Kegelventilen ausgestattet. Ihre Konstruktion geht aus den Zeichnungen hervor, und es ist nur nötig, darauf aufmerksam zu machen, daß jedes Ventil für sich in ein zylindrisches Gehäuse eingeschlossen ist, das so schwer wie erforderlich ausgeführt werden kann. Das Ventil kann deshalb jedem Druck, dem es ausgesetzt werden soll, standhalten.

Kegelventile sind nur erforderlich, wenn hohe Drücke in Frage kommen. In solchem Falle werden also Hartgummiventile nicht geeignet sein. Kegelventile bestehen infolgedessen gewöhnlich ganz aus Metall. Die Ventilkegel sind oft mit Führungsrippen versehen. Für viskose Flüssigkeiten oder ganz hohe Drücke, wo selbst ein Metallteller nicht stark genug ist, werden lose Metallkugeln statt der Ventilteller verwendet.

Zweizylindrige Pumpen (Duplexpumpe). Die Pumpe Abb. 51 hat zwei Wasserzylinder und wird Duplexpumpe genannt. Diese besondere Bezeichnung ist so wichtig, daß sie hier auch besonderer Erwähnung bedarf. Die Pumpe Abb. 48 ist eine Simplexpumpe, weil sie nur einen Wasser- und einen Dampfzylinder hat. Die Duplexpumpe kann man ansehen als zwei Simplexpumpen, die nebeneinander auf einem Rahmen montiert sind. Die Dampfschieber werden immer von der Kolbenstange der anderen Pumpe gesteuert. Die Dampfseite einer derartigen Pumpe ist in Abb. 52 dargestellt. Die Kolbenstange *A* trägt einen Kreuzkopf *B*, welcher den Arm *C* mitnimmt. Dieser bewegt seinerseits die Achse *D*, den Hebel *E*, die Verbindungsstange *F* und die Schieberstange *G*. Der Schieber steuert den Dampf für den Kolben auf der Kolbenstange *J*. In derselben Weise steuert die Kolbenstange *J* den Schieber des anderen Zylinders mit Hilfe der Gestängeteile *K*, *L*, *M*, *N* und *O*. Die Dampfzylinder sind in einem Gehäuse untergebracht, die Wasserzylinder in

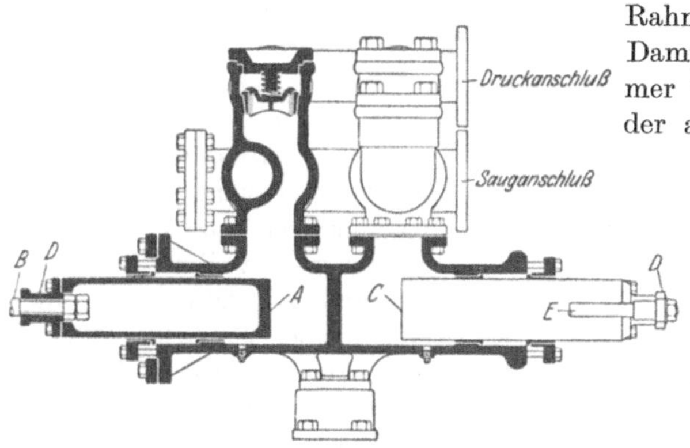

Abb. 51b. Duplex-Tauchkolbenpumpen mit von außen zugänglichen Endstopfbuchsen (Längsschnitt).
A, *C* Wasserkolben. *B* Kolbenstange. *D* Traverse. *E* Zugstangen.

einem zweiten. Beide sind durch den Rahmen P miteinander verbunden. Beide Schieber liegen in einem gemeinsamen Schieberkasten über den Dampfzylindern.

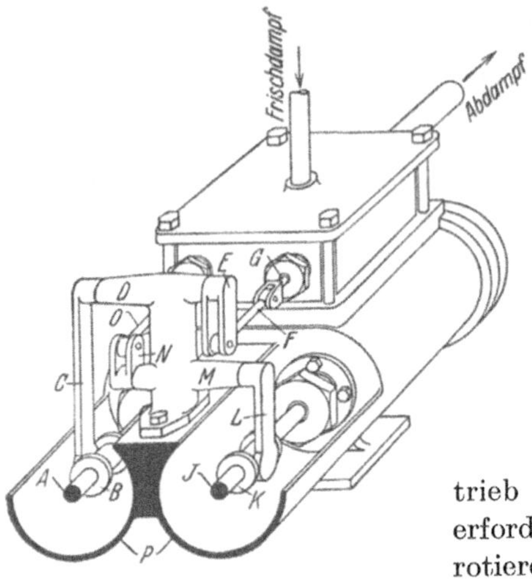

Abb. 52. Dampfzylinder einer Duplexpumpe. A, J Kolbenstangen. B, K Kreuzköpfe. C, L Lenker. D, M Lenkerwellen. E, N Hebel. O, F Schieberschubstangen. G Schieberstange. P Rahmen.

Nicht direkt mit Dampfzylindern gekuppelte Pumpen. Kolbenpumpen werden in den meisten Fällen direkt durch den Dampfdruck betrieben. Es werden meist zwei Wasser- und Dampfzylinder übereinander bzw. nebeneinander angeordnet und Dampf- und Wasserkolben haben eine gemeinsame Kolbenstange. Es kann aber natürlich auch jede andere Art Antrieb gewählt werden. Es ist nur erforderlich, daß der Kolben mit einer rotierenden Kurbelwelle verbunden wird. Oft werden Kolbenpumpen mittels Zahnrädergetriebe oder Riemen von einem elektrischen Motor oder irgendeiner anderen Kraftquelle angetrieben. Wenn ein Kurbelwelle vorhanden ist, kann jede beliebige Zahl von Zylindern nebeneinander aufgestellt werden, deren Kolben von in beliebigen Winkeln versetzten Kurbeln angetrieben werden. Dies hat den Vorteil, daß die Förderung der Pumpe gleichmäßiger und stoßfreier erfolgt, und weiter, daß bei mehreren Zylindern jeder einzelne kleiner gemacht werden kann. Letzteres wieder ist vorteilhaft bei hohen Drücken und ergibt kleine, zuverlässige Stopfbuchsen.

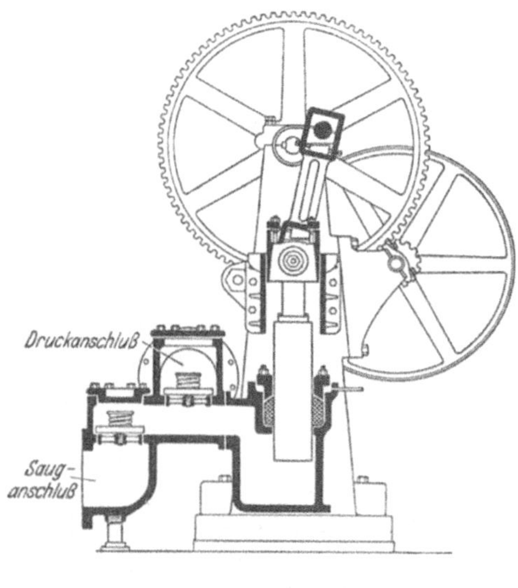

Abb. 53. Stehende, einfachwirkende Triplexpumpe mit Riemenantrieb und Zahnradübersetzung.

Eine sehr verbreitete Form derartiger Pumpen ist die stehende einfach wirkende Triplexpumpe, Abb. 53. Drei Zylinder mit Sauge- und Druckventilen, wie in der Abbildung gezeigt, sind nebeneinander angeordnet. Ihre

Kolben werden durch Kurbeln, die um 120° versetzt sind, angetrieben. Die dargestellte Pumpe ist einfachwirkend, mit anderen Worten, sie fördert nur beim Niedergang der Kolben. Es sind also nur zwei Ventile für jeden Kolben erforderlich. Stehende Triplexpumpen sind nicht notwendigerweise einfachwirkend, werden aber in den meisten Fällen als solche gebaut.

Membranpumpen. Die Membranpumpe ist in Abb. 54 dargestellt. Im allgemeinen wird sie für eine sehr billige Pumpe gehalten, die für den rauhesten Betrieb geeignet ist und nur zeitweise benutzt wird. Für den chemischen Betrieb ist diese Pumpe aber sehr wichtig, da sie auch Flüssigkeiten fördert, in welchen große Mengen von Festteilen in Suspension sind, solange es sich um kleine Druckhöhen handelt. Sie hat ferner den Vorteil, daß sie eine Regulierung der Fördermenge zuläßt. Die Stelle eines Kolbens vertritt eine biegsame Membrane A mit einem Klappendruckventil B in der Mitte. Die Pumpe hat ferner ein Saugeventil C. Sie hat außer der biegsamen Membrane und den Ventilen keine bewegten Teile, ihre Konstruktion ist daher robust und einfach, und Reparaturen können leicht vorgenommen werden. Das macht sie für den rauhesten Betrieb geeignet. Treibt man die Membrane mit einem einstellbaren Exzenter an, so kann der Hub verändert und die Fördermenge genau einreguliert werden.

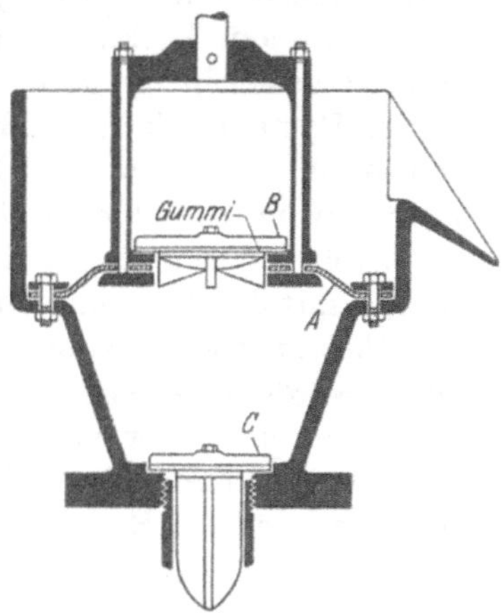

Abb. 54. Membranpumpe. A Membrane. B Druckventil. C Saugeventil.

Theorie der Kolbenpumpen. Bei der Berechnung der Dampfkolbenpumpen sind besonders zwei Punkte von Interesse. Der erste ist: Abmessung des Wasserzylinders für eine verlangte Fördermenge, der zweite: die Abmessung des Dampfzylinders mit Rücksicht auf die Erzeugung des erforderlichen Druckes. Einzelheiten der mechanischen Konstruktion liegen außerhalb des Rahmens dieses Buches und sind Sache des Maschineningenieurs.

Die theoretische Fördermenge des Kolbens während eines Hubes ist gegeben durch das Produkt aus Kolbenfläche mal Länge des Hubes. Die Hubzahl je Minute sollte bei Pumpen mit weniger als 300 mm Hub nicht über 100—125 je Minute hinausgehen, weil höhere Tourenzahlen einen erheblichen Verschleiß an Ventilen und Ventilfedern ergeben. Für Pumpen mit 300 mm und mehr Hub ist eine Kolbengeschwindigkeit von 0,5 m/sek üblich. Das theoretische Fördervolumen in m³/min ergibt sich aus dem Produkt der Kolbengeschwindigkeit in m/min und der Kolbenfläche in m². Dieses theoretische Fördervolumen wird natürlich niemals erreicht. Es entstehen Verluste infolge Undichtigkeit des Kolbens wegen mangelhafter Verpackung, infolge undichter Ventile und infolge nicht rechtzeitigen Schließens der Ventile bei der Umkehr des Kolbens. Alle diese Faktoren ermäßigen das tatsächliche Fördervolumen auf 50—90% des theoretischen. Dieses Verhältnis wird gewöhnlich mit „volumetrischer Wirkungsgrad“ bezeichnet. Die niedrigere Zahl bezieht sich auf schlecht verpackte Pumpen, die mit hoher Geschwindigkeit laufen, die größere Zahl auf große, langsam laufende Pumpen, deren Packungen und Ventile in tadellosem Zustande sind. 75% ist vielleicht ein guter Mittelwert für Überschlagsrechnungen.

Der Dampfdruck in kg/cm² multipliziert mit der Fläche des Dampfkolbens in cm² ergibt die Gesamtkraft, welche auf die Kolbenstange wirkt. Wenn die Pumpe eine vollkommene Maschine ohne Reibung wäre, würde dies auch die Kraft sein, die auf den Wasserkolben wirkt. Diese Kraft dividiert durch die Fläche des Wasserkolbens in cm², würde das theoretische Maximum des Wasserdruckes in kg/cm² ergeben. Dabei würde allerdings die Kraft, die an dem Dampfkolben angreift, genau so groß sein wie die, welche an dem Wasserkolben angreift, und die Kolben würden dabei in Ruhe bleiben. Um Arbeit an der Flüssigkeit zu leisten und die Reibung innerhalb der Pumpe zu überwinden, muß die am Dampfkolben angreifende Kraft größer sein als die dem statischen Druck, der auf den Wasserkolben wirkt, entsprechende. Das Verhältnis des theoretischen auf den Dampfkolben wirkenden Druckes zu dem tatsächlich erforderlichen wird mit Druckwirkungsgrad bezeichnet und schwankt zwischen 60—80%.

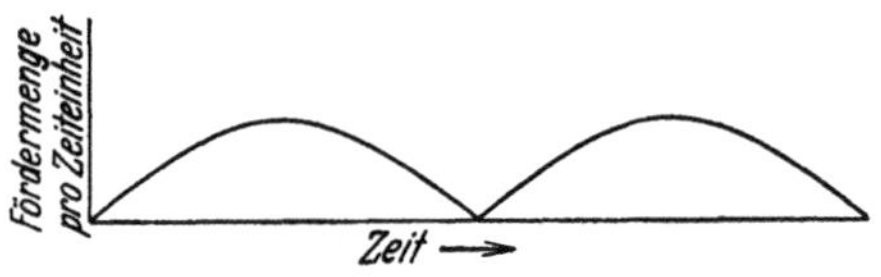

Abb. 55. Förderkurve einer einzylindrigen doppeltwirkenden Pumpe.

Die Förderung auf einer Zylinderseite einer Kolbenpumpe ist bei Hubbeginn 0 und steigt zu einem Maximum an, wenn der Kolben seine Höchstgeschwindigkeit erreicht. Die Förderung einer einzylinderdoppeltwirkenden Pumpe würde eine Kurve ergeben, wie in Abb. 55 dargestellt. Um Stöße in der Rohrleitung mit ihren Verlusten zu vermeiden, wird meist die Duplexpumpe empfohlen, deren Förderkurve sich theoretisch ergibt als die Summe von zwei Kurven, wie in Abb. 55 dargestellt, von welchen die zweite gegen die erste um einen halben Hub versetzt ist. Es ist klar, daß die Kurve der Förderung um so gleichmäßiger wird, je größer die Zahl der Zylinder ist. Als Beispiel ist in Abb. 56 die theoretische Förderkurve einer Triplexpumpe gezeichnet. Beim Fördern gegen hohe Drücke werden Stöße gefährlicher. Deshalb ist bei hohen Drücken die Triplexpumpe geeigneter als die Simplex- oder Duplexpumpe. Pumpen, die gegen sehr hohe Drücke zu fördern haben, werden aus dem gleichen Grunde auch oft mit fünf Zylindern an einer Kurbelwelle ausgeführt, um die Förderung so gleichmäßig wie möglich zu machen.

Die Pumpen Abb. 48 und 50 sind mit großen Kesseln neben den Wasserzylindern versehen. Diese Windkessel dienen dazu, die Stöße auszugleichen, die besonders dann auftreten, wenn die Kurve der Förderung wie in Abb. 55 verläuft. Die Luft im Windkessel wird komprimiert, wenn der Wasserkolben beschleunigt wird und expandiert, wenn er verzögert wird. Windkessel werden auch oft auf der Saugeseite eingebaut, besonders dann, wenn die Saugeleitung sehr lang ist.

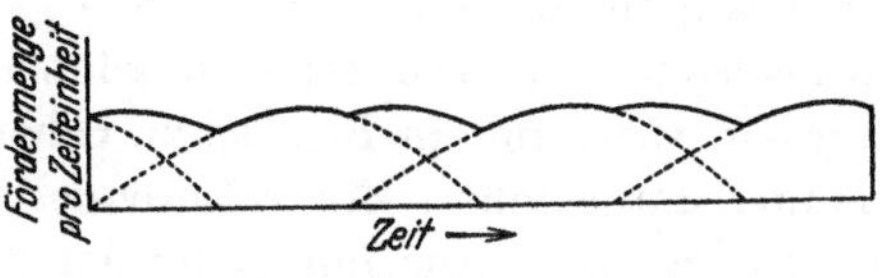

Abb. 56. Förderkurve einer einfachwirkenden Triplexpumpe.

Rotierende Pumpen.

Der bemerkenswerteste Fortschritt im Pumpenbau wurde vor etwa zwei Dekaden mit der Einführung der rotierenden Pumpen gemacht. Diese Pumpen verdrängen allmählich die Kolbenpumpen. Die verschiedenen Arten rotierender Pumpen sind in mindestens der gleichen Mannigfaltigkeit entwickelt worden, wie die der Kolbenpumpen.

Rotierende Pumpen können eingeteilt werden in: Verdrängerpumpen und Zentrifugalpumpen. Diese letzteren können wieder unterteilt werden in Schleuderpumpen und Turbinenpumpen. Zentrifugalpumpen kann man auch einteilen nach der Zahl der Stufen, in einstufige und mehrstufige; nach der Gestaltung des Laufrades in solche mit offenem oder geschlossenem Laufrade; nach der Anordnung der Saugeleitung in solche mit einseitigem oder doppelseitigem Saugeanschluß. Diese letzteren drei Gesichtspunkte der Einteilung sind gleichwertig, d. h. theoretisch ist jede Kombination möglich.

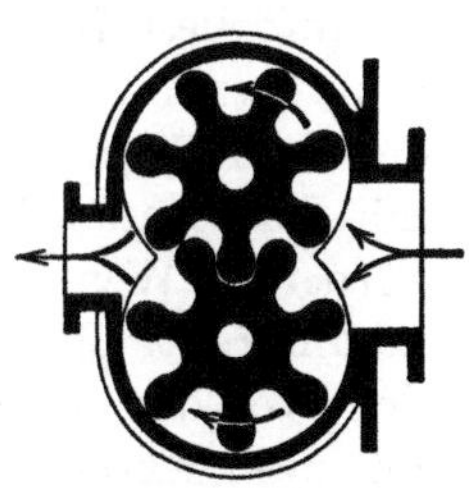
Abb. 57. Zahnradpumpe.

Rotierende Verdrängerpumpen. Eine Art der rotierenden Verdrängerpumpen ist die Zahnradpumpe (siehe Abb. 57). Die Pumpe besteht im wesentlichen aus zwei Zahnrädern, welche ineinanderkämmen und sehr dicht in einem Gehäuse laufen. Teile der Flüssigkeit werden zwischen den Zähnen der Räder und dem Gehäuse erfaßt, an der Innenwand des Gehäuses entlanggeführt und durch das Druckrohr ausgeschoben. Eine derartige Pumpe fördert viskose oder schwere Flüssigkeiten, entwickelt hohe Drücke, ergibt eine Förderung beinahe ohne jede Stöße und ist hinsichtlich der Förderung unabhängig vom Gegendruck. Die

Zähnezahl schwankt von zwei oder drei an jedem Rade bis zu einer größeren Anzahl, wie z. B. in der Abb. 57 dargestellt. Pumpen mit zwei oder drei Zähnen werden gewöhnlich als Zykloidpumpen bezeichnet, obwohl, wenn man die Bedeutung des Wortes streng faßt, alle Zahnradpumpen als Zykloidpumpen bezeichnet werden könnten. Eine Zykloidpumpe zur Förderung von Gasen zeigt Abb. 72, S. 86. Außer den Zahnradpumpen gibt es noch eine ganze Anzahl von rotierenden Verdrängerpumpen. Die meisten können hier nicht besonders erwähnt werden, aber, um ein Beispiel zu geben, ist in Abb. 58 noch die Kinneypumpe dargestellt. Ein rotierender Exzenter *A* bewegt sich in der Arbeitskammer. Auf ihm gleitet der Verschleißring *B*, welcher mit seiner Außenfläche die Gehäusewand von innen berührt. Rotiert der Exzenter,

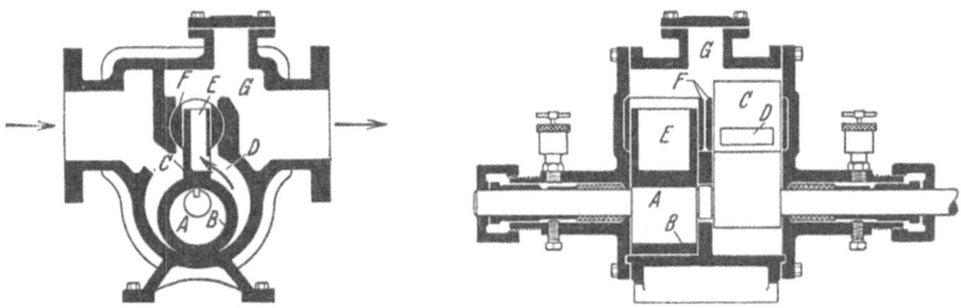

Abb. 58. Pumpe mit rotierendem Verdränger (Kinney).
A Exzenter. *B* Verschleißring. *C* Druckventil. *D*, *E* Druckkanäle. *F* Drehschieber. *G* Druckkammer.

so läuft diese Berührungsstelle vom Einlaß zum Auslaß an der Gehäusewand herum. Der Verschleißring trägt einen Schieber *C*, welcher auf der einen Seite dicht über dem Verschleißring eine Öffnung *D* hat, und mit dem Kanal *E* versehen ist. Dieser Schieber gleitet in dem Drehkörper *F*. Wenn der Exzenter sich aus der gezeichneten Stellung rechts herumdreht, gibt der Schieber der Flüssigkeit auf der rechten Seite den Weg durch den Kanal in den Druckraum *G* frei. Die Pumpe wird mit zwei Exzentern und zwei Schiebern gebaut, die um 180° versetzt sind. Beide fördern aber in einen gemeinsamen Druckraum. Da die Betriebsweise aller rotierenden Verdrängerpumpen darauf beruht, daß eine Berührung zwischen dem rotierenden Teil und dem Gehäuse stattfindet, wobei gleichzeitig eine Abdichtung erreicht werden muß, ist es nicht möglich, diese Pumpen für Flüssigkeiten, die feste Teile in Suspension enthalten, zu benutzen. Wenn auch Zykloidpumpen oder Pumpen mit Verdrängern für jede klare Flüssigkeit gebraucht werden können, so werden sie doch ganz allgemein meist für viskose Flüssigkeiten benutzt. Sie haben sich schon für ganz steife Pasten bewährt. Breiige und sirupähnliche Substanzen und ähnliche Stoffe können gut mit diesen Pumpen gefördert werden, wenn ihre Tourenzahl nicht zu groß ist. Wenn das Druckventil einer solchen Pumpe geschlossen wird, während die Pumpe noch läuft, führt der erzeugte Druck entweder zum Stillstand der Pumpe oder zum Bruch. Die Fördermenge dieser Pumpen ist direkt proportional ihrer Umdrehungszahl, vorausgesetzt, daß die Dichtung zwischen rotierenden Teilen und Gehäuse gut ist. Diese zwei charakteristischen Tatsachen unterscheiden diese Pumpen scharf von den Zentrifugalpumpen.

Zentrifugalpumpen.

Zentrifugalpumpen sind heute wahrscheinlich die wichtigsten Pumpen überhaupt. Ihre Entwicklung ist heute so weit vorgeschritten, daß eigentlich in jedem Falle eine Zentrifugalpumpe irgendeiner Art verwendet werden kann. Zentrifugalpumpen sind nach zwei Gesichtspunkten scharf zu unterscheiden: Schleuderpumpen und Turbinenpumpen. Der Unterschied zwischen diesen beiden Arten wird durch eine Beschreibung der Pumpen klarer als durch eine formale Definition.

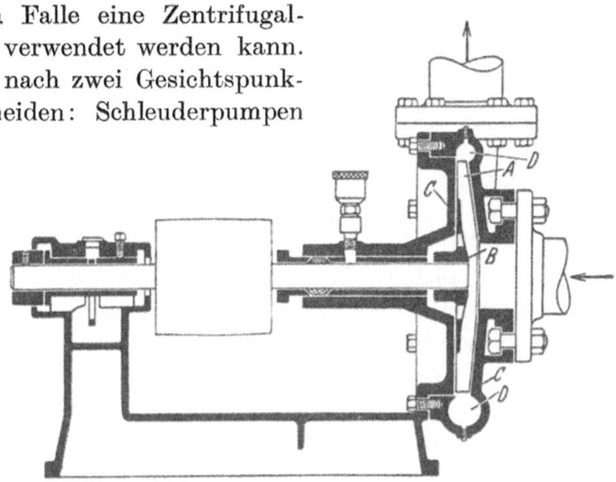

Abb. 59. Einstufige Schleuderpumpe mit einseitigem Eintritt und offenem Laufrad. *A* Laufrad. *B* Radnabe. *C* Gehäuse. *D* Druckraum.

Schleuderpumpen. Die einfachste Form der Zentrifugalpumpe ist die einstufige, einseitig saugende Pumpe mit offenem Laufrad (siehe Abb. 59). Der wichtigste Teil der Zentrifugalpumpe ist das Schleuder- oder Laufrad *A*. Dieses besteht im wesentlichen aus einer Reihe von Schaufeln, die nach einer besonderen Kurve gekrümmt sind und von einer Nabe *B* ausgehen. Die einfachste Form des Schleuderrades für eine offene, einseitig saugende Pumpe zeigt Abb. 60a. Dieses Laufrad läuft in dem Gehäuse *C* der Pumpe Abb. 59. Die beiden Hälften des Gehäuses schließen das Laufrad mit möglichst geringem Spiel ein. Das durch den Saugeanschluß eintretende Wasser wird durch die Rotation von den Schaufeln nach außen geschleudert. Wenn die Flüssigkeit die Schaufeln verläßt und in den Leitkanal *D* eintritt, vermindert sich ihre Geschwindigkeit. Gemäß der Bernoullischen Gleichung muß sich ihr Druck dementsprechend erhöhen, und diese Drucksteigerung ist für die erreichbare Förderhöhe maßgebend. Die beschriebene Pumpe ist die billigste aller Zentrifugalpumpen, hat aber auch den niedrigsten Wirkungsgrad. Verluste treten hier besonders an zwei Stellen auf: erstens muß das Wasser, welches radial nach außen geschleudert wird, plötzlich seine Richtung ändern, wenn es in den Leitkanal eintritt. Jede plötzliche Richtungsänderung erzeugt Wirbel, welche durch Reibung Kraft verbrauchen. Der zweite Kraftverlust ist bedingt durch die im Interesse der Billigkeit wenig sorgfältige Herstellung dieser Pumpen. Das Spiel zwischen dem Gehäuse und dem Laufrad ist gewöhnlich groß, wodurch Flüssigkeit von der Druckseite nach der Saugeseite zurücktreten kann. Um diesen Verlust zu verhindern, hat man das geschlossene Laufrad Abb. 60b konstruiert. Hier sind die Schaufeln des Schleuderrades zwischen zwei Metallwänden eingeschlossen. Infolgedessen ist es zur Vermeidung des Rückstromes nur nötig, daß ein gutes Abdichten zwischen dem äußeren Umkreis des Schleuderrades und dem Eintritt in den Leitkanal hergestellt wird, bzw. zwischen der Nabe des Schleuderrades und dem dieser gegenüberliegenden Teil des Gehäuses. Das Spiel an diesen Stellen kann durch Einsetzen von austauschbaren Verschleißringen gewahrt werden, wodurch der Rückstrom auf ein Minimum reduziert wird.

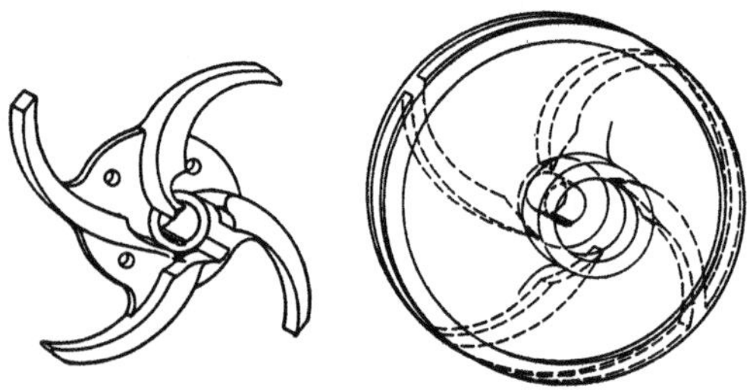

Abb. 60. Laufräder.
a Offenes Laufrad. *b* Geschlossenes Laufrad.

In einer Pumpe, wie sie Abb. 59 darstellt, übt der einseitige Druck eine Kraft auf das Laufrad aus, welche dieses von der Welle abzuziehen versucht. Dadurch wird auch ein Druck auf die Lager ausgeübt, der nicht von einem gewöhnlichen Lager, wie es sonst für billige Pumpen verwendet wird, aufgenommen werden kann. Um diesen Schub zu vermeiden, hat man Pumpen mit zweiseitigem Eintritt gebaut. Diese bestehen im wesentlichen aus zwei Laufrädern, wie in Abb. 60 dargestellt, die mit ihren Rückseiten aneinanderliegen und zu einem Gußstück vereinigt sind. Abb. 61 zeigt eine Schleuderpumpe mit zweiseitigem Eintritt und geschlossenem Laufrade. Aus dieser Zeichnung ist zu ersehen, wie die Verschleißringe angebracht sind, um den Rücklauf zu verhindern. In einer derartigen Pumpe ist der axiale Schub erheblich geringer als in der Pumpe Abb. 59. Die meisten besseren Schleuderpumpen sind so gebaut. Diese Bauart ist zwar teurer als die der Pumpe Abb. 59, hat aber einen besseren Wirkungsgrad.

Wenn die Saugeseite einer Zentrifugalpumpe unter geringerem Druck steht als atmosphärischem, kann Luft in die Pumpe gezogen werden, was die Förderung erheblich herabsetzt, wenn nicht vollkommen verhindert. Um dies zu vermeiden, verschließt man bei den besseren Zentrifugalpumpen die Stopfbüchsen durch eine kleine Flüssigkeitsmenge, die man aus dem Druckrohr in die Stopfbüchsen, welche dann mit Laternenringen versehen werden, einleitet.

Turbinenpumpen. Bei der Beschreibung der Schleuderpumpen war schon gesagt, daß der hauptsächlichste Energieverlust durch die Turbulenz entsteht, welche dort auftritt, wo die Flüssigkeit ihre Richtung aus der radialen zur tangentialen ändert, d. h. also beim Austritt aus dem Laufrade. Turbinenpumpen unterscheiden sich nun von den Schleuderpumpen durch die Anwendung eines Leitapparates, welcher die Aufgabe hat, die Richtungsänderung der Flüssigkeit allmählich und ohne Stöße und Wirbel zu gestalten. Abb. 62 stellt eine einstufige Turbinenpumpe dar. Der Leitapparat *A* enthält hier Kanäle *B*, welche sich hinsichtlich des Querschnittes und der Richtung allmählich ändern, so daß die Flüssigkeit, wenn sie am äußeren Rande des Laufrades *C* austritt, von diesen Kanälen ohne Stoß aufgenommen und allmählich und stetig in den Druckraum *D* übergeleitet wird. Der Leitapparat steht fest, Laufrad und allgemeiner Aufbau der Pumpe sind denen der Schleuderpumpe durchaus ähnlich.

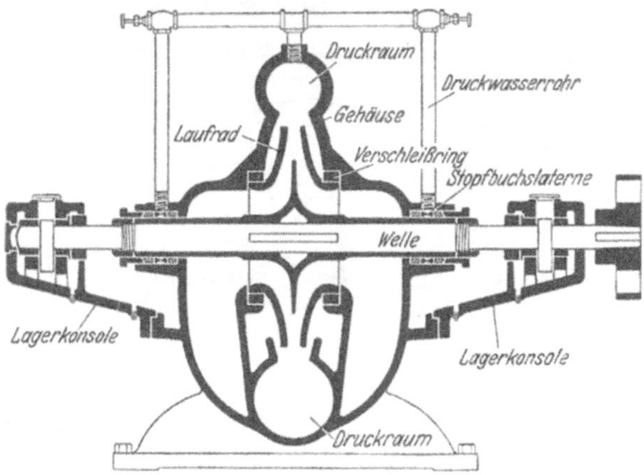

Abb. 61. Einstufige Schleuderpumpe mit doppelseitigem Eintritt und geschlossenem Laufrad.

Die Laufräder von Turbinenpumpen sind gewöhnlich für einseitigen Eintritt gebaut. Wie oben ausgeführt, verursacht dies einen axialen Schub auf die Welle. Bei der Pumpe Abb. 62 findet ein teilweiser Ausgleich durch die Löcher *E* in dem Laufrade statt, durch welche sich der Druck hinter dem Laufrade mit dem vor dem Laufrade teilweise ausgleicht. Der übrigbleibende Schub wird in dem Wellendrucklager *F* aufgenommen. Die Pumpe ist auch mit Flüssigkeitsabschluß und Laternen in den Stopfbüchsen ausgestattet.

Die maximale Förderhöhe, welche in einer einstufigen Pumpe erzeugt werden kann, beträgt etwa 23—30 m. Wenn größere Förderhöhen erreicht werden müssen, verwendet man zwei oder mehrere Laufräder hintereinander. Die Verluste in einer Schleuderpumpe sind so groß, daß, wenn die Flüssigkeit aus dem einen Laufrade in Kanäle, die zu einem anderen führen, eintritt, der Gesamtwirkungsgrad der Pumpe ganz schlecht sein würde. Daher sind mehrstufige Schleuderpumpen, obwohl sie manchmal verwendet werden, ganz ungebräuchlich. Die Turbinenpumpe dagegen besitzt Einrichtungen, um die Flüssigkeit nach dem Verlassen des einen Laufrades mit einem Minimum an Verlusten zu dem Eintritt des nächsten zu führen. Daher ist es möglich, Turbinenpumpen mehrstufig mit verhältnismäßig günstigem Wirkungsgrad zu bauen. Abb. 63 stellt eine mehrstufige Turbinenpumpe dar, in welcher Förderhöhen bis zu 90 und 110 m erreicht werden können. In Abb. 63 ist die erste Stufe im Schnitt durch Laufrad und Leitapparat gezeichnet. Die zweite Stufe zeigt das Laufrad in Ansicht und den Leitapparat im Schnitt und die dritte zeigt auch den Leitapparat in Ansicht. Die einzelnen Teile sind wie in Abb. 62 bezeichnet. Diese Pumpen sind im allgemeinen verhältnismäßig teuer, und es ist praktisch untunlich, sie in Spezialwerkstoffen auszuführen. Infolgedessen ist ein Chemieingenieur, der vor die Aufgabe gestellt ist, korrodierende Flüssigkeiten auf verhältnismäßig große Höhen zu fördern, im allgemeinen gezwungen, irgendeine Kolbenpumpe zu wählen. Die Turbinenpumpe eignet sich allein für saubere, leichtflüssige und nicht aggressive Flüssigkeiten.

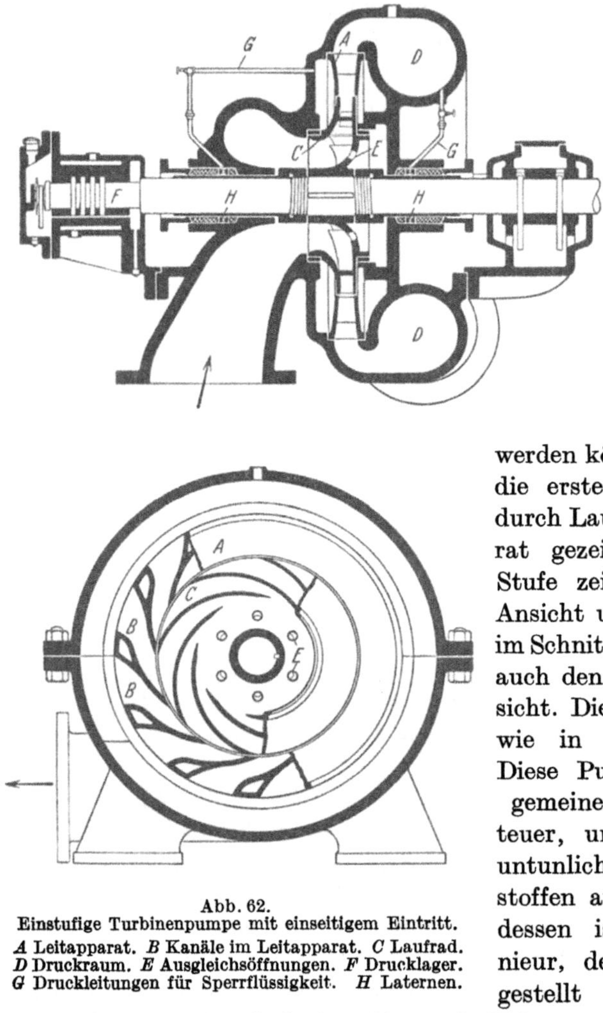

Abb. 62.
Einstufige Turbinenpumpe mit einseitigem Eintritt.
A Leitapparat. *B* Kanäle im Leitapparat. *C* Laufrad. *D* Druckraum. *E* Ausgleichsöffnungen. *F* Drucklager. *G* Druckleitungen für Sperrflüssigkeit. *H* Laternen.

Selbstansaugende Pumpen. Einer der hauptsächlichsten Nachteile der Zentrifugalpumpe ist der, daß sie nicht wirken kann, wenn Luft in das Laufrad eintritt. Ihre Wirkung beruht ja darauf, daß die Trägheit der Förderflüssigkeit einen Druck erzeugt. Gewöhnliche Zentrifugalpumpen müssen daher mit Vorrichtungen zum Füllen der Saugeleitung und des Pumpengehäuses ausgestattet werden. Erforderlich ist zunächst ein Rückschlagventil in der Saugeleitung, damit diese gefüllt bleibt, wenn die Pumpe abgestellt wird. Eine zweite Maßnahme besteht in der Verwendung einer kleinen Saugpumpe, die entweder von Hand oder durch einen Dampfstrahl betrieben wird. Mit dieser wird die Luft aus dem Gehäuse abgesaugt. Wo es möglich ist, sollten Zentrifugalpumpen

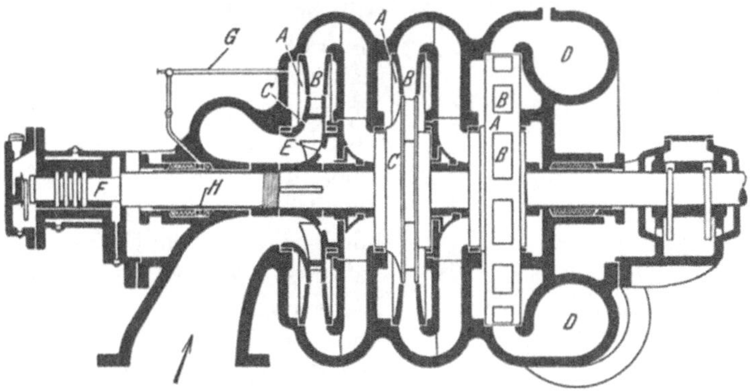

Abb. 63. Dreistufige Turbinenpumpe mit einseitigem Eintritt.
A Leitapparate. *B* Kanäle in den Leitapparaten. *C* Laufräder. *D* Druckraum. *E* Ausgleichsöffnungen. *F* Drucklager. *G* Druckleitungen für Sperrflüssigkeit. *H* Laterne.

so aufgestellt werden, daß der Saugeanschluß ständig unter einem Überdrucke steht, so daß Ansaugen nicht erforderlich ist.

Man kann indessen auch Zentrifugalpumpen selbstansaugend einrichten. Eine Anordnung dieser Art zeigt Abb. 64. Es sind hier zwei Behälter vorgesehen, oder auch ein einziger Behälter, der in zwei Teile *A* und *B* geteilt ist. Die Saugeleitung wird an *C* angeschlossen. Wenn die Pumpe zum ersten Male angestellt wird, wird der ganze Behälter *A* mit Flüssigkeit gefüllt. Das Druckrohr der Pumpe ist unten an dem Behälter *B* angeschlossen, die Druckleitung bei *D*. Wenn die Pumpe angestellt wird, fließt die Flüssigkeit aus *A* in die Pumpe. Der Rauminhalt der Kammer *A* ist so groß, daß das durch das Ausfließen der Flüssigkeit erzeugte Vakuum die Flüssigkeit in den Saugeanschluß *C* einsaugt. Sämtliche Luft wird durch den Behälter *B* in die Druckleitung gedrückt, bevor die Pumpe mit der Förderung beginnt. Wenn die Pumpe regelmäßig fördert, ist der Behälter *B* vollkommen mit Flüssigkeit gefüllt. Wird die Pumpe abgestellt, so läuft die Flüssigkeit aus dem Behälter *B* durch die Pumpe zurück, in den Behälter *A* und verdrängt die Luft aus dem Behälter *A* durch die Saugeleitung, so daß das Pumpengehäuse gefüllt zum Ansaugen bereit steht. Diese Anordnung erfüllt nur dann ihren Zweck, wenn das Pumpengehäuse so gestaltet ist, daß sämtliche Luft aus ihm durch die aus dem Behälter *B* zurückfließende Flüssigkeit verdrängt werden kann. Wenn sich ein Luftsack oben in dem Pumpengehäuse bildet, muß hier eine direkte Entlüftung nach dem Behälter *B* angeschlossen werden. Es gibt gewisse Pumpen, die besonders für diese Anordnung gebaut werden. Eine davon ist die La-Bour-Pumpe. Abb. 65 stellt diese Pumpe dar. Das Laufrad ist etwas ungewöhnlich gestaltet und nicht von einem Leitapparat umgeben. Die Flüssigkeit wird von den Flügeln des Laufrades erfaßt und tritt durch die Öffnungen *A* und *B* aus. Der Druckanschluß *A* bildet die Rücklaufleitung des Behälters *C*. Wenn Luft in der Pumpe ist, gelangt diese in den Behälter *C* und von dort in die Druckleitung. Die Flüssigkeit, welche mit der Luft zusammen gefördert wird, läuft zurück in das Pumpengehäuse.

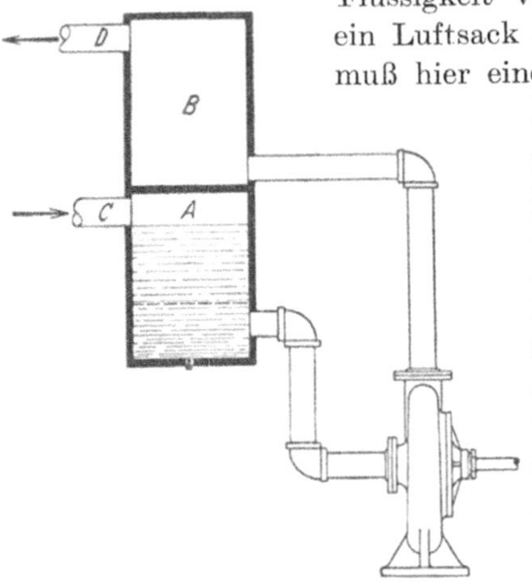

Abb. 64. Selbstfüllvorrichtung einer Zentrifugalpumpe.
A Saugkammer. *B* Druckkammer. *C* Saugeleitung. *D* Druckleitung.

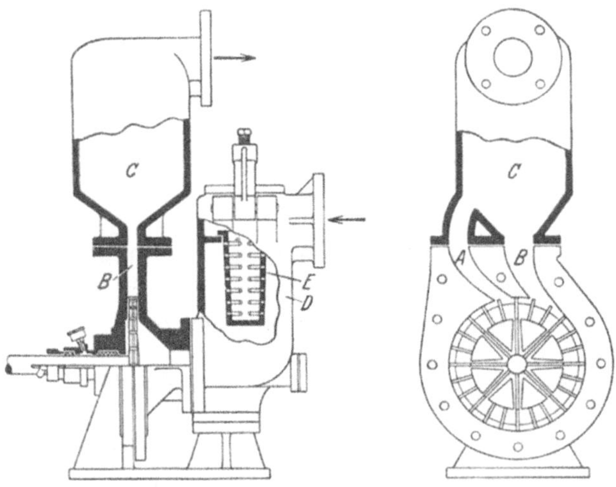

Abb. 65. Selbstansaugende La-Bour-Pumpe.
***A* Rücklaufkanal. *B* Druckkanal. *C* Abscheidekammer. *D* Saugkammer. *E* Steinfänger.**

Wenn letzteres vollkommen frei von Luft ist, ist der Druck in den beiden Öffnungen *A* und *B* fast gleich, so daß der Rücklauf aus dem

Behälter C nur gering ist. Der Behälter D auf der Saugeseite ist genügend groß, damit, wenn die Pumpe abgestellt wird und die Flüssigkeit aus dem Behälter C in das Pumpengehäuse zurückläuft, keine Flüssigkeit durch die Saugeleitung verlorengeht. In der Zeichnung ist dieser Behälter auf der Saugeseite mit einem Steinfänger E versehen.

Wirkungsweise der Zentrifugalpumpe. Der Vorgang in einer Zentrifugalpumpe ist komplizierter als in einer Kolbenpumpe. In Abb. 66 sei B der Schnitt einer Laufradschaufel, welche in der Richtung des Pfeiles rotiert. Ein Flüssigkeitsteilchen, welches diesen Flügel am äußeren Umfange verläßt, hat eine Tangentialgeschwindigkeit U infolge der Umfangsgeschwindigkeit des Laufrades und eine Geschwindigkeit W in Richtung des Flügels, infolge des Abgleitens längs dessen Oberfläche unter dem Einfluß der Zentrifugalkraft. Die Resultante dieser beiden Geschwindigkeiten ist V. Ihre Richtung und Größe sind eindeutig bestimmt durch die Relativgeschwindigkeiten U und W.

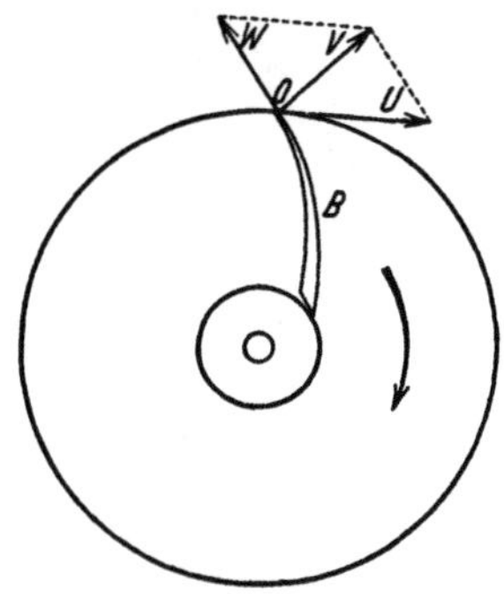

Abb. 66. Geschwindigkeiten am Laufrade einer Zentrifugalpumpe.

In dem Leitrade der Pumpe wird die Geschwindigkeitshöhe, welche der Geschwindigkeit V entspricht, infolge der Querschnittänderung mehr oder weniger vollständig in Druck umgesetzt in Übereinstimmung mit der Bernoullischen Gleichung. Der von einer Zentrifugalpumpe entwikkelte Druck hängt also ab von dem Winkel der Schaufel, von der Umfangsgeschwindigkeit des Laufrades, von den Reibungsverlusten in dem Laufrade und von dem Grad der Umsetzung der Geschwindigkeitshöhe in Druckhöhe innerhalb des Pumpengehäuses. Der Einfluß dieser Veränderlichen kann mathematisch nicht genau vorhergesagt werden. Daher wird die Form des Laufrades einer Zentrifugalpumpe nur zum Teil durch die Rechnung zum anderen Teil durch Ausprobieren einer Anzahl verschiedener Laufräder festgelegt. Das Verhalten einer jeden Zentrifugalpumpe wird am besten an Hand von Kurven angegeben.

Die Hersteller liefern gewöhnlich mit jeder Pumpe ein Schaubild ihrer charakteristischen Kurven. Solche Kurven für konstante Umdrehungszahl stellen beispielsweise Abb. 67 und 68 dar. Abb. 67 gilt für eine langsamlaufende Niederdruckpumpe, während Abb. 68 für eine schnellaufende Hochdruckpumpe gilt. Der Konstrukteur ist im allgemeinen bestrebt, die Kurven der Druckhöhe und des Wirkungsgrades so flach als möglich zu gestalten oder dies zum wenigsten über einen so weiten Bereich als möglich zu erreichen. Zentrifugalpumpen werden gewöhnlich gekennzeichnet durch Druckhöhe und Leistung bei maximalem Wirkungsgrad.

Erhöhung der Tourenzahl einer Zentrifugalpumpe bewirkt gewöhnlich auch Erhöhung der Druckhöhe für jede Fördermenge und umgekehrt. Die Umdrehungszahl hat weniger Einfluß auf den Wirkungsgrad. Der gebräuchlichste Antrieb für Zentrifugalpumpen ist mittels direkt gekuppeltem Elektromotor. Die meisten Zentrifugalpumpen laufen daher mit konstanter Tourenzahl. Die erzeugte Druckhöhe ist in weitem Maße bestimmt durch den Schaufelwinkel und die Umfangsgeschwindigkeit des Laufrades. Das Fördervolumen dagegen wird bestimmt durch die Querschnitte der Kanäle. Infolgedessen haben Zentrifugalpumpen für große Förderhöhen und kleine Fördervolumen Laufräder mit großem Durchmesser, aber engen Kanälen; während Pumpen für niedrige Druckhöhen und große Fördervolumen Laufräder mit kleinem Durchmesser und weiten Kanälen besitzen.

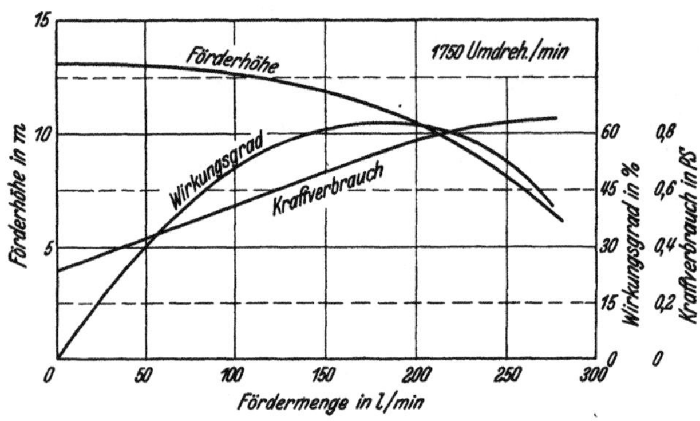

Abb. 67. Charakteristik einer Niederdruckzentrifugalpumpe.

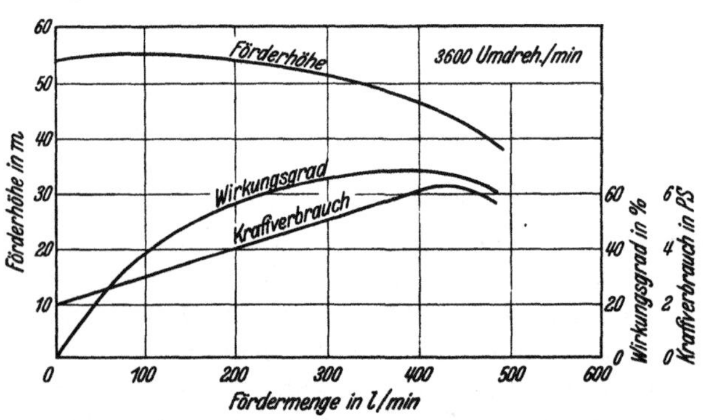

Abb. 68. Charakteristik einer Hochdruckzentrifugalpumpe.

Vergleich von Kolbenpumpen mit Zentrifugalpumpen. Die Vorteile der Kolbenpumpen gegenüber Zentrifugalpumpen sind folgende:

1. Sie können für größere Druckhöhen als Zentrifugalpumpen gebaut werden.
2. Ihre Anschaffungskosten sind niedriger als die der Turbinenpumpen mit bestem Wirkungsgrad, wenn man sie auf die Leistung bezieht.
3. Sie sind immer selbstansaugend und die Saugeleitung kann unter niedrigerem als atmosphärischem Druck stehen, ohne daß besondere Maßnahmen für das Ansaugen erforderlich sind.
4. Sie sind im Betrieb anpassungsfähiger als Zentrifugalpumpen.
5. Ihr Wirkungsgrad ist nahezu konstant über einen weiten Bereich der Fördermenge.

Die Vorteile der Zentrifugalpumpen gegenüber Kolbenpumpen sind folgende:

1. In mittleren Größen kann der Wirkungsgrad einer guten Zentrifugalpumpe gleich oder sogar etwas besser sein als der Wirkungsgrad einer mittelmäßigen Kolbenpumpe.

2. Zentrifugalpumpen drücken mit gleichmäßigem Druck ohne Stöße und Pendelungen.

3. Sie können mit Antriebsmotoren direkt gekuppelt werden ohne Zwischenschaltung von Zahnrädern oder Riemenantrieben.

4. Die Druckleitung kann vollkommen abgedrosselt werden, ohne daß die Pumpe Schaden leidet.

5. Sie fördern auch Flüssigkeiten, in welchen große Mengen fester Stoffe suspensiert sind.

6. Sie können aus vielen verschiedenen, korrosionsfesten Werkstoffen gebaut werden.

Diese nackte Gegenüberstellung ergibt noch kein klares Bild. Wenn die Kolbenpumpe eine Dampfpumpe ist, muß der Wert ihres Abdampfes in Rechnung gezogen werden. Wo der Abdampf wieder verwendet wird, z. B. für Heizung, zum Abdampfen und ähnlichen Zwecken, mit Ausnahme der Krafterzeugung, hat der Abdampf praktisch eigentlich denselben Wert wie der unter Kesseldruck stehende Frischdampf. In diesem Sinne kann man eine Dampfpumpe einfach als Reduzierventil betrachten, und ihr Wirkungsgrad ist solange ohne Bedeutung, wie für den Abdampf Verwendungsmöglichkeit vorhanden ist. Theoretisch könnte eine Zentrifugalpumpe durch eine kleine Dampfturbine angetrieben werden, wodurch die gleichen Verhältnisse hergestellt wären. Man kann aber Dampfturbinen nicht in so kleinen Größen bauen, und sie sind auch in jedem Falle erheblich teurer als Kolbendampfmaschinen derselben Leistung. Infolgedessen ist in Betrieben, wo der Abdampf verwendet wird, eine Dampfpumpe nicht immer eine Pumpe mit schlechtem Wirkungsgrad. In manchen Fällen, wo eine große Zahl von Pumpen an weit verstreuten Plätzen in der Fabrik aufgestellt sind, kann es wirtschaftlicher sein, in einer Zentrale durch eine Gegendruckmaschine Kraft zu erzeugen und den Abdampf direkt dorthin zu leiten, wo er verwendet werden soll, und gleichzeitig die erzeugte Energie in Form von Elektrizität auf die einzelnen Pumpen zu verteilen. Frischdampf an weit verstreute Dampfpumpen abzugeben und ihren Abdampf in einer gemeinsamen Leitung zu sammeln, würde in diesem Falle weniger empfehlenswert sein. Es sind hier viele Möglichkeiten, die zwischen diesen beiden Extremen liegen, gegeben, so daß keine allgemeine Regel aufgestellt werden kann. Man kann aber feststellen, daß gegenwärtig die Tendenz besteht, direktgekuppelte Zentrifugalpumpen zu verwenden, vorausgesetzt, daß sie für den vorliegenden Zweck geeignet sind, und man findet heute Kolbenpumpen viel seltener als vor 15 Jahren.

Förderung von Gasen.

Wenn Gase gefördert werden sollen, braucht man einen Apparat, der gewöhnlich Gebläse oder Kompressor genannt wird, obwohl er im Prinzip oder Aufbau durchaus einer Pumpe entspricht. Die Einteilung der Gebläse geht daher parallel mit der der Pumpen.

Ejektoren. Gase können gegen niedrige Drücke mit Apparaten gefördert werden, deren Wirkung auf einem Dampf- oder Wasserstrahl beruht, genau wie die Apparate zur Förderung von Flüssigkeiten, die auf S. 62 beschrieben und in Abb. 47 abgebildet sind. Der Wirkungsgrad der einfachsten dieser Apparate ist schlecht und die Drücke, welche sie erzeugen können, sind niedrig. Im allgemeinen werden sie nur verwendet zur Erzeugung eines Zuges, um Gase aus einer Apparatur zu entfernen und für ähnliche Zwecke. Sie werden gebaut für Förderung gegen atmosphärischen oder einen Druck, der nur wenige cm Wassersäule mehr beträgt Ihr hauptsächlichster Vorteil ist, daß sie einfach und billig sind und keiner Wartung bedürfen. Die sehr weit entwickelten und guten Wirkungsgrad aufweisenden Apparate dieser Art, die als Vakuumpumpen benutzt werden, werden später in Kapitel V beschrieben.

Kolbenkompressoren. Wo Gase gegen Drücke von einigen Atmosphären oder mehr gefördert werden sollen, verwendet man gewöhnlich Kolbenkompressoren, die in ihrem Aufbau den Kolbenpumpen sehr ähnlich sind. Die Ventile werden leichter ausgeführt; die schädlichen Räume werden klein gehalten und alle Teile sind mit größerer Sorgfalt eingepaßt. Im übrigen ist ihre Wirkungsweise gleich der einer Kolbenpumpe.

Wenn eine Flüssigkeit von einer Pumpe gefördert wird, ändert sich ihr Volumen nicht mit der Erhöhung des Druckes, weswegen das Arbeitsintegral der Bernoullischen Gleichung vernachlässigt werden kann. Bei Flüssigkeitspumpen ist auch die den Reibungsverlusten entsprechende Wärme gering und die Masse der Flüssigkeit groß, so daß im allgemeinen keine Temperaturerhöhung eintritt, die berücksichtigt werden müßte. Wenn dagegen ein Gas komprimiert wird, vermindert sich sein Volumen, wozu Arbeit erforderlich ist. Diese Arbeit muß ebenso wie die den Reibungsverlusten des Kompressors entsprechende als Wärme wiedererscheinen. Die Masse des Gases ist verhältnismäßig klein, infolgedessen entsteht durch die Kompression eine erhebliche Temperatursteigerung. Um den höchsten Wirkungsgrad in einem Kompressor zu erreichen, müßte diese Wärme abgeführt werden und das Gas den Kompressor mit möglichst der gleichen Temperatur verlassen, mit der es in den Kompressor eingetreten ist. Aus diesem Grunde werden die Arbeitszylinder der meisten Luftkompressoren mit einem Kühlmantel umgeben, so daß Wärme an das Kühlwasser abgeführt werden kann.

Bei höheren Drücken wendet man Kompressoren an, welche in zwei oder mehr Stufen arbeiten. Ein Zylinder mit großem Durchmesser bildet die erste Stufe; die diesen Zylinder verlassende Luft gelangt in einen zweiten Zylinder mit kleinerem Durchmesser zur weiteren Kompression. In solchen Fällen wird außer der Mantelkühlung der Zylinder ein Röhrenzwischenkühler zwischen den beiden Stufen eingeschaltet. Die Zylinder der verschiedenen Stufen können in einer Reihe liegen und eine gemeinsame Kolbenstange besitzen, oder es kann auch jede Stufe in einer besonderen Maschine mit eigenem Kolben und eigenem Antrieb bestehen.

Abb. 69 zeigt einen zweistufigen Luftkompressor mit Zwischenkühler. Sie stellt einen Schnitt durch den Hochdruckzylinder eines Kompressors dar, der zu der zweiten oben erwähnten Art gehört. Der Kreuzkopf *A*, der Dampfkolben *B* und der Luftkolben *C* sind alle auf einer einzigen Kolbenstange *D* montiert. Die Steuerung für den Dampfzylinder ist auf der Abbildung nicht mehr zu sehen. Die Deckel und Wandungen des Luftzylinders sind mit Kühlmänteln *E* umgeben. Der Niederdruckzylinder liegt hinter der Bildebene und ist etwas größer, so daß Teile von ihm bei *F* noch zu sehen sind. Er drückt in den Zwischenkühler *G*, in welchem die Luft durch in den Rohren *H* zirkulierendes Wasser gekühlt wird. Die teilweise komprimierte und gekühlte Luft geht durch *J* zu den Saugventilen. Diese bestehen aus einem leichten Stahlring *K*, welcher durch die Federn *L* gegen einen Sitz gedrückt wird. Die Druckventile *M* sind ähnlich aufgebaut. Die Druckleitung schließt sich bei *N* an.

Ventilatoren. Die gebräuchlichste Methode zur Förderung von Gasen gegen mittlere Drücke ist die Verwendung eines Ventilators. Solche Ventilatoren sind geeignet für Drücke von 50 oder 75 bis zu 350 mm Wassersäule. Man kann sie in drei Klassen einteilen: die Propellertype (Schraubenventilatoren), den Ventilator mit wenigen Flügeln und die vielschaufelige Type.

Ein Vertreter der Propellertype ist der bekannte elektrische Ventilator. Er besitzt als Fördermittel für Gase in Fabrikanlagen aber keine große Verbreitung.

Ein, Ventilator mit wenigen Flügeln ist in Abb. 70 abgebildet. Er bestehtiwie der Name schon andeutet, aus Stahlblechflügeln, welche auf radalen Armen sitzen und sich in einem Gehäuse drehen. Diese Ventilatoren sind geeignet für Drücke von 0 bis zu 125 mm Wassersäule. Sie haben 8—12 Flügel und können für jede gewünschte Leistung gebaut werden. Eine Abart des Stahlflügelventilators besitzt Flügel, welche wie die Laufräder der Zentrifugalpumpen nach besonderen

Kurven gekrümmt sind. Diese Type kann für Drücke bis zu 685 mm Wassersäule verwendet werden. Die vielschaufelige Type ist in Abb. 71

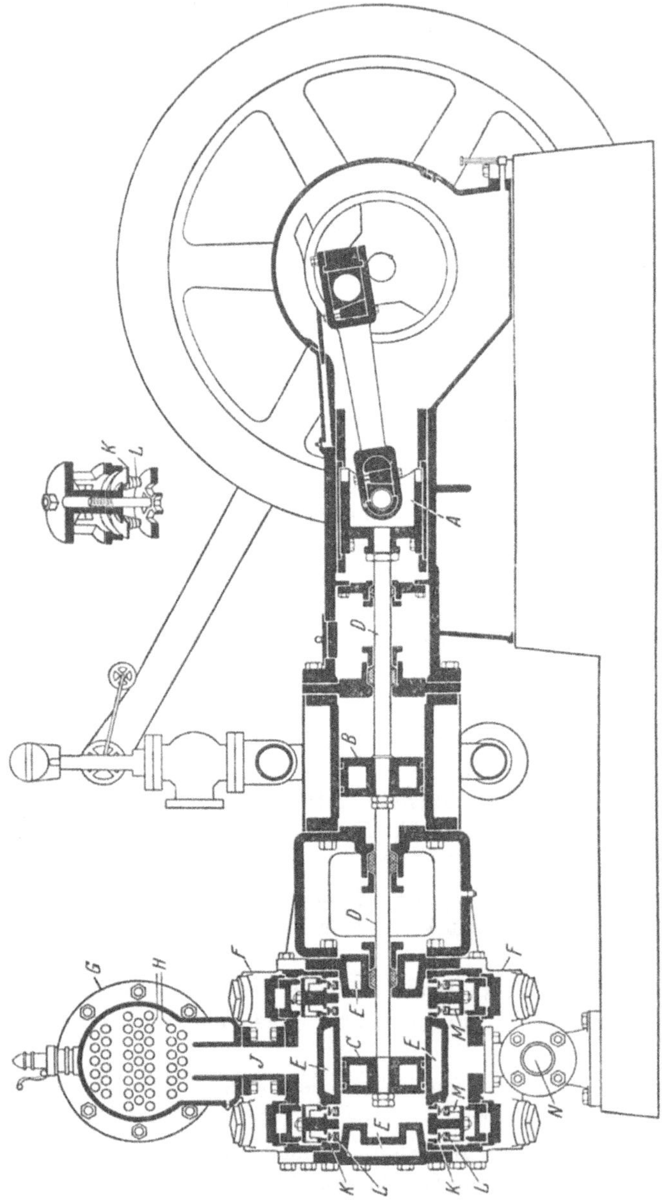

Abb. 69. Zweistufiger Luftkompressor, direkt mit Dampfmaschine gekuppelt (Schnitt durch die Hochdruckstufe).
A Kreuzkopf. *B* Dampfkolben. *C* Luftkolben. *D* Kolbenstange. *E* Wassermantel des Luftzylinders. *F* Niederdruckluftzylinder. *G* Gehäuse des Zwischenkühlers. *H* Kühlwasserrohre. *J* Leitung zur Hochdruckstufe. *K* Ventilscheiben. *L* Ventilfedern. *M* Druckventile. *N* Druckluftleitung.

dargestellt. Sie ist geeignet für Drücke von 0—125 m Wassersäule. Es heißt, daß sie einen viel besseren Wirkungsgrad hat als der Ventilator mit wenigen Flügeln. Vielschaufelige Ventilatoren fördern viel größere Volumina bei gleichen Abmessungen des Rades als Ventilatoren mit wenigen Flügeln.

Kapselgebläse. Jede Zykloid- oder Zahnradpumpe kann auch als Gebläse gebraucht werden. Im allgemeinen haben die Maschinen dieses

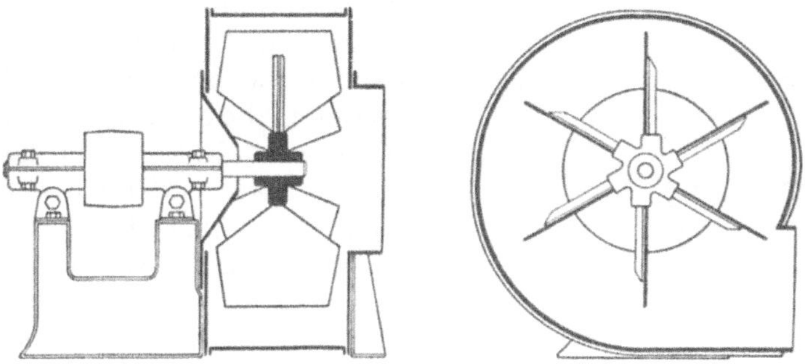

Abb. 70. Ventilator mit ebenen Stahlblechflügeln.

Types zur Förderung von Gasen nur zwei oder drei Verdränger auf den Wellen. Abb. 72 zeigt ein derartiges Gebläse. Sie werden verwendet für Drücke von 0,03 bis zu 0,7 oder 0,8 at, haben aber ihren besten Wirkungsgrad unter 0,35 at. Ihr hauptsächlichster Vorteil ist Einfachheit und große Leistung. Solche Gebläse werden oft gebraucht

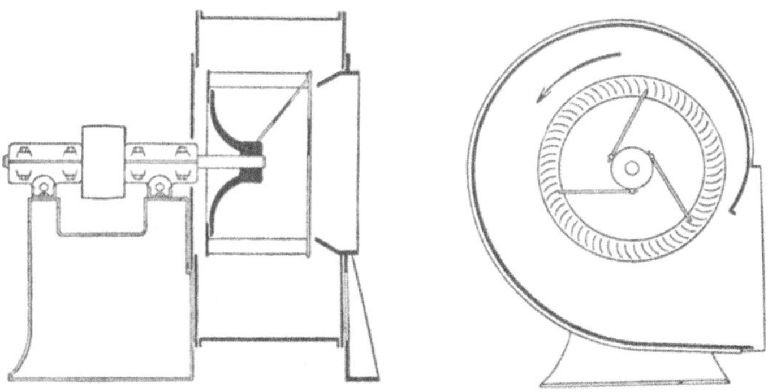

Abb. 71. Vielflügeliger Ventilator.

für Kupolöfen und für ähnliche Zwecke, wo große Fördermengen gegen Drücke geliefert werden müssen, die für einen Ventilator zu hoch sind.

Ein Kompressor, welcher nicht zu den eben beschriebenen Arten gehört, ist der Nash hytor (Flüssigkeitsringluftpumpe). Er ist in Abb. 73 dargestellt. Ein zentral gelegener zylindrischer Rotor, welcher auf seinem Umfange mit Flügeln ausgestattet ist, dreht sich in einem Gehäuse, dessen Umriß ungefähr ellyptisch ist. In dem Gehäuse befindet sich so viel Flüssigkeit, daß die Flügel des Laufrades dort, wo sie den größten

Abstand vom Gehäuse haben, also in den Richtungen der großen Achse der Ellypse in die Flüssigkeitsoberfläche eindringen, und daß in den Richtungen der kleinen Achse der Rotorkörper selbst in die Flüssigkeit eintaucht, wenn die Flüssigkeit, durch die Rotation nach außen geschleudert, die Wandung gleichmäßig bedeckt. Auf dem Umfange nähert sich also die Flüssigkeit dem Laufrade und entfernt sich wieder, wodurch sie zwischen den Flügeln des Rotors wie eine Reihe von Flüssigkeitskolben wirkt. Wenn diese sich vom Laufrade entfernen, saugen sie durch die Einlaßöffnungen *A* Luft ein, und wenn sie sich dem Körper des Laufrades nähern, fördern sie die Luft durch die Auslaßöffnungen *B*. Dieser Kompressor erreicht seinen besten Wirkungsgrad bei Förderdrücken von 0,56—0,85 kg/cm². Er kann aber auch noch verwendet werden bei Drücken bis zu 1,5 kg/cm². Da der bewegte Rotor nicht in direkter Berührung mit anderen festen Teilen steht, kann er aus jedem beliebigen korrosionsfestem Material hergestellt werden. Als Sperrflüssigkeit kann jede Flüssigkeit verwendet werden, welche in bezug auf das zu fördernde Gas inert ist. Der Nash hytor wird z. B. mit konzentrierter Schwefelsäure als Sperrflüssigkeit zum Komprimieren von Chlorgas benutzt.

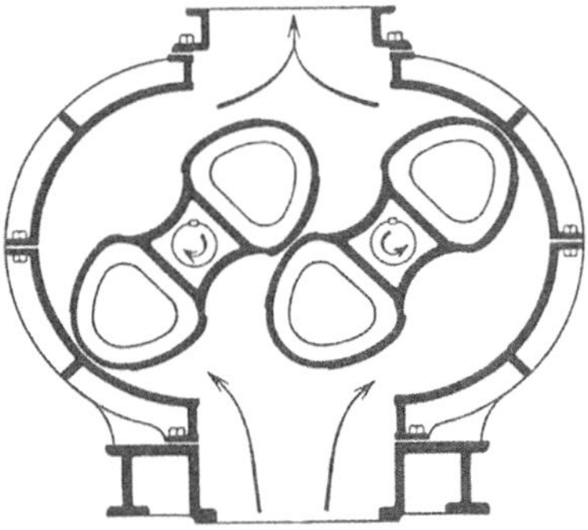

Abb. 72. Kapselgebläse.

Abb. 73.
Nash hytor (Flüssigkeitsringluftpumpe).
A Einlaßöffnungen. *B* Drucköffnungen.

Zentrifugalgebläse. Das Prinzip der Turbinenpumpe kann auch für die Förderung von Gasen angewendet werden. Wegen der relativ niedrigen Dichte eines Gases ist die durch die Rotation des Laufrades erzeugte Zentrifugalkraft nur klein, und die Drücke, die man erzeugen kann, sind niedrig. Auch ist der Wirkungsgrad schlecht, wenn die Herstellung nicht mit ganz besonderer Sorgfalt geschieht. Der Aufbau ist dem einer Turbinenpumpe vollkommen gleich, nur werden die rotierenden Teile so leicht als möglich gemacht. Die Tourenzahlen dieser Gebläse sind sehr hoch, 4000—6000 je Minute. Trotzdem werden keine größeren Drücke als 0,5—0,7 kg/cm² erreicht, selbst wenn mehrere Stufen hintereinandergeschaltet sind. Diese Gebläse arbeiten am besten bei Drücken unter 0,35 kg/cm².

Sie können ferner nicht in kleinen Ausführungen hergestellt werden. Innerhalb des Druckgebietes, für welches sie sich eignen, haben sie den besten Wirkungsgrad aller Gebläse, die bisher entwickelt sind, aber sie sind sehr teure Maschinen.

IV. Wärmeübergang.

Bei eigentlich allen Operationen, welche in der chemischen Fabrik durchgeführt werden, erfolgt die Freisetzung oder Absorption von Energie in Form von Wärme. Die Gesetze, nach welchen der Wärmeübergang vor sich geht, und die Apparate, welche die Aufgabe des Wärmeaustausches zu erfüllen haben, sind infolgedessen außerordentlich wichtig. Dieses Kapitel soll behandeln:

1. Die Grundgesetze des Wärmeüberganges.
2. Die grundlegenden Berechnungen mit besonderer Berücksichtigung der chemischen Apparate.
3. Die Anwendung dieser Grundgesetze auf den Entwurf von Apparaten, welche zum Heizen oder Kühlen dienen.

Einteilung der Wärmeübergangsprozesse. Der Wärmeübergang kann stattfinden auf eine oder mehrere der nachstehend aufgeführten Arten:

Leitung: Wenn Wärme von einem Körper zu einem anderen übergeht allein durch die Stöße der einzelnen Moleküle, ohne daß eine Mischung stattfindet, so spricht man von einem Wärmeübergang durch Leitung, z. B. findet Wärmeübergang durch Leitung statt durch das Mauerwerk eines Ofens oder die Metallwand eines Kessels, soweit die feste Wand in Betracht kommt.

Konvektion. Wenn Wärme übergeht durch Mischung oder Turbulenz, so spricht man von einem Wärmeübergang durch Konvektion. Konvektion tritt also nur auf, wenn Gase oder Flüssigkeiten im Spiele sind. Es ist in Gasen oder Flüssigkeiten unmöglich, daß Wärme allein durch Leitung ohne Konvektion in irgendeiner Form übergeht, weil die aus der Änderung des spezifischen Gewichts mit der Temperatur herrührenden Wirbel immer auftreten. Deswegen werden auch bei Gasen und Flüssigkeiten die Ausdrücke Leitung und Konvektion oft zusammen gebraucht, obwohl in vielen Fällen die Konvektion die überwiegende Rolle spielt. So sind die Beheizung eines Raumes durch Dampfheizkörper oder die Erhitzung von Wasser auf einer heißen Oberfläche Beispiele für einen Wärmeübergang, der hauptsächlich durch Konvektion erfolgt.

Strahlung. Strahlung bedeutet Übergang von Energie durch den leeren Raum mittels elektromagnetischer Wellen. Wenn die Strahlung den leeren Raum passiert, wird sie nicht in Wärme oder irgendeine andere Form der Energie umgesetzt, auch wird sie nicht abgelenkt;

wenn indessen Körper sich in ihrem Wege befinden, kann die Strahlung durchgelassen, reflektiert oder absorbiert werden. Allein die absorbierte Energie erscheint wieder als Wärme. Dieser Umsatz ist quantitativ. Z. B. läßt Glas eigentlich die ganze Strahlung, von der es getroffen wird, hindurch. Eine blanke, polierte Oberfläche oder ein Spiegel reflektiert den größten Teil der auftretenden Strahlung. Eine schwarze, nicht spiegelnde Oberfläche absorbiert den größten Teil der auffallenden Strahlung und verwandelt die so absorbierte Energie quantitativ in Wärme.

Wärmeleitung.

Die Gesetze der Wärmeleitung werden am besten an der Wärmeleitung durch feste Körper erklärt, weil in diesem Falle keine Konvektion auftritt. Das Grundgesetz des Wärmeüberganges durch Leitung kann in die Form der Mengengleichung (1) gefaßt werden:

$$\frac{\text{Menge}}{\text{Zeit}} = \text{treibende Kraft dividiert durch Widerstand.}$$

Der treibenden Kraft entspricht hier der Temperaturabfall durch den Körper, denn es ist klar, daß Wärme nur fließen kann, wenn ein Temperaturunterschied besteht.

Newtons Gesetz. Der Widerstand in obiger Gleichung wird definiert durch das Newtonsche Gesetz. Wir betrachten eine Wand, die d m dick ist und eine Fläche von F m² hat. Die Temperaturdifferenz zwischen beiden Oberflächen der Wand sei $\Delta\vartheta$. Newtons Gesetz sagt aus, daß die je Zeiteinheit durch die Wand fließende Wärmemenge direkt proportional zur Temperaturdifferenz und Fläche und umgekehrt proportional zur Dicke der Wand ist. Wenn die Temperaturdifferenz $\Delta\vartheta$ sich mit der Zeit nicht ändert, bleibt die in der Zeiteinheit übergehende Wärmemenge konstant, und man spricht von einem Beharrungszustand. Wenn Q die Wärmemenge, die in der Zeit t übergeht, bedeutet, dann kann Newtons Gesetz als mathematische Gleichung geschrieben werden:

$$\frac{Q}{t} = \frac{\lambda F \Delta\vartheta}{d}, \tag{32}$$

worin λ eine Proportionalitätskonstante ist.

Vergleicht man die Gleichungen (1) und (32) und erinnert man sich, daß $\Delta\vartheta$ die treibende Kraft darstellt, so ist der Widerstand bestimmt durch: $\dfrac{d}{\lambda \cdot F}$.

Wärmeleitfähigkeit. Die Konstante λ in Gleichung (32) wird die Wärmeleitfähigkeit des Materials genannt, aus welchem die Wand besteht. Wenn Q in kcal, t in Stunden, F in m², ϑ in °C und d in m gemessen wird, so ist λ der Dimension nach definiert durch:

$$\lambda = \frac{\text{kcal} \cdot \text{m}}{\text{m}^2 \cdot {}^\circ\text{C} \cdot \text{h}}. \tag{33}$$

Man spricht oft von Wärmeeinheiten je Stunde, je m², je °C, je m. Vergleicht man diese Ausdrucksweise mit der oben für λ gegebenen Definition (Gleichung 33), so sieht man, daß es richtiger ist, von der Wärmeleitfähigkeit zu sprechen als: Meterkilokalorie · je Stunde · je m² · je °C. Es muß ferner Klarheit darüber bestehen, daß die Fläche F immer rechtwinklig und die Länge d parallel zur Richtung des Wärmeflusses gemessen werden muß. d ist die Länge des Weges, welchen die Wärme durchfließt.

Der numerische Wert des Koeffizienten der Wärmeleitfähigkeit ist abhängig von dem Material und seiner Temperatur. Einige Daten für verschiedene Materialien sind im Anhang Tabelle VI gegeben.

Die Wärmeleitfähigkeit von Flüssigkeiten und Gasen ist sehr klein im Verhältnis zu der der festen Körper. Z. B. beträgt die Wärmeleitfähigkeit des Silbers 350 mkcal je h, je m², je °C. Die von Ziegelmauerwerk etwa 1,2; die des Wassers etwa 0,52; die der Luft 0,02. Im allgemeinen ist die Änderung der Wärmeleitfähigkeit mit der Temperatur linear nach der Gleichung:

$$\lambda = a + b\vartheta, \tag{34}$$

worin a und b Konstante und ϑ die Temperatur bedeutet. Die Temperaturkoeffizienten der Wärmeleitfähigkeit sind genau nur für Wasser unter den Flüssigkeiten und für Silber und vielleicht noch für Blei oder Kupfer unter den festen Körpern bekannt. Der Grund hierfür ist, daß die Wärmeleitfähigkeit in sehr hohem Maße von der chemischen Zusammensetzung der Stoffe abhängt und die letzten drei Metalle die einzigen sind, die man in genügend reiner Form hergestellt hat, so daß die Bestimmung von Zufälligkeiten der Probenahme unabhängig gemacht werden konnte.

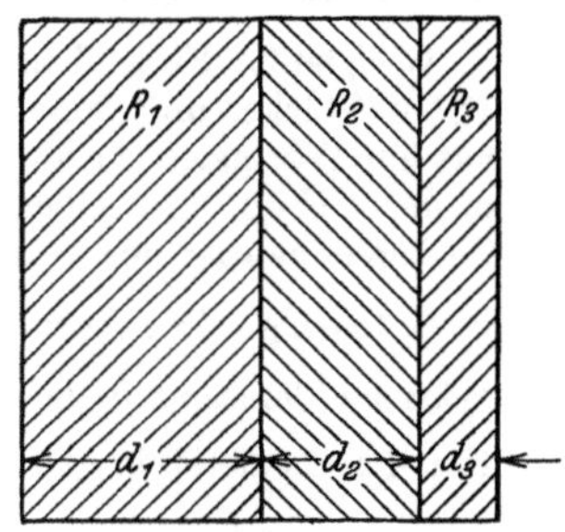

Abb. 74. Thermische Widerstände in Reihe hintereinander.

Widerstand mehrerer Schichten hintereinander. Wir betrachten eine ebene Wand, die aus einer Reihe von Schichten besteht, wie in Abb. 74 angedeutet. Die Dicke der Schichten sei d_1, d_2, d_3, die Wärmeleitfähigkeiten der Materialien, aus welchen die Schichten bestehen, seien λ_1, λ_2, λ_3. Die Fläche der zusammengesetzten Wand rechtwinklig zur Bildebene sei F. Ferner sei $\Delta\,\vartheta_1$ der Temperaturabfall in der ersten Schicht, $\Delta\,\vartheta_2$ in der zweiten und $\Delta\,\vartheta_3$ in der dritten. $\Delta\,\vartheta$ sei der Temperaturabfall in allen drei Schichten zusammen, also:

$$\Delta\,\vartheta = \Delta\,\vartheta_1 + \Delta\,\vartheta_2 + \Delta\,\vartheta_3\,. \tag{35}$$

Es soll zunächst eine Gleichung abgeleitet werden, aus welcher die durch alle drei Schichten fließende Wärme berechnet werden kann, und zweitens soll angegeben werden, wie groß der Gesamtwiderstand ist, wenn unter $\Delta\vartheta$ die gesamte treibende Kraft verstanden wird.

Gleichung (32) wird für jede der drei Schichten aufgestellt.

$$\Delta\vartheta_1 = \frac{Q_1}{t}\cdot\frac{d_1}{\lambda_1\cdot F}\,, \quad \Delta\vartheta_2 = \frac{Q_2}{t}\cdot\frac{d_2}{\lambda_2\cdot F}\,, \quad \Delta\vartheta_3 = \frac{Q_3}{t}\cdot\frac{d_3}{\lambda_3\cdot F}\,. \qquad (36)$$

Wenn die Gleichungen (36) addiert werden, ergibt sich

$$\Delta\vartheta_1 + \Delta\vartheta_2 + \Delta\vartheta_3 = \frac{Q_1\cdot d_1}{t\cdot\lambda_1\cdot F} + \frac{Q_2\cdot d_2}{t\cdot\lambda_2\cdot F} + \frac{Q_3\cdot d_3}{t\cdot\lambda_3\cdot F} = \Delta\vartheta\,. \qquad (37)$$

Da die Wärme, welche die erste Schicht durchdringt, auch die zweite und dritte durchfließt, ist $Q_1 = Q_2 = Q_3 = Q$. Dieses eingesetzt und Gleichung (37) nach $\frac{Q}{t}$ aufgelöst, ergibt

$$\frac{Q}{t} = \frac{\Delta\vartheta}{\frac{d_1}{\lambda_1\cdot F} + \frac{d_2}{\lambda_2\cdot F} + \frac{d_3}{\lambda_3\cdot F}} = \frac{\Delta\vartheta}{R_1 + R_2 + R_3}\,, \qquad (38)$$

worin R_1, R_2, R_3 die Widerstände darstellen, wie sie auf S. 88 definiert wurden. Mit anderen Worten: Gleichung (38) hat ebenfalls die Form: Menge je Zeiteinheit = treibende Kraft dividiert durch Widerstand. Der Gesamtwiderstand ist gleich der Summe der Einzelwiderstände, wie es ebenso auch für den Fluß eines elektrischen Stromes durch hintereinandergeschaltete elektrische Widerstände gültig ist.

Beispiel 7. Eine ebene Ofenwand besteht aus einer Schicht Isolierstein von 11 cm Stärke und einer Schicht Ziegelmauerwerk von 23 cm Stärke. Erstere hat ein Wärmeleitvermögen von 0,12 mkcal je m^2, h, °C; letztere von 1,2 mkcal je $m^2\cdot$ °C · h. Die Oberflächentemperatur innen beträgt 760° C. Außen 77° C. Zu berechnen ist der Wärmeverlust dieser Wand bezogen auf die Flächeneinheit.

Lösung: Der thermische Widerstand war definiert worden durch $\frac{d}{\lambda\cdot F}$. Der Wärmewiderstand je m^2 ist also:

Für den Isolierstein: $R_1 = \frac{0{,}11}{0{,}12} = 0{,}915\,,$

für das Ziegelmauerwerk: $R_2 = \frac{0{,}23}{1{,}2} = 0{,}192\,,$

$$R = R_1 + R_2 = 1{,}107\,,$$

$$\frac{Q}{F\,t} = \frac{\Delta\vartheta}{R} = \frac{760-77}{1{,}107} = 620\ \text{kcal/m}^2\,\text{h}\,.$$

Es ist angebracht, sich die Analogien zwischen dem Wärmefluß und dem Fluß der Elektrizität klarzumachen. Der Wärmefluß ist gegeben durch die Gleichung: Wärmemenge $= \frac{\text{Temperaturdifferenz}}{\text{thermischen Widerstand}}$ Bei der Elektrizität ist das Potential die elektromotorische Kraft, die Elektrizitätsmenge Coulombs je Sekunde = Ampere; für den elektrischen Strom gilt also: Ampere $= \frac{\text{Volt}}{\text{Ohm}}$. Vergleicht man diese Gleichung mit Newtons Gesetz, so ergibt sich, daß der Wärmefluß in Kilokalorien je Stunde der Elektrizitätsmenge je Sekunde (Ampere) entspricht; die Temperaturdifferenz der Spannung (Volt) und der thermische Widerstand dem elektrischen Widerstand (Ohm). In der Elektrizitätslehre haben die Einheiten besondere Namen, wie Ampere, Volt und Ohm, während die entsprechenden Einheiten in der Wärmelehre keine besonderen Bezeichnungen erhalten haben.

Die durch mehrere Widerstände hintereinander in der Zeiteinheit fließende Wärmemenge verhält sich genau wie ein durch mehrere in Reihe geschaltete, elektrische Widerstände fließender Strom. In einem elektrischen Stromkreise steht der Spannungsabfall in jedem einzelnen der verschiedenen Widerstände zum Gesamtspannungsabfall im Stromkreise in dem gleichen Verhältnis wie die einzelnen Widerstände zum Gesamtwiderstand. Ebenso stehen die Potentialgefälle beim Wärmefluß, welche durch die Temperaturdifferenzen gegeben sind, in demselben Verhältnis zum Gesamttemperaturabfall wie der einzelne Widerstand zu dem gesamten thermischen Widerstand. Mathematisch kann dies ausgedrückt werden durch die Gleichung:

$$\Delta\vartheta : \Delta\vartheta_1 : \Delta\vartheta_2 : \Delta\vartheta_3 = R : R_1 : R_2 : R_3 \,. \qquad (39)$$

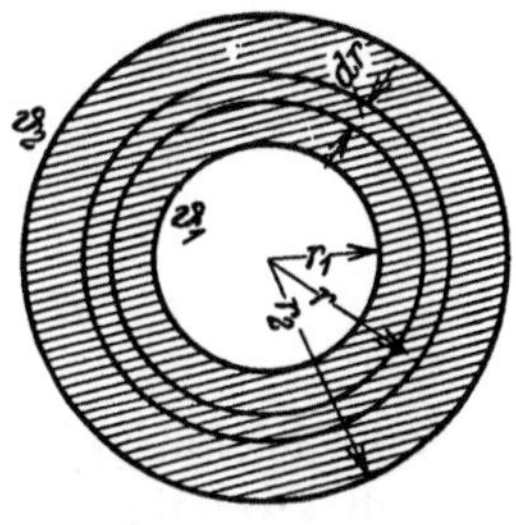

Abb. 75. Wärmefluß durch einen dickwandigen Zylinder.

Beispiel 8. Wie hoch ist die Temperatur zwischen dem Isolierstein und dem Ziegelmauerwerk in Beispiel 7?

Lösung. Der Temperaturabfall in jedem einzelnen einer Reihe von thermischen Widerständen verhält sich zum Gesamttemperaturabfall wie die einzelnen Widerstände zum Gesamtwiderstand, d. h. in diesem Falle: $\Delta\vartheta_1 : \Delta\vartheta = R_1 : R$, daher $\Delta\vartheta_1 : 683 = 0{,}915 : 1{,}1$ $\Delta\vartheta_1 = 568^\circ$ C. Die Temperatur zwischen den Schichten ergibt sich also zu $770 - 568 = 202^\circ$ C.

Wärmefluß durch eine Zylinderwand. Wir betrachten einen Hohlzylinder, im Schnitt dargestellt in Abb. 75. Der innere Radius des Zylinders ist r_1, der äußere r_2, die Länge des Zylinders N. Die Wärmeleitfähigkeit des Zylindermaterials ist λ. Die Temperatur der inneren Oberfläche ϑ_1, die der äußeren ϑ_2. Es sei vorausgesetzt, daß ϑ_2 größer ist als ϑ_1, daß also die Wärme von außen nach innen fließt. Es soll die Wärmemenge, welche durch die Zylinderwand strömt, berechnet werden.

Wir schneiden aus der Zylinderwand einen sehr dünnen Zylinder konzentrisch zu dem Hauptzylinder heraus mit dem Radius r, dessen Größe also zwischen r_1 und r_2 liegt. Die Dicke der Wandung dieses Zylinders ist dr. Wenn dr im Verhältnis zu r klein genug ist, so können die Linien, längs welchen der Wärmefluß stattfindet, als parallel angesehen werden. In diesem Falle kann Gleichung (32) angewendet werden und lautet dann:

$$\frac{Q}{t} = \lambda \frac{d\vartheta}{dr} (2\pi r N) \,. \qquad (40)$$

Sie ist gültig, weil $2\pi r \cdot N$ die Fläche ist, senkrecht zu welcher der Wärmefluß erfolgt und d der Gleichung (32) in diesem Falle $= dr$ ist. Um die Gleichung (40) zu integrieren, werden die Veränderlichen ϑ und r getrennt:

$$\frac{dr}{r} = \frac{2\pi N\lambda \cdot t}{Q}\, d\vartheta\,. \tag{41}$$

Mit Ausnahme von dr auf der linken Seite und $d\vartheta$ auf der rechten Seite der Gleichung sind nur Konstante vorhanden, so daß integriert werden kann:

$$\int_{r_1}^{r_2} \frac{dr}{r} = \frac{2\pi N\lambda \cdot t}{Q} \int_{\vartheta_1}^{\vartheta_2} d\vartheta\,, \tag{42}$$

$$ln\, r_2 - ln\, r_1 = \frac{2\pi N t \cdot \lambda}{Q}\,(\vartheta_2 - \vartheta_1)\,, \tag{43}$$

$$\frac{Q}{t} = \frac{2\pi \cdot N \cdot \lambda \cdot (\vartheta_2 - \vartheta_1)}{ln\,\frac{r_2}{r_1}}\,. \tag{44}$$

Aus Gleichung (44) kann nunmehr der Wärmefluß durch die Wandung eines dickwandigen Zylinders berechnet werden, Gleichung (44) kann in bequemer Form aufgestellt werden, die der der Gleichung (32) entspricht:

$$\frac{Q}{t} = \frac{\lambda \cdot F'(\vartheta_2 - \vartheta_1)}{d}\,. \tag{45}$$

Nur muß hier der Ausdruck für die Fläche F' so eingesetzt werden, daß die Gleichung (44) erfüllt wird. Der Ausdruck F' kann bestimmt werden durch Gleichsetzung der rechten Seiten der Gleichungen (44) und (45) mit $d = r_2 - r_1$ und Auflösung nach F':

$$F' = \frac{2\pi N\,(r_2 - r_1)}{ln\,\frac{r_2}{r_1}}\,. \tag{46}$$

Aus Gleichung (46) geht hervor, daß F' die Mantelfläche eines Zylinders von der Länge N und dem Radius r_m ist, wobei

$$r_m = \frac{r_2 - r_1}{ln\,\frac{r_2}{r_1}} = \frac{r_2 - r_1}{2{,}303\,\log\frac{r_2}{r_1}}\,. \tag{47}$$

Die rechte Seite dieser Gleichung 47 ist wichtig genug, daß man sie sich merken sollte. Sie ist bekannt als logarithmisches Mittel, und in diesem speziellen Falle wird durch sie der mittlere logarithmische Radius bestimmt. Wird die Oberfläche eines Zylinders mit dem mittleren logarithmischen Radius berechnet und diese Fläche in die für ebene Wände aufgestellte Gleichung der Wärmeleitung eingesetzt, so erhält man auch bei dickwandigen Zylindern die genaue Menge der durch die Wandung fließenden Wärme.

Das logarithmische Mittel ist für die Rechnung weniger bequem als das arithmetische Mittel. Letzteres ist genügend genau, wenn das Rohr dünnwandig ist. Das arithmetische Mittel ergibt Resultate mit einer Abweichung von 10% gegenüber dem logarithmischen Mittel, wenn das Verhältnis $r_2 : r_1$ kleiner ist als 3,2 und mit einer Abweichung von 1%, wenn das Verhältnis $r_2 : r_1$ kleiner ist als 1,5. Wenn entweder der innere oder äußere Radius an Stelle des logarithmischen Mittels in die Rechnung eingesetzt wird, wird der Fehler noch innerhalb 10% liegen, wenn $r_2 : r_1$ kleiner ist als 1,24 und innerhalb 1%, wenn $r_2 : r_1$ kleiner ist als 1,02. Daher ist für die meisten praktischen Fälle die Rechnung mit dem arithmetischen Mittel genau genug, nicht jedoch mit dem inneren oder äußeren Radius.

Beispiel 9. Ein Rohr, 64 mm äußerer Durchmesser, ist mit einer 50 mm dicken Asbestschicht (Leitfähigkeit $\lambda_1 = 0{,}18$) umhüllt, darüber eine 40 mm starke Schicht Kork (Leitfähigkeit $\lambda_2 = 0{,}045$). Zu berechnen ist der Wärmeverlust in kcal je laufendes m Rohr, wenn die Temperaturen der Außenfläche des Rohres 145 °C und der Außenfläche der Korkschicht 32° C betragen.

Lösung. Wegen der Stärke der Schichten kann das arithmetische Mittel nicht verwendet werden.

Für die Asbestschicht ist

$$r_m = \frac{82 - 32}{2{,}303 \log \frac{82}{32}} = \frac{50}{2{,}303 \cdot 0{,}408} = 53{,}2 \text{ mm},$$

für die Korkschicht ist

$$r_m = \frac{122 - 82}{2{,}303 \log \frac{122}{82}} = \frac{40}{2{,}303 \cdot 0{,}173} = 100 \text{ mm},$$

$$R_1 = \frac{d_1}{\lambda_1 \cdot F_1} = \frac{0{,}05}{0{,}18 \cdot 2\pi \cdot 0{,}0532} = 0{,}83,$$

$$R_2 = \frac{d_2}{\lambda_2 \cdot F_2} = \frac{0{,}04}{0{,}045 \cdot 2\pi \cdot 0{,}1} = 1{,}415,$$

$$\frac{Q}{t} = \frac{145 - 32}{0{,}83 + 1{,}415} = \frac{113}{2{,}245} = 50{,}4 \text{ kcal je lfd. m Rohr.}$$

Wärmeleitung durch Flüssigkeiten. Dieser Fall liegt sehr selten vor; er ist nur dann gegeben, wenn die Wärme durch ganz dünne Schichten fließt. In diesen Fällen ist indessen die Dicke der Schicht nicht bekannt, weswegen die oben abgeleiteten Gleichungen nicht angewendet werden können. Diese Schwierigkeit wird umgangen durch die Einführung von Wärmeübergangskoeffizienten, welche später erörtert werden. In jeder Flüssigkeitsschicht mit meßbarer Ausdehnung entstehen beim Wärmedurchgang Konvektionsströmungen, deren Wirkung so groß ist, daß die Wärme viel mehr durch Konvektion als durch Leitung übertragen wird. In der Schwierigkeit, die Versuchsbedingungen so zu gestalten, daß die Wärme durch die Flüssigkeit nur fortgeleitet wird und jede Konvektion ausgeschaltet ist, liegt einer der Gründe für das bedauerliche Fehlen genauerer Daten über die Wärmeleitfähigkeit von Flüssigkeiten.

Konvektion.

In Kapitel II wurde ausgeführt, daß, wenn Reynolds' Kriterium in einem Flüssigkeitsstrom über einen gewissen Wert hinausgeht, der Charakter der Strömung sich ändert und aus der laminaren eine turbulente Strömung wird. Es ist ferner ausgeführt worden, daß auch bei turbulenter Strömung an den Begrenzungswänden eine Schicht vorhanden ist, in welcher die Laminarströmung erhalten bleibt. Die Turbulenz kann künstlich hervorgerufen sein durch die Wirkung irgendeines Rührwerkes oder dadurch, daß die Flüssigkeit mittels einer Pumpe durch Rohre gefördert wird (erzwungener Umlauf) oder auch durch die natürliche Konvektionsströmung, die immer auftritt, wenn eine Flüssigkeitsmenge, die sonst in Ruhe ist, erwärmt wird. Wenn die Wärme durch die Wandung auf die Flüssigkeit übergeht, spielt die verhältnismäßig ruhende Grenzschicht eine sehr einflußreiche Rolle in der Berechnung des Wärmeüberganges. Dies beruht auf der Tatsache, daß sämtliche Wärme, welche an die Oberfläche der Flüssigkeit gelangt, durch diese Grenzschicht auf dem Wege der Leitung übertragen werden muß und die Wärmeleitfähigkeiten der Flüssigkeiten schlecht sind; daher ist, wenn auch die Grenzschicht nur dünn ist, der durch sie hervorgerufene thermische Widerstand groß. Andererseits gleicht sich durch die Turbulenz jenseits der Grenzschicht die Temperatur sehr schnell aus. Mit anderen Worten: In allen praktischen Fällen bietet die Grenzschicht den hauptsächlichsten Widerstand beim Übergang der Wärme von der Wandung auf die Gesamtheit des Mediums, sei es ein Gas oder eine tropfbare Flüssigkeit mit normaler Viskosität.

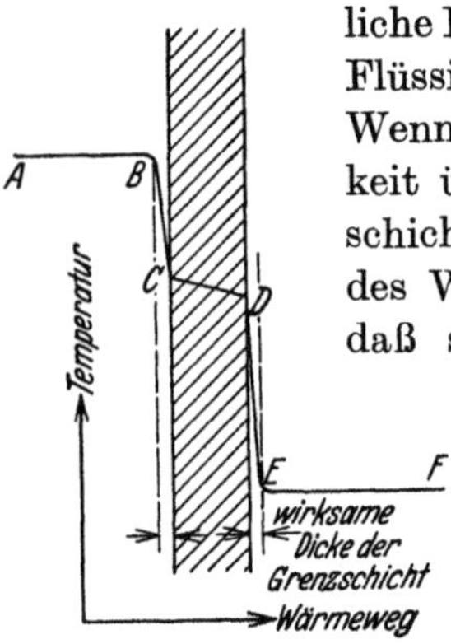

Abb. 76. Temperaturabfall durch Grenzschichten.

Wirkung der Grenzschichten auf den Wärmefluß. Im allgemeinen geht die Wärme von dem einen Medium durch eine feste Wand zu dem anderen Medium auf der anderen Seite der Wand. Für diesen wichtigen Fall sind also drei Widerstände hintereinander zu überwinden, nämlich die beiden Flüssigkeitsgrenzschichten und die trennende Wand. In den meisten Fällen ist es möglich, den thermischen Widerstand der Wandung so weit herabzusetzen, daß er im Verhältnis zu dem der Grenzschichten klein ist, weil die hohe thermische Leitfähigkeit des Metalls im Verein mit der gewöhnlich geringen Dicke der Wandung einen niedrigeren Wert für den Wärmewiderstand ergibt. Der Temperaturverlauf für einen derartigen Fall ist schematisch in Abb. 76 gezeichnet. In dieser Abbildung ist der Temperaturverlauf längs des Weges des Wärmeflusses beim Wärmeübergang von einer heißen Flüssigkeit durch eine Metallwand zu einer kalten Flüssigkeit dargestellt. Die Temperaturen sind vertikal, die Abstände horizontal aufgetragen. Die Linie *A B* entspricht der Temperatur in der heißen Flüssigkeit. Diese Temperatur ist überall beinahe gleich infolge der Wirkung der Konvektion in der heißen Flüssigkeit. Der Abschnitt *B—C* stellt den Temperaturabfall in der Grenzschicht der heißen Flüssigkeit an der Metallwand dar. Die Kurve hat hier eine sehr große Neigung, weil der thermische Widerstand der Grenzschicht groß ist. Der Abschnitt *C—D* stellt den Temperaturabfall durch die Metallwand dar, wobei angenommen ist, daß diese Wand aus einem gut leitenden Metall hergestellt ist. Die Neigung der Kurve ist infolgedessen hier klein. Der Abschnitt *D—E* stellt wieder den Temperaturabfall in der Grenzschicht der kalten Flüssigkeit an der Heizfläche dar, während der Abschnitt *E—F* der beinahe gleichmäßigen Temperaturverteilung in der kalten Flüssigkeit entspricht.

Wärmeübergangskoeffizienten.

Man wird sich erinnern, daß aufeinanderfolgende thermische Widerstände zum Gesamtwiderstand addiert wurden. Der Gesamtwiderstand vom Punkt *A* bis zum Punkte *F* in Abb. 76 ist gegeben durch die Gleichung:

$$R = \frac{d_1}{\lambda_1 \cdot F_1} + \frac{d_2}{\lambda_2 \cdot F_2} + \frac{d_3}{\lambda_3 \cdot F_3}, \tag{48}$$

worin d_1, d_2, d_3 die Dicken der Grenzschicht der heißen Flüssigkeit, der Metallwand und der Grenzschicht der kalten Flüssigkeit, λ_1, λ_2, λ_3 die Wärmeleitfähigkeiten; F_1, F_2, F_3 die Flächen sind. Die Grenzschichtstärken d_1 und d_3 zu messen ist untunlich. Infolgedessen werden d und λ zusammengezogen zu einem Übergangskoeffizienten, der definiert ist durch folgende Gleichung:

$$\alpha = \frac{\lambda}{d}, \tag{49}$$

damit wird Gleichung (48)

$$R = \frac{1}{\alpha_1 \cdot F_1} + \frac{d_2}{\lambda_2 \cdot F_2} + \frac{1}{\alpha_3 \cdot F_3}, \tag{50}$$

und es ergibt sich für die im Zeitelement übergehende Wärme gemäß Gleichung (38)

$$\frac{Q}{t} = \frac{\Delta\vartheta}{\frac{1}{\alpha_1 \cdot F_1} + \frac{d_2}{\lambda_2 \cdot F_2} + \frac{1}{\alpha_3 \cdot F_3}}. \tag{51}$$

In vielen Fällen sind die numerischen Werte von F_1, F_2, F_3 fast gleich, weil die Wand im allgemeinen dünn ist, und die Grenzschichten selbst noch dünner sind als die Wand. Daher kann Gleichung (51) umgeformt werden zu:

$$\frac{Q}{t} = \frac{\Delta\vartheta \cdot F}{\frac{1}{\alpha_1} + \frac{d_2}{\lambda_2} + \frac{1}{\alpha_3}}, \tag{52}$$

worin F die mittlere Heizfläche bedeutet. Gleichung (52) wird oft auch anders geschrieben, nämlich:

$$\frac{Q}{t} = \varkappa \cdot \Delta\vartheta \cdot F \tag{53}$$

worin $\varkappa$ definiert wird durch:

$$\varkappa = \frac{1}{\frac{1}{\alpha_1} + \frac{d_2}{\lambda_2} + \frac{1}{\alpha_3}}, \tag{54}$$

$\varkappa$ ist bekannt als der Wärmedurchgangskoeffizient.

Gleichung (53) sagt aus, daß die im Zeitelement übergehende Wärmemenge durch drei Faktoren bestimmt ist: Wärmedurchgangskoeffizient, Temperaturdifferenz und Heizfläche.

Bei der Berechnung der Wärmemenge, die von einem Medium auf ein anderes durch eine feste Wand übergeht, kommt es im wesentlichen auf die Bestimmung des numerischen Wertes der Übergangskoeffizienten der beiden Medien an. Diese Aufgabe ist noch nicht für alle Fälle gelöst. Es ist wichtig, zu wissen, wie weit unsere Kenntnis hiervon reicht und welche Rolle die Übergangskoeffizienten spielen.

Für nachstehend aufgeführte Fälle des Wärmeaustausches sind die Übergangskoeffizienten im folgenden zu betrachten: 1. Zwischen einem permanenten Gas bei erzwungener Konvektion innerhalb eines Rohres und der Rohrwand. 2. Zwischen einem permanenten Gas bei erzwungener Konvektion außerhalb der Rohre rechtwinklig zu diesen strömend und der Rohrwand. 3. Verluste an einer beheizten Fläche bei natürlicher Konvektion. 4. Zwischen einer nichtsiedenden Flüssigkeit bei erzwungener Konvektion innerhalb eines Rohres und der Rohrwandung. 5. Zwischen kondensierendem Dampf und einer Kühlfläche. 6. Zwischen einer siedenden Flüssigkeit und einer Heizfläche.

Allgemeine Faktoren, welche die Übergangskoeffizienten beeinflussen. Aus dem äußeren Bilde einer ruhenden Grenzschicht zwischen einer turbulent fließenden Flüssigkeit und der Wandung können gewisse qualitative Schlüsse gezogen werden. Da der Übergangskoeffizient von zwei Faktoren abhängt, der thermischen Leitfähigkeit der Flüssigkeit und der Dicke der Schicht und da bereits einige Daten über die thermische Leitfähigkeit gegeben sind, müssen wir nunmehr die Faktoren betrachten, welche die Dicke der Schicht beeinflussen.

Es ist zunächst klar, daß, da die Geschwindigkeit der Flüssigkeit längs der Grenzschicht von außen nach innen wächst, die Schleifwirkung des turbulent fließenden Inneren bestrebt ist, die Grenzschicht dünner zu machen und ihren Wärmewiderstand herabzusetzen. Demzufolge wird diese Schleifwirkung um so größer sein, je dichter die Flüssigkeit ist. Diese zwei Faktoren, Strömungsgeschwindigkeit und Dichte, können zusammengefaßt werden zu einem Begriff, der mit Massengeschwindigkeit u bezeichnet wird. Er ist definiert durch die Gleichung:

$$u = c \cdot \gamma, \tag{55}$$

worin c die Geschwindigkeit in m/sek, γ das spezifische Gewicht in kg/m³ ist. Aus den Dimensionen ergibt sich, daß die Massengeschwindigkeit in kg je sek je m² Leitungsquerschnitt gemessen wird. Dieser Begriff der Massengeschwindigkeit ist sehr wichtig, weil es durchaus bewiesen ist, daß, wenn alle anderen Faktoren konstant gehalten werden, die je Zeiteinheit übergehende Wärmemenge durch die Massengeschwindigkeit bestimmt wird.

Eine zweite wichtige Eigenschaft des Mediums, welche die Dicke der Grenzschicht bestimmt, ist seine Viskosität, im besonderen bei der Temperatur der Grenzschicht. Wenn die Viskosität der Grenzschicht klein ist, bewirkt eine gegebene Massengeschwindigkeit in der turbulenten Strömung eine größere Herabsetzung der Dicke der Grenzschicht als im Falle größerer Viskosität.

Ein dritter wichtiger Umstand ist die Oberflächenbeschaffenheit der festen Wand selbst. Experimentell ist nachgewiesen, daß rauhe Oberflächen das Anhaften der Grenzschicht erhöhen, anscheinend infolge der in die Grenzschicht hineinreichenden Rauheiten, woraus eine Erhöhung der Dicke der Grenzschicht folgt.

Diese drei Faktoren sind indessen durchaus nicht die einzigen, die die Dicke der Grenzschicht beeinflussen. Sie spielen aber die größte Rolle, so daß ihr Einfluß kaum genügend betont werden kann. Wenn die Übergangskoeffizienten im einzelnen behandelt werden, wird noch auf andere Faktoren hingewiesen werden, welche in den speziellen Fällen von Wichtigkeit sind.

Permanente Gase innerhalb der Rohre bei erzwungener Konvektion. Für diesen Fall stellten Dixon und McAdams[1] die folgende Gleichung auf:

$$\alpha = \frac{0{,}5384 \cdot c_p \cdot \Theta_a^{\frac{2}{3}} \cdot u^{0{,}8}}{D^{0{,}2}}, \tag{56}$$

worin α der Übergangskoeffizient vom Gas zur Wand in kcal/m² h °C, c_p die spezifische Wärme des Gases bei konstantem Druck in kcal/kg °C bei mittlerer Gastemperatur; Θ_a die mittlere absolute Grenzschichttemperatur, u die Massengeschwindigkeit des Gases in kg/m² sek, D der Durchmesser der Leitung in cm ist.

Der Faktor $\Theta^{\frac{2}{3}}$ schließt die Wirkung der bei höheren Temperaturen verringerten Viskosität und erhöhten thermischen Leitfähigkeit ein. Wenn ein Gaspartikel aus der turbulenten Strömung die Grenzschicht

[1] Walker, Lewis and McAdams: Principles of Chemical Engineering. 2. Ausgabe. S. 149. Mc Craw-Hill Book Company, Inc. 1927.

trifft und dort Wärme aufnimmt, kann es um so mehr Wärme bei einer gegebenen Temperaturerhöhung abtransportieren, je größer seine Wärmekapazität ist. Daher enthält die Gleichung einen Ausdruck für die spezifische Wärme, der angibt, daß die im Zeitelement übergehende Wärmemenge mit der spezifischen Wärme wächst. Je größer ferner der mittlere Abstand eines Gaspartikels innerhalb der turbulenten Strömung von der festen Wand ist, um so geringer ist die Wahrscheinlichkeit, daß es mit der Grenzschicht in direkte Berührung kommt. Daher finden wir den Rohrdurchmesser D im Nenner. Diese Folgerungen sind nur qualitativ, klären jedoch physikalisch die Gründe für die Zusammensetzung der rechten Seite der Gleichung (56).

Die Gleichung (56) ist abgeleitet von Beobachtungen, welche an Rohren von 0,8—10 cm Durchmesser bei mittleren Grenzschichttemperaturen von 350—920° abs. und bei Massengeschwindigkeiten von 1—145 kg/m² sek gemacht wurden. Für den Fall, daß die Luft im Inneren von Rohren von etwa 2,54 cm Durchmesser strömt und die Grenzschichttemperatur um 90° C liegt, wird

$$\alpha = 5{,}49 \cdot u^{0{,}8}\,. \tag{57}$$

Gleichung (57) ist ausreichend genau für Luft oder Abgase im Innern von Rohren von 1,8—5 cm Durchmesser und für mittlere Grenzschichttemperaturen von 38—150° C.

Erzwungene Konvektion, Gas außerhalb der Rohre und rechtwinklig zu ihnen strömend. Für diesen Fall stellten Chappell und McAdams[1] folgende empirische Gleichung auf:

$$\alpha = \frac{7{,}784 \cdot \Theta^{\frac{1}{3}} \cdot u^n}{4{,}88^n \cdot D^{0{,}53}}\,, \tag{58}$$

worin die Bezeichnungen dasselbe wie in Gleichung (56) bedeuten und $n = 0{,}57 + 0{,}08 \cdot \log D$ ist.

Eine verbreitete Form von Lufterhitzern besteht aus einer Reihe senkrechter, zölliger Rohre, welche in Reihen hintereinander versetzt angeordnet sind. Dieser Apparat ist bekannt als „Tempering-coil" und wird im einzelnen später beschrieben werden. Für diesen speziellen Fall wird nach Gleichung (58)

$$\alpha = \frac{7{,}78 \cdot \Theta^{\frac{1}{3}} \cdot u^n}{4{,}88^n \cdot D^{0{,}53}} \left(1 + \frac{D}{L}\right), \tag{59}$$

worin L der Abstand der Rohre von Mitte zu Mitte rechtwinklig zum eintretenden Luftstrom in cm, u = sekundliches Luftgewicht je m² freier Durchgangsfläche zwischen den Rohren einer senkrecht zum eintretenden Luftstrom angeordneten Reihe, D = Außendurchmesser der Rohre in cm.

---

[1] Trans. Amer. Soc. mech. Engr. Bd. 48 (1926) S. 1201—1231.

Gase bei natürlicher Konvektion. Hierher gehören die Verluste, welche gewöhnlich als Strahlungsverluste bezeichnet werden, die aber in Wirklichkeit nur zu einem geringen Teil durch Strahlung entstehen. Wenn eine gewöhnliche Oberfläche Wärme an die umgebende Luft verliert, ohne daß erzwungene Konvektion vorhanden ist, so entsteht der Wärmeverlust fast ganz infolge natürlicher Konvektionsströmungen, welche mehr oder weniger von der Fläche und ihrer Lage abhängen. Versuche von Langmuir[1] scheinen indessen zu beweisen, daß im Falle senkrechter Flächen der Verlust mit genügender Genauigkeit berechnet werden kann, wenn man eine Grenzschicht des Gases von 4 mm Dicke annimmt. Langmuir bewies, daß für eine horizontale Fläche der Verlust nach oben um 10% größer war und nach unten um 5% kleiner als für die senkrechte Fläche.

Langmuirs Versuche wurden mit kleinen Scheiben angestellt, und diese Ergebnisse sind vielleicht für große Oberflächen, wie sie im Betriebe an Apparaten vorkommen, nicht ganz gültig. Es gibt indessen keine allgemein gültigen Daten für diese Fälle und Langmuirs Annahme einer Grenzschicht von 4 mm Stärke ist wahrscheinlich ebenso richtig wie andere heute vorliegende Angaben.

Im allgemeinen sind die Übergangskoeffizienten für Gase so klein im Verhältnis zu denen für Flüssigkeiten oder kondensierenden Dampf, daß die zweite und dritte Größe im Nenner der Gleichung (54) vernachlässigt werden können und $\varkappa = \alpha_1$ angesehen werden kann. Wenn auf beiden Seiten Gase vorhanden sind, muß Gleichung (54) unabgekürzt benutzt werden. Nur wenn die feste Wand aus Metall ist, kann auch dann der in der Mitte stehende Ausdruck vernachlässigt werden.

Flüssigkeiten in Rohren bei erzwungener Konvektion. Die Übergangskoeffizienten für diesen Fall sind von einer ganzen Anzahl von Forschern untersucht worden. Für Wasser oder ähnliche Lösungen ist der Übergangskoeffizient bestimmt durch die Gleichung[2]:

$$\alpha = \frac{16{,}1\,\lambda}{D}\left(1 + \frac{50}{N}\right)\left(\frac{D \cdot u}{Z}\right)^{0{,}8}, \tag{60}$$

worin α der Übergangskoeffizient für die Flüssigkeit in kcal je m² je h je °C. Temperaturdifferenz zwischen Rohr und Flüssigkeit, λ die Wärmeleitfähigkeit der Flüssigkeit in mkcal/m² °C h, D der innere Durchmesser des Rohres in cm, Z die Viskosität der Flüssigkeit bei mittlerer Grenzschichttemperatur in Zentipoisen, u die Massengeschwindigkeit der Flüssigkeit in dem Rohr in kg Flüssigkeit je sek und m² Rohrquerschnitt, N das Verhältnis der Länge des gestreckt gemessenen Rohres zum lichten Durchmesser ist. Diese Gleichung gilt

[1] Trans. Amer. electrochem. Soc. Bd. 23 (1913) S. 299.
[2] Mc Adams and Frost: Refrig. Engng. Bd. 10 (1924) Nr. 9.

für saubere Rohre. Wenn das Rohr verschmutzt ist, muß der thermische Widerstand der Ablagerung zu dem Ausdruck für den Gesamtwiderstand hinzugefügt werden.

Für den sehr wichtigen Spezialfall des Wärmeüberganges zwischen Öl und Rohrwand ist Abb. 77 zu benutzen, die von Morris und Whitman[1] stammt. In diesem Diagramm haben die Bezeichnungen dieselbe Bedeutung wie in Gleichung (60), nur bedeutet Z die Viskosität bei mittlerer Flüssigkeitstemperatur und c_p die spezifische Wärme des Öles in kcal/kg °C. Abb. 77 bezieht sich auf Übergangskoeffizienten

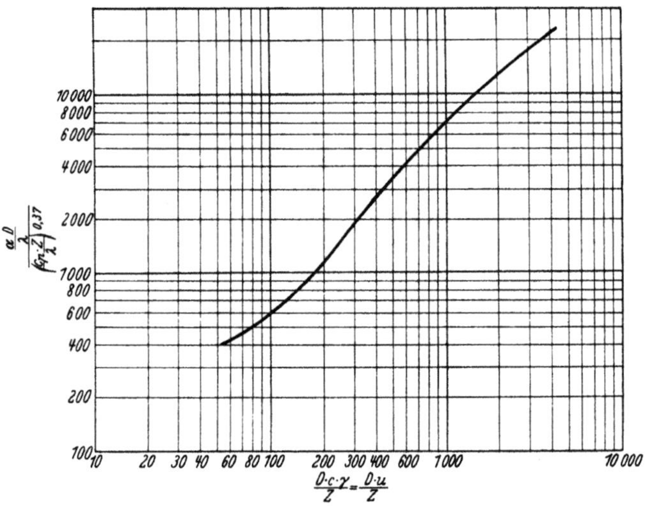

Abb. 77. Wärmeübergangskoeffizient für Öl bei turbulenter Strömung.

für den Fall, daß das Öl erwärmt wird. Wenn das Öl gekühlt wird, ist Abb. 77 auch zu benutzen, jedoch muß der daraus berechnete Koeffizient um 25% ermäßigt werden, um den wahren Koeffizienten zu erhalten.

Querschnitte von anderer als kreisförmiger Form. Die oben gegebenen Formeln zur Berechnung der Übergangskoeffizienten sind für Rohre mit kreisförmigem Querschnitt aufgestellt und der Durchmesser der Rohre ist in den Gleichungen enthalten. Daten zur Entwicklung von Gleichungen, welche zur Ermittlung der Übergangskoeffizienten in den Fällen dienen können, wo der Querschnitt des Flüssigkeitsstromes nicht kreisrund ist, sind sehr spärlich. Man benutzt in solchen Fällen die oben gegebenen Formeln mit dem Unterschied, daß der Durchmesser durch das Vierfache des sogenannten Formfaktors ersetzt wird. Dieser Formfaktor wird definiert durch den Quotienten: Querschnittsfläche der Leitung dividiert durch Umfang. Für ein kreisrundes Rohr wird

[1] Ind. Engng. Chem. Bd. 20 (1928) S. 234—240.

also der Formfaktor $\frac{D}{4}$, daher muß beim Gebrauch des Formfaktors statt des Durchmessers in den vorstehenden Gleichungen das Vierfache des ersteren eingesetzt werden an Stelle von D.

Flüssigkeiten außerhalb der Rohre. In allen oben für den Übergangskoeffizienten entwickelten Gleichungen war die Geschwindigkeit des Mediums enthalten. Dadurch werden die Fälle, welche der Rechnung zugänglich sind, auf diejenigen beschränkt, wo eine bekannte Menge des Mediums in einer Leitung mit bekanntem Querschnitt fließt, z. B. im Inneren eines Rohres. Es gibt aber in der Praxis eine sehr große Zahl von Fällen, wo dieses nicht der Fall ist. Als Beispiel sei ein Behälter angeführt, in welchem eine Flüssigkeit mittels Dampfschlangen erhitzt wird. Die Geschwindigkeit der Flüssigkeit innerhalb des Behälters ist allein durch natürliche Konvektion hervorgerufen, welch letztere ihrerseits von den Abmessungen und der Formgebung des Behälters, der Form und Flächenverteilung der Heizschlange, der Viskosität der Flüssigkeit und anderen Faktoren abhängt. Nach unserer gegenwärtigen Kenntnis ist es unmöglich, diese rechnungsmäßig zu bestimmen, und infolgedessen gibt es für solche Fälle keine genaue Rechnungsmethode zur Bestimmung des Übergangskoeffizienten. Nach praktischen Erfahrungen kann der Übergangskoeffizient auf der Flüssigkeitsseite hierbei Werte von 50—1000 annehmen, wobei die Anordnung der Heizfläche und die Viskosität der Flüssigkeit mitbestimmend sind. Leider fallen eine große Zahl aller Fälle von Wärmeübergang, mit welchen sich der Ingenieur beschäftigen muß, in dieses Gebiet, über welches uns nichts bekannt ist und für welches die Rechnungen versagen.

Siedende Flüssigkeiten. Bestimmte Daten über die Werte von Übergangskoeffizienten zwischen Metallwänden und siedenden Flüssigkeiten sind nicht ermittelt. Es ist bisher unmöglich gewesen, alle die Faktoren rechnungsmäßig zu bestimmen, die hierbei mitsprechen, so daß systematische Resultate nicht gewonnen werden konnten. Indessen geht aus den bisherigen Arbeiten hervor, daß besonders drei Faktoren eine Rolle spielen: 1. Die Geschwindigkeit der Flüssigkeit längs der Heizfläche; 2. Die Viskosität der Flüssigkeit, welche aber möglicherweise nur insofern eine Rolle spielt, als sie die Geschwindigkeit beeinflußt; 3. Die physikalische Beschaffenheit und Anordnung der Heizfläche. Da die Geschwindigkeit in allen gewöhnlich gelagerten Fällen, wo Flüssigkeiten verdampft werden, in weitem Maße von der Rührwirkung der Dampfblasen erzeugt wird, so wächst der Übergangskoeffizient mit steigender Temperaturdifferenz, weil die Dampfentwicklung steigt, wenn die je Zeiteinheit übertretende Wärme wächst, und infolgedessen die Flüssigkeit stärker wallt. Weil das Wallen hervorgerufen wird durch das Aufsteigen der Dampfblasen an die Flüssigkeitsoberfläche von dem

Orte ihrer Entstehung, so muß die Anordnung der Heizfläche von großem Einfluß sein. In dem Kapitel über Verdampfung werden einige allgemeine Feststellungen hinsichtlich des Gesamtdurchgangskoeffizienten bei siedenden Flüssigkeiten gemacht und besprochen werden.

Kondensierende Dämpfe. Für gesättigten Dampf, welcher bei niedriger Geschwindigkeit an waagerechten Rohren außen kondensiert, stellte Nusselt folgende Gleichung auf[1]:

$$\alpha = 5585 \sqrt[4]{\frac{r \cdot \gamma^2 \cdot \lambda^3}{Z \cdot D \cdot \Delta\vartheta}}, \qquad (61)$$

worin α der Wärmeübergangskoeffizient in kcal je m^3, °C, h ist, r die latente Verdampfungswärme des Dampfes in kcal/kg, γ das spezifische Gewicht des Kondensats in kg/l; λ die Leitfähigkeit des kondensierten Dampfes in mkcal/m^2 h °C; Z die Viskosität der Kondensatschicht bei mittleren Temperaturen in Zentipoisen; D der äußere Durchmesser des Rohres in cm; $\Delta\,\vartheta$ die Temperaturdifferenz zwischen Metallwand und Dampf in °C. Die aus dieser Gleichung ermittelten Werte stimmen gut mit experimentell ermittelten Werten überein. Nusselt hat auch eine ähnliche Gleichung für senkrecht angeordnete Rohre abgeleitet, aber die praktisch ermittelten Übergangskoeffizienten sind bis zu zehnmal so groß wie die aus dieser Gleichung berechneten, weshalb darauf verzichtet wird, diese Gleichung hier anzuführen.

Der Übergangskoeffizient zwischen kondensierenden Dämpfen und Metallwänden wächst mit steigender Dampftemperatur infolge der Verringerung der Viskosität der Kondensatschicht. Er wird verringert mit steigender Temperaturdifferenz, weil die Erhöhung der Temperaturdifferenz die Kondensation beschleunigt und dickere Kondensatschichten die Folge sind. Der ausschlaggebende Faktor für den Übergangskoeffizienten bei kondensierendem Dampf ist indessen das Vorhandensein von nicht kondensierbaren Gasen. Diese reichern sich unmittelbar an der Heizfläche an, und ihr thermischer Widerstand kommt zu dem der Flüssigkeitsschicht hinzu. Die Wirkung kleiner Mengen von Luft ist von Othmer[2] untersucht mit dem Ergebnis, daß die Anwesenheit von 0,5% Luft im Dampf den Übergangskoeffizienten auf die Hälfte des Wertes ermäßigt, der für luftfreien Dampf gilt. Im allgemeinen kann für einigermaßen luftfreien Dampf ein Koeffizient von 10000—14500 eingesetzt werden.

Veränderliche Temperaturdifferenz.

Gleichung (53) gibt an, daß die in der Zeiteinheit übergehende Wärmemenge gleich dem Produkt aus drei Faktoren ist: 1. dem Wärmedurchgangskoeffizienten, der eine Funktion der einzelnen Grenzschichtwider-

[1] Z. VDI Bd. 60 (1916) S. 574. [2] Ind. Engng. Chem. Bd. 21 (1929) S. 576.

stände und der Leitfähigkeit der Wandung ist, 2. der Fläche, die für den Wärmedurchgang zur Verfügung steht, und 3. der Temperaturdifferenz zwischen beiden Seiten der Heizfläche. Gleichung (53) paßt in der aufgestellten Form nur dann, wenn die Temperaturdifferenz auf allen Teilen der Heizfläche dieselbe ist. Wenn dies nicht der Fall ist, muß die Gleichung abgeändert werden, indem man eine mittlere Temperaturdifferenz $\Delta\vartheta_m$ an Stelle von $\Delta\vartheta$ einführt.

Ableitung der logarithmischen mittleren Temperaturdifferenz. Wir betrachten einen Wärmeaustauscher, in welchem eine heiße Flüssigkeit innerhalb der Rohre von Θ_1 auf Θ_2 gekühlt wird, indem Wärme auf eine kalte Flüssigkeit außerhalb der Rohre übertragen wird. Letztere tritt mit der Temperatur ϑ_1 ein und wird auf ϑ_2 erwärmt. Berechnet werden soll die erforderliche Rohrlänge unter der Annahme, daß das Rohr a m² Heizfläche je lfd. m hat.

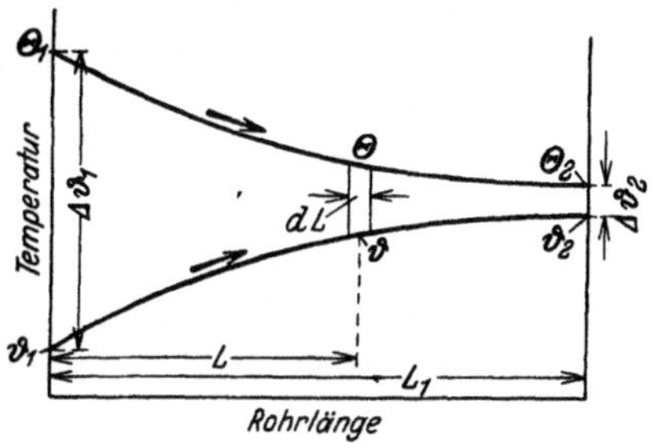

Abb. 78. Ableitung des logarithmischen Mittels der Temperaturdifferenz.

Die vorliegenden Bedingungen sind in Abb. 78, wo die Temperaturen längs des Rohres aufgetragen sind, schematisch dargestellt. Man sieht, daß die Temperaturdifferenz auf der linken Seite des Diagramms viel größer ist als auf der rechten Seite. Dort wird die Wärme schneller übergehen als hier. Denkt man sich die Heizfläche in eine große Zahl sehr kleiner Elemente eingeteilt, so kann auf jedes dieser Elemente die Gleichung (53) angewendet werden. Die Integration ergibt dann die gesamte übergehende Wärme als Summe all der kleinen Wärmemengen, die auf den Flächenelementen übergehen. Mathematisch gesprochen: Gleichung (53) wird als Differentialgleichung für einen unendlich kleinen Teil des Rohres aufgestellt und über die Länge des Rohres integriert.

Wir nehmen ein Rohrelement, das L Meter vom linken Ende entfernt ist und selbst die Länge dL hat. Die Temperatur des heißen Mediums sei an dieser Stelle Θ und die Temperatur des kalten Mediums ϑ. In der Zeit von t Stunden wird durch diese unendlich kleine Fläche die unendlich kleine Wärmemenge dQ kcal fließen. Beim Passieren dieses unendlich kleinen Rohrstückes kühlt sich das heiße Medium um $d\Theta$ ab, das kalte Medium erwärmt sich um $d\vartheta$. Wenn die Oberfläche des Rohres a m² je Längeneinheit beträgt, so ist die Heizfläche des betrachteten Rohrelementes $a \cdot dL$. Gleichung (53) kann also für dieses Rohrelement aufgestellt werden:

$$\frac{dQ}{t} = \varkappa\,(\Theta - \vartheta)\,a\,dL\,. \tag{62}$$

In erster Annäherung kann man annehmen, daß der Wert des Wärmedurchgangskoeffizienten $\varkappa$ sich nicht in beachtenswertem Maße über das ganze Rohr ändert. Dies bedeutet, daß die Wirkung der Temperaturänderung der beiden Medien auf die entsprechenden Übergangskoeffizienten, aus welchen $\varkappa$ hervorgeht, zu vernachlässigen ist. Wenn diese Annahme gemacht wird, so enthält Gleichung (62) noch 4 Veränderliche: Q, Θ, ϑ, L. Wenn die Gleichung integriert werden soll, müssen zwei dieser Veränderlichen eliminiert werden. Q kann ausgedrückt werden durch Θ oder ϑ. Z. B. durch die Gleichung

$$\frac{dQ}{t} = w \cdot c_p d\vartheta, \tag{63}$$

worin w das Gewicht der kalten Flüssigkeit in kg, welches je Stunde das Rohrelement bespült; c_p die spezifische Wärme des kalten Mediums. Nun wird eine zweite Annahme gemacht, die darin besteht, daß die spezifischen Wärmen der beiden Medien in der Apparatur sich nicht ändern. Dann kann als zweite Beziehung, welche dazu benutzt werden kann, eine der Variablen der Gleichung (62) zu eliminieren, eine Wärmebilanz über das eine Ende des Rohres bis zu dem betrachteten Rohrelement aufgestellt werden. Es folgt, daß, wenn das stündliche Gewicht des heißen Mediums W ist und seine spezifische Wärme C_p:

$$W \cdot C_p (\Theta_1 - \Theta) = w \cdot c_p (\vartheta - \vartheta_1), \tag{64}$$

weil die von dem heißen Medium abgegebene Wärmemenge gleich der von dem kalten Medium aufgenommenen sein muß. Aufgelöst

$$\Theta = \Theta_1 + \frac{w \cdot c_p}{W \cdot C_p} (\vartheta_1 - \vartheta). \tag{65}$$

Setzt man den Wert von $\frac{dQ}{t}$ aus Gleichung (63) und den Wert von Θ aus Gleichung (65) in Gleichung (62) ein, so ergibt sich

$$w \cdot c_p \cdot d\vartheta = \varkappa \left[\Theta_1 + \frac{w \cdot c_p}{W \cdot C_p} (\vartheta_1 - \vartheta) - \vartheta\right] a\, dL. \tag{66}$$

Diese Gleichung enthält nur zwei Veränderliche: ϑ und L und kann integriert werden, wenn die Veränderlichen getrennt werden:

$$\frac{w \cdot c_p \cdot d\vartheta}{\Theta_1 + \frac{w \cdot c_p \vartheta_1}{W \cdot C_p} - \left(\frac{w \cdot c_p}{W \cdot C_p} + 1\right)\vartheta} = \varkappa \cdot a\, dL, \tag{67}$$

$$w \cdot c_p \int_{\vartheta_1}^{\vartheta_2} \frac{d\vartheta}{\Theta_1 + \frac{w \cdot c_p \cdot \vartheta_1}{W \cdot C_p} - \left(\frac{w \cdot c_p}{W \cdot C_p} + 1\right)\vartheta} = \varkappa \cdot a \int_0^{L_1} dL. \tag{68}$$

Die Grenzen der Gleichung (68) bedeuten, daß, wenn $L = 0$ ist, die Temperatur des kalten Mediums ϑ_1 ist und daß, wenn $L = L_1$ ist, d. h. gleich der ganzen Länge des Rohres, die Temperatur des kalten Mediums ϑ_2 wird. Die Integration der Gleichung (68) und das Einsetzen der Grenzen ergibt:

$$-\left(\frac{w \cdot c_p}{\frac{w \cdot c_p}{W \cdot C_p}+1}\right) ln\left[\frac{\Theta_1 + \frac{w \cdot c_p \cdot \vartheta_1}{W \cdot C_p} - \left(\frac{w \cdot c_p}{W \cdot C_p}+1\right)\vartheta_2}{\Theta_1 + \frac{w \cdot c_p \cdot \vartheta_1}{W \cdot C_p} - \left(\frac{w \cdot c_p}{W \cdot C_p}+1\right)\vartheta_1}\right] = \varkappa \cdot a L_1 . \quad (69)$$

In dieser Form kann Gleichung (69) benutzt werden, L_1 zu berechnen, wenn Anfangs- und Endtemperaturen, die Mengen der Medien, ihre spezifischen Wärmen und die Durchgangskoeffizienten bekannt sind. Die umständliche Form der Gleichung (69) kann vereinfacht werden durch Anwendung folgender Gleichung, welche eine Wärmebilanz für das ganze Rohr darstellt:

$$W C_p (\Theta_1 - \Theta_2) = w \cdot c_p (\vartheta_2 - \vartheta_1) . \quad (70)$$

Die Auflösung dieser Gleichung nach $W \cdot C_p$ und Einsetzen dieses Wertes in Gleichung (69) ergibt nach Vereinfachung

$$\frac{w \cdot c_p (\vartheta_2 - \vartheta_1)}{(\Theta_1 - \vartheta_1) - (\Theta_2 - \vartheta_2)} ln \frac{\Theta_1 - \vartheta_1}{\Theta_2 - \vartheta_2} = \varkappa \cdot a L_1 , \quad (71)$$

da:

$$w \cdot c_p (\vartheta_2 - \vartheta_1) = \frac{Q}{t} \quad (72)$$

und

$$\Theta_1 - \vartheta_1 = \varDelta \vartheta_1 ; \quad \Theta_2 - \vartheta_2 = \varDelta \vartheta_2 , \quad (73)$$

worin $\varDelta \vartheta_1$ und $\varDelta \vartheta_2$ die Temperaturdifferenzen an den Enden, ergibt sich Gleichung (71) in folgender Form:

$$\frac{Q}{t} = \varkappa \cdot a \cdot L_1 \frac{\varDelta \vartheta_1 - \varDelta \vartheta_2}{ln \frac{\varDelta \vartheta_1}{\varDelta \vartheta_2}} . \quad (74)$$

Wird $\varDelta \vartheta_m$ folgendermaßen definiert:

$$\varDelta \vartheta_m = \frac{\varDelta \vartheta_1 - \varDelta \vartheta_2}{ln \frac{\varDelta \vartheta_1}{\varDelta \vartheta_2}} \quad (75)$$

und beachtet, daß die Gesamtheizfläche $F = a \cdot L_1$ ist, so erhält man aus Gleichung (74) die Gleichung

$$\frac{Q}{t} = \varkappa \cdot F \varDelta \vartheta_m . \quad (76)$$

Gleichung (76) ist identisch mit Gleichung (53) mit dem Unterschiede, daß hier die logarithmische mittlere Temperaturdifferenz, die durch Gleichung (75) definiert ist, an Stelle der arithmetischen Differenz gebraucht wird. Der Ausdruck „logarithmische mittlere Temperaturdifferenz" bedeutet hier genau dasselbe, wie oben der Ausdruck für den logarithmischen mittleren Radius eines dickwandigen Rohres (Gleichung 47). Wenn $\varDelta \vartheta_1$ und $\varDelta \vartheta_2$ fast gleich sind, kann auch ihr arithmetisches Mittel an Stelle des logarithmischen Mittels eingesetzt werden, wobei die Grenzen der Genauigkeit dieselben sind wie oben für Gleichung (47) angegeben.

Parallelstrom und Gegenstrom. In der Ableitung der Formel für die logarithmische mittlere Temperaturdifferenz war angenommen, daß das heiße und kalte Medium beide an demselben Ende des Rohres eintraten und in gleicher Richtung flossen. Diese Anordnung wird als Parallelstrom bezeichnet. Eine andere Anordnung besteht darin, das heiße Medium an dem einen und das kalte Medium an dem anderen Ende eintreten zu lassen, so daß beide sich im Apparat entgegenströmen. Diese Anordnung wird als Gegenstrom bezeichnet. Die Temperaturdifferenzen in diesem Falle sind schematisch in Abb. 79 dargestellt. Man sieht, daß beim Gegenstrom die Temperaturdifferenz längs der Heizfläche sich viel weniger ändert als beim Parallelstrom. Daher ist auch in Abb. 78 beim Parallelstrom am Austrittsende der Flüssigkeiten der Wärmedurchgang je m² Heizfläche bedeutend geringer als am Eintrittsende, weil eben die Temperaturdifferenz bedeutend geringer ist. Beim Gegenstrom andererseits kann durch ein Heizflächenelement an dem einen Ende im wesentlichen dieselbe Wärmemenge übergehen wie durch ein Heizflächenelement gleicher Größe am anderen Ende, die Heizfläche hat in dem ganzen Apparat fast die gleiche Leistung. Weiterhin ist bemerkenswert, daß beim Gegenstrom die Austrittstemperatur des heißen Mediums ganz erheblich niedriger sein kann als die Ausgangstemperatur des kalten Mediums, und daß es infolgedessen möglich ist, einen größeren Teil des Wärmeinhaltes des heißen Mediums bei gleicher Eintrittstemperatur des kalten Mediums an letzteres abzugeben.

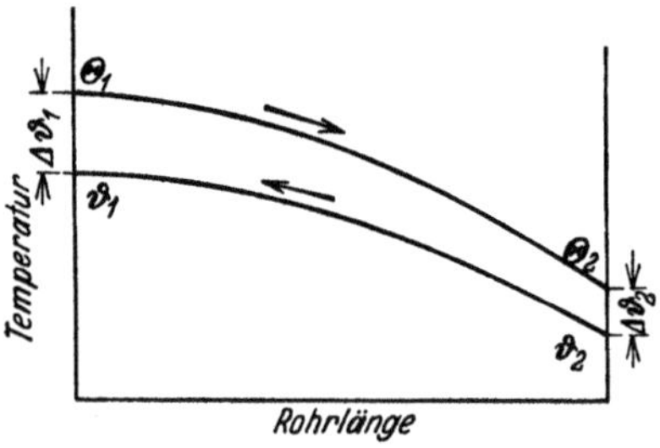

Abb. 79. Temperaturverlauf in Gegenstromapparaten.

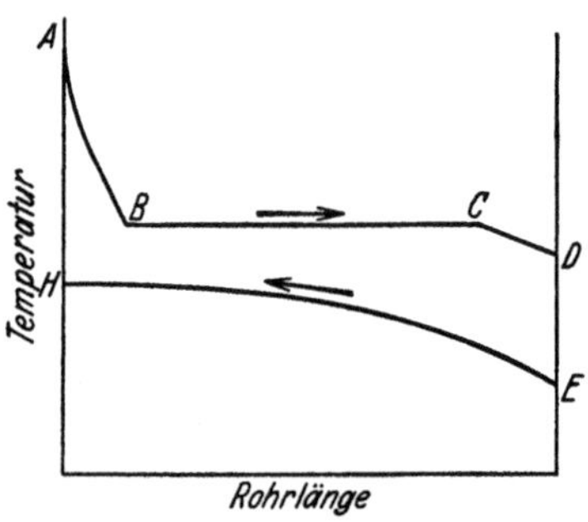

Abb. 80. Temperaturverlauf bei der Kondensation überhitzten Dampfes.

In Abb. 78 und 79 ändern beide Medien ihre Temperatur. Dies ist nicht immer erforderlich Ein Beispiel hierfür ist das Anwärmen eines kalten Mediums mittels wärmeren kondensierenden Dampfes. In diesem Falle ist die Temperatur des kondensierenden Dampfes konstant in dem ganzen Apparat, vorausgesetzt daß die Leitung einen genügend großen Querschnitt hat, so daß keine merkbaren Druckdifferenzen auftreten. Ebenso häufig ist der Fall, daß mittels eines heißen Mediums eine kältere Flüssigkeit unter konstantem Druck verdampft wird, wofür der Dampfkessel ein Beispiel ist.

In allen diesen Fällen bleibt der Ausdruck für $\Delta\vartheta_m$ derselbe, solange die Annahmen, die bei der Ableitung für den Fall des Parallelstromes gemacht wurden, zu Recht bestehen. In jedem Falle ist es nur erforderlich, die Differenz der Endtemperaturdifferenzen durch den natürlichen Logarithmus ihres Verhältnisses zu dividieren.

Es ist möglich, daß der Temperaturverlauf einen anderen Charakter hat, wie z. B. bei der Luftheizung mittels Dampfschlangen, wo die Luft senkrecht zu den Rohren fließt. Solche Fälle sollen indessen hier nicht weiter betrachtet werden.

Die einfache Formel für das logarithmische Mittel kann auch dann nicht angewendet werden, wenn solche Fälle vorliegen, wie in Abb. 80 beispielsweise dargestellt. Hier ist überhitzter Dampf das heizende Medium. Der überhitzte Dampf kühlt sich zunächst bis auf seine Kondensationstemperatur längs der Linie $A—B$ ab; dann kondensiert er längs der Linie $B—C$ bei konstanter Temperatur und das Kondensat kühlt sich weiter längs der Linie $C—D$ ab. Die Temperatur des Kühlwassers steigt regelmäßig von E bis H. In einem solchen Falle ist es am besten, die Teile des Apparates einzeln zu betrachten: Der erste Abschnitt, dargestellt durch das Kurvenstück $A—B$, wird als Dampfkühlung angesehen und in die Berechnung der Heizfläche dieses Abschnittes das logarithmische Mittel der Temperaturdifferenzen eingeführt (Gleichung 74). Jeder der beiden anderen Abschnitte kann dann in gleicher Weise berechnet werden und die Gesamtheizfläche ergibt sich durch Addition der Heizflächen der drei Abschnitte. Diese Methode geht also davon aus, daß der Apparat eigentlich drei Wärmeaustauscher enthält. Wenn man in solchem Falle die mittleren Temperaturdifferenzen, welche den Strecken $A—H$ und $D—E$ entsprächen, in die Rechnung einführte, würde ein sehr großer Fehler entstehen.

Veränderliche Temperaturdifferenz und veränderlicher Koeffizient. Bei der Ableitung der Gleichung (74) wurden gewisse Annahmen gemacht, von welchen die wichtigsten waren, daß der Gesamtdurchgangskoeffizient und die spezifischen Wärmen sich im Apparat nicht änderten. Wenn entgegen dieser Annahme diese beiden Größen in dem in Frage kommenden Bereich nicht konstant bleiben, hat das logarithmische Mittel der Temperaturdifferenz keine Bedeutung. In solchen Fällen ist es der einfachste Weg, die graphische Integration anzuwenden.

Die Elimination von $\frac{dQ}{t}$ aus den Gleichungen (62) und (63) ergibt die Gleichung:

$$w \cdot c_p \, d\vartheta = \varkappa \cdot a\,(\Theta - \vartheta)\, dL, \tag{77}$$

umgeformt:

$$\frac{w \cdot c_p}{\varkappa \cdot a\,(\Theta - \vartheta)}\, d\vartheta = dL\,. \tag{78}$$

Um Gleichung (78) zu benutzen, werden mehrere Werte von ϑ gewählt.

Für jeden dieser Werte können die entsprechenden Werte von Θ nach Gleichung (65) berechnet werden. Kennt man ϑ und Θ, so berechnet man die Übergangskoeffizienten und mit diesen die jeweiligen Übergangskoeffizienten $\varkappa$. Damit sind alle Größen in Gleichung (78) mit Ausnahme von $d\vartheta$ und dL bekannt. Die Größe $\frac{w \cdot c_p}{\varkappa \cdot a(\Theta - \vartheta)}$ wird dann über den angenommenen Werten von ϑ wie in Abb. 81 aufgetragen. Die graphische Integration der Fläche der Kurve zwischen den Grenzen ϑ_1 und ϑ_2 ist dann die Durchführung der folgenden Operation:

$$\int_{\vartheta_1}^{\vartheta_2} \frac{w \cdot c_p}{\varkappa \cdot a\,(\Theta - \vartheta)}\, d\vartheta = \int_0^{L_1} dL = L_1 \,. \tag{79}$$

Beispiel 10. 28,3 m^3/h trockenes CO_2 von 1,08 atü und 38° C sollen auf 21° C herabgekühlt werden. Das Gas strömt durch Kupferrohre mit 25,4 mm äußerem Durchmesser und 1,2 mm Wandstärke. Jedes Rohr ist von einem zweiten Kupferrohr von 38 mm äußerem Durchmesser und 1,65 mm Wandstärke umgeben. Durch den Ringraum fließt im Gegenstrom zum Gas Wasser mit einer Geschwindigkeit von 0,305 m/sek. Seine Eintrittstemperatur ist 10° C. Die Eintrittsgeschwindigkeit des Gases beträgt etwa 6,1 m/sek. Wie viele Rohre und von welcher Länge sind erforderlich? CO_2 hat bei den vorkommenden Temperaturen eine mittlere spezifische Wärme von 0,204 kcal/kg ° C.

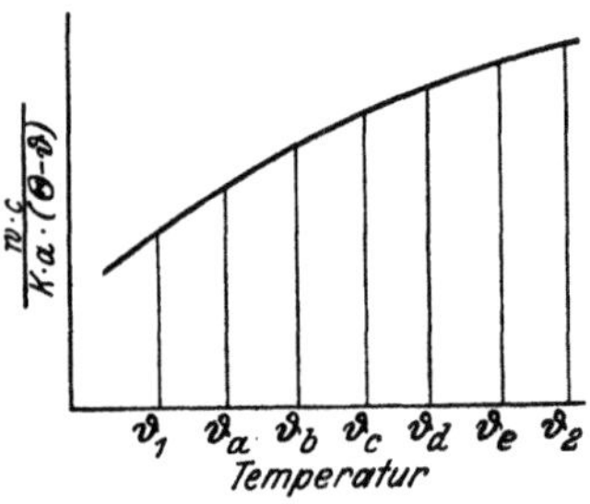

Abb. 81. Graphische Integration bei Wärmeübergangsrechnungen.

Lösung. Zahl der Rohre: Die lichte Querschnittsfläche eines Rohres beträgt 0,00041 m^2. Bei einer Geschwindigkeit von 6,1 m/sek fließen also durch jedes Rohr 0,00041 · 3600 · 6,1 = $\sim$ 9 m^3. Es werden also drei Rohre zur Erfüllung der Bedingung genügen.

Zu übertragende Wärme: Das Gewicht von 1 m^3 CO_2 bei 1,08 atü und 38° C beträgt bei dem Molekulargewicht 44:

$$\frac{44}{22{,}4} \cdot \frac{2{,}08}{1{,}00} \cdot \frac{273}{311} = 3{,}58 \text{ kg}\,.$$

Das zu kühlende Gesamtgewicht also 28,3 · 3,58 $\doteq$ 101 kg/h. Die stündlich zu übertragende Wärme 101 · 0,204 · (38 — 21) = 101 · 0,204 · 17 = 352 kcal.

Wasseraustrittstemperatur: Lichte Querschnittsfläche des äußeren Rohres 9,5 cm^2; äußere Querschnittsfläche des inneren Rohres 5,05 cm^2; Ringraumquerschnittsfläche 4,45 cm^2 = 0,000445 m^2. Da drei Rohre parallel liegen, ist der Gesamtquerschnitt, durch welchen das Kühlwasser fließt 3 · 0,000445 = 0,001335 m^2.

Die Geschwindigkeit des fließenden Wassers ist 0,305 m/sek, also fließen durch den Apparat stündlich 0,001335 · 3600 · 0,305 = 1,465 m^3 Wasser. Die Temperaturerhöhung des Wassers wird also betragen: $\frac{352}{1465} = 0{,}24$° C und die Austrittstemperatur ist 10,24° C.

Mittlere Temperaturdifferenz:

$$\Delta\vartheta_1 = 38 - 10{,}24 = 27{,}76\ ^\circ\text{C}\,,$$

$$\Delta\vartheta_2 = 21 - 10 = 11^\circ\,\text{C}\,,$$

$$\Delta\vartheta_m = \frac{27,76 - 11}{2,3 \log \dfrac{27,76}{11}} = \frac{16,76}{0,925} = 18,14° \mathrm{C}.$$

Das arithmetische Mittel beträgt $\frac{27,76 + 11}{2} = 19,38$ und ergäbe gegen das logarithmische Mittel eine Abweichung von etwa 7%.

Übergangskoeffizient auf die Gasseite: Hier wird Gleichung (56) angewendet. Darin ist die mittlere Temperatur der Grenzschicht in absolutem Maß enthalten; diese ist nicht bekannt, sondern muß zunächst geschätzt werden. Infolge der kleinen Massengeschwindigkeit und der schlechten Wärmeleitfähigkeit sind die Übergangskoeffizienten bei Gasen im allgemeinen sehr klein, jedenfalls kleiner als bei Flüssigkeiten. Der thermische Widerstand wird also hauptsächlich vom Übergangskoeffizienten auf der Gasseite bestimmt. Im vorliegenden Falle kommen drei thermische Widerstände in Frage; 1. die Grenzschicht auf der Gasseite, 2. die Kupferwandung und 3. die Grenzschicht auf der Wasserseite. Wenn die Grenzschicht auf der Gasseite dem Wärmeübergang einen Widerstand R_1 bietet, der so groß ist, daß die beiden anderen Widerstände (durch die Kupferwand und die Grenzschicht auf der Wasserseite gegeben) dagegen verschwinden, so ergibt sich aus Gleichung (39), daß $\Delta\vartheta_1$ nahezu gleich $\Delta\vartheta$ wird. Wird diese Annahme gemacht, so ist die Temperaturverteilung folgende:

	Temperaturen auf der		
	Eintrittsseite	Mitte	Austrittsseite
Wasser	10	10,12	10,24
Metallwand	10	10,12	10,24
Mittlere Grenzschicht	—	19,81	—
Turbulentes Gas	38	29,5	21,0

Die in Gleichung (56) einzusetzenden Größen sind folgende:

$$c_p = 0,204,$$

$$\Theta_a = 273 + 19,81 = 292,81,$$

$$u = \frac{101}{3 \cdot 3600 \cdot 0,000411} = 22,8 \text{ kg/m}^2\,\text{sek},$$

$$D = 2,27 \text{ cm};$$

damit wird

$$\alpha_1 = \frac{0,54 \cdot 0,204 \cdot 292,81^{\frac{2}{3}} \cdot 22,8^{0,8}}{2,27^{0,2}} = \sim 50 \text{ kcal/m}^2\,°\mathrm{C\,h}.$$

Übergangskoeffizient der Wasserseite: Hierzu wird Gleichung (60) herangezogen. Diese enthält N, das Verhältnis der Rohrlänge zum Durchmesser, das zunächst geschätzt werden muß. Dabei wird in erster Annäherung angenommen, daß der einzige thermische Widerstand beim Wärmeübergang auf der Gasseite auftritt. Dann wird die erforderliche Kühlfläche $\frac{352}{50 \cdot 18,14} = 0,388\ \mathrm{m}^2$. Bei drei Rohren muß jedes also 0,129 m² Oberfläche haben. Die Rohre haben je laufendes Meter eine Oberfläche von 0,080 m². In erster Annäherung wird also ihre Länge bestimmt zu

$$\frac{0,129}{0,080} = 1,61 \text{ m}.$$

Das Verhältnis N, Länge zum Durchmesser, beträgt also $\frac{1,61}{0,023} = \sim 70$. Da sich das Wasser in einem Ringraum befindet, soll der vierfache Formfaktor an Stelle des Durchmessers benutzt werden, der sich ergibt zu $\frac{4 \cdot 4{,}45\ \text{cm}^2}{7{,}97\ \text{cm}} = 2{,}23\ \text{cm}$.

Die in die Gleichung (60) einzusetzenden Größen sind also folgende:

$$\lambda_3 = 0{,}492\ \text{m kcal/m}^2\ {}^\circ\text{C h (siehe Anhang Tabelle VIII)},$$
$$D = 2{,}23\ \text{cm}\,.$$
$$N = 70\,,$$
$$c = 0{,}305\ \text{m/sek}\,,$$
$$\gamma = 1000\,,$$
$$Z = 1{,}31\,,$$
$$\alpha_2 = \frac{16{,}1 \cdot 0{,}492}{2{,}23}\left(1 + \frac{50}{70}\right)\left(\frac{2{,}23 \cdot 0{,}305 \cdot 1000}{1{,}31}\right)^{0{,}8}$$
$$\alpha_2 = 906\ \text{kcal/m}^2\ {}^\circ\text{C h}\,.$$

Durchgangskoeffizient: Die in erster Annäherung bisher berechneten Werte werden in Gleichung 54 eingesetzt:

$$\varkappa = \frac{1}{\frac{1}{\alpha_1} + \frac{d_2}{\lambda_2} + \frac{1}{\alpha_2}}\,,$$
$$\varkappa = \frac{1}{\frac{1}{50} + \frac{0{,}0012}{340} + \frac{1}{906}}\,,$$
$$\varkappa = \frac{1}{0{,}02 + 0{,}0000035 + 0{,}0011} = \frac{1}{0{,}0211035}\,,$$
$$\varkappa = 47{,}5\ \text{kcal/m}^2\ {}^\circ\text{C h}\,.$$

d_2 = Wandstärke des inneren Rohres = 1,2 mm,
λ_2 = Leitfähigkeitskoeffizient des Kupfers = 340.

Man sieht, daß der thermische Widerstand der Kupferwandung überhaupt keine Bedeutung hat, während die Berücksichtigung des Übergangskoeffizienten auf der Wasserseite eine Verringerung des Gesamtdurchgangskoeffizienten gegen die erste Annäherung um 5% ausmacht. Daher kann die erste Annäherung als genügend genau angesehen werden und braucht nicht korrigiert zu werden.

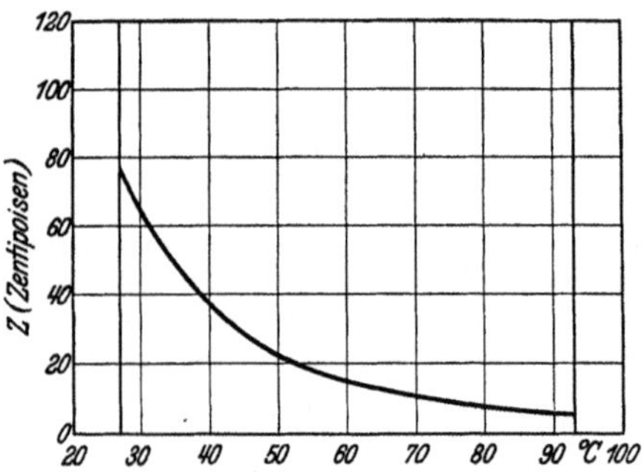

Abb. 82. Zu Beispiel 11.

Kühlfläche: Die gesamte Kühlfläche wird

$$\frac{352}{47{,}5 \cdot 18{,}14} = 0{,}41\ \text{m}^2$$

und die Länge des einzelnen Rohres wird:

$$\frac{0{,}41}{3 \cdot 0{,}08} = 1{,}71\ \text{m}\,.$$

Beispiel 11. Öl fließt durch ein 2″-Eisenrohr mit einer Geschwindigkeit von 0,915 m/sek. Es soll mittels Dampf von 0,35 atü von 27 auf 93° C angewärmt werden. Das mittlere spezifische Gewicht des Öles ist 0,92 kg/l, seine mittlere spezifische Wärme 0,47 kcal/kg °C und seine Wärmeleitfähigkeit 0,116 mkcal/m² °C h im Bereiche der in Frage kommenden Temperaturen. Seine Viskosität ist bei 38° C 40 Zentipoisen und bei 93 °C 5,4 Zentipoisen. Es sei angenommen, daß die Viskosität sich gemäß der in Abb. 82 gegebenen Kurve ändert. Der Übergangskoeffizient auf der Dampfseite kann mit 10500 kcal/m² °C h angenommen werden. Wieviel Meter Rohr sind erforderlich?

Lösung. Nach Gleichung (79) ist

$$L_1 = \int_{\vartheta_1}^{\vartheta_2} \frac{w \cdot c_p}{\varkappa \cdot a\,(\Theta - \vartheta)}\, d\vartheta\,.$$

Die lichte Querschnittsfläche des 2″-Rohres ist 0,00216 m². Das stündliche Ölgewicht w ist

$$w = 0{,}915\ \text{m/sek} \cdot 3600\ \text{sek} \cdot 0{,}00216\ \text{m}^2 \cdot 0{,}92\ \text{t/m}^3 = 6{,}53\ \text{t},$$
$$w = 6530\ \text{kg}.$$

Das Rohr hat eine innere Oberfläche von 1 m² auf 6,05 lfd. m. Da die Grenzschicht des Öles den hauptsächlichsten thermischen Widerstand bildet, wird die innere Rohroberfläche als Heizfläche betrachtet. Die Oberfläche je lfd. m, in der Gleichung mit a bezeichnet, beträgt $\frac{1}{6{,}05} = 0{,}1655$ m². Die Konstanten w, c_p, a in die Gleichung (79) eingesetzt ergibt:

$$L_1 = \int_{\vartheta_1}^{\vartheta_2} \frac{6530 \cdot 0{,}47 \cdot 6{,}05}{\varkappa \cdot (\Theta - \vartheta)}\, d\vartheta = 18\,580 \int_{\vartheta_1}^{\vartheta_2} \frac{d\vartheta}{\varkappa\,(\Theta - \vartheta)}\,,$$

Wie oben auf S. 107 angegeben, wird dieses Integral graphisch bestimmt. Die Heizdampftemperatur Θ bleibt konstant 108,3° C. Der Gang der Rechnung ist folgender: Es werden für ϑ verschiedene Werte angenommen und für diese die zugehörigen Werte von $\varkappa$ bestimmt. Die Berechnung von $\varkappa$ geschieht an Hand der Abb. 77. Für alle Werte von ϑ sind gewisse Faktoren konstant, die im voraus berechnet werden:

$$\frac{D \cdot c \cdot \gamma}{Z} = \frac{5{,}25 \cdot 0{,}915 \cdot 920}{Z} = \frac{4410}{Z}\,,$$

$$\frac{c_p \cdot Z}{\lambda} = \frac{0{,}47 \cdot Z}{0{,}116} = 4{,}05 \cdot Z\,,$$

$$\frac{\lambda}{D} = \frac{0{,}116}{5{,}25} = 0{,}0221\,,$$

$$\frac{\dfrac{\alpha_2 \cdot D}{\lambda}}{\left(\dfrac{c_p \cdot Z}{\lambda}\right)^{0{,}37}} = \Phi\left(\frac{D \cdot c \cdot \gamma}{Z}\right) \text{ (nach Abb. 77)},$$

$$\alpha_2 = \Phi\left(\frac{D \cdot c \cdot \gamma}{Z}\right) \left(\frac{c_p \cdot Z}{\lambda}\right)^{0{,}37} \cdot \left(\frac{\lambda}{D}\right),$$

$$\alpha_2 = \Phi\left(\frac{4410}{Z}\right) \cdot (4{,}05 \cdot Z)^{0{,}37} \cdot 0{,}0221\,.$$

Die Berechnung von α_2 für verschiedene Werte von ϑ ist in der Tabelle S. 113.

Der Gesamtübergangskoeffizient wird bei 3,9 mm Wandstärke des Rohres, einem Leitfähigkeitskoeffizienten des Eisens von 52 und dem Übergangskoeffizienten $\alpha_1 = 10\,500$ auf der Dampfseite:

$$\varkappa = \frac{1}{\dfrac{1}{\alpha_1} + \dfrac{0{,}0039}{52} + \dfrac{1}{\alpha_2}}\,,$$

$$\varkappa = \frac{1}{\frac{1}{10\,500} + \frac{0{,}0039}{52} + \frac{1}{\alpha_2}},$$

$$\varkappa = \frac{1}{0{,}000095 + 0{,}000075 + \frac{1}{\alpha_2}} = \frac{1}{0{,}00017 + \frac{1}{\alpha_2}}.$$

Die Werte von $\frac{1}{\varkappa(\Theta - \vartheta)}$ aus der Tabelle sind in Abb. 83 über ϑ aufgetragen. Die Maßstäbe sind im Original folgende: für die Abszisse: 1 cm = 5° C; für die Ordinate: 1 cm = 0,00001 folglich: 1 cm² = 0,00005. Durch Planimetrieren wurde die Fläche unter der Kurve zu 44,1 cm² bestimmt. Es ist aber zu berücksichtigen, daß die Ordinate nicht mit 0 beginnt, so daß noch 13,2 · 10 = 132 cm² hinzugerechnet werden müssen. Das Integral hat also den Wert 176,1 · 0,00005 = 0,0088. Daher wird L_1 = 18580 · 0,0088 = 163,5 m.

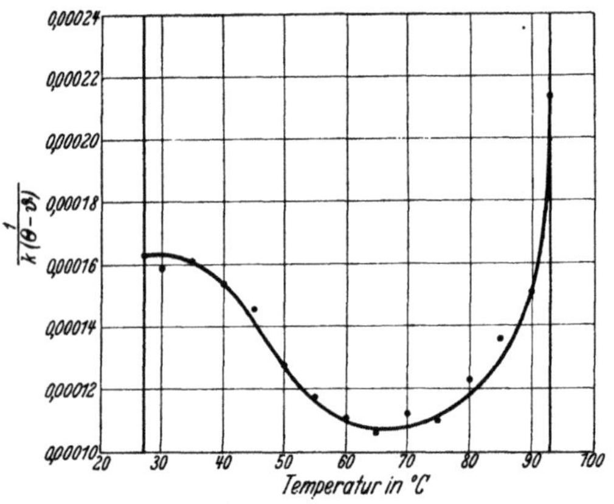

Abb. 83. Zu Beispiel 11.

Strahlung.

Die Strahlung ist für den Übergang der Wärme sehr wichtig, leider jedoch würde die genaue Berechnung eines praktischen Falles infolge ihrer Schwierigkeit die Grenzen dieses Buches überschreiten. Auf einige wichtige qualitative Beziehungen, die aus der einfachen Theorie abzuleiten sind, soll indessen hingewiesen werden.

Stefans Gesetz. Das Fundamentalgesetz für die Wärmeübertragung durch Strahlung ist Stefans Gesetz:

$$\frac{Q}{t} = b \cdot F\,\Theta_{\text{abs}}^4, \tag{80}$$

worin F die strahlende Fläche in m²; Θ_{abs} ihre absolute Temperatur ist; b hat den Wert $4{,}89 \cdot 10^{-8}$ kcal je m² je °C je h. Alle Körper strahlen bei allen Temperaturen über dem absoluten Nullpunkt gemäß dem Stefanschen Gesetz Energie aus. Wir betrachten einen kleinen Körper mit der Oberfläche F und der Temperatur Θ_2, der vollständig von einem heißeren Körper mit der Temperatur Θ_1 umgeben ist. Die von dem heißeren Körper zum kälteren übergehende Wärme ergibt sich daher als die algebraische Summe der Strahlung von zwei Körpern, so daß Stefans Gesetz für diesen Fall lautet:

$$\frac{Q}{t} = b \cdot F\,(\Theta_1^4 - \Theta_2^4). \tag{81}$$

Dabei ist indessen angenommen, daß die ganze von dem kalten Körper

Berechnung der Wärmedurchgangskoeffizienten. (Zu Beispiel 11.)

ϑ °C	Z nach Abb. 82	$\frac{D \cdot c \cdot \gamma}{Z} = \frac{4410}{Z}$	$\frac{c_p \cdot Z}{\lambda} = 4{,}05 \cdot Z$	$\Phi\left(\frac{4410}{Z}\right) \frac{\alpha D}{\lambda} = \frac{\frac{\alpha D}{\lambda}}{\left(\frac{C \cdot Z}{\lambda}\right)^{0,37}}$ nach Abb. 77	$(4{,}05\,Z)^{0,37}$	α_2	$\frac{1}{\alpha_2}$	$0{,}00017 + \frac{1}{\alpha_2}$	$\varkappa$	$\Theta - \vartheta$	$\varkappa \cdot (\Theta - \vartheta)$	$\frac{1}{\varkappa(\Theta - \vartheta)}$
27	76	58	308	415	8,33	76,4	0,0131	0,01327	75,5	81,3	6150	0,000163
30	64	69	259	470	7,81	81,1	0,0123	0,01247	80,3	78,3	6280	0,000159
35	47	94	190,5	560	6,98	86,4	0,0116	0,01177	85,0	73,3	6220	0,000161
40	36	122,5	146	700	6,32	97,5	0,0103	0,01047	95,5	68,3	6520	0,000154
45	28	157,5	113,4	860	5,76	109,5	0,0091	0,00927	108,0	63,3	6840	0,000146
50	22,5	196	91,1	1160	5,33	136,5	0,0073	0,00747	134,0	58,3	7800	0,000128
55	17,5	252	70,9	1540	4,84	165	0,0061	0,00627	160,0	53,3	8510	0,000118
60	15	294	60,8	1900	4,57	192	0,0052	0,00537	186,0	48,3	8980	0,000111
65	13	339	52,7	2370	4,34	227	0,0044	0,00457	219,0	43,3	9450	0,000106
70	11	401	44,6	2720	4,08	245	0,0041	0,00427	234,0	38,3	8950	0,000112
75	9	490	36,5	3430	3,78	286	0,0035	0,00367	272,0	33,3	9060	0,000110
80	8	551	32,4	3840	3,62	307	0,0033	0,00347	288,0	28,3	8150	0,000123
85	7	630	28,4	4530	3,34	334	0,0030	0,00317	315,0	23,3	7350	0,000136
90	6	735	24,3	5400	3,26	388	0,0026	0,00277	361,0	18,3	6600	0,000151
93	5,4	818	21,9	5750	2,55	324	0,0031	0,00327	306,0	15,3	4680	0,000214

abgestrahlte Wärme auf den heißeren Körper trifft und von ihm absorbiert wird.

Diese letztere Annahme ist aber für keinen wirklichen Körper zulässig. Alle wirklichen Körper absorbieren die auf sie treffende strahlende Energie nur teilweise und reflektieren das übrige. Ein absolut schwarzer Körper ist ein Körper, welcher nichts von der Energie, welche auf ihn gestrahlt wird, reflektiert. Kein wirklich vorhandener Stoff bildet einen absolut schwarzen Körper. Viele Gegenstände mit einer matten schwarzen Oberfläche kommen jedoch dem theoretischen schwarzen Körper für praktische Zwecke nahe genug. Polierte Metalloberflächen und weiße Körper dagegen verhalten sich sehr verschieden von dem theoretischen schwarzen Körper. Es kann indessen gezeigt werden, daß im Innern eines geschlossenen Raumes, in welchem die Temperatur an allen Stellen gleich ist, alle Substanzen ohne Rücksicht auf ihre Farbe oder Oberflächenbeschaffenheit sich wie schwarze Körper verhalten. Hierdurch werden viele praktische Fälle sehr vereinfacht und solange man die Temperaturverteilung im Innern eines Ofens als gleichförmig ansehen kann, solange können auch alle Substanzen in dem Ofen als schwarze Körper betrachtet werden, unabhängig von ihren Oberflächeneigenschaften.

Einfluß der Temperatur. Aus dem Stefanschen Gesetz geht die wichtige Tatsache hervor, daß die durch Strahlung von dem einen Körper auf den anderen übertragene Wärmemenge von der Differenz der vierten Potenzen der absoluten Temperaturen abhängt. Wenn die Temperatur eines Körpers über die seiner Umgebung gesteigert wird, kann die von ihm abstrahlende Wärme außerordentlich große Werte erreichen. So ist die Strahlung eines Dampfrohres in den Raum zu vernachlässigen, während die Strahlung einer rotwarmen Oberfläche das Vielfache davon beträgt. Wenn die kalte Oberfläche einer wassergekühlten Wand eine Temperatur von 100° C (373° abs.) und der strahlende Körper eine solche von 538° C (811° abs.) hat, wird die übergehende Wärmemenge proportional zu $(811^4 - 373^4)$. Wenn die Temperatur der heißen Oberfläche auf 593° C gesteigert wird, ist die Strahlung proportional zu $(844^4 - 373^4)$. Dies bedeutet eine Vermehrung um etwa 30%.

Strahlung von Gasen. Heiße Gase verlieren Wärme durch Strahlung, aber in einer anderen Art als heiße schwarze Körper. Ein schwarzer Körper sendet Energiestrahlung in einem kontinuierlichen Bereich von Wellenlängen aus. Wenn die Intensität der Strahlung über den Wellenlängen aufgetragen wird, ergibt sich eine flache Kurve. Heiße Gase dagegen strahlen in „Banden", d. h. die Kurve der Intensität über den Wellenlängen zeigt wenig oder gar keine Strahlung mit Ausnahme von einigen genau definierten und begrenzten Intervallen der Wellenlängen. Bei gewöhnlichen Temperaturen ist die von einem Gas durch Strahlung verlorene Wärme gering. Bei höheren Temperaturen jedoch geht ein großer Teil des Wärmeverlustes bei Kohlendioxyd, Kohlenmonoxyd, Wasserdampf oder Kohlenwasserstoffen durch Strahlung vor sich. Zweiatomige Gase strahlen bei gewöhnlichen Temperaturen keine erheblichen Energiemengen aus. Der Übergang der Wärme durch Strahlung ist natürlich unabhängig von der Grenzschicht an der festen Wand, welche bestrahlt wird. Obwohl Methoden entwickelt wurden, die von Gasen unter solchen Verhältnissen abgestrahlte Wärme zu schätzen, liegt ein Eingehen auf diese Methoden außerhalb der Aufgabe dieses Buches[1].

Wärmeübergang durch Strahlung und Konvektion. Bei einem direkt beheizten Apparat, z. B. einem Dampfkessel, wird die Wärme an die Metallwand auf vier Wegen übertragen: Durch Strahlung von den glühenden festen Teilen, Feuerung, Mauerung, festem Kohlenstoff in den leuchtenden Flammen, durch Strahlung von heißen Gasen, durch Leitung und durch Konvektion. Die Strahlung geht an die Metallwand über, ohne durch irgendeinen Widerstand in der Grenzschicht behindert zu werden und unabhängig von der Geschwindigkeit, dem spezifischen Gewicht oder anderen Eigenschaften des Gasstromes. Jede gewünschte Wärmemenge kann je m^2 metallener Oberfläche übertragen werden, abhängig allein von der Temperatur der heißen festen Körper, oder des Gases und der Größe der heißen Fläche, welche der Flächeneinheit der kalten Oberfläche gegenübersteht. Andererseits wird auf dieselbe Metallfläche die Wärme von den heißen Gasen auch durch Leitung und Konvektion übertragen. Diese Wärme muß die Grenzschicht passieren und ist infolgedessen abhängig von all den physikalischen Eigenschaften des Gases, die in Gleichung (58) enthalten sind. Wenn kein Wärmeübergang durch Strahlung stattfände, würde die für Dampfkessel und andere mit direkter Feuerung beheizte Apparate erforderliche Heizfläche außerordentlich groß werden, und es ist nur der verhältnismäßig großen Wärmemenge, die durch Strahlung übergeht, zu verdanken, daß solche Apparate in praktisch möglichen Abmessungen gebaut werden können. Infolgedessen ist zu verlangen, daß alle die Apparate, welche durch direktes Feuer beheizt werden, so gestaltet werden, daß ein Teil der Wärme durch Strahlung übergehen kann. In manchen Fällen muß allerdings davon abgewichen werden, weil unter Umständen die mechanischen Beanspruchungen im Verein mit den hohen Temperaturen zu groß würden, aber die allgemeine Regel ist, daß bei hohen Temperaturen die Wärme viel leichter durch Strahlung als auf irgendeinem anderen Wege übertragen werden kann.

Gesichtswinkel. Wir betrachten eine heiße, ebene Fläche unendlicher Ausdehnung (Abb. 84), aus welcher ein kleiner Teil herausgeschnitten

[1] Hottel: Trans. Amer. Inst. chem. Engr. Bd. 19 (1927) S. 173.

ist. Die Fläche dieses Teilchens sei F. Sie strahlt Wärme in die kältere Umgebung gemäß Gleichung (80). Diese Strahlung erfolgt von der Quelle aus natürlich in allen Richtungen. Um die gesamte Strahlung aufzunehmen, müßte der kühlere Körper das Flächenelement A ungefähr halbkugelig mit einem Winkel von 180° umgeben.

Diese Betrachtungsweise soll auf andere Formen als ebene Flächen übertragen werden, immer unter dem Gesichtspunkte, daß jedes Flächenelement des heißen Körpers geradlinig Wärme in allen Richtungen ausstrahlt, ausgenommen rückwärts in den Körper selbst. Um die ganze Wärme zu absorbieren, muß infolgedessen ein kalter Körper diese Strahlen in allen Richtungen unterbrechen. Anschaulich kann dies so ausgedrückt werden: Vom heißen Körper aus darf nur der kalte Körper zu sehen sein.

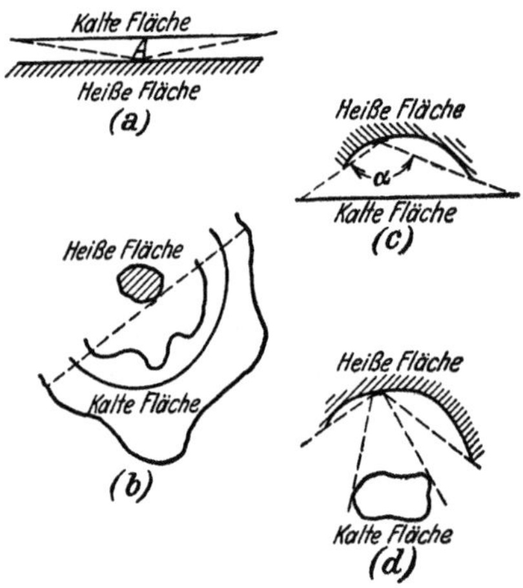

Abb. 84. Gesichtswinkel bei Wärmestrahlung.

Der Strom strahlender Wärme ist dem Lichtstrom genau analog. Man kann dem Wege der strahlenden Wärme folgen wie man den Lichtstrahl verfolgt. Wenn irgendein nicht durchsichtiger dritter Körper zwischen den heißen und den kalten Körper gestellt wird, würde er auf den kalten Körper einen Schatten werfen und dort die Aufnahme des vom heißen Körper ausgestrahlten Lichtes verhindern. In gleicher Weise verhindert er den kalten Körper, die ganze vom heißen Körper ausgestrahlte Wärme zu empfangen.

Für diese Überlegungen gibt Abb. 84 Beispiele. Im Fall *a* kann von der betrachteten Stelle der heißen Oberfläche eigentlich nichts weiter als die kalte Oberfläche gesehen werden, vorausgesetzt, daß beide Ebenen unbegrenzt sind, wenigstens im Verhältnis zu ihrem Abstande. Im Falle *c* strahlt die heiße Oberfläche die kühlere nur über den Winkel α an. In allen anderen Richtungen treffen hier die Strahlen andere Teile der heißen Fläche. In *d* trifft nur ein Teil der Strahlung von dem heißen Flächenelement den kalten Körper. Der Rest wird absorbiert durch irgendeinen entfernten unbestimmten Hintergrund oder durch andere Teile des heißen Körpers.

Die Ausdehnung oder der Abstand der kalten Fläche ist ohne Einfluß, vorausgesetzt, daß in allen Fällen die Bedingung erfüllt ist, daß von der heißen Oberfläche nur die kalte Oberfläche sichtbar ist. So strahlt in Abb. 84 b die Flächeneinheit des heißen Körpers eine gewisse Wärmemenge ab. Diese wird vollständig von der kalten Oberfläche aufgefangen ohne Rücksicht darauf, welche von den drei gezeichneten Lagen die kalte Oberfläche einnehmen mag. Indessen ist die je Flächeneinheit der kalten Fläche aufgenommene Wärmemenge in allen drei Fällen verschieden. Wenn man nicht von der je Flächeneinheit des heißen Körpers ausgestrahlten Wärme, sondern von der Flächeneinheit des kalten Körpers aufgenommenen Wärme ausgeht, können die Worte heiß und kalt in Abb. 84 vertauscht und qualitativ dieselben Schlußfolgerungen gezogen werden.

Aus dieser Überlegung kann eine gewisse Folgerung qualitativer Art für die Konstruktion von Apparaten abgeleitet werden. Die gesamte von dem kalten Körper in verschiedenen Lagen aufgenommene Wärme wird immer dieselbe sein, vorausgesetzt, daß die Temperaturen der beiden Körper konstant sind und weiter vorausgesetzt, daß vom kalten Körper aus allein der heiße Körper sichtbar ist. Die Wärmemenge, die je Flächeneinheit des kalten Körpers aufgenommen wird, ist um so geringer, je größer der Abstand von dem heißen Körper und die Ausdehnung des kalten Körpers ist. Wenn daher infolge einer zu großen je Zeiteinheit übergehenden Wärmemenge der kalte Körper, beispielsweise ein Rohr in einem Destillationsapparat, auf zu hohe Temperaturen erwärmt wird, so kann durch Verlegung der Rohre in größere Entfernung von der Wärmequelle und Erhöhung ihrer Zahl, so daß sie sich vom heißen Körper aus gesehen, über denselben Winkel erstrecken, ungefähr die gleiche Gesamtwärmemenge übertragen werden; jedoch wird durch die Verlegung die je Flächeneinheit aufgefangene Wärmemenge erheblich herabgesetzt und damit auch die Temperatur der Wandung. Der kalte Körper, wie z. B. ein Kesselrohr oder ein Kessel oder irgendein anderer feuerbeheizter Apparat, sollte daher so in der Mauerung angeordnet werden, daß die Teile, welche die Wärme aufnehmen sollen, so dicht wie möglich von heißen Oberflächen umgeben sind.

Leisten oder Rippen, welche den Zweck haben, die kalte Oberfläche zu vergrößern, absorbieren nur eine größere Wärmemenge durch Strahlung, wenn sie auch den Gesichtswinkel der kalten Oberfläche vergrößern, aber sie können die je Flächeneinheit absorbierte Wärmemenge herabsetzen.

Alle die vorstehenden Erörterungen gründen sich auf die Annahme, daß beide Körper praktisch als schwarze Körper anzusehen sind. Unglücklicherweise können nur wenige praktische Fälle durch die Rechnung erfaßt werden, weil die Berechnung des Gesichtswinkels umständlich und die Temperatur nicht gleichmäßig verteilt ist und besonders, weil die praktisch verwendeten Werkstoffe nicht schwarze Körper sind. Wenn einer der Werkstoffe, z. B. der kältere, nicht schwarz ist, so ist die Folge, daß er nur einen Teil der auf ihn treffenden Strahlung absorbiert und den Rest reflektiert. Der reflektierte Teil kann wieder auf den heißen Körper treffen und zurückgestrahlt werden; oder er kann, wenn der kalte Körper in allen Richtungen von dem heißen Körper umgeben ist, auf einen anderen kalten Teil des Apparates treffen. Dadurch wird die Sache so kompliziert, daß noch keine Berechnungsmethoden, mit Ausnahme von nur sehr angenäherten, bekannt sind.

Strahlungsfehler bei der Temperaturmessung. In einem Falle ist der Wärmeübergang durch Strahlung, der oft nicht beachtet wird, eine böse Fehlerquelle, nämlich bei der Messung der Temperaturen heißer Gase. Die gewöhnlichen Gase sind für die Strahlung praktisch durchlässig, wenn sie von Rauch und sichtbaren Flammen frei sind. Wenn solche Gase durch eine Rohrleitung strömen, ist die Wandung der Leitung gewöhnlich viel kälter als der Gasstrom. Wenn ein Temperaturmeßinstrument in den Gasstrom eingetaucht wird, wird seine Eigentemperatur, die mit der des Gases übereinstimmen soll, höher als die der benachbarten Wandung. Das Instrument selbst strahlt dann Wärme an die Wandungen aus, und zwar sehr erheblich, weil es rund herum von kälteren Wandungen umgeben ist. Auf das Meßinstrument wird die Wärme durch Konvektion und daher verhältnismäßig langsam übertragen. Die durch Strahlung verlorene Wärme dagegen ist unabhängig von jedem Übergangskoeffizienten.

In solchen Fällen wird daher die Temperaturmeßeinrichtung immer kälter sein als der Gasstrom. Die Temperaturdifferenz zwischen ihm und dem Gas verursacht einen Wärmeübergang an das Instrument durch Konvektion in demselben Maße, wie es Wärme an die Wandung der Gasleitung durch Strahlung abgibt. Da die Temperaturen im Stefanschen Gesetz in der vierten Potenz stehen, wächst die Strahlung verhältnismäßig schneller mit steigenden Temperaturen und der Fehler wird daher um so größer, je höher die zu messenden Temperaturen sind. Um diesen Fehler zu verringern, wendet man verschiedene Mittel an, wie z. B. Strahlungsschirme, hohe Gasgeschwindigkeiten usw.; ganz ausschalten kann man ihn jedoch niemals. Wenn die Schirme aus einem Werkstoff gemacht werden können, der sich sehr vom schwarzen Körper unterscheidet, z. B. aus poliertem Metall, kann ihr Strahlungsverlust niedrig gehalten werden und sie werden dann die Meßtemperatur mit größerer Genauigkeit annehmen. Wenn die Gasgeschwindigkeit längs des Schirmes so groß als möglich gemacht wird, wird die je Zeiteinheit übergehende Wärme erhöht und infolgedessen die Temperaturdifferenz zwischen Gas und Schirm vermindert. Das Meßelement selbst, sei es nun die Kugel eines Thermometers, die Lötstelle eines Pyrometers oder dergleichen, sollte, wenn irgend möglich, aus glänzendem Metall bestehen, damit seine Strahlungseigenschaften sich so weit als möglich von denen des schwarzen Körpers unterscheiden. Der Grund hierfür ist derselbe wie der oben für den Strahlungsschirm angegebene[1].

Wärmeaustauscher.

In der chemischen Industrie ist die hauptsächlichste Aufgabe des Wärmeüberganges die, die Wärme von einem Medium zu einem anderen durch eine Metallwand zu bringen. Die Medien können beide Flüssigkeiten sein oder beide Gase oder auch eine Flüssigkeit und ein Gas. Sehr häufig ist der Wärmeübergang von kondensierendem Dampf auf eine Flüssigkeit. Dieser Fall ist von solcher Wichtigkeit und die Wärmeübertragung von kondensierendem Dampf auf eine siedende Flüssigkeit ist so häufig, daß dafür ein besonderer Name — Verdampfung — gebräuchlich ist. Er soll im Kapitel V besonders behandelt werden. Die anderen Fälle z. B. die Wärmeübertragung vom kondensierenden Dampf auf eine nicht siedende Flüssigkeit, von einer heißen auf eine kalte Flüssigkeit und vom Dampf auf ein permanentes Gas, sollen hier besprochen werden.

Die Hauptgesichtspunkte des Wärmeüberganges sind bereits angeführt. Die Apparatetypen sind am besten zu erklären durch die Rückführung der zu besprechenden Gesichtspunkte ihrer Konstruktion auf diese theoretischen Prinzipien. Drei der wichtigsten Arten von Wärmeaustauschern sind Röhrenwärmer, doppelrohrige Wärmeaustauscher und Kaloriferen.

Röhrenvorwärmer. Die einfachste Form des Röhrenvorwärmers zeigt Abb. 85, welche einen Einstromapparat darstellt. Er besteht im wesentlichen aus einem Bündel paralleler Rohre A, deren Enden in zwei Rohrböden B_1 und B_2 eingewalzt sind. Das Rohrbündel ist von einem zylindrischen Gehäuse C umgeben und mit zwei Verteilerkammern D_1 und D_2 und den Deckeln E_1 und E_2 versehen. Frisch- oder Abdampf wird durch den Anschluß F in den Raum, welcher die Rohre umgibt, eingeleitet. Der kondensierte Dampf wird bei G entfernt. Das Medium, das erwärmt werden soll, wird in eine Verteilerkammer durch den Anschluß G gedrückt, fließt durch die Rohre zu der anderen Verteilerkammer und bei J ab. Die nicht kondensierbaren Gase im Dampf werden bei K abgezogen. Der Vorteil dieser Konstruktion besteht darin, daß große Heizflächen auf kleinem Raum untergebracht werden können. Es kann also entsprechend Gleichung (53) die Leistung des Vorwärmers, ausgedrückt durch die Größe $\frac{Q}{t}$, groß gemacht werden, weil die Heizfläche F groß ist.

Eine Folge der Unterbringung der großen Heizfläche in einem Vor-

[1] Haslam and Chapell: Ind. Engng. Chem. Bd. 17 (1925) S. 402.

wärmer der in Abb. 85 dargestellten Konstruktion ist die, daß der für den Durchfluß des zu erwärmenden Mediums vorhandene Querschnitt aller Rohre ebenfalls groß wird und daher die Strömungsgeschwindigkeit in diesen Rohren klein ist. Dadurch wird der Übergangskoeffizient herabgesetzt. Dies wird in den Mehrstromvorwärmern vermieden, wofür ein Beispiel in Abb. 86 gegeben ist. Bei dieser Konstruktion wird das Medium durch Trennwände, die in den Verteilerkammern angeordnet sind, so geleitet, daß es nur in einen Teil der Rohre eintritt, dann zurückkehrt und so den Vorwärmer mehrere Male durchströmt, bevor es ihn verläßt. Abb. 86 zeigt die Einzelheiten einer Verteilerkammer mit ihren Trennwänden und der Anordnung der Rohre. Die dieser entsprechende Verteilerkammer auf der anderen Seite besitzt eine andere Anordnung der Trennwände, und das Zusammenarbeiten beider geht aus einem Vergleich der beiden kleinen Skizzen hervor. Die Flüssigkeit tritt ein in die Abteilung A, strömt nach links in die Abteilung B, zurück nach rechts nach C usw., bis sie schließlich bei J austritt. Es entstehen also 8 Gruppen von Rohren bzw. 8 Ströme, die durch römische Ziffern in dem groß gezeichneten Querschnitt bezeichnet sind. In den Abteilungen mit ungeraden Ziffern fließt das Medium in den Rohren vom Beschauer fort, in den mit geraden Ziffern auf ihn zu.

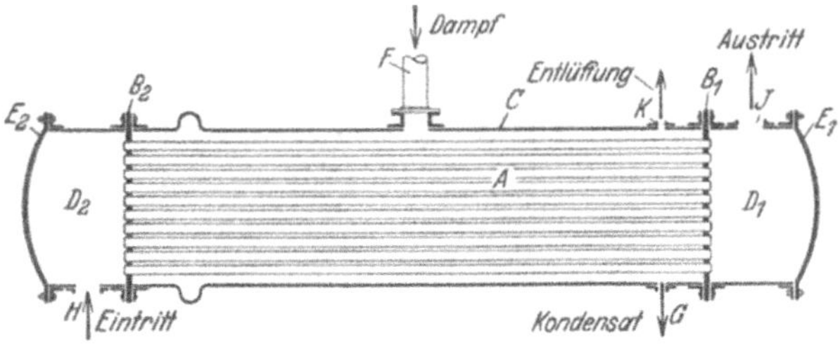

Abb. 85. Einstromröhrenvorwärmer.
A Rohre. B_1, B_2 Rohrwände. C Mantel. D_1, D_2 Verteilungskammern. E_1, E_2 Deckel. F Dampfeintritt. G Kondensatauslaß. H Flüssigkeitseintritt. I Flüssigkeitsaustritt. K Abzug für nicht kondensierbares Gas.

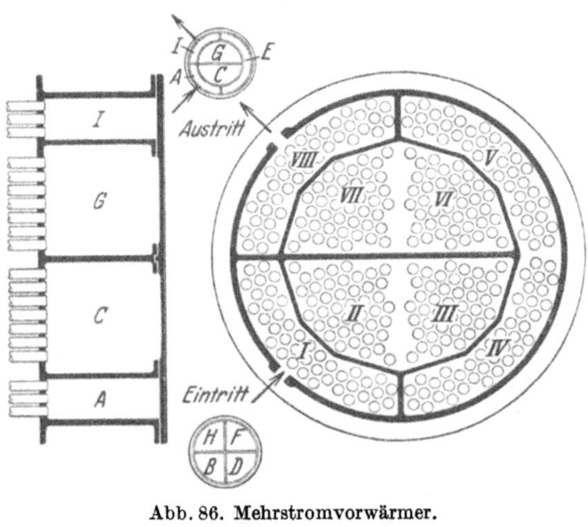

Abb. 86. Mehrstromvorwärmer.

Mehrstromausführung vermindert den Querschnitt für den Durchgang des Mediums und erhöht dessen Geschwindigkeit, woraus sich eine entsprechende Zunahme des Übergangskoeffizienten ergibt. Die Nachteile demgegenüber sind erstens, daß der Vorwärmer etwas komplizierter ist, und zweitens, daß der Reibungsverlust in dem Apparat vergrößert wird infolge der größeren Geschwindigkeit und des mehrfachen Auftretens der Ein- und Austrittsverluste. Die wirtschaftlichste Konstruktion erstrebt eine solche Strömungsgeschwindigkeit in den Rohren, daß die durch den erhöhten Kraftverbrauch der Pumpen entstehenden Mehrkosten durch die Verringerung der Anschaffungskosten für den Apparat ausgeglichen werden. Zu niedrige Geschwindigkeit ergibt zwar billigeren Betrieb infolge geringeren Kraftverbrauchs der Pumpen, verlangt aber einen verhältnismäßig großen und daher teueren Vorwärmer. Zu hohe Geschwindigkeit erspart Anschaffungskosten, erfordert aber größeren Aufwand an Kraft, deren dauernde Mehrkosten die Ersparnis bei der Anschaffung ausgleichen. Die Berechnung der wirtschaftlichsten Form liegt außerhalb der Aufgabe dieses Buches.

Ausdehnung. Infolge der Temperaturdifferenzen in den Vorwärmern treten durch die Ausdehnung Spannungen auf, die so groß werden können, daß sich die Rohre verbiegen oder in den Rohrwänden lockern. Viele Vorwärmer haben gußeiserne Gehäuse, aber verhältnismäßig dünnwandige Rohre. Wenn der Vorwärmer an- oder abgestellt wird, erwärmt sich oder erkaltet das Gehäuse langsamer als die Rohre, und die hierbei auftretenden Spannungen führen zu Mißständen. Die gebräuchlichste Methode, dies zu vermeiden, ist die sogenannte Schwimmhauptkonstruktion, bei welcher die eine der Rohrwände und damit ein Ende der Rohre nicht starr mit dem Gehäuse verbunden ist. Ein Zweistromschwimmhauptvorwärmer ist in Abb. 87 dargestellt. Die Konstruktion ist an sich klar und, wie die Abbildung zeigt, können sich die Rohre unabhängig von dem Gehäuse ausdehnen oder zusammenziehen. Über dem Dampfeintritt ist eine durchlochte Platte angebracht, um die Rohre vor mitgerissenem Wasser zu schützen. Schwimmhauptvorwärmer können auch mehrstromig ausgeführt werden, jedoch ist die dargestellte Ausführung die gebräuchlichste. Ein anderer Weg, die Zahl der Durchgänge bei der Schwinmhauptkonstruktion zu vermehren ohne die Zweistromkonstruktion der Abb. 87 aufzugeben, besteht darin, daß die Zahl der Rohre für einen Durchgang so klein wie gewünscht gemacht wird, und dann mehrere Vorwärmer hintereinandergeschaltet werden, anstatt mehr als zwei Durchgänge in ein Gehäuse zu legen. Eine andere Methode, die Expansion auszugleichen, besteht bei Vorwärmern, deren Gehäuse aus Blechen hergestellt ist, darin, daß, wie in Abb. 85 angedeutet, eine Welle in der Wandung angeordnet wird.

Wärmeaustauscher. Obgleich an sich der Ausdruck „Vorwärmer" alle die Apparate umfaßt, in welchen Wärme von einer Flüssigkeit auf die andere übertragen wird, so ist er doch im allgemeinen nur für die Fälle im Gebrauch, wo die Wärme vom kondensierenden Dampf auf eine Flüssigkeit übertragen wird. Die Vorwärmer in Abb. 85, 86 und 87 sind besonders für diesen Zweck konstruiert. In solchen Fällen ist der Wärmeübergangskoeffizient auf der Dampfseite gewöhnlich viel größer als auf der Wasserseite, und daher besteht bei diesen Vorwärmern das Bestreben, hohe Flüssigkeitsgeschwindigkeiten zu erreichen. Die Querschnittsfläche des Raumes außerhalb der Rohre ist groß, und die Dampfgeschwindigkeit ist klein; infolge der hohen Werte der Wärmeübergangskoeffizienten bei kondensierenden Dämpfen ist jedoch dies kein Nachteil.

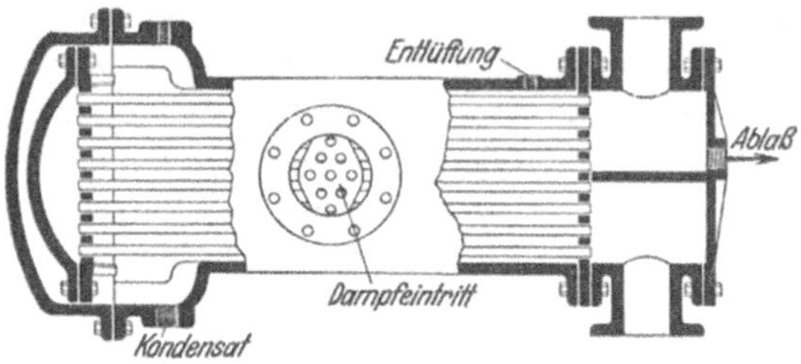

Abb. 87. Zweistrom-Schwimmhaupt-Vorwärmer.

Wenn die Wärme von einer Flüssigkeit auf eine andere oder von einem Gas auf ein anderes übertragen werden soll, werden die hierzu gebrauchten Apparate gewöhnlich als „Wärmeaustauscher“ bezeichnet. In diesem Falle sind die Wärmeübergangskoeffizienten innen und außen von der gleichen Größenordnung. Weil die Größe des Gesamtdurchgangskoeffizienten $\varkappa$ hauptsächlich durch den kleineren der beiden Übergangskoeffizienten bestimmt ist, ergibt eine Erhöhung des einen

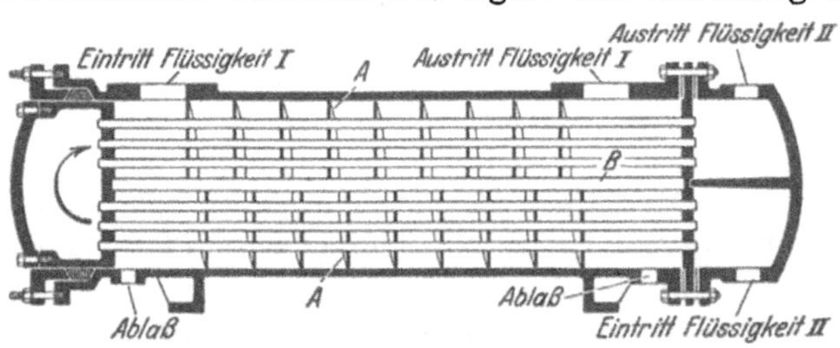

Abb. 88. Wärmeaustauscher. *A* Leitbleche. *B* Führungsstange.

Übergangskoeffizienten ohne gleichzeitige Erhöhung des anderen keine proportionale Verbesserung von $\varkappa$. Infolgedessen ist es bei Wärmeaustauschern erforderlich, die Geschwindigkeit des Mediums außerhalb der Rohre ebenso zu erhöhen wie die innerhalb der Rohre. Aus konstruktiven Gründen ist es nicht möglich, die Rohre so eng in die Rohrwand einzubauen, daß der Durchgangsquerschnitt außerhalb der Rohre ebenso klein wird wie innerhalb der Rohre und daher bleibt die Geschwindigkeit des Mediums außerhalb der Rohre bei den in Abb. 86 und 87 dargestellten Apparaten niedrig. Um dies zu verbessern, werden Leitbleche eingebaut, die den Weg für das Medium außerhalb der Rohre verlängern und den ihm zur Verfügung stehenden Durchgangsquerschnitt vermindern. Eine derartige Konstruktion zeigt Abb. 88, wo die Leitbleche *A* aus runden Blechscheiben bestehen. Diese Blechscheiben sind mit Bohrungen versehen, durch welche die Rohre gesteckt werden. Sie haben alle denselben Radius und sind so gebogen, daß sie eine Spirale bilden. Die Stange *B* dient dazu, die Scheiben zu halten, bevor die Rohre eingebaut werden. Durch diese Konstruktion wird nicht allein die Geschwindigkeit des Mediums außerhalb der Rohre erhöht, sondern auch seine Richtung mehr oder weniger senkrecht zu den Rohren gelenkt. Hierdurch wird eine Wirbelung hervorgerufen, welche die Grenzschicht an der Außenseite der Rohre auf ein Minimum herabdrückt. Bei der hier besprochenen Konstruktion können die beiden Übergangskoeffizienten groß gemacht werden, wodurch auch der Wert des Gesamtdurchgangskoeffizienten $\varkappa$ entsprechend groß wird.

Doppelrohrige Wärmeaustauscher. Wenn bei kleinem Volumen der Flüssigkeit innerhalb der Rohre, der erforderlichen Geschwindigkeit

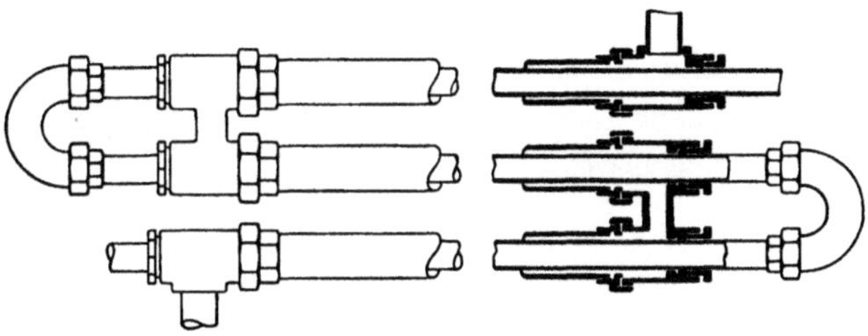

Abb. 89. Wärmeaustauscher mit Doppelrohren.

und dem Durchmesser der Rohre die Zahl der parallel durchflossenen Rohre sehr klein wird, so ist die einfachste Konstruktion der doppelrohrige Wärmeaustauscher, wie ihn Abb. 89 darstellt. Er besteht aus Spezialformstücken, welche mit normalem Eisenrohr verbunden sind, so daß die eine Flüssigkeit innen durch die Rohre und die zweite durch den Ringraum zwischen den beiden Rohren fließt. Ein derartiger Wärmeaustauscher besteht aus einer Anzahl nebeneinandergeschalteter Apparate, die fast immer vertikal angeordnet sind.

Kalorifere. Wenn Luft mittels Dampf erhitzt werden soll, wird ein Apparat benutzt, der sich unter dem Namen Kalorifere fast überall durchgesetzt hat. Die Kalorifere besteht im wesentlichen aus einer hohlen gußeisernen Grundplatte, in welche Dampf eingeleitet werden kann. Senkrecht auf dieser Grundplatte stehen haarnadelartig gebogene 1″-Rohre, durch welche der Dampf fließt. Es werden ein oder mehrere solcher Grundplatten parallelgeschaltet, die gemeinsam in ein Blechgehäuse eingebaut sind, so daß die Luft, die erhitzt werden soll, rechtwinklig zu den Rohren strömt. Es gibt eine Anzahl bekannter Normalkonstruktionen, von welchen eine in Abb. 90 dargestellt ist. Die gußeiserne Grundplatte ist durch eine vertikale Wand in zwei Teile geteilt. Zwei Reihen 1″-Rohre *B* beginnen auf der einen Seite dieser Trennwand und endigen auf der anderen. Der bei *C* eingeführte Dampf strömt durch die Rohre, das Kondensat wird bei *D* abgezogen. Die Abmessungen dieser Grundplatten und die Querschnitte zwischen den Rohren sind normalisiert, so daß die Heizfläche für die Einheit aus Tabellen in den Katalogen der Herstellerfirmen entnommen werden kann. Wenn die erforderliche Heizfläche größer ist als die mit einer Einheit zu erreichende, so werden mehrere nebeneinander gelegt und die Dampfeintritte und Kondensatauslässe parallelgeschaltet.

In solchen Fällen, wie sie bei den Kaloriferen vorliegen, können die Übergangskoeffizienten an der Dampfseite mehrere hundert mal so groß sein als die Koeffizienten auf der Luftseite. Dies bedeutet, daß die auf der Luftseite vorliegenden Verhältnisse den Wärmeübergang je Zeiteinheit bestimmen. Es ist nicht möglich, die Luftgeschwindigkeiten auf jeden beliebigen Wert zu erhöhen, weil bei hohen Geschwindigkeiten zu-

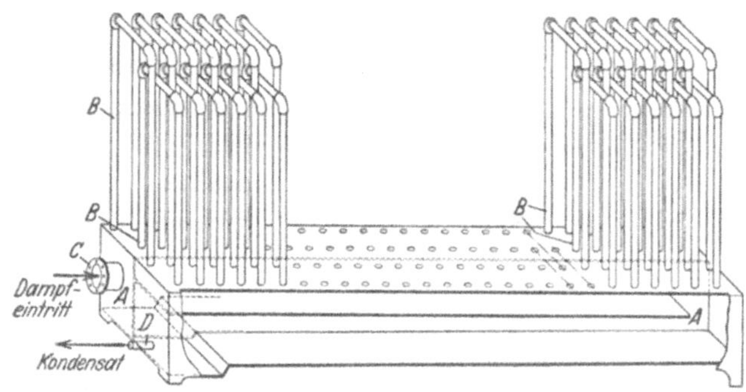

Abb. 90. Kalorifere. *A* Trennwand. *B* Eintrittsseite der Rohrschlangen.

viel Kraft allein durch die Reibung nutzlos verbraucht wird. Es ist aber möglich, die Wärmeübergangsfläche auf der Luftseite zu vergrößern, ohne sie auf der Dampfseite ebenfalls zu vergrößern. Diesem Zwecke dienen runde oder spiralförmige Rippen aus Blech auf der Luftseite der Rohre. Diese Rippen werden entweder aufgepreßt oder angeschweißt, so daß eine gute metallische Verbindung mit dem Rohr gewährleistet ist. Hierdurch kann die Übergangsfläche auf der Luftseite verdoppelt oder verdreifacht werden, zugleich wird die Wirbelung in dem Luftstrom erhöht und dadurch die je Zeiteinheit von den Rohren auf die Luft übergehende Wärmemenge. Die Verlängerung des Wärmeleitungsweges durch das Metall der Rippen verursacht einen unerheblichen zusätzlichen thermischen Widerstand, weil die Wärmeleitfähigkeit aller Metalle im Vergleich zu der der Grenzschicht auf der Luftseite sehr gut ist. Solche Rippen ergeben daher Wärmeübergänge, die mehrmals so groß sind als sie bei glatten Rohren unter den gleichen Verhältnissen erreicht werden können. Eine andere Methode, womit das gleiche erreicht werden soll, besteht darin, den Querschnitt der Rohre nicht rund, sondern elliptisch zu machen, wobei die große Achse der Ellipse in der Richtung der Luftströmung steht. Dabei ist es möglich, die Luftgeschwindigkeit und damit den Übergangskoeffizienten zu erhöhen ohne den Kraftverbrauch über ein zulässiges Maß zu steigern.

V. Verdampfung.

Ein Spezialfall der Wärmeübertragung ist von solcher Wichtigkeit, daß sie besondere Behandlung rechtfertigt. Dies ist die Wärmeübertragung vom Heizdampf an siedende Flüssigkeiten. Die Bedingungen, unter welchen die Verdampfung praktisch durchgeführt wird, sind sehr verschieden. Die Flüssigkeit, die verdampft werden soll, kann leichtflüssiger als Wasser oder so viskos sein, daß sie kaum fließt. Sie kann feste Ablagerungen an der Heizfläche verursachen, Kristalle abscheiden, zur Schaumbildung neigen, oder sie kann einen sehr hohen Siedepunkt haben. Die Notwendigkeit, Apparate zu bauen, die all diesen verschiedenen Bedingungen gerecht werden, hat zu einer großen Verschiedenheit der Typen hinsichtlich der Konstruktion geführt. Verhältnismäßig gering ist der Fortschritt gewesen, der hinsichtlich einer genauen theoretischen Durcharbeitung solcher Apparate erreicht ist; infolgedessen haben hauptsächlich praktische Erwägungen und die Gewohnheiten der verschiedenen Industrien die Gestaltung der Verdampfapparate beeinflußt.

Zur Durchführung der Verdampfung in der einfachsten Art würde es nur nötig sein, die Flüssigkeit in einen Behälter zu füllen und Wärme durch die Wandungen des Behälters an die siedende Flüssigkeit zu übertragen. Dieser Idealapparat läßt sich jedoch nicht praktisch verwirklichen, und bei aller Verschiedenheit der dampfbeheizten Apparate muß ein jeder notwendigerweise gewisse eigentümliche Teile enthalten. Diese Teile sind im folgenden aufgezählt:

1. Ein Raum für die siedende Flüssigkeit.
2. Ein Raum für den kondensierenden Heizdampf.
3. Eine Heizfläche, durch welche die Wärme vom Dampf an die siedende Flüssigkeit übergeht.
4. Ein Auslaß für die Brüden der siedenden Flüssigkeit.
5. Ein Einlaß für den Heizdampf.
6. Vorrichtungen, um das Kondensat aus dem Dampfraum zu entfernen.
7. Mittel, um aus dem Dampfraum Fremdgase zu entfernen, welche nicht kondensieren.
8. Vorrichtungen, um die zu verdampfende Lösung ein- und abzuführen.

9. Geeignete Kontroll- und Regulierinstrumente, um den Vorgang der Verdampfung zu beherrschen.

Verdampfertypen. Die Verdampfer können folgendermaßen eingeteilt werden:

A. Durch direktes Feuer beheizte Apparate.

B. Apparate, bei welchen sich das Heizmedium in Mantelräumen, zwischen Doppelwänden usw. befindet.

C. Dampfbeheizte Apparate mit aus Rohren gebildeten Heizflächen.

a) Rohre horizontal. 1. Dampf innerhalb der Rohre.
2. Dampf um die Rohre.

b) Rohre vertikal. 1. Normalverdampfer.
2. Verdampfer mit eingehängtem Heizsystem.
3. Langrohrige Verdampfer.
4. Verdampfer mit erzwungenem Umlauf.

c) Schrägrohrapparate.

d) Apparate, bei welchen die Rohre in besonderen Formen gebogen sind, z. B. Schlangen, Haarnadelrohre usw.

Feuerbeheizte Apparate. Der hauptsächlichste Vertreter dieser Klasse ist der Dampfkessel. Eine Erörterung der Dampfkesselkonstruktion liegt außerhalb des Rahmens dieses Buches und bleibt Büchern des Maschinenbaufaches überlassen. In den Fällen, wo der Chemieingenieur Flüssigkeiten unter Verwendung von Abgasen verdampfen will, steht ihm die Wahl der Konstruktion ohne Anlehnung an schon gebräuchliche Typen frei. In diesem Falle kann die Leistung des Apparates nach den Methoden berechnet werden, die oben in dem Kapitel, das von dem Wärmeübergangskoeffizienten handelt, gegeben sind, unter Beachtung des Umstandes, daß in praxi solche Koeffizienten erheblich niedriger angesetzt werden müssen mit Rücksicht auf die Ruß- und Schmutzschichten. Wenn der Apparat direkt mit Feuer beheizt wird, so daß ein Teil der Wärme durch Strahlung übertragen wird, sind die Berechnungsmethoden ganz andere, wie im Kapitel IV ausgeführt wurde, und können an dieser Stelle nicht erörtert werden.

Apparate mit Heizmantel. Wenn Flüssigkeiten in kleinen Mengen verdampft werden sollen, wählt man gewöhnlich eine Art Kessel mit Heizmantel. Solche Apparate sind in großer Auswahl in verschiedenen Materialien und Konstruktionen erhältlich. Das gewöhnlichste Baumaterial ist Gußeisen. Bei derartigen Kesseln kann Mantel und Kessel in einem Stück gegossen sein oder der Mantel wird aus Blechen hergestellt und außen um den Kessel befestigt. Kessel aus Aluminium, Kupfer und ähnlichen Werkstoffen werden häufig in der Lebensmittelindustrie verwendet. In solchen Fällen ist der Mantel aus Flußeisenblech an das Gefäß genietet oder geschweißt. Auch emaillierte Kessel finden bei der

Genußmittelherstellung viel Verwendung, ebenso in der pharmazeutischen und Reinpräparatindustrie.

Die typische Ausführung eines solchen Kessels ist in Abb. 91 dargestellt. Das Innengefäß oder der Kessel selbst wird aus einem einzigen Blech gefertigt, wenn es sich um kleine Ausführungen handelt, bei größeren werden mehrere Bleche genommen, die durch Nietung oder Feuerschweißung verbunden werden. Der Boden des Kessels ist ungefähr halbkugelig. Umgeben ist er von dem Mantel, der eine etwas größere Halbkugel bildet. Die Verbindung von Mantel und Kessel ist gewöhnlich durch Nietung oder Schweißung hergestellt. Am Boden des Mantels ist ein Rohranschluß zur Abführung des Kondensats vorgesehen, ferner ist ein Abfluß für den Inhalt des Kessels vorhanden. Dampfeinlaß und ein Anschlußstutzen zur Abführung der nicht kondensierten Gase befinden sich am oberen Teil des Mantels. Die Wärmeübergangszahl in solchen Kesseln kann variieren zwischen 245 und 1470 kcal je m² °C und h und hängt ab von der Intensität der Rührung und in geringerem Maße vom Werkstoff des Kessels. Abb. 92 zeigt einige Konstruktionsdetails von gußeisernen oder stählernen Heizmänteln.

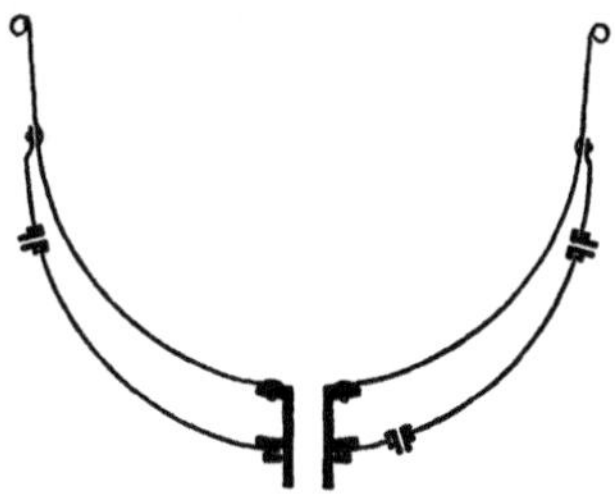

Abb. 91.
Kupferkessel mit Dampfmantel.

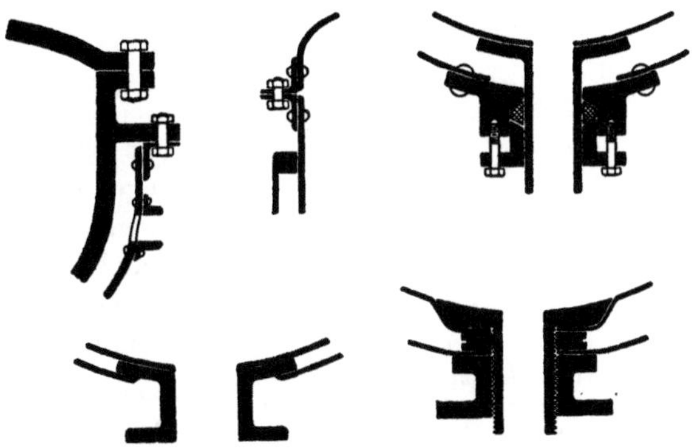

Abb. 92.
Einzelheiten der Konstruktion eines ummantelten Kessels.

Verdampfer mit horizontalen Rohren. Der erste Verdampfer, der allgemeine Beachtung fand, war ein Apparat mit horizontalen Rohren. Er wurde im Jahre 1843 von Norbert Rillieux in Louisiana gebaut. Diese Bauart wurde jedoch bald durch Apparate mit vertikalen Rohren ersetzt, die in einem späteren Abschnitt besprochen werden. Im Jahre 1879 lebte der Horizontalrohrverdampfer wieder auf im Wellner-Jellinek-Typ. Dieser fand weite Verbreitung, und die modernsten Horizontalrohrverdampfer sind aus ihm entwickelt worden. Noch jetzt wird die Bezeichnung Wellner-Jellinek manchmal auf jeden Verdampfer mit Horizontalrohren angewandt.

Bei den Rillieux und Wellner-Jellinek-Apparaten befindet sich der Dampf innerhalb der Rohre. Im Jahre 1886 wurde der Yaryan-Verdampfer herausgebracht, und dies ist der einzige, heute noch benutzte Verdampfer mit horizontalen Rohren, bei dem der Dampf sich außerhalb der Rohre befindet.

Dampf innerhalb der Rohre. Eine der einfachsten Verdampfertypen ist in Abb. 93 gezeigt. Das Gehäuse dieses Verdampfers bildet den Kochraum und hat die Form eines stehenden Zylinders. Oben und unten ist er mit flachen Kesselböden verschlossen, manchmal ist der Boden auch konisch. An der unteren Zarge sind an gegenüberliegenden Seiten Dampfkammern vorgesehen, die außen durch Deckel und innen durch Rohrwände verschlossen sind. In diese Rohrwände wird eine Anzahl von horizontalen Rohren eingezogen. Die beiden Dampfkammern mit den sie verbindenden Rohren bilden den Dampfraum und das Rohrbündel die Heizfläche. Der Dampf wird in die eine Dampfkammer bei *A* zugeführt und treibt bei seinem Durchströmen durch die Rohre die unkondensierten Gase und das Kondensat vor sich her, so daß diese aus der gegenüberliegenden Kammer bei *B* bzw. *C* abgeführt werden. Es sei ausdrücklich bemerkt, daß bei regulärem Betriebe nur Kondensat und nicht kondensierbares Gas aus der Dampfaustrittskammer abgezogen werden. Der Anschluß zur Zuführung der zu verdampfenden Flüssigkeit kann an dem Körper an jeder passenden Stelle angebracht werden, z. B. bei *D*. Der Auslaßstutzen für die eingedampfte Flüssigkeit befindet sich gewöhnlich im Mittelpunkt des Bodens bei *E*. Der Verdampfer steht auf Pratzen, die am unteren Boden an passender Stelle angegossen sind. Die meisten Verdampfer sind mit Schaugläsern ausgestattet, wie bei *F* in Abb. 93 dargestellt. Der Brüden aus der siedenden Flüssigkeit entweicht bei *G*.

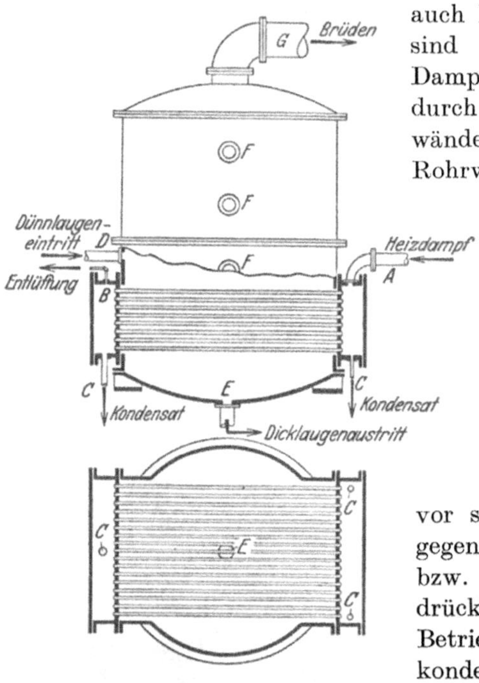

Abb. 93. Verdampfer mit Horizontalrohren. *A* Dampfeintritt. *B* Abzug für nicht kondensierbare Gase. *C* Kondensatauslaß. *D* Eintritt der zu verdampfenden Flüssigkeit. *E* Auslaß für eingeengte Flüssigkeit. *F* Schaugläser. *G* Brüdenleitung.

Im Horizontalrohrverdampfer werden die Rohre fast immer durch einen Überwurf gedichtet. Diese Konstruktion zeigt Abb. 94. In eine dicke Rohrwand sind Löcher mit etwas größerem Durchmesser als der äußere Durchmesser der Rohre gebohrt und an der Außenseite versenkt.

Die Rohre sind so lang, daß sie um etwa 25 mm an beiden Enden über die Rohrwände hervorstehen. Konische Gummipackungsringe werden über die Rohrenden gestreift und passen in die Versenkung der Bohrungen. Jeweils vier zu einem Satz vereinigte Rohre werden dann durch einen Überwurf gedichtet, welcher mittels Schraube so angezogen wird, daß die Gummipackungen an das Rohr und in die konische Bohrung gepreßt werden. Die Schraube sitzt zentrisch zwischen den vier Rohrlöchern. Der Vorteil dieser Konstruktion zeigt sich besonders bei der Auswechslung von Rohren.

Ein Horizontalrohrverdampfer kann einen Durchmesser von 0,9 bis zu 3,65 m haben. Die Rohre haben gewöhnlich einen äußeren Durchmesser von $^7/_8$—$1^1/_4$″. Ein Apparat mittlerer Größe hat etwa 1,8—2,4 m Durchmesser bei 2,4—3,65 m Höhe. Dieser Verdampfer kann auch aus Blechen gebaut werden, gewöhnlich wird aber Gußeisen wegen seiner besseren Widerstandsfähigkeit gegen mäßige Korrosionsangriffe gewählt. Das Rohrbündel ist im allgemeinen weniger hoch als breit. Seine Breite ist meist gleich dem halben Durchmesser des Körpers oder darüber.

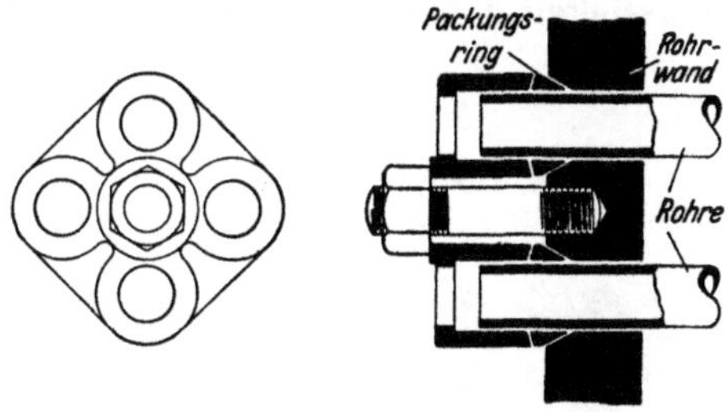

Abb. 94. Abdichtung der Horizontalrohre.

Es gibt eine Anzahl kleiner Abweichungen in der Bauart der Horizontalrohrverdampfer, aber diese bestehen fast nur in der Form der Gußteile und nicht in dem allgemeinen Aufbau und der Anordnung der Teile. Der Horizontalrohrverdampfer eignet sich am besten für nichtviskose Flüssigkeiten, welche keine Ablagerungen oder Kristalle bei der Eindampfung ergeben. Die Anschaffungskosten je m² Heizfläche sind im allgemeinen geringer als die der anderen Verdampfertypen.

Dampf außerhalb der Rohre. Der einzige Vertreter dieser Klasse ist der Yaryanverdampfer, der in Abb. 95 gezeigt ist. Dieser Apparat besteht aus einem zylindrischen Gehäuse *A*, das rechts und links durch Rohrwände *B* verschlossen ist. Dieses Gehäuse kann 3,65—6,1 m lang sein. Eine Anzahl von Rohren sind in diesen Rohrwänden durch Einwalzen befestigt. Letzterer Ausdruck bezeichnet die Befestigung eines Rohres in einer Rohrwand vermittels eines Werkzeuges, welches Walzen enthält und in das Rohrende eingeführt wird. Die Walzen sind so angebracht, daß, wenn das Werkzeug gedreht wird, das Rohr allmählich aufgeweitet wird, bis sich eine dichte Verbindung mit der Rohrwand ergibt. Vor diesen Rohren werden gußeiserne Verteilerplatten C_1 und C_2 befestigt, in welche Umlaufkanäle eingegossen sind, so daß drei bis fünf Rohre gruppenweise in Reihen hintereinandergeschaltet sind.

Eine dieser Verteilerplatten C_1 enthält offene Anschlüsse für die Speiseleitungen, welche auf die Enden der ersten Rohre jeder Gruppe passen. Die andere Verteilerplatte C_2 hat Öffnungen am anderen Ende jeder Gruppe. Über diesem Ende ist eine große Abscheidekammer D angeordnet, mit Prallblechen E. Das zylindrische Gehäuse ist mit einem Dampfeinlaß F, Auslaß H für nicht kondensiertes Gas und Kondenswasserablaß G ausgestattet.

Sobald die Flüssigkeit in die Rohrgruppe eintritt, beginnt sie zu sieden. Das Volumen des gebildeten Dampfes ist im Verhältnis zu dem der Flüssigkeit, aus der er entstanden ist, ungeheuer groß. Sobald die Flüssigkeit daher in den Rohren weiterströmt, wird das Gesamtvolumen

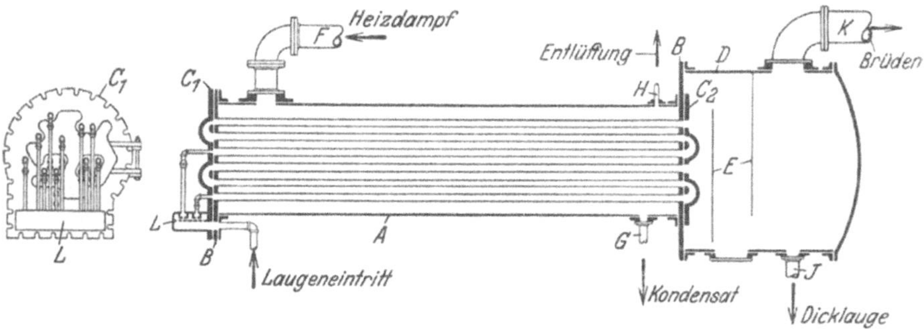

Abb. 95. Yaryanverdampfer.

A Mantel. *B* Rohrwände. C_1, C_2 Verteilerplatten. *D* Brüdenraum. *E* Prallplatten. *F* Heizdampfeintritt. *G* Kondensatauslaß. *H* Abzug für nicht kondensierbares Gas. *J* Auslaß für eingeengte Flüssigkeit. *K* Brüdenabzug. *L* Verteiler für einzudampfende Flüssigkeit.

von Dampf und Flüssigkeit größer und dementsprechend auch die Strömungsgeschwindigkeit, und eine Mischung von Dampf und Flüssigkeitstropfen spritzt aus dem Ende jeder Schlange gegen die Prallplatten, die die Trennung von Dampf und Flüssigkeit bewirken. Die eingeengte Flüssigkeit wird unten aus der Abscheidekammer bei J abgezogen, der Brüden entweicht am oberen Ende bei K. Die Flüssigkeit kehrt von J nicht wieder nach dem Eintrittsende der Schlangen zurück, sondern passiert letztere nur einmal. Bei der Bauart, wie sie in Abb. 95 gezeichnet ist, sind alle Speiserohre an eine gemeinsame Speisekammer L angeschlossen, die mit der Verteilerplatte C zusammen in einem Stück gegossen ist. Die Speiseleitungen von dieser Kammer zu den einzelnen Schlangen enthalten Drosselventile oder Stauer, um die Speisung gleichmäßig auf die verschiedenen Schlangen zu verteilen.

Der Yaryanverdampfer hat niemals eine weitere Verbreitung gefunden, doch hat er gewisse Vorteile. Früher war er einer der besten Apparate für schäumende Flüssigkeiten, weil der Schaum vollständig durch die hohe Geschwindigkeit vernichtet wird, mit welcher die Flüssigkeit aus den Schlangen hervorschießt und auf die Prallplatten trifft.

Vertikalrohrverdampfer.

Obgleich die Bauart mit Vertikalrohren nicht zuerst entwickelt wurde, war sie doch die erste, die weite Verbreitung gefunden hat, und ist jetzt wahrscheinlich die wichtigste. Der erste Apparat dieser Art wurde von Robert gebaut, Direktor einer Zuckerfabrik in Seelovitz in Österreich, etwa im Jahre 1850; daher ist diese Bauart oft bekannt unter der Bezeichnung „Robert-Type". Dieser Verdampfer führte sich so allgemein ein, daß er in Europa als der Normalverdampfer angesehen wird und immer diese Bauart gemeint ist, wenn keine besonderen Angaben gemacht sind, die auf eine andere Bauart hinweisen.

Normalbauart. Ein Verdampfer dieser Art ist schematisch in Abb. 96 dargestellt. Er ist gekennzeichnet durch die Rohrböden *A*, die quer durch den ganzen Körper liegen, und ein zentrales Fallrohr *B*. In die Böden werden Rohre eingewalzt. Bei *D* wird Heizdampf zugeführt, so daß sich die Flüssigkeit in den Rohren befindet, während der Dampf die Rohre umgibt. Sobald die Flüssigkeit siedet, sprudelt sie in den Rohren hoch und fließt durch das Fallrohr wieder nach unten ab. Das Kondensat kann an jedem beliebigen Punkte dicht über dem unteren Rohrboden, z. B. bei *C*, abgeführt werden. Die nicht kondensierten Gase werden gewöhnlich irgendwo in der Nähe des oberen Rohrbodens, z.B. bei *D*, entfernt. Die Lage der Anschlüsse für die Speiseleitung *E* und den Ablaß *F* ist zwar beliebig, normalerweise werden sie aber fast immer so angeordnet, wie in der Abb. 96 angegeben. Von der Abbildung kann in einigen unwesentlichen Fällen abgewichen werden, z. B. kann statt des flachen ein konischer Boden, oder das Verhältnis der Rohrlänge zum Durchmesser, oder das der Gesamthöhe zur Rohrlänge oder sonstigen Abmessungen anders gewählt werden, wodurch aber das Hauptprinzip der Konstruktion nicht berührt wird.

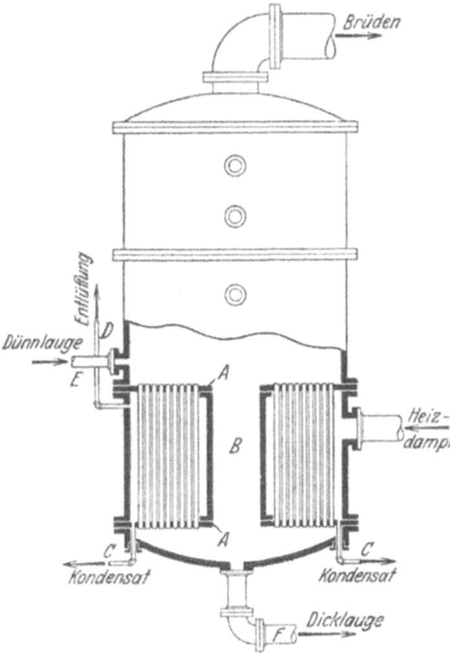

Abb. 96. Normalbauart des Verdampfers mit Vertikalrohren.
A Rohrböden. *B* Fallrohr. *C* Kondensatauslaß, *D* Abzug für nicht kondensierbares Gas. *E* Eintritt der zu verdampfenden Flüssigkeit. *F* Auslaß für eingeengte Flüssigkeit.

Die ersten Vertikalrohrverdampfer waren ohne Fallrohr gebaut worden. Ihre Leistung war aber nicht zufriedenstellend, und man kam sehr bald auf das zentrale Fallrohr. Es wurde dafür dann eine ganze Anzahl verschiedener Anordnungen vorgeschlagen, z. B. Fallrohre verschiedener Querschnittsformen, exzentrisch liegende Fallrohre, mehrere verteilte Fallrohre statt eines einzigen, ganz außerhalb des Verdampferkörpers gelegene Fallrohre und andere Ausführungsformen. Das zentrale Fallrohr bleibt indessen durchaus die Normalkonstruktion. Der „Scott-Verdampfer" verwendet noch verteilte Fallrohre. Der „Webre-Verdampfer" hat spiralige Prallbleche im Dampfraum, um die nicht kondensierten Gase an eine bestimmte Stelle hinzuführen. Die Querschnittsfläche des Fallrohres beträgt gewöhnlich zwischen 75 und 150% der gesamten Querschnittsfläche der Rohre, im allgemeinen wird dieses Verhältnis näher dem ersten Werte als dem letzten gewählt. Die Rohre haben 1—4" im Durchmesser bei 0,76—1,85 m Länge. Im allgemeinen werden Rohre von etwa 2" bevorzugt bei etwa 1,5 m Länge. Das allgemeine Kennzeichen dieser Bauart sind vertikale Rohre, Flüssigkeit innerhalb, Dampf außerhalb der Rohre und ein zentrales Fallrohr.

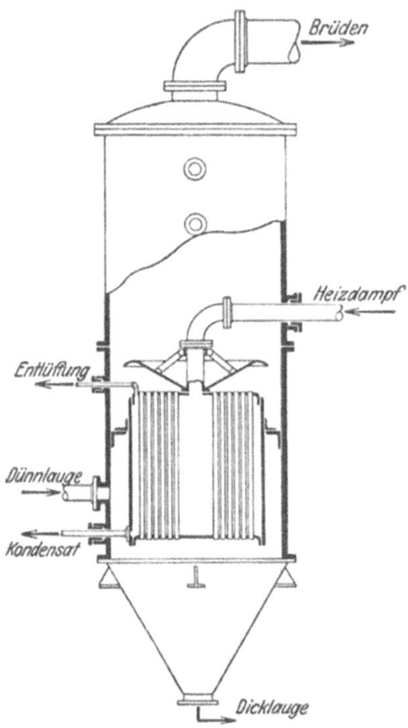

Abb. 97. Vertikalrohrverdampfer mit eingehängtem Heizsystem.

Verdampfer mit eingehängtem Heizsystem (Korbtype). Der erste Verdampfer dieser Bauart wurde im Jahre 1877 hergestellt. Abb. 97 zeigt ein Beispiel. Bei diesem Verdampfer befindet sich ebenfalls die Flüssigkeit innerhalb der Rohre, der Dampf außerhalb, aber der Fallraum ist nicht zentral, sondern ringförmig angeordnet. Bei dieser Konstruktion ist das ganze Heizelement eine Einheit, es kann daher im ganzen zwecks Reparaturen ausgebaut werden. Der Verdampfer in Abb. 97 hat einen konischen Boden, jedoch sind flache Böden bei dieser Type ebenso gebräuchlich. Die Verhältnisse der Rohrabmessungen sind hier etwa dieselben wie bei der Normalbauart mit Vertikalrohren. Der Heizdampf kann so zugeführt werden, wie es Abb. 97 zeigt, oder das Dampfrohr führt senkrecht in der Mitte des Apparates vom Deckel herab, oder es wird von der Seite her durch die Wandung des Körpers geführt etwa an derselben Stelle, wie in Abb. 96 angegeben, jedoch mittels einer Verschraubung durch den Fallraum geführt und an das Heizsystem angeschlossen.

Eine wichtige Eigenschaft des Verdampfers mit eingehängtem Heizsystem ist die leichte Möglichkeit, einen Abweiser anzubringen, der die hochspritzenden Tropfen abfängt. Das Sieden im Vertikalrohrverdampfer geschieht sehr heftig und verursacht Verluste durch Mitreißen von Tropfen. Dies wird durch niedrigen Flüssigkeitsstand begünstigt. Eine Prallplatte, wie in Abb. 97 gezeichnet, vermindert diese Verluste in hohem Maße und kann viel leichter angebracht werden als bei der Normalbauart. Andere Unterschiede zwischen diesen beiden Arten bestehen hauptsächlich in Konstruktionseinzelheiten.

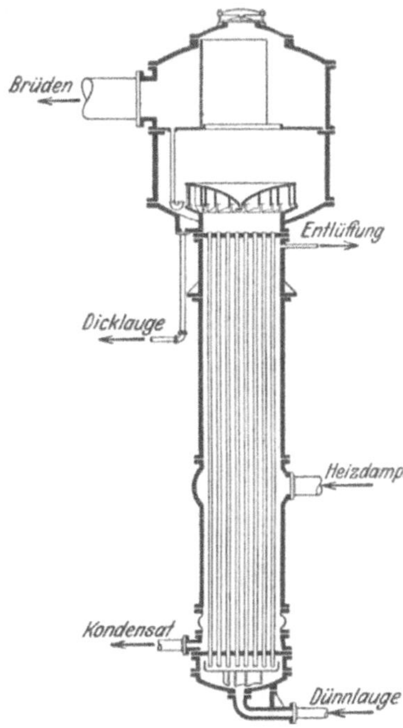

Abb. 98. Kestner-Verdampfer.

Langrohrige Verdampfer. Man hat schon früh erkannt, daß eine hohe Flüssigkeitsgeschwindigkeit günstig ist. Dies ist aus den im Kapitel IV erörterten Tatsachen zu erklären, wo dargelegt wurde, daß der größte Widerstand beim Übergang der Wärme von kondensierendem Dampf durch eine Metallwand zu einer siedenden Flüssigkeit in der Flüssigkeitsgrenzschicht liegt und die Dicke dieser Grenzschicht durch höhere Geschwindigkeiten vermindert wird. Wenn sehr lange Rohre in einem Vertikalrohrverdampfer benutzt werden und niedriger Flüssigkeitsstand gehalten wird, ist die Pumpwirkung der gebildeten Dampfblasen sehr energisch und erzeugt hohe Flüssigkeitsgeschwindigkeiten. Der bekannteste Verdampfer, bei dem diese Wirkung ausgenutzt wird, ist der Kestner-Verdampfer, der im Jahre 1899 patentiert wurde und in Europa große Verbreitung, aber in Amerika nicht recht Eingang fand. Der Kestner-Verdampfer ist in Abb. 98 dargestellt. Der Aufbau ist derselbe wie beim normalen Vertikalrohrverdampfer, bei dem die Flüssigkeit sich innerhalb, der Dampf außerhalb der Rohre befindet. Charakteristisch für ihn ist, daß die Rohre bei einem Durchmesser von $1^1/_4''$ bis $1^1/_2''$ 6—9 m lang sind. Der Flüssigkeitsstand wird niedrig gehalten, nicht mehr als 0,6—0,9 m über dem unteren Rohrboden. Das Gemisch von Dampf und Tropfen verläßt das obere Ende der Rohre mit hoher Geschwindigkeit und trifft auf den Abweiser, der Spiralflügel trägt, wie ein Laufrad einer Kreiselpumpe. Dadurch erhält die Mischung von Dampf und Tropfen eine rotierende Bewegung, welche eine Abscheidung der Flüssigkeitsteilchen infolge der Zentrifugalkraft bewirkt. Die Tropfen sammeln sich und werden abgezogen. Dieser Verdampfer besitzt kein Fallrohr, die Flüssigkeit geht also nur einmal hindurch. Infolgedessen muß die Speisung sehr sorgfältig reguliert werden, weil entweder bei zu reichlicher Speisung die Flüssigkeit nicht genügend konzentriert wird oder bei zu geringer Speisung die oberen Enden der Rohre trocken bleiben.

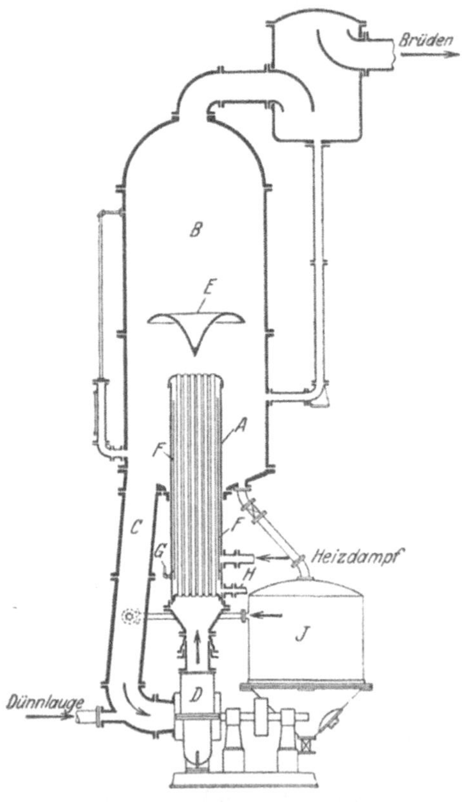

Abb. 99. Verdampfer mit erzwungener Zirkulation. *A* Mantel des Heizelementes. *B* Brüdenraum. *C* Fallrohr. *D* Zirkulationspumpe. *E* Abweiser. *F* Leitblech für Heizdampf. *G* Abzug für nicht kondensierbares Gas. *H* Kondensatauslaß. *J* Salzfänger.

Verdampfer mit erzwungenem Umlauf. Dieser Verdampfer ist in Abb. 99 dargestellt. Die Rohre sind länger und enger als bei der Normalbauart und in einem Heizelement *A* zwischen zwei Rohrwänden befestigt. Das Rohrbündel ragt teilweise in den Brüdenraum *B* hinein. Ein Rücklaufrohr *C* führt vom Brüdenraum zum Einlaufstutzen einer Pumpe *D*, welche die Flüssigkeit mit einer bestimmten Geschwindigkeit in die Rohre drückt. Wenn die Flüssigkeit in den Rohren nach oben steigt, wird sie erhitzt und beginnt zu sieden, so daß Dampf und Flüssigkeit aus den oberen Rohrenden mit großer Geschwindigkeit austreten. Diese Strahlen treffen gegen einen gekrümmten Abweiser *E*, welcher die Flüssigkeit in einem Schleier oder Vorhang nach unten wirft und eine sehr wirksame Trennung von Flüssigkeit und Dampf bewirkt. Der Heizdampfanschluß ist nahe am Boden des Rohrbündels. Der Mantel der Heizkammer trägt innen eine zylindrische Prallplatte *F*, welche sich fast bis an das obere Ende erstreckt. Der Heizdampf steigt zwischen Mantel und Prallplatte nach oben und streicht dann zwischen den Rohren abwärts. Durch diese Dampfführung werden die nichtkondensierbaren Gase nach dem Boden gedrängt, wo sie bei *G* abgezogen werden. Das

Kondensat verläßt die Heizkammer am Boden bei *H*. Dieser Verdampfer ist besonders geeignet für schäumende oder sehr viskose Flüssigkeiten und solche, welche dazu neigen, Ablagerungen fester Stoffe oder Kristalle an den Heizflächen zu bilden. Der Kessel *J* ist ein Salzabscheider und wird später besprochen werden.

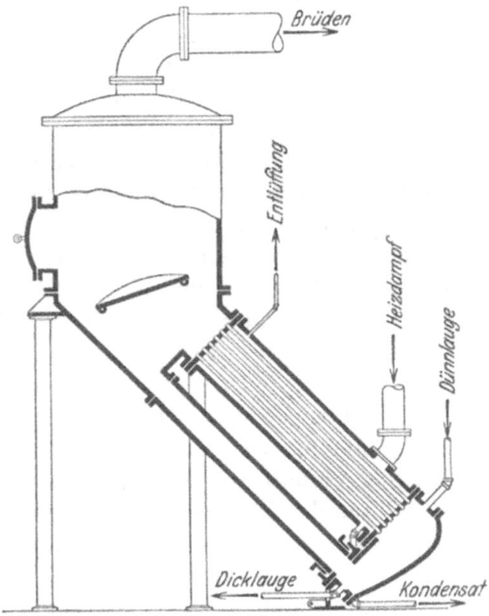

Abb. 100.
Buflovac-Verdampfer mit geneigtem Heizrohrsystem.

Schrägrohrverdampfer. Der einzige Verdampfer dieser Art, der in den Vereinigten Staaten Anwendung findet, ist der Buflovac, der in Abb. 100 dargestellt ist. Der Brüdenraum ist ein vertikaler Zylinder, an dessen Boden sich zwei getrennte geneigte Zylinder anschließen. Der obere von diesen hat einen größeren Durchmesser und enthält das Heizelement, welches aus einer Anzahl verhältnismäßig langer, enger Rohre besteht, die in Rohrböden eingewalzt sind. Dieses Heizelement ist mit den erforderlichen Anschlüssen für Heizdampf, nicht kondensierbares Gas und Kondensat versehen. Der untere Zylinder wirkt als Rücklauf für die Flüssigkeit und führt direkt zur Flüssigkeitskammer, welche die untere Verbindung der beiden schrägen Zylinder bildet. Die siedende Flüssigkeit wird aus den oberen Rohrenden mit erheblicher Geschwindigkeit ausgeworfen und trifft auf ein Prallblech, welches die Flüssigkeit vom Brüden scheidet. Erstere läuft durch den unteren Zylinder zurück und wird so im Kreislauf geführt. Dieser Verdampfer ist bei schäumenden Flüssigkeiten mit Erfolg angewendet worden.

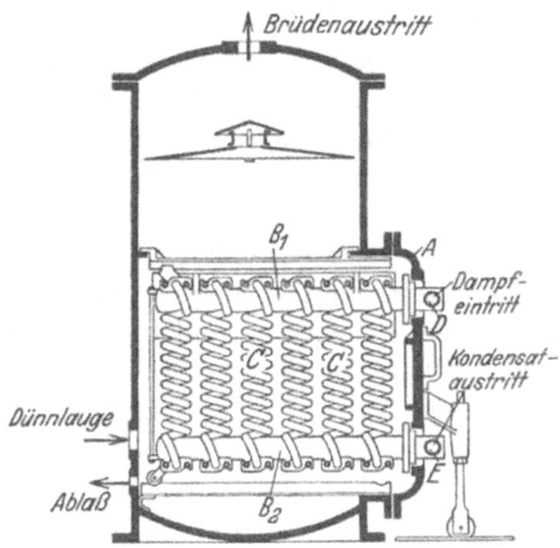

Abb. 101. Griscom-Russell-Verdampfer.
A Deckel. B_1, B_2 Verteiler. *C* Heizschlangen. *D* Dampfeintritt. *E* Kondensatauslaß.

Verdampfer mit Heizschlangen. Es ist eine ganze Anzahl verschiedener Konstruktionen von Spezialverdampfern entwickelt worden, bei welchen die Rohre nicht gerade, sondern gebogen sind, U-förmig oder in irgendeiner anderen Weise. Wenige dieser Verdampfer haben eine weite Verbreitung gefunden, nur der Griscom-Russel-Verdampfer ist als Apparat zur Wasserdestillation für Speisewasserzwecke sehr bekannt. Ein anderer Verdampfer mit gewundenen Rohren, der in den Vereinigten Staaten benutzt wird, ist der Verdampfer, den man in der Endstufe beim Eindicken der Zuckersäfte benutzt und als Vakuumpfanne oder „strike pan" kennt.

Der Griscom-Russel-Verdampfer ist in Abb. 101 dargestellt. Ein vertikales zylindrisches Gehäuse ist an einer Seite durch den Deckel A verschlossen. Im Innern des Gehäuses befinden sich an diesem Deckel zwei gußeiserne Kopfstücke B_1 und B_2. Zwischen diesen ist eine Anzahl von spiralig gewundenen Schlangen C aus Kupferrohr befestigt. Das Rohr dieser Schlangen hat einen Durchmesser von etwa $^3/_4''$, die Spiralen selbst etwa 150 mm. Die Anschlüsse für den Heizdampf liegen außerhalb des Deckels, so daß der Dampf in das obere Kopfstück B_1 bei D eintritt und durch die Schlangen strömt. Das Kondensat wird aus dem unteren Kopfstück B_2 bei E abgezogen. Die besondere Eigenschaft dieses Verdampfers ist die, daß etwa gebildeter harter Niederschlag von den Schlangen durch Abschrecken entfernt werden kann, indem man den Heizdampf abstellt und kaltes Wasser in die Schlangen eintreten läßt. Die durch die Temperaturveränderung bedingte Bewegung in den Schlangen sprengt den Niederschlag ab, wenn er spröde ist. Dieser Verdampfer ist nur zur Destillation von Wasser benutzt worden.

Die Zuckerpfanne hat ein vertikales zylindrisches Gehäuse von etwa 2,4—3,65 m Durchmesser. In diesem Gehäuse ist eine Anzahl von Kupferrohrschlangen von etwa 100 mm Durchmesser so dicht aneinander wie möglich untergebracht. Diese Schlangen sind außerhalb des Gehäuses an ein Dampfverteilungsstück angeschlossen. Jede Schlange ist mit einem besonderen Regulierventil versehen, so daß sie für sich eingestellt werden kann. Diese Form des Verdampfers besitzt keine besonderen Vorteile und hält sich in der Zuckerindustrie nur noch aus Tradition. In Europa findet man sie nicht häufig, in den Vereinigten Staaten ist sie jedoch allgemein im Gebrauch.

Verdampferleistung.

Im Kapitel IV wurde gesagt, daß die Leistung eines jeden Wärmeaustauschers sich als Produkt von drei Faktoren ergibt: 1. der Größe der Heizfläche, 2. dem Temperaturunterschied und 3. dem Wärmedurchgangskoeffizienten.

Die Größe der Heizfläche ist durch die Konstruktion des Apparates gegeben. Der wirksame Temperaturabfall von einer Seite der Heizfläche zur anderen hängt in einem Verdampfer von folgendem ab: Erstens der Lösung, die verdampft werden soll; zweitens der Druckdifferenz zwischen Dampfraum und Brüdenraum über der siedenden Flüssigkeit; und drittens der Flüssigkeitshöhe über der Heizfläche. Wenn die Lösung die Eigenschaften reinen Wassers hat, kann der Siedepunkt den Dampftabellen entnommen werden, falls der Druck im Brüdenraum bekannt ist, ebenso wie die Temperatur des kondensierenden Dampfes in der Dampfkammer aus den Dampftabellen bestimmt werden kann. In praxi wird indessen diese Berechnung mehr oder weniger durch zwei Faktoren beeinflußt: Erstens durch die Erhöhung des Siedepunktes und zweitens die hydrostatische Höhe.

Faktoren, welche die Temperaturdifferenz beeinflussen.

Siedepunktserhöhung. Dührings Regel. Der erste Faktor, der die Temperaturdifferenz beeinflußt, ist die Eigenschaft der Lösungen, einen niedrigeren Dampfdruck zu haben als Wasser derselben Temperatur. Infolgedessen liegt der Siedepunkt solch einer Lösung bei gleichem Drucke höher als bei reinem Wasser. Die Siedepunkterhöhung kann bei konzentrierten Lösungen anorganischer Salze bis zu 83° C betragen. Wie man am besten aus folgendem Zahlenbeispiel erkennt, ist die Siedepunktserhöhung von der erreichbaren Temperaturdifferenz in voller Höhe abzusetzen.

Wird z. B. ein Verdampfer mit Heizdampf von 1,7 ata geheizt und im Brüdenraum ein Vakuum von 660 mm Hg aufrecht erhalten, so würde beim Verdampfen reinen Wassers dem Druck im Brüdenraum eine Temperatur von 51,7° C entsprechen, während aus dem Drucke im Heizraum sich eine Temperatur von 115° C ergibt. Die erreichbare Temperaturspanne beträgt also 63,3° C.

Wenn an Stelle des Wassers eine gesättigte Salzsole siedet, liegt der einem Vakuum von 660 mm Hg entsprechende Siedepunkt nicht bei 51,7° C, sondern bei 58,3° C. Dadurch ermäßigt sich die mögliche Temperaturspanne von 63,3° C auf 56,7° C, also um etwa 10% gegenüber dem Betrage bei reinem Wasser. Da in der Mehrzahl der Fälle Verdampfer mit geringeren Druckunterschieden betrieben werden, als in obigem Beispiel angenommen, wird auch der prozentuale Verlust im allgemeinen größer. Viele Lösungen, die handelsüblich eingedampft werden, haben eine größere Siedepunkterhöhung als Kochsalz, so daß die Wirkung der Siedepunkterhöhung entsprechend vergrößert wird.

Für starke Lösungen ist kein Gesetz bekannt, nach welchem die Siedepunkterhöhung berechnet werden könnte. Man kann indessen eine brauchbare, empirisch gewonnene Regel benutzen, die als Dührings

Regel bezeichnet wird. Nach diesem Gesetz ergibt sich für eine bestimmte Konzentration einer Lösung eine gerade Linie, wenn ihr Siedepunkt über dem Siedepunkt reinen Wassers bei gleichem Drucke aufgetragen wird. Für verschiedene Konzentrationen erhält man verschiedene Linien, aber alle diese Linien sind innerhalb der durch die Genauigkeit der Daten gegebenen Grenzen gerade, wenn sie auch nicht parallel sind. In Abb. 102 ist eine Anzahl der „Düringlinien" für

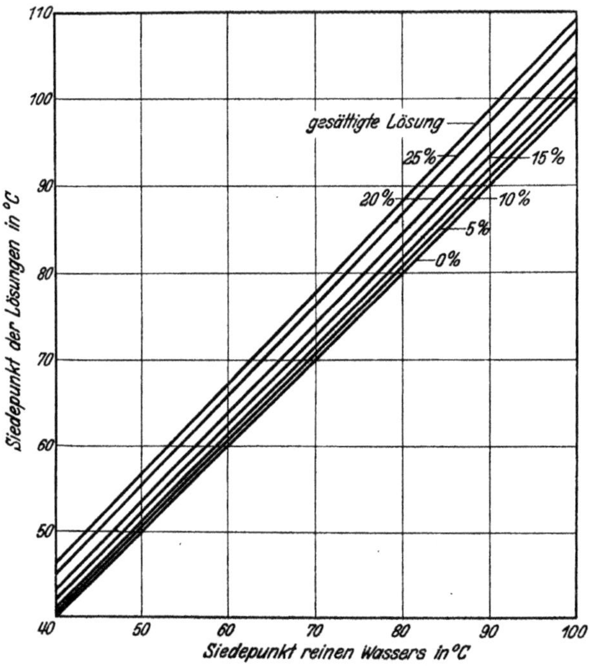

Abb. 102. Siedepunkte von Kochsalzlösungen.

Lösungen von Natriumchlorid in Wasser gezeichnet. Wie dieses Diagramm verwendet wird, wird am besten durch ein Beispiel erläutert: Wenn der Druck über einer 25%igen Kochsalzlösung so groß ist, daß Wasser bei 82,2° C sieden würde, so findet man den Siedepunkt der Lösung bei diesem Drucke als Ordinate der 25%-Linie über der Abszisse 82,2° C zu 88,8° C; die Siedepunktserhöhung beträgt mithin 6,6° C.

Schätzung von latenten Wärmen nach Dührings Regel. Dührings Regel kann auch benutzt werden, um unbekannte, latente Verdampfungswärmen abzuleiten[1]. Wenn Θ die absolute Siedetemperatur der Lösung oder fraglichen Flüssigkeit ist, Θ_w die absolute Siedetemperatur von Wasser bei demselben Druck, Q die latente Verdampfungswärme der Flüssigkeit, und Q_w die latente Verdampfungswärme von Wasser bei

[1] Principles of Chemical Engineering 2. Ausgabe S. 433.

den absoluten Temperaturen Θ bzw. Θ_w, so läßt sich zeigen, daß

$$Q = Q_w \frac{\Theta^2 d\Theta_w}{\Theta_w^2 d\Theta}. \tag{82}$$

Die Neigung der Dühring-Linie ist $\frac{d\Theta_w}{d\Theta}$. In jedem Falle, wo zwar die Dühring-Linien, aber nicht die Verdampfungswärmen bekannt sind, kann die Neigung der Linie dem Diagramm entnommen, in der Gleichung (82) eingesetzt und die unbekannte latente Wärme Q berechnet werden. Gleichung (82) gilt mit der Genauigkeit des Gasgesetzes, angewendet auf die Dämpfe von Wasser und Lösung. Das spezifische Volumen der Flüssigkeit ist im Vergleich zu dem des Dampfes vernachlässigt.

Der Einfluß der hydrostatischen Höhe. Wenn der Flüssigkeitsstand in einem Verdampfer merklich hoch ist, bezieht sich der durch den Druck über der Flüssigkeitsoberfläche bestimmte Siedepunkt allein auf die oberste Flüssigkeitsschicht. Ein Flüssigkeitsteilchen x m unterhalb der Oberfläche steht unter dem Druck des Brüdenraumes vermehrt um den Druck von x m Flüssigkeitssäule und hat infolgedessen einen höheren Siedepunkt. In praxi liegt daher in jedem Verdampfer der mittlere Siedepunkt des Gesamtinhaltes über dem dem Druck im Brüdenraum entsprechenden. Diese Siedepunktserhöhung geht auf Kosten der Temperaturdifferenz an der Heizfläche und verursacht infolgedessen eine Verminderung der Leistung.

Die Größe dieser Wirkung macht man sich oft nicht klar. Angenommen, daß der Verdampfer 1,25 m lange Rohre und die siedende Flüssigkeit ein spezifisches Gewicht 1 habe, daß ferner im Brüdenraume ein Druck von 1 ata herrsche, so wird der Siedepunkt der Oberflächenschicht diesem Drucke von 760 mm Hg entsprechend bei 100 ° C liegen. Am unteren Ende der Rohre wird der Druck aber um 1,25 m Wassersäule oder etwa 92 mm Hg größer sein. Der Gesamtdruck am unteren Ende der Rohre beträgt also 852 mm Hg, welchem Druck ein Siedepunkt von 103,3° C entspricht. Die Erhöhung des Siedepunktes beträgt also 0° C am oberen, 3,3° C am unteren Ende der Rohre, oder im Mittel 1,65° C für den ganzen Apparat. Wenn der absolute Druck im Brüdenraum nur 122 mm Hg ist, beträgt also der Gesamtdruck am oberen Ende der Rohre 122 mm Hg, am unteren aber 214 mm Hg. Diesen Drücken entsprechen Siedepunkte von 52° C oben und 65,5° C unten, es ergibt sich also eine mittlere Siedepunktserhöhung von etwa 7° C. Es geht ferner aus diesem Beispiel hervor, daß der Einfluß des hydrostatischen Druckes der Flüssigkeitshöhe um so fühlbarer wird, je niedriger der Druck im Brüdenraum ist.

Es ist nicht möglich, den Einfluß dieser Siedepunktserhöhung auf die Verdampferleistung quantitativ rechnungsmäßig zu bestimmen.

Betrachten wir z. B. einen Verdampfer der Normalbauart. Wenn die Flüssigkeit aus den Rohren hervorschießt, stellt sich bei dem Druck des Brüdenraumes Gleichgewicht mit dem Dampfdruck ein, und die Flüssigkeit nimmt die entsprechende Temperatur an. Die natürliche Zirkulation im Apparat bringt diese Flüssigkeit durch das Fallrohr nach unten in die Rohre. Wenn sie also von unten in die Rohre eintritt, hat sie die Temperatur des Kochraumes und nicht die Temperatur, die dem Drucke am unteren Ende der Rohre entsprechen würde. Sie befindet sich also unterhalb des Siedepunktes. Wenn sie nun beim Aufsteigen in den Rohren geheizt wird, nimmt gleichzeitig fortlaufend der Druck ab. Bei einer gewissen Höhe im Rohre beginnt sie also zu sieden. Von da bis zum oberen Ende der Rohre fällt der Druck allmählich bis auf den des Brüdenraumes. Während dieses Vorganges verdampft die Flüssigkeit teilweise und ihre Temperatur fällt auf die dem jeweiligen Drucke entsprechende. Die tatsächliche Verminderung der Temperaturdifferenz, verglichen mit der, die aus dem Siedepunkt der Oberflächenschicht berechnet ist, ist daher in ihrer Größe nicht bestimmbar, aber kleiner als in dem Zahlenbeispiel oben errechnet. Wenn es auch nicht möglich ist, die Wirkung der hydrostatischen Höhe der Flüssigkeit genau zu erfassen, so sollte doch ihr qualitativer Einfluß besonders bei langen Rohren und hohem Flüssigkeitsstand beachtet werden.

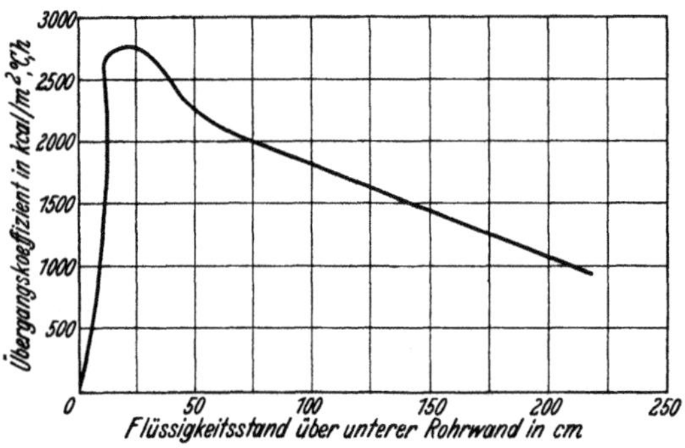

Abb. 103. Beziehung zwischen Wärmeübergangskoeffizient und Flüssigkeitsstand im Vertikalrohrverdampfer.

Abb. 103 zeigt die Wirkung des Flüssigkeitsstandes auf die Leistung eines Vertikalrohrverdampfers mit eingehängtem Heizsystem ähnlich Abb. 97[1]. Diese Kurve wurde an einem Verdampfer mit 765 mm langen Rohren ermittelt. Sie zeigt, wie eine Erhöhung des Flüssigkeitsstandes den Wärmeübergangskoeffizienten scheinbar verringert. In Wahrheit wird die Temperaturspanne vermindert, da aber bei der Aufzeichnung der Kurve alle Übergangskoeffizienten auf dieselbe Temperaturspanne bezogen wurden, zeigt sich der Einfluß der hydrostatischen Höhe in einer Verkleinerung des Koeffizienten. Die hier benutzte Rechnungsmethode wird allgemein für Verdampfer angewendet. Sie verwendet gewisse Begriffe, welche hier geklärt werden müssen.

[1] Badger u. Shepard: Trans. Amer. Inst. chem. Engr. Bd. 13 I (1920) S. 139—149.

Scheinbare Temperaturspanne — scheinbare Koeffizienten. Es ist verhältnismäßig leicht, die Dampfdrücke im Brüdenraum oder im Heizdampfraum mit genügender Genauigkeit zu messen; es ist aber nicht so leicht, die Temperaturen an diesen Stellen mit gleicher Genauigkeit zu bestimmen. Es ist schwierig, im Verdampfer gebräuchlicher Bauart die Flüssigkeitstemperatur an anderen Stellen als am Boden oder der Flüssigkeitsoberfläche zu messen. Infolgedessen wird die Temperaturdifferenz in einem Verdampfer gewöhnlich nicht nach den gemessenen, sondern nach den aus den Dampfdrücken mittels Dampftabellen berechneten Temperaturen bestimmt. Wenn die Temperaturen der Flüssigkeit und des Dampfes auf diese Weise bestimmt sind, nennt man die Differenz die „scheinbare Temperaturdifferenz", und der auf Grund dieser Temperaturdifferenz berechnete Übergangskoeffizient heißt der „scheinbare Koeffizient".

Diese Rechnungsweise vernachlässigt die Wirkung obiger zwei Faktoren auf die Temperaturdifferenz, der Siedepunktserhöhung und der hydrostatischen Flüssigkeitshöhe. Sie gründet sich auf eine Temperaturspanne, die vorhanden wäre, wenn keiner dieser Faktoren wirkte. In den Resultaten, die sich aus dieser Rechnungsweise ergeben, zeigt sich die Wirkung dieser Faktoren in zu kleinen Werten der Durchgangskoeffizienten und nicht in verminderten Temperaturdifferenzen.

Faktoren, die die Wärmeübertragung beeinflussen.

Aus Gleichung 53 geht hervor, daß die gesamte übertragene Wärme von der Temperaturdifferenz und dem Koeffizienten abhängt. Erstere ist oben behandelt worden. Die verschiedenen Faktoren, welche den Gesamtkoeffizienten bestimmen, können in zwei Klassen eingeteilt werden: Solche, welche den Wärmeübergang auf der Dampfseite und solche, welche ihn auf der Flüssigkeitsseite beeinflussen.

Wärmeübergangskoeffizient auf der Dampfseite. Der auf den Koeffizienten der Dampfseite ausgeübte Einfluß von Temperaturdifferenz, Dampfgeschwindigkeit, Dampfdichte und Anwesenheit nicht kondensierbarer Gase ist oben auf S. 102 diskutiert worden. Alle dort gemachten Feststellungen gelten auch für die Verdampfer. Es ist interessant, die verschiedenen Verdampfertypen in dieser Richtung zu untersuchen. Die Temperaturspanne und Dampfdichte sind durch die Betriebsverhältnisse gegeben, nicht durch die Verdampferkonstruktion. Die Abführung der nicht kondensierbaren Gase ist aber durchaus abhängig von der Bauart des Verdampfers. In den Verdampfern mit vertikalen Rohren mit zentralem Fallrohr sowohl, wie auch mit eingehängtem Heizsystem ist der Weg des Heizdampfes nicht vorgezeichnet, die Dampfgeschwindigkeit ist verhältnismäßig niedrig, und die nichtkondensierbaren Gase werden nicht an allen Stellen gleichmäßig gut abgeschieden. Wenn man eine Anzahl von Thermometern in den Dampfraum eines Verdampfers mit zentralem Fallrohr einführt, findet man, daß die Temperaturen schnell und unregelmäßig, oft um mehrere Grade schwanken. Dies hat seinen Grund in Wirbeln und Kreuzströmungen, welche Wolken nicht kondensierbarer Gase auf unregelmäßigem Wege durch den Dampfraum führen. Die nichtkondensierbaren Gase werden aus solchen Verdampfern gewöhnlich durch Anschlüsse abgezogen, die dicht unter dem oberen Rohrboden, soweit als möglich vom Heizdampfeinlaß entfernt sitzen. Bei großen Verdampfern werden auch mehrere Anschlüsse vorgesehen. Diese Anschlüsse führen zu irgendeinem Raum, in welchem ein geringerer Druck herrscht als im Heizdampfraum, z. B. in die freie Atmosphäre, wenn der Dampfdruck im Heizraum größer als der atmosphärische Druck ist. Ist er geringer, kann man die Entlüftungen an den Kochraum über der siedenden Flüssigkeit oder den Kondensator anschließen. Permanente Gase können auch durch die Kondensatwege abgeführt werden, die weit genug sein sollten, so daß sie von Kondenswasser niemals ganz erfüllt werden. Manchmal werden Leitbleche im Dampfraum eines Vertikalrohrverdampfers angeordnet, um dem Dampf einen bestimmten Weg vorzuschreiben und dadurch die nicht kondensierten Gase nach einem Punkt zu leiten.

Im Horizontalrohrverdampfer ist der Weg des Dampfes vorgeschrieben, seine Geschwindigkeit ist hoch, und daher werden die nicht kondensierten Gase richtig in die Kondensatkammer geführt. Von hier können sie auf gleiche Weise wie oben für den Vertikalrohrverdampfer geschildert, abgeführt werden. Die der Kestner- und Yaryan-Bauart ähnlichen Verdampfer und die Schrägrohrapparate haben lange zylindrische Dampfräume. Wenn der Dampf an dem einen Ende zugeführt wird und die nicht kondensierbaren Gase am anderen Ende abgeführt werden, ist der Weg des Dampfes einigermaßen bestimmt und die Abführung der Luft vollständig. Beim Verdampfer mit erzwungener Zirkulation ist der Weg des Dampfes vorgeschrieben ausdrücklich zu dem Zwecke, die nichtkondensierten Gase nach einer bestimmten Stelle zu spülen, wo sie abgezogen werden können.

Koeffizient der Flüssigkeitsseite. Die drei wichtigsten Faktoren, welche den Wärmeübergangskoeffizienten auf der Flüssigkeitsseite bestimmen, sind a) die Geschwindigkeit, b) die Viskosität der zu verdampfenden Flüssigkeit, ferner c) die Beschaffenheit der Heizfläche. In Kapitel IV wurde gesagt, daß die Geschwindigkeit des strömenden Mediums an der Heizfläche großen Einfluß auf den durch Leitung und Konvektion stattfindenden Wärmeübergang hat. Dies gilt auch für den Spezialfall einer siedenden Flüssigkeit. Bei dem gewöhnlichen Verdampfer, in welchem die Zirkulation auf dem natürlichen Auftrieb beruht, hängt die Geschwindigkeit in erster Linie von der Gestalt, Größe und geometrischen Verteilung der Heizfläche in bezug auf den Kochraum ab. Unter solchen Umständen ist es nicht möglich, über die Größe der Zirkulation der siedenden Flüssigkeit etwas Genaues im voraus auszusagen. Es ist bekannt, daß auch Viskosität und Dichte eine Rolle spielen, ferner die je Zeiteinheit durch die Heizfläche übergehende Wärme, da von letzterer der Grad der Dampfblasenbildung und die Intensität des Wallens abhängt. Da diese Faktoren nicht zu trennen sind, konnten auch keine Gesetze hierfür entwickelt werden.

Die Viskosität übt neben der Zirkulation oder Geschwindigkeit einen besonderen Einfluß aus, analog dem, den sie auch bei der Wärmeübertragung von einer Metallwand auf eine nichtsiedende Flüssigkeit ausübt. Bei gleicher Geschwindigkeit der Flüssigkeit wird mit der Zunahme der Viskosität die haftende Flüssigkeitsgrenzschicht dicker und der Wärmeübergangskoeffizient kleiner. Wiederum ist es beim gewöhnlichen Verdampfer mit natürlicher Zirkulation nicht möglich, den Einfluß der Viskosität von dem der anderen Faktoren zu trennen, da ja die Viskosität nicht geändert werden kann, ohne gleichzeitig auch die Zirkulation zu ändern.

Der Zustand der Heizfläche hat, wie nachgewiesen wurde[1], einen überraschenden Einfluß auf den Koeffizienten. Je rauher die Heizfläche, um so kleiner ist der Koeffizient. Eine sehr geringe Zunahme der Rauheit bewirkt bereits eine erhebliche Verminderung des Koeffizienten. Die Erklärung dafür ist ziemlich schwierig, doch beruht die Erscheinung wahrscheinlich auf einer anormalen Bildung der Flüssigkeitsgrenzschicht.

Die Konstruktion des Verdampfergehäuses hat erheblichen Einfluß auf den Wärmeübergangskoeffizienten der Wasserseite. Z. B. ist in dem Verdampfer mit horizontalen Rohren gewöhnlicher Bauart die Zirkulation an einem Ende des Rohrbündels hauptsächlich aufwärts, am anderen hauptsächlich abwärts gerichtet. Die Anordnung der Heizfläche ist bei dieser Bauart für eine energische Zirkulation nicht besonders günstig, daher ist, wenn solche Bedingungen vorliegen, der Wärmeübergangskoeffizient an der Flüssigkeitsgrenzschicht klein. Man erhält unter sonst gleichen Bedingungen im Verdampfer mit Horizontalrohren einen kleineren Gesamtkoeffizienten als im Verdampfer mit vertikalen Rohren. Hier bewirkt das Sieden in den Rohren durch die Beschleunigung, die durch die Entwicklung der Dampfblasen hervorgerufen ist, eine sehr energische Zirkulation. Die großen Fallräume, entweder zentral oder am Umfang liegend, ermöglichen einen vollkommen geschlossenen Kreislauf, und daher ist die Zirkulation in einem Verdampfer mit Vertikalrohren verhältnismäßig groß im Vergleich mit der Horizontalrohr-

[1] Pridgeon u. Badger: Ind. Engng. Chem. Bd. 16 (1924) S. 474.

type. Der Wärmeübergangskoeffizient auf der Wasserseite ist beim Verdampfer mit erzwungener Zirkulation viel größer als bei natürlicher Zirkulation. Dies ist der ausschlaggebende Grund für die Anwendung der künstlichen Zirkulation.

Gesamtkoeffizient. Obwohl den Wärmeübergangserscheinungen am besten beizukommen ist, wenn der Gesamtwiderstand in die Einzelwiderstände der verschiedenen Schichten aufgelöst wird, ist dies bei der Behandlung des Wärmeüberganges in Verdampfern nicht durchgeführt worden. Die Wirkung der einzelnen Faktoren, die den Übergangskoeffizienten der Wasserseite bestimmen, ist in praxi der Größe nach nicht bekannt, auch die Bestimmung der relativen Größe der einzelnen Koeffizienten der verschiedenen Schichten ist selten durchgeführt worden. Immer wird allein der Gesamtkoeffizient benutzt. Der Grund hierfür ist der, daß es sehr schwierig ist, die Temperatur der Rohrwandung in einem Verdampfer zu bestimmen und der Gesamtkoeffizient daher nicht in seine Komponenten zerlegt werden kann.

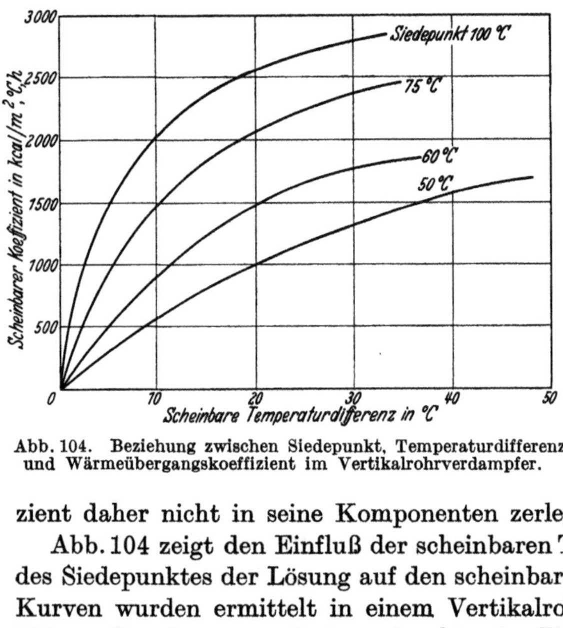

Abb. 104. Beziehung zwischen Siedepunkt, Temperaturdifferenz und Wärmeübergangskoeffizient im Vertikalrohrverdampfer.

Abb. 104 zeigt den Einfluß der scheinbaren Temperaturdifferenz und des Siedepunktes der Lösung auf den scheinbaren Koeffizienten[1]. Diese Kurven wurden ermittelt in einem Vertikalrohrverdampfer von etwa 765 mm Durchmesser mit einer eingehängten Heizkammer, die 24 Rohre von etwa 50 mm Durchmesser bei etwa 1250 mm Länge enthielt. Die Flüssigkeit beim Versuch war Wasser. Die Koeffizienten steigen mit der Temperaturdifferenz, weil mit zunehmender Temperaturdifferenz auch die übergehende Wärme zunimmt und das Sieden heftiger wird. Daher erhöht eine größere Temperaturdifferenz die Leistung eines Verdampfers nicht nur, weil der Faktor $\Delta\ \vartheta$ der Gleichung (53) größer wird, sondern auch, weil der Koeffizient wächst. Der Koeffizient nimmt ferner mit der Erhöhung des Siedepunktes zu, weil bei höher liegendem Siedepunkt die Viskosität der Flüssigkeit kleiner ist als bei niedrigem.

Abb. 105 zeigt die Wirkung der Viskosität. Zur Herstellung dieses

[1] Badger u. Shepard: Trans. Amer. Inst. chem. Engr. Bd. 13 I (1920) S. 101—137.

Schaubildes wurden die scheinbaren Koeffizienten aus Abb. 104 zunächst schätzungsweise nach der hydrostatischen Höhe korrigiert, indem mittlere Siedepunkte eingeführt wurden, die nach der auf S. 139 gegebenen Methode berechnet waren.

Das Produkt aus diesen korrigierten Koeffizienten und der Viskosität wurde über den scheinbaren Temperaturdifferenzen auf logarithmischem Papier aufgetragen. Man bemerkt, daß die Kurven, welche verschiedenen Siedepunkten entsprechen, sehr nahe zusammenfallen. Von den bei dem Siedepunkt 100° C erhaltenen Resultaten, in Abb. 105 die am tiefsten liegende Kurve, weiß man, daß sie infolge von Ablagerungen auf der Heizfläche zu klein ausgefallen sind. Die dem Siedepunkt 50° C entsprechende Kurve liegt vermutlich ebenfalls zu niedrig, weil infolge schlechter Entlüftung zuviel Luft im Dampf war. Berücksichtigt man dies für die beiden niedrigerliegenden Kurven, so ist die interessante Tatsache festzustellen, daß alle Kurven zweifellos sehr nahe beieinander liegen müssen. Wenn also die Korrektur der Abb. 104 nach der hydrostatischen Höhe und Viskosität die Kurven zum Decken gebracht hat, so folgt weiter, daß die Hauptursache für die Änderung des Wärmeübergangskoeffizienten mit dem Siedepunkt in der Änderung der Viskosität zu sehen ist.

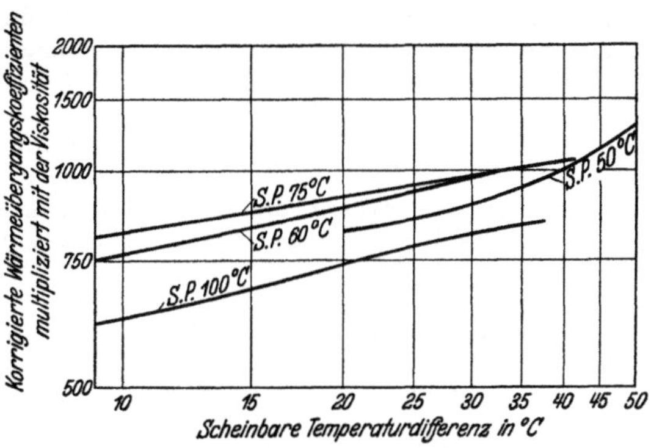

Abb. 105. Daten der Abb. 104 korrigiert nach Viskosität und hydrostatischer Höhe.

Die Kurven der Abb. 104 und 105 können dazu benutzt werden, den Wärmeübergangskoeffizienten für jeden Siedepunkt und jede Temperaturspanne zu ermitteln, jedoch nur für diesen untersuchten Verdampfer beim Verdampfen von destilliertem Wasser oder einer gleichartigen Flüssigkeit. Die Resultate auf andere Verdampfer und andere Lösungen zu übertragen, ist nicht angängig, und in den meisten Fällen werden die Koeffizienten empirisch bestimmt.

Verdampferberechnung. Einfacheffekt.

Für die Berechnung der Verdampfer stehen drei Beziehungen zur Verfügung. Diese sind:

1. Stoffbilanz,
2. Wärmebilanz,

3. die Leistungsgleichung $\frac{Q}{t} = \varkappa F \Delta \vartheta$, worin

$\frac{Q}{t}$ = durch die Heizfläche übergehende Wärme in kcal je h,

F = Heizfläche in m^2,

$\Delta \vartheta$ = Temperaturdifferenz zwischen beiden Seiten der Heizfläche,

$\varkappa$ = Gesamtkoeffizient.

Die Anwendung dieser Beziehungen in der Berechnung wird am besten an Hand von typischen Beispielen gezeigt.

Beispiel 12. Eine Lösung organischer Kolloide soll in einem einfach wirkenden Verdampfer von 10 auf 50% Feststoffgehalt eingedampft werden. Der zur Verfügung stehende Heizdampf hat einen Überdruck von 1,05 kg/cm² (120,5° C), im Kochraum wird ein Vakuum von 660 mm Hg aufrecht erhalten. Dieser Druck entspricht einer Temperatur von etwa 52° C. Es werden 25 t je Stunde in den Verdampfer eingeführt. Der Gesamtwärmeübergangskoeffizient kann mit 2440 kcal/m² °C/h angenommen werden. Das Kondensat verläßt den Verdampfer mit einer Temperatur von 79,5° C, die Lösung hat eine vernachlässigbare Siedepunktserhöhung. Zu berechnen sind Heizfläche und Dampfverbrauch, wenn die Temperatur der gespeisten Lösung ist a) 52° C, b) 21° C, c) 93° C.

Die spezifische Wärme der Lösung ist 0,90, die Verdampfungswärme kann gleich der des Wassers angenommen werden. Ausstrahlung mag vernachlässigt werden.

L ö s u n g. a) Speisetemperatur 52° C. Die zu verdampfende Wassermenge berechnet sich aus der verlangten Endkonzentration und der Menge der dünnen Lösung. Die gespeiste Lösung enthält $\frac{90}{10} = 9$ kg Wasser auf 1 kg Feststoff. Die eingedickte Lösung enthält $\frac{50}{50} = 1$ kg Feststoff. Es müssen also 9—1 = 8 kg Wasser je kg Feststoff oder $8 \cdot 25000 \cdot 0{,}1 = 20000$ kg Wasser je Stunde verdampft werden. Die stündliche Menge der eingedickten Lösung beträgt 25000 — 20000 = 5000 kg.

Nunmehr kann eine Wärmebilanz aufgestellt werden. Da die niedrigste vorkommende Temperatur 52° C beträgt, braucht keine Wärme unterhalb dieser Temperaturgrenze berücksichtigt zu werden. Anders ausgedrückt: 52° C ist die Bezugstemperatur. In Worten lautet die Wärmebilanz: Mit Heizdampf eingehende Wärme plus mit Dünnsaft eingehende Wärme gleich mit Brüden abgehende Wärme plus mit Dicksaft abgehende Wärme plus mit Kondensat abgehende Wärme.

Wenn G das Heizdampfgewicht je Stunde ist und nach den Dampftabellen für 1,05 atü (120,5° C) die Verdampfungswärme 526 kcal/kg beträgt, so wird:

die mit Heizdampf eingehende Wärme $W_1 = G\,[526 + (120{,}5 - 52)] = 594{,}5\,G$,

die mit Dünnsaft eingehende Wärme $W_2 = 0$ (da mit Bezugstemperatur eingehend),

mit Brüden abziehende Wärme $W_3 = 20000 \cdot 566 = 11320000$ kcal,

mit Dicksaft abgehende Wärme $W_4 = 0$ (da mit Bezugstemperatur abgehend),

mit Kondensat abgehende Wärme $W_5 = G\,(79{,}5 - 52) = 27{,}5\,G$.

Die Gleichung der Wärmebilanz lautet daher:

$$W_1 + W_2 = W_3 + W_4 + W_5$$
$$594{,}5\,G = 11320000 + 27{,}5\,G$$
$$567\,G = 11320000$$
$$G = 20000.$$

Heizfläche: Sie wird berechnet nach der Gleichung:

$$\frac{Q}{t} = \varkappa \cdot F \cdot \Delta\vartheta .$$

$\frac{Q}{t}$ ist die je Stunde durch die Heizfläche übergehende Wärme.

Die einzige Schwierigkeit ist hierbei die Bestimmung des für $\Delta\vartheta$ einzusetzenden Wertes. Der Dampf kondensiert bei 120,5° C und das Kondensat geht mit 79,5° ab. Die Flüssigkeit wird mit der Siedetemperatur von 52° gespeist. Der Dampf gibt je kg beim Kondensieren bei 120,5° C, 526 kcal und beim Abkühlen auf 79,5° C 41 kcal ab. Die beim Kondensieren abgegebene Wärme ist im Verhältnis zu der bei der Abkühlung abgegebenen Wärme so groß, daß die Abkühlung im allgemeinen bei der Berechnung der Temperaturdifferenz vernachlässigt wird. Es sei hier besonders darauf hingewiesen, daß die Wärmeübergangskoeffizienten bei Verdampferberechnungen ganz allgemein auf die Temperaturdifferenz zwischen dem kondensierenden Heizdampf und der siedenden Flüssigkeit bezogen werden.

$$11\,320\,000 \text{ kcal} = 2440 \cdot F \cdot (120{,}5 - 52)$$

$$F = 67{,}7 \text{ m}^2.$$

b) Speisetemperatur 21° C. Stoffbilanz wie bei Fall a.

Wärmebilanz. Nur die Größe W_2 ist gegen Fall a geändert. Die Bezugstemperatur wird beibehalten, Wärmemengen bei geringerer Temperatur werden dann negativ gerechnet. Dann wird $W_2 = -25000 \cdot 0{,}9 \cdot (52 - 21) = -695000$ kcal.

Die Wärmebilanz lautet: $G \cdot 594{,}5 - 695\,000 = 11\,320\,000 + 27{,}5\, G$

$$567\, G = 12\,015\,000$$

$$G = 21\,200.$$

Der gegen Fall a erhöhte Dampfverbrauch ist bedingt durch die Erwärmung des eingehenden Dünnsaftes von 21° C auf 52° C.

Heizfläche: Wie oben die aus dem Kondensat noch erhaltene Wärmemenge vernachlässigt wurde, so wird hier bei der Feststellung des Wertes $\Delta\vartheta$ die zur Erwärmung des Dünnsaftes erforderliche Wärmemenge vernachlässigt. Es ergibt sich dann die Gleichung:

$$12\,015\,000 = 2440 \cdot F \cdot 68{,}5$$

$$F = 71{,}8.$$

Die Vergrößerung um etwa 4 m² gegen a ist für die Erwärmung des Dünnsaftes notwendig geworden.

c) Speisetemperatur 93° C. Stoffbilanz wie bei a und b.

Wärmebilanz. Da die Dünnlauge mit höherer als der Bezugstemperatur eingeht, wird W_2 in diesem Falle positiv.

$$W_2 = 25000 \cdot 0{,}9\,(95 - 52) = 930\,000 \text{ kcal},$$

die Wärmebilanz lautet: $567\, G = 11\,320\,000 - 930\,000$

$$567\, G = 10\,390\,000$$

$$G = 18\,300,$$

die Heizfläche:

$$F = \frac{10\,390\,000}{2440 \cdot 68{,}5} = 62 \text{ m}^2.$$

Hier vermindert also die mit der Dünnlauge eingehende Wärme den Dampfverbrauch und die erforderliche Heizfläche. Der durch diese Wärme erzeugte Dampf entsteht durch die Nachverdampfung der Dünnlauge, wenn diese mit Übertemperatur in den unter niedrigerem Druck stehenden Verdampfer gelangt. Infolgedessen braucht diese Wärme nicht durch die Heizfläche übertragen zu werden, und es ist eine geringere Heizfläche als in a und b erforderlich.

Beispiel 13. In einen Verdampfer geht eine 25%ige Kochsalzlösung ein. 6650 kg trockenes Salz sind je Stunde herzustellen. Das abgezogene Salz enthält noch 20% seines Gewichtes an Salzsole. Die ganze anhaftende Sole wird später aus dem Salz entfernt und abgeführt. Die spezifische Wärme des trockenen Salzes ist 0,2. Gespeist wird mit einer Temperatur von 21° C. Der Heizdampf hat bei 1,05 atü eine Temperatur von 120,5° C. Das Vakuum beträgt 660 mm Hg (Brüdentemperatur 52° C). Die Temperatur des Kondensats beträgt 79,5° C. Der Wärmeübergangskoeffizient, bezogen auf die Temperaturdifferenz zwischen kondensierendem Dampf und siedender Flüssigkeit ist 1460 kcal/m² °C h. Es wird keine Lösung aus dem Verdampfer abgezogen. Die Verdampfungswärme des Wassers aus dieser Lösung kann den Dampftabellen für den entsprechenden Druck entnommen werden. Wie groß sind Dampfverbrauch und erforderliche Heizfläche?

Lösung. Stoffbilanz. Da eine 25%ige Lösung gespeist wird, müssen 3 kg Wasser für jedes kg Salz verdampft werden. Zu verdampfen wären also $3 \cdot 6650 = 19950$ kg Wasser, wenn keine Mutterlauge mit dem Salz abgeführt werden würde.

Es werden aber mit dem Salz $0{,}2 \cdot 6650 = 1330$ kg Sole abgezogen. Diese Sole ist nicht 25%ig, sondern gesättigte Lösung mit 26,9% Salz. 1330 kg Sole herzustellen würde erfordern:

$$1330 \cdot \frac{26{,}9}{25} = 1430 \text{ kg einer 20\%igen Lösung.}$$

Die gesamte eingehende Menge beträgt daher

$$(19950 + 6650) + 1430 = 28030 \text{ kg Salzlösung 25\%ig.}$$

Da 100 kg verdampft werden, um 1430 kg einer 25%igen Lösung in 1330 kg einer 26,9%igen Lösung zu verwandeln, beträgt die gesamte verdampfte Menge 20050 kg Wasser.

Wärmebilanz. Die Gleichung hierfür ist dieselbe wie in Beispiel 12. Es ist ratsam, den Siedepunkt als Bezugstemperatur zu nehmen. Aus Abb. 102 wird der Siedepunkt gesättigter Kochsalzlösung bei einem Druck, unter welchem Wasser bei 52° C siedet, zu 58,5° C ermittelt. Diese Temperatur wird als Bezugstemperatur gewählt.

Wie vorher wird das Heizdampfgewicht mit G bezeichnet. Dann ist

mit Heizdampf eingehende Wärme $W_1 = G\,[527 + (120{,}5 - 58{,}5)] = G \cdot 587$,
mit Lösung eingehende Wärme $W_2 = -28030 \cdot 0{,}79 \cdot (58{,}5 - 21) = -830000$ kcal,
mit Brüden ausgehende Wärme $W_3 = 20050 \cdot 569 = 11380000$ kcal,
mit Salz abgehende Wärme $W_4 = 0$ (Bezugstemperatur),
mit Salzsole abgehende Wärme $W_5 = 0$ (Bezugstemperatur),
mit Kondensat abgehende Wärme $W_6 = G\,(79{,}5 - 58{,}5) = 21\,G$.

Die Gleichung der Wärmebilanz ist daher folgende:

$$W_1 + W_2 = W_3 + W +_4 W_5 + W_6$$

$$587\,G - 830000 = 11380000 + 21\,G$$

$$566\,G = 12210000$$

$$G = 21550 \text{ kg/h}.$$

Heizfläche: $12210000 = 1460 \cdot F \cdot (120{,}5 - 58{,}5)$

$$F = 135 \text{ m}^2.$$

Die erhebliche Vergrößerung der Heizfläche gegenüber der im Beispiel 12 erforderlichen trotz gleicher Verdampfung ist hervorgerufen zum Teil durch die Abnahme der Temperaturdifferenz, zur Hauptsache jedoch durch die Verminderung des Übergangskoeffizienten.

Hilfsapparate für Verdampfanlagen.

Für jeden Verdampferbetrieb ist eine Anzahl von Apparaten erforderlich, die auch sonst in vielen anderen Fällen in chemischen Betrieben Anwendung finden. Sie sollen daher hier etwas ausführlicher besprochen werden.

Kondensatoren.

Wenn ein Verdampfer unter Vakuum betrieben wird, müssen Apparate vorhanden sein, in denen die Brüden kondensiert werden. Diese Kondensatoren können in mehrere Gruppen eingeteilt werden:

Oberflächenkondensatoren			
Einspritzkondensatoren	Gleichstromapparate	trocken	mit barometrischem Fallrohr
	Gegenstromapparate	naß	tiefstehend

Die Einordnung der Kondensatoren in eine dieser Gruppen ist leicht. In einem Oberflächenkondensator sind der zu kondensierende Dampf und das Kühlwasser durch eine Metallwand getrennt, während im Einspritzkondensator Dampf und Kühlwasser unmittelbar miteinander gemischt werden. Ein Parallelstromapparat liegt dann vor, wenn das nicht kondensierbare Gas aus dem Kondensator mit der Austrittstemperatur des Kühlwassers austritt, während es sich um einen Gegenstromapparat handelt, wenn das nicht kondensierte Gas den Kondensator mit der Eintrittstemperatur des Kühlwassers verläßt. In einem „nassen“ Kondensator werden nicht kondensiertes Gas und Kühlwasser durch dieselbe Pumpe abgezogen, während bei einem „trockenen“ Kondensator verschiedene Pumpen dafür vorgesehen sind. Ein „barometrischer“ Kondensator ist so hoch aufgestellt, daß das Wasser von ihm durch ein barometrisches Fallrohr abläuft, während bei einem „tiefstehenden“ Kondensator das Wasser mittels Pumpe abgezogen wird. Diese verschiedenen zur Einteilung herangezogenen, kennzeichnenden Betriebsweisen sind gleichwertig, d. h. in jeder Kombination möglich und theoretisch bei Oberflächenkondensatoren ebenso anwendbar wie bei Einspritzkondensatoren, wenn auch Parallelstromkondensatoren fast immer „nasse Kondensatoren“ und Gegenstromkondensatoren meist „trockene Kondensatoren“ sind.

Oberflächenkondensatoren. Ein Oberflächenkondensator unterscheidet sich nicht von einem Röhrenvorwärmer und braucht daher nicht besonders behandelt zu werden. Der Dampf befindet sich gewöhnlich außerhalb der Rohre, das Wasser innen. Wie bei jedem Röhrenvorwärmer wird der Wärmeübergangskoeffizient (und damit die Leistung des Apparates) durch Erhöhung der Wassergeschwindigkeit verbessert. Dies geschieht in Oberflächenkondensatoren wie in den schon behandelten Vorwärmern durch Anwendung des Mehrstromprinzipes. Spricht man von Röhrenvorwärmern, so wird gewöhnlich vorausgesetzt — obwohl dies nicht notwendig zutreffen muß —, daß der Dampf höheren Druck hat als die Atmosphäre, und daß daher die nicht kondensierten Gase einfach ins Freie entweichen. Bei Oberflächenkondensatoren hat der Dampf immer geringeren Druck als die Atmosphäre, weshalb irgendeine Vakuumpumpe zur Entfernung des nicht kondensierbaren Gases vorhanden sein muß.

Einspritzkondensatoren. Ein Gegenstromeinspritzkondensator für Trockenluftpumpe ist in Abb. 106 dargestellt. Er besteht aus einem zweiteiligen vertikalen Zylinder, in welchen zwei Platten eingebaut sind, die über einen Teil des Querschnittes reichen. Oben wird kaltes Wasser eingeführt, das in Kaskaden von einer Platte zur anderen fällt und durch eine Bodenöffnung abfließt. Der Brüden tritt unten ein und muß die Wasserschleier durchströmen, wobei er kondensiert, so daß schließlich an der höchsten Stelle des Apparates nur die nicht kondensierten Gase von der Luftpumpe abgesaugt werden. Wenn ein derartiger Kondensator 10 m oder höher über dem Wasserkasten aufgestellt ist, wirkt er „barometrisch"; steht er niedriger und ist eine Wasserpumpe an die Bodenöffnung zum Absaugen des Wassers angeschlossen, so spricht man von einem „niedrig stehenden Kondensator".

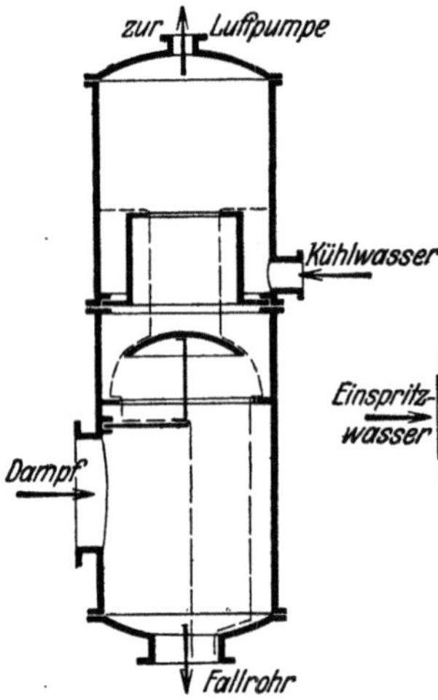

Abb. 106.
Trockener Gegenstrom-Einspritzkondensator (die gestrichelten Linien geben den Lauf des Kühlwassers an).

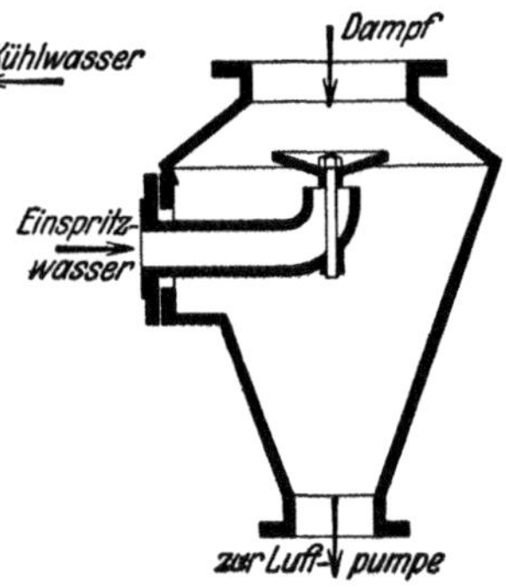

Abb. 107.
Nasser Parallelstrom-Einspritzkondensator.

Abb. 107 zeigt einen nassen Parallelstromkondensator. Der zu kondensierende Dampf tritt von oben ein und wird mit einem Wasserstrahl gemischt. Kondensierter Dampf, Kühlwasser und die nicht kondensierten Gase treten unten aus. Derartige Kondensatoren werden gewöhnlich direkt auf die naß arbeitende Vakuumpumpe gesetzt. Es gibt verschiedene Bauarten, aber alle sind darin gleich, daß die Kondensation durch das Einspritzen von kaltem Kühlwasser erreicht wird.

Wenn ein Venturirohr an den Boden des Kondensators Abb. 107 angeschlossen und soviel Kühlwasser eingepritzt wird, daß die Geschwindigkeit in der Venturidüse genügend hoch ist, kann ein so niedriger Druck an der Mündung erreicht werden, daß der Kondensator die Funktion seiner eigenen Luftpumpe übernimmt und die Luft infolge der Wassergeschwindigkeit abgesaugt wird. Für einen derartigen Kondensator ist keine Vakuumpumpe erforderlich, doch ist der Verbrauch an Wasser sehr groß.

Der aus einem Verdampfer kommende zu kondensierende Dampf ist gewöhnlich Wasserdampf und hat daher keinen besonderen Wert. Der Oberflächenkondensator ist viel teurer als ein Einspritzkondensator gleicher Leistung. Infolgedessen werden Verdampfanlagen meistens mit Einspritzkondensatoren versehen, wenn das Kondensat nicht für bestimmte Zwecke benötigt wird oder wenn die aus der Lösung ausgetriebenen Dämpfe nicht zurückgewonnen werden müssen.

Vakuumpumpen. Die zur Entfernung von Warmwasser und nicht kondensierten Gasen aus einem Gleichstromkondensator benutzte Pumpe kann durchaus jeder gewöhnlichen Kolbenpumpe gleichen. Das Fördervolumen wird groß genug gewählt, um sowohl für Wasser wie auch für die Luft auszureichen. Trockene Luftpumpen für Gegenstromkondensatoren mit barometrischem Fallrohr oder für andere Fälle, in welchen die Luft gesondert abgesaugt wird, sind wie gewöhnliche Luftkompressoren gebaut mit dem Unterschiede, daß die schädlichen Räume so klein und die Ventile so leicht wie möglich gemacht werden. Diese Pumpen brauchen in diesem Kapitel nicht beschrieben zu werden.

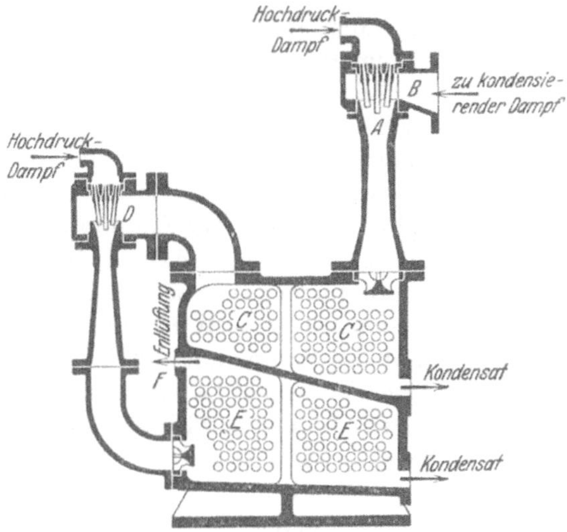

Abb. 108. Dampfstrahlejektor.
A Düsen der 1. Stufe. *B* Lufteintritt. *C* Kondensator der 1. Stufe. *D* Düsen der 2. Stufe. *E* Kondensator der 2. Stufe. *F* Luftaustritt.

Eine Luftpumpe, die schnell weitere Verbreitung findet, ist der Dampfstrahlejektor, der in Abb. 108 beispielsweise dargestellt ist. Durch die Mündungen *A* wird Hochdruckdampf mit hoher Geschwindigkeit in die Düse des Venturirohres geschickt. Das nichtkondensierbare Gas tritt bei *B* ein. Durch angemessene Dimensionierung der Venturidüse, des Volumens und der Geschwindigkeit des Dampfes kann man erreichen, daß der Dampf die nicht kondensierten Gase mitreißt und jedes gewünschte Vakuum erzeugt. Für sehr hohes Vakuum (niedrige absolute Drücke) wird das Dampfluftgemisch aus diesen Düsen in einen Hilfskondensator *C* geleitet, wo der Dampf zum größten Teil niedergeschlagen wird. Das Restgasgemisch wird dann einem zweiten Satz Dampfdüsen *D* zugeleitet. Hinter diesen Düsen der zweiten Stufe folgt ein zweiter Kondensator *E*. Das nicht kondensierte Gas entweicht aus dem Apparat bei *F* unter Atmosphärendruck. Ein zweistufiger Ejektor kann schon recht hohes Vakuum erzeugen, mit einem dreistufigen wird ein Vakuum von 0,5 mm abs. erzielt. Vielstufige Ejektoren werden in Verdampfanlagen nicht oft angewendet. Zur Erzeugung eines Vakuums von 660 mm oder mehr verbraucht der Dampfstrahlejektor weniger Dampf als eine Vakuumpumpe und für Vakua über 736 mm ist er der einzig mögliche Apparat.

Entfernung des Kondensates.

Das Kondensat kann aus den Verdampfern auf zwei Arten entfernt werden: mit Pumpen oder Kondenswasserableitern. Weitaus in den meisten Fällen wird eine Kolbenpumpe angewendet. Sie wird dann gewöhnlich so groß gewählt, daß sie die nicht kondensierten Gase mit dem Kondensat absaugt. Zentrifugalpumpen können wohl auch angewendet werden, aber da die Zentrifugalpumpe zu Störungen Veranlassung gibt, wenn sie unter Vakuum arbeitet, und bei vielen Verdampfern die Verhältnisse so liegen, daß das Kondensat unter Vakuum abgesaugt werden muß, findet man Zentrifugalpumpen für diese Zwecke nur selten bei Verdampfanlagen. Wenn ein Verdampfer so hoch steht, daß das Kondensat der Pumpe mit Gefälle zufließt, können Zentrifugalpumpen benutzt werden; auch die selbstansaugenden Pumpen können Verwendung finden, die auf S. 78 beschrieben sind.

Kondenswasserableiter. Ein Apparat, der vielfach zur Abführung des Kondensates benutzt wird, nicht nur aus Verdampfern, sondern aus allen dampfführenden Apparaten, wie Schlangen, Kesseln, Vorwärmern, Dampfleitungen usw., ist der Kondenswasserableiter. Es gibt außerordentlich zahlreiche Ausführungsformen dieser Apparate auf dem Markt, die verschiedenen Arten können aber auf drei Hauptgruppen zurückgeführt werden: Ausdehnungsstauer, Kondenstöpfe nach dem Schwimmerprinzip und Kondenstöpfe nach dem Waagenprinzip. Kondenswasserableiter können weiter, unabhängig von ihrer Konstruktion, eingeteilt werden in solche mit Rücklauf und ohne Rücklauf. Ein Kondenswasserableiter ohne Rücklauf führt das Kondenswasser nur nach Räumen ab, die unter geringerem Druck stehen als der, aus dem das Kondensat abgeleitet werden soll; Ein Kondenswasserableiter mit Rücklauf dagegen auch nach solchen, die unter gleichem und höherem Drucke stehen. In der Praxis sind aber die beiden ersten Gruppen immer Ableiter ohne Rücklauf, und die Ableiter mit Rücklauf werden nur von der dritten Gruppe gestellt.

Abb. 109 stellt einen Expansionsstauer dar. Dieser Kondenswasserableiter enthält ein gewelltes Rohr, das mit Öl gefüllt und zugelötet ist.

Das eine Ende des Rohres ist fixiert, das andere ist frei beweglich. An dem beweglichen Ende ist der Kegel eines Ventiles befestigt. Die Ansammlung von Kondensat vor dem Ventil verliert durch Ausstrahlung Wärme und kühlt die Patrone ab, das Öl zieht sich zusammen, das Ventil öffnet sich und das Kondensat wird ausgeblasen. Wenn alles Kondensat entfernt ist und Dampf durch den Stauer strömt, dehnt sich die Patrone aus, und der Stauer schließt sich. Der Apparat ist sehr einfach und hat keine beweg-ten Teile. Er ist für kleine Leistungen sehr gut geeignet, erfordert aber ziemlich sorgfältige Einstellung.

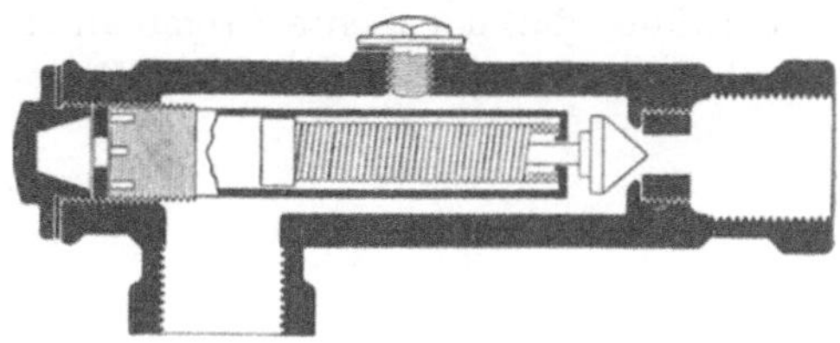

Abb. 109. Expansionsstauer.

Ein typischer Kondenstopf ist in Abb. 110 dargestellt. Das Kondensat, das in diesen Ableiter eintritt, sammelt sich in dem Topf *A* bis ein bestimmtes Gewicht erreicht ist. Der Topf sinkt dann herab, zieht eine Stange *B* mit und öffnet das Ventil *C* an der höchsten Stelle des Ableiters, wodurch das Kondensat ausgeblasen wird. Wenn genügend Wasser ausgeblasen ist, schwimmt der Topf auf und schließt das Ventil. Diese Ableiter arbeiten intermittierend und werden sehr selten mit Rücklauf ausgeführt.

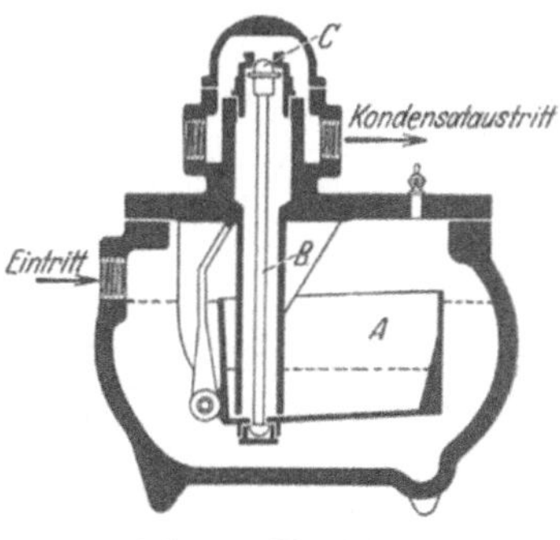

Abb. 110. Kondenstopf. *A* Topf. *B* Ventilstange. *C* Auslaßventil.

Ein Kondenswasserableiter nach dem Waagenprinzip ohne Rücklauf ist in Abb. 111 dargestellt. Er besteht aus der Trommel *A*, welche auf einem senkrechten Stutzen *B* ruht, der seinerseits von dem horizontalen Zapfen *C* getragen wird, um welchen er geschwenkt werden kann. Diese Zapfen sind hohl, haben aber in der Mitte eine die beiden Seiten trennende Wand. Die linke Seite des Zapfens ist mit dem vertikalen Stutzen *B* verbunden, die rechte Seite mit dem Rohr *D*, welches nach dem anderen Ende der Trommel führt. Die Trommel wird normalerweise durch das Gegengewicht *E* und den Hebel *F* in horizontaler Lage gehalten. Dieser Hebel hält das Ventil am linken Ende des Zapfens vermittels des Hebels *J* und des Gegengewichtes *H* geschlossen. Wenn Kondensat aus dem Dampfraum in den Ableiter gelangt, fließt es in das rechte Ende des Zapfens, durch das Rohr *D* und in die Trommel. Wenn sich dort genügend Wasser angesammelt hat, um das Gegengewicht zu überwinden, schwenkt die Trommel um die Zapfen, das hintere Ende sinkt, und diese Bewegung, übertragen auf Gegengewicht und Hebel, öffnet das Ventil in der linken Seite des Zapfens. Der Druck im Dampfraum treibt das Kondensat aus der Trommel, bis deren Gewicht weit genug herabgesetzt ist, so daß das Gegengewicht ihr hinteres Ende wieder anhebt und das Auslaßventil schließt.

Abb. 112 zeigt einen Kondenswasserrückleiter. Der allgemeine Aufbau ist dem des Ableiters ohne Rücklauf im großen ganzen ähnlich mit der Ausnahme, daß der rechte Zapfen an ein T-Stück angeschlossen werden muß, auf dessen beiden Seiten Rückschlagventile H_1 und H_2 sitzen.

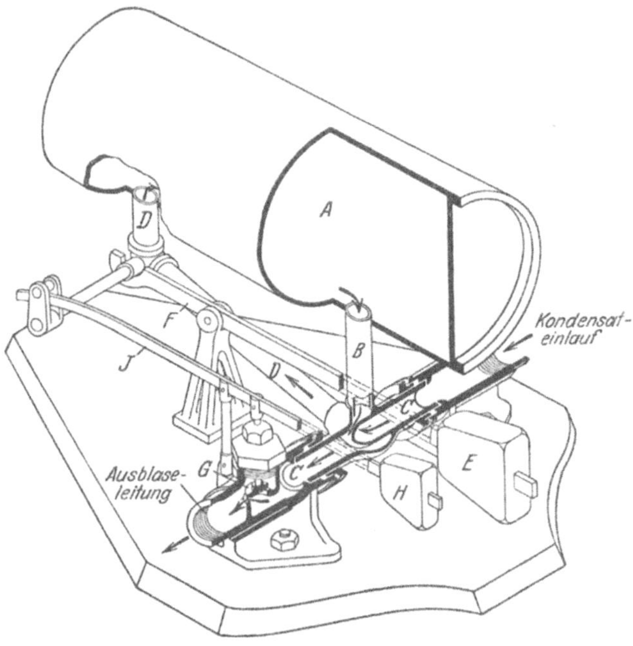

Abb. 111. Kondenswasserableiter (Morehead).
A Trommel. *B* Auslaßrohr. *C* Zapfen. *D* Eintrittsrohr. *E* Hauptgegengewicht. *F* Haupthebel. *G* Auslaßventil. *H* Gegengewicht für das Auslaßventil. J Betätigungshebel für das Auslaßventil.

Hinter dem Ventil *G* am linken Ende des Zapfens befindet sich ein zweites kleines Ventil *J*, welches an den Zapfen unter dem Sitze des Hauptventiles *G* angeschlossen ist. Das rückzuleitende Kondensat tritt durch eines der Rückschlagventile — in der Zeichnung H_2 — ein, am linken Zapfen ist Hochdruckdampf angeschlossen, und das kleine Entlüftungsventil *J* ist entweder an das obere Ende des Raumes angeschlossen, aus dem das Kondenswasser abgeleitet wird, oder an einen Raum, in welchem der Druck noch niedriger ist. Die Wirkungsweise dieses Rückleiters ist folgende: Es sei angenommen, daß der Rückleiter das Kondensat aus einem Raum, der unter Vakuum steht, ableiten soll nach einem Raum unter atmosphärischem Drucke. Das Vakuum auf dem Kondenswasserrohr hält das Rückschlagventil H_1 in dem Rückleitungsrohr geschlossen. Das Kondenswasser nimmt folgenden Weg: Durch das Einlaßventil H_2, den rechten Zapfen, nach hinten durch Rohr *D* in das hintere Ende der Trommel, wie durch die Pfeile *1* angezeichnet. Das Entlüftungsventil *J* wird durch das Gegengewicht *K* und den Hebel *L* offen gehalten. Das Dampfventil wird geschlossen gehalten durch das Gegengewicht *E* und seinen Hebel *F*. Der Einlaß in die Trommel wird daher nach dem Raume, aus dem das Wasser abzuleiten ist, entlüftet,

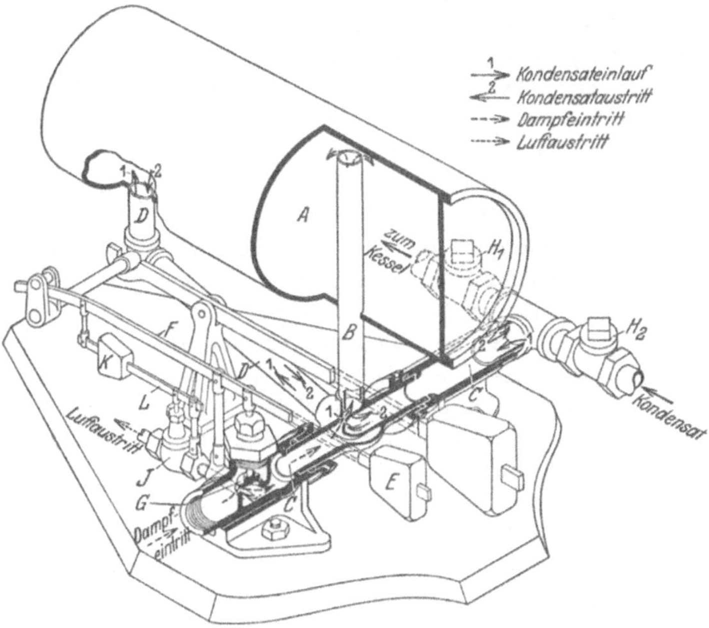

Abb. 112. Kondenswasserrückleiter (Morehead).

A Trommel. *B* Dampfeintrittsrohr. *C* Zapfen. *D* Kondenswasserrohr. *E* Dampfventilgegengewicht. *F* Betätigungshebel für das Dampfventil. *G* Dampfventil. H_1, H_2 Rückschlagventile. *J* Entlüftungsventil. *K* Gegengewicht für das Entlüftungsventil. *L* Betätigungshebel für das Entlüftungsventil.

und das Kondensat fließt mit Gefälle in die Trommel. Wenn sich die Trommel füllt und das Gegengewicht überwindet, sinkt ihr hinteres Ende, das Hebelsystem öffnet das Dampfventil *G* und schließt das Entlüftungsventil *J*, Hochdruckdampf strömt in den Tank durch den linken Zapfen — wie die gestrichelten Pfeile andeuten — und drückt das Kondenswasser durch den rechten Zapfen und das Rückschlagventil H_1 heraus, wie die Pfeile *2* zeigen. Wenn der Behälter wieder genügend geleert ist, sinkt das Gegengewicht, der Behälter hebt sich, und der Rückleiter nimmt die Füllstellung wieder ein.

Verdampferbetrieb.

Neben der Beschreibung der Einrichtungen für eine Verdampferanlage sind noch einige Hinweise auf den Betrieb wichtig.

Grenzen für die Betriebstemperatur. Es wurde ausgeführt, daß ein Faktor, von dem die Leistung eines Verdampfers abhängt, die Temperaturdifferenz zwischen beiden Seiten der Heizfläche ist. Es sind auch mehrere Faktoren, die diese Temperaturspanne beeinflussen, erörtert worden. Es muß hier bemerkt werden, daß die obere Grenze der Temperatur gegeben ist durch die Rücksicht auf den wirtschaftlichen Gegendruck der Kraftmaschinen, wenn deren Abdampf zum Heizen des Verdampfers verwendet wird, und auf die Festigkeit des Verdampfergehäuses. Der gewöhnliche Verdampfer ist ziemlich groß und oft aus Gußeisen gebaut; er kann daher keine hohen Drücke aushalten, wenn nicht kostspielige Konstruktionen angewendet werden. Der gebräuchliche höchste Druck beträgt selten mehr als 1,75 atü; 0,35 atü ist das Normale. Die Verdampfer mit erzwungener Zirkulation bieten aber mehr Möglichkeit höhere Drücke anzuwenden, wenn die sonstigen Bedingungen deren wirtschaftliche Anwendung gestatten.

Anwendung von Vakuum. Ein Verdampfer, der mit Dampf von 0,35 atü bei atmosphärischem Druck im Kochraum betrieben wird, würde, wenn die zu verdampfende Flüssigkeit Wasser ist, oder nur eine geringfügige Siedepunktserhöhung hat, eine maximale Temperaturdifferenz von nur etwa 8° C aufweisen. Viele Lösungen haben aber eine größere Siedepunkterhöhung als 8° C und können daher unter Atmosphärendruck nicht mit Heizdampf von 0,35 atü verdampft werden. Andererseits wird, wenn unter Vakuum gearbeitet wird, der Siedepunkt der zu verdampfenden Flüssigkeit erniedrigt, die Temperaturdifferenz vergrößert und die Leistung des Verdampfers erhöht. Ein Vakuum von 660 mm Hg (bezogen auf 760 mm Hg) entspricht für Wasser einem Siedepunkt von etwa 52° C. Daher beträgt beim Eindampfen unter 660 mm Hg Vakuum anstatt unter Atmosphärendruck die Temperaturdifferenz 56,6° C anstatt 8° C. Viele Verdampfer werden aus diesen Gründen auch mit Vakuum betrieben, um erstens die Möglichkeit zu haben, Abdampf für ihre Beheizung auszunutzen und zweitens je m^2 Heizfläche die größte erreichbare Leistung zu erzielen.

In einigen Fällen, wo empfindliche Materialien wie Gelatine, Fruchtsäfte und ähnliche eingedickt werden, ist Vakuum erforderlich, um die Temperatur der siedenden Flüssigkeit so weit herabzusetzen, daß das Produkt nicht mehr verdorben wird, ohne daß die Rücksicht auf die Leistungssteigerung maßgebend ist. In manchen anderen Fällen wieder ist es nicht bloß möglich, sondern sogar wünschenswert, eine Eindampfung bei dem dem Atmosphärendruck entsprechenden oder einem höheren

Siedepunkt vorzunehmen und dementsprechend die Verwendung von Hochdruckdampf für die Heizung erforderlich, um die erforderliche Temperaturdifferenz zu erhalten. Es ist aber bei weitem der gewöhnlichste Fall, daß Abdampf zum Heizen benutzt und unter Vakuum eingedampft wird, um die wirksame Temperaturdifferenz so weit zu vergrößern, daß der Betrieb vorteilhaft wird.

Bei oberflächlicher Betrachtung kann es scheinen, als ob das höchst erreichbare Vakuum beim Eindampfen angewendet werden sollte. Selbst wenn man davon absieht, daß es sehr schwierig ist, eine Verdampfanlage frei von jeder Undichtigkeit zu halten und die Kosten für die Aufrechterhaltung des Vakuums außer Ansatz läßt, verhalten sich die Faktoren, die die Leistung beeinflussen, so, daß in vielen Fällen ein hohes Vakuum — d. h. höher als 660—685 mm Hg — die Leistung im Vergleich zu der bei 660 mm Hg Vakuum erreichbaren vermindert. Der Grund hierfür ist der, daß bei dem hohen Vakuum die niedrige Temperatur der siedenden Flüssigkeit die Viskosität der Flüssigkeit so weit erhöht, daß der Wärmeübergangskoeffizient im Verhältnis mehr abnimmt als die Temperaturdifferenz zunimmt, so daß das Produkt aus Koeffizient und Temperaturdifferenz bei hohem Vakuum kleiner ist als bei einem mäßigen Vakuum von etwa 660 mm Hg. Demgemäß wird selten ein höheres Vakuum als dieses letztere angestrebt.

Schaum- und Tropfenbildung. Diese beiden Ausdrücke werden oft zusammen gebraucht. Jeder hat indessen seine eigene Bedeutung. „Schaum" bedeutet das Auftreten von beständigen Blasen im Kochraum, wobei ein Teil der Flüssigkeit sehr wohl über den normalen Stand emporgehoben werden kann. Wenn der Kochraum hoch genug ist, bringt das Auftreten von Schaum an sich nicht notwendigerweise sehr große Nachteile, wenn aber die Schaumbildung ganz maßlos auftritt, ist eine noch so große Höhe des Kochraumes ohne Nutzen.

Der Ausdruck „Tropfenbildung" bedeutet tatsächlichen Verlust an Flüssigkeit in Form von feinem Nebel. Tropfenbildung kann durch Schaum entstehen oder durch sehr große Dampfgeschwindigkeit verursacht sein, indem Flüssigkeitsteilchen mechanisch mitgerissen werden. Der Grund des Auftretens von Schaum ist nicht vollkommen bekannt. Anscheinend sind zwei Faktoren maßgebend: erstens die Bildung einer Phase, deren Oberflächenspannung höher oder niedriger ist als die der Flüssigkeit, und zweitens die Stabilisierung dieser Phase in Gestalt einer Haut mittels fein verteilter fester Teilchen. Es gibt einige praktische Maßnahmen, die ganz brauchbar sind, um das Schäumen zu verhindern oder wenigstens zu vermindern. Z. B. kann die Zugabe von überraschend kleinen Mengen von sulfoniertem Rizinusöl oder Baumwollsamenöl oder ähnlichen Stoffen den Schaum vernichten. Der Grund dieser Wirkung ist noch sehr dunkel. Ein zweites Mittel ist, den Flüssigkeitsstand unter den höchsten Punkt der Heizfläche fallen zu lassen und die Blasen durch die infolge der weiteren Wärmezufuhr eintretende Expansion zum Zerspringen zu bringen. Ein drittes Mittel, das besonders beim Verdampfer mit erzwungener Zirkulation anwendbar ist, besteht darin, dem Gemisch von Schaum und Flüssigkeit eine hohe Geschwindigkeit zu erteilen und es gegen eine Platte prallen zu lassen, wobei der Schaum durch den Stoß vernichtet wird. Aus diesem Grunde wird auch der Yaryan-Verdampfer bei schäumenden Flüssigkeiten mit besonderem Erfolg angewendet.

Tropfenbildung kann vermindert werden, wenn die Dampfgeschwindigkeit so weit herabgesetzt wird, daß die Fallgeschwindigkeit der kleinsten Flüssigkeitströpfchen, die in den Dampfraum hineingerissen sind, größer ist als jene. Außerdem hat man besondere Tropfenfänger konstruiert. Viele von diesen sind aber ohne besondere Wirkung, weil sie so gebaut sind, daß sie zwar die Flüssigkeit abscheiden, aber die abgeschiedene Flüssigkeit wieder in schnellströmenden Dampf tropfen lassen, wodurch sie sofort wieder verstäubt wird. Die beste Konstruktion des Tropfenfängers scheint noch die zu sein, bei der die Flüssigkeitsteilchen durch Zentrifugalkräfte nach außen an Wandungen geschleudert werden, wo sie sich sammeln und abgeleitet werden, ohne wieder mit dem Dampfstrom in Berührung zu kommen. Die schirmförmige Prallplatte im Verdampfer mit erzwungener Zirkulation erzielt gleichfalls eine Flüssigkeitsabscheidung durch die auswaschende Wirkung des abwärts gerichteten Flüssigkeitsstromes, der vom Umfang des Schirmes herabfällt.

Entlüftung. Auf S. 102 war ausgeführt, daß der Wärmeübergangskoeffizient der Dampfseite in hohem Maße von der Konzentration der nicht kondensierbaren Gase im Dampf abhängt. Es ist selbstverständlich, daß diese aus dem Dampfraum abgeführt werden müssen, wenn man kontinuierlich arbeiten will. Wenn der Heizdampf unter höherem als Atmosphärendruck steht, muß die im Heizraum auftretende Luft schon vorher im Dampf vorhanden gewesen sein. Bei geringerem als Atmosphärendruck kann sie auch durch Undichtigkeiten in der Heizkammer eingesaugt werden. Woher sie auch kommen mag, ihre dauernde und gründliche Entfernung ist notwendig.

In den Verdampfern, in welchen dem Dampf ein ganz bestimmter Weg vorgeschrieben ist, wie z. B. im Verdampfer mit Horizontalrohren, werden alle nicht kondensierbaren Gase vollkommen nach dem Ende des Dampfweges gespült. Folgerichtigerweise müssen dort also an solchen Verdampfern die Entlüftungen angebracht werden. In anderen Verdampfern, wie z. B. der Normalbauart mit Vertikalrohren, ist dem Dampf kein bestimmter Weg vorgeschrieben, und die Luft wird nicht nach einer bestimmten Stelle geführt. In diesen Fällen werden gewöhnlich mehrere

Entlüftungsanschlüsse angebracht, und zwar am oberen Ende der Heizkammer in gehöriger Entfernung vom Dampfeinlaß. Beim Verdampfer mit eingehängtem Heizsystem befinden sich die Entlüftungen gewöhnlich an dessen Umfang. Wenn das Kondenswasser mittels Pumpe abgezogen wird, ist es richtig, die Pumpe größer zu wählen und sie mit dem Kondensat Luft absaugen zu lassen.

Die Entlüftungen brauchen nur nach einem Raum mit geringerem Druck geführt zu werden. Wenn also der zu entlüftende Raum unter höherem als Atmosphärendruck steht, kann die Entlüftung direkt ins Freie geführt werden. Wenn der Dampfraum unter niedrigerem als Atmosphärendruck steht, ist der einfachste Weg, die nichtkondensierten Gase zum Kochraum desselben Apparates zu leiten. Wenn große Mengen nicht kondensierbarer Gase vorliegen, ist es oft das beste, sie direkt nach dem Kondensator abzuführen.

Salzabscheidung. In sehr vielen Fällen fallen oder kristallisieren feste Bestandteile während des Eindampfens aus. Es gibt verschiedene Wege, sie abzuführen, einige dieser Methoden sind die folgenden:

1. Ablassen der Charge,
2. Salzfänger,
3. Salzelevatoren,
4. Kontinuierlicher Abzug mittels Pumpe.

Im folgenden soll jeder feste Stoff, der aus dem Verdampfer entfernt werden muß, einfach als Salz bezeichnet werden, auch wenn es irgendein anderer fester Stoff sein sollte, der sich bei der Eindampfung abscheidet.

Wenn die Lösung diskontinuierlich in einzelnen Chargen eingedampft wird, und zwar besonders, wenn die Charge gegen Ende der Eindampfung sehr dickflüssig wird, können die etwa gebildeten Kristalle in Suspension gehalten und mit der ganzen Charge abgelassen werden. Diese Methode wird gewöhnlich in der Zuckersiederei angewendet, ist aber sonst nicht oft anzutreffen.

Eine mehr gebräuchliche Methode, mit der mäßige Salzmengen entfernt werden, besteht darin, am Grunde des Eindampfers einen oder mehrere Salzabscheider, wie in Abb. 113 dargestellt, anzuschließen. Es können dies einfache Salzfänger sein, in welchen sich das Salz anhäuft und aus welchen es von Zeit zu Zeit auf Filter gepumpt wird. Häufiger indessen sind sie selbst als Salzfilter ausgebildet. Jedes Filter wird mit einer Filterfläche versehen; hierfür dient im allgemeinen Drahtgewebe, welches zwischen zwei genügend festen durchlochten Metallplatten eingelegt ist. Ein Mannloch ist vorhanden, dessen untere Kante gerade mit der Filterfläche abschließt, so daß das Salz mit Kratzen herausbefördert werden kann. Das Salzfilter muß mit einer Ausgleichsleitung, die es mit dem Brüdenraum des Verdampfers verbindet, ausgestattet sein, so daß es unter Vakuum gesetzt werden kann, bevor die Verbindung mit dem unteren Teile des Verdampfers hergestellt wird. Es wird auch gewöhnlich mit Anschlüssen für Dampf oder Luft ausgestattet, um die Mutterlauge aus dem Salz möglichst vollständig zu entfernen, bevor letzteres ausgeräumt wird. Wenn Salz abgeschieden werden muß, wird der Verdampfer mit konischem Boden ausgeführt, so daß sich das Salz direkt in dem Salzfilter absetzt. Wenn die Salzmenge, die zu entfernen ist, nur gering ist, reicht ein Filter aus und das Salz sammelt sich dann in dem Konus, solange das Filter entleert wird. Wenn dagegen sehr viel Salz anfällt, müssen zwei Filter an jedem Konus angeschlossen sein, wovon eines sich ständig füllt. Ein Anfall von einer Tonne Salz je Stunde ist etwa das Maximum, das auf diese Art noch bewältigt werden kann.

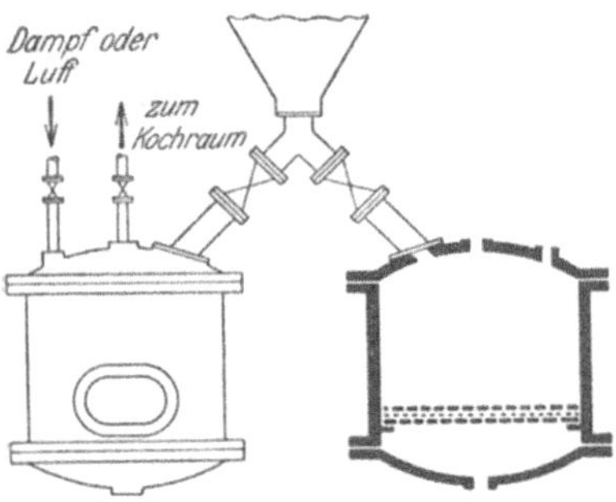

Abb. 113. Salzfilter mit intermettierender Arbeitsweise.

In der Kochsalzindustrie war es lange Jahre hindurch gebräuchlich, den Konus des Verdampfers nach unten herabzuziehen und das Salz direkt durch einen Elevator zu entfernen. Dies setzt voraus, daß der Verdampfer hoch genug über dem Elevatorfuß aufgestellt wird, so daß die atmosphärische Luft nicht unten durch den Elevator eintreten kann. Der Elevator mußte erheblich über dem normalen Flüssigkeitsstande auswerfen. Die Elevatorbecher waren aus Drahtgeflechten hergestellt. Es wurde ein sehr feuchtes Gemisch von Salz und Mutterlauge abgezogen. Dieses Gemisch wurde gewöhnlich zunächst auf Abtropfplatten gefördert, wo das Salz einige Tage liegen blieb, bevor es weiter zu einem Trockner gelangte. Heute ist diese Methode verlassen, weil sie umständlich ist und es unmöglich macht, das Salz sauber zu halten. Eine derartige Anordnung zeigt Abb. 114.

Wenn die zu entfernenden Salzmengen so groß werden, daß die Anwendung von Salzfiltern unmöglich ist, ist fortlaufendes Pumpen am meisten zu empfehlen. Bei diesem Verfahren wird eine Zentrifugalpumpe an den Konus des Verdampfers angeschlossen, welche fortlaufend Salz und Lösung aus dem Verdampfer in einen Salzfänger pumpt, aus welchem die Flüssigkeit überfließt, um wieder in den Verdampfer einzutreten, während das Salz auf Zentrifugen oder kontinuierliche Filter abgelassen wird. Die Menge der Mutterlauge, welche die Pumpe fördert, wird so eingestellt, daß sie ausreicht, ein Zusetzen der Rohrleitung zu verhindern, ohne den Salzfänger unnötig zu belasten. Ein Teil Salz auf ein Teil Mutterlauge, dem Volumen nach, ist wahrscheinlich die dickste Suspension, die noch gepumpt werden kann. Beim Verdampfer mit erzwungener

Zirkulation wird dies Verfahren angewendet, indem ein Salzfänger in die Umlaufleitung eingeschaltet wird. Ein kleiner Teil der aus dem Kochraum austretenden Flüssigkeit wird zu dem geschlossenen Salzfänger abgezweigt. Dieser hat einen verhältnismäßig großen Querschnitt, in welchem die Geschwindigkeit der Flüssigkeit verringert wird und die schweren Salzteilchen sich infolgedessen absetzen können. Die Mutterlauge geht von diesem Salzfänger zurück zur Umlaufpumpe, das Salz wird aus dem konischen Boden des Salzfängers abgezogen. Diese Methode der Entfernung des Salzes zeigt Abb. 99.

Bildung fester Niederschläge. Bei manchen in Verdampfern einzuengenden Flüssigkeiten entstehen Schwierigkeiten durch den Ausfall fester Stoffe, die sich auf der Heizfläche als fester Niederschlag absetzen. Dadurch wird die Leistung des Verdampfers herabgesetzt, denn die Schicht auf der Heizfläche erhöht den Widerstand für den Wärmedurchgang. Fernerhin kann in extremen Fällen der Niederschlag so dick werden, daß der freie Querschnitt der Rohre so weit vermindert wird, daß die Zirkulation gehemmt ist, wodurch eine weitere Herabsetzung des Gesamtdurchgangskoeffizienten erfolgt. Die Niederschläge treten in verschiedenen Formen auf. Manche sind hart und spröde, andere weich und porös. In den Fällen, wo der Niederschlag grob kristallin ist und leichter entfernt werden kann, wird er im allgemeinen „Salz" genannt.

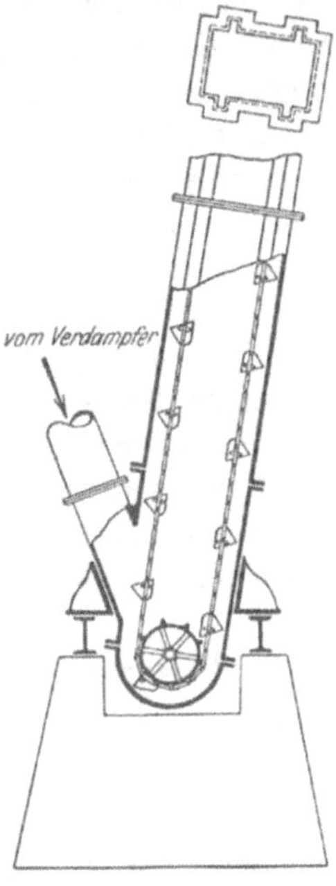

Abb. 114. Salzelevator.

Für die meisten gelösten Stoffe nimmt die Löslichkeit mit steigender Temperatur zu. Einige Salze indessen, wie z. B. Kalziumsulfat, Natriumsulfat-Anhydrid und Natriumkarbonat-Monohydrat haben sogenannte umgekehrte Löslichkeitskurven. Das bedeutet, daß die Löslichkeit dieser Stoffe mit steigender Temperatur abnimmt. Wenn solch eine Lösung im Verdampfer eingeengt wird, ist die Löslichkeit des Salzes an der Rohrwandung, wo die höchste Temperatur herrscht, am geringsten. Daher entsteht bei solchen Stoffen der Niederschlag an der Rohrwandung, und zwar im allgemeinen in einer harten, dichten und festhaftenden Form. Diese Art des Niederschlages macht bei weitem die größte Schwierigkeit. Das Ausfallen von Salzen mit normaler Löslichkeit erfolgt im Innern der Flüssigkeit eher als an den Rohrwandungen. Wenn gleichzeitig beide Arten vorkommen, dann schließt das Material mit der umgekehrten Löslichkeit oft erhebliche Mengen des Materials mit normaler Löslichkeit ein. Zur Entfernung des Niederschlages sind verschiedene Methoden anwendbar. Wenn der Niederschlag im Wasser löslich ist, kann er durch Auskochen des Verdampfers mit Wasser entfernt werden. Wenn er in Wasser verhältnismäßig schlecht löslich ist, wird er gewöhnlich bei entleertem Verdampfer entfernt, indem man die Rohre mit besonderen Werkzeugen reinigt. Einige Niederschläge sind auch durch chemische Mittel, verdünnte Säuren oder Alkalien, zu entfernen. Bei einiger Vorsicht können auch Apparate aus Eisen und Stahl mit 0,5%iger Salzsäure lange genug ausgekocht werden, so daß der Niederschlag ohne Beschädigung der Apparatur entfernt wird. Manchmal kann man durch ein Auskochen mit Alkali, dem sich ein Auskochen mit Säure anschließt, einen widerspenstigen Niederschlag wie z. B. Kalziumsulfat entfernen.

Am besten ist es, den Betrieb so zu führen, daß sich möglichst wenig Niederschlag bildet, wenn eine Flüssigkeit, bei der diese Gefahr vorliegt, eingedampft werden soll. Dies kann bei den Flüssigkeiten, bei denen sich sonst der Niederschlag auf den Heizflächen festhaftend absetzt, durch künstlich gesteigerte Zirkulation erreicht werden. In Verdampfern, wo solche Niederschläge auftreten, werden zu diesem Zweck oft Rührwerke eingebaut. Durch die erzwungene Zirkulation wird die Bildung der Niederschläge aus dem gleichen Grunde vermindert und manchmal sogar verhindert. Diese Methoden sind indessen bei Stoffen, welche einen harten Niederschlag bilden, nicht immer anwendbar.

Vorgang der Bildung des Niederschlages[1].

Wir betrachten einen Verdampfer, in dem eine einen Niederschlag bildende Flüssigkeit eingedampft wird. Die Temperaturdifferenz und alle Faktoren, von welchen der Gesamtwärmedurchgangskoeffizient abhängt, mit Ausnahme des Niederschlages selbst sollen als konstant angesehen werden. $\varkappa$ sei der Gesamtdurchgangskoeffizient t Stunden nach dem Beginn der Verdampfung und Q sei die Gesamtwärmemenge, die bis zur Zeit t übertragen worden ist. Man kann annehmen, daß durch den gebildeten Niederschlag ein zusätzlicher thermischer Widerstand zu den bereits vorhandenen hinzugefügt wird. Dieser hinzukommende Widerstand ist der Dicke des Niederschlages proportional. Die Dicke des Niederschlages ihrerseits hängt ab von der Gesamtmenge der ausgefällten Teile und diese letztere ist proportional zur Gesamtverdampfung bis zu dieser Zeit und damit zur gesamten übertragenen Wärme. Dies kann gefaßt werden in die Gleichung:

$$\varkappa = \frac{1}{R_0 + R} = \frac{1}{\frac{1}{\varkappa_0} + \alpha Q}, \tag{83}$$

[1] McCabe und Robinson: Ind. Engng. Chem. Bd. 16 (1924) S. 478.

worin R_0 der anfängliche Widerstand ($t = 0$), R der zusätzliche Widerstand infolge der Bildung des Niederschlages, $\varkappa_0$ der anfängliche Wärmedurchgangskoeffizient und α eine Konstante ist. Die je Zeitelement zur Zeit t übergehende Wärme ist gegeben durch die Gleichung:

$$\frac{dQ}{dt} = \varkappa \cdot F \cdot \Delta\vartheta\,, \tag{84}$$

worin F die Heizfläche und $\Delta\vartheta$ die Temperaturdifferenz ist. In den beiden Gleichungen (83) und (84) sind drei Veränderliche enthalten: Q, t und $\varkappa$. Die Beziehung zwischen t und $\varkappa$ soll aufgestellt werden. Q wird aus den Gleichungen (83) und (84) eliminiert.

$$\alpha Q = \frac{1}{\varkappa} - \frac{1}{\varkappa_0} \quad \text{oder} \quad dQ = -\frac{d\varkappa}{\alpha \cdot \varkappa^2}\,. \tag{85}$$

Setzt man den Wert von dQ aus Gleichung (85) in Gleichung (84) ein, so ergibt sich

$$\frac{-d\varkappa}{\varkappa^3} = \alpha F \Delta\vartheta\, dt \tag{86}$$

und durch Integration:

$$-\int\limits_{\varkappa_0}^{\varkappa} \frac{d\varkappa}{\varkappa^3} = \alpha \cdot F \cdot \Delta\vartheta \int\limits_0^t dt\,; \qquad \frac{1}{\varkappa^2} = \frac{1}{\varkappa_0^2} + 2\alpha F \Delta\vartheta \cdot t\,. \tag{87}$$

Da α, F und $\Delta\vartheta$ Konstante sind, kann Gleichung (87) umgeformt werden in

$$\frac{1}{\varkappa^2} = \frac{1}{\varkappa_0^2} + \beta \cdot t\,, \tag{88}$$

worin β eine Konstante ist. Gleichung (88) zeigt, daß, wenn $1:\varkappa^2$ über t aufgetragen wird, sich eine gerade Linie ergeben muß, wenn die Theorie richtig ist, da $\varkappa_0^2$ eine Konstante ist. In Abb. 115 ist diese Kurve für Natriumsulfat gezeichnet. Die Kurve gibt die Werte von $\varkappa$ aufgetragen über t, die gerade Linie die Werte von $1:\varkappa^2$ über t. Man sieht, daß es viel einfacher ist, nach letzterer zu extrapolieren als nach ersterer, da nur zwei Punkte nötig sind, um die Lage der Linie zu bestimmen. Die Neigung der geraden Linie ist ein Maß für die Geschwindigkeit der Bildung des Niederschlages. Je größer diese Neigung, um so schneller bildet sich der Niederschlag.

Ein Maximum der Gesamtleistung wird sich bei einem bestimmten Zeitintervall zwischen zwei aufeinanderfolgenden Reinigungen der Heizfläche ergeben. Wenn der Verdampfer zu oft abgestellt und gereinigt wird, wird die Durchschnittsleistung niedrig, weil zuviel Zeit auf die Reinigung verwendet wird. Wird andererseits die Reinigung zu selten vorgenommen, so ist im Durchschnitt der Durchgangskoeffizient zu niedrig und dadurch die Leistung herabgesetzt. Glücklicherweise ist aber das Optimum in den meisten Fällen nicht scharf ausgeprägt und gewöhnlich durch Feststellungen im Betrieb mit genügender Genauigkeit zu ermitteln, abgesehen davon, daß es aus Kurven, wie sie in Abb. 115 dargestellt sind, berechnet werden kann. Diese Berechnungen liegen indessen außerhalb der Aufgabe dieses Buches.

Kontinuierliches Arbeiten im Vergleich zu chargenmäßigem Betrieb. Im allgemeinen ist kontinuierliches Arbeiten die Regel, wo immer es möglich oder einzurichten ist. Diese Betriebsweise erfordert weniger Kontrollvorgänge und vermindert den für Zwischenprodukte vorzusehenden Speicherraum und die Zeit von Stillständen. Es gibt indessen bestimmte Bedingungen, welche chargenmäßigen Betrieb erfordern. Manche Stoffe, wie z. B. Malzsyrup werden eingedickt, bis der Dicksaft eine sehr hohe Viskosität hat. Wenn man sie kontinuierlich eindampfte, würde die Leistungsfähigkeit des Verdampfers außerordentlich klein sein; denn in einem kontinuierlich betriebenen Verdampfer hat der gesamte Inhalt dauernd die Endkonzentration. Wenn also der Gesamtinhalt des Verdampfers immer die größte Dichte und Viskosität hat, ist für die ganze Operation der niedrigste Durchgangskoeffizient maßt gebend. Wenn dagegen die Verdampfung in Chargen vorgenommen wird, wird während eines Teiles der Charge ein guter Wärmedurchgangskoeffizient vorliegen, so daß im Mittel der Durchgangskoeffizient größer sein wird als das Minimum. Chargenbetrieb ist ferner üblich, wo es nötig ist, die Kristallgröße zu beeinflussen. Ein Beispiel hierfür bietet das Einkochen von Zuckerlösungen. Hier kommt kontinuierlicher Betrieb nicht in Frage, weil während des Prozesses, solange sich die Zuckerkristalle bilden und zu der erforderlichen Größe anwachsen, die Bedingungen erheblich verändert werden müssen.

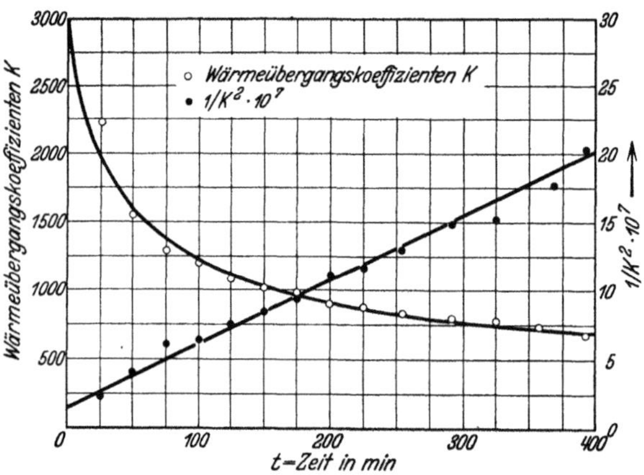

Abb. 115. Vorgang der Krustenbildung im Verdampfer.

Mehrfachverdampfung.

Bisher war die Rede von der Verdampfung in einer Stufe. Eine Abänderung dieses Systems genannt „Mehrfachverdampfung" ist in großen Betrieben üblich und hat den Zweck, eine bessere Ausnutzung des Dampfes zu erzielen, als in dem einstufigen Verdampfer möglich ist.

Prinzip der Mehrfachverdampfung. In Abb. 116a möge der Verdampfer von z. B. normaler Bauart mit senkrechten Rohren reines Wasser unter Atmosphärendruck verdampfen. Die Temperatur des Brüdens beträgt also 100° C. Es sei angenommen, daß der Druck des Heizdampfes 1,5 atü betrage, seine Temperatur also 127°. Die Temperaturdifferenz in diesem Verdampfer beträgt dann also 27° C.

Der Wärmeinhalt in einem kg Brüden, das den Verdampfer verläßt, ist beinahe der gleiche wie der von einem kg Heizdampf von 1,5 atü, das in ihn eingeht, und es erhebt sich die Frage, warum dieser Brüden nicht zur Erhitzung eines zweiten Verdampfers benutzt werden sollte. Augenscheinlich liegt die einzige Schwierigkeit darin, daß die Tempe-

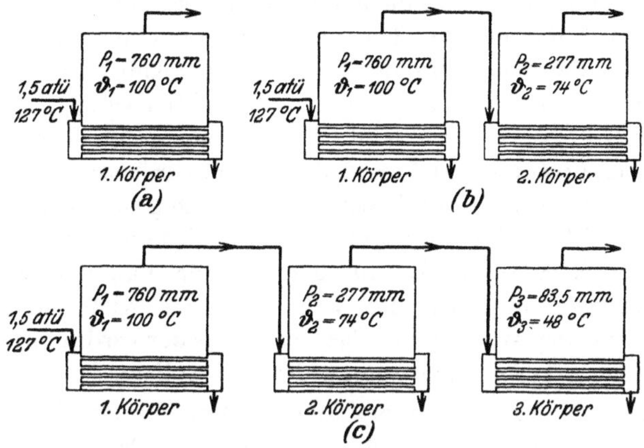

Abb. 116. Prinzip der Mehrfachverdampfanlagen.

ratur des erzeugten Dampfes nur 100° C beträgt, er also nicht dazu benutzt werden kann, um Wasser bei atmosphärischem Druck zu verdampfen. Wenn man diesen Brüden als Heizdampf für einen zweiten Verdampfer benutzen will, ist es mithin erforderlich, das Wasser in dem zweiten Verdampfer unter verringertem Druck zu verdampfen, so daß seine Siedetemperatur niedriger ist als die Temperatur des Heizdampfes[1]. Die Apparatur ist für diesen Fall in Abb. 116b schematisch dargestellt. Wenn der Körper 2 unter Unterdruck gehalten wird, so daß das Wasser in ihm bei 73° C siedet, ist in diesem Körper ebenfalls eine Temperaturdifferenz von 27° C erreichbar. Nimmt man gleiche Wärmedurchgangskoeffizienten und gleiche Heizflächen an, so wird also Körper 2 die gleiche Leistung haben wie Körper 1. Die Temperatur von 73° C ent-

[1] Es ist üblich, den Ausdruck „Dampf" für den Dampf zu benutzen, welcher einen Verdampfer erhitzt, und den Ausdruck „Brüden" für den Dampf, welcher aus der siedenden Flüssigkeit entwickelt wird. Diese Unterscheidung beruht nur auf Übereinkunft, denn der Brüden des einen Apparates kann als Heizdampf im nächsten dienen.

spricht einem absoluten Druck von 0,375 kg/cm² oder einem Vakuum von etwa 480 mm Quecksilber. Es kann noch ein 3. Körper hinzugefügt werden, wie es in Abb. 116c schematisch dargestellt ist. Wenn es wieder erforderlich ist, einen wirksamen Temperaturunterschied von 27° C zu haben, muß dieser 3. Körper einen Siedepunkt von 46° C und einen absoluten Druck von etwa 0,113 kg/cm² haben. Der Einfachheit halber war bei dieser Erklärung angenommen, daß in jedem Körper eine Temperaturdifferenz von 27° C vorliegen sollte. Es wird später gezeigt werden, daß bei der Mehrfachverdampfung die Temperaturdifferenzen in den Körpern verschieden sind.

Wirtschaftlichkeit der Mehrfachverdampfer. Da die latente Wärme bei der Verdampfung von einem kg Wasser bei 100° C fast genau die gleiche ist wie die bei der Kondensation von einem kg Dampf von 1,5 kg/cm² freiwerdende, wird der Verdampfer in Abb. 116a ungefähr 1 kg Wasser für jedes kg Heizdampf verdampfen. Hierbei ist jedoch vorausgesetzt, daß die zu verdampfende Flüssigkeit in den Verdampfer mit der Siedetemperatur eintritt, und daß Wärmeverluste durch Strahlung nicht auftreten. Auf Grund derselben Überlegung liefert die Verdampfanlage nach Abb. 116b etwa 2 kg und nach Abb. 116c etwa 3 kg Brüden für jedes kg Heizdampf. Daraus geht hervor, daß der Hauptvorteil der Mehrfachverdampfung die Erhöhung der wirtschaftlichen Verdampfungsleistung ist, worunter das Verhältnis der verdampften Wassermenge zur Heizdampfmenge verstanden sein soll.

Leistung der Mehrfachverdampfanlagen. Der Verdampfer in Abb. 116a sollte nach der Annahme bei 100° C verdampfen. Wenn es möglich ist, einen Siedepunkt von 46° C zu erreichen, wie für den Körper *3* in Abb. 116c angenommen war, so liegt kein Grund vor, warum dasselbe Vakuum nicht für den Verdampfer in Abb. 116a und 116b angewendet werden soll. Wenn ein Kondensator und eine Vakuumpumpe, die imstande sind, einen Siedepunkt von 46° C zu ermöglichen, in allen drei Fällen angewendet wären und wenn ferner angenommen wird, daß der sich ergebende Temperaturunterschied gleichmäßig auf alle drei Körper verteilt würde, so lägen die Bedingungen folgendermaßen:

	einfach °C	doppelt °C	dreifach °C
Heizdampf zum 1. Körper	127	127	127
Brüden aus dem 1. Körper	46	86,5	100
Temperaturdifferenz im 1. Körper	81	40,5	27
Heizdampf zum 2. Körper	—	86,5	100
Brüden aus dem 2. Körper	—	46	73
Temperaturdifferenz im 2. Körper	—	40,5	27
Heizdampf zum 3. Körper	—	—	73
Brüden aus dem 3. Körper	—	—	46
Temperaturdifferenz im 3. Körper	—	—	27

Man bemerkt, daß der einfache Effet in Abb. 116a dann eine wirksame Temperaturdifferenz von 81° C aufweist, jeder Körper des Doppeleffets eine Temperaturdifferenz von 40,5° und jeder Körper des Tripleeffets eine solche von 27°. Nimmt man an, daß alle Körper in allen drei Fällen dieselbe Heizfläche haben und weiter, daß der Wärmedurchgangskoeffizient überall derselbe ist, so muß, da die übergehende Wärme durch Gleichung (53) gegeben ist, und da $\varkappa$ und F in allen Fällen dieselben sind, die in einem Körper des Doppeleffets übergehende Wärmemenge halb so groß sein, wie die in dem Einfachverdampfer übergehende und die in einem Körper des Tripleeffets übergehende Wärme muß $^1/_3$ der in dem Einfachverdampfer übergehenden Wärme betragen. 1 m^2 Heizfläche leistet daher im Doppeleffet die halbe Verdampfung je Stunde und im Tripleeffet $^1/_3$ der Verdampfung im Vergleich zum Einfachverdampfer. Wenn es erforderlich ist, ein bestimmtes Gewicht Wasser je Stunde zu verdampfen, so muß für den Verdampfer in Abb. 116a eine bestimmte Heizfläche vorgesehen werden. Wenn dieselbe Wassermenge in der Verdampfanlage Abb. 116b verdampft werden soll, so muß jeder Körper die gleiche Heizfläche haben wie der Verdampfer in Abb. 116a, weil jedes m^2 seiner Heizfläche infolge der halben Temperaturdifferenz nur die halbe spezifische Leistung erreicht. Ebenso muß bei dem Tripleeffet nach Abb. 116c jeder Körper dieselbe Heizfläche haben wie der Einfachverdampfer, wenn die Gesamtwassermenge, die zu verdampfen ist, die gleiche bleibt.

Wenn die Leistungsfähigkeit einer Verdampferanlage definiert wird durch die Angabe des je Stunde verdampften Wassers in kg, so folgt, daß die Leistung des Doppeleffets dieselbe ist wie die des Einfachverdampfers; aber um diese Leistung zu erreichen, war es notwendig, im Doppeleffet das Zweifache der Heizfläche und im Tripleeffet das Dreifache zu verwenden. Der Übergang vom Einfachverdampfer zur Mehrfachverdampferanlage hat die Ausnutzung des Heizdampfes verbessert, da für jedes kg Heizdampf mehrere kg Wasser verdampft werden. Gleichzeitig sind aber die Erstellungskosten der Anlage erhöht, da mehr Heizfläche erforderlich ist, um dieselbe Menge Wasser zu verdampfen. Die vorstehende Erklärung hat sich auf Einfach-, Doppel- und Tripleeffet beschränkt. Vierfacheffet ist noch üblich, Fünffacheffet ist noch ausgeführt, jedoch selten, und die höchste Zahl, die jemals mit Erfolg betrieben worden ist, ist Achtfacheffet.

Temperaturverteilung in Mehrfachverdampferanlagen. Um die ersten Erklärungen zu vereinfachen, war angenommen, daß die Durchgangskoeffizienten in allen Verdampferkörpern dieselben wären, ferner, daß bei Mehrfachverdampferanlagen der gesamte zur Verfügung stehende Temperaturabfall gleichmäßig auf alle Körper verteilt war. Bei in Betrieb befindlichen Anlagen trifft weder die erste noch die zweite Annahme zu, wodurch aber die theoretischen Folgerungen nicht berührt werden.

Bei der Diskussion der Wirkung der verschiedenen Faktoren auf die Größe des Wärmeüberganges war gezeigt, daß bei einer gegebenen Temperaturdifferenz und bei gegebener Konzentration der Übergangskoeffizient mit der Erniedrigung des Siedepunktes kleiner wird. Wenn diese Überlegung auf die Mehrfachverdampferanlage angewendet wird, so ergibt sich, daß die Übergangskoeffizienten in den verschiedenen Stufen verschieden sein müssen, z. B. kann in der Anlage mit Doppeleffet in dem Körper, wo der Siedepunkt 46° C beträgt, der Übergangskoeffizient nicht so hoch sein, wie in dem Körper, in welchem der Siedepunkt 86,5° C beträgt, wenn die Flüssigkeit in beiden Körpern die gleiche Zusammensetzung hat. Angenommen, daß die Heizflächen der beiden Körper gleich sind, und daß die Temperaturen vorliegen, wie in der Tabelle S. 166 angegeben, dann beträgt die Gesamtwärme, die in Form von Dampf aus dem ersten Körper zum zweiten übergeht unter Vernachlässigung der Strahlung und der für die Erwärmung der eingehenden Flüssigkeit erforderlichen Wärme $40{,}5 \cdot \varkappa_1 \cdot F$ kcal je h. Die gesamte durch die Heizfläche des zweiten Körpers übertragene Wärme beträgt dasselbe: $40{,}5 \cdot \varkappa_2 \cdot F$ kcal je h. Wenn diese Temperaturverteilung bestände, könnte der zweite Körper nicht soviel Dampf kondensieren wie in dem ersten Körper erzeugt wird, da $\varkappa_2$ kleiner ist als $\varkappa_1$. Wenn der Dampf in dem zweiten Körper nicht so schnell kondensiert wie er in dem ersten Körper erzeugt wird, so müßte augenscheinlich der Druck im Kochraum des ersten Körpers steigen. Dadurch würde der Siedepunkt höher gelegt werden und damit auch die Temperatur des Brüdens im ersten Körper, was wieder zur Folge hätte, daß die Temperaturdifferenz im ersten Körper kleiner, im zweiten Körper größer würde, solange bis die zwei Produkte $\Delta\vartheta_1\varkappa_1 \cdot F$ und $\Delta\vartheta_2\varkappa_2 \cdot F$ gleich sind.

Man bemerkt, daß in vorstehender Erörterung die Temperatur des Heizdampfes im ersten Körper konstant mit 127° C angenommen war. während der Siedepunkt im letzten Körper konstant mit 46° C eingesetzt wurde. Solange diese beiden Größen konstant bleiben, wird die Verdampfanlage sich automatisch auf eine bestimmte Temperaturverteilung in den einzelnen Körpern einstellen, so daß die den ersten Körper verlassende Wärmemenge gleich der ist, welche im zweiten Körper durch die Heizfläche übertragen wird. Fernerhin ist klar, daß die Temperaturdifferenzen in den beiden Körpern umgekehrt proportional zu den Wärmedurchgangskoeffizienten sein werden. In Betriebsanlagen wird diese letztere Feststellung etwas abgeändert durch verschiedene Strahlungsverluste, durch die Verschiedenheit der auf die eintretende Flüssigkeit zu übertragenden Wärme und durch die verschiedenen Temperaturen des Kondensates; im großen und ganzen aber trifft die obige Feststellung auch für Betriebsanlagen zu. Dieselben Überlegungen gelten auch für jede andere Zahl von Körpern. Beim Dreifacheffet in Abb. 116c z. B. stellt sich die Verdampfanlage bei konstanter Heizdampftemperatur im ersten Körper und konstantem Vakuum im letzten automatisch auf eine solche Temperaturverteilung ein, daß

$$\Delta\vartheta_1\varkappa_1\cdot F_1=\Delta\vartheta_2\varkappa_2\cdot F_2=\Delta\vartheta_3\varkappa_3\cdot F_3. \qquad (89)$$

Diese Gleichung gilt für jede Zahl von Körpern. Wenn während der regelmäßigen Betriebsweise durch irgendein Ereignis der Wärmeübergangskoeffizient sich in irgendeinem Körper ändert, z. B. durch die Bildung eines Niederschlages, so stellt sich die Verdampfanlage automatisch in bezug auf die Temperaturverteilung so ein, daß Gleichung (89) wieder erfüllt wird. Im Betrieb pflegt die Temperaturverteilung im Zwei- und Dreifacheffet, Abb. 116b und 116c, etwa folgende zu sein:

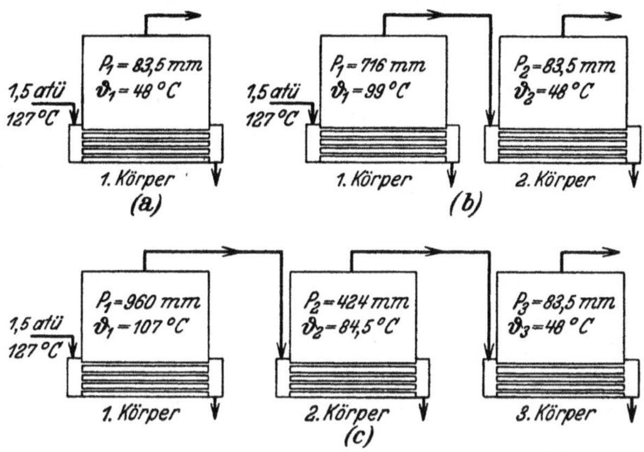

Abb. 117. Mehrfachverdampfanlagen mit korrigierten Druck- und Temperaturangaben.

	Zweifacheffet °C	Dreifacheffet °C
Heizdampf zum 1. Körper	126	126
Brüden aus dem 1. Körper	99	107
Temperaturdifferenz im 1. Körper	27	19
Heizdampf zum 2. Körper	99	107
Brüden aus dem 2. Körper	48	84
Temperaturdifferenz im 2. Körper	51	23
Heizdampf zum 3. Körper	—	84
Brüden aus dem 3. Körper	—	48
Temperaturdifferenz im 3. Körper	—	36

Die Verdampferanlagen der Abb. 116 sind in Abb. 117 angenähert mit wahrer Temperaturverteilung verzeichnet.

Einfluß der Erhöhung des Siedepunktes und der hydrostatischen Höhe. Bei der Besprechung des Einfacheffetverdampfers wurde gezeigt, daß seine Leistung eine Funktion der von hydrostatischer Höhe und Siedepunktserhöhung abhängigen Temperaturdifferenz ist. Diese Faktoren spielen in jedem Körper einer Mehrfachverdampferanlage genau dieselbe Rolle wie im Einfachverdampfer. Ihr Einfluß ist sogar im Falle der Mehrfachverdampferanlage größer als im Einfachverdampfer. Als Beispiel sei ein Verdampfer betrachtet, in welchem eine Lösung mit großer Siedepunktserhöhung eingeengt wird. Der Brüden, der aus dieser siedenden Lösung entsteht, hat die Temperatur der Lösung und ist daher um den Betrag der Siedepunktserhöhung überhitzt. Diese Überhitzung macht nur einen sehr kleinen Bruchteil der gesamten Dampfwärme aus, weil die spezifische Wärme des überhitzten Dampfes nur etwa 0,5 kcal je kg und °C beträgt. Ein Teil dieser Überhitzung geht durch Strahlung verloren, bevor der Dampf den nächsten Körper erreicht. Selbst wenn der Dampf in die Heizkammer des nächsten Körpers mit seiner ganzen Überhitzungswärme eintritt, ist die geringe Menge der Überhitzungswärme bald übertragen. Im weitaus größten Teile der Dampfkammer ist der Dampf gesättigt und infolgedessen hat er nur eine Temperatur, welche mehr dem Druck des vorhergehenden Körpers entspricht als seiner Temperatur.

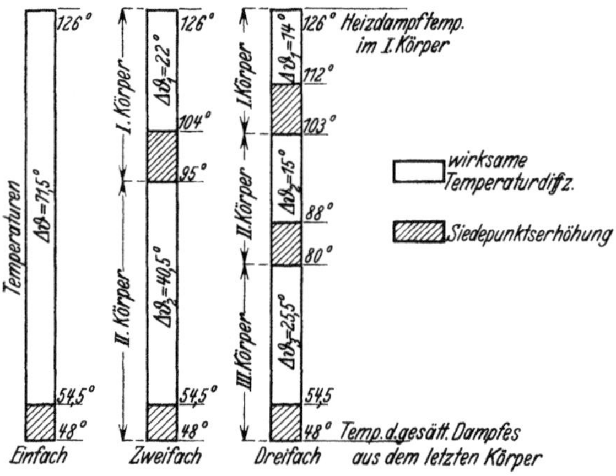

Abb. 118. Einfluß der Siedepunkterhöhung auf die Leistung von Mehrfachverdampfanlagen.

Die Temperaturdifferenz in jedem Körper einer Mehrfachverdampfanlage muß daher auf Grund der Drücke in den Kochräumen berechnet werden, d. h., daß die Siedepunktserhöhung in jedem Körper abzuziehen ist von dem gesamt möglichen Temperaturgefälle. Aber dieser Abzug hat nicht nur in einem Körper, sondern in jedem Körper einer Mehrfachverdampfanlage zu geschehen, so daß der Gesamtabzug auf die Leistung oft einen erheblichen Einfluß hat.

Dieser Einfluß auf die Leistung einer Mehrfachverdampfanlage durch Verringerung der Temperaturgefälle ist in Abb. 118 schematisch dargestellt. Die drei Schaubilder dieser Abbildung stellen die Temperaturgefälle in einer Einfach-, Doppel- und Dreifachverdampfanlage dar. Die Grenzen sind in allen drei Fällen dieselben, d. h. der Heizdampfdruck im ersten Körper und die Sättigungstemperatur des in den Kondensator eingehenden Brüdens sind in allen Fällen gleich. Jeder Körper enthält eine Flüssigkeit mit einer Siedepunktserhöhung. Die Gesamthöhe einer jeden Säule stellt das Gesamttemperaturgefälle vom Heizdampf bis zum Brüden des letzten Körpers dar.

Betrachten wir zuerst den Einfachverdampfer. Von dem gesamten Temperaturgefälle stellt der schraffierte Teil den Verlust an Temperaturdifferenz infolge der Siedepunktserhöhung dar. Die tatsächlich den Wärmeübergang hervorrufende treibende Kraft, d. h. das wirksame Temperaturgefälle ist durch den unschraffierten Teil dargestellt. Das Diagramm für den Zweifachverdampfer muß zwei derartige schraffierte Teile enthalten, weil in jedem der beiden Körper die Siedepunktserhöhung zur Geltung kommt. Wenn diese Siedepunktserhöhung ungefähr dieselbe ist, so muß natürlich das übrigbleibende wirksame Temperaturgefälle kleiner sein als beim Einfachverdampfer, wie es auch aus den unschraffierten Teilen dieses Diagramms hervorgeht. Beim Dreifachverdampfer treten drei schraffierte Teile auf, weil hier in jedem der drei Körper ein Verlust an Temperaturgefälle infolge der Siedepunktserhöhung eintritt und die übrigbleibende wirksame Temperaturdifferenz entsprechend geringer ist.

Die Wirtschaftlichkeit einer Mehrfachverdampferanlage wird durch Siedepunktserhöhungen nicht beeinflußt, solange die weniger wichtigen Einflüsse, wie der der Temperatur der eingehenden Flüssigkeit vernachlässigt werden. Es muß immer gelten, daß ein Kilogramm des in dem ersten Körper kondensierenden Dampfes ein kg Brüden frei macht, welcher bei der Kondensation im zweiten Körper ein zweites kg Brüden erzeugt usw. Die Wirtschaftlichkeit einer Mehrfachverdampfanlage hängt ab von der Wärmebilanz und nicht von der je Zeiteinheit übergehenden Wärme. Andererseits wird, wenn die Lösung eine Siedepunktserhöhung hat, die Leistung einer Zweikörperverdampfanlage geringer als die Hälfte der Leistung von zwei Einfachverdampfern, von welchen jeder zwischen denselben Grenztemperaturen arbeitet, und die Leistung einer Dreikörperverdampfanlage ist geringer als $^1/_3$ derjenigen von drei Einkörperverdampfern, welche mit denselben Grenztemperaturen betrieben werden.

Betrieb der Mehrfachverdampfanlage.

Der Betrieb einer Mehrfachverdampfanlage hat vieles mit dem eines Einkörpers gemeinsam. Die Entfernung des Kondensates, des Salzes, die Verhinderung von Niederschlägen und deren Entfernung, Tropfenbildung und Schäumen, unterliegen im Mehrkörper denselben Überlegungen wie im Einkörper. Gewisse Umstände indessen sind einer Mehrfachverdampfanlage eigentümlich, die beim Einkörper wenig oder gar nicht in Erscheinung treten.

Methoden der Speisung. Die normale Methode der Speisung einer Mehrfachverdampferanlage ist die, die Dünnlauge in den ersten Körper zu pumpen und sie der Reihe nach die anderen Körper durchlaufen zu lassen. Diese Methode wird „Vorwärtsspeisung" genannt. Die Konzentration der Lauge steigt von dem ersten Körper bis zum letzten. Dies ist die einfachste Methode. Sie erfordert eine Pumpe für den ersten Körper, da dieser oft mit atmosphärischem Druck geht, und eine Pumpe zur Entfernung der konzentrierten Lauge aus dem letzten Körper. Die Förderung von Körper zu Körper kann dabei ohne Pumpen geschehen, da der Durchfluß in der Richtung des fallenden Druckes vor sich geht, so daß nur ein Drosselventil in der Laugenleitung erforderlich ist.

Eine andere Methode der Speisung ist die als „Rückwärtsspeisung" bekannte, wo die Dünnlauge in den letzten Körper gepumpt wird und dann nacheinander in die verschiedenen Körper bis zum ersten. Hier ist eine Pumpe zwischen je zwei Körpern neben den Dünn- und Dicklaugenpumpen erforderlich, da ja hier der Durchfluß von den Räumen niedrigen Druckes zu denen hohen Druckes erfolgt. Dies ist nicht nur deswegen ein Nachteil, weil besondere Pumpen erforderlich sind, sondern auch, weil die Stopfbüchsen der Pumpen Luft einsaugen und weil die Pumpen zum Teil unter Vakuum arbeiten. Wenn Zentrifugalpumpen benutzt werden, wird dies besonders störend empfunden, weil der Eintritt von Luft hier die Förderung unterbindet. Letztere Schwierigkeit wird umgangen, wenn die Verdampfer so hoch über den Pumpen aufgestellt werden, daß die Höhe der Flüssigkeitssäule einen Überdruck in den Pumpen ergibt oder wenn Pumpen eines selbstansaugenden Typs verwendet werden.

Rückwärtsspeisung hat gewisse Vorteile vor der Vorwärtsspeisung, z. B. bei sehr viskoser Dicklauge. Bei der Vorwärtsspeisung befindet sich dann die konzentrierteste Lösung im letzten Körper, wo die Temperatur am niedrigsten und infolgedessen die Viskosität am größten ist. Dabei wird die Leistung des letzten Körpers gering, weil der Wärmedurchgangskoeffizient schlecht wird. Es folgt daraus weiter eine schlechtere Leistung der Mehrfachverdampfanlage im ganzen. Bei Rückwärtsspeisung dagegen ist die konzentrierteste Lösung in dem Körper, wo die höchsten Temperaturen vorliegen und die Viskosität folglich am niedrigsten ist. Der Wärmedurchgangskoeffizient kann trotz der Viskosität verhältnismäßig hoch bleiben.

Ein anderer Grund für die Wahl der Rückwärtsspeisung an Stelle der Vorwärtsspeisung liegt in dem Einfluß der Temperatur der eingehenden Lösung auf die Wirtschaftlichkeit der Verdampfanlage. Wenn die in den ersten Körper gespeiste Lauge kalt ist, muß sie durch Frischdampf bis auf die Temperatur, welche im ersten Körper herrscht, erwärmt werden. Da die Temperatur in diesem Körper die höchste im ganzen System ist und da die gespeiste Lauge dünn und deswegen ihre Menge groß ist, so erfordert dies einen großen Frischdampfverbrauch. Der hierbei kondensierte Dampf bewirkt aber weiter keine Verdampfung weder in dem ersten noch in den folgenden Körpern. Da nun ein kg Frischdampf N kg Dampf erzeugen kann, wobei N die Zahl der Körper ist, so bedeutet dieser Dampfverbrauch zur Erwärmung der eingehenden Lösung einen Verlust. Wenn andererseits die Verdampfanlage rückwärts gespeist wird, wird die kalte Lauge im letzten Körper auf eine niedrige Temperatur gebracht, und zwar mit Dampf, welcher je kg schon $(N — 1)$ kg Dampf erzeugt hat. Zwar wird dies teilweise ausgeglichen durch den Umstand, daß die Lauge, welche von Körper zu Körper rückwärts gespeist wird, in jedem Körper erst weiter erwärmt werden muß, weil sie aus einem Raum niederer Temperatur in einen Raum mit höherer Temperatur übergeht; aber das Ergebnis ist doch eine Verbesserung der Wirtschaftlichkeit durch Rückwärtsspeisung, wenn die Dünnlauge kalt ist. Die Größe des Einflusses dieser Methode der Speisung wird besser klar werden, wenn Wärmebilanzrechnungen aufgestellt werden.

Wenn die in die Verdampfanlage gespeiste Lauge heiß ist, z. B. ungefähr die Temperatur des ersten Körpers hat, so kann man nachweisen, daß Vorwärtsspeisung eine bessere Dampfausnutzung ergibt als Rückwärtsspeisung, da kein Frischdampf verbraucht wird, die Dünnlauge zu erwärmen und durch die Nachverdampfung der von Körper zu Körper übergezogenen Lauge Dampf erzeugt wird, welcher wieder als Heizdampf im folgenden Körper ausgenutzt wird. Wenn andererseits die in den letzten Körper eingehende Lösung bei Rückwärtsspeisung ungefähr die Temperatur des ersten Körpers hat, so tritt zwar Nachverdampfung ein, sobald die Lösung im letzten Körper eine Druckentlastung erfährt, aber dieser Dampf geht sofort in den Kondensator und wird zur Beheizung der anderen Körper nicht herangezogen. Bei Vorwärtsspeisung entsteht durch Nachverdampfung in den Körpern dieselbe Menge Dampf, aber dieser Dampf geht als Heizdampf in die folgenden Körper und trägt hier zu weiterer Verdampfung bei, bevor er schließlich in den Kondensator gelangt. Dazu kommt noch, daß bei Rückwärtsspeisung die Lösung, die im letzten Körper auf dessen Temperatur abgekühlt ist, wieder erhitzt werden muß, wenn sie von einem Körper zum anderen gefördert wird. Infolgedessen ist bei vorgewärmter heißer Lauge Vorwärtsspeisung wirtschaftlicher, während bei kalter Lauge Rückwärtsspeisung mehr zu empfehlen ist. Die Grenze zwischen diesen beiden Fällen verschiebt sich mit den sonstigen Bedingungen und kann nur durch Aufstellung von Wärmebilanzen bestimmt werden.

Es war erwähnt worden, daß ein Vorteil der Rückwärtsspeisung dann zur Geltung kommt, wenn die Endlaugen eine große Viskosität besitzen. Manchmal ist es aber möglich, denselben Erfolg zu erzielen, ohne die Unannehmlichkeiten der reinen Rückwärtsspeisung in Kauf nehmen zu müssen. Wenn der Unterschied zwischen der Konzentration der dünnen und der dicken Lauge erheblich ist, so findet man, daß der Einfluß der besonders großen Viskosität oder ähnlicher Faktoren, welche den Wärmeübergang in ungünstigem Sinne beeinflussen, am besten in einem Einfachverdampfer ausgeschaltet wird. In solchen Fällen ist es möglich, die Dünnlauge in den zweiten Körper zu speisen, sie vom zweiten zum letzten Körper übertreten zu lassen und sie dann von diesem zum ersten zu pumpen, wo sie fertig verdampft wird. Damit kann man eine oder zwei Pumpen, die unter Vakuum arbeiten müssen, ersparen und die späteren Stufen noch unter einigermaßen günstigen Bedingungen betreiben, hat aber zugleich den Vorteil, die viskose Flüssigkeit bei der höchsten Temperatur, wo ihre Viskosität am geringsten und der Wärmedurchgangskoeffizient am besten ist, fertig zu machen. Von diesem allgemeinen Plan kann man in diesem oder jenem Sinne abweichen; in allen diesen Fällen spricht man von „gemischter Speisung“.

In einigen Fällen, besonders bei Herstellung von Kochsalz, ist es ratsam, direkt in jeden Körper zu speisen, wenn in die Verdampfanlage eine schon gesättigte Lösung eingeht und keine Dicklauge abgezogen wird. Man hat dann außer dem Dampf keinen Materialtransport von einem Körper zum andern. Diese Methode wird allgemein „Parallelspeisung“ genannt. Sie ist nur dort anwendbar, wo keine Dicklauge aus der Verdampfanlage kommt. Wärmebilanzen für einen besonderen Fall werden zeigen, ob bei Parallelspeisung die Wirtschaftlichkeit der Verdampfanlage sich günstig oder ungünstig stellt. Wo Parallelspeisung angewendet wird, ist im allgemeinen die Rücksicht auf andere Betriebsumstände das Ausschlaggebende gewesen, nicht die Wirtschaftlichkeit.

Anzapfdampf. Ein wichtiger Faktor bei der Gesamtwirtschaftlichkeit einer Mehrfachverdampfanlage wird selten erkannt und ist eigentlich bisher nur in der Rübenzuckerindustrie richtig verwertet. Es ist dies der Umstand, daß eine Mehrfachverdampfanlage nicht nur eine Apparatur zum Einengen von Lösungen darstellt, sondern auch als eine Anlage angesehen werden kann, welche Niederdruckdampf für Heiz- und Kochzwecke zu einem sehr geringen Preise erzeugt. Nehmen wir an, daß der zweite Körper einer Mehrfachverdampfanlage mit einer Siedetemperatur von 85° C betrieben wird und daß in demselben Betrieb an anderen Stellen Flüssigkeiten auf Temperaturen erhitzt werden müssen, die nicht über 80° C hinausgehen. Wenn diese Erwärmung durch den Brüden aus dem zweiten Körper der Verdampfanlage bewirkt wird, so geschieht es im Grunde mit einem Dampf, der bereits zweimal sein Eigengewicht an Wasser verdampft hat, wodurch die Gesamtwärmebilanz des Betriebes sehr günstig beeinflußt wird im Vergleich zu der Betriebsweise, daß die Erwärmung mit Frischdampf vorgenommen wird. Wenn solche Dampfentnahmen klein sind im Vergleich zur Gesamtdampfmenge, die von einem zum anderen Körper übergeht, so braucht beim Entwurf der Anlage nicht besonders darauf Rücksicht genommen werden. Die Verdampfanlage stellt sich der Regel nach auf die richtige Temperaturverteilung ein, so daß die größereDampferzeugung in dem Körper, an welchem die Anzapfung stattfindet, möglich ist. Wenn die Menge des Anzapfdampfes im Vergleich zu der Dampfmenge, die von Körper zu Körper übergeht, groß ist, so kann es erforderlich werden, die Heizfläche in einigen Körpern zu vergrößern, um eine vernünftige Temperaturverteilung zu gewährleisten. Zahlenmäßig kann der Erfolg einer solchen Anzapfung allein durch die Berechnung von Wärmebilanzen ermittelt werden, doch kann im allgemeinen gesagt werden, daß damit in vielen Fällen eine ganz erstaunlicheVerbesserung der Wirtschaftlichkeit des Gesamtbetriebes erreicht wird, obwohl natürlich der Dampfverbrauch der Verdampfanlage selbst vergrößert wird. Es muß jedoch darauf hingewiesen werden, daß solche Maßnahmen auf Kosten der Unabhängigkeit der einzelnen Stationen gehen; denn es muß, wenn der Betriebsplan diese Anzapfung vorsieht, die Station, welche den Dampf aus der Verdampfanlage entnimmt, und die Verdampfstation selbst immer gleichzeitig und mit derselben Leistung in Betrieb sein. Wenn Störungen im Betriebe vorkommen, die es nötig machen, für längere Zeit die Anzapfung aus der Verdampfanlage einzustellen, so kann der Dampfverbrauch der Gesamtanlage in manchen Fällen sich weniger günstig stellen, als wenn derVerdampfer keine weitere Aufgabe zu erfüllen hätte, als die Eindampfung. Es muß aber ganz allgemein festgestellt werden, daß dies Verfahren bisher weder genau untersucht noch in den für einen bestimmten Prozeß eingerichteten Fabriken systematisch durchgeführt wurde.

Die Einzelheiten des Betriebes einer Mehrfachverdampfanlage sind durchaus einfach. Z. B. wird das Kondensat aus jedem Körper durch Pumpen oder Kondenstöpfe entfernt und zur Kesselspeisung wiederverwendet oder als Abwasser entfernt, je nach den vorliegenden Bedingungen. Der einzige Punkt, der besonderer Erwähnung bedarf, ist die Abführung von nicht kondensierbarem Gas. In der Heizkammer des ersten Körpers handelt es sich nur um das Gas, welches im Frischdampf vorhanden war. In allen anderen Körpern kann Luft vorhanden sein, welche durch undichte Stellen in der Apparatur eingesaugt wurde, oder welche in der Dünnlauge in Lösung war. Manchmal können auch Gase durch Reaktionen, die während der Verdampfung eintreten, entbunden werden.

Wenn die Menge des nicht kondensierbaren Gases gering ist, so ist es am bequemsten, die Heizkammer in den Kochraum desselben Körpers zu entlüften. In diesem Falle geht, wenn die Entlüftung zu weit geöffnet ist, der Dampf durch den Körper, ist aber nicht ganz verloren, während die Konzentration an unkondensierbarem Gas sich immer, selbst im letzten Körper, in erträglichen Grenzen hält. Andererseits führt bei großen Gasmengen diese Methode zu hohen Konzentrationen an unkondensierbarem Gas im letzten Körper, wodurch sich unzulässig niedrige Wärmedurchgangskoeffizienten ergeben. In solchen Fällen ist es am besten, jeden Körper direkt nach dem Kondensator zu entlüften, wobei möglicherweise etwas Dampf verschwendet wird, was jedoch ratsamer ist, als die Wärmedurchgangskoeffizienten zu sehr zu erniedrigen. Z. B. werden bei der Konzentration der Rübenzuckersäfte erhebliche Mengen von Ammoniak frei, weswegen die letztere Methode der Entlüftung hier immer angewendet wird.

Berechnung der Mehrfachverdampfanlage.

Beispiel 14. Eine Lösung soll im Triple-Effet von 10 auf 50% Feststoffe eingedampft werden. Es steht Dampf von 1,05 atü (120,5° C zur Verfügung. Ein Vakuum von 660 mm Hg (0,136 ata) soll im letzten Körper gehalten werden. Dieser Druck entspricht einem Siedepunkt von 52° C. Die Dünnlaugenmenge je Stunde beträgt 25000 kg, ihre Temperatur 21° C. Das Kondensat verläßt die Verdampfer mit der Dampftemperatur, die Siedepunktserhöhung der Lösung ist unerheblich, ihre spezifische Wärme soll bei allen Konzentrationen mit 1,00 eingesetzt werden. Die Übergangskoeffizienten können angenommen werden: im ersten Körper 2680; im zweiten 1710, im dritten 975 bei Vorwärtsspeisung bzw. 2190, 1710 und 1290 bei Rückwärtsspeisung. Alle Körper sollen die gleiche Heizfläche haben.

Zu berechnen sind: die Heizfläche, der Dampfverbrauch, die Temperaturverteilung und die je kg Heizdampf erzeugte Dampfmenge bei

A. Vorwärtsspeisung,

B. Rückwärtsspeisung,

C. bei Vorwärtsspeisung und 1810 kg Anzapfdampf, der dem zweiten Körper entnommen wird.

Lösung. In allen drei Fällen ist die verdampfte Menge dieselbe. Sie kann aus einer Gesamtstoffbilanz berechnet werden, unter der Voraussetzung, daß die Feststoffe durch sämtliche Verdampfer ohne Stoffverlust gehen.

	Gewicht in kg		
	Gesamt	Feststoffe	Wasser
In der Dünnlauge . .	25 000	2500	22 500
In der Dicklauge . . .	5 000	2500	2 500
Zu verdampfen . . .	20 000	—	20 000

Wenn die Heizfläche in allen drei Körpern gleich ist, hat man es mit sieben Unbekannten zu tun.

1. Heizdampf zum ersten Körper.
2., 3., 4. Verdampfte Menge in jedem Körper.
5. Temperatur der siedenden Flüssigkeit im ersten Körper.
6. Temperatur der siedenden Flüssigkeit im zweiten Körper.
7. Die Heizfläche jedes Körpers.

Es können 7 Gleichungen aufgestellt werden: Eine Wärmebilanz für jeden Körper, eine Wärmeübergangsgleichung für jeden Körper und die bekannte Summe der drei in den einzelnen Körpern verdampften Mengen. Die algebraische Auflösung dieser 7 Gleichungen würdei ndessen ziemlich kompliziert sein, und es wird daher eine kombinierte Methode angewendet, wobei von der Schätzung der Temperaturen ausgegangen wird. Der Rechnungsgang ist dann folgender:

1. Die Temperaturen des ersten und zweiten Körpers werden geschätzt.
2. Nach der für jeden Körper aufgestellten Wärmebilanz wird die in jedem Körper verdampfte Menge berechnet.
3. Die für jeden Körper erforderliche Heizfläche wird berechnet.
4. Wenn diese Heizflächen nicht im wesentlichen gleich groß ausfallen, werden die angenommenen Temperaturen korrigiert und die Rechnung wiederholt.

Die einmalige Korrektur führt gewöhnlich bereits zum Erfolg, so daß die Rechnung nicht zu langwierig wird.

Fall A. Vorwärtsspeisung: Bei der ersten Schätzung der Temperaturen können gewisse Gesichtspunkte als Anhalt dienen. Wie oben auf S. 168 erklärt, muß die Temperaturdifferenz bei kleineren Übergangskoeffizienten größer sein, ferner erfordert eine Extrabelastung eines Körpers eine Bevorzugung bei der Zuweisung der Temperaturdifferenz. Im vorliegenden Falle beträgt das Gesamttemperaturgefälle 120,5 — 52 = 68,5° C. Der letzte Körper muß das größte Temperaturgefälle erhalten, dann muß der erste Körper wegen der in ihm stattfindenden größeren Erwärmung eine größere Temperaturdifferenz erhalten als der zweite Körper. Aus diesen Erwägungen wird als erste Annahme gewählt:

$$\Delta\vartheta_1 = 20^\circ\,\mathrm{C}, \quad \Delta\vartheta_2 = 18{,}5, \quad \Delta\vartheta_3 = 30^\circ\,\mathrm{C}.$$

Es liegen dann folgende Verhältnisse vor:

Heizdampf zum ersten Körper	120,5° C	Verdampfungswärme 525 kcal/kg
Siedepunkt im ersten Körper	100,5° C	
$\Delta\vartheta_1$	20 ° C	
Brüden vom ersten Körper	100,5° C	Verdampfungswärme 539 kcal/kg
Siedepunkt im zweiten Körper	82,0° C	
$\Delta\vartheta_2$	18,5° C	
Brüden vom zweiten Körper	82° C	Verdampfungswärme 550 kcal/kg
Siedepunkt im dritten Körper	52° C	Verdampfungswärme 567 kcal/kg
$\Delta\vartheta_3$	30° C	

Nun werden die Wärmebilanzen für jeden Körper aufgestellt, wobei

x = die im ersten Körper verdampfte Menge in kg
y = „ „ zweiten „ „ „ „ „
z = „ „ dritten „ „ „ „ „
G = Heizdampfmenge zum ersten Körper in kg bedeuten.

Als Bezugstemperaturen werden die Siedepunktstemperaturen in jedem Körper eingesetzt. Bei dem Übertritt der Lösung vom ersten zum zweiten und vom zweiten zum dritten Körper tritt Nachverdampfung auf.

Für den ersten Körper gilt:

(Wärme im Heizdampf über 100,5° C) — (Wärme zur Erwärmung der Dünnlauge von 21 auf 100,5° C) = (Wärme im Brüden über 100,5° C) + (Wärme im Kondensat über 100,5° C).

Man bemerkt, daß die Differenz des ersten und letzten Ausdruckes die Verdampfungswärme des Heizdampfes bei 120,5° C ist. Folglich

$$\text{I.} \quad 525\,G - 25000\,(100{,}5 - 21) = 539\,x\,.$$

Die Vereinfachung, die im Einsatze der Verdampfungswärme statt des Wärmeinhaltes besteht, ist immer dann möglich, wenn das Kondensat mit der Dampftemperatur ausgeht oder seine Austrittstemperatur so nahe an der Dampftemperatur liegt, daß die durch seine Abkühlung freiwerdende Wärme vernachlässigt werden kann. Ebenso für den zweiten Körper

$$\text{II.}\quad 539\,x + (25000 - x)\,(100{,}5 - 82) = 550 \cdot y\,,$$

und für den dritten Körper

$$\text{III.}\quad 550 \cdot y + (25000 - x - y)\,(82 - 52) = 567 \cdot z\,,$$

und für alle drei Körper gilt:

$$\text{IV.}\quad x + y + z = 20000$$

Aus den Gleichungen I bis IV ergibt sich:

$$x = 6310 \text{ kg} \qquad z = 6877 \text{ kg}$$
$$y = 6813 \text{ kg} \qquad G = 10250 \text{ kg}.$$

Die in den einzelnen Körper zu übertragenden Wärmemengen sind die folgenden:

I. Körper $Q_1 = 5390000$ kcal

II. Körper $Q_2 = 539 \cdot x = 539 \cdot 6310 = 3\,400000$

III. Körper $Q_3 = 550\,y = 550 \cdot 6813 = 3\,740000$.

Und die Heizflächen werden damit:

$$F_1 = \frac{5\,390000}{20 \cdot 2680} = 100{,}5 \text{ m}^2\,,$$

$$F_2 = \frac{3\,400000}{18{,}5 \cdot 1710} = 107{,}3 \text{ m}^2\,,$$

$$F_3 = \frac{3\,740000}{30 \cdot 975} = 127{,}5 \text{ m}^2$$

$$\text{im Mittel} = 112{,}8 \text{ m}^2\,.$$

Die drei Heizflächen sollten gleich sein, was bei der ersten angenommenen Temperaturverteilung nicht zutrifft. Vernachlässigt man den geringen Einfluß der Temperaturdifferenzen auf die Verdampfungswärme, Erwärmung und Nachverdampfung, so kann man annehmen, daß sich die Heizflächen umgekehrt proportional zu den Temperaturdifferenzen ändern. Der gesamte Temperaturabfall beträgt 68,5° C; es können nun verschiedene Temperaturdifferenzen, deren Summe immer 68,5° C ausmacht, eingesetzt werden, bis sich eine gleichmäßige Größe der Heizflächen ergibt.

Angenommen 18°; 18°; und 32,5 ° C

$$F_1 = \frac{100{,}5 \cdot 20}{18} = 111{,}5\,,$$

$$F_2 = \frac{107{,}3 \cdot 18{,}5}{18} = 110{,}5\,,$$

$$F_3 = \frac{127{,}5 \cdot 30}{32{,}5} = 117{,}7\,,$$

$$\text{im Mittel } 113{,}2\,.$$

Angenommen 17,5°; 17,5°; 33,5°

$$F_1 = \frac{100{,}5 \cdot 20}{17{,}5} = 115\,,$$

$$F_2 = \frac{107{,}3 \cdot 18{,}5}{17{,}5} = 113{,}5\,,$$

$$F_3 = \frac{127{,}5 \cdot 30}{33{,}5} = 114{,}2\,,$$

$$\text{im Mittel } 114\,.$$

Die korrigierten Werte sind nunmehr:

Dampf zum ersten Körper	120,5° C	Verdampfungswärme 525 kcal/kg
Siedepunkt im ersten Körper	103,0° C	
$\Delta\vartheta_1$	17,5° C	
Brüden zum zweiten Körper	103,0° C	Verdampfungswärme 537 kcal/kg
Siedepunkt im zweiten Körper	85,5° C	
$\Delta\vartheta_2$	17,5° C	
Brüden zum dritten Körper	85,5° C	Verdampfungswärme 549 kcal/kg
Siedepunkt im dritten Körper	52,0° C	,, 567 ,,
$\Delta\vartheta_3$	33,5° C	

Die Wärmebilanzen sind folgende:

$$\text{I.}\quad 525\,G - 25000\,(103 - 21) = 537\,x$$
$$\text{II.}\quad 537\,x + (25000 - x)\,(103 - 85{,}5) = 549\,y$$
$$\text{III.}\quad 549\,y + (25000 - x - y)\,(85{,}5 - 52) = 567\,z$$
$$\text{IV.}\quad x + y + z = 20000.$$

daraus:

$$x = 6200\ \text{kg},$$
$$y = 797 + 5860 = 6657\ \text{kg},$$
$$z = 20000 - 6200 - 6657 = 7143\ \text{kg}$$
$$\text{zusammen}\quad 20000\ \text{kg}$$

$$G = 10250\ \text{kg},$$
$$F_1 = \frac{5380000}{17{,}5 \cdot 2680} = 114{,}5\ \text{m}^2$$
$$F_2 = \frac{519{,}5 \cdot 6200}{17{,}5 \cdot 1710} = 108{,}0\,.$$
$$F_3 = \frac{515{,}5 \cdot 6657}{33{,}5 \cdot 975} = 105\,,$$

im Mittel 110 m².

Die Verdampfung beträgt je kg Heizdampf $\frac{20000}{10250} = 1{,}95$ kg.

Fall B. Rückwärtsspeisung: Da bei Rückwärtsspeisung die durch die Erwärmung entstehende Heizflächenbelastung gleichmäßiger verteilt ist, wird eine Verteilung der Temperaturdifferenzen angenommen, die den Koeffizienten fast umgekehrt proportional ist. In der ersten Annäherung werden Temperaturdifferenzen von 14°, 18,5°, 36° angenommen. Dann liegen die Verhältnisse folgendermaßen:

Heizdampf zum ersten Körper	120,5° C	Verdampfungswärme 525 kcal/kg
Siedepunkt im ersten Körper	106,5° C	
$\Delta\vartheta_1$	14,0° C	
Heizdampf zum zweiten Körper	106,5° C	Verdampfungswärme 535 kcal/kg
Siedepunkt im zweiten Körper	88,0° C	
$\Delta\vartheta_2$	18,5° C	
Heizdampf zum dritten Körper	88,0° C	Verdampfungswärme 546 kcal/kg
Siedepunkt im dritten Körper	52,0° C	,, 567 ,,
$\Delta\vartheta_3$	36,0° C	

Mit denselben Bezeichnungen wie oben lauten die Wärmebilanzen:

$$525\,G = 535\,x + (25000 - y - z)\,(106{,}5 - 88)$$
$$535\,x = 546\,y + (25000 - y)\,(88 - 52)$$
$$546\,y = 567\,z + (25000)\cdot(52 - 21)$$
$$x + y + z - 20000.$$

Aus diesen Gleichungen ergibt sich:

$$G = 8800\text{ kg}\quad x = 8180\text{ kg}$$
$$y = 6716\text{ ,,}$$
$$z = 5104\text{ ,,}$$
$$\overline{20000\text{ kg}}$$

Die Berechnung der Heizflächen ergibt:

$$F_1 = 150\text{ m}^2,\qquad F_2 = 138\text{ m}^2,\qquad F_3 = 79\text{ m}^2.$$

Dies genügt der Forderung nach gleichen Heizflächen nicht. Wie oben werden andere Temperaturdifferenzen angenommen und die Heizfläche berechnet, bis ein zufriedenstellendes Resultat erreicht ist. Danach ergeben sich folgende Temperaturdifferenzen: 19,5°, 23°, 26° C.

Dann liegen die Bedingungen folgendermaßen:

Dampf zum ersten Körper	120,5° C	Verdampfungswärme 525 kcal/kg
Brüden aus erstem Körper	101,0° C	
$\Delta\vartheta_1$	19,5° C	
Dampf zum zweiten Körper	101,0° C	Verdampfungswärme 539 kcal/kg
Brüden aus zweitem Körper	78,0° C	
$\Delta\vartheta_2$	23,0° C	
Dampf zum dritten Körper	78,0° C	Verdampfungswärme 552 kcal/kg,
Brüden aus drittem Körper	52,0° C	,, 567 ,,
$\Delta\vartheta_3$	26,0° C	

$$525\,G = 539\,x + (25000 - y - z)\,(101 - 78)$$
$$539\,x = 552\,y + (25000 - z)\,(78 - 52)$$
$$552\,y = 567\,z + 25000\cdot(52 - 21)$$
$$x + y + z = 20000,$$

daraus:

$$G = 8710\quad x = 7920$$
$$y = 6820$$
$$z = 5260$$
$$\overline{20000}$$

und die Heizflächen: $F_1 = 107$, $F_2 = 109$, $F_3 = 112$,

im Mittel 109, gewählt 110 m².

Die Verdampfung beträgt je kg Heizdampf $\frac{20000}{8710} = 2{,}3$ kg.

Im Vergleich zum Fall A ergibt sich also eine Ersparnis von 1540 kg oder etwa 15% des Dampfverbrauches im Falle A. Dies Resultat erhält man meistens, wenn die Temperatur der eingehenden Dünnlauge niedrig ist. Daß sich hier die Heizfläche fast genau gleich für beide Fälle ergeben hat, ist eine Folge der Wahl des Koeffizienten und nicht immer bei Rückwärtsspeisung der Fall. Im Falle A wurden je kg Frischdampf 1,95 kg verdampft, im Falle B 2,3 kg. Daraus geht hervor, wie ungenau die überschlägige Schätzung ist, nach der 1 kg Heizdampf bei Einfachverdampfung 1 kg, bei Doppeleffet 2 kg Wasser usw. verdampft, wenn auch solche Schätzungen besser zutreffen, sobald die Eingangstemperaturen zwischen den Temperaturen des ersten und letzten Körpers liegen.

Fall C. Abzapfung von Sonderdampf. Nach einer Probe hat man gefunden, daß die Temperaturdifferenzen 19,5, 20 und 29° C betragen müssen.

Die Gleichungen der Wärmebilanzen lauten:

$$525\ G = 539\ x + 25000 \cdot (101 - 21)$$
$$539\ x + (25000 - x) \cdot (101 - 81) = 550\ y$$
$$550\ (y - 1810) + (25000 - x - y)\ 29 = 567\ z$$
$$z = 20000 - x - y,$$

daraus:

$$x = 6800\ \text{kg}$$
$$y = 7320\ \text{,,}$$
$$z = 5880\ \text{,,}$$

zusammen 20000 kg

$$F_1 = 108\ \text{m}^2, \quad F_2 = 107\ \text{m}^2, \quad F_3 - 107\ \text{m}^2,$$

im Mittel 107 m².

$$G = 10800.$$

Verdampfung je kg Frischdampf: 1,85 kg Wasser.

Im Vergleich zu Fall A werden also 550 kg Frischdampf mehr verbraucht. Im Fall A hätten aber weitere etwa 1810 kg Frischdampf statt der 1810 kg Abdampf im Falle C für Heizzwecke verbraucht werden müssen. Der Gesamtverbrauch wäre also einschließlich Sonderverbrauch im Falle A 12060 kg gewesen, gegen 10800 kg im Falle C, wo sich demnach eine Ersparnis von 1260 kg Frischdampf oder etwa 10,5% ergibt. Diese Ersparnis wird erreicht ohne jede Änderung in der Verdampfanlage mit Ausnahme eines Dampfrohranschlusses in der Brüdenleitung vom zweiten zum dritten Körper.

VI. Allgemeine Gesetze der Diffusionsprozesse.

Bei der Behandlung der Flüssigkeitsströmung war gezeigt worden, daß sich zwischen einer festen Wand und der in Bewegung befindlichen Flüssigkeit dünne Grenzschichten ausbilden, wenn die Strömungsgeschwindigkeit relativ zur Wand über einen gewissen kritischen Wert hinausgeht. In den Kapiteln über den Wärmedurchgang und die Verdampfung war betont, daß die je Zeiteinheit von der Wand auf die Flüssigkeit und umgekehrt übergehende Wärme zur Hauptsache bestimmt wird durch die Wärmeleitung in diesen Grenzschichten. Die folgenden 6 Kapitel sollen sich mit einer Reihe von Grundoperationen beschäftigen, die unter sich dadurch zusammenhängen, daß ihr Ablauf in größerem oder geringerem Maße die Diffusion von Stoffen ebenso wie den Übergang von Wärme durch Flüssigkeitsgrenzschichten voraussetzt. Diese Operationen sind: a) Be- oder Entfeuchtung der Luft durch direkte Berührung mit flüssigem Wasser (Kapitel VII), b) Trocknung (Kapitel VIII), c) Rektifikation (Kapitel IX), d) Gasabsorption (Kapitel X), e) Extraktion (Kapitel XI), f) Kristallisation (Kapitel XII).

Auf Diffusion beruhende Grundoperationen. Obgleich damit diesen späteren Kapiteln vorgegriffen wird, ist es interessant, die aufgeführten Operationen von dem gemeinsamen Gesichtspunkt der Diffusion aus zu zergliedern. Es muß indessen betont werden, daß diese selben Prozesse auch den Übergang der Wärme einschließen, doch soll hier das Kapitel auf die Erörterung der Diffusion beschränkt bleiben.

Bei der Be- und Entfeuchtung diffundiert Wasserdampf durch eine Luftschicht. Soll die Luft befeuchtet werden, so diffundiert der Wasserdampf durch die Grenzschicht von der Flüssigkeit in die Luft.Wird das Gas entfeuchtet, so ist die Richtung der Diffusion umgekehrt. Bei der Trocknung fester Stoffe mittels heißer Luft diffundiert die Feuchtigkeit, sei es Flüssigkeit oder sei es Dampf, zunächst durch den festen Stoff und dann in Form von Dampf durch die Luftschicht. Ein tatsächlicher Trocknungsprozeß kann dabei durch die Tatsache charakterisiert werden, daß der Widerstand gegen die Diffusion in dem festen Körper so groß ist, daß der Widerstand der Dampfschicht dagegen zu vernachlässigen ist. Wenn andererseits der Feststoff porös ist, so daß Wasser leicht durch ihn diffundiert, kann die Luftschicht den einzigen zu berücksichtigenden Widerstand gegen die Diffusion des Wasserdampfes bilden und der Prozeß geht im wesentlichen genau so vor sich wie der der Luftbefeuchtung.

Bei der Absorption von einem oder mehreren Gasen aus einem Gasgemisch durch eine Flüssigkeit erfolgen nacheinander zwei Diffusionsprozesse. Zunächst muß das zu absorbierende Gas durch die Gasschicht di fundieren, welche hauptsächlich aus nicht absorbierbarem Gas besteht unfd zweitens durch die Flüssigkeitsschicht, da ja das Fehlen einer Metallwand an dem Vorhandensein der Grenzschichten selbst nichts ändert. Auch hier wiederum gibt es einige Fälle, die dadurch vereinfacht werden, daß einer dieser Diffusionswiderstände bestimmend ist im Vergleich zu dem anderen; denn Gase großer Löslichkeit diffundieren durch die Flüssigkeitsgrenzschicht sehr leicht im Vergleich zur Gasschicht, während für sehr wenig lösliches Gas die Flüssigkeitsgrenzschicht den Gang der Absorption bestimmt und der Einfluß der Gasgrenzschicht vernachlässigt werden kann.

Die Extraktion von löslichem Material aus einem unlöslichen festen Stoff mittels einer Flüssigkeit ist ein der Gasabsorption analoger Prozeß. Der wesentliche Unterschied ist aber das Lösemittel, das lösliches Material aus einem festen Stoff schneller löst als aus einem Gas. In diesem Falle muß das lösliche Material im allgemeinen durch die Flüssigkeitsgrenzschicht, welche die festen Stoffe umgibt, diffundieren.

Das Wachsen der Kristalle und der umgekehrte Prozeß, die Lösung von löslichem Material, erfordert die Diffusion eines Bestandteiles zu oder von der festen Oberfläche durch eine Flüssigkeitsgrenzschicht. Diese Vorgänge unterscheiden sich von der Extraktion dadurch, daß hier keine inerte oder unlösliche Komponente in der festen Phase vorhanden ist und daß letztere kristallinische Struktur hat, d. h. ihre Atome und Ionen sind in bestimmter, regelmäßiger Weise in einem sogenannten „Raumgitter“ angeordnet.

Bei den erwähnten Vorgängen diffundieren einige oder mehrere Komponenten in einer Richtung durch eine oder mehrere ruhende Grenzschichten, die zur Hauptsache aus einem inerten Stoff bestehen. Der noch nicht erwähnte Prozeß der in der Einleitung aufgestellten Reihe, die Rektifikation, unterscheidet sich von den bisher erwähnten dadurch, daß nicht eine, sondern mehrere Komponenten in Bewegung sind, die nicht in derselben Richtung diffundieren und daß kein inerter Stoff vorliegt. Im einfachsten Falle des Zweikomponentensystems erfolgt die Diffusion der einen Komponente vom Dampf zur Flüssigkeit und die der anderen von der Flüssigkeit zum Dampf[1]. Die beiden Grenzschichten werden nicht aus einem ruhenden und inerten Stoff gebildet, sondern aus zwei an dem Vorgang beteiligten Komponenten, welche im Gegenstrom zueinander übergehen. Dies hat zur Folge, daß die Diffusionsgeschwindigkeit der einen Komponente durch die der anderen beeinflußt wird.

Gewisse Faktoren sind all den hier erwähnten Operationen gemeinsam. Sie alle erfordern die Diffusion eines Stoffes durch Flüssigkeits- und Gasgrenzschichten. Diese Diffusionsprozesse werden am besten mit der kinetischen Theorie geklärt, mit deren Hilfe die grundlegenden quantitativen Beziehungen aufgestellt werden können.

Vorgänge in der Grenzfläche bei Diffusionsprozessen. Im Zusammenhang mit der Diffusion müssen die Vorgänge an der tatsächlichen Grenzfläche zwischen den beiden Phasen, d. h. in der Fläche zwischen den beiden Grenzschichten betrachtet werden. Mit Recht kann man annehmen, daß die zwei Phasen in dieser Grenzfläche im Gleichgewicht sind, d. h. daß, wenn man die Zusammensetzung, z. B. der flüssigen Phase in der Grenzfläche kennt, die Zusammensetzung der Dampfphase hier geradeso sein muß, als ob die beiden Phasen eine unendlich lange Zeit in gegenseitiger Berührung gewesen wären. Eine Folgerung aus dieser Annahme ist die, daß eine diffundierende Substanz, die einmal durch eine der Grenzschichten gelangt ist, in die zweite gelangt, ohne Widerstand in der Grenzfläche zwischen den beiden Schichten zu finden. Dann ist, da kein Widerstand zu überwinden ist, keine treibende Kraft erforderlich. Daher sind die beiden Phasen an dieser Stelle im Gleichgewicht, obwohl Diffusionsgradienten in den Grenzschichten auf beiden Seiten der Grenzfläche vorhanden sind[2].

[1] Lewis u. Chang: Trans. Amer. Inst. chem. Engr. Bd. 21 (1928) S. 127.

[2] Es ist wichtig, daß genau unterschieden wird zwischen zwei Phasen, die in der Grenzfläche im Gleichgewicht sind und zwei Phasen, die überhaupt im Gleichgewicht sind. Im letzteren Falle ist der Prozeß beendigt, und es erfolgt keine Diffusion mehr, im ersteren Falle ist der Diffusionsprozeß tatsächlich im Gange.

Obwohl die Annahme dieser Grenzfläche zwischen den Grenzschichten einleuchtet, kann sie auf keine Weise a priori bewiesen werden. Sie muß mit den Ergebnissen aus Versuchen im Einklang stehen, bevor sie angewendet werden darf. Es ist klar, daß der experimentelle, direkte Nachweis sehr schwierig zu führen ist, aber es ist in solchen Fällen gewöhnlich möglich, die Gültigkeit einer derartigen Hypothese auf indirektem Wege zu erproben, indem man Folgerungen, die auf der Hypothese beruhen, experimentell nachweist. Im vorliegenden Falle liegen genügend indirekte Beweise vor, so daß die Annahme des Gleichgewichtes in der Grenzfläche ausreichend begründet ist, und zwar in allen Fällen bei Flüssigkeiten und Gasen.

Eine einzige Ausnahme, die nicht mit der Hypothese des Gleichgewichtes in der Grenzfläche übereinstimmt, ist beim Wachsen der Kristalle festgestellt worden. Bei diesem Prozeß zeigt sich, daß die gelöste Substanz nach der Diffusion durch die Flüssigkeitsgrenzschicht einen weiteren Widerstand überwinden muß, der scheinbar in der Einordnung der Moleküle in das bestimmte Kristallgitter besteht. Dieser Vorgang wird später in dem Kapitel über Kristallisation behandelt werden.

Gleichungen für den Vorgang der Diffusion.

Aus den vorhergehenden Bemerkungen geht hervor, daß für die Diffusion durch Gas- und Flüssigkeitsgrenzschichten Gleichungen abgeleitet werden müssen, bevor die Rechnungsmethoden für die Diffusionsprozesse vollständig sind. Zur Zeit sind die Gleichungen für die Gasdiffusion einigermaßen sicher begründet, aber die Gleichungen für die Flüssigkeitsseite sind sehr angenähert und im wesentlichen nur aus Analogieschlüssen mit der Gasdiffusion entwickelt. Die unten angegebenen Gleichungen sind von Lewis und Chang[1] veröffnetlicht, als ein Resultat ihrer Überprüfung von früheren Ableitungen von Maxwell und Stefan.

Diffusion der Gase. Wir betrachten ein binäres Gasgemisch, dessen Komponenten im Gegenstrom durch eine Gasschicht, die aus der Gasmischung gebildet ist, diffundieren. Die Komponenten seien mit a und b bezeichnet. x sei der Abstand von der Grenzfläche, in der Richtung der Diffusion der Komponenten gemessen. Damit a diffundiert, ist es erforderlich, daß der Partialdruck von a mit der Zunahme von x abnimmt, da ja die Differenz der Partialdrücke als die treibende Kraft des Diffusionsprozesses anzusehen ist. Gleichzeitig diffundiert b in entgegengesetzter Richtung ebenfalls auf Grund eines entsprechenden Partialdruckgefälles. Die Grundgleichung für die Diffusion, aufgestellt von Lewis und Chang, lautet:

[1] a. a. O.

$$-\frac{d\,p_a}{d\,x}=\frac{p_b\frac{G_a}{M_a}-p_a\frac{G_b}{M_b}}{t\cdot F\cdot k}, \tag{90}$$

worin p_a und p_b die Partialdrücke der Komponenten a und b, G_a und G_b die Gewichte der Komponenten a und b, welche an der betrachteten Stelle diffundieren, x der Abstand der betrachteten Stelle von der Grenzfläche, t die Zeit, F die Fläche, k eine Diffusionskonstante, die abhängt von der Natur und Temperatur der Gase, M_a und M_b die Molekulargewichte der Komponenten a und b sind.

In allen Fällen, mit Ausnahme der Rektifikation, befindet sich die eine Komponente in Ruhe, und nur die andere diffundiert. Daher wird Gleichung (90), wenn die Komponente b in Ruhe und $G_b = 0$ ist,

$$-\frac{d\,p_a}{d\,x}=\frac{p_b\frac{G_a}{M_a}}{t\cdot F\cdot k}=\frac{p_b\cdot G_a}{k_w\cdot t\cdot F}, \tag{91}$$

worin $k\cdot M_a$ durch k_w ersetzt ist. Wenn der Gesamtdruck P ist, dann ist

$$p_b = P - p_a, \tag{92}$$

und nach Einsetzen in Gleichung (91)

$$-\frac{d\,p_a}{d\,x}=\frac{G_a\,(P-p_a)}{k_w\cdot t\cdot F}. \tag{93}$$

Wenn der Gesamtdruck konstant ist und Beharrungszustand besteht, d. h. $G_a{:}t$ konstant ist, und wenn ferner x_g die Dicke der Grenzschicht ist, kann Gleichung (93) integriert werden. Der Partialdruck der Komponente a in der Grenzfläche, d. h. für $x = 0$, werde mit p_{ai} bezeichnet. An der anderen Seite der Grenzschicht, wo $x = x_g$ ist, liegen dieselben Verhältnisse vor wie in der Gesamtmasse des Gases, in welchem die Zusammensetzung durch Turbulenz oder Konvektion oder beides gleichzeitig gleichförmig gehalten wird. Wenn p_{ag} den Partialdruck der Komponente a unter diesen Bedingungen bedeutet, dann besteht die Beziehung

$$-\int_{p_{ai}}^{p_{ag}}\frac{d\,p_a}{P-p_a}=\frac{G_a}{t\cdot F\cdot k_w}\int_0^{x_g}d\,x \tag{94}$$

oder

$$l\,n\frac{P-p_{ai}}{P-p_{ag}}=\frac{G_a\cdot x_g}{t\cdot F\cdot k_w}=l\,n\frac{p_{bg}}{p_{bi}}, \tag{95}$$

worin p_{bg}, p_{bi} sich auf die Partialdrücke der Komponente b beziehen. Die Gleichung (95) kann auch geschrieben werden:

$$\frac{G_a}{t\cdot F}=\frac{k_w\,l\,n\frac{p_{bi}}{p_{bg}}}{x_g}=\frac{k_w\,l\,n\frac{P-p_{ai}}{P-p_{ag}}}{x_g}. \tag{96}$$

In sehr vielen Fällen ist das Verhältnis der Partialdrücke des inerten Gases (p_{bg} zu p_{bi}) nicht sehr verschieden von 1. In diesem Falle ist eine

Vereinfachung der Gleichung (96) möglich. Wird gesetzt

$$p_{bm} = \frac{p_{bg} + p_{bi}}{2} \tag{97}$$

und dieses als konstant angenommen und in Gleichung (91) für p_b eingesetzt, so ergibt sich nach Integration

$$\frac{G_a}{t \cdot F} = \frac{k_w}{x_g \cdot p_{bm}} (p_{ag} - p_{ai}) . \tag{98}$$

In diesem Falle ist der Vorgang der Diffusion proportional zu der treibenden Kraft $(p_{ai} - p_{ag})$ und umgekehrt proportional zu dem Widerstand $\frac{x_g \cdot p_{bm}}{k_w}$. Man sieht, daß der Widerstand direkt proportional ist zur Dicke der Grenzschicht und zur Konzentration des inerten Gases und umgekehrt proportional zur Diffusionskonstanten k_w.

Der Gasdiffusionskoeffizient. Der Ausdruck k_w in Gleichung (91) ist der Gasdiffusionskoeffizient und hat die Dimension g cm/h cm². Die Werte dieses Koeffizienten, die man in der Literatur findet, sind gewöhnlich in Volumeneinheiten ausgedrückt mit der Dimension cm³ cm/sek cm², wobei das Volumen bei einer bestimmten Temperatur und einem bestimmten Druck gemessen ist. Wenn der Diffusionskoeffizient in $c \cdot g \cdot s \cdot$ Volumeneinheiten bei 273° absoluter Temperatur und 1 ata als k_{vo} bezeichnet wird, dann ist k_v bei einer anderen Temperatur-T^0 abs. und bei einem anderen Drucke P at[1]:

$$k_v = k_{vo} \left(\frac{T}{273}\right)^2 \left(\frac{1}{P}\right) . \tag{99}$$

Für den Ingenieur ist es bequemer, den Diffusionskoeffizienten auf das Gewicht bezogen zu benutzen. Wenn k_w der Koeffizient in kg m/h m² ist, so ergibt sich aus den Gasgesetzen nach Gleichung (99)[2]

$$k_w = 0{,}0000585 \cdot M_a \cdot T_{\text{abs}} \cdot k_{vo} , \tag{100}$$

worin k_w der Diffusionskoeffizient in kg m/h m² ist, T die absolute Temperatur, M_a das Molekulargewicht der Komponente a, k_{vo} der Diffusionskoeffizient in cm³ cm/sek cm².

Beispiel 15. Kohlensäuregas von 27° C diffundiert aus einem CO_2-Luftgemisch durch eine Luft-CO_2-Grenzschicht in Berührung mit einer Karbonatlösung. Die Grenzschicht ist 0,1 mm dick. Der Partialdruck des CO_2-Gases beträgt im Gasraum 150 mm Hg, an der Grenzfläche zwischen Lösung und Gas 10 mm Hg. Der Gesamtdruck beträgt 760 mm. Wieviel kg CO_2 werden von der Karbonatlösung je Stunde und m² Grenzfläche absorbiert, wenn $k_{vo} = 0{,}138$ cm² je sek ist?

Lösung. Da die absolute Temperatur 300° C und das Molekulargewicht von $CO_2 = 44$ ist, wird der Diffusionskoeffizient

$$k_w = 0{,}0000585 \cdot 44 \cdot 300 \cdot 0{,}138 = 0{,}1067 \text{ kg} \cdot \text{m/h m}^2 .$$

[1] Von Obermayer nach einem Referat von Hanks u. McAdams: Ind. Engng. Chem. Bd. 21 (1929) S. 1034. Manchmal liegt der Wert der Exponenten von T näher an 1,75 als an 2. Siehe Internat. Critical Tables Bd. 5 p. 62.

[2] Hanks u. McAdams: a. a. O.

Es wird Gleichung (96) benutzt, worin

$$x_g = 0{,}0001 \text{ m},$$
$$P = 1,$$
$$p_{ag} = \frac{150}{760} = 0{,}1972 \text{ at}.$$
$$p_{ai} = \frac{10}{760} = 0{,}01315 \text{ at},$$
$$\frac{G}{t \cdot F} = \frac{0{,}1067 \, ln \, \dfrac{1 - 0{,}01315}{1 - 0{,}1972}}{0{,}0001} = 220 \text{ kg/m}^2\text{ h}.$$

Wenn die einfachere aber ungenauere Gleichung (98) benutzt wird:

$$p_{bi} = \frac{760 - 10}{760} = 0{,}986 \text{ ata},$$
$$p_{bg} = \frac{760 - 150}{760} = 0{,}803 \text{ ata},$$
$$p_{bm} = \frac{0{,}986 + 0{,}803}{2} = 0{,}895 \text{ ata},$$
$$\frac{G}{t \cdot F} = 0{,}1067 \cdot \frac{(0{,}1972 - 0{,}01315)}{0{,}0001 \cdot 0{,}895} = 219{,}5 \text{ kg/m}^2\text{ h}.$$

Der infolge der Ungenauigkeit der Gleichung (98) auftretende Fehler beträgt nur etwa 0,25 % [1].

Diffusion in Flüssigkeiten. Die Gleichungen für den Vorgang der Diffusion durch Flüssigkeiten sind von derselben Form wie die für die Diffusion durch ein Gas, mit der Ausnahme, daß an Stelle der Partialdrücke die Konzentrationen treten. Bei der Diffusion im Gas entspricht die treibende Kraft der Partialdruckdifferenz des diffundierenden Stoffes. Bei der Diffusion in Flüssigkeiten entspricht der treibenden Kraft die Konzentrationsdifferenz der diffundierenden Komponente. Die Theorie der Diffusion in Flüssigkeiten ist indessen nicht so erforscht wie die im Gas, da die kinetische Theorie von Flüssigkeiten nicht so bekannt ist wie die der Gase.

Wir betrachten ein System aus zwei Komponenten a und b, in welchem a und b in entgegengesetzter Richtung durch eine Schicht diffundieren, die nur aus den beiden Komponenten besteht. Die Gleichung, durch welche der Vorgang der Diffusion der beiden Komponenten dargestellt wird, ist die folgende:

$$-\frac{d\,C_a}{d\,x} = \frac{G_a\,C_b - G_b \cdot C_a}{t \cdot F \cdot k_w}, \tag{101}$$

worin C_a und C_b die Konzentrationen der Komponenten a und b bedeuten, gemessen in g je Volumeneinheit; k_w ist eine Konstante, die abhängt von der Temperatur und der Art der Mischung und G_a und G_b sind die Gewichte der Komponenten a und b, welche in der Zeit t durch eine

[1] Hanks u. McAdams (a. a. O.) weisen nach, daß selbst für $\frac{p_{bi}}{p_{bg}} = 2$, der bei Benutzung der Gleichung (98) entstehende Fehler nur 3,5% ausmacht.

Fläche F in der Entfernung x von der Grenzfläche aus gemessen, diffundieren. Die Fläche F steht natürlich senkrecht zur Richtung der Diffusion der Komponente a, und x liegt in der Richtung der Diffusion.

Wenn die Komponente b in Ruhe ist, so ist $G_b = 0$ und

$$-\frac{d\,C_a}{d\,x} = \frac{G_a \cdot C_b}{t \cdot F \cdot k_w}\,. \tag{102}$$

Die Konzentration C_b ist die des ruhenden Bestandteiles oder des Lösemittels. In vielen praktischen Fällen ist die prozentuale Änderung von C_b von der einen Seite der Schicht zur anderen gering. Wenn C_{bi} die Konzentration der Komponente b in der Grenzfläche ist und C_{bl} die in der Gesamtheit der Flüssigkeit, so ist in derartigen Fällen das Verhältnis C_{bi} zu C_{bl} nur wenig von 1 verschieden, und C_b kann in Gleichung (102) ersetzt werden durch C_{bm}, welches definiert wird durch die Gleichung

$$C_{bm} = \frac{C_{bi} + C_{bl}}{2}\,. \tag{103}$$

Nach dieser Annahme kann Gleichung (102) für den Beharrungszustand (G_a = konstant) integriert werden

$$-\int\limits_{C_{ai}}^{C_{al}} d\,C_a = \frac{G_a \cdot C_{bm}}{k_w \cdot t \cdot F} \int\limits_0^{x_l} d\,x\,, \tag{104}$$

$$\frac{G_a}{t \cdot F} = \frac{k_w\,(C_{ai} - C_{al})}{C_{bm}\,x_l}\,, \tag{105}$$

worin x_l die Schichtdicke, C_{ai} die Konzentration der Komponente a in der Grenzfläche und C_{al} die Konzentration der Komponente a für $x = x_l$ ist.

Der Koeffizient der Diffusion in Flüssigkeiten. In metrischen Einheiten kann die Konstante k_w durch die Dimension g · cm/sek · cm² ausgedrückt werden. In der Literatur wird sie indessen in der Dimension cm²/sek angegeben. Hier ist $\frac{k_w}{C_{bm}}$ zu einer Konstanten zusammengezogen, wodurch sich die Dimension g · cm · cm³/sek · cm² · g oder cm²/sek ergibt. Wenn diese Konstante mit d bezeichnet wird, so wird Gleichung (105)

$$\frac{G_a}{t \cdot F} = \frac{(C_{ai} - C_{al}) \cdot d}{x_l}\,. \tag{106}$$

Man bemerkt, daß Gleichung (106) genau dieselbe Form wie Gleichung (32) für die Wärmeleitung hat, wenn das Gewicht an Stelle der Wärme und die Konzentration an Stelle der Temperatur gesetzt wird. Gleichung (106) sagt aus, daß die je Zeiteinheit diffundierende Menge der treibenden Kraft $(C_{ai} - C_{al})$ direkt und dem Widerstande $\frac{x_1}{F \cdot d}$ umgekehrt proportional ist.

Die Konstante d ist am bequemsten in der Dimension m^2 je h auszudrücken. Die in der Literatur gegebenen Konstanten können durch Multiplikation mit $\frac{3600}{10000} = 0{,}36$ auf diese Einheit[1] umgerechnet werden.

Die Konstante d ist mit der Temperatur und Konzentration veränderlich.

Wenn d in der Dimension m^2 je h eingesetzt wird, so muß die Konzentration in Gleichung (106) in kg je m^3 ausgedrückt werden.

VII. Feuchtigkeit und Einstellen eines bestimmten Zustandes der Luft.

Bei vielen Grundoperationen ist es erforderlich, Berechnungen anzustellen, welche die Eigenschaften von Luft und Wasserdampfgemischen betreffen. Solche Berechnungen können den Zweck haben, zu bestimmen, wieviel Wasserdampf von der Luft unter variablen Verhältnissen aufgenommen werden kann, welches die thermischen Eigenschaften derartiger Gemische sind, wie sich der Wärmeinhalt und der Feuchtigkeitsgehalt der Luft ändert, wenn Luft mit gewissem Feuchtigkeitsgehalt mit Wasser oder feuchten Feststoffen in Berührung gebracht wird und ähnliches. Dieses Kapitel soll die grundlegenden Eigenschaften der Luft- und Wasserdampfgemische, die Theorie der oben aufgeführten Vorgänge und die Apparate behandeln, in welchen letztere durchgeführt werden.

Definitionen. In Abhandlungen über die physikalischen Eigenschaften der Luft- und Wasserdampfgemische wurde der Ausdruck Feuchtigkeit bisher in mehr als einer Bedeutung verwendet. Eine bestimmte Definition dieses Ausdruckes war bei den Meteorologen entstanden[2] und wurde in dieser Form auch von den Ingenieuren übernommen. Die Terminologie und die Definitionen der Meteorologen sind indessen für die Rechnungen der Ingenieure ganz ungeeignet. Neue Definitionen von vielen dieses Gebiet betreffenden Ausdrücken, wurden von W. M. Grosvenor[3] im Jahre 1908 aufgestellt. Durch Grosvenors Arbeiten wurden die Berechnungen von Luft-Wasserdampfgemischen in erheb-

---

[1] Die metrische Einheit ist manchmal angegeben in cm^2 je Tag. Diese Einheit wird zu m^2 je h umgerechnet durch Multiplikation mit $4{,}16 \cdot 10^{-6}$.

[2] Relative Feuchtigkeit wird danach definiert durch den Ausdruck $\frac{100 \cdot p}{p_s}$, worin p der Partialdruck des Wasserdampfes in dem Luft-Wasserdampfgemisch bei den vorliegenden Verhältnissen ist und p_s der Dampfdruck flüssigen Wassers bei derselben Temperatur, welcher mit dem Partialdruck des Wasserdampfes in gesättigter Luft bei dieser Temperatur übereinstimmt.

[3] Trans. Amer. Inst. chem. Engr. Bd. 1 (1908).

lichem Maße vereinfacht. Seine Definitionen werden hier ausschließlich angewendet.

Feuchtigkeit wird definiert durch die Angabe des Gewichtes des Wasserdampfes, welcher auf 1 kg trockener Luft unter irgendwelchen gegebenen Verhältnissen entfällt. Nach dieser Definition hängt die Feuchtigkeit allein von dem Partialdruck des Wasserdampfes in der Luft und von dem Gesamtdruck ab. Dieser letztere wird hier in diesem Kapitel immer mit 760 mm Hg eingesetzt. Wenn der Partialdruck des Wasserdampfes in der untersuchten Luftprobe p at beträgt, so ist das Molverhältnis des Wasserdampfes zur trockenen Luft gleich dem Verhältnis von p zu $1-p$). Da das Molgewicht des Wassers 18 und das der Luft 29 ist, ist das Verhältnis des Wasserdampfgewichtes zum Gewichte der trockenen Luft $\frac{18p}{29(1-p)}$. Die Feuchtigkeit, die oben als das Verhältnis vom Wasserdampfgewicht zum Gewichte der trockenen Luft definiert wurde, ist folglich:

$$H = \frac{18p}{29(1-p)}, \tag{107}$$

worin H die Feuchtigkeit ist.

Gesättigte Luft ist Luft, in welcher der Wasserdampf mit flüssigem Wasser bei der gegebenen Temperatur und dem vorliegenden Druck im Gleichgewicht ist. In diesem Gemisch ist der Partialdruck des Wasserdampfes gleich dem Dampfdruck reinen Wassers bei derselben Temperatur.

Prozentuale Feuchtigkeit ist das Verhältnis des Wasserdampfgewichtes, welches auf 1 kg trockener Luft bei irgendeiner Temperatur und irgendeinem Druck entfällt, zu dem Wasserdampfgewicht, welches auf 1 kg trockener Luft entfallen würde, wenn die Luft bei der vorliegenden Temperatur und dem herrschenden Druck gesättigt wäre, ausgedrückt in Prozenten.

Feuchte spezifische Wärme ist diejenige Wärmemenge in kcal, die erforderlich ist, die Temperatur von 1 kg trockener Luft einschließlich der darauf entfallenden Wasserdampfmenge um 1° C zu erhöhen. Wenn die spezifische Wärme der Luft mit 0,238 und die des Wasserdampfes mit 0,48 für die normalerweise vorliegenden Temperaturen angenommen wird, so ist die feuchte spezifische Wärme definiert durch die Gleichung:

$$C_f = 0{,}238 + 0{,}48 \cdot H, \tag{108}$$

worin C_f die feuchte spezifische Wärme in kcal je kg trockener Luft ist.

Feuchtes spezifisches Volumen ist das Volumen von 1 kg trockener Luft, vermehrt um das Volumen des darauf entfallenden Wasserdampfes in m³. Es wird berechnet aus der Gleichung

$$V_f = \frac{22{,}4}{29} \cdot \frac{273+t}{273} + \frac{22{,}4}{18} \cdot \frac{273+t}{173} \cdot H = (0{,}082\,t + 22{,}4)\left(\frac{1}{29} + \frac{H}{18}\right), \quad (109)$$

worin V_f das feuchte spezifische Volumen von 1 kg trockener Luft einschließlich des darauf entfallenden Wasserdampfes in m³ je kg ist.

Gesättigtes spezifisches Volumen ist das Volumen von 1 kg trockener Luft einschließlich des zur Sättigung erforderlichen Wasserdampfes in m³ je kg.

Taupunkt nennt man die Temperatur, auf welche Luft und Wasserdampf bei konstant bleibender Feuchtigkeit abgekühlt werden müssen, um gesättigt zu werden, d. h. um in Gleichgewicht mit flüssigem Wasser von der Temperatur des Taupunktes zu kommen.

Feuchtkugeltemperatur. Wenn eine große Menge ungesättigter Luft mit einer geringen Menge Wasser in Berührung gebracht wird, ohne daß Wärme von außen zugeführt oder nach außen abgeführt wird, so nimmt das Wasser eine bestimmte Gleichgewichtstemperatur an, welche niedriger ist als die der Luft, aber höher als die des Taupunktes. Diese Temperatur wird Feuchtkugeltemperatur genannt, weil man sie gewöhnlich erhält, indem man die Luft über die feuchtgehaltene Kugel eines gewöhnlichen Thermometers streichen läßt. Die hierbei auftretenden Vorgänge werden später erörtert werden.

Feuchtigkeitstafel.

Die meisten Eigenschaften der Luft- und Wasserdampfgemische, welche der Ingenieur für seine Rechnungen braucht, sind in der Feuchtigkeitstafel, Abb. 119 im Anhang, enthalten. Auf dieser Tafel sind die Feuchtigkeiten, angegeben in kg Wasser je kg trockener Luft, als Ordinaten über den Temperaturen in °C als Abszissen gezeichnet. Jeder Punkt auf dieser Tafel entspricht einem gewissen Zustand der Luft, der durch Temperatur und Feuchtigkeit bestimmt ist. Die Kurve „100%" gibt die Feuchtigkeiten gesättigter Luft bei veränderlichen Temperaturen an. Allen links und über der Sättigungskurve liegenden Punkte entspricht kein stabiler Zustand des Luft- und Wasserdampfgemisches. Die unter der Sättigungskurve liegenden Kurven gelten für andere prozentuale Feuchtigkeiten. Für die Linie der feuchten spezifischen Wärme sind die Feuchtigkeiten — mit der Skala an der rechten Seite der Tafel — Ordinaten, und die Wärmeeinheiten — mit der Skala am oberen Rande — Abszissen. Für die Linien des spezifischen Volumens der trockenen und gesättigten Luft sind die Temperaturen Abszissen und die an der linken Seite der Tafel angegebenen m³ je kg trockener Luft Ordinaten. Das feuchte spezifische Volumen eines Luft-Wasserdampfgemisches für eine gegebene Temperatur und Feuchtigkeit kann durch lineare Interpolation zwischen den Linien des gesättigten spezifischen

Volumens und des spezifischen Volumens trockener Luft gefunden werden.

Adiabatische Abkühlung. Wenn ungesättigte Luft mit flüssigem Wasser in Berührung gebracht wird, ohne daß Wärme aus der Umgebung aufgenommen oder an die Umgebung abgegeben wird, so wird Wasser verdampfen und die Feuchtigkeit der Luft steigen. Die latente Verdampfungswärme dieses Wassers wird bei adiabatisch verlaufendem Prozeß nicht von außen geliefert und muß daher durch Abkühlung der Luft oder des Wassers oder beider geliefert werden.

Wir betrachten zunächst den Fall, daß ein Strom ungesättigter Luft mit gleichbleibender Anfangstemperatur und Feuchtigkeit über eine feuchte Oberfläche, welche die Temperatur der Luft hat, streicht. Die Verdampfung von Wasser aus der feuchten Oberfläche verursacht eine Herabsetzung der Temperatur des flüssigen Wassers. Wenn dadurch das Wasser kälter als die Luft wird, wird fühlbare Wärme von der Luft auf das Wasser übertragen; schließlich muß ein Gleichgewicht erreicht werden bei einer Temperatur, bei der der Wärmeentzug aus dem Wasser infolge Verdampfung gerade ausgeglichen wird durch die Wärmezufuhr von der Luft an das Wasser in Form von fühlbarer Wärme. Unter diesen Bedingungen wird die Temperatur des Wassers konstant bleiben. Diese Temperatur wird Feuchtkugeltemperatur genannt.

Theorie der adiabatischen Abkühlung. Eine genauere Untersuchung dieses Vorganges ergibt folgendes: Wir betrachten einen Wassertropfen, der die Feuchtkugeltemperatur hat und mit Luft in Berührung ist. Dieser Wassertropfen wird rund herum von einer Grenzschicht der Luft umgeben sein, wie in Kapitel VI beschrieben. Durch diese Grenzschicht diffundieren in der Richtung vom Wasser zur Luft dW kg Wasserdampf in dt Std. Wenn die latente Wärme des Wassers bei der Feuchtkugeltemperatur r kcal je kg beträgt, so ist die latente Wärme des diffundierenden Dampfes $\frac{r \cdot dW}{dt}$ kcal je h. Ein weiterer kleiner Betrag an Wärme ist erforderlich, diesen Dampf von der Feuchtkugeltemperatur auf die Lufttemperatur zu überhitzen, jedoch wird dies hier vernachlässigt. Da andererseits die Feuchtkugeltemperatur niedriger ist als die Temperatur der Gesamtmasse der Luft muß fühlbare Wärme in einer Menge, die gleich $\frac{dQ}{dt}$ kcal je h ist, von dem Tropfen aufgenommen werden; und weil die Feuchtkugeltemperatur eine Gleichgewichtstemperatur ist, müssen diese beiden Wärmemengen gleich sein:

$$\frac{r\,dW}{dt} = \frac{dQ}{dt}. \tag{110}$$

Die Übertragung fühlbarer Wärme ist das Produkt von drei Faktoren, dem Wärmeübergangskoeffizienten, der Größe der Fläche, welche für den Wärmeübergang in Frage kommt, und der Temperaturdifferenz. Wenn h der Übergangskoeffizient für die Luftschicht, F die Oberfläche des Wassertropfens, ϑ_g die Temperatur der Gesamtmasse der Luft und ϑ_i die Temperatur der Grenzfläche ist, so ist

$$\frac{dQ}{dt} = h \cdot F\,(\vartheta_g - \vartheta_i)\,. \tag{111}$$

Grenzschichtkoeffizienten der Diffusion. In Kapitel VI wurde gezeigt, daß der Übergang eines Stoffes aus einem Gas in eine Flüssigkeit auf dem Wege der Diffusion durch zwei Schichten erfolgt, von welchen jede auf einer Seite einer Grenzfläche liegt. Wenn die flüssige Phase reines Wasser und die Dampfphase eine Mischung von Luft und Wasserdampf ist, findet die Diffusion in der flüssigen Phase keinen Widerstand und es bleibt nur der Widerstand in der Grenzschicht des Gases. Dies ist dieselbe Grenzschicht, durch welche auch die Wärme gemäß Gleichung (111) fließen muß. Die in Kapitel VI aufgestellten Gleichungen für die Gasdiffusion können auf die Diffusion von Wasserdampf durch diese Luftgrenzschicht angewendet werden. Weil der Partialdruck des Wasserdampfes in der Luft im allgemeinen im Vergleich zu dem der Luft selbst infolge der geringen Fähigkeit der Luft, Wasserdampf zu enthalten, niedrig ist, genügt statt der genauen Gleichung (96) die Gleichung (98). Es entsteht aber eine Schwierigkeit dadurch, daß die je Zeiteinheit übergehende Wärmemenge in solchen Fällen genügend groß ist, so daß ein merklicher Temperaturabfall in der Grenzschicht auftritt. Da der Diffusionskoeffizient k_w sich mit der Temperatur der Grenzschicht gemäß Gleichung (100) ändert, muß ein Mittelwert von k_w in Gleichung (98) eingesetzt werden. Da weiterhin die prozentuale Veränderung von p_{bm} klein ist, und da es sehr schwierig ist, die Dicke der Grenzschicht praktisch zu messen, ist es vorteilhaft, alle diese Faktoren zu einem einzigen Koeffizienten k_g zusammenzuziehen, welcher definiert wird durch die Gleichung

$$k_g = \frac{k_{wm}}{x_l\, p_{bm}}\,. \tag{112}$$

Der Koeffizient k_g ist ein Grenzschichtkoeffizient für Diffusionen, genau analog dem Grenzschichtkoeffizienten für den Wärmeübergang. Der je Zeiteinheit durch die Luftgrenzschicht in der Richtung zur Grenzfläche diffundierende Wasserdampf ist dann gegeben durch die Gleichung

$$\frac{dW}{dt} = k_g F\,(p_g - p_i)\,, \tag{113}$$

worin W das Gewicht des Wassers in kg, t die Zeit in Stunden, F die Grenzfläche in m^2, p_g der Partialdruck des Wasserdampfes in der Luftmasse gemessen in at, p_i der Partialdruck des Wasserdampfes in der Grenzfläche in at, k_g der Grenzschichtkoeffizient der Diffusion in kg je $m^2 \cdot at \cdot h$ sind.

Bei der Ableitung der Gleichung (98) war angenommen, daß die Diffusion von der Gasmasse in der Richtung zur Grenzfläche stattfindet. Dieselbe Annahme gilt für Gleichung (113). Bei der adiabatischen Abkühlung und der Befeuchtung der Luft findet aber die Diffusion in entgegengesetzter Richtung statt, nämlich von der Grenzfläche in das Gas; infolgedessen hat für diese Fälle die rechte Seite der Gleichung (113) negatives Vorzeichen.

Gleichung (113) zeigt, daß die treibende Kraft für die Diffusion von Wasserdampf durch die Gasgrenzschicht an der Wasser-Luftgrenzfläche die Partialdruckdifferenz des Wasserdampfes in der Grenzschicht ist. Für Rechnungen ist es indessen bequemer, die mittlere treibende Kraft des Vorgangs als Feuchtigkeitsdifferenz auszudrücken, weil Feuchtigkeiten direkt der Feuchtigkeitstafel entnommen werden können und weil eine Wasserbilanz mit den Ausdrücken für absolute Feuchtigkeiten viel einfacher aufzustellen ist als mit denen des Partialdruckes.

Die Ausdrücke für die Partialdrücke in Gleichung (113) können durch die der Feuchtigkeit ersetzt werden, wenn man auf Gleichung (107) zurückgreift. Bei gewöhnlich vorliegenden Temperaturen ist p klein im Vergleich zu 1 und Gleichung (107) wird angenähert

$$H = \frac{18}{29} p \,. \tag{114}$$

Mit geringer Ungenauigkeit besteht also Proportionalität zwischen den Feuchtigkeiten und den Partialdrücken und zwischen den Differenzen der Feuchtigkeiten und den Partialdruckdifferenzen. Damit wird Gleichung (113)

$$\frac{dW}{dt} = k_g F \frac{29}{18} (H_g - H_i) \,, \tag{115}$$

worin H_g die Feuchtigkeit der Luftmasse, H_i die Feuchtigkeit der Luft an der Grenzfläche ist.

Setzt man

$$k_g' = \frac{29}{18} k_g \,, \tag{116}$$

so wird Gleichung (115)

$$\frac{dW}{dt} = k_g' \cdot F (H_g - H_i) \,. \tag{117}$$

Wenn die Werte von $\frac{dQ}{dt}$ und $\frac{dW}{dt}$ aus den Gleichungen (111) und (117) in Gleichung 110 eingesetzt werden, ergibt sich

$$H_g - H_i = \frac{h}{k_g' \cdot r} (\vartheta_g - \vartheta_i) \,. \tag{118}$$

Faktoren, welche die Feuchtkugeltemperaturen beeinflussen. Da h und k_g' Koeffizienten sind, die für dieselbe Grenzschicht gelten, ist zu erwarten, daß jeder Einfluß, welcher eine Veränderung der Dicke der Grenzschicht bewirkt, auch eine Veränderung der Koeffizienten in genau entsprechender Größe hervorruft. Wenn z. B. die Dicke der Grenzschicht auf die Hälfte herabgesetzt wird, werden h und k_g' verdoppelt und das Verhältnis von h zu k_g' wird nicht geändert. Infolgedessen muß das Verhältnis $\frac{h}{k_g'}$ unabhängig sein von solchen Variablen wie Viskosität und Luftgeschwindigkeit. Dies ist durch Experimente erwiesen, und Gleichung (118) kann in folgenderForm geschrieben werden, da ja r für eine gegebene Feuchtkugeltemperatur konstant ist:

$$H_g - H_i = K(\vartheta_g - \vartheta_i)\,. \tag{119}$$

In dieser Gleichung ist K eine Konstante und gleich $\frac{h}{k_g' \cdot r}$. Für jeden Wert von ϑ_g und H_g wird es einen bestimmten Wert von ϑ_i und H_i geben, der Gleichung (119) erfüllt, da H_i und ϑ_i die Koordinaten der auf der Sättigungskurve der Feuchtigkeitstafel liegenden Punkte (Abb. 119) sind. Die Feuchtkugeltemperatur hängt demnach allein von der Temperatur und Feuchtigkeit der Luft ab und ist unabhängig von Viskositäten und Geschwindigkeiten und allen anderen Faktoren, welche die Dicke der Grenzschicht der in Berührung mit dem Wasser befindlichen Luft und damit den Widerstand beeinflussen mögen.

Linien der adiabatischen Abkühlung. Gleichung (119) war abgeleitet unter der Annahme, daß eine große Menge Luft mit einer geringen Menge Wasser in Berührung gebracht wurde, so daß die Temperatur und die Feuchtigkeit der Luftmasse nicht beeinflußt wurden. Für sehr viele Apparaturen ist es indessen wichtiger, den Vorgang für eine gegebene Luftmenge zu bestimmen, die mit einer bestimmten so großen Wassermenge in Berührung gelangt, daß sowohl die Temperatur wie auch die Feuchtigkeit der Luft sich ändern. Ungesättigte Luft wird bei adiabatischer Abkühlung in Berührung mit Wasser von der Feuchtkugeltemperatur feuchter und kühler. Andererseits ist experimentell[1] nachgewiesen, daß während eines derartigen Prozesses die Feuchtkugeltemperatur und damit die Wassertemperatur trotz der Änderung der Lufttemperatur und Feuchtigkeit konstant bleiben, vorausgesetzt, daß die eintretende Änderung der Feuchtigkeit nicht zu groß ist. Auf der Feuchtigkeitstafel stellen die geneigten Linien, die an der Sättigungskurve beginnen und schräg nach rechts unten verlaufen, Vorgänge der adiabatischen Abkühlung und Befeuchtung der Luft dar, wenn sie mit flüssigem Wasser, das die Feuchtkugeltemperatur hat, in Berührung kommt.

Diese Linien sind folgendermaßen bestimmt: Angenommen, die

[1] Die theoretische Beweisführung würde über dem Rahmen dieses Buches hinausgehen, siehe Principles of Chemical Engineering 2d Ed., pp. 548—461.

Feuchtigkeit der Luft erhöht sich um dH und die Temperatur fällt um $d\vartheta$. Die zur Verdampfung von dH kg Wasser erforderliche Wärme beläuft sich auf $dH\,[r_w + 0{,}48\,(\vartheta - \vartheta_w)]$, worin r_w die Verdampfungswärme des Wassers bei der Feuchtkugeltemperatur ϑ_w und 0,48 die spezifische Wärme des Wasserdampfes ist. Diese Verdampfungs- und Überhitzungswärme muß gleich der fühlbaren Wärme, die der Luft entzogen wird, d. h. gleich $-C_f\,d\vartheta$ sein, daraus folgt, daß:

$$dH\,[r_w + 0{,}48\,(\vartheta - \vartheta_w)] = -C_f\,d\vartheta = -(0{,}238 + 0{,}48\,H)\,d\vartheta\,. \quad (120)$$

Durch Trennung der Variablen H und ϑ und Integration zwischen den Grenzen H_1 und H, ϑ_1 und ϑ, worin H_1 und ϑ_1 für den Endzustand gelten, ergibt sich

$$\int_H^{H_1} \frac{dH}{0{,}238 + 0{,}48\,H} = -\int_\vartheta^{\vartheta_1} \frac{d\vartheta}{r_w + 0{,}48\,(\vartheta - \vartheta_w)}\,, \quad (121)$$

$$\frac{0{,}238 + 0{,}48\,H_1}{0{,}238 + 0{,}48\,H} = \frac{r_w + 0{,}48\,(\vartheta - \vartheta_w)}{r_w + 0.48\,(\vartheta_1 - \vartheta_w)}\,. \quad (122)$$

Da der Prozeß ein Ende findet, wenn die Luft gesättigt ist und die Feuchtkugeltemperatur angenommen hat, kann Gleichung (122) geschrieben werden in der Form:

$$\frac{0{,}238 + 0{,}48\,H_w}{0{,}238 + 0{,}48\,H} = \frac{r_w + 0{,}48\,(\vartheta - \vartheta_w)}{r_w}\,, \quad (123)$$

worin H_w die Feuchtigkeit der bei der Temperatur ϑ_w gesättigten Luft ist.

Diese Gleichung enthält als Veränderliche nur H und ϑ und ist demnach die Gleichung einer Kurve auf der Feuchtigkeitstafel. Wird für ϑ_w ein Wert angenommen und damit r_w und H_w festgelegt, so kann die Kurve der Gleichung (123) in die Feuchtigkeitstafel eingezeichnet werden. Sie hat mit der Sättigungskurve „100%" den Punkt mit den Koordinaten ϑ_w und H_w gemeinsam. Wenn die Temperaturen und Feuchtigkeiten ein gleichförmiges rechtwinkliges Koordinatensystem bilden, ergibt sich aber für diese Kurve keine gerade Linie, auch werden die den verschiedenen Feuchtkugeltemperaturen entsprechenden Kurven nicht parallel. In Abb. 119 sind die Feuchtigkeitskoordinaten so verzerrt, daß sich die Gleichungen der adiabatischen Abkühlung durch gerade und parallele Linien darstellen lassen. Dies hat den Zweck, die Interpolation zu erleichtern. Die linken Endpunkte der Linien der adiabatischen Abkühlung sind mit der zugehörigen Feuchtkugeltemperatur bezeichnet.

Gebrauchsanweisung für die Feuchtigkeitstafel. Viele oben gebrauchte Ausdrücke mögen an Hand der Abb. 120 erklärt werden. Abb. 120 stellt einen Ausschnitt aus der Feuchtigkeitstafel dar. Wir betrachten ein Luftwassergemisch von einer Zusammensetzung und Temperatur, die dem Punkt A entspricht. Die Skala rechts, Punkt B, ergibt die Feuchtigkeit dieser Luft. Folgt man den nahezu waagerechten Linien gleicher Feuchtigkeit von A nach links bis zum Schnitt mit der Sättigungskurve, so erhält man die Temperatur C, das ist die Temperatur, bei der die Luft gesättigt sein würde. Diese Temperatur ist der Taupunkt. Folgt man einer Linie der adiabatischen Abkühlung bis zum Punkte D auf der Sättigungskurve, so ergibt sich die Temperatur E, die Feuchtkugeltemperatur. Geht man vom Punkt D auf einer Linie konstanter Feuchtigkeit nach rechts, so ergibt sich die Feuchtigkeit F, d. h. die Feuchtigkeit der bei Feuchtkugeltemperatur gesättigten Luft. Geht man vom Punkte A auf einer senkrechten Linie gleicher Temperatur bis zur Sättigungskurve, so erreicht man den Punkt G, welcher die Zusammensetzung der Luft darstellt, wenn sie bei der Anfangstemperatur gesättigt wird. Die entsprechende Feuchtigkeit wird bei Punkt H abgelesen. Die Temperatur t_1 wird die Trockenkugeltemperatur genannt, weil es die Temperatur ist, die sich durch irgendeine gewöhnliche Temperaturmessung feststellen läßt.

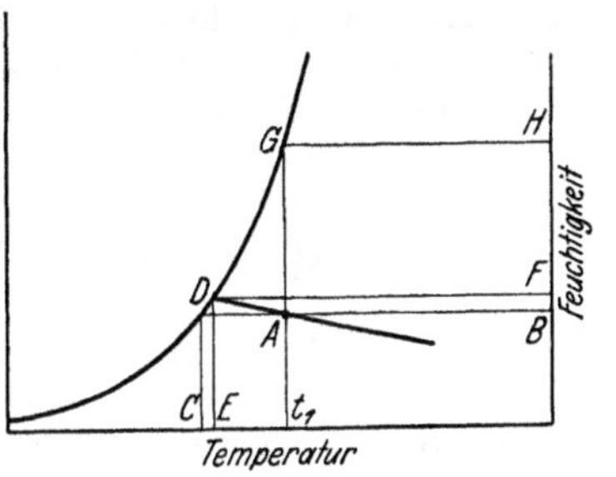

Abb. 120. Zur Erklärung der Feuchtigkeitstafel.

Beispiel 16. Die in einen Trockenapparat eintretende Luft hat eine Trockenkugeltemperatur von 21° C und eine Feuchtkugeltemperatur von 15,5°. Sie wird, durch eine Kalorifere erwärmt, mit einer Temperatur von 93,5° C in den Trockner eingeblasen. In dem Trockner kühlt sie adiabatisch ab und verläßt ihn zu 100% gesättigt.

1. Welches ist der Taupunkt der Luft?
2. Wie groß ist ihre Feuchtigkeit?
3. Wie groß ist ihre prozentuale Feuchtigkeit?
4. Wieviel Wärme ist erforderlich, um 100 m³ auf 93,5° C zu erwärmen?
5. Wieviel Wasser wird bei adiabatischer Abkühlung von 100 m³ verdampft?
6. Mit welcher Temperatur verläßt die Luft den Trockner?

Lösung. Die Feststellung, daß die eintretende Luft eine Feuchtkugeltemperatur von 15,5° C hat, bedeutet, daß die eingehende Luft und flüssiges Wasser, beide zusammen in Berührung gebracht, bei 15,5° C zu einem Gleichgewichtszustand kommen würden und die Luft gesättigt wäre. Daher beginnt man in Abb. 119 an dem Schnittpunkt der Ordinate für 15,5° C mit der Sättigungskurve, geht längs einer Linie adiabatischer Abkühlung nach rechts bis zu deren Schnittpunkt mit der Ordinate für 21° C. Dieser Schnittpunkt stellt den Anfangszustand der Luft dar. An der Skala rechts wird die absolute Feuchtigkeit zu 0,0089 kg Wasser je kg trockene Luft abgelesen. Geht man längs einer Linie konstanter Feuchtigkeit nach links bis zum Schnittpunkt mit der Sättigungslinie, so findet man, daß durch Abkühlung die Luft bei 12° gesättigt wird, 12° ist also der Taupunkt. Der den Anfangszustand der Luft darstellende Punkt fällt zwischen die Kurven für 50 und 60% Feuchtigkeit. Eine Interpolation nach Augenmaß ergibt die anfängliche prozentuale Feuchtigkeit zu 57%.

Bei 21° ist das spezifische Volumen der trockenen Luft 0,833m³/kg und der gesättigten Luft 0,857 m³/kg. Die Interpolation für 57% Feuchtigkeit ergibt ein feuchtes spezifisches Volumen von 0,845 m³/kg. Das Gewicht von 100 m³ ist daher $\frac{100}{0{,}845} = 118{,}2$ kg.

Die Anfangsfeuchtigkeit von 0,0089 entspricht einer feuchten spezifischen Wärme von $0{,}238 + 0{,}0089 \cdot 0{,}48 = 0{,}242$. Die für die Erwärmung der eingehenden Luft von 21 auf 93,5° erforderliche Wärme ist daher:

$$118{,}2 \cdot 72{,}5 \cdot 0{,}242 = 2070 \text{ kcal.}$$

Geht man von dem Punkt, der der Anfangsfeuchtigkeit und 93,5° C entspricht, aufwärts und nach links parallel zu einer adiabatischen Linie, so findet man, daß bei Sättigung die Luft eine Temperatur von 38,8° und eine Feuchtigkeit von 0,0340 hat. Das während dieses Prozesses verdampfte Wasser wird dann:

$$(0{,}034 - 0{,}0089) \cdot 118{,}2 = 0{,}0251 \cdot 118{,}2 = 2{,}97 \text{ kg.}$$

Bestimmung der Luftfeuchtigkeit.

Aus Abb. 120 geht hervor, daß bei bekanntem Taupunkt die Feuchtigkeit durch die Tafel 119 bestimmt werden kann. Wenn die Feuchtkugel- und die Trockenkugeltemperaturen bekannt sind, erfolgt die Bestimmung der Feuchtigkeit wie im Beispiel 16. Die meisten Methoden der Feuchtigkeitsbestimmung der Luft beruhen auf einer oder der anderen dieser Beziehungen.

Taupunktmethoden. Wenn ein Gefäß mit polierter Oberfläche mit Wasser gekühlt wird, so daß sich die Temperatur der Metalloberfläche allmählich erniedrigt, so wird schließlich ein Punkt erreicht, wo sich Feuchtigkeit auf der polierten Oberfläche niederschlägt. Die Temperatur, bei der dieser Nebel gerade erscheint, ist augenscheinlich die Temperatur, bei der die Luft gerade im Gleichgewicht mit flüssigem Wasser ist und entspricht daher dem Taupunkt. Aus diesem kann die Feuchtigkeit ohne weiteres an Hand der Tafel 119 bestimmt werden.

Psychrometrische Methoden. Eine häufiger angewendete Methode zur Bestimmung der Luftfeuchtigkeit besteht darin, gleichzeitig die Feuchtkugel- und Trockenkugeltemperaturen zu bestimmen. Dies geschieht, indem man einen Luftstrom schnell über zwei Thermometer streichen läßt. Die Kugel des einen ist wie gewöhnlich trocken, die Kugel des anderen wird mit Hilfe einer Tuchumhüllung, welche in Wasser taucht oder auf welche Wasser tropft, feucht gehalten. Bei meteorologischen Beobachtungen wird fast ausschließlich das Schleuderpsychrometer benutzt. Bei diesem Instrument sind zwei Thermometer in einem Metallrahmen befestigt, der um einen entsprechend eingerichteten Handgriff geschleudert wird. Die Messung geht so vor sich, daß das Psychrometer einige Sekunden lang geschleudert wird, wonach die Ablesung der Feuchtkugeltemperatur so schnell als möglich erfolgt. Die Messung wird so oft wiederholt, bis aufeinanderfolgende Ablesungen der Feuchtkugeltemperatur zeigen, daß ihr Minimum erreicht ist. Damit ist Punkt D in Abb. 120 bestimmt. Zieht man eine adiabatische Linie durch den Punkt D, so bestimmt deren Schnittpunkt mit der Temperatur t_1 den Punkt A und damit die Feuchtigkeit. Die Beobachtungen mit diesem Apparat erfordern große Geschicklichkeit und außerdem Raum genug für den Beobachtenden und die Handhabung des Schleuder-Thermometers. Dadurch wird die Anwendbarkeit des Instrumentes erheblich eingeschränkt.

Bei einem anderen Psychrometer wird dasselbe Prinzip angewendet, jedoch verwendet man einen winzigen elektrischen Ventilator zur Förderung des Luftstromes über die Thermometerkugel. Dieser Ventilator ist gewöhnlich so klein, daß sein Motor von einem Trockenelement betrieben werden kann. Trockenelement, Motor, Ventilator und Thermometer können in einem sehr handlichen Instrument vereinigt werden, welches auch in verhältnismäßig sehr beschränkten Räumen Aufstellung finden kann. Da die Geschwindigkeit der Luft durch die Geschwindigkeit des Ventilators geregelt wird, kann es nicht vorkommen, daß die Zeit, in welcher die Berührung zwischen Luft und Feuchtkugel stattfindet, nicht ausreicht, oder daß die Geschwindigkeit des Luftstromes zu niedrig ist, um den durch Gleichung (119) gegebenen Beharrungszustand zu erreichen, was bei dem Schleuderpsychrometer wohl der Fall sein kann. Der Wassergehalt der Luft kann auch durch direkte chemische Methoden bestimmt werden, wobei ein bekanntes Luftvolumen durch ein wasserabsorbierendes Reagens gesaugt wird, z. B. Schwefelsäure, Phosphor-Pentoxyd oder andere. Das Gewicht des absorbierten Wassers wird aus der Gewichtszunahme des Absorbers bestimmt. Derartige Methoden müssen aber von Fall zu Fall besonders und im einzelnen ausgearbeitet werden.

Einstellen eines gewünschten Luftzustandes und Wasserkühlung.

Es ist oft erforderlich, die Luft auf eine bestimmte Temperatur und Feuchtigkeit einzustellen. Im Prinzip wird dies sehr einfach dadurch erreicht, daß man die Luft mit Wasser unter solchen Bedingungen in Berührung bringt, daß eine gegebene Feuchtkugeltemperatur erreicht wird. Damit ist die Feuchtigkeit der Luft festgelegt. Durch Erwärmung auf die gewünschte Temperatur kann auf diese Weise Luft jeden gewünschten prozentualen Feuchtigkeitsgehaltes und jeder Temperatur hergestellt werden.

Hierbei lassen sich zwei Wege beschreiten. Einmal wird die Temperatur des Wassers so eingestellt, daß die bei dieser Temperatur gesättigte Luft die gewünschte Feuchtigkeit hat. Die Luft wird bei dieser Temperatur gesättigt und dann bei konstanter Feuchtigkeit auf die gewünschte Endtemperatur erhitzt, oder zweitens, die Luft wird auf eine derartige Anfangstemperatur vorgewärmt, daß ihre Feuchtkugeltemperatur der gewünschten Feuchtigkeit entspricht. Sie wird dann mit Wasser in Berührung gebracht unter solchen Bedingungen, daß sie sich adiabatisch sättigt und wird dann auf die Endtemperatur wieder erwärmt. Abb. 121 erläutert diese zwei Wege. Angenommen, die Luft hat die Anfangsfeuchtigkeit H_1 und die Temperatur t_1 (Punkt A) und soll auf die Feuchtigkeit H_2 und die Temperatur t_2 (Punkt B) gebracht werden. Die Sättigungstemperatur entsprechend der Feuchtigkeit H_2 ist t_w. Der erste Weg erfordert Aufrechterhaltung der Wassertemperatur t_w, und der Vorgang spielt sich auf dem Wege A, C, B ab, der zweite Weg erfordert die Erwärmung der Luft auf die Temperatur t_3, die der Feuchtkugeltemperatur t_w entspricht, und der Vorgang spielt sich auf dem Wege A, D, C, B ab.

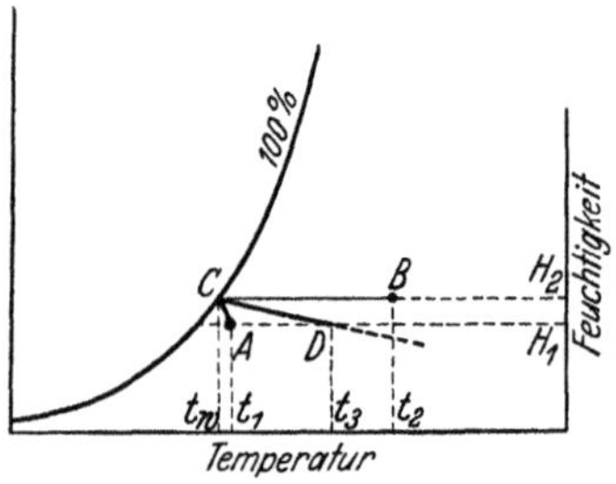

Abb. 121.
Wirkungsweise von Luftbefeuchtern.

Apparaturen zur Luftbehandlung. Aus vorstehenden Erörterungen folgt, daß die Apparaturen zur Luftbehandlung im wesentlichen aus Apparaten zur Beheizung der Luft bestehen, die entweder vor oder hinter die Befeuchtung geschaltet sind und ferner Einrichtungen, um die Luft in Berührung mit Wasser zu bringen. Die Heizapparate sind gewöhnlich Kaloriferen (siehe S. 124). Einrichtungen, die Luft in Gleichgewicht mit dem Wasser zu bringen, gibt es in großer Anzahl: Türme mit Rieselkörpern, über welche Wasser rieselt, und eigentlich alle Apparate, die später im Kapitel „Gasabsorption" beschrieben sind, können für diese Zwecke verwendet werden. Meist indessen wird Wasser oder Dampf durch Streudüsen in die Luft gesprüht. Diese Einrichtungen erfordern gewöhnlich weniger Raum und gestatten eine bessere Regelung der Sättigungstemperatur als die Turmapparate.

Wenn die Endtemperatur und -feuchtigkeit von der Anfangstemperatur und -feuchtigkeit sehr weit verschieden sein müssen, ist der zweite Weg, der in Abb. 121 beschrieben wurde, besser geeignet. Die Apparatur zu seiner Durchführung ist in Abb. 122 schematisch dargestellt. Die Luft wird zunächst über die Kaloriferen M geleitet und erwärmt, entsprechend der Linie AD in Abb. 121. Sie passiert dann die Wassersprühdüsen N und wird adiabatisch abgekühlt und befeuchtet, Linie D—C (Abb. 121). Eine Reihe von Prallplatten P hält mitgerissenes Wasser zurück, und eine zweite Kalorifere Q vollzieht die Wiederbeheizung, Linie CB (Abb. 121). Ein Ventilator R saugt die Luft durch die Apparatur und drückt sie zur Verwendungsstelle. Die Endtemperatur kann reguliert werden durch Einstellen der Heizdampfmenge in der zweiten

Kalorifere oder durch Betätigung einer Umgehungsklappe *S*, wie in der Abbildung dargestellt.

Die Apparatur zur Durchführung des Prozesses auf dem Wege *A*, *C*, *B* der Abb. 121 ist der in Abb. 122 dargestellten sehr ähnlich. An Stelle der Kalorifere *M* wird Dampf direkt in das Wasser eingeleitet, wenn es zu den Streudüsen *M* gepumpt wird. Dadurch wird die Temperatur t_w der Abb. 121 aufrechterhalten. Der übrige Teil der Apparatur stimmt mit der in Abb. 122 dargestellten überein.

Kühltürme. Derselbe Vorgang, der zur Befeuchtung der Luft ausgenutzt wird, kann auch zur Kühlung von Wasser herangezogen werden. Es gibt im Betriebe eine Menge Stellen, wo warmes Wasser aus Kondensatoren oder anderen Apparaten anfällt und wo es wirtschaftlicher

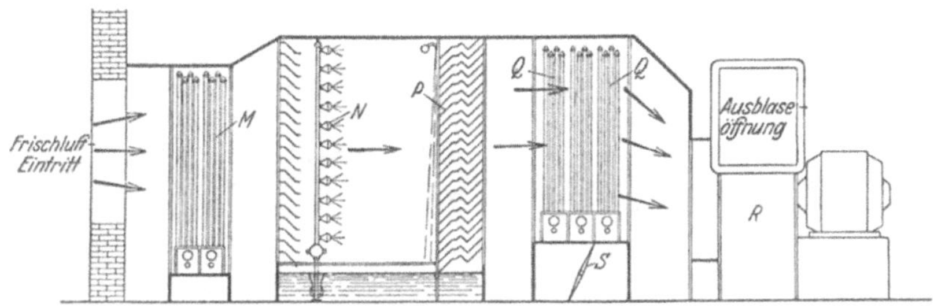

Abb. 122. Luftbefeuchter.
M Heizschlange. *N* Sprühdüsen. *P* Wasserabscheider. *Q* 2. Heizschlange. *R* Ventilator. *S* Regelklappe.

ist, dieses Wasser wieder zurückzukühlen, als es fortlaufen zu lassen. Die Kühlung wird erzielt, indem man das Wasser mit ungesättigter Luft in Berührung bringt, so daß sich die Luft befeuchtet und das Wasser die Feuchtkugeltemperatur annimmt. Es ist klar, daß diese Methode nur anwendbar ist, wo die Temperatur des zu kühlenden Wassers und der Außenluft so zueinander in Beziehung stehen, daß die Feuchtkugeltemperatur der Luft niedriger ist als die Temperatur des eingehenden Wassers. Es gibt drei Arten von Apparaten, in welchen diese Kühlung durchgeführt wird. 1. Sprühteiche, 2. Kühltürme mit natürlichem Zug, 3. Kühltürme mit künstlichem Zug. In allen Fällen, wo Wasser dadurch gekühlt werden soll, daß es mit Luft in Berührung gebracht wird, ist es erforderlich, das Wasser so zu verteilen, daß es der Luft die größtmögliche Oberfläche darbietet. Dies wird am einfachsten erreicht, wenn das Wasser aus einer Streudüse versprüht wird. Diese Düsen müssen über einem Behälter angebracht werden, worin sich das Wasser sammelt, wonach der Name dieser Anlagen, die gewöhnlich als Sprühteiche bezeichnet werden, stammt. Solche Teiche sind dort angebracht, wo es sich nur um kleine Leistungen handelt, oder wo der Grund und Boden billig ist. Sie haben aber den Nachteil, daß viel

Wasser durch den Wind verlorengeht und der Kraftverbrauch für die Pumpen erheblich ist, weil für ein zufriedenstellendes Arbeiten der Düsen ein gewisser Druck erforderlich ist.

Türme mit natürlichem Zuge kann man in zwei Gruppen einteilen: die Schornsteintype und die Türme mit atmosphärischer Zirkulation. Bei letzteren (Abb. 123) geschieht die Zirkulation der Luft durch den Turm im wesentlichen in horizontaler Richtung. Die Luftbewegung durch den Turm hängt eigentlich allein von der Windgeschwindigkeit

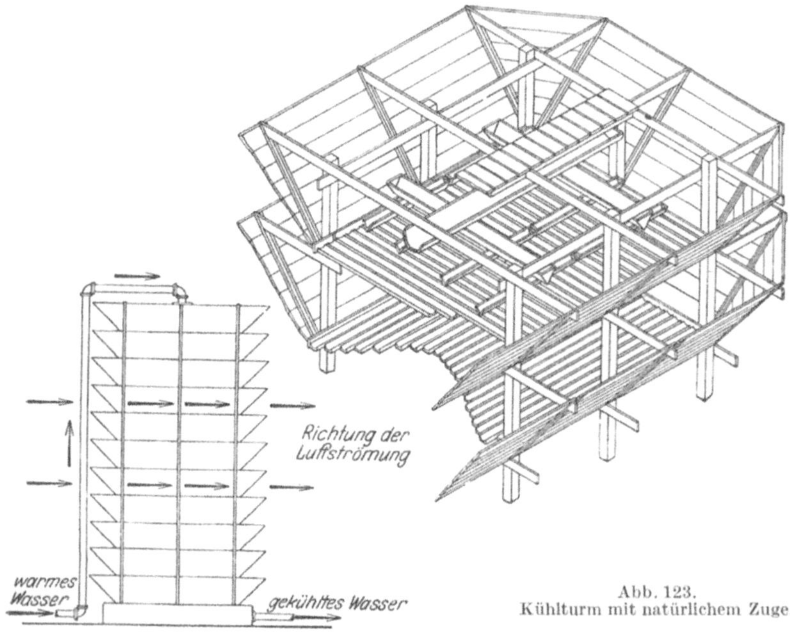

Abb. 123. Kühlturm mit natürlichem Zuge.

ab. Das Wasser wird beim Niederfallen über Prallplatten der verschiedensten Art verteilt. Den üblichen Aufbau dieser Art Kühltürme zeigt Abb. 123. Er besteht aus flachen Brettern, 25 × 150 mm, zwischen welchen schmale Lücken offen bleiben. Alle Bretter eines Bodens liegen in derselben Richtung. Das Wasser wird in dem Turm durch ein mehr oder weniger verzweigtes System von Rinnen verteilt. An den Seiten angebrachte jalousieartige Wände verhindern, daß zu große Wassermengen durch den Wind fortgeführt werden. Die Kühlwirkung eines derartigen Turmes hängt nicht von seiner Höhe ab, daher bestimmt die zur Verfügung stehende Bodenfläche seine Abmessungen. Die hauptsächlichsten Schwierigkeiten, die bei einem derartigen Turm zu überwinden sind, bestehen in der ausreichenden Verteilung des Wassers über die tieferen Böden und ferner darin, soweit als möglich Verluste durch den Wind zu vermeiden.

Der Kühlturm mit natürlichem Zug nach der Schornsteintype beruht auf der Tatsache, daß die Luft durch das Wasser erwärmt wird, wodurch ihre Aufwärtsbewegung hervorgerufen wird. Abb. 124 zeigt den Aufbau eines solchen Turmes im Schema. Die Seitenwände dieses Turmes sind vollkommen geschlossen, mit Ausnahme der Öffnungen für den Lufteintritt, dicht über dem Boden. Das Gittermaterial, welches das Wasser verteilt, befindet sich nur unten in einem verhältnismäßig kurzen Teil des Turmes. Der obere größte Teil des Bauwerkes ist für die Erzeugung des Zuges erforderlich. In derartigen Türmen muß der Widerstand des Luftzuges so klein wie möglich gehalten werden, weswegen der Einbau von flachliegenden Brettern, wie sie in Türmen mit atmosphärischer Zirkulation benutzt werden, nicht zulässig ist. Zickzackanordnungen, wie in Abb. 124 angegeben, sind sehr gebräuchlich. Auch andere Arten von Holzzimmerung werden verwendet, aber immer sind die Bretter hochkant angeordnet. Der Nachteil der Schornsteintype ist die Höhe, die zur Erzeugung des Zuges nötig ist, und der Umstand, daß das Wasser heißer sein muß als die Trockenkugeltemperatur der Luft, damit sich die Luft über die Außentemperatur erwärmen kann und der Auftrieb erzeugt wird. Der mit Gitterwerk ausgebaute Teil kann nicht so hoch sein wie in den Türmen mit atmosphärischer Zirkulation, weil sonst infolge größerer Reibung zur Erzeugung ausreichenden Zuges eine zu große Höhe erforderlich wird.

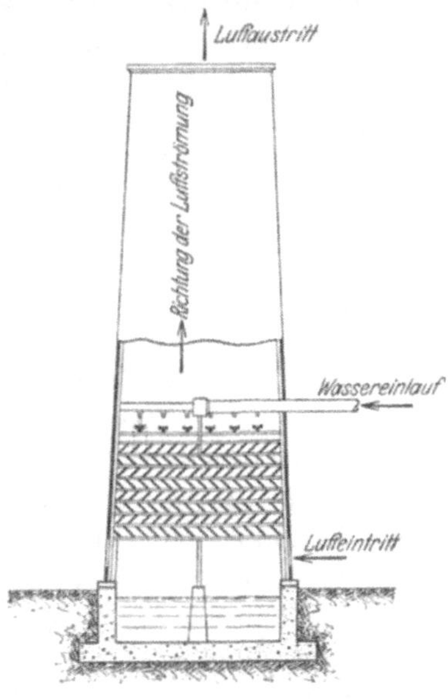

Abb. 124. Kühlturm der Schornsteintype mit natürlichem Zuge.

Türme mit künstlichem Zuge werden im unteren Teile wie Abb. 124 gebaut, mit dem Unterschied, daß ein Ventilator den Zug am Fußende künstlich erzeugt. Der obere Teil des Turmes ist nicht mehr erforderlich. In Türmen mit künstlichem Zuge ist die durch die Ventilatoren verbrauchte Kraft von merklichem Einfluß auf die Betriebskosten. Um diesen Kraftverbrauch niedrig zu halten, muß das Füllmaterial dem Luftzuge den geringsten möglichen Widerstand darbieten. Aus diesem Grunde werden vertikal stehende Holzbalken, vertikal stehende Steine oder Streifen von galvanisiertem Eisendrahtgewebe zur Vergrößerung der Wasseroberfläche verwendet.

Ein anderer Kühler für Wasser und Lösung möge in diesem Zusammenhange erwähnt werden. Er wird dort verwendet, wo das zu kühlende

Material nicht selbst verdampfen darf. In solchen Fällen wird die zu kühlende Flüssigkeit durch eine Reihe vertikal stehender Rohre gepumpt, während Wasser aus einer Verteilerrinne über die Rohre rieselt. Hier wird also das über die Rohre rieselnde Wasser wie in einem Kühlturme durch die Luft gekühlt, aber die abzuführende Wärme muß auf dieses Wasser erst durch die Rohrwandungen übertragen werden.

Anlagen zur Entfeuchtung der Luft. Die Entfeuchtung feuchter Luft, z. B. der aus einem Trockenapparat austretenden Luft, die wieder verwendet werden soll, kann geschehen, indem man sie mit Wasser in Berührung bringt, dessen Temperatur niedriger ist als der Taupunkt der eintretenden Luft. Dies geschieht gewöhnlich, indem die Luft in einem Apparat, der dem in Abb. 122 dargestellten ganz ähnlich ist, mit versprühtem Wasser in Berührung gebracht wird. Der Lufterhitzer ist natürlich nicht erforderlich. Es ist klar, daß in den meisten Fällen sehr kaltes Wasser zur Verfügung stehen muß, so daß diese Methode nur beschränkt angewendet werden kann, es sei denn, daß die zu entfeuchtende Luft ungewöhnlich feucht und warm sei.

Theorie und Berechnung der Wechselwirkung zwischen Luft und Wasser.

Die Vorgänge, welche sich zwischen ungesättigter Luft und Wasser abspielen, das die Feuchtkugeltemperatur der Luft hat, sind bei der Beschreibung der Feucht- und Trockenkugeltemperaturmessung und der Handhabung der Feuchtigkeitstafel behandelt worden. Es wurde gezeigt, daß sie durch den Wärmefluß und die Diffusion des Wasserdampfes durch die Luftgrenzschicht beeinflußt werden. Diese letzteren Faktoren genügen für die formelmäßige Erfassung der adiabatischen Befeuchtung, bei welcher das Wasser konstant die Feuchtkugeltemperatur behält. Für die Erklärung der Entfeuchter aber und der Wasserkühlung, wobei das Wasser seine Temperatur ändert, muß auch die Grenzschicht im Wassertropfen beachtet werden.

Bei der adiabatischen Befeuchtung, wo das Wasser die konstante Feuchtkugeltemperatur behält, tritt kein Temperaturabfall im Wasser selbst auf, da keine fühlbare Wärme auf die oder von der flüssigen Phase fließt. Bei der Entfeuchtung und Wasserkühlung dagegen, wo sich die Wassertemperatur ändert, fließt fühlbare Wärme, und es muß daher ein Temperaturabfall vorhanden sein. Dann tritt also auch ein Übergangswiderstand in der Flüssigkeitsgrenzschicht auf. Der diesem thermischen Widerstand entsprechende Diffusionswiderstand kann natürlich nicht auftreten, da es ja keine Unterschiede in der Konzentration des Wassers gibt.

Vorgänge bei der Wechselwirkung zwischen Luft und Wasser. Es ist wichtig, sich ein genaues Bild für die Wechselbeziehungen des Wärme-

und Wasserdampftransportes zu machen, für die die Grenzschichtwiderstände in all den oben besprochenen Fällen maßgebend sind. Wenn hierbei die Verhältnisse durchaus klargelegt sind, können die passenden Gleichungen unmittelbar niedergeschrieben werden. In den Abb. 125—128 sind die Wege, die senkrecht zur Grenzfläche gemessen werden müssen, als Abszissen, die Temperaturen und Feuchtigkeiten als Ordinaten aufgetragen. In allen Fällen bedeutet Θ die Temperatur der Wassermasse, ϑ_i die Temperatur an der Grenzfläche, ϑ_g die Temperatur der Luftmasse, H_i die Feuchtigkeit an der Grenzfläche, H_g die Feuchtigkeit der Luftmasse. Die Diffusion des Wasserdampfes durch die Luftgrenzschicht geht in der Richtung der gestrichelten Pfeile vor sich. Die ausgezogenen Pfeile geben die Richtung des Wärmeflusses (latente oder fühlbare Wärme) sowohl in der Luft wie im Wasser an. In allen Fällen weist der Index i auf die Gleichgewichtsbedingung hin; die damit bezeichneten Größen geben also Koordinaten von Punkten, welche auf der 100%-Sättigungslinie der Feuchtigkeitstafel (Abb. 119) liegen.

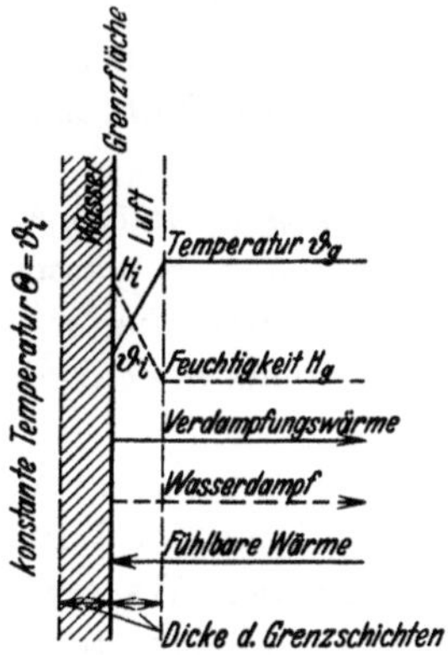

Abb. 125. Adiabatische Luftbefeuchtung.

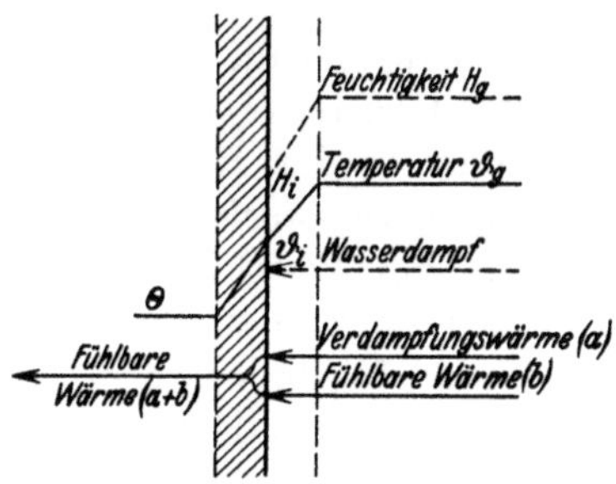

Abb. 126. Entfeuchtung.

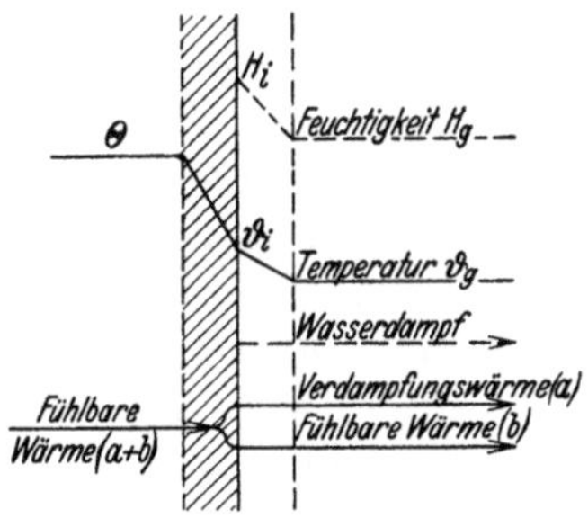

Abb. 127. Vorgang im oberen Teil des Kühlturmes.

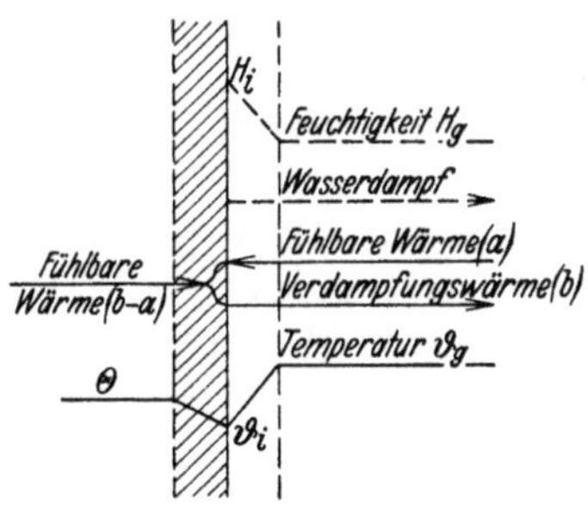

Abb. 128. Vorgang im unteren Teil des Kühlturmes.

Der einfachste Fall der adiabatischen Befeuchtung, wobei das Wasser konstante Temperatur hat, ist in Abb. 125 dargestellt. Hier gleicht die vom Wasser zur Luft fließende latente Wärme die fühlbare Wärme, welche von der Luft zum Wasser fließt, gerade aus. Innerhalb des Wassers ist die Temperatur konstant. Die Lufttemperatur ϑ_g muß größer sein als die Temperatur ϑ_i in der Grenzfläche, damit fühlbare Wärme aus der Luft nach der Grenzfläche hin fließen kann. Die Feuchtigkeit H_i in der Grenzfläche muß größer sein als H_g, damit die Luft befeuchtet wird.

Die Bedingungen, die in einem Entfeuchter vorliegen, sind in Abb. 126 dargestellt. Hier ist H_g größer als H_i; infolgedessen muß Wasserdampf aus der Luft in der Richtung zur Grenzfläche diffundieren. Da ϑ_i und H_i Sättigungswerte sind, muß ϑ_g größer sein als ϑ_i oder die Luftmasse wäre mit Wasserdampf übersättigt[1].

Bei der vorliegenden Verteilung der Feuchtigkeit und Temperatur fließen sowohl fühlbare Wärme wie Wasserdampf aus der Luft in der Richtung zur Grenzfläche. Die Kondensation des Wasserdampfes macht latente Wärme frei, und beide Wärmen, die latente und die fühlbare, müssen die Wassergrenzschicht passieren. Es muß also eine Temperaturdifferenz $(\vartheta_i - \Theta)$ in der Wassergrenzschicht vorliegen.

Die Verhältnisse in einem Gegenstromkühlturm hängen davon ab, ob die Temperatur des Wassers höher ist als die Trockenkugeltemperatur der Luft oder zwischen der Trockenkugel- und Feuchtkugeltemperatur der Luft liegt. Im ersteren Falle, der z. B. im oberen Teil des Kühlturmes vorliegt, liegen die Verhältnisse so, wie sie schematisch in Abb. 127 dargestellt sind. Hier ist der Fluß der Wärme und des Materials und damit die Richtung fallender Temperatur und fallender Feuchtigkeit gerade umgekehrt wie in Abb. 126. Das Wasser wird gekühlt, sowohl durch Verdampfung wie auch durch Abtransport fühlbarer Wärme. Feuchtigkeit und Temperatur der Luftgrenzschicht fallen in der Richtung von der Grenzfläche zur Luftmasse. Die Temperaturdifferenz $(\Theta - \vartheta_i)$ in der Wassergrenzschicht muß den Fluß einer Wärmemenge hervorrufen, welche ausreicht, die Verdampfungs- und fühlbare Wärme, die von der Grenzfläche in die Luft übergeht, zu decken.

In dem unteren Teile des Kühlturmes, wo die Temperatur des Wassers höher als die Feuchtkugel-, aber niedriger als die Trockenkugeltemperatur der Luft ist, herrschen die in Abb. 128 gezeigten Bedingungen. Hier wird das Wasser gekühlt, infolgedessen muß die Grenzfläche kälter sein als die Wassermasse und die Temperatur fällt in der Wassergrenzschicht in der Richtung nach der Grenzfläche (ϑ_i ist geringer als Θ). Andererseits muß, da die Luft adiabatisch befeuchtet wird, ein Fluß

[1] Keevil and Lewis: Ind. Chem. Bd. 20 (1928) S. 1059.

fühlbarer Wärme von der Luftmasse zur Grenzfläche auftreten (ϑ_g ist größer als ϑ_i). Die Summe der von der Wassermasse zur Grenzfläche und von der Luftmasse zur Grenzfläche fließenden Wärme hat Verdampfung an der Grenzfläche zur Folge, und der entstehende Wasserdampf diffundiert durch die Luftgrenzschicht (H_i ist größer als H_g). Dieser Wasserdampf entführt von der Grenzfläche alle dort hinfließende Wärme als latente Wärme. Der Verlauf der Temperaturkurve Θ — ϑ_i — ϑ_g zeigt in Abb. 128 ein ausgesprochenes Minimum. Die latente Wärme b deckt sich mit der fühlbaren Wärme a um so mehr, je tiefer die betrachtete Stelle in dem Turm liegt. Am Boden eines unendlich hohen Turmes wird Θ — ϑ_i, nämlich gleich der Feuchtkugeltemperatur der eintretenden Luft.

Grenzschichtkoeffizienten des Wärmeübergangesund der Diffusion. Die Geschwindigkeit der Diffusion und die Menge der durch die Luftgrenzschicht übergehenden Wärme hängen ab von den Koeffizienten h und k_g'. Die je Zeiteinheit durch die Wassergrenzschicht fließende Wärmemenge hängt natürlich von dem Koeffizienten dieser Grenzschicht ab. Die experimentelle Bestimmung dieser Grenzschichtkoeffizienten wird durch zwei Faktoren erschwert. Erstens ist es undurchführbar, die Größe F der Gleichungen (111) und (117) direkt zu messen, da ja im allgemeinen Streudüsen gebraucht werden, um eine große aktive Oberfläche zu erzielen. Man begegnet dieser Schwierigkeit am besten, wenn man das Produkt $h \cdot F$ folgendermaßen faßt:

$$h \cdot F = h \cdot \varphi \cdot V\,, \tag{124}$$

worin V das wirksame Volumen des Apparates und φ die Größe der Grenzfläche je Volumeneinheit bedeutet. Es sind also die zwei Konstanten h und φ zusammengefaßt und ihr Produkt $h \cdot \varphi$ wird als volumetrischer Reaktionskoeffizient benutzt. Ebenso wird gesetzt:

$$k_g' \cdot F = k_g' \cdot \varphi \cdot V\,, \tag{125}$$

worin $k_g' \cdot \varphi$ als volumetrischer Koeffizient benutzt wird.

Die zweite Schwierigkeit bei der experimentellen Bestimmung der Wärmeübergangskoeffizienten liegt in der Messung der Grenzflächentemperatur ϑ_i. Diese Temperatur muß bekannt sein, wenn die einzelnen Wärmeübergangskoeffizienten bestimmt werden sollen. Die Unkenntnis dieser Temperatur verhindert auch die Bestimmung von k_g', weil auch hier die treibende Kraft, d. h. die Differenz der Feuchtigkeiten $H_i - H_g$, nicht bekannt ist. Aus diesen Gründen werden Gesamtübergangskoeffizienten benutzt, welche auf der fühlbaren Wärme beruhen, die je °C Gesamttemperaturdifferenz ($\Theta - \vartheta_g$) übergeht, und Diffusionskoeffizienten, welche auf der Feuchtigkeitsdifferenz $H - H_g$ beruhen, worin H die Sättigungsfeuchtigkeit ist, die zu der Wassertemperatur Θ gehört. In dem Falle des adiabatischen Befeuchters, wo $\Theta = \vartheta_i$ und

$H = H_i$ ist, kann der wahre Luftgrenzschichtkoeffizient experimentell bestimmt werden.

Obwohl die Koeffizienten nur experimentell ermittelt werden können, besteht die Möglichkeit, die qualitative Beeinflussung der einzelnen Grenzschichtkoeffizienten durch Veränderung der Betriebsverhältnisse vorauszusagen.

Faktoren, welche den Wärmeübergangs- und Diffusionskoeffizienten beeinflussen. Wie schon gesagt, sind h und k_g' Grenzschichtkoeffizienten, und beruhen als solche auf zwei Faktoren: 1. Einer Konstanten, die dem Material der Grenzschicht eigentümlich ist, und 2. der Dicke der Grenzschicht. Der erste Faktor ist die thermische Leitfähigkeit, wenn es sich um den Übergang von Wärme handelt, und der Diffusionskoeffizient, wenn es sich um den Übergang von Material handelt. Immer sind diese Faktoren abhängig von der Zusammensetzung und Temperatur der Grenzschicht. Für den Wärmeübergang war in Kapitel IV nachgewiesen, daß die Dicke der Grenzschicht, d. h. der zweite Faktor, von welchem der Grenzschichtkoeffizient abhängt, in erster Linie von der Massengeschwindigkeit des längs der Grenzschicht fließenden Mediums, zweitens von der Viskosität und drittens von der Strömungsrichtung beeinflußt wird. Denselben Einflüssen unterliegt auch die Dicke der Grenzschicht im Hinblick auf den Diffusionskoeffizienten. Hohe Massengeschwindigkeit, hohe Temperatur (und damit geringe Viskosität) und senkrecht zur Grenzschicht gerichtete Strömung werden höhere Diffusionsgrenzschichtkoeffizienten ergeben als geringe Massengeschwindigkeit, niedrige Temperatur und parallele Strömung, genau wie es bei dem Wärmeübergangskoeffizienten der Fall ist.

Berechnung der Luftbefeuchter. Wenn bei der Luftbefeuchtung längs einer adiabatischen Abkühlungslinie die Luft durch eine Sprühkammer gedrückt wird, zirkuliert das Wasser im Kreislauf durch die Düsen und es wird jeweils nur gerade soviel Frischwasser zugesetzt als erforderlich ist, um das mit der Luft fortgeführte zu ersetzen. Hierbei ist die Menge des Zusatzwassers klein im Verhältnis zu der zirkulierenden Menge. Man kann also annehmen, daß das Wasser konstant die Feuchtkugeltemperatur der Luft hat. Die dann vorliegenden Bedingungen entsprechen also der Abb. 125. Die Verdampfungswärme wird durch die von der Luft auf das Wasser übertragene fühlbare Wärme ausgeglichen. Durch Integration der Gleichung (111) erhält man:

$$\frac{Q_s}{t} = h\,F\,(\vartheta - \Theta)_m\,, \tag{126}$$

worin $\frac{Q_s}{t}$ die übertragene fühlbare Wärme in kcal je h, h der Wärmeübergangskoeffizient für Luft, F die Berührungsfläche von Wasser und Luft, $(\vartheta - \Theta)_m$ die mittlere Temperaturdifferenz zwischen Luft und

Wasser, berechnet aus der Formel für das logarithmische Mittel ist. Diese Gleichung entspricht vollkommen der Gleichung (53). Da

$$\frac{Q_s}{t} = G\, C_{fm}\,(\vartheta_1 - \vartheta_2)\,, \tag{127}$$

und

$$h \cdot F = h \cdot \varphi \cdot V\,, \tag{124}$$

worin G das Gewicht der trockenen Luft je h in kg, C_{fm} die mittlere feuchte spezifische Wärme der Luft, ϑ_1 die Eintrittstemperatur der Luft, ϑ_2 die Austrittstemperatur der Luft, $h \cdot \varphi$ die fühlbare Wärme in kcal je h je m³ aktives Volumen je °C, V das aktive Volumen in m³ ist. Folglich ist

$$G\, C_{fm}\,(\vartheta_1 - \vartheta_2) = h \cdot \varphi\, V\,(\vartheta - \Theta)_m\,. \tag{128}$$

Gleichung (128) dient zur Berechnung des Volumens des Apparates, wenn $h \cdot \varphi$ bekannt ist bzw. zur Berechnung von $h \cdot \varphi$ aus experimentell ermittelten Daten.

Durch Integration der Gleichung (117) ergibt sich:

$$\frac{W}{t} = w = k_g' \cdot \varphi \cdot V\,(H_i - H_g)_m\,, \tag{129}$$

worin w das Gewicht des stündlich verdampften Wassers, k_g' das Gewicht des stündlich je m³ aktiven Volumens und je Einheit der Feuchtigkeitsdifferenz verdampften Wassers, $(H_i - H_g)_m$ die mittlere Feuchtigkeitsdifferenz, errechnet aus der Formel für das logarithmische Mittel ist. Da

$$w = G\,(H_2 - H_1)\,, \tag{130}$$

worin H_2 die Feuchtigkeit der austretenden Luft, H_1 die Feuchtigkeit der eintretenden Luft, so folgt, daß:

$$G\,(H_2 - H_1) = k_g' \cdot \varphi \cdot V\,(H_i - H_g)_m\,, \tag{131}$$

Gleichung (131) kann an Stelle der Gleichung (128) zur Berechnung des Volumens des Apparates benutzt werden.

Das in dem Luftbefeuchter verdampfte Wasser kann entweder aus der Wärme- oder Stoffbilanz berechnet werden

$$w = \frac{Q_s}{t \cdot r_w} \tag{132}$$

oder

$$w = G\,(H_2 - H_1)\,, \tag{133}$$

worin r_w die Verdampfungswärme des Wassers bei der Feuchtkugeltemperatur ist.

Beispiel 17. Für einen Trockner sind stündlich 5575 kg trockene Luft mit 30% Feuchtigkeit und 44° C erforderlich. Diese Luft soll hergestellt werden aus Luft von 10% Feuchtigkeit und 21° C, indem zunächst Erhitzung, dann adiabatische Befeuchtung und danach Wiedererhitzung auf 44° C erfolgt. Die Sättigung soll in einer Sprühkammer durchgeführt werden, für welche die Koeffizienten auf S. 213 gegeben sind. Auf welche Temperatur muß die Luft erhitzt werden, mit welcher Temperatur muß sie die Sprühkammer verlassen, und wie groß ist der Gesamtwärmebedarf je Stunde? Wie groß muß das Volumen der Sprühkammer sein, wenn die Austrittstemperatur bis auf 1° C an die Sättigungstemperatur gebracht wird bzw. bis auf 0,1°, 2°, 3°, 4°, 5°? Wie groß würde ihr Volumen für vollständige Sättigung werden?

Lösung. Der Feuchtigkeitstafel ist zu entnehmen, daß die Luft bei 30% Feuchtigkeit und 44° C eine Feuchtigkeit von 0,0175 kg Wasser je kg trockene Luft hat. Diese Luft ist bei 23° gesättigt. Das ist also die Temperatur, mit der sie bei vollständiger Sättigung die Sprühkammer verlassen müßte ($\vartheta_2 = 23$ °C bzw. 24° C, 23,1°, 25°, 26°, 27°, 28° C). Gleichzeitig ist dies auch die Temperatur des im Umlauf durch die Düsen gepumpten Wassers ($\Theta = 23$° C).

Die eingehende Luft hat eine Feuchtigkeit von 0,0013 kg Wasser je kg trockene Luft. Beginnt man bei der Sättigungskurve bei 23° C und folgt der Linie adiabatischer Abkühlung, so findet man, daß der Abkühlungsprozeß bei 61° C beginnen muß ($\vartheta_1 = 61$° C).

Die eingehende Luft hat eine feuchte spezifische Wärme von 0,2385 kcal je kg trockene Luft. Daher ergibt sich die zur ersten Erhitzung erforderliche Wärme zu

$$Q_1 = 5575 \cdot 0{,}2385 \cdot (61° - 21°) = 53200 \text{ kcal}.$$

Gesättigte Luft von 23° C hat eine feuchte spezifische Wärme von 0,246. Zur Wiedererhitzung werden also benötigt:

$$Q_2 = 5575 \cdot 0{,}246\ (44° - 23°) = 28800 \text{ kcal}.$$

Der Gesamtwärmeverbrauch wird also $Q = Q_1 + Q_2 = 82000$ kcal.

Zur Berechnung des Volumens der Sprühkammer dient Gleichung (128).

$$G \cdot C_{fm}\ (\vartheta_1 - \vartheta_2) = h \cdot \varphi \cdot V\ (\vartheta - \Theta)_m,$$

$$G = 5575 \qquad \vartheta_2 = 24°$$

$$C_{fm} = 0{,}2385 \qquad h \cdot \varphi = 1350 \text{ (siehe S. 213)}.$$

$$\vartheta_1 = 61°$$

$$(\vartheta - \Theta)_m = \frac{(\vartheta_1 - \Theta) - (\vartheta_2 - \Theta)}{ln \frac{\vartheta_1 - \Theta}{\vartheta_2 - \Theta}} = \frac{(61 - 23) - (24 - 23)}{ln \frac{61 - 23}{24 - 23}} = 10{,}15 \text{ °C}.$$

$$V_1 = \frac{5575 \cdot 0{,}2385 \cdot 37}{1350 \cdot 10{,}15} = 3{,}58 \text{ m}^3.$$

Wenn die Endtemperatur der aus der Sprühkammer austretenden Luft $= \vartheta_2 = 23{,}1°$ beträgt, so wird

$$(\vartheta - \Theta)_m = \frac{(\vartheta_1 - \Theta) - (\vartheta_2 - \Theta)}{ln \frac{\vartheta_1 - \Theta}{\vartheta_2 - \Theta}}$$

$$= \frac{(61 - 23) - (23{,}1 - 23)}{ln \frac{38}{0{,}1}} = 6{,}38$$

und das Kammervolumen

$$V_{0,1} = \frac{5575 \cdot 0{,}2385 \cdot 37{,}9}{1350 \cdot 6{,}38} = 5{,}84 \text{ m}^3.$$

Ebenso:

$\vartheta_2 - \Theta$	$(\vartheta_1 - \Theta)_m$	V
0	0	∞ m³
0,1	6,38	5,84 m³
1	10,15	3,58 m³
2	12,2	2,90 m³
3	13,75	2,50 m³
4	15,10	2,21 m³
5	16,2	2,00 m³

Beziehung zwischen k_g' und h. Da die Leistung des Apparates bzw. das aktive Volumen V, entweder aus der Gleichung (128) mit Benutzung des Koeffizienten $h \cdot \varphi$ oder aus der Gleichung (131) mit Benutzung des

Koeffizienten $k_g' \cdot \varphi$ berechnet werden können, so liegt die Vermutung nahe, daß die beiden Koeffizienten gegenseitig voneinander abhängig sind. W. K. Lewis[1] hat nachgewiesen, daß diese Vermutung richtig ist, und daß die beiden Koeffizienten miteinander in Beziehung gesetzt werden können durch die einfache Gleichung

$$\frac{h}{k_g'} = C_f, \tag{139}$$

worin C_f die feuchte spezifische Wärme ist. Infolgedessen kann, wenn einer dieser Koeffizienten bekannt ist, der andere berechnet werden. Bei der adiabatischen Luftbefeuchtung wird im allgemeinen die Wärmeübergangsgleichung (128) lieber benutzt als die Gleichung der Diffusion.

Nichtadiabatische Befeuchtung. Wenn die Befeuchtung nicht adiabatisch vorgenommen wird und das Wasser heißer als die Feuchtkugeltemperatur der eintretenden Luft (siehe S. 200) gehalten wird, sind die oben gegebenen Gleichungen nicht anwendbar. Die von außen mit dem Dampf zugeführte Wärme kann durch eine Wärmebilanz berechnet werden. Wenn als Bezugstemperatur die Temperatur der eingehenden Luft angenommen wird, so ist

$$\frac{Q}{t} = G\{(H_2 - H_1)[r_\Theta + 0{,}48(\vartheta_2 - \Theta)] + C_{f1}(\vartheta_2 - \vartheta_1)\}, \tag{140}$$

worin ϑ_1 die Eintrittstemperatur der Luft in °C, ϑ_2 die Austrittstemperatur der Luft in °C, H_1 die Feuchtigkeit der eintretenden Luft in kg Wasser je kg trockener Luft, H_2 die Feuchtigkeit der austretenden Luft in kg Wasser je kg trockener Luft, Θ die Eintrittstemperatur des Wassers in °C, G das Gewicht der eintretenden trockenen Luft in kg je h, r_Θ die Verdampfungswärme des Wassers bei Θ °C in kcal je kg, C_{f1} die feuchte spezifische Wärme der eintretenden Luft in kcal pro kg trockener Luft und $\frac{Q_s}{t}$ die durch den Dampf eingeführte Wärme oberhalb ϑ_1 °C in kcal je h ist. Die Mengengleichungen sind dieselben wie die für die Kühltürme aufgestellten.

Berechnungen von Wasserkühlern. Wir betrachten ungesättigte Luft in Berührung mit Wasser, das eine Temperatur über der Trockenkugeltemperatur der Luft hat. Es ist gezeigt worden, daß dann das Wasser auf zwei Wegen gekühlt wird. 1. Durch den Übergang fühlbarer Wärme vom warmen Wasser zur kälteren Luft und 2. durch den Abgang der Verdampfungswärme mit dem vom Wasser in die Luft diffundierenden Wasserdampf. Wenn $\frac{Q}{t}$ der Gesamtwärmeverlust des Wassers in kcal je h ist, so ergibt sich an Hand von Abb. 127, daß

$$\frac{Q}{t} = G\,C_{fm}(\vartheta_2 - \vartheta_1) + G(H_2 - H_1)\,r_m = w(\Theta_2 - \Theta_1), \tag{141}$$

[1] Mech. Engng. Bd. 44 (1922) S. 445.

worin $\frac{Q}{t}$ die dem Wasser entzogene Wärme in kcal je h, w das stündlich zirkulierende Wassergewicht, Θ_2 die Temperatur des in den Kühler eintretenden Wassers, Θ_1 die Austrittstemperatur des Wassers, r_m die mittlere Verdampfungswärme des Wassers zwischen den Temperaturen Θ_2 und Θ_1 ist. Die anderen Bezeichnungen bedeuten dasselbe wie oben.

Zur Bestimmung der Leistung eines Kühlturmes ist die Aufstellung einer Mengengleichung erforderlich. Diese Gleichung muß in den Größen der übergegangenen fühlbaren Wärme aufgestellt werden, da alle Bestimmungen des Koeffizienten $h\varphi$ auf ihrer Basis durchgeführt worden sind. In solchem Falle ist

$$\frac{Q_s}{t} = G\,C_{fm}\,(\vartheta_2 - \vartheta_1) = h \cdot \varphi \cdot V\,(\Theta - \vartheta)_m\,. \qquad (142)$$

Die entsprechende Gleichung unter Benutzung des Diffusionskoeffizienten ist

$$G\,(H_2 - H_1) = k_g' \cdot \varphi \cdot V\,(H_i - H_g)_m\,, \qquad (143)$$

worin alle Buchstaben dieselbe Bedeutung haben, wie in den Gleichungen (128) und (129). In einem solchen Apparat ist die Anwendung des Gegenstromprinzipes, sowohl in Kühltürmen mit künstlichem wie auch mit natürlichem Zuge die Regel. In diesen Fällen ist das Verhältnis der Anfangs- und Endwerte von $(\Theta - \vartheta)$ im allgemeinen fast immer $=1$ und das arithmetische Mittel der Temperaturdifferenz ergibt genügend genaue Resultate.

Es sei daran erinnert, daß ein Kühlturm das Wasser unter die Temperatur der Luft kühlen kann, wobei der Vorgang dem Schema der Abb. 128 entspricht. Dieser Prozeß ist beendet, wenn die Temperatur des Wassers auf die Feuchtkugeltemperatur der eintretenden Luft gefallen ist. Für den letzten Teil des Prozesses wird dann das Wasser durch den Entzug der Verdampfungswärme schneller gekühlt, als es durch den Zustrom der fühlbaren Wärme erwärmt wird. Auf diesen Fall passen indessen die Gleichungen (141), (142), (143) unter Beachtung der Vorzeichen ebenfalls.

Die obigen Gleichungen betreffen allein Wärmebilanzen, Stoffbilanzen und Mengengleichungen, welche auf Gesamtkoeffizienten beruhen. Sie brauchen nicht auswendig gelernt zu werden, sie können bei Bedarf aus den Abb. 125—128 abgeleitet werden.

Numerische Werte der Koeffizienten.

Zahlenwerte für die bei der Berechnung der in diesem Kapitel besprochenen Apparate erforderlichen Koeffizienten sind nur von Walker, Lewis und McAdams[1] angegeben. Die unten angegebenen Zahlen stammen daher.

[1] Principles of Chemical Engineering 2d Ed. pp. 472—474.

Horizontale Sprühkammern. Der Koeffizient $h\varphi$ variiert von 1060 bis 1680 kcal je m^3 aktives Volumen, je °C je h. Sein Wert wird beeinflußt von Wasserdruck, Luftgeschwindigkeit, Wassertemperatur und Düsenöffnung. Ein brauchbarer Mittelwert ist vielleicht 1350—1450, obwohl der Koeffizient für jeden Fall besonders berechnet werden sollte. Der Wert des Koeffizienten für die Entfeuchtung beträgt etwa 25% des Koeffizienten für Befeuchtung.

Türme mit Koksschüttung. Für Türme, die mit Koks von etwa 75 mm gefüllt sind, und für Wassergeschwindigkeiten von 100 kg je m^2 Querschnitt und min oder mehr ist,

$$h \cdot \varphi = 1150 + 1{,}38 \cdot g, \tag{144}$$

worin g das Gewicht trockener Luft in kg je Minute und je m^2 Gesamtquerschnitt ist.

Kühltürme. Robinson[1] hat Versuchsberichte von Kühltürmen mit künstlichem Zuge veröffentlicht, in welchen er die folgende Gleichung bestimmte:

$$h \cdot \varphi = 220 \cdot u,$$

worin u die Luftgeschwindigkeit in m je sek ist, berechnet für den Querschnitt des leeren Turmes. Dieselbe Gleichung ist wahrscheinlich auch auf Türme vom Schornsteintyp anwendbar, doch sind Messungen der Luftgeschwindigkeit in diesen Türmen noch nicht veröffentlicht. Die Ermittlung weiterer Daten für diese Bauart ist sehr nötig.

Sprühteiche. In grober Annäherung kann angenommen werden, daß in Sprühteichen je m^2 Teichoberfläche 600—800 l Wasser von 43° oder 50° auf 21° C gekühlt werden können, vorausgesetzt, daß die Wasserstrahlen so angeordnet werden, daß sie die ganze Teichoberfläche bedecken. Kühltürme kühlen bei atmosphärischer Kühlung innerhalb desselben Temperaturbereiches 40—80 l Wasser je Minute je m^2 Grundfläche. Die Zahl erhöht sich auf 240 l je Minute für natürlichen oder künstlichen Zug. Dabei ist vorausgesetzt, daß die Türme eine Gesamthöhe von 18—24 m haben und der Rieseleinbau etwa 10 m hoch ist. Der Verlust durch Wind beträgt bei Sprühteichen 10—25%, 5—10% in Türmen mit künstlichem Zuge und bei atmosphärisch gekühlten Türmen 2—5%.

VIII. Trocknung.

Eine strenge Definition der Trocknung zum Unterschied von der Verdampfung, ist schwierig zu formulieren. Der Ausdruck „Trocknung" wird im allgemeinen dann gebraucht, wenn verhältnismäßig kleine Wassermengen aus festen oder beinahe festen Stoffen entfernt werden

[1] Trans. Amer. Soc. mech. Engr. Bd. 44 (1922) S. 669.

müssen, während der Ausdruck „Verdampfung“ im allgemeinen auf die Entfernung von verhältnismäßig großen Wassermengen aus Lösungen angewendet wird. In den meisten Fällen handelt es sich bei der Trocknung um eine Entwässerung bei Temperaturen unterhalb des Siedepunktes, während man unter Verdampfung die Entfernung des Wassers beim Siedepunkt der Lösung versteht. Ferner unterscheiden sich die beiden Vorgänge dadurch, daß bei der Verdampfung das Wasser in der Form reinen Wasserdampfes entfernt wird, der nur infolge unvermeidlicher Undichtigkeiten Luft enthält. Bei der Trocknung andererseits wird das Wasser durch im Kreislauf geführte Luft oder irgendwelche anderen Gase entfernt, die über den zu trockenen Stoff geleitet werden, um den Wasserdampf fortzuführen. Diese hier angeführten Unterschiede gelten in den meisten Fällen, doch gibt es auch Ausnahmen. Für einzelne Verfahren haben sich schließlich ohne eigentlichen Grund bestimmte Bezeichnungen eingebürgert. So wird z. B. die Entfernung des Wassers aus einer Lösung durch Versprühen in überhitztem Dampf gewohnheitsgemäß als Trocknung bezeichnet, obwohl hier eigentlich nach der Definition eine Verdampfung vorliegt. Der Grund hierfür ist der, daß die Apparate durchaus denen gleichen, in welchen wirkliche Trockenoperationen ausgeführt werden.

Es gibt auch Methoden, die von den oben gegebenen Definitionen abweichen, z. B. wird die Luft für Hochöfen oftmals getrocknet, indem man sie über Kühlschlangen leitet, auf welchen sich das Wasser entweder als Flüssigkeit oder als Eis niederschlägt; Transformatorenöle werden getrocknet, indem man mit Kalziumkarbid das noch vorhandene Wasser zersetzt. Gase können getrocknet werden durch Überleiten über Kalziumchloridlösung oder Absorptionsmaterialien, wie z. B. Silikagel. Auf all diese Prozesse wendet man den Ausdruck „Trocknung“ an; da aber von ihnen nur in ganz speziellen Fällen Gebrauch gemacht wird, sollen sie hier nicht ausführlich behandelt werden.

Trockenapparate.

Auf Grund langjähriger Erfahrungen im Betriebe sind eine ganze Reihe verschiedener Typen von Trockenapparaten entstanden. Es werden oft verschiedene Bauarten von durchaus abweichender Konstruktion für ganz ähnliche Operationen verwendet, nur deshalb, weil eine bestimmte Industrie eben an einen bestimmten Typ gewöhnt ist, eine andere an einen anderen, trotzdem der Zweck fast der gleiche ist. Die Mannigfaltigkeit der Konstruktionen führt zu einer gewissen Schwierigkeit bei der Einteilung. Letztere kann von verschiedenen Gesichtspunkten aus erfolgen. Die nachstehende von Cronshaw[1] herrührende

---

[1] Modern Drying Maschinery, Ernest Benn Ltd. London 1926.

Aufstellung scheint am brauchbarsten. Sie beruht auf der Art, wie das Material während des Trockenprozesses durch den Apparat geführt wird.

I. Materialien in Tafeln oder Brocken, in Schichten ausgebreitet, auf Konveyor oder Horden.
 a) Chargenbetrieb. 1. Atmosphärischer Kammertrockner,
  2. Vakuum-Horden-Trockner.
 b) Kontinuierlicher Betrieb. 1. Tunneltrockner.

II. Körnige oder feine Materialien.
 a) Trockentrommeln.

III. Materialien in zusammenhängenden Bahnen.
 a) Trockenwalzen.

IV. Pasten und teigige Materialien oder zusammenbackende Kristalle.
 a) Trockenmulden, Darren. 1. Atmosphärisch,
  2. Vakuum.

V. Materialien in Lösung.
 a) Trommeltrockner. 1. Atmosphärisch,
  2. Vakuum.
 b) Zerstäubungstrockner. 1. Luft,
  2. Überhitzter Dampf.

Kammertrockner. Wo immer die Beschaffenheit des Rohmaterials oder des getrockneten Produktes derart ist, daß es am leichtesten auf Horden gehandhabt werden kann, wird irgendein Kammertrockner verwendet. Hierzu gehören viele teigige oder plastische Substanzen, auch körnige und kristalline Materialien, Pasten und Fällungen aus Lösungen. Garn und andere Textilprodukte und viele ähnliche Materialien, die nicht notwendigerweise auf Horden transportiert werden müssen, werden trotzdem oft auch in Kammertrocknern getrocknet. Das Material ist auf Horden leicht zu handhaben, sowohl bei der Beschickung, wie bei der Entfernung aus dem Trockner, weshalb man wertvolle Produkte oder kleinere Mengen am besten in derartigen Apparaten behandelt.

Die Anlage besteht im wesentlichen aus einer rechteckigen Kammer, deren Wände in zweckmäßiger Weise mit einer Wärmeisolierung versehen sind. Im Inneren der Kammer befindet sich ein Gerüst aus leichtem Winkeleisen, auf welches die Horden geschoben werden, oder Schienen für Wagen, welche mit Horden beladen in den Trockner geschoben werden können. Die Kammer ist mit gutschließenden Türen versehen. Es wird Vorsorge getroffen, daß die Luft über und zwischen den Horden zirkulieren kann. Bei den meisten Trocknern dieser Art sind die Vorrichtungen zur Erhitzung der Luft innerhalb der Kammer angeordnet, nur selten außerhalb. Ein derartiger Trockenapparat, dessen Aufbau schon ganz allgemein üblich ist, ist in Abb. 129 dargestellt. Die Luft wird in der rechten oberen Ecke durch einen Ventilator angesaugt und über ein Bündel von Heizrohren gedrückt. In der Abbildung ist der Weg der Luft mit Pfeilen bezeichnet. Eine Trennwand ist so eingebaut, daß die erhitzte Luft nur über wenige Horden streicht. Danach wird sie an der anderen Seite der Trockenkammer wieder über Heizschlangen geleitet, worauf sie die nächsten Horden passiert und so fort, bis sie schließlich in der rechten unteren Ecke die Kammer verläßt, durch einen Schacht an der rechten Seite nach oben steigt und an der rechten oberen Ecke auch abgeführt wird. Die dort eingebaute Klappe kann so gestellt werden, daß der Ventilator entweder nur frische Luft von außen einsaugt und die feuchte Luft vollkommen aus dem Trockenapparat entfernt wird, oder daß die feuchte Luft aus dem Trockner zum Teil der frisch eingesaugten Luft beigemischt wird und nur ein Teil der feuchten Luft den Trockner verläßt.

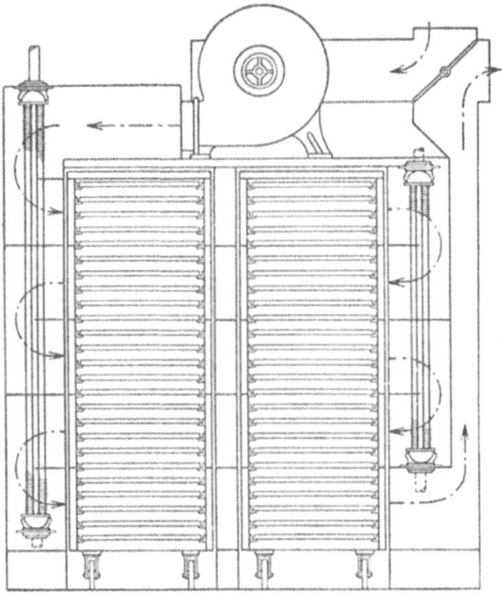

Abb. 129. Hordentrockenkammer.

Die Führung der Luft in der beschriebenen Weise und ihre Erwärmung in mehreren Stufen hat folgenden Vorteil, der an Hand der Abb. 130, die einen Ausschnitt aus der Feuchtigkeitstafel (Abb. 119) darstellt, erklärt werden soll: Es sei angenommen, daß die Außenluft eine Temperatur und Feuchtigkeit habe, die dem Punkt A im Diagramm entspricht, und daß ferner die Eigenschaften des zu trocknenden Materials die Erhitzung über eine bestimmte Temperatur t_1 verbieten. Die erste Erhitzung der Luft entspricht in der Abbildung der Linie A—B. Wenn die Luft danach das feuchte Material bestreicht und die Zeit ihrer Berührung mit dem Material so bemessen ist, daß sie es beinahe gesättigt verläßt, so würde sie dann den dem Punkte C entsprechenden Zustand annehmen. BC ist eine Linie adiabatischer Abkühlung. Die mit der Feuchtigkeit H_0 eintretende Luft würde im Punkte C die Feuchtigkeit H_1 angenommen haben. Jedes kg Luft, welches den Trockenapparat durchläuft, würde danach H_1—H_0 kg

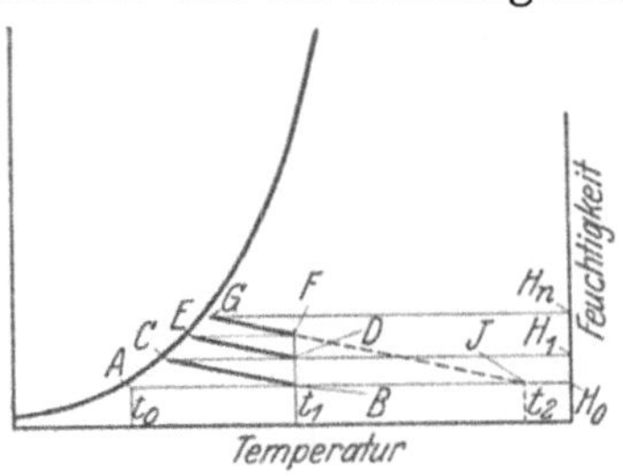

Abb. 130. Wiedererwärmung der Luft bei der Trocknung.

Wasser abführen. Wenn dagegen diese Luft, deren Zustand dem Punkte *C* entspricht, wieder längs der Linie *CD* auf t_1 erhitzt wird, so kann sie wieder über anderes Material geleitet werden und wieder Feuchtigkeit infolge adiabatischer Abkühlung aufnehmen, wie durch die Linie *DE* dargestellt ist. Der Vorgang kann beliebig oft wiederholt werden, so daß schließlich die Abluft, deren Zustand im Diagramm dem Punkte *G* entspricht, $H_n - H_0$ kg Wasser je kg Luft abführt.

Damit erreicht man zwei Vorteile: 1. Ist bei mehrmaliger Wiedererwärmung dem Gewichte nach weniger Luft erforderlich, um eine bestimmte Menge Wasser abzuführen. Obgleich die für die Verdampfung des Wassers erforderliche Wärme der ausschlaggebende Teil des Wärmeverbrauches des Trockners ist, so führt doch das große Volumen Luft einen erheblichen Teil fühlbarer Wärme ab. Indem nun die Menge der Abluft je kg verdampften Wassers verringert wird, wird dieser Wärmeverlust herabgesetzt. Ein zweiter Vorteil ist, daß die Wiedererwärmung bei mäßigen Temperaturen durchgeführt werden kann. Wenn die eintretende Luft, deren Zustand dem Punkte *A* entspricht, mit der Feuchtigkeit H_n, dargestellt durch den Punkt *G*, abziehen und die gesamte Erwärmung in einer Stufe vorgenommen werden soll, so muß, wie aus dem Diagramm hervorgeht, dabei die Temperatur t_2 (Punkt *J*) erreicht werden. In vielen Fällen würden die Produkte durch so hohe Temperaturen verdorben werden, immer aber würde der Strahlungsverlust groß werden und Dampf von höherer Spannung für die Erhitzung erforderlich sein.

Bei den meisten in den Trockner eingehenden Materialien wird genügend Feuchtigkeit an der Oberfläche vorhanden sein. Diese Feuchtigkeit kann schnell verdampft werden, ohne die Eigenschaften des Produktes zu verändern. Infolgedessen wird beim Beginn des Trocknungsprozesses Außenluft benutzt, die nach der Erwärmung eine geringe prozentuale Feuchtigkeit besitzt. Dadurch wird der Trockenprozeß zu Anfang erheblich beschleunigt. Wenn aber die Oberflächenfeuchtigkeit entfernt ist und die Feuchtigkeit des Materials aus dem Inneren an die Oberfläche diffundieren muß, soll die Trockengeschwindigkeit geringer werden, um ein Erhärten der Oberfläche zu verhindern. Diese Herabsetzung der Trocknungsgeschwindigkeit kann entweder durch niedrigere Temperaturen oder durch höhere Luftfeuchtigkeit erreicht werden. Letzteres erreicht man am bequemsten durch die Anwendung von Dämpferklappen, wie oben in der Beschreibung des Trockenapparates angegeben. Wenn die Dämpferklappe so angeordnet wird, daß ein Teil der bereits durch den Trockenapparat gegangenen Luft zurückgeführt wird, wird die Feuchtigkeit der in den Trockenapparat eintretenden Luft erhöht und der Trockenprozeß verlangsamt. Außerdem wird durch das Vermischen der wärmeren Luft aus dem Trockner mit der Außenluft die mittlere Temperatur der eintretenden Luft erhöht und damit an Heizdampf gespart.

Vakuumtrockenkammern. Oft ist es erwünscht, Materialien auf Horden schneller zu trocknen, als durch einen über die Horden streichenden Luftstrom erreicht werden kann und doch eine niedrigere Temperatur einzuhalten als dem Verdampfungspunkt des Wassers unter atmosphärischem Druck entsprechen würde. In solchen Fällen wird ein Vakuumplattentrockner verwendet, wie ihn Abb. 131 zeigt. Er besteht aus einem gußeisernen Gehäuse, gewöhnlich rechteckigen Querschnittes, in welchem eine Anzahl von Platten D untergebracht sind. Diese Platten sind hohl und im Betriebe mit Dampf oder heißem Wasser gefüllt. Vorn sind an jeder Seite vertikale Verteiler A und B, von welchen kurze Verbindungen C zu jeder Platte führen. Der eine dieser Verteiler (A) dient für den Dampfeintritt, der andere (B) für den Abzug des Kondensats und der nichtkondensierten Gase. Das zu trocknende Material wird auf Horden ausgebreitet, welche auf die Platten gestellt werden. Die Tür wird geschlossen und mittels einer Vakuumpumpe der Innenraum des Trockners unter Vakuum gesetzt. Der Dampf oder das heiße Wasser in den Platten erwärmt nach und nach das Material auf den Horden auf eine Temperatur, bei der das Wasser unter dem in dem Trockner herrschenden Drucke verdampft. Dieses Wasser wird in einem Kondensator kondensiert, der zwischen Trockner und Vakuumpumpe angeordnet ist.

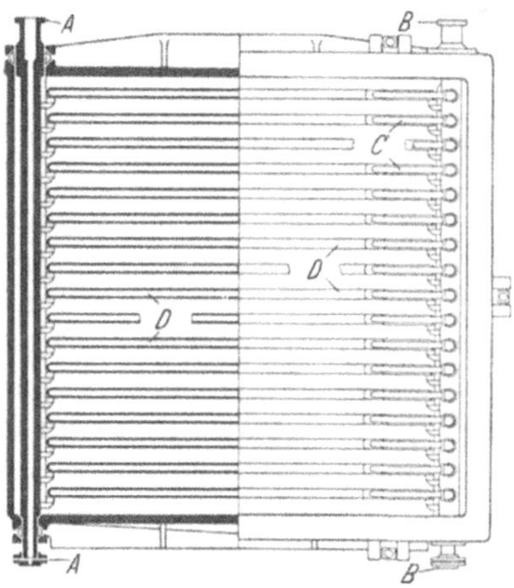

Abb. 131. Vakuumtrockenschrank.
A Dampfverteilungsrohr. B Kondensatsammelrohr. C Anschlüsse zwischen Sammelrohren und Platten. D Platten.

Solche Trockner werden in ausgedehntem Maße zum Trocknen von Fällungen aller Art, die in Form von Filterkuchen anfallen, benutzt und sind allgemein üblich zum Trocknen solcher Feststoffe, bei welchen die Geschwindigkeit der Diffusion des Lösungsmittels durch den Kuchen keine entscheidende Rolle spielt. Weil aber die mit dem Füllen und Entleeren der Horden verbundene Handarbeit recht erheblich ist, bleibt ihre Anwendung auf verhältnismäßig wertvolle Materialien beschränkt.

Tunneltrockner. Die bisher beschriebenen Kammertrockner müssen notwendigerweise intermittierend betrieben werden, und jede Einheit hat eine verhältnismäßig kleine Leistung. Wenn große Materialmengen zu trocknen sind und wenn dieses Material mit gleichbleibendem Feuchtigkeitsgehalt und auch sonst gleichmäßig anfällt, ist ein kontinuierlich wirkender Apparat wünschenswert. Die Kontinuierlichkeit kann dadurch erreicht werden, daß der Trockner in Form eines langen Tunnels, wie Abb. 132 zeigt, gebaut wird, und das Material durch diesen Tunnel auf Wagen gefördert wird, entweder kontinuierlich oder so, daß ein Wagen den Tunnel verläßt, wenn ein anderer hineingeschoben wird. Derartige Trockner werden gewöhnlich mit im Gegenstrom zirkulierender Luft betrieben. Dies schließt zwar die Anwendung der Wiedererwärmung im Innern aus, aber die in Tunneltrocknern behandelten Substanzen sind gewöhnlich derart, daß sie hohe Temperaturen an dem Austrittsende vertragen können. Das Gegenstromsystem kann so ein-

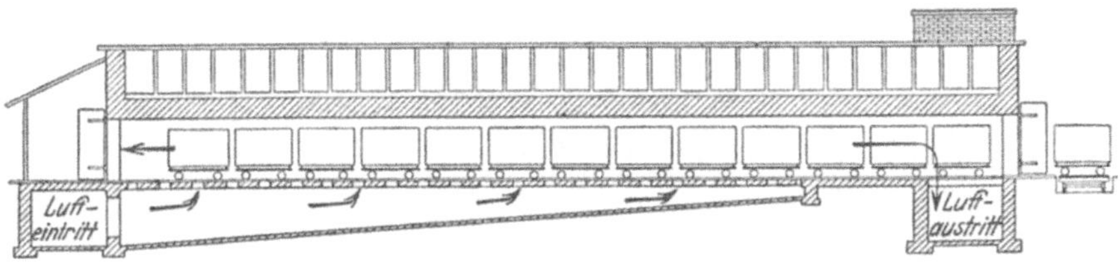

Abb. 132. Tunneltrockenofen.

gerichtet werden, daß die Luft den Trockner fast vollkommen gesättigt verläßt und sich eine verhältnismäßig gute Wärmewirtschaftlichkeit ergibt. Der hauptsächlichste Vorteil des Tunneltrockners gegenüber dem Kammertrockner liegt in der kontinuierlichen Betriebsweise gegenüber dem Chargenbetrieb. Der Tunneltrockner ist allgemein eingeführt für Ziegelsteine, keramische Produkte, Hölzer und andere Materialien, die ziemlich langsam, aber in verhältnismäßig großen Mengen getrocknet werden müssen. Bei der Trocknung von Hölzern im Tunneltrockner muß die Luft befeuchtet werden, um ein zu schnelles Trocknen in dem heißen Ende des Tunnels zu verhindern.

Trockentrommeln.

An das in Trockentrommeln zu verarbeitende Material werden folgende Ansprüche gestellt: Es muß körnig oder kristallinisch sein, muß ohne Transportgefäße gehandhabt werden können, es muß vor der Trocknung schon trocken genug sein, um sich mit den üblichen Transportmitteln befördern zu lassen und darf nicht so klebrig sein, daß es sich an den Wandungen des Trockners aufbaut.

Trockentrommeln bestehen aus einem zylindrischen Gehäuse, das etwas geneigt gelagert ist und auf Rollen steht, so daß es rotieren kann. Das Material wird an dem höher liegenden Ende aufgegeben und läuft allmählich infolge der Rotation der Trommel nach dem niedriger liegenden Austrittsende, wobei seine Bewegung durch innen angebrachte Platten oder Flügel gewöhnlich unterstützt wird. Diese Trockner können je nach Art ihrer Beheizung in verschiedene Gruppen eingeteilt werden, z. B. folgendermaßen:

Direkte Beheizung	Parallelstrom	Dampfbeheizt
Indirekte Beheizung	Gegenstrom	Feuerbeheizt
	rückkehrend	

In einem direkt beheizten Trockner wird der trocknenden Luft die Wärme innerhalb des Gehäuses zugeführt, beim indirekt beheizten außerhalb. Beim Parallelstrombetrieb gehen Luft und zu trocknendes Material in gleicher Richtung durch den Trockner. Beim Gegenstrom in entgegengesetzter Richtung. Bei einem Trockner mit rückkehrendem

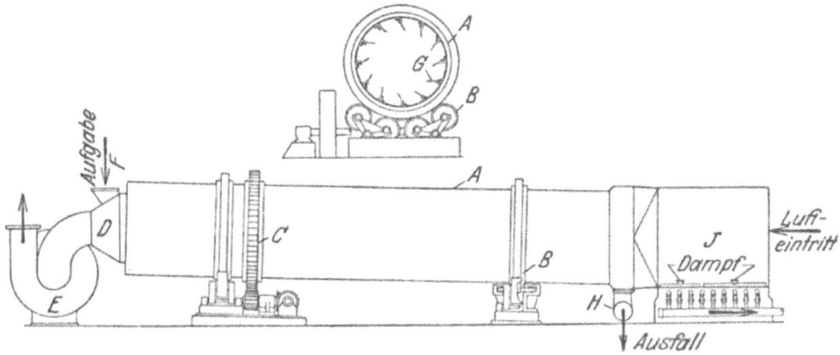

Abb. 133. Direkt dampfbeheizte Gegenstrom-Trockentrommel.
A Trommelmantel. *B* Tragrollen. *C* Antriebszahnrad. *D* Abzugshaube. *E* Abzugsventilator, *F* Aufgabetrichter. *G* Umwälzschaufeln. *H* Ausfall. *J* Lufterhitzer.

Luftwege passiert die Luft den Trockner zweimal; einmal in jeder Richtung.

Beispiele für Trockentrommeln. In Abb. 133 ist ein direkt mit Dampf beheizter Gegenstromapparat dargestellt. Ein rotierendes Gehäuse *A* aus Stahlblechen ist auf zwei Rollenpaaren *B* gelagert und wird durch Zahnkranz und Ritzel *C* angetrieben. An dem oberen Ende ist eine Haube *D* angeordnet, welche an den Ventilator *E* angeschlossen und mit einem Aufgabetrichter *F* versehen ist, durch welchen das feuchte Material aus einem Aufgabesilo aufgegeben wird. Die Schaufeln *G*, welche die Aufgabe haben, das Material zu heben und es durch den Heißluftstrom herabrieseln zu lassen, sind an das Gehäuse genietet. An dem unteren Ende fällt das Material aus der Trommel in eine Transportschnecke *H*, welche es abtransportiert. Unmittelbar neben der Transportschnecke befindet sich die Kalorifere *J*, in welcher die Luft erhitzt wird. Die Luft wird mittels des Ventilators durch den Trockenapparat gesaugt, doch kann auch, wenn erwünscht, der Ventilator durch den Apparat drücken, also ein Überdruck im Inneren der Trommel herrschen.

Hat das Material aber Neigung zu stauben, so ist es ratsamer, den ganzen Apparat unter einem geringen Unterdruck zu halten. Derartige Trockentrommeln haben weite Verbreitung gefunden für Salz, Zucker und körnige oder kristalline Materialien aller Art, welche nicht verunreinigt und nicht der hohen Temperatur direkter Heizgase ausgesetzt werden dürfen.

Die beschriebene Anordnung bedingt, daß die Luft, bevor sie in den Apparat eintritt, auf die hohe Temperatur gebracht werden muß, die dem Punkte J in Abb. 130 entspricht, wenn sie mit der Feuchtigkeit H_n

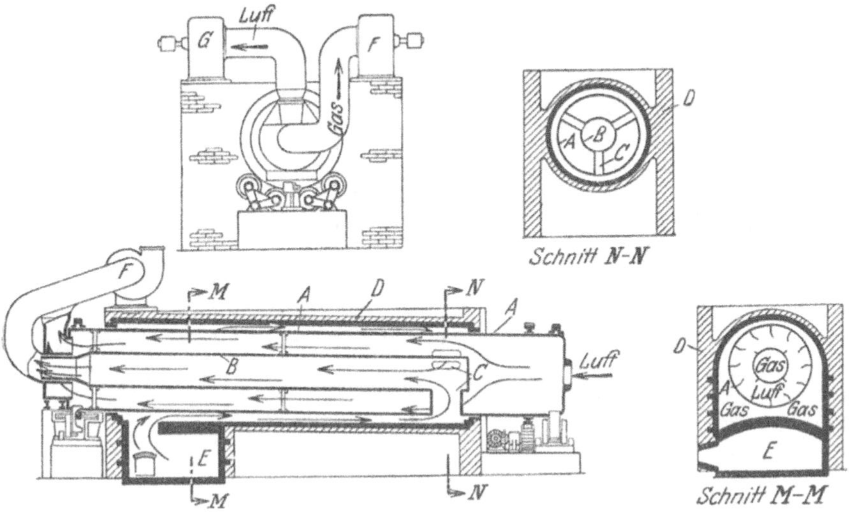

Abb. 134. Indirekt feuerbeheizte Trockentrommel mit rückkehrender Heizgasführung.
A Trommelmantel. *B* Innenrohr für Heizgase. *C* Durchlässe für Heizgase. *D* Ummauerung. *E* Feuerung. *F* Heizgasventilator. *G* Luftventilator.

austreten soll. In vielen Fällen werden Dampftrommeln oder Dampfschlangen an dem Auslaßende innerhalb des Gehäuses angeordnet. Diese dienen dann dazu, die Luft wieder zu erwärmen, wodurch erreicht wird, daß die Luft mit einer niedrigeren Temperatur eintreten kann. Die Oberfläche der Dampftrommel unterstützt den Trockenvorgang und erhöht die Leistungsfähigkeit des Trockners, da das Material während der Umdrehung auf die Trommel fällt.

Abb. 134 stellt einen indirekt feuerbeheizten Trockner dar mit rückkehrender Gasführung. Dieser Trockner besteht aus einem äußeren Gehäuse A und einem inneren Rohr B, das konzentrisch in A eingebaut ist. Am rechten Ende des Gehäuses befinden sich die Anschlußstutzen C, die das Innere des inneren Rohres mit der Außenseite des äußeren Zylinders verbinden. Der letztere ist in eine gemauerte Kammer D eingeschlossen, in welcher sich auch die Feuerung E, in der Abbildung links, befindet. Die Heizgase strömen aus der Feuerung, außen rund um den Außenmantel, in der Abbildung von links nach rechts, treten durch die Stutzen *C* in das Innere des Rohres *B*, das sie von rechts nach links durchziehen, und strömen dann zu dem Ventilator *F* oder Schornstein. Sie kommen mit dem Material überhaupt nirgends in Berührung. Das Material wird am linken Ende aufgegeben, passiert den ringförmigen Raum zwischen Außenmantel und innerem Rohr und verläßt den Trockner am rechten Ende. Hier wird außerdem Luft eingesaugt, welche den Trockner in dem ringförmigen Raum im Gegenstrom

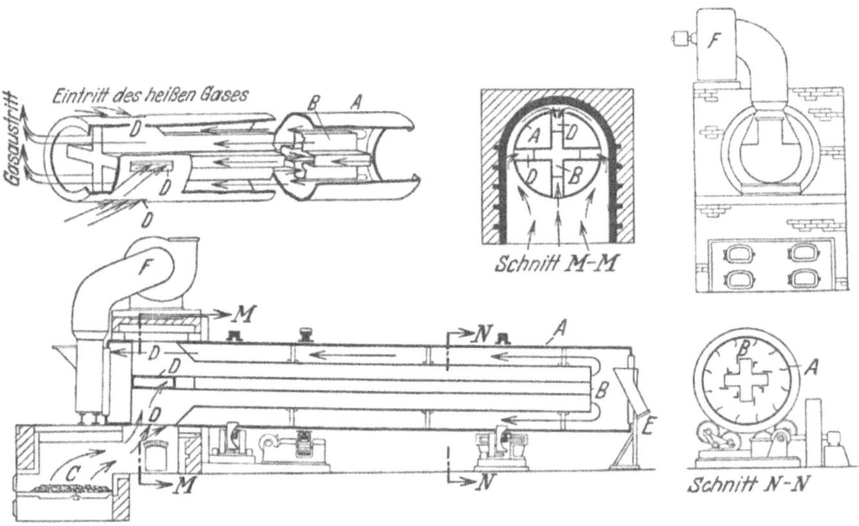

Abb. 135. Direkt feuerbeheizte Trockentrommel mit rückkehrender Heizgasführung. *A* Trommelmantel. *B* Innenrohr. *C* Feuerung. *D* Eintrittsöffnungen für Heizgas. *E* Ausfallschurre. *F* Absaugeventilator.

zum Material durchströmt und von einem besonderen Ventilator *G* ausgeblasen wird. Ein derartiger Trockner wird oft benutzt für Materialien, welche zwar die hohen Temperaturen der Heizgase ertragen würden, aber vor Verunreinigungen, wie z. B. Chamotte aus der Mauerung geschützt werden sollen.

Abb. 135 stellt einen direkt feuerbeheizten Trockner mit rückkehrender Gasführung dar. Dieser Trockner besteht aus einem Mantel *A* und einem zentralen Rohre *B*. Das Material befindet sich in dem ringförmigen Raume zwischen *A* und *B*. Die Abb. 135 zeigt eine besondere Ausführung, bei welcher das Innenrohr kreuzförmigen Querschnitt hat, um die Berührungsfläche mit den Heizgasen zu vergrößern. An einem Ende befindet sich die Feuerung *C*. Die heißen Gase strömen zunächst von links nach rechts durch das innere Rohr, in welches sie durch die Öffnungen *D* eintreten. Am rechten Ende wird das Material durch die Öffnung E ausgeworfen, aber die Gase strömen zurück durch den ringförmigen Raum zu dem Ventilator F oder zum Schornstein. Auf diese Art erfüllen die Heizgase selbst an Stelle der Luft die Aufgabe, die Feuchtigkeit des Materials abzuführen. Die Trocknung in dem ringförmigen Raume geschieht durch die Gase, die sich im Gegenstrom zu dem Material bewegen. Die heißere Oberfläche des Innenrohres erfüllt dabei dieselbe Aufgabe, wie die Dampftrommel im Inneren des mit Dampf beheizten Trockners. Sie bewirkt unmittelbare Wiedererhitzung während des Trockenprozesses. Trockner dieser Art sind ganz allgemein gebräuchlich und werden für so mannigfaltige Materialien benutzt, daß sie nicht im einzelnen aufgeführt werden können. Benutzt man Koks als Brennstoff und geht bei der Handhabung der Feuerung vorsichtig zu Werke, so ist es sogar möglich, in einem derartigen Trockner Tafelsalz zu trocknen, ohne es mit Flugasche zu verunreinigen.

Im allgemeinen haben die feuerbeheizten Trockenapparate eine höhere Leistung als die dampfbeheizten, weil sie mit höheren Gastemperaturen arbeiten. Ihre Anwendung ist gewöhnlich auf anorganische Materialien beschränkt, während die dampfbeheizten Trockner dort Anwendung finden, wo niedrige Temperaturen eingehalten werden müssen oder wo das Fernhalten jeder Verunreinigung ausschlaggebend ist. Organische Materialien können jedoch auch bei gewissenhafter Handhabung in direkt beheizten Parallelstromtrockenapparaten getrocknet werden. Hierbei trifft das heißeste Gas auf das feuchteste Material und ist abgekühlt, bevor das Material so trocken wird, daß es Feuer fängt oder versengt wird. Der Parallelstromtrockner ergibt eine etwas geringere Ausnutzung des Brennstoffes als der Gegenstromtrockner, weil die Luft oder die Heizgase mit höherer Temperatur abziehen.

Trockenwalzen. Bei der Papierfabrikation, für Textilien und andere Materialien, die in zusammenhängenden Bahnen anfallen, strebt man danach, die Trocknung dieser Bahnen in demselben Tempo durchzuführen, wie das Produkt anfällt. Der Trockner an einer Papiermaschine gibt hierfür ein gutes Beispiel. Er ist schematisch in Abb. 136 dargestellt. Nachdem die Papierbahn gebildet ist, wird sie im Zickzack über die Oberfläche einer Anzahl hohler dampfbeheizter Walzen geführt. Diese Walzen werden mechanisch mit einer Geschwindigkeit angetrieben, welche der Papiererzeugung entspricht. Die Zahl dieser Walzen, ihre Temperatur und die Geschwindigkeit der Papierbahn sind so eingestellt, daß das Papier trocken ist, wenn es die letzte Walze verläßt. Eine Abänderung dieses Trockners wird für Pasten, strengflüssige Lösungen oder klebrigen Filterkuchen benutzt. Hier wird ein endloses Band aus Drahtgewebe, auf welchem sich das Material befindet, über Walzen geführt. Dieses Prinzip kann außerdem mit einer Trockenkammer verbunden werden, in welcher die Walzen angeordnet werden, wobei noch Wärme in Form von heißer Luft zugeführt wird, die unter Umständen die mit dem Dampf in das Innere der Walzen zugeführte Wärme überwiegt.

Trockner mit mechanischen Rührwerken. Viele Materialien, die zu klebrig sind, als daß sie in kontinuierl laufendenich Trockentrommeln verarbeitet werden können, die aber andererseits nicht wertvoll genug sind, um die Anwendung von Horden- oder Kammertrocknern zu rechtfertigen, werden in Trockenapparaten mit mechanischem Rührwerk

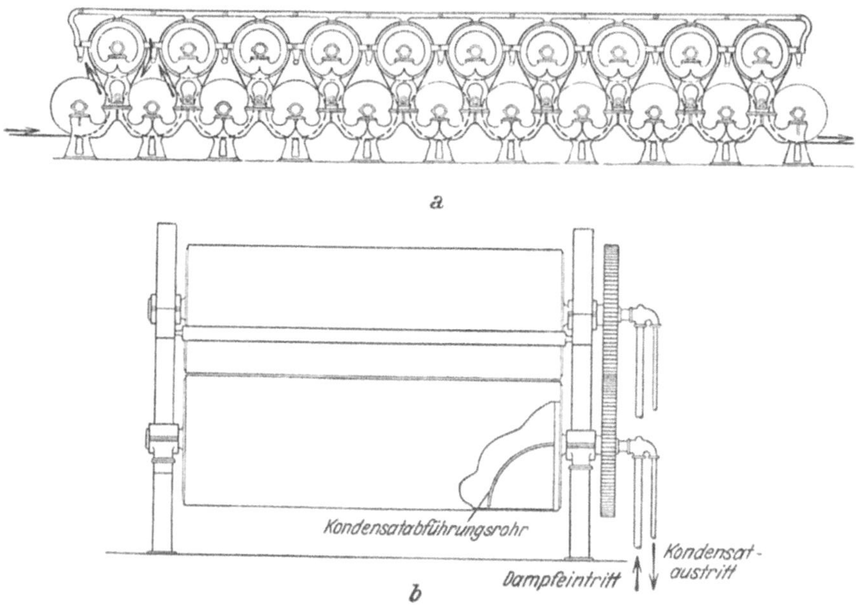

Abb. 136. Papierbahntrockner. *a* Gesamtansicht, *b* Einzelheiten der Walzenkonstruktion.

verarbeitet, von welchen es eine ganze Anzahl verschiedener Ausführungsformen gibt. Eine davon ist in Abb. 137 dargestellt. Dieser Trockner besteht aus einem horizontalen, zylindrischen Gehäuse mit Dampfmantel, das an den Enden mit Einlaß und Auslaß versehen ist. Eine zentral gelegene rotierende Welle trägt eine Anzahl von Schaufeln oder Kratzern. Das Material wird am linken Ende aufgegeben, der entstehende Brüden durch den Anschluß am rechten Ende abgezogen. Die Maschine arbeitet chargenweise, sie wird entleert durch die Öffnung des Verschlusses rechts unten in der Stirnwand. Es ist also in diesem Trockenapparat kein Luftwechsel vorhanden, durch welchen die Brüden fortgeführt werden. Der Prozeß beruht also zur Hauptsache auf einer regelrechten Verdampfung. Trotzdem wird der Apparat ganz allgemein immer als Trockner bezeichnet. Derartige Trockner können unter

Atmosphärendruck betrieben werden. Es ist jedoch viel gebräuchlicher, den Brüdenabzug an einen Kondensator anzuschließen, welcher von einer Vakuumpumpe unter Vakuum gehalten wird. In diesem Falle

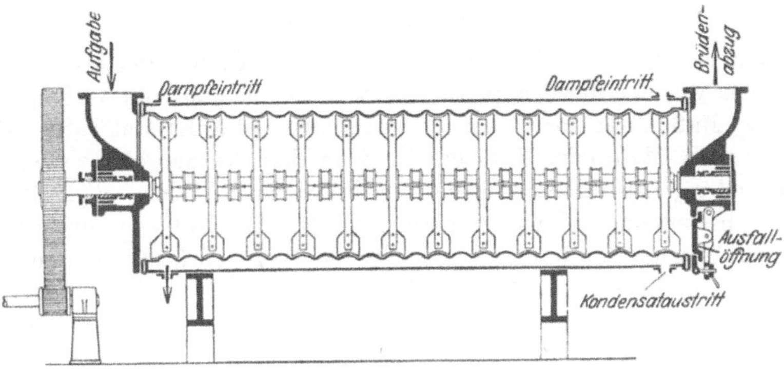

Abb. 137. Trockenmulde (Hamler).

geht die Trocknung bei niedrigeren Temperaturen vor sich, wodurch sowohl die Gefahr der Beschädigung des Materials vermindert wird als auch die Temperaturdifferenz infolge Herabsetzung des Siedepunktes vergrößert und damit die Leistungsfähigkeit des Apparates erhöht wird. Kleine Trockner für Chargenbetrieb werden auch so gebaut wie in Abb. 138 dargestellt, und zwar für Materialien, die während der Trocknung in Bewegung gehalten werden müssen. Dieser Trockner besteht im wesentlichen aus einer flachen gußeisernen Pfanne *A*, die mit einem Dampfmantel *B* versehen ist, und einer Zentralwelle *C*, welche die Kratzer *D* trägt. Das Material wird in die Pfanne geschaufelt. Ist die Trocknung beendet, so wird die Öffnung *E* an der Seite geöffnet und das Material von den Kratzern herausgeschoben. Diese Trockner können offen unter atmosphärischem Druck betrieben werden, oder, wie in Abb. 138 mit einem Deckel versehen, unter Vakuum.

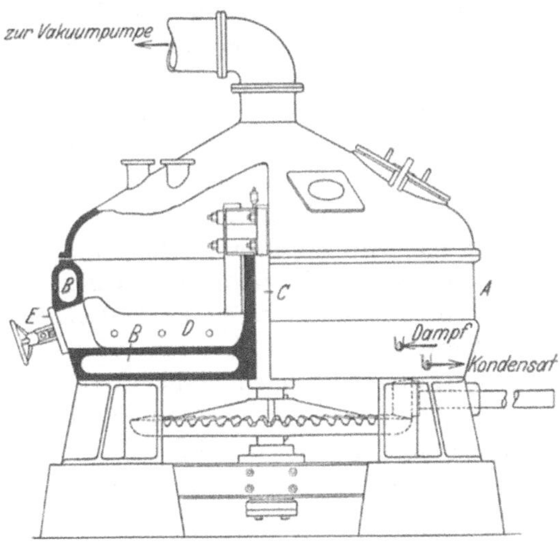

Abb. 138. Vakuumtrockner für Chargenbetrieb (Buflovak). *A* Trockenpfanne. *B* Dampfräume. *C* Mittelwelle. *D* Rührarme. *E* Ausfallöffnung.

Sie werden im allgemeinen dort verwendet, wo kleine intermittierend anfallende Mengen körnigen oder klebrigen Materials getrocknet werden müssen.

Trommeltrockner.

Wenn in einem Fabrikationsprozeß an einer Stelle eine Lösung anfällt, aus welcher das Endprodukt gewonnen werden soll, so folgt als nächste Maßnahme meist eine Verdampfung und Kristallisation des erwünschten Materials. Letztere kann in dem Verdampfer selbst erfolgen oder einen selbständigen Betriebsabschnitt bilden. Viele Materialien, besonders Kolloide, kristallisieren jedoch nicht aus der Lösung und im Verdampfer kann Wasser nur so lange entfernt werden, als das Material flüssig ist. In dem Maße wie die Lösung konzentrierter und viskoser wird, wird auch der Betrieb des Verdampfers unbefriedigender, bis schließlich ein Zustand erreicht wird, wo sich die Verdampfung als solche nicht mehr länger wirtschaftlich durchführen läßt und die Entfernung des letzten Restes des Wassers in einem mit „Trockner" bezeichneten Apparat vorgenommen werden muß. Für einen solchen Zweck ist keine von den bisher erwähnten Typen mit Ausnahme vielleicht des Vakuumhordentrockenofens brauchbar. Die Entfernung des letzten Restwassers aus einer konzentrierten Lösung wird gewöhnlich auf Trommeltrocknern oder ähnlichen Apparaten vorgenommen. Das allgemeine Kennzeichen dieser Trockner besteht darin, daß eine dünne Schicht einer viskosen Lösung auf eine langsam rotierende von innen beheizte Metallwalze aufgetragen wird. Die Umdrehungszahl der Walze und ihre Temperatur werden so eingestellt, daß das Material getrocknet ist, wenn eine Umdrehung noch nicht ganz vollendet ist. Das trockene Material wird durch ein Schabemesser abgenommen.

Atmosphärische Trommeltrockner. Ein Doppeltrommeltrockner ist in Abb. 139 dargestellt. Er besteht im wesentlichen aus zwei großen gußeisernen Walzen *A*, deren äußere Zylinderfläche sauber geschlichtet ist. Durch die Zapfen *B* sind Rohre eingeführt, welche den Dampf zu- und das Kondensat ableiten Gleichzeitig dienen die Zapfen für die Lagerung der Walzen. Diese rotieren gegeneinander. Die zu trocknende Flüssigkeit wird direkt in den v-förmigen Zwischenraum zwischen die Walzen aufgegeben. Ein Überlaufen von Material an den Seiten wird durch die Deckplatten *E* an beiden Seiten des Apparates verhindert. Im allgemeinen wird kein besonderer Aufgabeapparat angewendet. Die Dicke der auf den Walzen sich bildenden Schichten wird durch den Zwischenraum zwischen den Walzen bestimmt. Die Abstreifmesser *C* werden dicht vor dem höchsten Punkt der Walzen außen angebracht; das Produkt fällt direkt in die Transportschnecken *D*. Für kleinere Leistungen wird der Trockner auch mit nur einer Walze gebaut. Hier wird das Material im allgemeinen in einen Trog aufgegeben, so daß die Walze unten in die Flüssigkeit eintaucht. In diesem Falle ist das Abstreifmesser kurz vor der Eintauchstelle am unteren Teile der Trommel angebracht.

Vakuumtrommeltrockner. Für empfindliche Materialien, die nicht bis auf den Siedepunkt bei atmosphärischem Druck erhitzt werden dürfen, wird ein Trockner, wie ihn Abb. 139 darstellt, für den Betrieb mit Vakuum eingerichtet. Ein Beispiel dieser Ausführungsart gibt

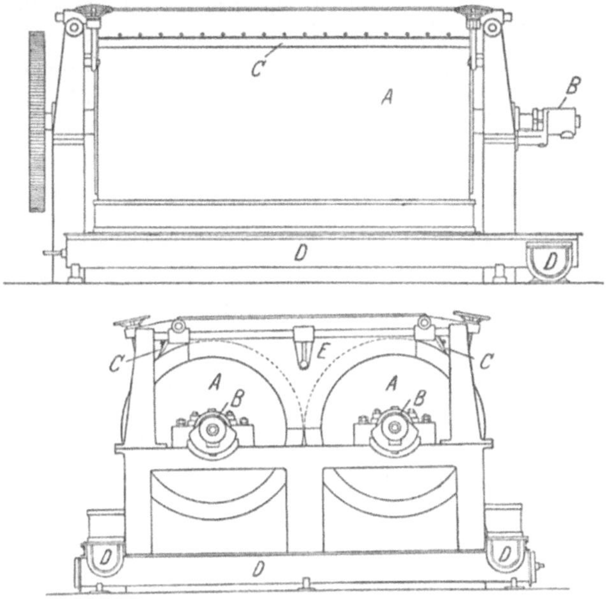

Abb. 139. Doppelwalzentrockner.
A Trockenwalzen. *B* Zapfen. *C* Abstreifmesser. *D* Förderschnecken für Trockengut. *E* Seitenwand.

Abb. 140. Die Walze, die Art der Aufgabe und die Abstreifmesser sind genau so wie bei dem atmosphärischen Trommeltrockner. Der Unterschied besteht nur darin, daß der ganze Apparat in ein gußeisernes Gehäuse eingebaut ist, welches an einen Kondensator und an Vakuum angeschlossen wird, so daß es unter jedem gewünschten Vakuum betrieben werden kann. Die Entfernung der Feststoffe aus diesem Vakuumgehäuse ist der einzige zu Schwierigkeiten Veranlassung gebende Punkt. Anstatt der Transportschnecke unter dem Abstreifmesser kann einfach eine Schurre angeordnet werden, welche zu einem größeren Aufnahmebunker führt. Der Trockner arbeitet dann solange, bis dieser Bunker gefüllt ist, worauf abgestellt, der Apparat belüftet und der Aufgabebunker geleert wird. Macht man den letzteren groß und beschränkt man sich auch auf die Fälle, wo das Volumen des anfallenden

Produktes klein ist im Verhältnis zur aufgegebenen Menge, so kann die Dauer der Betriebszeit zwischen den Entleerungen ausreichend lange eingerichtet werden. Ein derartiger Trockner kann auch kontinuierlich betrieben werden, wenn man eine Transportschnecke verwendet, deren Förderrichtung geändert werden kann. Es werden dann zwei Aufnahmebunker für das fertige Produkt vorgesehen, je einer an beiden Enden der Schnecke. Diese können von dem Vakuumgehäuse abgeschaltet werden, ohne den Betrieb zu unterbrechen und werden abwechselnd gefüllt und entleert. Das ist die teuerste, aber zweckmäßigste Anordnung.

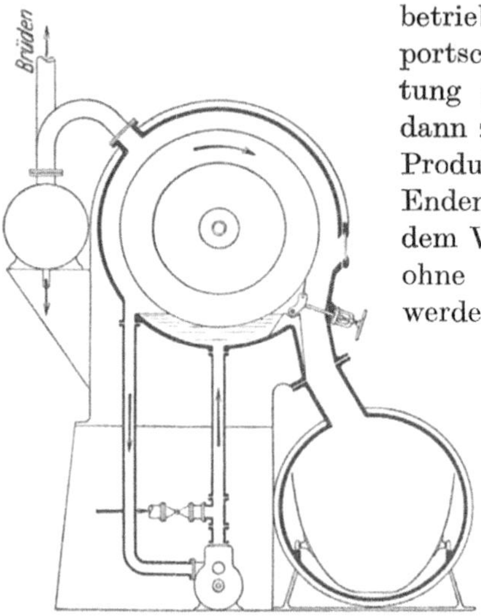

Abb. 140. Vakuumwalzentrockner.

Zerstäubungstrockner. Wenn eine Lösung getrocknet werden soll, so kann sie auch in sehr feinen Tropfen in einen Strom heißen Gases gesprüht werden. Hierbei pflegt die Trocknung außerordentlich schnell vor sich zu gehen und die Leistungsfähigkeit der Anlage sehr groß zu sein. In den Vereinigten Staaten gibt es bisher nur verhältnismäßig wenig erfolgreiche Anlagen dieser Art; in anderen Ländern aber sind

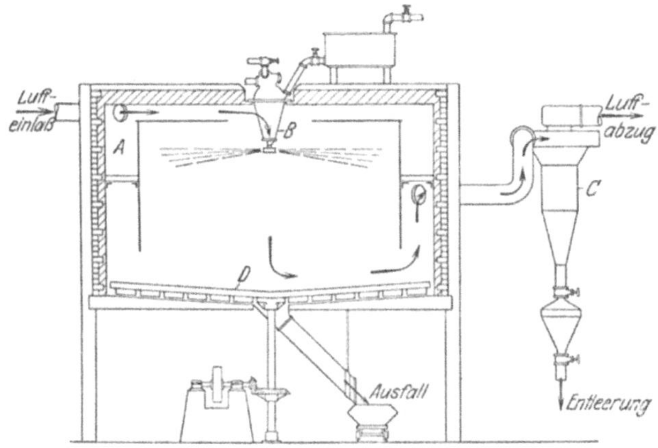

Abb. 141. Zerstäubungstrockner.
A Zerstäubungskammer. *B* Zerstäuber. *C* Staubabscheider. *D* Kratzer.

sie mehrfach gebaut und wirken durchaus zufriedenstellend. Die typische Ausführung eines derartigen Apparates ist in Abb. 141 dargestellt. Die Kammer, in welcher die Trocknung vor sich geht, wird von einem großen Zylinder *A* mit vertikaler Achse gebildet. In diesem befindet sich ein Zerstäubungsapparat *B*. Dieser letztere kann bestehen aus einer Anzahl gewöhnlicher Zerstäubungsdüsen oder aus einer flachen, mit großer Geschwindigkeit rotierenden Scheibe, auf welche die Flüssigkeit aufgegeben wird. Die Flüssigkeit wird zu feinen Tröpfchen versprüht, die, gewöhnlich im Parallelstrom, durch einen Strom heißen Gases fallen. Es kann Heizgas verwendet werden für Produkte, die nicht besonders wärmeempfindlich sind. Es kann auch Luft gewählt werden, wenn das Produkt reingehalten werden muß. Auf dem Boden der zylindriscehn Kammer befördert der Rechen *D* das fertige Produkt zu der Ausfallschurre. Um zufriedenstellende Ergebnisse zu erzielen, muß die Flüssigkeit so fein zerstäubt sein, daß viel von dem erhaltenen trockenen Material in dem Gasstrom in Suspension bleibt. Dieser Staub geht mit dem Gasstrom von der Trockenkammer zu irgendeinem gewöhnlichen Staubabscheider *C*, wo er abgeschieden wird, während das Gas durch einen Gaserhitzer zurück in die Trockenkammer geleitet wird. Die größte Schwierigkeit bei der Konstruktion der Zerstäubungstrockner, welche auch der Grund für ihre beschränkte Anwendbarkeit ist, bildet die Erfüllung der Forderung, den Heizgasstrom so zu führen, daß die Teilchen nicht mit den Wänden der Kammer in Berührung kommen, bevor sie nicht vollständig trocken sind. Sonst bleibt ein großer Teil des Produktes als klebriger nur teilweise getrockneter Überzug an den Wänden hängen.

Theorie der Trocknung.

Der Vorgang der Trocknung kann ebenso wie viele andere in diesem Buche erörterte Prozesse von zwei Gesichtspunkten aus betrachtet werden. 1. Von den Gleichgewichtsverhältnissen und 2. von der Reaktionsgeschwindigkeit aus.

Gleichgewichtsfeuchtigkeit. Da die meisten Trockenapparate die Wirkung der Luft auf das zu trocknende Material ausnutzen, ist es vor allen Dingen wichtig, das Gleichgewicht zwischen der Luft bei veränderlicher Temperatur und Feuchtigkeit einerseits und dem festen Material andererseits zu beachten. Im allgemeinen wird ein vorliegendes Material, das mit Luft von bestimmter Temperatur und Feuchtigkeit in Berührung gebracht wird, einen gewissen Feuchtigkeitsgehalt behalten, der durch noch so lange Einwirkung von Luft desselben Zustandes nicht weiter geändert wird. Dieser Feuchtigkeitsgehalt des Materials wird Gleichgewichtsfeuchtigkeitsgehalt genannt. Wenn das Material mehr Feuchtigkeit enthält, als dem Gleichgewichtszustand entspricht, trocknet es aus, bis dieser Zustand erreicht ist. Andererseits nimmt das Material, wenn es trockner ist, als dem Gleichgewichtszustand entspricht und mit Luft von gewisser Temperatur und Feuchtigkeit in Berührung kommt, solange Wasser aus der Luft auf, bis wieder der Gleichgewichtszustand erreicht ist. Die für diese Vorgänge erforderliche Zeit kann lang oder kurz sein, je nach den vorliegenden Bedingungen, das Endresultat ist jedenfalls immer dasselbe, vorausgesetzt, daß genügend Zeit zur Verfügung steht.

Der Gleichgewichtsfeuchtigkeitsgehalt ist je nach dem Material sehr verschieden. Ein dichtes unlösliches Material hat z. B. einen Gleichgewichtsfeuchtigkeitsgehalt von praktisch 0, soweit die Gesamtmasse in Frage kommt, und zwar für jede Feuchtigkeit und Temperatur. Gewisse organische Materialien dagegen von faseriger oder kolloidaler Struktur, z. B. Holz, Papier, Textilien, Seife und Leder besitzen einen Gleichgewichtsfeuchtigkeitsgehalt, der sich in weiten Grenzen regelmäßig ändert, je nach der Feuchtigkeit und Temperatur der Luft, mit welcher sie in Berührung und Austausch stehen. Einige Gleichgewichtsfeuchtigkeitskurven[1] für derartige Substanzen werden in Abb. 142 gegeben. Für lösliche Feststoffe ist der Gleichgewichtsfeuchtigkeitsgehalt unterhalb einer gewissen kritischen Feuchtigkeit in der Regel zu vernachlässigen.

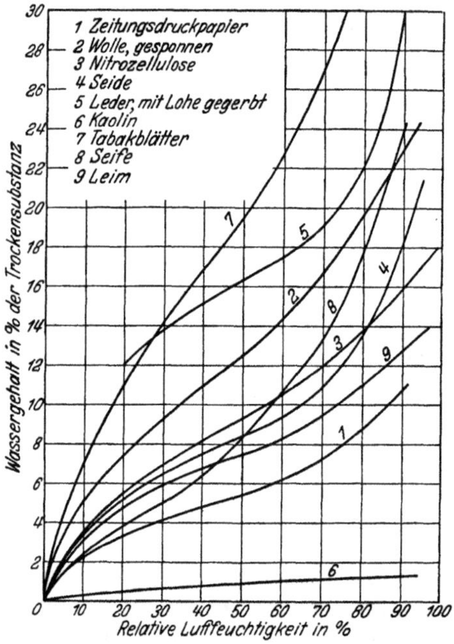

Abb. 142. Kurven der Gleichgewichtsfeuchtigkeit. Temperatur 25° C.

Oberhalb dieser kritischen Feuchtigkeit ist der Wasserdampfdruck in der Luft größer als der der gesättigten Lösung des jeweiligen Materials. Unterhalb dieses kritischen Wertes wird Wasser aus der Luft aufgenommen, so daß sich eine gesättigte Lösung auf der Oberfläche der Substanz bildet, solange, bis der Wasserdampfdruck dieser Lösung gleich dem Partialdruck des Wasserdampfes in der Luft wird.

Bei jedem Trocknungsprozeß stellt der Gleichgewichtsfeuchtigkeitsgehalt die Grenze dar, bis zu welcher das Material getrocknet werden kann, solange Luft der entsprechenden Temperatur und Feuchtigkeit verwendet wird. Die Feuchtigkeit, welche über die Gleichgewichtsfeuchtigkeit hinausgeht, wird „freier Feuchtigkeitsgehalt“ genannt,

[1] International Critical Tables Bd. 2 S. 322—325.

und um die Entfernung dieses freien Feuchtigkeitsgehaltes handelt es sich bei der Trocknung mehr als um die des Gesamtfeuchtigkeitsgehaltes.

Geschwindigkeit der Trocknung.

Bei dem Übergang der Feuchtigkeit aus dem Inneren eines festen Stoffes in das umgebende trocknende Medium unterscheidet man zwei Stufen[1]: 1. Die Feuchtigkeit diffundiert durch den Feststoff, 2. die Feuchtigkeit geht in das trocknende Medium über, nachdem sie die Grenzfläche zwischen Feststoff und Luft erreicht hat. Aus diesen zwei Stufen ergeben sich drei Abschnitte der Trocknung, die durch das Vorherrschen eines dieser beiden Vorgänge gekennzeichnet sind:

I. Die Verdampfung geht an der Grenzfläche vor sich, und der Hauptwiderstand entsteht bei dieser Verdampfung. Der Widerstand bei der Diffusion im Inneren ist gering im Vergleich zu dem bei der Verdampfung.

II. Die Verdampfung geht an der Grenzfläche vor sich, aber der Widerstand bei der Diffusion im Inneren ist groß im Vergleich zu dem bei der Entfernung des Dampfes von der Oberfläche.

III. Die Verdampfung erfolgt, bevor die Feuchtigkeit bis an die Grenzflächen diffundiert ist. Das Wasser diffundiert in flüssiger Phase bis zu einem gewissen Punkte im Inneren des Feststoffes, verdampft dort, diffundiert in der Dampfphase von diesem Punkte bis an die Oberfläche des Feststoffes und wird von dort durch das trocknende Medium abgeführt. In diesem Falle gibt der Widerstand bei der Diffusion im Inneren das Tempo an und der Widerstand beim Übergang des Dampfes in das trocknende Medium ist gering.

Ein vierter möglicher Fall wäre der, daß die Verdampfung im Inneren des Feststoffes stattfindet, wobei aber der Widerstand bei der inneren Diffusion klein ist im Vergleich zum Gesamtwiderstand. Indessen ist dieser Fall bisher noch niemals festgestellt worden und alle Beobachtungen ergeben immer nur das Vorliegen eines der drei oben angeführten Fälle.

Vorgang der Trocknung unter konstanten Bedingungen. Im folgenden wird angenommen, daß gewisse Faktoren sich während der Trocknung nicht ändern. Unter konstanten Bedingungen für die Trocknung ist zu verstehen, daß z. B. Luftfeuchtigkeit, Geschwindigkeit und Temperatur, auch die Richtung der Luftströmung konstant bleiben. Wenn ein Feststoff sehr feucht ist und unter konstanten Bedingungen trocknet, so nimmt sein Feuchtigkeitsgehalt mit gleichförmiger Geschwindigkeit ab, bis ein ganz bestimmter Zustand erreicht ist. Von da an verlangsamt sich das Tempo der Trocknung unter konstanten Bedingungen gleich-

[1] Die folgende Abhandlung über die Geschwindigkeit der Trocknung beruht auf der Arbeit von Sherwood: Ind. Engng. Chem. Bd. 21 (1929) S. 12, 976.

förmig bis der Gleichgewichtsfeuchtigkeitsgehalt erreicht ist. Der Punkt, bei dem die Trocknung beginnt langsamer vor sich zu gehen, entspricht dem sogenannten kritischen Feuchtigkeitsgehalt. Der Beginn der Verlangsamung hängt ab von den Eigenschaften des Materials und den vorliegenden Bedingungen. Eine typische Trocknungskurve ist in Abb. 143 wiedergegeben. In dieser Abbildung sind als Abzissen die prozentualen freien Feuchtigkeitsgehalte, berechnet auf Trockenmaterial (1 kg freie Feuchtigkeit je 100 kg Trockensubstanz) und als Ordinaten die jeweilige Geschwindigkeit der Trocknung, ausgedrückt durch das Gewicht des entfernten Wassers je h je m² Trocknungsoberfläche aufgetragen. Man bemerkt, daß das vorliegende Material mit konstanter Geschwindigkeit trocknete, bis der kritische Feuchtigkeitsgehalt von 8,3% erreicht war, worauf sich die Trocknung verlangsamte. In Abb. 143 hat die Kurve an dieser Stelle einen Knick. Ein zweiter Knick liegt bei etwa 4% Feuchtigkeitsgehalt. Das Auftreten dieser Unstetigkeit wird später erklärt.

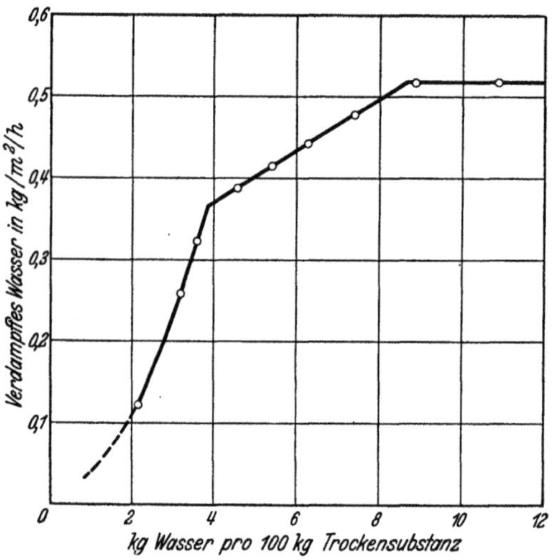

Abb. 143. Typische Trocknungskurve.

Periode konstanter Trocknungsgeschwindigkeit. Während der Periode der konstanten Trocknungsgeschwindigkeit erfolgt die Verdampfung an der Oberfläche des Feststoffes und das Material ist so feucht, daß es eine praktisch gleichförmige, feuchte Oberfläche der Verdunstung aussetzt. Hier ist der Prozeß dem der Luftbefeuchtung durchaus gleich. Der Feststoff selbst hat nur geringe Bedeutung. Die Feuchtigkeit diffundiert durch ihn so schnell, daß der Prozeß genau so verläuft, wie die Verdampfung von einer Wasserfläche. In Kapitel VII war ausgeführt, daß unter solchen Bedingungen das Wasser die Feuchtkugeltemperatur der Luft annimmt. Dies tritt auch während des Trockenprozesses ein, obwohl zwei Faktoren in dem Sinne wirken, daß das Erreichen der Feuchtkugeltemperatur an der Oberfläche des Materials erschwert wird: 1. Trockene Oberflächen, welche etwa in Berührung mit dem Material kommen, z. B. die Horden, auf welchen es liegt, nehmen die Trockenkugeltemperatur der Luft an und haben infolgedessen eine höhere als die Feuchtkugeltemperatur der Luft. Von diesen Stellen also wird Wärme auf die feuchte Oberfläche durch Leitung übertragen, 2. wird die Oberfläche des Materials im allgemeinen von Flächen angestrahlt, deren Temperatur fast die Trockenkugeltemperatur der Luft ist. Es wird also auch durch Strahlung Wärme auf die feuchte Oberfläche übertragen. Aus diesen beiden Gründen wird die Materialtemperatur etwas über der Feuchtkugeltemperatur der Luft gehalten, selbst wenn Beharrungszustand erreicht ist.

Periode der verlangsamten Trocknung. Die Kurve in Abb. 143 zeigt in diesem Gebiet zwei Abschnitte. Die einleuchtendste Erklärung dieser zwei Abschnitte ist die, daß, wenn der kritische Feuchtigkeitsgehalt erreicht ist, die Oberfläche des Materials stellenweise trocken wird, doch ist zunächst noch immer die Verdampfung an der Oberfläche maßgebend, und die Diffusion im Inneren hat noch nicht ausschlaggebenden Einfluß gewonnen. Dies bedeutet aber, daß die für die Verdampfung wirksame Oberfläche abnimmt. Da die Kurve auf die Gesamtoberfläche bezogen ist, muß hier also der je m^2 berechnete Wert geringer werden. Es liegt hier also nicht daran, daß die Verdampfungsgeschwindigkeit an der noch feuchten Oberfläche abnimmt, sondern daran, daß die noch feuchte Oberfläche verringert ist. Im zweiten Abschnitt der Periode verlangsamter Trocknung aber verläuft der Trockenprozeß in durchaus anderer Weise. Hier tritt nunmehr nicht mehr die Verdampfung an der Oberfläche, sondern die Diffusion der Feuchtigkeit aus dem Inneren als ausschlaggebender Faktor auf. Während dieses Abschnittes ist der Feuchtigkeitsgehalt an der Oberfläche sehr nahe gleich dem Gleichgewichtsfeuchtigkeitsgehalt. Die Trocknung verlangsamt sich in diesem Abschnitt, weil der mittlere Feuchtigkeitsgehalt des Feststoffes abnimmt. Dadurch entsteht eine Abnahme der mittleren Konzentrationsdifferenz innerhalb des Feststoffes, wodurch wieder eine Abnahme der Diffusionsgeschwindigkeit entsteht, da es ja die Konzentrationsgeschwindigkeit ist, die bei dem Vorgang der Diffusion die treibende Kraft darstellt.

Auf Grund der vorstehend gegebenen Erklärungen ist es möglich, die qualitative Wirkung einer Veränderung der hauptsächlich maßgebenden Faktoren auf die Trocknung vorauszusagen. Diese Faktoren sind: Feuchtigkeit der Luft, Geschwindigkeit der Luft, Richtung der Luftströmung und die Materialtemperatur.

Einfluß der Luftfeuchtigkeit. Die von der Oberfläche des Feststoffes verdunstende Feuchtigkeit muß als Dampf durch die Luftgrenzschicht, die mit der Oberfläche des Materials in Berührung steht, diffundieren. Die treibende Kraft für diesen Vorgang ist die Differenz zwischen der Feuchtigkeit an der Grenzfläche und der des Luftstromes gemäß Gleichung (117) auf S. 194. Solange die Oberfläche feucht ist, ist die Luft in der Grenzfläche der dort herrschenden Temperatur entsprechend gesättigt. Daher muß, solange die Verdampfung maßgebend ist, die Trocknungsgeschwindigkeit abnehmen, wenn die Luftfeuchtigkeit erhöht wird.

Dies muß auch noch in dem Abschnitt der verlangsamten Trocknung zutreffen, in welchem die Verdunstung an der Oberfläche maßgebend ist. Wird andererseits erst der Diffusionswiderstand ausschlaggebend, so hat die Luftfeuchtigkeit keinen maßgebenden Einfluß mehr, und die Geschwindigkeit der Trocknung in diesem Abschnitt wird unabhängig von der Luftfeuchtigkeit, solange letztere keinen Einfluß auf den Gleichgewichtsfeuchtigkeitsgehalt ausübt. Hierfür gibt Abb. 144 ein Beispiel, in welcher zwei Trocknungskurven für eine Tafel aus Ziegelsteinton bei zwei verschiedenen Luftfeuchtigkeiten verzeichnet sind. Es geht daraus hervor, daß das Tempo der Trocknung von der Luftfeuchtigkeit unabhängig wird, wenn die Diffusion im Inneren des Materials bestimmend ist.

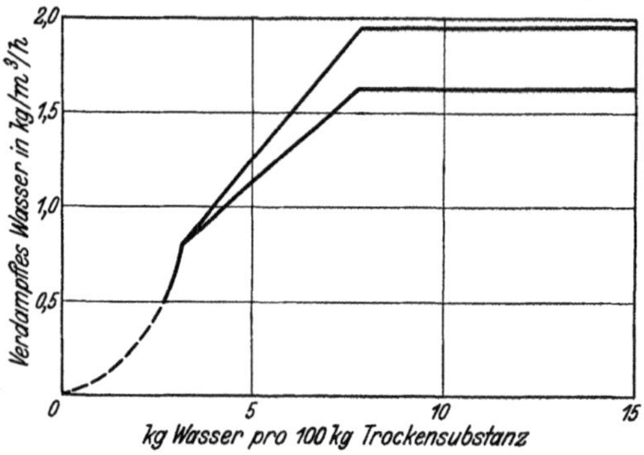

Abb. 144. Einfluß der Luftfeuchtigkeit auf den Trocknungsvorgang.

Einfluß der Luftgeschwindigkeit. Aus den vorhergehenden Erläuterungen kann ferner abgeleitet werden, daß während der zwei ersten Abschnitte eine Erhöhung der Luftgeschwindigkeit auch die Geschwindigkeit der Trocknung erhöhen muß, daß sie aber ohne Einfluß ist während des dritten Abschnittes, wo die Diffusion ausschlaggebend ist. Abb. 145 zeigt den Einfluß der Luftgeschwindigkeit auf die Geschwindigkeit der Trocknung während der Periode konstanter Trocknung. Die Punkte fallen im logarithmischen Koordinatensystem in eine gerade Linie, woraus hervorgeht, daß die Geschwindigkeit der Trocknung eine Exponential-

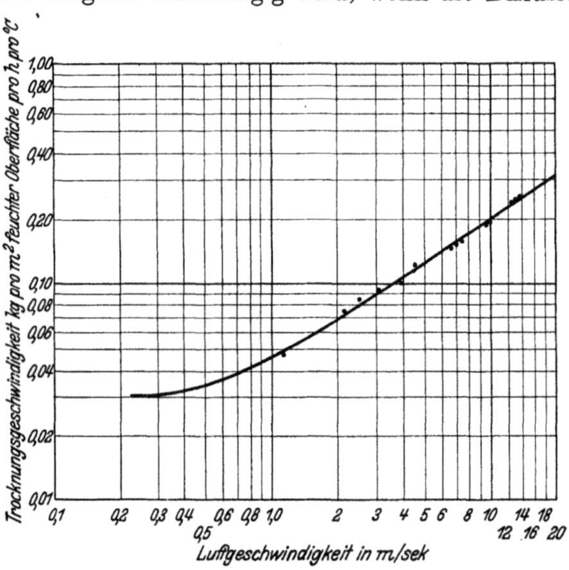

Abb. 145. Einfluß der Luftgeschwindigkeit auf den Trocknungsvorgang.

funktion der Luftgeschwindigkeit ist. Die Neigung der Geraden (und damit der Exponent der Geschwindigkeit) beträgt etwa 0,6. Dies erinnert an viele Parallelfälle beim Wärmeübergang, wo der Koeffizient ebenfalls proportional zu einer Potenz der Geschwindigkeit mit gebrochenen Exponenten ist.

Richtung des Luftstromes. Wenn die Luft senkrecht zur Oberfläche des Materials strömt, sollte die Geschwindigkeit der Trocknung größer sein, als wenn die Strömung parallel zur Oberfläche stattfindet, da im ersten Falle die Dicke der Grenzschicht durch den Luftstrom mehr verringert wird als im letzten. Die Richtung der Luftströmung ist belanglos, wenn die Diffusion maßgebend ist.

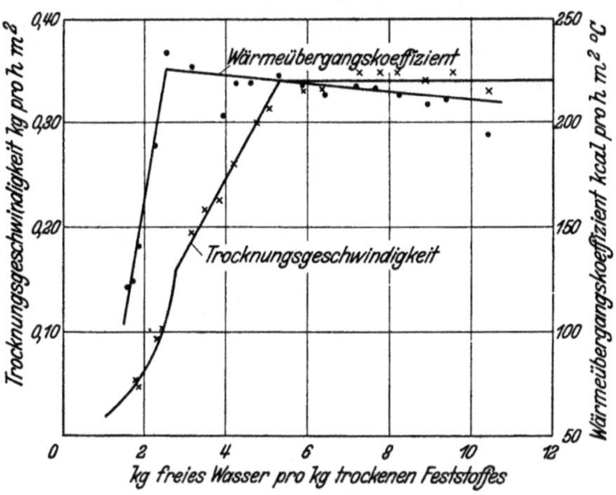

Abb. 146. Beziehung zwischen Trocknungsgeschwindigkeit und Wärmeübergang.

Temperatur. Erhöhung der Materialtemperatur verursacht Erhöhung der Geschwindigkeit der Trocknung in beiden Abschnitten, sowohl, wenn die Verdampfung als auch wenn die Diffusion maßgebend ist. Im ersten Falle führt die Temperaturerhöhung zur Beschleunigung der Verdampfung, weil die Sättigungsfeuchtigkeit der Luft an der Grenzfläche erhöht und damit die treibende Kraft gesteigert wird. Im zweiten Falle wird die Geschwindigkeit der Diffusion erhöht, weil die Viskosität herabgesetzt wird. Im allgemeinen erhöht eine Temperatursteigerung die Geschwindigkeit der Trocknung in größerem Maße in dem Abschnitte, wo die Verdampfung maßgebend ist, als in dem Abschnitte, wo die Diffusion der bestimmende Faktor ist.

Beispiel für Fall 3. Ein Beispiel für Fall 3, wo die Feuchtigkeit durch den Feststoff zum Teil als Flüssigkeit diffundiert, dann verdampft und den übrigen Teil des Weges innerhalb des Feststoffes in Form von Dampf zurücklegt, ist in Abb. 146 gegeben. In dieser Abb. 146 ist eine Kurve, welche die Wärmeübergangskoeffizienten vom Feststoff zum Gas darstellt, zusammen mit der Kurve der Trocknungsgeschwindigkeit aufgezeichnet. Man bemerkt, daß der Koeffizient des Wärmeüberganges praktisch konstant ist, bis zu dem Punkte, wo die Diffusion anfängt, maßgebenden Einfluß auf den Prozeß auszuüben. Von diesem Punkte an fällt der Wärmeübergangskoeffizient sehr schnell. Daraus geht hervor, daß in diesem Abschnitt des Prozesses der Wärmeübergang einen anderen Widerstand findet, nämlich den, welcher verursacht wird durch den Teil des Feststoffes, durch welchen die Feuchtigkeit als Dampf diffundiert. Hier muß die Wärme sowohl den Widerstand der Luftgrenzschicht wie auch den des Feststoffes überwinden. Der steile Abfall der Kurve des Wärmeübergangskoeffizienten zeigt, daß die Stelle, in welcher die Verdampfung vor sich geht, um so weiter in das Innere des Feststoffes verlegt wird, je mehr der Feuchtigkeitsgehalt abnimmt.

Gleichungen für den Abschnitt des Trocknungsvorganges, für welchen die Diffusion bestimmend ist. Das Folgende bezieht sich nur auf den zweiten Abschnitt der Periode der verlangsamten Trocknung entsprechend dem linken Abschnitt der Kurve in Abb. 143, der auf S. 232 erläutert wurde. Die Geschwindigkeit der Diffusion der Feuchtigkeit aus dem Inneren einer Materialschicht nach den Außenflächen ist durch dasselbe Gesetz wie der Wärmeübergang bestimmt; nur ist hier die treibende Kraft in der Differenz der Konzentrationen und nicht in der Temperaturdifferenz zu sehen, und die einzusetzende Konstante ist ein Diffusionskoeffizient und nicht die Wärmeleitfähigkeit. Das Gesetz der Diffusion ist mathematisch gegeben durch die partielle Differentialgleichung:

$$\frac{\partial C}{\partial t} = K \frac{\partial^2 C}{\partial x^2}\,. \tag{146}$$

In dieser Gleichung bedeutet C die Konzentration der freien Feuchtigkeit in kg je m³ an einer Stelle, welche x m von der feuchten Oberfläche entfernt ist, t die Zeit in Stunden, und K ist der Diffusionskoeffizient. Die Gleichung gibt die Geschwindigkeit des Feuchtigkeitsaustausches je Zeiteinheit an einem bestimmten Punkt in x m Abstand von der Oberfläche der Schicht. Die Integration dieser Gleichung führt hier zu weit. Sie ergibt, daß

$$E = \frac{8}{\pi^2}\left[e^{-\left(\frac{\pi}{2}\right)\tau} + \frac{1}{9}e^{-9\left(\frac{\pi}{2}\right)^2\tau} + \frac{1}{25}e^{-25\left(\frac{\pi}{2}\right)^2\tau} + \cdots\right], \tag{147}$$

worin E das Verhältnis des mittleren freien Feuchtigkeitsgehaltes der Schicht zur Zeit t zum anfänglichen freien Feuchtigkeitsgehalt ist. Ist d die Dicke der Schicht in cm, so ist τ gegeben durch die Gleichung:

$$\tau = \frac{4K \cdot t}{d^2}\,. \tag{148}$$

Abb. 147. Beziehung zwischen E und τ.

Trotz ihres erschreckenden Aufbaues ist Gleichung (147) einfach eine Beziehung zwischen E und τ. Die Benutzung der Abb. 147, in der diese Beziehung zwischen E und τ graphisch dargestellt ist, erspart die Rechnung. Wenn die Konstante K bekannt ist, kann mit Hilfe der Abb. 147 die Berechnung von Trocknungsvorgängen, bei welchen die Diffusion maßgebend ist, erfolgen.

Beispiel 18. 75 mm starke Pappelholzplanken sollen bei konstanter Temperatur getrocknet werden, und zwar so, daß die Trocknung nur allein von den flachen Seiten und nicht von den Kanten aus erfolgt. Es ist gefordert, den Feuchtigkeitsgehalt von 25 auf 10% zu verringern.

Ein Vorversuch mit 1,27 cm dicken kleinen Pappelholztafeln hat unter denselben Bedingungen, wie sie im Betrieb vorliegen sollen, ergeben, daß hierbei die Trocknung von 35% auf 12% in 9,5 Stunden erfolgte. Die Gleichgewichtsfeuchtigkeit betrug 7% (alle Angaben beziehen sich auf feuchtes Material).

Wie lange wird die Trocknung der 75-mm-Planken dauern?

Lösung. Bevor die Gleichungen aufgestellt werden, müssen die Prozentangaben auf kg Wasser je kg Trockensubstanz umgerechnet werden. Die Diffusionskonstante ist zwar unbekannt, aber durch den Versuch ist K nach Gleichung (148) bestimmt.

Bei dem Vorversuch war:

Anfangsfeuchtigkeitsgehalt = 35/65	0,538 kg/kg
Gleichgewichtsfeuchtigkeitsgehalt = 7/93	0,075 „
Anfängliche freie Feuchtigkeit	0,463 kg/kg
Endfeuchtigkeitsgehalt = 12/88	0,1363 kg/kg
Gleichgewichtsfeuchtigkeitsgehalt = 7/93	0,0753 „
Freie Feuchtigkeit am Schluß	0,0610 kg/kg

$$E = \frac{0{,}0610}{0{,}463} = 0{,}132\,.$$

Nach Abb. 147: für $E = 0{,}132\,,\quad \tau = 0{,}753\,,$

nach Gleichung (148): $\tau = 0{,}753 = \dfrac{4\,t\,K}{d^2}\,,$

$$d = 1{,}27 \text{ cm}\,,\qquad t = 9{,}5 \text{ Stunden}\,,$$

$$K = \frac{(1{,}27)^2 \cdot 0{,}753}{4 \cdot 9{,}5} = 0{,}0312 \text{ cm}^2 \text{ je h};$$

für den Betrieb gilt dann:

Anfangsfeuchtigkeitsgehalt = 25/75	0,3333 kg/kg
Gleichgewichtsfeuchtigkeitsgehalt = 7/75	0,0753 „
Freie Feuchtigkeit am Anfang	0,2580 kg/kg
Endfeuchtigkeitsgehalt = 10/90	0,1111 kg/kg
Gleichgewichtsfeuchtigkeitsgehalt	0,0753 „
Freie Feuchtigkeit am Ende	0,0358 kg/kg

$$E = \frac{0{,}0358}{0{,}2580} = 0{,}1387\,,$$

nach Abb. 147: für $E = 0{,}1387\,,\quad \tau = 0{,}715\,,$

nach Gleichung (148): mit $d = 7{,}5$ cm und $K = 0{,}0312\,,$

$$t = \frac{0{,}715 \cdot (7{,}5)^2}{4 \cdot 0{,}0312} = 322 \text{ h}\,.$$

Gleichungen für den Abschnitt der Oberflächenverdampfung. Es war gesagt worden, daß im allgemeinen bei der Trocknung unter konstanten Bedingungen zwei Abschnitte zu unterscheiden sind, solange die Oberflächenverdampfung das Tempo bestimmt. Der erste Abschnitt ist gekennzeichnet durch die konstante Trocknungsgeschwindigkeit und der zweite durch allmählich verlangsamte Trocknung. In dem ersten Abschnitt muß die Feuchtigkeit zur Verdampfung von der Oberfläche aus durch die Luftgrenzschicht diffundieren. Die treibende Kraft ist in diesem Falle angenähert proportional zur Differenz zwischen der Luftfeuchtigkeit an der Grenzfläche und der Feuchtigkeit der Gesamtmasse der Luft. Die Luftfeuchtigkeit an der Grenzfläche ist gleich der Sättigungsfeuchtigkeit der Luft bei der Temperatur des Feststoffes.

Die Geschwindigkeit der Trocknung ist gegeben durch die Gleichung

$$\frac{dW}{dt} = k \cdot F \cdot (H_s - H)\,, \tag{149}$$

worin W das Gewicht der verdampften und von der Luft aufgenommenen Feuchtigkeit ist, t die Zeit, k der Grenzschichtkoeffizient für den Diffusionsprozeß, F die Fläche der Grenzfläche, H die Feuchtigkeit der Luft, H_s die Feuchtigkeit der Luft an der Grenzfläche. Bei konstanten Trocknungsbedingungen sind k, H_s und H Konstante. Fernerhin ist F konstant, solange die gesamte Oberfläche noch wirksam ist; infolgedessen muß auch die Trocknungsgeschwindigkeit konstant sein. Die Faktoren, welche den Grenzschichtkoeffizienten k beeinflussen, sind 1. der Diffusionskoeffizient und 2. die Dicke der Luftgrenzschicht, ebenso wie es bei der Diffusion des Wasserdampfes durch die Luftgrenzschicht bei der Luftbefeuchtung der Fall war. Es ist schon oft darauf hingewiesen worden, daß die Dicke der Grenzschicht in erster Linie von der Temperatur der Schicht abhängt, weiter von der Massengeschwindigkeit der Luft und von der Richtung der Luftströmung. Im allgemeinen kann k durch die folgende empirische Exponentialfunktion der Massengeschwindigkeit ausgedrückt werden:

$$k = \varepsilon \cdot u^n\,, \tag{150}$$

worin ε eine Konstante, u die Massengeschwindigkeit und n ebenfalls eine Konstante ist; infolgedessen ist für konstante Trocknungsbedingungen auch k eine Konstante.

Wenn der kritische Feuchtigkeitsgehalt erreicht ist, wird die Geschwindigkeit der Trocknung verlangsamt. Diese Abnahme der Trocknungsgeschwindigkeit trotz der Konstanz der herrschenden Trocknungsbedingungen ist sehr leicht dadurch zu erklären, daß die wirksame Oberfläche infolge des Auftretens von immer größer werdenden bereits trockenen Oberflächenteilen immer mehr abnimmt; d. h. daß die Größe F in Gleichung (149) gleichförmig abnimmt und kleiner als die Gesamtfläche wird, wodurch also $\frac{dW}{dt}$ verringert wird. Für die Berechnung ist es am einfachsten, eine Verminderung der wirksamen Oberfläche proportional zum freien Feuchtigkeitsgehalt des zu trocknenden Materials vorauszusetzen[1]. Mit dieser Voraussetzung wird

$$F' = m \cdot l\,, \tag{151}$$

worin m eine Konstante, l der freie Feuchtigkeitsgehalt in kg Wasser je m^3 Trockensubstanz und F' die bei der Trocknung wirksame Oberfläche ist. m ist gleich $\frac{F}{l_c}$, wenn mit l_c der freie Feuchtigkeitsgehalt im kritischen Zustand in kg Feuchtigkeit je m^3 Trockensubstanz bezeichnet

[1] Lewis: Ind. Engng. Chem. Bd. 13 (1921) S. 427.

wird, da $F' = F$, wenn $l = l_c$ ist. F' ist dann gegeben durch die Gleichung

$$F' = \frac{F \cdot l}{l_c}. \tag{152}$$

Setzt man die Werte von k und F' aus den Gleichungen (150) und (152) in Gleichung (149) ein, so erhält man

$$\frac{dW}{dt} = \varepsilon \cdot u^n (H_s - H) \frac{F \cdot l}{l_c} = -M \frac{dl}{dt}, \tag{153}$$

worin M das Volumen der Trockensubstanz ist. Bei konstanten Trocknungsbedingungen sind die einzigen Variablen in Gleichung (153) l und t, daher

$$-\frac{dl}{l} = \frac{\varepsilon \cdot F \cdot u^n (H_s - H)\, dt}{M \cdot l_c} \tag{154}$$

oder integriert

$$ln \frac{l_c}{l} = \frac{\varepsilon \cdot F \cdot u^n (H_s - H)\, t}{M \cdot l_c}, \tag{155}$$

worin t die Zeit angibt, die erforderlich ist, das Material vom kritischen Feuchtigkeitsgehalt auf den Endfeuchtigkeitsgehalt zu trocknen.

Dabei wird der Fall eintreten, daß die Verdampfung nicht länger der ausschlaggebende Faktor ist, sondern die Diffusion der Feuchtigkeit durch den Feststoff maßgebend wird. In diesem Falle ist Gleichung (155) theoretisch nicht mehr anwendbar. Wird sie indessen in folgender Form geschrieben:

$$ln \frac{l_c}{l} = K t, \tag{156}$$

so kann sie auf Grund empirisch gewonnener Erfahrungen auch dann noch für den Prozeß angewendet werden. Aus den Abb. 143 und 144 geht hervor, daß der Fehler nur klein wird, wenn die beiden Abschnitte, in welchen die Trocknung verlangsamt wird, durch eine einzige mittlere Linie dargestellt werden. Diese würde der Gleichung (156) entsprechen, wobei dann K als rein empirisch zu ermittelnde Konstante zu behandeln ist.

Veränderliche Trocknungsbedingungen. Die vorstehenden Erörterungen über die Trocknungsgeschwindigkeit waren beschränkt auf die Fälle, wo die Trocknung unter konstanten äußeren Bedingungen vor sich geht, d. h. wo die Materialtemperatur, die Temperatur, Feuchtigkeit und Geschwindigkeit der Luft und die Richtung ihrer Strömung nicht geändert werden. Bevor die integrierten Gleichungen auf die meisten tatsächlich im Betriebe vorliegenden Fälle angewendet werden können, müssen sie auf veränderliche Trocknungsbedingungen ausgedehnt werden. Bei Trocknern im Betriebe wird das Material während seiner Bewegung durch den Apparat mit Luft von gleichförmig veränderter Temperatur und Feuchtigkeit getrocknet, ebenso ändert sich die Materialtemperatur.

Betrachten wir zunächst die Trocknung eines Materials, dessen Feuchtigkeitsgehalt größer ist als der kritische. Unter konstanten Trocknungsbedingungen würde das Material mit gleichförmiger Geschwindigkeit trocknen, und die ganze Oberfläche könnte als wirksame Fläche betrachtet werden. Diese Bedingungen liegen in einem sehr kurzen Abschnitt eines kontinuierlichen Trockners vor. Die Feuchtigkeit der Luft an dieser Stelle sei H. Die Sättigungsfeuchtigkeit, die der Materialtemperatur entspricht, werde mit H_s bezeichnet und die Oberfläche des Materials in dem betrachteten Querschnitt mit dF. Dann ist hier die Trockengeschwindigkeit

$$\frac{dW}{t} = k\,(H_s - H)\,dF\,. \tag{157}$$

Wenn G kg trockene Luft je h durch den Apparat gehen, so ist

$$G\,d\,H = \frac{dW}{t} \tag{158}$$

und nach Einsetzen in Gleichung (157)

$$G\frac{dH}{H_s - H} = k\,d\,F\,. \tag{159}$$

Ist H_1 die Feuchtigkeit der eintretenden Luft, H_2 die Feuchtigkeit der austretenden Luft und F_1 die Gesamtoberfläche, die in dem Trockner vorhanden sein muß, so ist

$$\frac{G}{k}\int\limits_{H_1}^{H_2}\frac{dH}{H_s - H} = F_1 = \frac{G}{k}\,ln\,\frac{H_s - H_1}{H_s - H_2}\,. \tag{160}$$

Danach muß der Trockenapparat so groß dimensioniert werden, daß er eine Materialmenge fassen kann, welche die Fläche F_1 (m^2) dem Zutritt der Luft darbietet.

Gleichung (160) ist nur in dem Falle anwendbar, daß die Gesamtoberfläche wirksam ist, d. h. nur solange, wie das Material den kritischen Feuchtigkeitsgehalt noch nicht erreicht hat. Tritt letzteres ein, so verkleinert sich gemäß Gleichung (151) die wirksame Oberfläche. Dann kann Gleichung (157) benutzt werden, wenn dF' an Stelle von dF eingesetzt wird, wobei dF' die noch wirksame Oberfläche ist. Damit wird Gleichung (157)

$$\frac{dW}{dt} = k\,(H_s - H)\,dF'\,. \tag{161}$$

Die Differentiation der Gleichung (152) ergibt

$$dF' = \frac{l}{l_c}\,dF\,; \tag{162}$$

ferner ist

$$\frac{dW}{t} = G\,d\,H\,. \tag{158}$$

Die Gleichungen (158) und (162) in Gleichung (161) eingesetzt, ergibt

$$G\,d\,H = k\,(H_s - H)\,\frac{l}{l_c}\,d\,F\,. \tag{163}$$

Bevor Gleichung (163) integriert werden kann, muß l durch H ausgedrückt werden. Zu diesem Zweck wird eine Feuchtigkeitsbilanz über den Teil des Prozesses bis zu dem betrachteten Querschnitt aufgestellt. Abb. 148 zeigt dies schematisch. Ist H_1 die Feuchtigkeit der eintretenden Luft, H_2 die Feuchtigkeit der austretenden Luft, M das stündlich durch den Trockner gehende Volumen der Trockensubstanz, G das stündlich durch den Trockner gehende Gewicht trockener Luft, l_1 der freie Feuchtigkeitsgehalt des in den Trockner eingehenden Materials in kg je m³ Trockensubstanz, so lautet die Wasserbilanz:

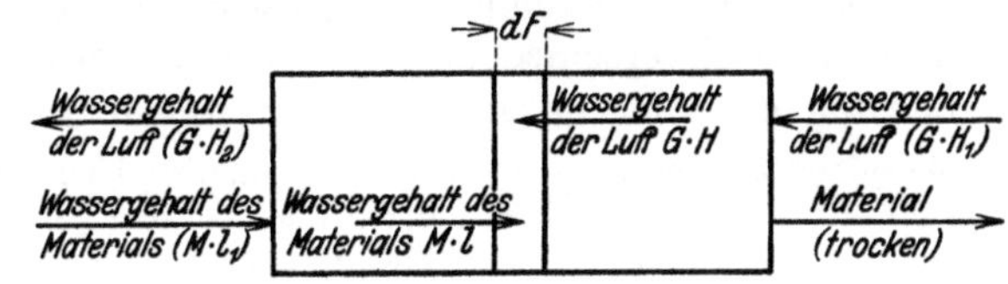

Abb. 148. Gegenstromtrocknung.

$$M\,(l_1 - l) = G\,(H_2 - H)\,, \tag{164}$$

woraus

$$l = l_1 - \frac{G}{M}\,(H_2 - H)\,, \tag{165}$$

l aus der Gleichung (165) in Gleichung (163) eingesetzt, ergibt

$$\frac{d\,H}{(H_s - H)\left[l_1 - \frac{G}{M}\,(H_2 - H)\right]} = \frac{k}{G \cdot l_c}\,d\,F \tag{166}$$

und die Integration

$$\int\limits_{H_1}^{H_2} \frac{d\,H}{(H_s - H)\left[l_1 - \frac{G}{M}\,(H_2 - H)\right]} = \frac{k \cdot F}{G \cdot l_c}\,. \tag{167}$$

Die linke Seite der Gleichung (167) kann mathematisch oder graphisch integriert werden, da H die einzige Veränderliche ist. Der Trockner muß ein Fassungsvermögen für eine Materialmenge haben, welche die Oberfläche F hat.

Wenn das Material mit einem Feuchtigkeitsgehalt eingeht, welcher größer ist als der kritische, und mit einem Feuchtigkeitsgehalt ausgeht, welcher kleiner ist als der kritische, muß die Berechnung in zwei Abschnitten ausgeführt werden. Gleichung (160) ist für den ersten Abschnitt und Gleichung (167) für den zweiten anwendbar. In diesem Falle ist l_1 der Gleichung (167) gleich l_c. Dieses Vorgehen bedeutet, daß der Trockenapparat in zwei Zonen eingeteilt wird, in deren ersterer die wirksame Oberfläche konstant und gleich der Gesamtoberfläche ist, während in der zweiten die wirksame Oberfläche veränderlich und kleiner als die Gesamtoberfläche ist.

In jedem Falle ist es erforderlich, die Konstante k experimentell zu bestimmen. Es ist empfehlenswert, diese Konstante aus einem Versuch zu ermitteln, welcher unter denselben Bedingungen hinsichtlich Massengeschwindigkeit, Richtung der Luftströmung, Materialtemperatur usw. vorgenommen wird, die auch für den Betriebsapparat in Aussicht genommen sind. Der Einfluß einer Veränderung der Massengeschwindigkeit der Luft kann aus Gleichung (150) abgeleitet werden, wenn der Koeffizient k für zwei verschiedene Werte von u bestimmt wird. Zur besseren Erklärung der hier gegebenen Gleichungen folgt ein Zahlenbeispiel.

Beispiel 19. Ein poröses Filterkuchenmaterial soll in einem Tunneltrockner von 50 auf 3,5% Wassergehalt getrocknet werden. Das trocknende Medium ist heiße Luft, die mit einer Trockenkugeltemperatur von 122° und einer Feuchtkugeltemperatur von 37,5° C eintritt. Infolge der Strahlung wird die Materialtemperatur schätzungsweise überall 2,8° C über der Feuchtkugeltemperatur der Luft liegen. Das Material tritt mit 41° C in den Trockner ein. Die Luft verläßt den Trockner mit 68° C. Der Gleichgewichtswassergehalt ist 1,5%. Es gehen stündlich 2260 kg feuchtes Material ein. Je kg trockenen Materials steht für die Trocknung eine Oberfläche von 0,0615 m² zur Verfügung. Das spezifische Gewicht des trockenen Materials beträgt 640 kg/m³.

Ein Versuch mit kleinen Mengen wurde bei konstanten Trocknungsbedingungen ausgeführt, wobei Luftgeschwindigkeit, Richtung und Materialtemperatur im wesentlichen denen des Betriebsapparates gleich waren. Durch diesen Versuch wurde festgestellt, daß das Material bei konstant gehaltenen äußeren Bedingungen gleichmäßig trocknete, bis der Wassergehalt 20% betrug, und daß von da ab die Trocknung sich verlangsamte in Übereinstimmung mit Gleichung (155) bis zu einem Wassergehalt von 3,5%. Maßgebend für den Verlauf des Trocknungsprozesses ist überall die Verdampfung. Während der Periode gleichmäßiger Trocknung trockneten 2,44 kg je h je m³, wenn die Luft eine Trockenkugeltemperatur von 66 und eine Feuchtkugeltemperatur von 37,5° C hatte, dabei hatte das Material 40° C.

Wärmeausstrahlung des Trockners kann vernachlässigt werden.

Alle Analysen beziehen sich auf feuchtes Gut.

Zu berechnen ist:

a) Das je Stunde erforderliche Gewicht der trockenen Luft,

b) die Aufenthaltsdauer des Gutes im Trockner.

Lösung. Die Berechnung des stündlichen Trockenluftgewichtes geschieht zunächst durch Bestimmung des von 1 kg trockener Luft aufgenommenen Wassers und zweitens aus der insgesamt zu verdampfenden Wassermenge. Durch einfache Division erhält man dann die erforderliche Luftmenge.

Da der Vorgang im Trockner adiabatisch verläuft und das Gut im wesentlichen konstante Temperatur hat, entspricht der Prozeß einer adiabatischen Abkühlungslinie der Feuchtigkeitstafel, die zu einer Feuchtkugeltemperatur von 37,5° C gehört. Die Feuchtigkeit der eintretenden Luft wird mit Hilfe dieser Abkühlungslinie bei 122° zu 0,0075 bestimmt. Die Feuchtigkeit der austretenden Luft, die eine Temperatur von 68° C hat, beträgt 0,0294. Das von 1 kg trockener Luft aufgenommene Wasser beläuft sich also auf 0,0294 — 0,0075 = 0,0219 kg.

Das eingehende Gut enthält 50% seines Gewichtes an Wasser; es gehen also in den Trockner ein 1130 kg Wasser und 1130 kg Trockensubstanz je Stunde.

Das ausgehende Material enthält 3,5% Wasser oder $\frac{0,035}{0,965} \cdot 1130 = 41$ kg. Das zu entfernende Wasser beträgt also 1130 — 41 = 1089 kg je Stunde. Die stündlich erforderliche Menge trockener Luft beträgt also

$$\frac{1089}{0,0219} = 49\,700 \text{ kg Trockenluft pro Stunde.}$$

Um die Berührungszeit von Luft und Gut im Trockner zu berechnen, muß der Trocknungskoeffizient aus den Ergebnissen des kleinen Versuches mit Hilfe der Gleichung (149) berechnet werden. Die hier benutzte Luft hatte eine Feuchtigkeit von 0,0306, wie aus ihrer Trockenkugeltemperatur von 66° C und ihrer Feuchtkugeltemperatur von 37,5° C hervorgeht. Die zur Materialtemperatur von 40° C gehörende Sättigungsfeuchtigkeit war 0,0495. Da die Trocknungsgeschwindigkeit zu 2,44 kg je m² und Stunde festgestellt wurde, ist der Trocknungskoeffizient

$$k = \frac{2,44}{0,0495 - 0,0306} = 129 \text{ kg je h je m}^2 \text{ je Einheit Feuchtigkeitsdifferenz.}$$

Zur Bestimmung der Verweilzeit ist es ratsam, den Trockner in zwei Zonen zu zerlegen. In der ersten Zone trocknet das Material von 50 auf 20%, in der zweiten von 20 auf 3,5%. Die der Luft auszusetzende Fläche kann dann nach den Gleichungen (160) und (167) berechnet werden. Die Berührungszeit kann berechnet werden aus dem stündlichen Materialvolumen und der auf die Volumeneinheit entfallenden Oberfläche.

Wenn das Material die erste Zone verläßt, enthält es noch $\frac{20}{80} \cdot 1130 = 283$ kg Wasser. Die in der ersten Zone entfernte Feuchtigkeit beläuft sich also auf 1130 — 283 = 847 kg. Da 49 700 kg Trockenluft den Trockner mit einer Feuchtigkeit von 0,0294 verlassen, ist die Feuchtigkeit am Ende der ersten Zone

$$49\,700\,(0,0294 - H_1) = 847\,,$$

$$H_1 = 0,0294 - \frac{847}{49700} = 0,0294 - 0,0170 = 0,0124\,.$$

Da $H_s = 0,0495$ und $G = 49\,700$ wird die Berührungsfläche der ersten Zone nach Gleichung (160)

$$F_1 = \frac{2,303 \cdot 49\,700}{129} \log \frac{0,0495 - 0,0124}{0,0495 - 0,0294}\,,$$

$$F_1 = 237 \text{ m}^2\,.$$

Für die Anwendung der Gleichung (167) ist der kritische freie Wassergehalt des in die zweite Zone eintretenden Materials und das Volumen des trockenen Materials zu bestimmen.

Das stündliche Volumen des trockenen Materials beträgt $\frac{1130}{640} = 1,77$ m³, da sein spezifisches Gewicht 640 kg/m³ ist.

Der kritische freie Wassergehalt ist $\frac{20 \cdot 640}{80} = 160$ kg je m³ trockenes Material, die Gleichgewichtsfeuchtigkeit ist $\frac{1,5 \cdot 640}{98,5} = 9,75$ kg je m³ trockenes Material. Daher ist der Anfangsgehalt an freiem Wasser 160 — 9,75 = 150,25 kg je m³ trockenes Material.

Die in die Gleichung (167) einzusetzenden Werte sind daher:

$$H_s = 0,0495 \qquad k = 129$$
$$H_2 = 0,0075 \qquad G = 49\,700$$
$$H_1 = 0.0124 \qquad M = 1,77$$
$$l_1 = l_c = 150,25$$

Gleichung (167) lautet:

$$\int\limits_{H=0,0124}^{H=0,0075} \frac{d\,H}{(0{,}0495 - H)\left[150{,}25 - \frac{49\,700}{1{,}77}(0{,}0124 - H)\right]} = \frac{129}{49\,700 \cdot 150{,}25} \cdot F_2$$

vereinfacht zu:

$$2{,}05 \int\limits_{H=0,0124}^{H=0,0075} \frac{d\,H}{(0{,}0495 - H)(H - 0{,}007\,02)} = F_2 \,.$$

Das Integral wurde graphisch ermittelt (siehe Abb. 149). Die Integration ergab, wenn für die Ordinate 1 cm = 5000, für die Abszisse 1 cm = 0,0005 gewählt wurde. 23,15 cm² = ~58. Damit ergibt sich:

$$F_2 = 2{,}05 \cdot 58 = 119 \text{ m}^2.$$

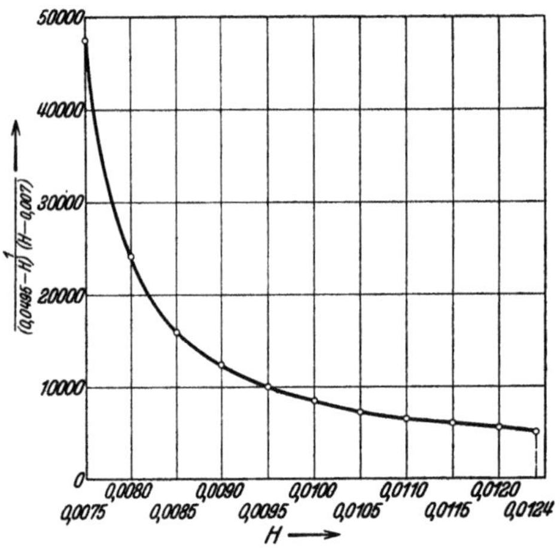

Abb. 149. Zu Beispiel 19.

Da je kg trockenen Materials 0,0615 m² Oberfläche dargeboten werden, ist die Oberfläche des stündlich eingehenden Materials 1130 · 0,0615 = 69,5 m². Die erste Zone muß also enthalten die in $\frac{237}{69{,}5} = 3{,}42$ Std. aufgegebene Menge, d. h. die Verweilzeit in der ersten Zone beträgt 3 Stunden 25 Minuten. Die zweite Zone muß enthalten die in $\frac{119}{69{,}5} = 1{,}72$ Stunden aufgegebene Menge, d. h. die Verweilzeit in der zweiten Zone muß 1 Stunde 43 Minuten betragen. Die Gesamtzeit ist mithin 3 Std. 25 Min. + 1 Std. 43 Min. = 5 Std. 8 Min.

Betrieb von Trocknungsanlagen.

Luftumwälzung. In den meisten Fällen wird die einem Trockner zugeführte Luft aus dem Betriebsraum oder der freien Atmosphäre genommen. In jedem Falle ist die Temperatur der Luft erheblich niedriger als die, mit welcher sie in dem Trockner verwendet wird. Immer also wird dem Trockner ein Lufterhitzer vorgeschaltet. Wenn die Luft nach dem Durchgang durch den Trockner mit ihrer Endtemperatur ins Freie ausgeblasen wird, so geht eine große Wärmemenge mit der Luft verloren, welche für die Trocknung nicht verwendet werden kann. Diese Wärmemenge entspricht der Wärme, die nötig war, die Luft von ihrer Eintrittstemperatur auf die Auftrittstemperatur zu erwärmen. Wird ein Teil der Luft zu dem Lufterhitzer zurückgeführt, ohne die Feuchtigkeit des dadurch entstandenen Luftgemisches so weit zu erhöhen, daß die Trocknung beträchtlich verlangsamt wird, so kann ein Teil der fühlbaren Wärme der ausgehenden Luft wieder verwendet und der Gesamtwärmeaufwand für den Trockner herabgesetzt werden. Das mit höherer Temperatur eintretende Luftgemisch kühlt sich längs einer höher liegenden adiabatischen Linie ab. Wenn die Luft aus dem Trockner mit konstanter prozentualer Feuchtigkeit ausgeblasen wird, so verlangt die höher liegende adiabatische Linie eine größere absolute Feuchtigkeit bei gleicher Ausgangstemperatur. Daher kann dieselbe Feuchtigkeitsmenge aus dem Trockner durch ein kleineres Luftgewicht entfernt werden.

Einfluß des Materials. Kolloidale, zellige oder faserige Materialien erleiden gewöhnlich eine Volumenverminderung, wenn ihr Feuchtigkeitsgehalt erniedrigt wird. Dadurch können unerwünschte Wirkungen in zweierlei Art entstehen, sobald die Trocknung so schnell erfolgt, daß die äußeren Schichten erhebliche Mengen Feuchtigkeit bereits abgegeben haben, wenn der innere Teil noch nicht beeinflußt ist. Bei Holz z. B. verursacht diese Volumenänderung Beanspruchungen, welche zu einem Werfen oder Reißen führen. Bei kolloidalen Materialien kann die Oberflächenschicht so zusammenschrumpfen, daß eine derbe Haut gebildet wird, die für die Feuchtigkeit viel schwerer zu durchdringen ist als das ursprüngliche Material. Diese letztere Erscheinung nennt man Krustenbildung. Führt man einen Teil der Ausgangsluft zurück und macht die mittlere Feuchtigkeit der Luft in dem Trockner größer, so wird die Geschwindigkeit der Trocknung herabgesetzt. Dadurch wird die Bildung undurchdringlicher Schichten an der Außenfläche vermieden, indem der Feuchtigkeit genügend Zeit zur Diffusion aus dem Inneren gegeben wird, bevor die äußeren Schichten übermäßig getrocknet sind. Damit kann auch die Gesamtzeit der Trocknung herabgesetzt werden, da die Verzögerung der Trocknung zu Anfang durch die Beschleunigung der Trocknung am Ende des Prozesses mehr als aufgewogen wird. Außerdem wird das Material sein Volumen nicht in dem Maße ändern, wie es bei zu schneller Trocknung der Fall ist. Bei der Trocknung von Holz und Holzprodukten z. B. ist es häufig nötig, die Luft im ersten Teile des Prozesses künstlich zu befeuchten, damit das Material sich nicht wirft oder Risse bekommt.

Regelung der Luftfeuchtigkeit. Für empfindliche Produkte, wie Holz, Seife und andere kolloidale oder faserige Materialien, bei welchen die Oberflächenänderung auftritt, ist die Kontrolle der Feuchtigkeit der eintretenden Luft für die ganze Dauer des Trocknungsprozesses sehr wichtig. Eine fortlaufende und automatische Kontrolle kann mit verschiedenen Apparaten ausgeführt werden. Automatische Temperaturregler sind in vielen Ausführungsformen erhältlich und arbeiten mit einer Genauigkeit von wenigen Graden. Ein derartiges Organ kann die Dampfmenge für den Lufterhitzer regeln, so daß die Luft mit einer konstanten Trockenkugeltemperatur zugeführt wird. Ein anderes, dessen Meßstelle mittels eines Dochtes feucht gehalten wird, kann neben dem ersten angeordnet werden und jede gewünschte Feuchtkugeltemperatur einstellen. Letzteres kann geschehen, indem der feuchte Temperaturregler den direkt in den Luftstrom geblasenen Dampf regelt oder die Dämpferklappe einstellt, durch welche die feuchte Abluft zugeführt wird, oder es kann schließlich die Temperatur des in die Luft zwecks Befeuchtung gesprühten Wassers beeinflußt werden. Auf irgendeine Weise bestimmen so die beiden Temperaturregler eine bestimmte Feuchtkugel- und eine bestimmte Trockenkugeltemperatur, wodurch eine automatische Temperatur- und Feuchtigkeitsregelung erfolgt. Es ist ferner in besonderen Fällen möglich, die Einstellung dieser Thermostaten durch ein Uhrwerk zu beeinflussen. Das Uhrwerk ist auf den Trockenprozeß so abgestimmt, daß es die Feuchtigkeit oder die Temperatur der Luft oder beide Faktoren dem Trockenprozeß anpaßt und die Trocknungsbedingungen während der verschiedenen Abschnitte verändert.

Bewegung der Luft. In Kapitel III wurden verschiedene Arten von Ventilatoren beschrieben. Für die Trockenapparate, in welchen große Luftvolumina umgewälzt werden müssen, um hohe Luftgeschwindigkeiten zu erhalten, wo aber die zu überwindenden Druckdifferenzen klein sind, ist der Propellerventilator am geeignetsten. Er wird z. B. in Trockenkammern benutzt, wo die Luftwege so bemessen sind, daß der Widerstand gering ist. Er wird ferner verwendet bei Trockentrommeln, wo ebenfalls infolge des geraden Weges und weiten Querschnittes nur ein geringer Widerstand zu überwinden ist. Bei anderen Trockenapparaten, wo die Querschnitte der Luftwege klein und die Widerstände groß sind, oder wo die Luft durch große Kaloriferen mit hohem Reibungsverlust gedrückt werden muß, werden Zentrifugalventilatoren verwendet.

IX. Destillation.

Der Ausdruck „Destillation“ wird manchmal für die Prozesse angewendet, wo ein einzelner Stoff aus einer Lösung verdampft wird, z. B. spricht man von „destilliertem“ Wasser. Im allgemeinen indessen versteht man unter Destillation nur die Operationen, bei welchen die Verdampfung gemischter Flüssigkeiten einen Dampf liefert, der mehr als eine Komponente enthält, mit dem Zweck, eine oder mehrere dieser Komponenten in konzentrierter Form zu bekommen. In diesem Sinne ist die Trennung eines Alkohol-Wassergemisches in seine Komponenten eine Destillation, während die Trennung einer Salzsole in ihre Komponenten Salz und Wasser mit Verdampfung bezeichnet wird, selbst in den Fällen, wo nicht das Salz, sondern das salzfreie, kondensierte Wasser das gewünschte Produkt ist. Bei der Herstellung von Glyzerin aus der sehr verdünnten Lösung, welche als Nebenprodukt bei der Seifenherstellung anfällt, ist der erste Teil des Verfahrens mit Verdampfung zu bezeichnen, weil hierbei allein Wasser abgetrieben wird und wenig oder gar kein Glyzerin verdampft. Dieser Teil, die Glyzerinverdampfung, wird in Verdampfern gewöhnlicher Bauart durchgeführt. Wenn die Konzentration auf 80% Glyzerin gestiegen ist, so beginnen merkliche Mengen von Glyzerin in den Dampf überzugehen und mit einfacher Verdampfung kann dann keine weitere Trennung erreicht werden. Diese nunmehr stattfindende kompliziertere Operation wird mit Glyzerindestillation bezeichnet.

Für die Trennung der Komponenten durch Destillation ist die grundlegende Voraussetzung, daß die Zusammensetzung des Dampfes eine andere ist als die der Flüssigkeit, aus welcher er stammt. Wenn die Zusammensetzung des Dampfes die gleiche ist wie die der Flüssigkeit, kann durch Destillation keine Trennung erreicht werden. Theoretisch kann überhaupt mit einer Destillation eine Komponente niemals in absoluter Reinheit hergestellt werden. Praktisch indessen kann jede wirtschaftlich noch gerechtfertigte Reinheit erreicht werden.

Die Rolle der Dampfdrücke bei der Destillation.

Grundlegend für jede Destillation sind die Daten über das Gleichgewicht zwischen der flüssigen und dampfförmigen Phase des Systems, welches der Destillation unterworfen werden soll. Im folgenden werden allein binäre, d. h. nur aus zwei Komponenten bestehende Systeme betrachtet. Beide Komponenten sind flüchtig. Für das Gemisch muß ein Siedepunktsdiagramm vorliegen.

Siedepunktsdiagramme. Abb. 150 stellt die Siedepunkte und die Gleichgewichtszusammensetzung bei konstantem Drucke aller möglichen Mischungen der Flüssigkeit A (Siedepunkt ϑ_a) und der Flüssigkeit B (Siedepunkt ϑ_b) dar. Die Flüssigkeit A ist augenscheinlich die leichter flüchtige. In einem derartigen Diagramm sind die Temperaturen als Ordinaten und die Zusammensetzungen als Abszissen aufgetragen. Das Diagramm besteht aus zwei Kurven, deren Enden zusammenfallen. Für alle Punkte oberhalb der oberen Kurve, z. B. für den Punkt a, ist die Mischung vollständig dampfförmig. Für alle Punkte unterhalb der unteren Kurve, z. B. Punkt b, ist die Mischung vollkommen flüssig. Für die von den beiden Kurven eingeschlossenen Punkte, z. B. Punkt c, besteht das System teilweise aus Flüssigkeit und teilweise aus Dampf.

Die flüssige Mischung mit der Zusammensetzung d werde langsam erhitzt; mit dem Erreichen der Temperatur ϑ_1 beginnt sie zu sieden. Der erste erzeugte Dampf wird eine ganz bestimmte Zusammensetzung haben, die in dem Diagramm durch e dargestellt wird. Sobald eine merkliche Menge von Dampf entwichen ist, entspricht jedoch die Zusammensetzung der Flüssigkeit nicht mehr dem Zustand d, da ja der Dampf an der leichter flüchtigen Komponente reicher ist als die Flüssigkeit, aus welcher er entstand. Bei einer Temperatur ϑ_2, bei der die Zusammensetzung der Mischung zwischen i und h liegt, sind zwei Phasen im Gleichgewicht: eine Dampfphase mit der Zusammensetzung i und eine flüssige Phase mit der Zusammensetzung h.

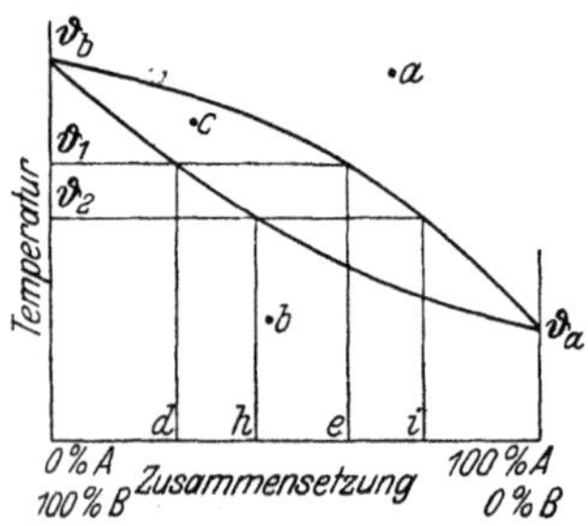

Abb. 150. Siedediagramm.

Das Siedediagramm muß im allgemeinen experimentell bestimmt werden. Die Kurven werden bei anderem Druck anders liegen, glücklicherweise aber werden sehr viele Destillationen bei atmosphärischem Drucke durchgeführt, so daß das für diesen Druck aufgenommene Siedediagramm im allgemeinen ausreicht. Die experimentelle Bestimmung derartiger Kurven ist eine ziemlich schwierige Aufgabe der physikalischen Chemie und wird hier nicht näher beschrieben.

Raoults Gesetz. In einigen besonderen Fällen ist es möglich, die Siedekurven innerhalb gewisser Grenzen aus den Dampfdrücken der reinen Komponenten zu berechnen. Diese Berechnungen gründen sich auf Raoults Gesetz. Dieses Gesetz, welches auf nur wenige Mischungen in allen möglichen Mischungsverhältnissen anwendbar ist, besagt, daß der Partialdruck der einen Komponente gleich dem Molverhältnis dieser Komponente multipliziert mit ihrem Dampfdruck bei der Temperatur der Flüssigkeit ist. Nach diesem Gesetz ändert sich der Partialdruck der Komponente linear von 0 bis zu seinem vollen Werte, wenn sich das Molverhältnis von 0 bis zu 1 ändert.

Raoults Gesetz kann für eine Komponente in folgender Form aufgestellt werden:

$$p_a = P_a \cdot x\,, \tag{168}$$

worin p_a der Partialdruck der Komponente A über einer Mischung ist, in welcher das Molverhältnis von A gleich x ist und P_a den Dampfdruck von A in reinem Zustande bei der Temperatur der Mischung bedeutet. Ebenso

$$p_b = P_b\,(1 - x) \tag{169}$$

für die zweite Komponente B der Mischung. Hier bedeutet p_b den Partialdruck der Komponente B über der Mischung und P_b den Dampfdruck der reinen Komponente B bei der Temperatur der Mischung. Wenn P den Gesamtdruck bedeutet, so ist

$$P = p_a + p_b = P_a x + P_b (1 - x)\,. \tag{170}$$

Wird ferner mit y das Molverhältnis der Komponente A in dem Dampf bezeichnet, so wird, da y gleich dem Verhältnis des Partialdruckes von A zum Gesamtdruck ist

$$y = \frac{p_a}{p_a + p_b} = \frac{P_a \cdot x}{P_a \cdot x + P_b(1-x)} = \frac{P_a \cdot x}{P}. \tag{171}$$

Nimmt man eine Reihe von Temperaturen zwischen den Siedepunkten der beiden reinen Komponenten an, so können die Punkte sowohl für die Dampf- wie auch für die Flüssigkeitskurven des Siedepunktdiagrammes für jeden beliebigen Gesamtdruck berechnet werden, vorausgesetzt, daß die Dampfdrücke der beiden reinen Komponenten bekannt sind und daß die Mischung Raoults Gesetz bei den in Frage kommenden Zusammensetzungen befolgt. Für jede Temperatur kann x aus der Gleichung (170) und y aus der Gleichung (171) berechnet werden. Raoults Gesetz ist anwendbar nur für Mischungen, in welchen die Komponenten sich chemisch sehr ähnlich sind und die Moleküle keine gegenseitigen Wirkungen irgendeiner Art aufeinander ausüben. Z. B. folgen Benzol, Toluol Raoults Gesetz genau, dagegen verhalten sich Mischungen von Alkohol und Wasser, Essigsäure und Wasser, oder Methanol und Azeton abweichend. Die meisten praktisch vorkommenden Mischungen weichen mehr oder weniger von diesem Gesetz ab.

Henrys Gesetz. Henrys Gesetz ist dem eben besprochenen Gesetz analog. Es besagt, daß der Partialdruck einer Komponente über einer Mischung proportional ist zu ihrem Molverhältnis in der Flüssigkeit. Dies ergibt die Gleichung

$$p_a = K \cdot x, \tag{172}$$

worin p_a den Partialdruck der Komponente A über einer flüssigen Mischung bedeutet, in welcher x das Molverhältnis von A und K eine Konstante ist. Vergleicht man die Gleichungen (168) und (172), so erkennt man, daß Raoults Gesetz im wesentlichen einen Spezialfall von Henrys Gesetz darstellt, in welchem die Konstante der Gleichung (172) der Dampfdruck der reinen Komponente wird.

Die Konstante K in Henrys Gesetz wird dazu benutzt, den Begriff der „Flüchtigkeit" einer Komponente zu definieren. Wenn K gleich P_a ist (und die Komponente infolgedessen Raoults Gesetz folgt), so nennt man die Flüchtigkeit normal. Wenn K größer ist als P_a, so hat die Komponente eine anormal große Flüchtigkeit, während umgekehrt, wenn die Konstante kleiner ist als P_a, die Flüchtigkeit der Komponente anormal niedrig ist.

Wenn eine Komponente in geringen Konzentrationen vorhanden ist, ist gewöhnlich Henrys Gesetz innerhalb eines beschränkten Bereiches verschiedener Zusammensetzungen gültig. Es ist aber auch häufig der Fall, daß, wenn die Komponente in großen Mengen vorliegt, Raoults

Gesetz innerhalb eines kleinen Bereiches verschiedener Konzentrationen befolgt wird. Dies wird oft so ausgedrückt, daß Henrys Gesetz auf das gelöste und Raoults Gesetz auf das lösende Mittel anzuwenden ist, es ist aber ohne experimentelle Feststellung nicht möglich, anzugeben, wieweit jedes dieser Gesetze Gültigkeit hat.

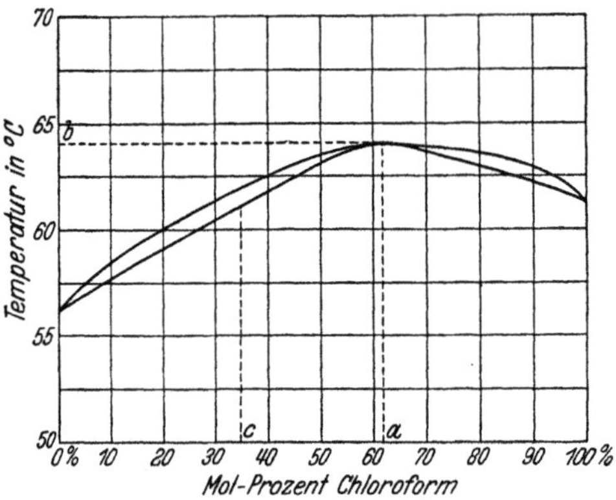

Abb. 151. Siedekurve mit einem Maximum (System Chloroform-Azeton).

Mischungen mit konstantem Siedepunkt. Wenn die Mischung Raoults Gesetz befolgt, so ergibt sich ein Siedepunktsdiagramm, dessen Charakter der Abb. 150 entspricht. Viele Zusammensetzungen haben jedoch Siedepunktsdiagramme, wie sie in den Abb. 151 und 152 wiedergegeben sind. Abb. 151, das Siedepunktsdiagramm für Chloroform und Azeton, läßt erkennen, daß eine Mischung, deren Zusammensetzung dem Punkt *a* entspricht, den höchsten Siedepunkt von allen möglichen Mischungsverhältnissen dieser zwei Substanzen hat. Das System hat einen höchsten Siedepunkt bei der Temperatur *b*. Abb. 152 gilt für das System Benzol-Äthylalkohol, dessen Siedekurve bei der Zusammensetzung *a* eine Minimaltemperatur *b* aufweist. In beiden Diagrammen tangieren sich die Flüssigkeits- und Dampfkurven bei dem Maximum oder Minimum der Temperatur. Das hat zur Folge, daß die Zusammensetzung des Dampfes dieselbe ist, wie die der bei Maximal- oder Minimaltemperatur siedenden Flüssigkeit. Man spricht in diesem Falle von einem „System mit konstantem Siedepunkt“.

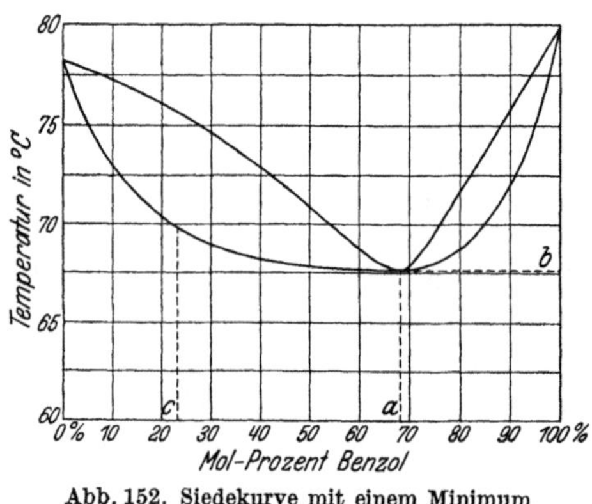

Abb. 152. Siedekurve mit einem Minimum (System Benzol-Äthyl-Alkali).

Um zwei Komponenten durch Destillation zu trennen, ist, wie schon gesagt, erforderlich, daß der Dampf eine andere Zusammensetzung hat als die Flüssigkeit, aus welcher er entstand. Infolgedessen können Gemische, welche einen konstanten Siedepunkt aufweisen, nicht durch Destillation getrennt werden. Fernerhin kann eine Mischung dieser

Art mit einer Zusammensetzung, der im Diagramm beispielsweise eine Lage links von dem Punkte der konstanten Siedepunktstemperatur zukommen würde, nicht in eine solche verwandelt werden, deren Zusammensetzung rechts von diesem Punkte liegt. Eine dünne Lösung Alkohol kann z. B. durch Destillation bei Atmosphärendruck nicht in eine Lösung mit mehr als 89,4 Molprozenten verwandelt werden, weil diese Zusammensetzung bei konstanter Temperatur siedet und damit die Grenze ist, über welche hinaus die Destillation nicht mehr durchgeführt werden kann. Wenn der Gesamtdruck des Systems verändert wird, so kann sich die Temperatur des konstanten Siedepunktes verschieben und mit ihm die Zusammensetzung, und auf diesem Wege kann man unter Druck oder Vakuum Fraktionen erreichen, die unter atmosphärischem Drucke nicht gewonnen werden können.

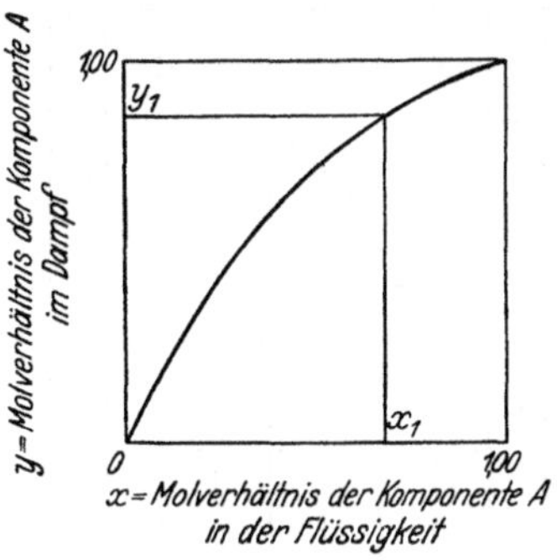

Abb. 153.
Normales Gleichgewichtsdiagramm.

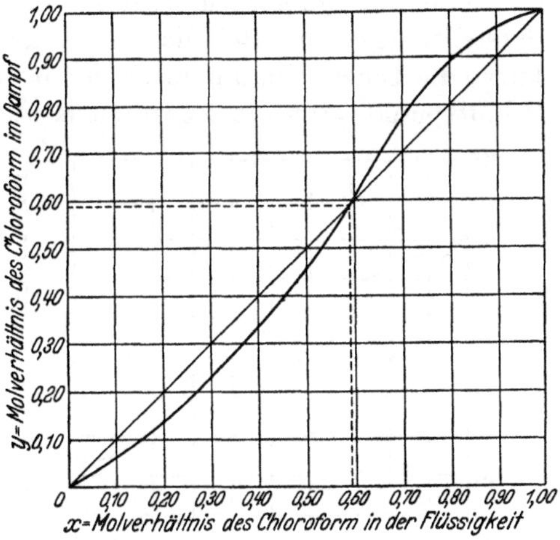

Abb. 154. Gleichgewichtsdiagramm einer Siedekurve mit einem Maximum (System Chloroform-Azeton).

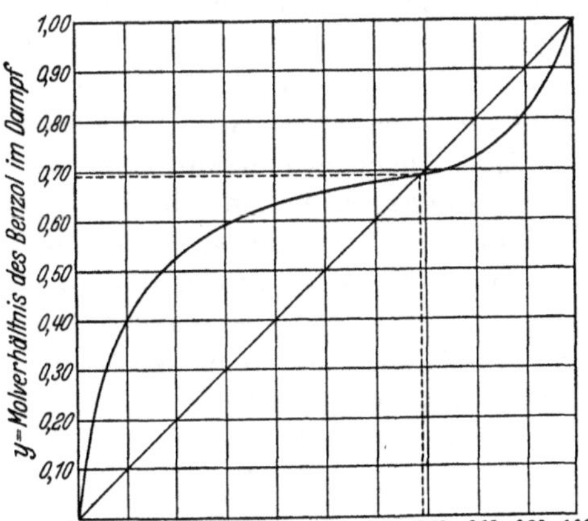

Abb. 155. Gleichgewichtsdiagramm einer Siedekurve mit einem Minimum.

Gleichgewichtsdiagramm. Bei der Diskussion von Destillationsproblemen wird oft ein vereinfachtes Diagramm gebraucht. Ein solches vereinfachtes Diagramm wird ein Gleichgewichtsdiagramm genannt und gibt die Beziehung zwischen der Zusammensetzung des Dampfes und der der Flüssigkeit, die sich im Gleichgewicht mit dem Dampf befindet. Abb. 153 ist ein derartiges Diagramm für das System, für welches die Siedepunktskurve Abb. 150 gilt. Jede Flüssigkeit mit einer Zusammensetzung x_1 ist im Siedepunkt mit dem Dampf der Zusammensetzung y_1 in Gleichgewicht. In Abb. 154 ist die Gleichgewichtskurve des Systems Chloroform-Azeton, dessen Siedepunktskurve Abb. 151 darstellt, gegeben. Bei diesem System schneidet die Gleichgewichtskurve die Diagonale, die durch den 0-Punkt unter 45° gezogen ist. Der Schnittpunkt gibt die Zusammensetzung der bei konstanter Tempe-

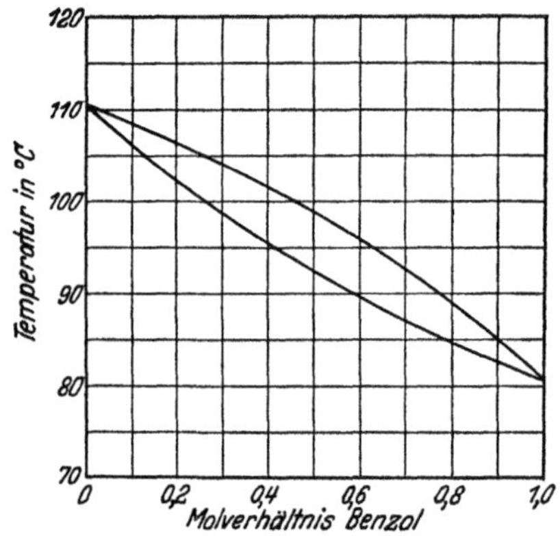

Abb. 156. Siedediagramm des Systems Benzol-Toluol (Beispiel 20).

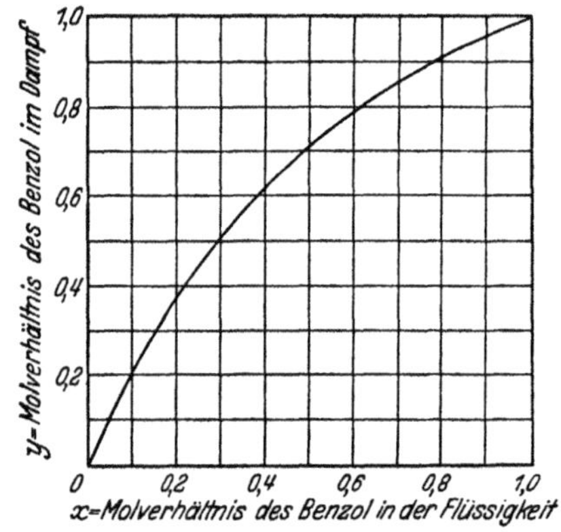

Abb. 157. Gleichgewichtsdiagramm des Systems Benzol-Toluol (zu Beispiel 20).

ratur siedenden Mischung, denn hier ist $x = y$. Abb. 155 gibt die Gleichgewichtskurve für das System Benzol-Äthylalkohol und zeigt einen Minimalsiedepunkt (vgl. Abb. 152). Die Erklärung dieser Kurve geht aus dem schon Gesagten hervor.

Eine Gleichgewichtskurve ist leicht zu zeichnen, wenn das Siedepunktsdiagramm bekannt ist. Es ist nur erforderlich, eine Zusammensetzung der Flüssigkeit anzunehmen, die Ordinate bis zum Schnittpunkt der unteren Kurve des Siedepunktdiagramms zu nehmen, horizontal zur zweiten Kurve überzugehen und von diesem Punkte senkrecht auf die Abszissenachse, wo der Wert von y, der zu dem angenommenen Wert von x gehört, gefunden wird.

Beispiel 20. Die Dampfdrücke von Benzol und Toluol sind die folgenden:

t °C	C_6H_6 mm Hg	C_7H_8 mm Hg	t °C	C_6H_6 mm Hg	C_7H_8 mm Hg
70	542	205	100	1335	555
75	640	250	105	1532	650
80	748	294	110	1739	747
80,5	760	—	110,6	—	760
85	876	352	115	1978	862
90	1013	408	120	2230	990
95	1170	481			

Das Siedepunktsdiagramm des Systems Benzol-Toluol ist zu berechnen und zu zeichnen unter der Annahme, daß Raoults Gesetz befolgt wird; ferner das Gleichgewichtsdiagramm, beide für einen Druck von 760 mm.

Lösung. Es werden Temperaturen angenommen und die entsprechenden Werte von P_a und P_b in die Gleichung (170) eingesetzt. Z. B. gilt für 85° $P_a = 876$ mm, $P_b = 352$ mm

$$876\,x + 352\,(1 - x) = 760\,,$$

$$x = 0{,}779$$

und aus der Gleichung (171) $y = \frac{876 \cdot 0{,}779}{760} = 0{,}898$, ebenso:

Diese Werte von x und y werden über den Temperaturen aufgetragen, woraus sich das Siedepunktsdiagramm Abb. 156 ergibt. y als Funktion von x aufgetragen, ergibt das der Abb. 156 entsprechende Gleichgewichtsdiagramm Abb. 157.

t °C	x	y
90	0,582	0,775
95	0,405	0,624
100	0,263	0,462
105	0,125	0,251

Destillationsmethoden.

Die Destillation kann im Betriebe nach zwei Methoden ausgeführt werden. Die erste Methode besteht darin, daß durch das Sieden der flüssigen Mischung Dampf erzeugt wird, welcher abgeführt und kondensiert wird, ohne daß ein Teil der Flüssigkeit wieder in Berührung mit dem Dampf in den Apparat zurückkehrt. Die zweite Methode besteht darin, daß ein Teil des Kondensates in den Apparat zurückgeleitet wird, und zwar so, daß dieser Rückfluß in innige Berührung mit dem ihm entgegenströmenden Dampf gebracht wird. Diese letztere Methode ist so wichtig, daß sie den besonderen Namen Rektifikation erhalten hat.

Gleichgewichtsdestillation. Es gibt zwei wichtige Arten der Destillation ohne die Anwendung der Rektifikation: 1. die Gleichgewichtsdestillation und 2. die einfache oder Differentialdestillation. Die Gleichgewichtsdestillation beruht auf der Verdampfung eines bestimmten Teiles der Flüssigkeit, wobei die ganze Flüssigkeit und der gebildete Dampf in inniger Berührung bleiben, so daß am Ende der Operation der Dampf im Gleichgewichte mit der Flüssigkeit steht und erst dann abgeblasen und kondensiert wird. Die Beziehung zwischen Flüssigkeit und Dampfzusammensetzung am Ende des Prozesses ist daher durch das Gleichgewichtsdiagramm gegeben.

Wir betrachten ein binäres System, dessen Komponenten A und B sind, wovon A die leichter flüchtige ist. Die Zahl der Mole in der Charge sei zu Anfang W_0, die Zusammensetzung, ausgedrückt als Molverhältnis[1] der Komponente A sei x_0; V Mole werden in einem Gleichgewichtsdestillationsprozeß verdampft. Dann bleiben in der Flüssigkeit $W_0 - V$

[1] Die folgenden Gleichungen gelten ebenso, wenn die Zusammensetzungen in Gewichtsverhältnissen gegeben sind.

Mole. Die Zusammensetzung der Flüssigkeit am Ende des Prozesses sei x und die Zusammensetzung des Dampfes sei y. Da $W_0 \cdot x_0$ Mole der leichter flüchtigen Komponente zu Anfang vorhanden waren, und da nichts davon verlorengegangen ist, muß die Anzahl der Mole der flüchtigen Komponente am Schluß in der Flüssigkeit und im Dampf die gleiche sein, d. h.

$$W_0 x_0 = V_y + (W_0 - V)\, x \,. \tag{173}$$

Diese Gleichung ist eine Stoffbilanz der flüchtigen Komponente. Sie enthält zwei Unbekannte: x und y. Es muß infolgedessen zur Lösung der Gleichung eine andere Beziehung zwischen den beiden Unbekannten aufgestellt werden. Diese Beziehung wird gegeben durch die Gleichgewichtskurve, und es müssen Werte von x und y gewählt und solange korrigiert werden, bis sie sowohl die Gleichung (173) erfüllen, wie auch der Gleichgewichtskurve gerecht werden.

Die Gleichgewichtsdestillation ist von geringerer Bedeutung bei der Bearbeitung binärer Systeme. Sie wird aber in Systemen mit mehreren Komponenten, z. B. bei der Ölraffination, angewendet, wo Petroleummischungen unter Druck in Röhrenapparaten erhitzt werden, worauf der Druck entlastet und der Dampf ungefähr unter Gleichgewichtsbedingungen von der überhitzten Flüssigkeit abgeblasen wird.

Differentialdestillation. Bei der Differentialdestillation wird der erzeugte Dampf von der siedenden Flüssigkeit unmittelbar nach seiner Entstehung abgezogen und kondensiert. Wir betrachten eine Charge von W_0 kg Flüssigkeit. Nach einer bestimmten Zeit werden W kg Flüssigkeit in dem Apparat zurückgeblieben sein. Die Zusammensetzung der Flüssigkeit zu diesem Zeitpunkt sei x, die des Dampfes y. Die Gesamtmenge der in der Flüssigkeit zurückgebliebenen Komponente A ist dann $W \cdot x$. Es sei angenommen, daß die sehr geringe Menge der Flüssigkeit dW verdampft ist. Während der Verdampfung ändert sich die Zusammensetzung der Flüssigkeit von x auf $x - dx$ und das Gewicht der Flüssigkeit von W auf $W - dW$. Es sind dann in dem Apparat $(x - dx)\,(W - dW)$ Mole der Komponente A, während die Menge $y\,dW$ als Dampf aus dem Apparat entfernt ist. Die Stoffbilanz der Komponente A lautet:

$$x \cdot W = (x - dx)\,(W - dW) + y\,dW, \tag{174}$$

aufgelöst

$$x \cdot W = x\,W - x\,dW - W\,dx + dW\,dx + y\,dW. \tag{175}$$

Das Differential zweiter Ordnung kann vernachlässigt werden, und die Gleichung nimmt die Form an:

$$\frac{dW}{W} = \frac{dx}{y - x}\,. \tag{176}$$

Die Integration dieser Gleichung zwischen den Grenzen W_0, dem Anfangsgewicht, und W_1, dem Endgewicht, und x_0, der Anfangskonzentration, und x_1, der Endkonzentration, ergibt

$$\int_{W_1}^{W_0} \frac{dW}{W} = ln \frac{W_0}{W_1} = \int_{x_1}^{x_0} \frac{d\,x}{y-x}. \tag{177}$$

Gleichung (177) ist bekannt unter dem Namen Rayleighs Gleichung. Der Ausdruck $\frac{d\,x}{y-x}$ kann graphisch an Hand der Gleichgewichtskurve integriert werden, da ja diese Kurve eine Beziehung zwischen x und y darstellt.

Die Differentialdestillation wird im Betriebe so durchgeführt, daß der Dampf alsbald nach seiner Entstehung ohne merkliche Kondensation abgeführt wird. Obwohl dieses Verfahren zu einer Trennung nicht sehr geeignet ist, werden doch viele Anlagen dieser Art benutzt, besonders dort, wo die Komponenten sehr verschiedene Siedepunkte haben und eine scharfe Trennung nicht erforderlich ist, wenn sie auch möglich ist. Beispiele hierfür sind die älteren Apparate zur Destillation des Erdöls, die chargenmäßig arbeiten. Auch gehören die meisten Laboratoriumsdestillationsapparate, welche ohne Rückfluß betrieben werden, hierher.

Rektifikation. Die Rektifikation, die zweite Methode der Destillation ist im Betriebe zu einer bemerkenswerten Höhe durchgebildet worden. In den meisten Fällen wurden derartige Anlagen zunächst für die Destillation von Alkoholwassergemischen entwickelt. Im allgemeinen sind sie den Methoden, die man im Laboratorium verwendet, weit überlegen. An Stelle der mühsamen und langdauernden fraktionierten Destillation, wobei Methoden angewendet werden, welche der einfachen Destillation ähneln, hat man im Betriebe die kontinuierliche Gegenstromrektifikation ausgebaut, welche in wohldurchdachten und sehr wirksamen Apparaten ausgeführt wird, die unter dem Namen Rektifizierkolonnen bekannt geworden sind. Im wesentlichen ist eine Rektifizierkolonne ein Apparat, in welchem ein Dampfstrom und ein entgegenfließender Flüssigkeitsstrom in innigste Berührung gebracht werden.

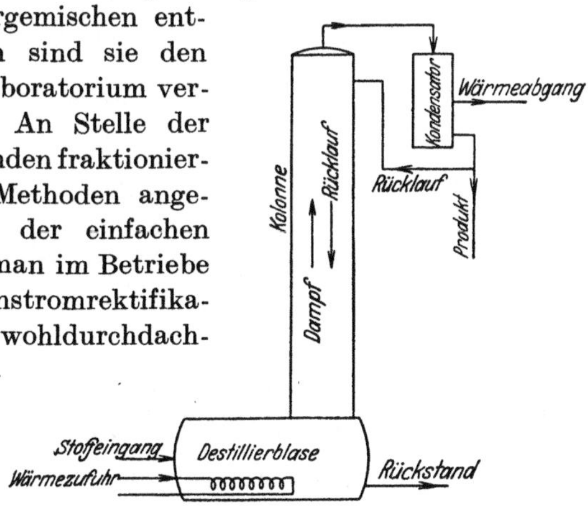

Abb. 158. Schema einer Destillationsanlage mit Fraktionierkolonne.

Ein Destillationsapparat dieser Art ist ganz schematisch in Abb. 158 dargestellt. Die der Anlage durch Dampfschlangen zugeführte Wärme erzeugt Dampf, welcher durch die Kolonne nach oben geleitet wird.

Der oben aus der Kolonne austretende Dampf wird vollständig kondensiert. Ein Teil des Kondensates wird als das erstrebte Produkt abgezogen, der Rest, „Rückfluß" genannt, wird oben in die Kolonne zurückgeführt, um den herablaufenden Flüssigkeitsstrom einzuleiten. Der Apparat, der in Abb. 158 dargestellt ist, arbeitet intermittierend. Die

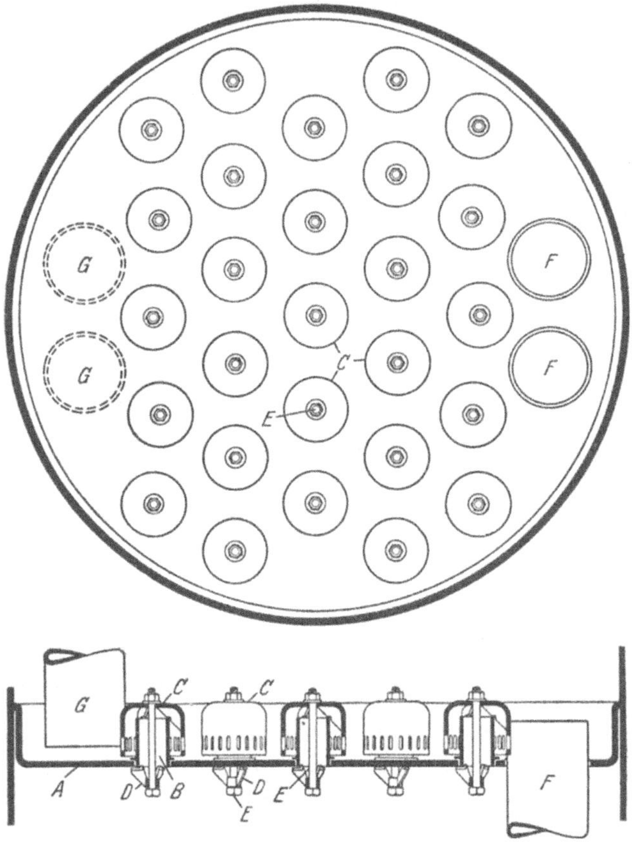

Abb. 159. Konstruktion eines Glockenbodens.
A Bodenplatte. *B* Dampfdurchlässe. *C* Glocken. *D* Böckchen. *E* Haltebolzen. *F* Fallrohr zum nächsttieferen Boden. *G* Fallrohr vom nächst höheren Boden.

Destillation ist beendet, wenn der Rückstand in der Blase eine bestimmte Zusammensetzung angenommen hat. Im Inneren der Säule sind Vorrichtungen eingebaut, welche den Zweck haben, eine innige Berührung zwischen dem aufsteigenden Dampf und dem herabströmenden Rückfluß herzustellen. Dies kann in einfacher Weise durch eine Füllung der Kolonne mit stückigem, an der Reaktion nicht teilnehmendem Material geschehen, wodurch für die Wechselwirkung zwischen Dampf und Flüssigkeit eine große Oberfläche geschaffen wird.

Kolonnenböden. Wirksamer wird dieser Zweck erreicht durch den Einbau von Platten und Glocken. Eine Skizze einer solchen Platte ist in Abb. 159 gegeben. Die Kolonne wird durch eine Anzahl horizontaler Böden *A* in viele Abschnitte geteilt. Jeder Boden trägt kurze Rohrstutzen *B*. Über jeden Rohrstutzen ist eine Glocke *C* gestülpt, welche durch ein Böckchen *D* und den Bolzen *E* in ihrer Lage gehalten ist. Der Rand der Glocke kann gezackt oder ihre Seiten können geschlitzt sein. Der Dampf steigt von dem tieferen Boden durch die Rohrstutzen unter die Glocken und tritt in Blasen durch die Zacken oder Schlitze aus. Auf dem Boden wird mittels des Überlauf- oder Fallrohres *F* eine Flüssigkeitsschicht gehalten. Die Höhe dieser Flüssigkeitsschicht ist so bemessen, daß die Glocken mit ihren Rändern in die Flüssigkeit eintauchen. Das Rohr *G* gehört zum nächsthöheren Boden; es wird unten durch die Flüssigkeit auf dem dargestellten Boden abgeschlossen, so daß der Dampf nicht durch die Fallrohre aufsteigen kann.

Im allgemeinen wird die Flüssigkeit an der einen Seite auf den Boden geleitet, strömt in der Diagonale über den Boden und läuft an der anderen Seite durch das Fallrohr zu dem nächsten Boden über. Manchmal sind Leitbleche zwischen den Glocken angeordnet, welche die Flüssigkeit besser verteilen und eine gleichmäßige Strömung herstellen. Die Glocken brauchen nicht rund zu sein, sie können auch rechteckig sein, wobei ihre Länge das Mehrfache ihrer Breite betragen kann. In großen Kolonnen werden auch mehrere Fallrohre angeordnet.

Theorie der Rektifizierkolonne.

Für die Berechnung von Rektifizierkolonnen sind mehrere Methoden vorgeschlagen worden. Die einfachste und für die meisten praktischen Zwecke ausreichend genaue Methode ist die von McCabe und Thiele[1], der hier im folgenden gefolgt werden soll.

Definition des theoretischen Bodens. Der praktische Betrieb jeder Kolonne ist am besten zu verstehen, wenn sie mit einer idealen Kolonne verglichen wird. Diese ideale Kolonne besteht aus theoretischen Böden. Unter einem solchen versteht man einen Boden, bei dem die Bedingung erfüllt wird, daß der von dem Boden aufsteigende Dampf im Gleichgewicht mit der Flüssigkeit ist, die zu dem nächstfolgenden tieferen Boden abläuft. In der Praxis wird dieses Ziel niemals erreicht. Wieweit diese Forderung tatsächlich erfüllt wird, kann nur durch den Versuch für eine bestimmte Mischung ermittelt werden. Hierüber wird später noch gesprochen werden. Zunächst beschäftigen wir uns nur mit dem vollkommenen Boden.

Vorgang der Rektifikation. Wir betrachten einen einzelnen Boden

[1] Ind. Engng. Chem. Bd. 17 (1925) S. 605.

einer aus theoretischen Böden bestehenden Kolonne. Bei jedem Boden haben wir es mit vier Materialströmen zu tun. Ein Flüssigkeitsstrom von oben und ein Dampfstrom von unten gehen ein. Es gehen aus ein Flüssigkeitsstrom zu dem nächsttieferen Boden und ein Dampfstrom zu dem vorhergehenden höherliegenden Boden. Das Siedediagramm des binären Gemisches, welches der Operation unterworfen wird, sei mit Abb. 160 gegeben. Die Komponente A ist die leichter flüchtige. Die Zusammensetzung der Flüssigkeit sei x, ausgedrückt als Molverhältnis der Komponente A. Die Zusammensetzung des Dampfes, in denselben Einheiten wie x gemessen, sei y.

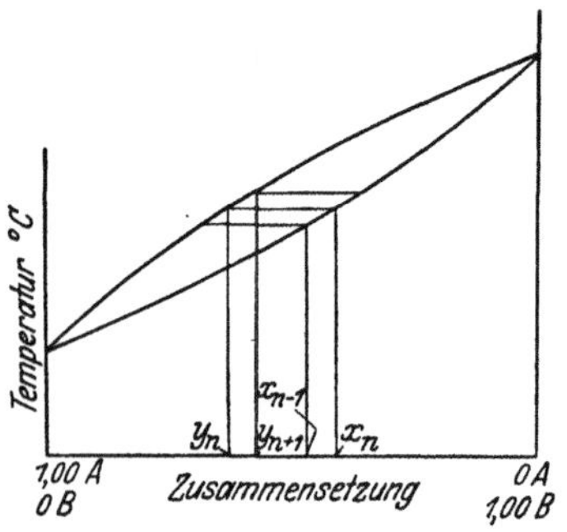

Abb. 160. Anwendung des Siedediagrammes auf die Fraktionierkolonne.

Die Zusammensetzungen der Materialströme werden ausgedrückt durch x_n, x_{n-1}, y_{n+1} und y_n (siehe Abb. 160). Die Buchstaben x beziehen sich auf die Flüssigkeit, y auf den Dampf, die Indizes $n-1$, n, $n+1$ geben die Nummern des Bodens von oben gezählt. Es geht in den betrachteten n-ten Boden ein: Eine Flüssigkeit mit der Zusammensetzung x_{n-1} von dem höheren Boden und Dampf mit der Zusammensetzung y_{n+1} von dem unteren Boden. Es geht aus dem Boden aus: Dampf mit der Zusammensetzung y_n zu dem höheren Boden und Flüssigkeit mit der Zusammensetzung x_n zu dem unteren Boden. Aus der Definition des theoretischen Bodens folgt, daß diese letzteren beiden im Gleichgewicht sind. Bei der Zeichnung der Abb. 160 ist dies berücksichtigt.

Die von dem höheren Boden kommende Flüssigkeit mit der Zusammensetzung x_{n-1} ist reicher an der Komponente A als der Überlauf zum tieferen Boden. Der Dampf, welcher von dem tieferen Boden eingeht, hat die Zusammensetzung y_{n+1} und ist ärmer an der Komponente A als der Dampf, der von dem n-ten Boden ausgeht. Da die ausgehenden Ströme mit den Zusammensetzungen x_n und y_n im Gleichgewicht sind, können es also die eingehenden Ströme mit den Zusammensetzungen x_{n-1} und y_{n+1} nicht sein, wie aus der Abb. 160 hervorgeht. Wenn diese beiden eingehenden Ströme miteinander in Berührung gebracht werden, so wird der Gleichgewichtszustand angestrebt, d. h. aus der Flüssigkeit verdampft etwas von der Komponente A, wodurch ihr Gehalt von x_{n-1} auf x_n erniedrigt wird, und aus dem Dampf kondensiert ein Teil der Komponente B, wodurch der Gehalt des Dampfes an der Komponente A von y_{n+1} auf y_n erhöht wird. Die zur Verdampfung der Komponente A aus der Flüssigkeit erforderliche Verdampfungswärme wird durch die Kondensation von B aus dem Dampf geliefert. Der

Boden arbeitet als Austauschapparat, indem die flüchtigere Komponente A aus dem Flüssigkeitsstrom in den Dampfstrom übergeht und auf diese Weise in der Kolonne nach oben geführt wird, während die weniger flüchtige Komponente B von dem Dampf in den Flüssigkeitsstrom übergeht und so in der Kolonne abwärts geführt wird.

Wärme- und Stoffbilanzen für einen theoretischen Boden. Wir betrachten einen theoretischen Boden wie in Abb. 161 schematisch skizziert. Dieser Boden ist in einer aus nur theoretischen Böden bestehenden Kolonne der n-te von oben gezählt. Der Materialeingang zu der Kolonne befindet sich irgendwo unterhalb dieses Bodens. Zu dem Boden steigt ein Dampfstrom auf von der $(n+1)$-ten tieferliegenden Platte. Die Menge dieses Dampfes sei V_{n+1} Mole. Das Molverhältnis der Komponente A (der leichter flüchtigen) in diesem Dampf sei y_{n+1}. Der Boden gibt V_n Mole Dampf an die $(n-1)$-te Platte ab, und die Zusammensetzung dieses Dampfes ist y_n. Ein Flüssigkeitsstrom kommt von dem $(n-1)$-ten Boden auf den n-ten Boden als Über- oder Rücklauf. Das Gewicht dieses Stromes in Molen sei O_{n-1}. Das Molverhältnis der Komponente A in diesem Flüssigkeitsstrom ist x_{n-1}. Schließlich liefert der n-te Boden an den $(n+1)$-ten Boden O_n Mole Rücklauf mit der Zusammensetzung x_n. Die Stoffbilanzen für den Boden können aus der Abb. 161 abgeleitet werden. Sie sind insgesamt:

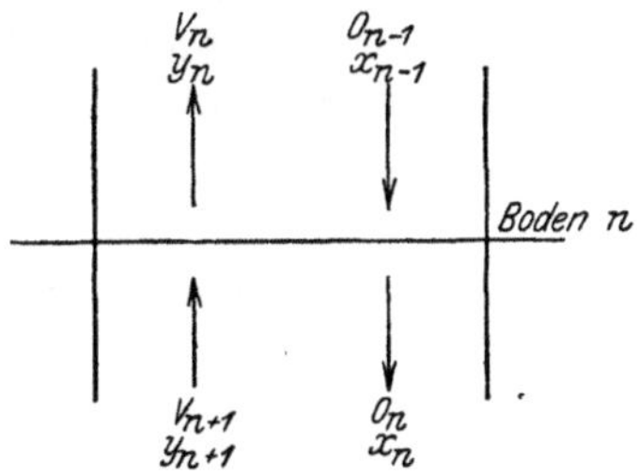

Abb. 161. Stoffbilanz eines theoretischen Bodens.

$$V_{n+1} + O_{n-1} = V_n + O_n, \tag{178}$$

für die Komponente A

$$V_{n+1} \cdot y_{n+1} + O_{n-1} \cdot x_{n-1} = V_n \cdot y_n + O_n \cdot x_n. \tag{179}$$

Eine Wärmebilanz für den Boden kann aufgestellt werden, wenn eine Bezugstemperatur gewählt wird. Letztere möge die Temperatur der Flüssigkeit auf dem Boden sein. Da der Dampf V_{n+1} aus einer siedenden Flüssigkeit stammt, die ärmer an der Komponente A ist als die Flüssigkeit auf dem n-ten Boden, muß die Temperatur dieses Dampfes etwas höher sein als die Bezugstemperatur. Ebenso ist die Temperatur der Flüssigkeit O_{n-1} niedriger als die Bezugstemperatur, weil die Flüssigkeit auf dem $(n-1)$-ten Boden reicher an der Komponente A ist und infolgedessen einen niedrigeren Siedepunkt hat.

Die Wärmebilanz für den Boden muß eine Reihe verschiedener Größen enthalten. Der Kürze halber wird jede dieser Größen mit einem Buchstaben bezeichnet. Es soll bedeuten: a die Verdampfungswärme des Dampfes V_{n+1}, b die fühlbare Wärme im Dampf V_{n+1} über der Bezugstemperatur, c die fühlbare Wärme in der Flüssigkeit O_{n-1} unterhalb der Bezugstemperatur, d die Mischungswärme, e die Verdampfungswärme im Dampf V_n, f der Abkühlungsverlust. Die Wärmebilanz ist dann

$$a + b - c + d = e + f. \tag{180}$$

Diese Gleichung kann sehr vereinfacht werden, wenn man eine Annäherung einführt, die im allgemeinen der Wirklichkeit sehr nahe kommt. Die zwei bedeutendsten Größen der Gleichung (180) sind in den meisten Fällen die Verdampfungswärmen a und e. Die anderen vier Größen sind klein, und zwar die fühlbaren Wärmen; weil die Temperaturänderung von einem Boden zum anderen klein ist, die Mischungswärme ist gewöhnlich sehr klein oder gleich 0 und der Abkühlungsverlust wird durch Wärmeisolierung klein gehalten. Fernerhin gleichen sich zwei Größen (b und d) mit zwei anderen (c und f) aus, so daß, wenn man alle vier Größen vernachlässigt, der Fehler der Größenordnung nach noch kleiner sein kann als eine dieser Größen. Mit dieser Vereinfachung folgt, daß angenähert

$$a = e \tag{181}$$

ist, d. h., daß die Verdampfungswärmen allein in Betracht gezogen zu werden brauchen.

Konstanter molarer Überlauf. Die in der Gleichung (181) gegebene Beziehung wird noch wertvoller, wenn sie mit Troutons Gesetz kombiniert wird. Dieses empirisch gewonnene Gesetz sagt aus, daß die molare Verdampfungswärme dividiert durch die absolute Temperatur des Siedepunktes für große Gruppen chemisch ähnlicher Flüssigkeiten konstant ist. Es erfordert also ein Mol der Komponente A auf dem n-ten Boden zu seiner Verdampfung ebensoviel Wärme, wie ein Mol der Komponente B von demselben Boden[1]. Die Verdampfungswärme eines Moles von jeder Mischung von A und B ist daher unabhängig von der Zusammensetzung der Mischung, solange die Temperaturänderungen vernachlässigt werden. Aus der Gleichung (181) folgt dann, daß

$$V_{n+1} = V_n. \tag{182}$$

durch Multiplikation jeder Seite der Gleichung (181) mit der gleichen Größe.

Da als n-ter Boden jeder oberhalb der Materialzufuhr gelegene

[1] Wenn die beiden Komponenten der Mischung nicht die gleiche Konstante nach Troutons Gesetz haben, d. h., wenn sie in verschiedene Gruppen gehören, wie z. B. Wasser und Essigsäure, können fiktive Molekulargewichte für beide Komponenten eingeführt werden, so daß Troutons Gesetz wieder gilt. In diesem Falle müssen das Siedediagramm und das Gleichgewichtsdiagramm auf Grund der fiktiven Molekulargewichte berechnet werden. Peters: Ind. Engng. Chem. Bd. 14 (1922) S. 476.

betrachtet werden kann, gilt das hier erhaltene Resultat ganz allgemein mit alleiniger Ausnahme des Bodens, auf welchem die Materialzufuhr erfolgt und des obersten bzw. ersten. Die Anzahl der Mole des zu jedem Boden aufsteigenden Dampfes ist gleich der Anzahl der Mole des den Boden verlassenden Dampfes. Damit verlieren die Indizes neben V ihre Bedeutung und werden in Zukunft fortgelassen.

Aus den Gleichungen (178) und (182) ist ferner abzuleiten, daß

$$O_{n-1} = O_n\,. \tag{183}$$

Die Gleichungen (182) und (183) ergeben eine Definition der Begriffe „konstante, molare Verdampfung" und „konstanter molarer Überlauf". Wenn die Konstanz des molaren Überlaufes und der molaren Verdampfung besteht, so wird Gleichung (179)

$$\frac{y_n - y_{n+1}}{x_{n-1} - x_n} = \frac{O}{V}\,. \tag{184}$$

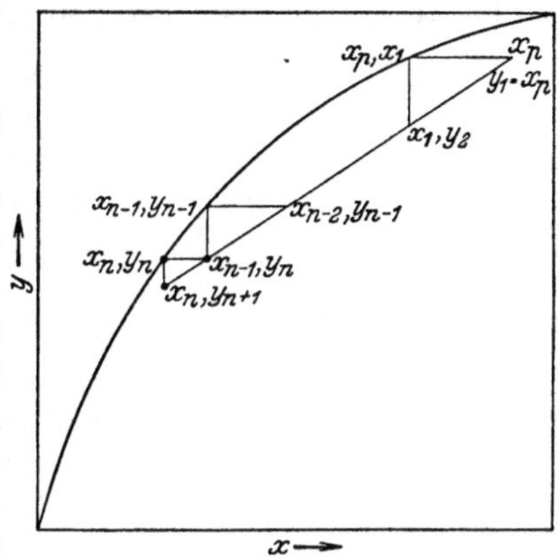

Abb. 162. Ableitung von McCabe und Thieles Methode.

Berechnung der Anzahl der theoretischen Böden einer einfachen Rektifizierkolonne. Mit Hilfe der oben aufgestellten Gleichungen kann eine graphische Methode zur Berechnung der Zahl der vollkommenen Böden einer Rektifizierkolonne entwickelt werden. In Abb. 162 möge die Gleichgewichtskurve einer binären Mischung vorliegen. Entsprechend den Zusammensetzungen der in den n-ten Boden eingehenden und ausgehenden Flüssigkeits- und Dampfströme werden die drei Punkte mit den Koordinaten (x_n, y_{n+1}), $(x_n\, y_n)$, (x_{n-1}, y_n) eingezeichnet. Diese drei Punkte bilden die Ecken eines rechtwinkligen Dreieckes, dessen rechter Winkel auf der Gleichgewichtskurve liegt und dessen Katheten parallel zu den Ordinatenachsen liegen, weil zwei der drei Punkte die Abszisse x_n und wiederum zwei die Ordinate y_n gemeinsam haben. Der Punkt (x_n, y_{n+1}) entspricht der Zusammensetzung der den Boden verlassenden Flüssigkeit und des zu dem Boden strömenden Dampfes, d.h. den unmittelbar unter dem Boden vorliegenden Verhältnissen. Der Punkt (x_n, y_n) entspricht einem Punkte auf der Gleichgewichtskurve, da nach der Definition des theoretischen Bodens auf diesem das Gleichgewicht vollkommen hergestellt wird. Der Punkt (x_{n-1}, y_n) entspricht der Zusammensetzung der dem Boden zufließenden Flüssigkeit und des von ihm aufsteigenden Dampfes. Die Veränderung in der Zusammensetzung des Dampfes, welche durch den Boden bewirkt wird, ist gegeben durch den Vertikalabstand zwischen y_{n+1} und y_n. Die

Veränderung der Zusammensetzung der Flüssigkeit ist gegeben durch den Horizontalabstand zwischen x_{n-1} und x_n.

Die Neigung der Hypothenuse ist gleich der linken Seite der Gleichung (184) und damit gleich dem Verhältnis $\frac{O}{V}$. Für den $(n-1)$-ten Boden kann das Dreieck anschließend an das des n-ten Bodens in demselben Diagramm gezeichnet werden. Die Ecken dieses Dreieckes sind die Punkte mit den Koordinaten (x_{n-1}, y_n), (x_{n-1}, y_{n-1}) und (x_{n-2}, y_{n-1}). Die Hypothenuse dieses Dreiecks hat ebenfalls die Neigung $\frac{O}{V}$ und den Punkt (x_{n-1}, y_n) mit dem Dreieck für den n-ten Boden gemeinsam. Danach müssen alle Hypothenusen solcher Dreiecke Abschnitte der gleichen geraden Linie mit der Neigung $\frac{O}{V}$ sein.

Wir betrachten nun den obersten Boden der Säule der in Abb. 163 schematisch dargestellt ist. Dieser Boden empfängt Flüssigkeit von dem Kondensator und Dampf von dem zweiten Boden, er gibt den Rückfluß an den zweiten Boden und Dampf an den Kondensator ab. Es gibt eine Anzahl Möglichkeiten für die Anordnung des Kondensators. Wir nehmen den einfachsten Fall, wobei sämtlicher von dem obersten Boden gelieferter Dampf kondensiert, jedoch nicht abgekühlt wird. Das Kondensat wird geteilt. Ein Teil bildet das Produkt, der andere den Rücklauf zum obersten Boden. Unter diesen Verhältnissen ist die Zusammensetzung x_p der auf dem obersten Boden eingehenden Flüssigkeit gleich der Zusammensetzung des Produktes. Gleichung (184) wird dann für den obersten Boden

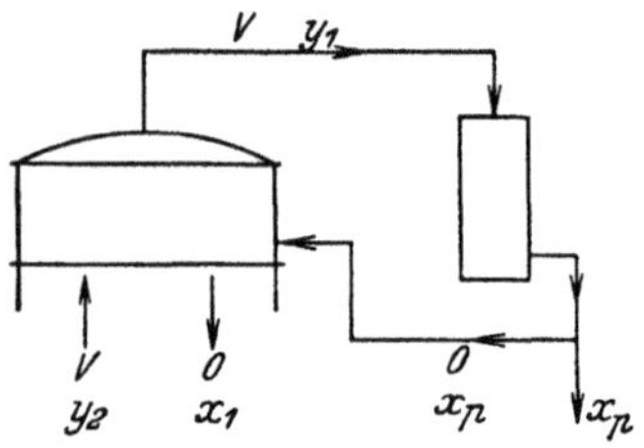

Abb. 163. Stoffbilanz für das obere Ende der Säule.

$$\frac{y_2 - y_1}{x_1 - x_p} = \frac{O}{V}. \tag{185}$$

Ferner muß $y_1 = x_p$ sein, da sämtlicher Dampf kondensiert wird und Gleichung (185) wird also

$$\frac{y_2 - x_p}{x_1 - x_p} = \frac{O}{V}. \tag{186}$$

Wird für den obersten Boden ein Dreieck in das Diagramm eingezeichnet, so haben seine Ecken die Koordinaten: (y_2, x_1), (x_1, x_p) und (x_p, x_p). Die Neigung der Hypothenuse ist wieder $\frac{O}{V}$. Eine Wärmebilanz für diesen Boden zeigt ferner, daß der Überlauf O gleich dem Rückfluß ist, da ja die aus dem Kondensator zurückfließende Flüssigkeit die Temperatur ihres Siedepunktes haben sollte.

Der Rektifikationsprozeß kann also zusammenfassend dargestellt werden durch eine gerade Linie, welche durch den Punkt (x_p, x_p) geht und die Neigung $\frac{O}{V}$ hat, und durch das Eintragen einer Reihe rechtwinkliger Stufen, indem man bei dem Punkte (x_p, x_p) beginnt und nach links unten fortschreitet. Jede Stufe entspricht einem einzigen vollkommenen Boden und die in einem bestimmten Konzentrationsbereiche eingetragenen Stufen ergeben die Zahl der theoretischen Böden, die erforderlich sind, die den Grenzen des Konzentrationsbereiches entsprechende Trennung durchzuführen.

Die gerade Linie mit der Neigung $\frac{O}{V}$ wird „die Gerade der Verstärkung" oder Betriebslinie genannt. Ihre Gleichung ist aus den Forderungen abzuleiten, daß sie durch den Punkt x_p, x_p gehen und ihre Neigung $\frac{O}{V}$ betragen muß. Die Gleichung lautet:

$$y - x_p = \frac{O}{V}\,(x - x_p)\,. \tag{187}$$

Für die Zeit, in welcher den Apparat ein Mol als Produkt verläßt, lautet die Stoffbilanz nach Abb. 163

$$V = O + 1\,. \tag{188}$$

Durch Einsetzen in Gleichung (187) erhält man

$$(y - x_p)\;(O + 1) = O\,(x - x_p)\,,$$

woraus

$$y = \frac{O\,x}{O+1} + \frac{x_p}{O+1}\,. \tag{189}$$

Der Ausdruck $\frac{x_p}{O+1}$ ist der Abschnitt der Betriebslinie auf der y-Achse. Dies liefert eine bequeme Methode für die Einzeichnung der Betriebslinie: Der Abschnitt $\frac{x_p}{O+1}$ auf der y-Achse wird abgemessen und durch eine gerade Linie mit dem Schnittpunkt der Diagonalen $x = y$ mit der Vertikalen $x = x_p$ verbunden.

Mit der hier gegebenen graphischen Methode läßt sich die Anzahl der theoretischen Böden ermitteln, die erforderlich sind, den Dampf einer Rektifizieranlage auf jede bestimmte Konzentration zu bringen.

Die vorstehenden Erläuterungen mögen zusammengefaßt werden durch eine allgemein gestellte Aufgabe: Eine Flüssigkeit der Zusammensetzung x_s soll destilliert werden, so daß das Produkt die Zusammensetzung x_p hat, das Rücklaufverhältnis soll O sein. Wie viele theoretische Böden sind erforderlich?

Die Lösung ist in Abb. 164 gegeben. Die einzelnen Abschnitte der Lösung sind folgende:

1. Die Gleichgewichtskurve und die Diagonale unter 45° werden gezeichnet.

2. Da x_p und O gegeben sind, kann der Abschnitt der Betriebslinie auf der y-Achse berechnet werden (Punkt 1).

3. Punkt 2 wird bestimmt als Schnittpunkt der Diagonalen mit $x = x_p$.

4. Die Betriebslinie wird als Verbindungslinie der Punkte 1 und 2 eingetragen.

5. Bei Punkt 2 anfangend, zeichnet man rechtwinklige Stufen zwischen die Betriebslinie und die Gleichgewichtskurve bis eine Horizontale die Linie $x = x_s$ trifft oder schneidet. Die Zahl der horizontalen Stufen ist dann auch die Zahl der erforderlichen theoretischen Böden[1]. Dieselbe Methode kann auch auf eine chargenmäßig betriebene Destillationsanlage angewendet werden, bei der die Menge der in der Blase befindlichen Flüssigkeit groß ist im Verhältnis zu der auf den Böden befindlichen. In diesem Falle gibt das Diagramm die theoretischen Verhältnisse an, die in dem Augenblick gerade vorhanden sind, wenn die Zusammensetzung in der Blase x_s ist.

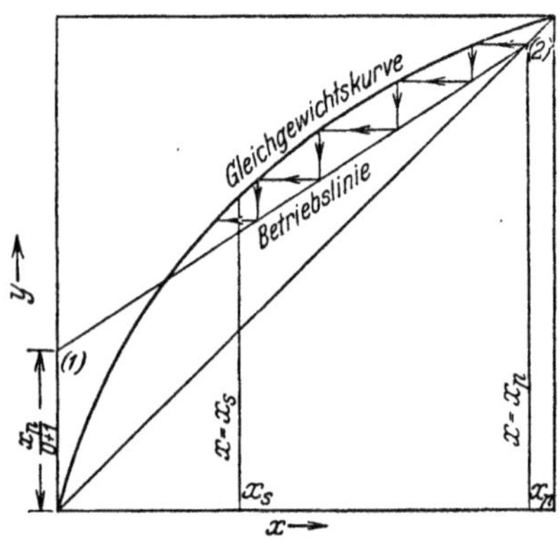

Abb. 164. Anwendung des Diagrammes für die Rektifikation.

Berechnung der Anzahl der theoretischen Platten für eine Compound-Rektifizierkolonne. Für eine kontinuierlich betriebene Kolonne, die mit Böden oberhalb und unterhalb des Flüssigkeitseintritts ausgerüstet ist, ist die bisher gegebene Berechnungsmethode zu erweitern. Wir betrachten zunächst die Verhältnisse auf dem Eintrittsboden. Im allgemeinen wird, um Wärme zu sparen, die eintretende Flüssigkeit vorerhitzt durch Ausnutzung entweder der Verdampfungswärme des oben aus der Kolonne austretenden Dampfes oder der fühlbaren Wärme des heißen, unten aus der Kolonne austretenden Rückstandes, oder auch beider. Wir nehmen also an, daß die eintretende Flüssigkeit die Siedetemperatur hat. Dann gibt jedes Mol des Dampfes, welcher zu dem Eintrittsboden aufsteigt, seine Verdampfungswärme ab, wodurch

[1] Um die Bedingungen der Aufgabe buchstäblich zu erfüllen, müßte die letzte Horizontale die Gleichgewichtskurve in demselben Punkte schneiden wie die Linie $x = x_s$. Dies würde aber voraussetzen, daß die drei Größen x_s, x_p und O von vornherein in dem passenden Verhältnis gewählt wurden, das aber vorher ja nicht bekannt ist. In dem betrachteten Falle, der in Abb. 164 dargestellt ist, müßte die Anlage entweder mit einer Mischung gespeist werden, die um ein Weniges ärmer an der Komponente A ist als x_s angibt, oder das Produkt würde ein wenig reicher an der Komponente A werden, als x_p angibt, oder endlich das Rückflußverhältnis müßte von dem in der Aufgabe angegebenen Werte O abweichen.

wieder ein Mol Dampf erzeugt wird, da ja keine Wärme erforderlich ist, die eintretende Flüssigkeit auf die Siedetemperatur zu bringen. Der Überlauf von dem Eintrittsboden besteht mithin aus der Summe der eintretenden Flüssigkeit und des Überlaufes von dem nächsthöheren Boden. Die Gleichung der Betriebslinie für den unterhalb des Eintrittsbodens liegenden Teil der Kolonne ist daraus abzuleiten, daß erstens die Neigung der Linie $\frac{O+F}{V}$ beträgt, worin F die Zahl der Mole der eintretenden Flüssigkeit je Mol des Produktes ist, und daß zweitens die Linie durch den Punkt x_w, x_w geht, worin x_w die Zusammensetzung des Rückstandes bedeutet. Letzteres kann auf demselben Wege bewiesen werden, der bei der Erörterung der Lage der Betriebslinie für die einfache Rektifizierkolonne eingeschlagen wurde, vorausgesetzt, daß die Wärmezufuhr im unteren Teil mittels einer geschlossenen Dampfschlange vorgenommen wird. Die Gleichung der Betriebslinie für den unteren Teil der Kolonne ist daher

$$y - x_w = \frac{O+F}{V}(x - x_w) \tag{190}$$

oder umgeformt

$$y = \frac{x(O+F) - x_w(F-1)}{O+1}. \tag{191}$$

Da die beiden Betriebslinien verschiedene Neigungen haben, müssen sie sich irgendwo schneiden. Die Koordinaten des Schnittpunktes der beiden Linien seien x', y'. Der Wert x' kann ermittelt werden, wenn die Werte von y, die durch die Gleichungen (187) und (191) gegeben sind, wie es in der analytischen Geometrie üblich ist, gleichgesetzt werden. Es folgt, daß

$$\frac{Ox' + x_p}{O+1} = \frac{x'(O+F) - x_w(F-1)}{O+1},$$

durch Vereinfachung

$$x_p = Fx' - Fx_w + x_w$$

oder umgeformt

$$F = \frac{x_p - x_w}{x' - x_w}. \tag{192}$$

Nach der Gesamtstoffbilanz für die ganze Kolonne ist in Molen je Mol des Produktes

$$F = 1 + W, \tag{193}$$

worin W die Anzahl der Mole des Rückstandes je Mol des Produktes ist. Die Stoffbilanz der Komponente A für den ganzen Apparat ist

$$Fx_f = Wx_w + x_p, \tag{194}$$

worin x_f den Anteil der Komponente A in der in die Kolonne eingehenden Flüssigkeit angibt.

Eliminiert man W aus den Gleichungen (193) und (194) und löst nach F auf, so erhält man

$$F = \frac{x_p - x_w}{x_f - x_w}. \tag{195}$$

Aus dem Vergleich der Gleichungen (192) und (195) geht hervor, daß $x' = x_f$ ist und daß sich die beiden Betriebslinien auf der Linie $x = x_f$ schneiden.

Das hier Gesagte sei noch einmal zusammengefaßt durch folgende allgemein gestellte Aufgabe: Eine kontinuierlich betriebene Kolonne werde gespeist mit einer Flüssigkeit, deren Zusammensetzung x_f ist. Hergestellt wird ein Produkt mit der Zusammensetzung x_p, abgezogen wird ein Rückstand mit der Zusammensetzung x_w. Das Überlaufverhältnis ist O Mole je Mol des Produktes. Wie viele theoretische Böden sind erforderlich? Auf welchem Boden muß die eintretende Flüssigkeit eingeführt werden?

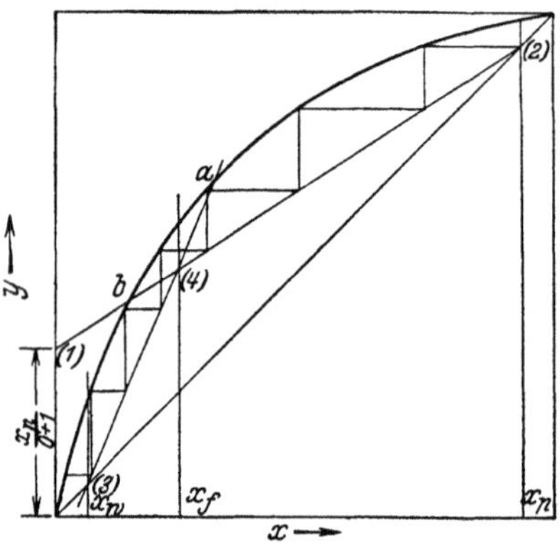

Abb. 165.
Vollständiges Rektifikationsdiagramm nach McCabe und Thieles Methode.

Wie vorher werden die Gleichgewichtskurve und ihre Diagonale gezeichnet. Der Teil der Kolonne zwischen x_f und x_p wird genau so berechnet, wie für die einfache Destillationsanlage auf S. 263 angegeben war. Der andere Teil der Kolonne wird folgendermaßen bestimmt:

1. Der Schnittpunkt von x_w mit der Diagonalen wird bestimmt (Punkt 3).

2. Der Schnittpunkt von x_f mit der Betriebslinie für den oberen Teil der Kolonne oberhalb von x_f wird bestimmt (Punkt 4).

3. Die Betriebslinie für den unteren Teil der Kolonne unterhalb von x_f wird gezeichnet als Verbindungslinie der Punkte 3 und 4.

4. Die rechtwinkligen Stufen, die in dem oberen Teil der Kolonne begonnen sind, werden fortgesetzt, nur werden für den unteren Teil der Kolonne die Vertikalen bis zu der neu gezeichneten Betriebslinie gezogen. Die Stufen sind fortzuführen, bis eine Horizontale die Linien $x = x_w$ schneidet. Die Gesamtzahl der Stufen ist gleich der Gesamtzahl der theoretischen Böden in der Kolonne. Die Horizontallinie, welche durch die Linie $x = x_f$ geschnitten wird, entspricht dem Boden, auf welchem die eintretende Flüssigkeit zugeführt werden muß. Nach dem Beispiel, das der Abb. 165 zugrunde gelegt ist, müssen 7 Böden vorhanden sein, und der Eintritt der Flüssigkeit muß auf dem 4. Boden, von oben gezählt, vorgenommen werden. Der Übergang von der einen

Betriebslinie zur anderen kann an irgendeinem Punkte zwischen a und b geschehen, aber jede andere Ausführung als die beschriebene ergibt kleinere Stufen, d. h. eine größere Anzahl von Böden in der Kolonne.

Kleinster Rückfluß. Da die Neigung der Betriebslinie gegeben ist durch $\frac{O}{O+1}$, so nimmt die Neigung mit wachsendem O zu, bis sie für $O = \infty$ gleich 1 wird; mit anderen Worten, bis die Betriebslinie mit der Diagonalen zusammenfällt. Dies gibt die kleinste Anzahl von Böden, aber die Leistung der Anlage wird dann gleich 0. Andererseits gibt es einen Wert von O, der nicht unterschritten werden darf. Dieser wird der „kleinste Rückfluß" genannt. Jede Betriebsanlage muß mit einem Rücklaufverhältnis arbeiten, das größer ist als das kleinste, aber kleiner als unendlich ist.

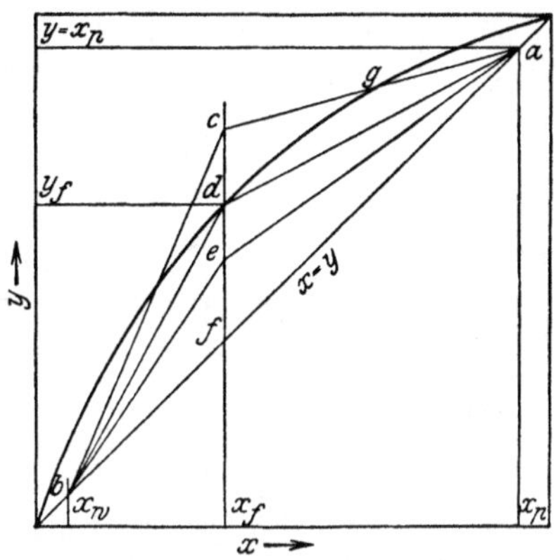

Abb. 166. Kleinstes Rücklaufverhältnis.

In Abb. 166 zeigen die Linien ac, ad, ae und af die Wirkung der Vergrößerung des Rückflußverhältnisses. Bei kleinen Rücklaufverhältnissen, wie sie der Betriebslinie ac entsprechen würden, können die rechtwinkligen Stufen zwischen der Betriebslinie und der Gleichgewichtskurve nicht über den Punkt g hinaus fortgesetzt werden, und schon um den Punkt g zu erreichen, wäre eine unendliche Anzahl von Böden erforderlich. Ein Betrieb unter diesen Bedingungen ist theoretisch unmöglich, denn die Stufen können niemals bis zur Linie $x = x_f$ fortgesetzt werden. Wenn die Linie ad zugrunde gelegt wird, so kann wohl der Punkt d erreicht werden, aber es wäre oberhalb und unterhalb des Eintrittsbodens eine unendliche Bodenzahl erforderlich. Dies ist also der kleinste Rückfluß, bei welchem theoretisch noch ein Betrieb möglich wäre. Die Neigung der Betriebslinie ist derart, daß die Punkte x_f, y_f und x_p, y_p auf ihr liegen. Dieses kleinste Rückflußverhältnis sei O', dann ist

$$\frac{O'}{O'+1} = \frac{x_p - y_f}{x_p - x_f}, \tag{196}$$

$$O' = \frac{x_p - y_f}{y_f - x_f}. \tag{197}$$

Die Linie ae entspricht einem Betrieb, bei welchem das Rückflußverhältnis größer ist als das minimale. Hier sind die Betriebsbedingungen nicht nur theoretisch, sondern auch praktisch möglich, da sich eine endliche Bodenzahl ergibt. Die Linie af entspricht der anderen Grenzbedingung (unendlichem Rückflußverhältnis), bei welcher der Betrieb wieder, wie schon gesagt, praktisch unmöglich wird.

Gleichung (197) kann nicht in allen Fällen zur Berechnung des kleinsten Rücklaufverhältnisses angewendet werden. Verläuft z. B. die Gleichgewichtskurve in einem Bogen, der nach oben offen ist, wie die des Alkohol-Wassergemisches in Abb. 167, so darf die Betriebslinie die Gleichgewichtskurve zwischen den Abszissen x_f und x_p nicht kreuzen, wenn die Kolonne noch weiter wirken soll, selbst wenn die Betriebslinie AB die Linie $x = x_f$ unterhalb des Punktes x_f, y_f schneidet. In diesem Falle muß der kleinste Rücklauf aus der Neigung der Betriebslinie AC bestimmt werden, welche die Gleichgewichtskurve tangiert.

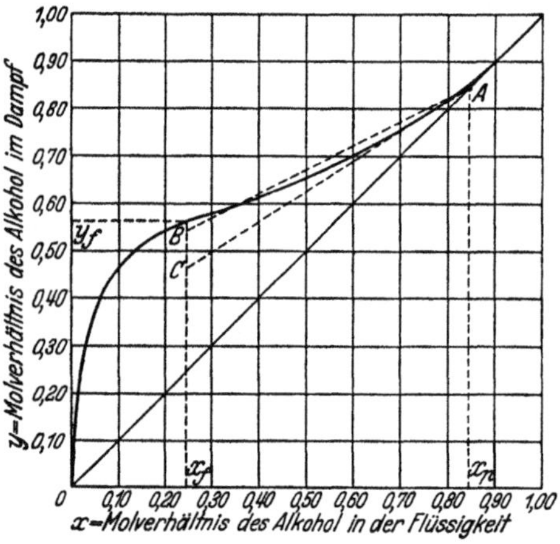

Abb. 167. Gleichgewichtsdiagramm (System Äthyl-Alkohol und Wasser).

Bodenwirkungsgrad. Im vorstehenden ist die Theorie und die Berechnungsmethode für die theoretischen Böden entwickelt worden. In einer Betriebsapparatur wirken die Böden natürlich nicht mit 100%, d. h. der von dem Boden aufsteigende Dampf enthält nicht genügend von der flüchtigen Komponente A, um im Gleichgewicht mit der von dem Boden abfließenden Flüssigkeit zu sein. Die von Murphree[1] gegebene Definition des Bodenwirkungsgrades lautet:

$$\eta = \frac{y_n - y_{n+1}}{y_n^* - y_{n+1}} \cdot 100 . \tag{198}$$

worin y_{n+1} die Zusammensetzung des zu der Platte aufsteigenden Dampfes, y_n die Zusammensetzung des von der Platte aufsteigenden und y_n^* die Zusammensetzung des Dampfes ist, der im Gleichgewicht mit der den Boden verlassenden Flüssigkeit wäre.

Das Diagramm des wirklichen Bodens, verglichen mit dem des theoretischen, ist in Abb. 168 dargestellt. Das Dreieck acd entspricht dem theoretischen und das Dreieck abe dem wirklichen Boden. Der theoretische Boden reichert ein Mol des durchströmenden Dampfes von y_{n+1} auf y_n^* an, entsprechend dem Abstande ac. Der wirkliche Boden indessen reichert den Dampf nur von y_{n+1} auf y_n entsprechend dem Abstande ab an, infolge der beschränkten Zeit, die für die Berührung von Flüssigkeit und Dampf auf dem Boden zur Verfügung steht.

[1] Ind. Engng. Chem. Bd. 17 (1925) S. 747—750.

Der Wirkungsgrad der Platte wird dann dargestellt durch das Verhältnis der Linie *ab* zur Linie *ac*.

Im allgemeinen werden die Bodenwirkungsgrade an einer Kolonne desselben Types und bei der gleichen Zusammensetzung der Flüssigkeit experimentell bestimmt. Es wird auch allgemein angenommen, daß der Bodenwirkungsgrad für alle Böden der Kolonne im wesentlichen derselbe ist. Man bestimmt also einen mittleren Bodenwirkungsgrad für die ganze Kolonne und benutzt ihn als Korrektionsfaktor zur Berechnung der tatsächlich erforderlichen Bodenzahl aus der errechneten Zahl der theoretischen Böden. Ergibt sich z. B. ein Bodenwirkungsgrad von 60% und war die Zahl der theoretischen Böden 12, so müssen tatsächlich $\frac{12}{0,6} = 20$ Böden Verwendung finden.

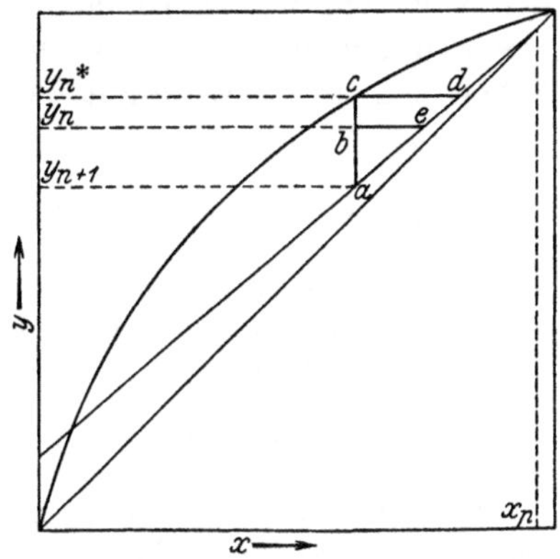

Abb. 168. Definition des Bodenwirkungsgrades.

Faktoren, welche den Bodenwirkungsgrad beeinflussen. Aus den Erörterungen über die Diffusionsprozesse in Kapitel VI geht hervor, daß das Gleichgewicht auf einem wirklichen Boden um so eher erreicht und damit der Bodenwirkungsgrad um so größer wird, je ungehinderter die Diffusion der leichter flüchtigen Komponente aus der Flüssigkeit in den Dampf und der weniger flüchtigen Komponente aus dem Dampf in die Flüssigkeit erfolgt. Wenn der Dampf in sehr kleine Bläschen aufgeteilt wird, wird die Berührungsfläche zwischen Flüssigkeit und Dampf bezogen auf die Volumeneinheit des Dampfes sehr groß und damit auch der Bodenwirkungsgrad gut. Ferner verlängert sich die Berührungszeit zwischen Dampf und Flüssigkeit, je größer die Eintauchtiefe der Glocken ist, wodurch ebenfalls der Bodenwirkungsgrad verbessert wird. Kleine Glocken mit engen Schlitzen, die gut in die Flüssigkeit eintauchen, ergeben höhere Wirkungsgrade als große Glocken mit weiten Schlitzen, die nur unvollständig von der Flüssigkeit bedeckt sind[1]. Wenn indessen die Eintauchtiefe zu groß ist, wird der hydrostatische Druck der Flüssigkeit so groß, daß der Druckverlust innerhalb der Kolonne verhältnismäßig mehr ausmacht als die Verbesserung des Bodenwirkungsgrades.

Der Bodenwirkungsgrad geht auf einen im wesentlichen konstanten Wert herunter, wenn die Dampfgeschwindigkeit erhöht wird, ist aber augenscheinlich unabhängig von dem Rücklaufverhältnis.

[1] Robinson, C. S.: Elements of Fractional Distillation 2d Ed. pp. 105—109, McCraw-Hill Book Company, Inc. 1930.

Dampfgeschwindigkeit. Wenn die Dampfgeschwindigkeit in einer Destillationskolonne zu groß gemacht wird, so liegt die Gefahr vor, daß mit dem Dampf Flüssigkeit von Boden zu Boden gerissen wird. Dadurch kann, solange die Dampfgeschwindigkeit in mäßigen Grenzen bleibt, ein schlechter Plattenwirkungsgrad hervorgerufen werden. In extremen Fällen indessen kann es vorkommen, daß der Dampf so große Flüssigkeitsmengen mit sich führt, daß der Betrieb der Kolonne nicht mehr ordnungsmäßig durchgeführt werden kann. Im allgemeinen werden Dampfgeschwindigkeiten von 0,3 m je Sekunde berechnet auf den Querschnitt der Kolonne nicht erheblich überschritten. Dampfgeschwindigkeiten von etwa 3 m je Sekunde in den Schlitzen der Glocken haben sich im Betriebe gut bewährt.

Beispiel 21. In einer kontinuierlich arbeitenden Rektifizierkolonne sollen 13600 kg eines Gemisches mit 60% Toluol und 40% Benzol zerlegt werden in ein Produkt mit 97% Benzol und einen Ablauf mit 98% Toluol. Das eingehende Gemisch hat die Siedetemperatur. Die Böden haben einen Wirkungsgrad von 60%. Zu berechnen sind:

a) das stündliche Gewicht des Produktes und des Ablaufes,

b) die kleinstmögliche Anzahl der Böden,

c) der kleinste Rückfluß,

d) die Zahl der über und unter dem Zulauf erforderlichen Böden, wenn ein Rückfluß von 3,5 Mol je Mol des Produktes angenommen wird,

e) der stündliche Verbrauch (Strahlungsverluste sind zu vernachlässigen) von Dampf von 1,5 atü, wenn die molare Verdampfungswärme des Benzols und Toluols 7240 gcal je g-mol ist.

Lösung. a) Es bezeichne G das stündliche Gewicht des Produktes,
W das stündliche Gewicht des Ablaufes,

$$G + W = 13600 \text{ kg}.$$

Benzolbilanz: $13600 \cdot 0,4 = 0,97 \cdot G + 0,02 \cdot W.$

Daraus ergibt sich: $W = 8160$ kg, $G = 5440$ kg.

b) Zunächst ist erforderlich, die Zusammensetzungen des eingehenden Gemisches, des Produktes und Ablaufes in Mol-Verhältnissen statt in Gewichtsprozenten auszudrücken:

Eingehend:	40/78 = 0,513	Mol Benzol
	60/92 = 0,652	,, Toluol
	1,165	,, Gesamt

$$x_f = \frac{0,513}{1,165} = 0,440;$$

Produkt:	97/78 = 1,2450	Mol Benzol
	3/92 = 0,0326	,, Toluol
	1,2776	,, Gesamt

$$x_p = \frac{1,2450}{1,2776} = 0,974;$$

Ablauf:	2/78 = 0,0256	Mol Benzol
	98/92 = 1,066	,, Toluol
	1,0916	,, Gesamt

$$x_w = \frac{0,0256}{1,0916} = 0,0234.$$

Abb. 169 gibt die Gleichgewichtskurve. Die Linien für x_w und x_p werden eingezeichnet. Die kleinste Zahl an Böden wird erforderlich, wenn der Rücklauf unendlich ist, d. h. wenn die Gerade der Verstärkung die Diagonale unter 45° ist. Beginnt man bei dem Schnittpunkt die Linie für x_p mit dieser Diagonalen und zeichnet rechtwinklige Stufen ein, so findet man, daß die Linie für x_w zwischen dem achten und neunten Boden gekreuzt wird. Da der Wirkungsgrad der Böden 60% beträgt, ergibt sich die kleinste Zahl der Böden zu 8,6/0,6 = 14 oder 15.

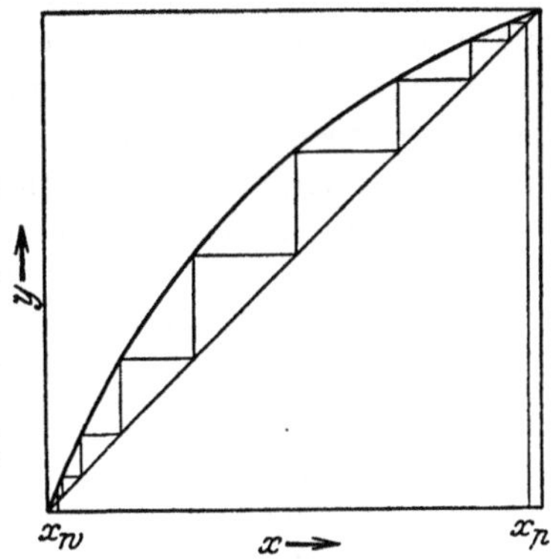

Abb. 169. Zu Beispiel 21 b.

c) Die Betriebslinie für den kleinsten Rückfluß ist die Linie, die in Abb. 170 den Punkt *a* (den Schnittpunkt von x_p mit der Diagonalen) mit dem Punkt *b* (Schnittpunkt von x_f mit der Gleichgewichtskurve) verbindet. Ihre Neigung $\frac{O'}{O'+1}$ kann der Abbildung entnommen werden, woraus O' zu berechnen wäre. Genauer aber ergibt sich O' aus der Gleichung (197)

$$O' = \frac{x_p - y_f}{y_f - x_f} = \frac{0{,}974 - 0{,}655}{0{,}655 - 0{,}440}$$
$$= 1{,}484 \text{ Mol je Mol des Produktes.}$$

d) Die Betriebslinie für den Teil der Kolonne oberhalb des Eintritts geht durch Punkt *a* der Abb. 170. Sie kann nach Berechnung ihres Abschnittes auf der Y-Achse aus Gleichung (189) gezeichnet werden:

$$y = \frac{0{,}974}{3{,}5 + 1} = 0{,}217\,.$$

Damit ist Punkt *c* festgelegt. Die Verbindung der Punkte *c* und *a* ergibt die Betriebslinie für den Teil der Kolonne oberhalb des Eintritts. Sie schneidet die Linie für x_f im Punkte *d*. Die Verbindung des Punktes *d* mit *e* (Schnittpunkt von x_w mit der Diagonalen) ergibt die Betriebslinie für den Teil der Kolonne unterhalb des Eintritts.

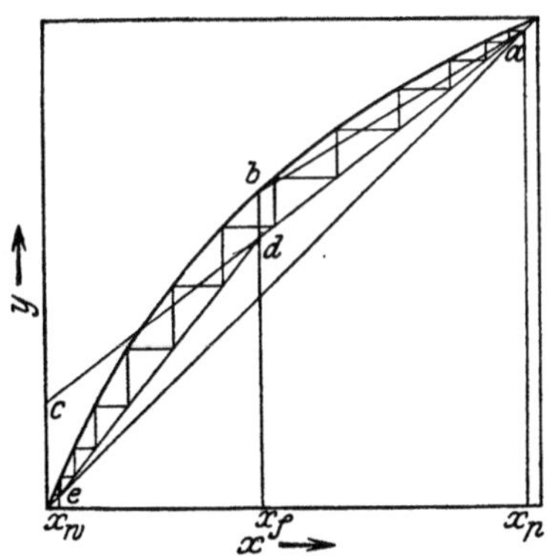

Abb. 170. Zu Beispiel 21 c, d.

Beginnt man im Punkt *a* und zeichnet rechtwinklige Stufen zwischen der Gleichgewichtskurve und den Betriebslinien, so ergibt sich die Bodenzahl theoretisch zu 12,3, d. h. tatsächlich zu 12,3/0,6 = 21 Böden. Die Linie für x_f kreuzt diese Stufen bei der siebenten von oben gezählt. Daher muß der Eintritt bei dem zehnten Boden von oben erfolgen.

e) Das Produkt enthält: $5440 \cdot 0{,}97 = 5280$ kg Benzol,
$5440 \cdot 0{,}03 = 163$ kg Toluol.

In Mole umgerechnet ergeben sich 67,7 Mol Benzol und 1,78 Mol Toluol, zusammen 69,48 Mole. Der Rückfluß beträgt 3,5 Mole je Mol des Produktes, die Verdampfung beläuft sich also auf 4,5 Mole je Mol des Produktes, also 312,5 Mole.

Die molare Verdampfungswärme ist angegeben mit 7,240 kcal je g-mol. Da für Anwärmung des Eingehenden und Verluste keine Wärme aufgewendet zu werden braucht, ist die Verdampfungswärme der einzige Wärmeverbrauch. 1 kg

Heizdampf von 1,5 atü hat eine Verdampfungswärme von 522 kcal. Wird die fühlbare Wärme des Kondensates vernachlässigt, so wird also der Dampfverbrauch

$$\frac{7{,}24 \cdot 312 \cdot 1000}{522} = 4330 \text{ kg/h.}$$

Berechnungsmethoden für Kolonnen mit Füllkörpern. Es war schon oben auf S. 256 gesagt worden, daß an die Stelle der Böden mit Glocken auch eine Füllung der Kolonne mit an der Reaktion nicht beteiligten festen Körpern treten kann, die den Zweck hat, eine große Oberfläche je Volumeneinheit des Turmes herzustellen. Eine Kolonne dieser Art wird manchmal ihrer Billigkeit wegen verwendet oder weil sie leicht aus säurebeständigem Material herzustellen ist. Die Höhe einer derartigen Kolonne kann mit Hilfe eines Faktors berechnet werden, der die „äquivalente Höhe eines theoretischen Bodens[1]" genannt wird. Diese Methode beruht darauf, daß die Kolonne mit Füllkörpern so unterteilt wird, daß jeder Teil die Höhe erhält, die ausreicht, Dampf und Flüssigkeit in den Gleichgewichtszustand zu bringen. Jeder Teil wirkt also wie ein theoretischer Boden. Wenn die äquivalente Höhe für das Flüssigkeitsgemisch und die beabsichtigte Kolonnenkonstruktion bekannt ist, so ergibt sich die Gesamthöhe der Kolonne durch einfache Multiplikation der ermittelten Anzahl der theoretischen Böden mit der äquivalenten Höhe.

Günstigster Rückfluß. Aus Abb. 166 geht hervor, daß durch Erhöhung des Rückflußverhältnisses der Abstand zwischen der Betriebslinie und der Gleichgewichtskurve vergrößert wird, wodurch die Anzahl der theoretischen Böden sich ermäßigt. Da die Menge des in der Kolonne aufsteigenden Dampfes $O + 1$ Mol je Mol des Produktes ist, so wächst mit dem Rückflußverhältnis die Größe der Anlage für eine bestimmte Leistung. Beträgt der Rückfluß nur wenig mehr als das Minimum, so ist die Anlage klein, aber die Zahl der Böden ist sehr groß. Wird das Rückflußverhältnis um weniges vermehrt, so vermehrt sich auch der Durchmesser der Kolonne langsam, jedoch vermindert sich die Bodenzahl schnell, wodurch die Anschaffungskosten für die Anlage herabgesetzt werden. Läßt man das Rückflußverhältnis weiter wachsen, so wächst der Durchmesser der Kolonne in demselben Verhältnis, jedoch wird dann die Zahl der Böden nicht mehr erheblich herabgesetzt, so daß von einem bestimmten Punkte ab die Anschaffungskosten der Kolonne wieder wachsen. Einen Teil der Betriebskosten der Kolonne machen die Amortisationskosten aus, die als bestimmter Bruchteil der Anlagekosten eingesetzt werden. (Vgl. Kurve 1 in Abb. 171.)

Der Rückfluß entsteht aus der Kondensation der Dämpfe, die die Anlage schon verlassen haben. Die an das Kühlwasser übertragene

---

[1] Peters: Ind. Engng. Chem. Bd. 14 (1922) S. 476.

Wärme ist in der Regel verloren. Diese Wärme wird durch die Dampfheizschlangen im unteren Teile der Anlage zugeführt. Die Kosten für die Wärme wachsen praktisch proportional zu dem um 1 vermehrten Rückflußverhältnis, wie in Kurve 2 der Abb. 171 dargestellt. Die Gesamtkosten des Betriebes setzen sich aus den Amortisations- und den Wärmekosten zusammen. Die Summe, Kurve 3, zeigt ein ausgeprägtes Minimum, und dieses Minimum bestimmt das wirtschaftlichste Verhältnis. Nach praktischen Erfahrungen arbeiten Destillationsanlagen dieser Art mit Rückflußverhältnissen, die zwischen dem 1,4- und 4- bis 5fachen des Minimums variieren. Ein gutes Mittel ist etwa das 2fache des Minimums.

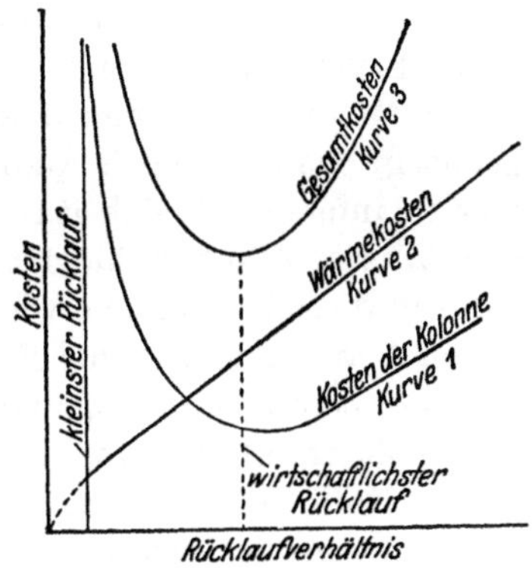

Abb. 171. Ermittlung des günstigsten Rückflußverhältnisses.

Systeme mit mehr als 2 Komponenten.

Es überschreitet die Aufgabe dieses Buches, die Destillation von Mischungen, die mehr als 2 Komponenten enthalten, ausführlich zu behandeln. Das gewöhnliche Verfahren bei solchen Mischungen besteht darin, die Mischung zunächst in der einen Säule zu destillieren, wo die eine der Komponenten in praktisch reinem Zustande abgeschieden wird. Der übrigbleibende Teil geht dann in eine 2. Säule, wo eine 2. Komponente abgetrennt wird und der Rest, wenn erforderlich, noch zu einer 3. Säule. Es könnte der Gedanke auftauchen, die Trennung ganz in einer Säule durchzuführen, indem die eine Komponente oben, eine andere unten und eine dritte in der Mitte abgeführt wird. Wer aber die Theorie der Rektifikation des binären Gemisches verstanden hat, der wird ohne weiteres einsehen, daß eine Mischung, die in der Mitte der Kolonne abgezogen wird, große Mengen aller drei Komponenten enthält. Im allgemeinen ist für die Trennung eines Gemisches mit N Komponenten eine Anlage mit $N - 1$ Säulen erforderlich.

Systeme mit unvollständiger gegenseitiger Löslichkeit. Eine Ausnahme von der oben gemachten Feststellung bilden Systeme, wie z. B. Alkohol, Fuselöl und Wasser. Alkohol und Wasser sind in jedem Verhältnis mischbar. Ebenso sind Alkohol und Fuselöl in jedem Verhältnis mischbar, aber Fuselöl und Wasser sind nur in geringem Maße mischbar. Der Alkohol besitzt die größte Flüchtigkeit, dann folgt das Wasser, und das Fuselöl ist die am wenigsten flüchtige Komponente, wenn man die Siedepunkte als Kriterium der Flüchtigkeit ansieht. Wird eine derartige Mischung in eine Destillationskolonne geleitet, so konzentriert sich der Alkohol oben in der Säule in der gewöhnlichen Weise, während Fuselöl und Wasser, weil weniger flüchtig als Alkohol, unten in der Kolonne zurückbleiben. Da nun Fuselöl sich mit Wasser nicht mischt, wendet man die Dampfdestillation an, wodurch das Fuselöl nach oben in die Kolonne getrieben wird. Dies hat zur Folge, daß das Fuselöl sich in der Mitte der Kolonne ansammelt und von dort ein Fuselöl-Wassergemisch, das auch noch Alkohol enthält, abgezogen werden kann. Die hier ablaufende Flüssigkeit trennt sich in zwei nicht mischbare Schichten, eine Wasser-Alkoholschicht und eine Alkohol-Fuselölschicht. Die erste kann in dieselbe Kolonne wieder zurückgeleitet werden, um jedoch den Alkohol aus dem Alkohol-Fuselölgemisch zu gewinnen, muß letzteres in einer besonderen Kolonne rektifiziert werden.

Erdöldestillation. Rohes Erdöl enthält eine große Anzahl verschiedener Stoffe, die alle gegenseitig löslich sind und deren Siedepunkte sich ohne große Zwischenräume über einen weiten Bereich der Temperaturskala erstrecken. Aus einer derartigen Mischung einzelne Komponenten auch nur einigermaßen rein abzutrennen, ist sehr schwierig. Die verschiedenen in der Ölindustrie handelsüblichen Fraktionen (z. B. Naphtha, Gasolin, Kerosen, Gasöl, Paraffin) sind keine reinen Stoffe, sondern Mischungen, die aus einer großen Zahl einzelner Komponenten bestehen. In jeder sind geringe Mengen sehr niedrig siedender Bestandteile und geringe Mengen sehr hoch siedender Bestandteile enthalten, wenn auch bei weitem der größte Teil der Fraktion innerhalb eines engbegrenzten Temperaturbereiches siedet. Wenn eine Mischung wie das rohe Erdöl in einer Fraktionierkolonne destilliert wird, sammeln sich die niedrig siedenden Bestandteile in der Hautpsache oben und die hoch siedenden unten in der Kolonne an. Es können also verschiedene Fraktionen an verschiedenen Stellen aus der Kolonne abgezogen werden. In diesem Falle braucht keine regelrechte Trennung in die einzelnen Bestandteile stattzufinden, es genügt die Zerlegung in die handelsüblichen Fraktionen in einer einzigen Kolonne, doch auch in diesem Falle wird die Trennung um vieles schärfer, wenn die Einzelfraktionen in einer kleineren besonderen Säule einer weiteren Rektifikation unterzogen werden.

Wärmerückgewinnung. Die Anwendung von Wärmeaustauschapparaten ist in Destillationsanlagen ganz allgemein üblich. Z. B. wird die eingehende Mischung oft mit dem heißen Ablauf vom unteren Teil der Kolonne vorgewärmt, oder die kalte eingehende Mischung wird zur Kühlung in den Kondensatoren verwendet. Hinsichtlich der Kondensatoren sind verschiedene Anordnungen in Gebrauch. Z. B. kann der Dampf aus der Kolonne zur Erzeugung des Rücklaufes in einem ersten Kondensator zunächst teilweise, und dann in einem zweiten Kondensator, aus dem dann das Produkt anfällt, vollkommen niedergeschlagen werden.

Kleinere Wärmeaustauscher werden häufig hinter den Kondensatoren eingeschaltet, um das Produkt gut unter seinen Siedepunkt abzukühlen. Die Möglichkeiten der Anordnung von Wärmeaustauschern, Kondensatoren und Rektifizierkolonnen sind sehr mannigfaltig. Es werden auch viele Regel- und Kontrollorgane gebraucht, z. B. Dampfdruckregler, Regelventile für den Rücklauf, Thermometer, Sicherheitsventile und Aräometerspindeln für die die Säule verlassenden Produkte.

Rektifizierkolonnen werden gewöhnlich zur Vermeidung von Wärmeverlusten isoliert. Gleichzeitig wird damit bei gleicher Verdampfung die Trennung verbessert, da es vorteilhaft ist, wenn die gesamte Wärmeabfuhr allein in dem Kondensator erfolgt.

Dampfdestillation.

Ein einfacher Prozeß, bekannt unter dem Namen „Dampfdestillation", wird oft für die Destillation von Stoffen angewendet, die bei Atmosphärendruck einen verhältnismäßig hohen Siedepunkt haben, oder dazu neigen, sich bei der Siedepunktstemperatur zu zersetzen. Die Dampfdestillation hat auch oft den Zweck, Stoffe mit hohem Siedepunkt von nicht flüchtigen Verunreinigungen zu reinigen. Sie ist nur anwendbar wenn das Produkt sich wenig oder gar nicht mit Wasser mischen läßt.

Theorie der Dampfdestillation. Wir betrachten ein für die Dampfdestillation geeignetes System, welches chargenweise in einer Destillationsanlage erwärmt wird. Infolge der Unmischbarkeit sind zwei flüssige Phasen nebeneinander vorhanden. Jede übt einen bestimmten Dampfdruck aus, unabhängig von der Gegenwart der anderen. Wenn die Summe der beiden Partialdrücke den Gesamtdruck in dem Apparat erreicht, verdampfen beide Stoffe so, daß ihr Molverhältnis im Dampf gleich dem Verhältnis ihrer Partialdrücke ist. Nach der Kondensation der Dämpfe bilden sich in dem Sammelbehälter des Kondensates zwei Schichten. Die beiden Stoffe können getrennt abgezogen werden. Jede nicht flüchtige Verunreinigung der Komponenten wird zurückgelassen. Die zugesetzte Komponente, im allgemeinen Wasser, wird gewöhnlich in Dampfform zugeführt, wodurch auch der Name Dampfdestillation entstanden ist. Das Verhältnis der Komponente A zur Komponente B im Dampf ist dem Gewichte nach:

$$\frac{G_a}{G_b} = \frac{P_a M_a}{P_b M_b}, \tag{200}$$

worin G_a das Gewicht der Komponente A im Dampf, G_b das Gewicht der Komponente B im Dampf, P_a der Dampfdruck der Komponente A, P_b der Dampfdruck der Komponente B, M_a und M_b die Molekulargewichte der Komponenten sind.

Die Summe der Dampfdrücke muß gleich dem Gesamtdruck sein. Die Temperatur der Mischung wird also so hoch sein müssen, daß die

Dampfdrücke der reinen Komponenten bei dieser Temperatur zusammen den Gesamtdruck ergeben. Das bedeutet, daß die Verflüchtigung bei Temperaturen vor sich geht, die erheblich niedriger sind als die dem vorhandenen Gesamtdruck entsprechenden Siedetemperaturen. Dadurch wird die Destillation hochsiedender Substanzen ohne Zersetzung ermöglicht.

Abb. 172[1] ist für den Gebrauch bei der Berechnung von Dampfdestillationen bestimmt. Die Kurve für Wasser ist entstanden, indem von dem Normaldruck (760 mm Hg) der Wasserdampfdruck abgezogen wurde. Sie schneidet daher die Dampfdruckkurven der anderen Stoffe, die eventuell destilliert werden sollen. Die anderen Kurven sind gewöhnliche Dampfdruckkurven. Der Schnittpunkt der Wasserkurve mit der Kurve eines anderen Stoffes ergibt die Temperatur, bei welcher die Dampfdestillation des betreffenden Stoffes stattfinden kann. Bei dieser Temperatur ist der Dampfdruck des Stoffes y und der Wasserdampfdruck $760 - y$. Das molare Verhältnis des Wassers zum Produkt in dem übergehenden Dampf ist $\frac{760 - y}{y}$. Dieses Diagramm gibt daher nicht nur einen schnellen Überblick über die Temperatur, bei welcher die Dampfdestillation stattfinden kann, sondern auch über die Zusammensetzung des Dampfes. Es muß jedoch dabei beachtet werden, daß Abb. 172 die Zusammensetzungen in Molverhältnissen oder Dampfvolumenverhältnissen angibt. Da die meisten Stoffe, die im Diagramm verzeichnet sind, ein erheblich höheres Molekulargewicht als Wasser haben, ist die Zusammensetzung des Destillates dem Gewichte nach viel reicher, als es nach dem Diagramm scheint.

Ferner sind in dem Diagramm 172 die Wasserdampfkurven für die Destillation bei Gesamtdrücken von 300 und 70 mm Hg eingezeichnet. Aus der Lage der Schnittpunkte der Wasserkurven für 760 mm und 300 mm z. B. mit der Dampfdruckkurve des Benzols, erkennt man, daß durch die Erniedrigung des Gesamtdruckes von 760 auf 300 mm die Destillationstemperatur von 69 auf 46° C herabgesetzt wird. Gleichzeitig ist das Verhältnis vom Wasser zum Benzol dem Volumen nach von $\frac{230}{530}$ bzw. $\frac{1}{2{,}3}$ auf $\frac{75}{225}$ bzw. $\frac{1}{3{,}3}$ herabgesetzt worden. Die Herabsetzung des Gesamtdruckes bei der Dampfdestillation verbessert nicht notwendigerweise die Ausbeute je kg Dampf, weil die Ausbeute von dem relativen Verlauf der Dampfdruckkurven des Wassers und des betreffenden Stoffes abhängt, wenigstens in dem in Rede stehenden Bereiche.

Durchführung der Dampfdestillation. Dampfdestillation wendet man an bei solchen Stoffen, die, wie Nitrobenzol und Anilin, eine so hohe Siede-

[1] Hausbrand: Verdampfen, Kondensieren und Kühlen, S. 44 1918.

temperatur haben, daß man Dampf von sehr hohen Drücken verwenden müßte, um sie zu verdampfen. Sie ist ferner bewährt bei solchen Sub-

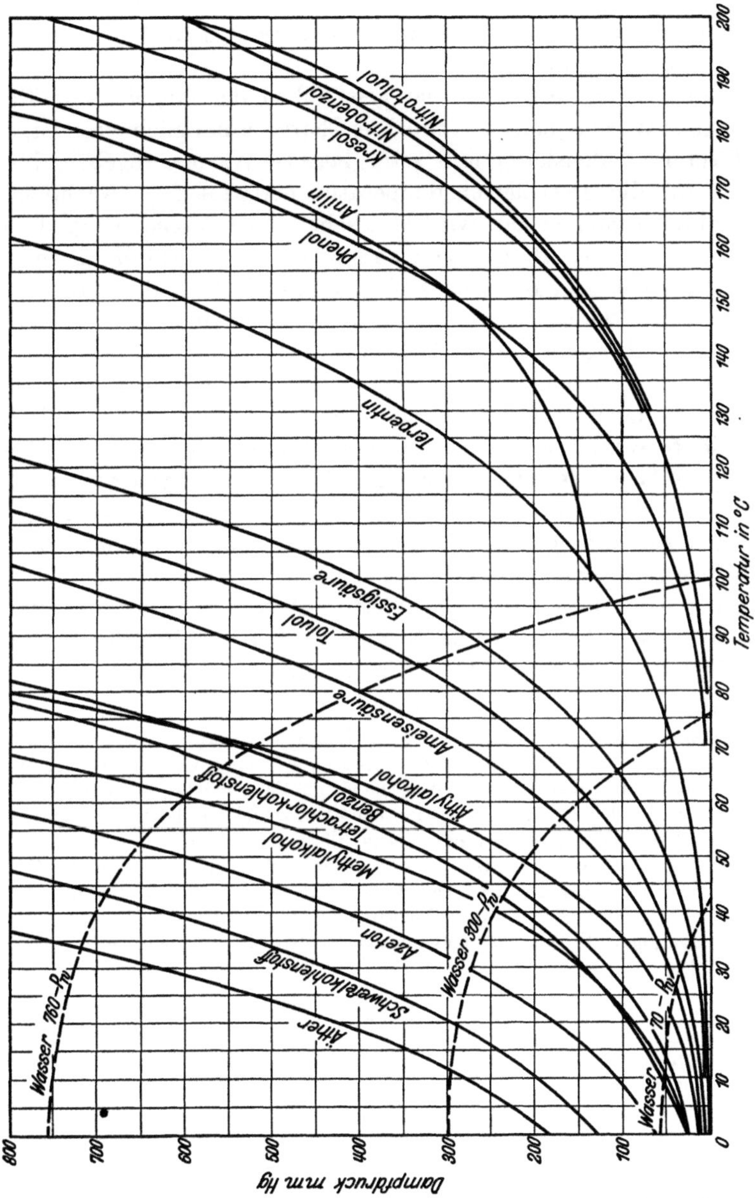

Abb. 172. Dampfdruckkurven für Dampfdestillationsrechnungen.

stanzen, die sich, wie z. B. die Fettsäuren, bei ihrem Siedepunkt schon zersetzen, obwohl in diesem Falle die Siedetemperaturen schon so hoch liegen, daß die Dampfdestillation in dem höchsten erreichbaren Vakuum vorgenommen werden muß. Ferner wird Dampfdestillation angewendet bei solchen Stoffen wie z. B. Terpentin, wo die Destillation auf dem einzigen, sonst noch möglichen Wege, nämlich durch Erhitzung mittels direkten Feuers, zu gefährlich wäre oder die Qualität des Produktes verschlechtern würde.

Bei der Dampfdestillation ist gewöhnlich der eingeblasene Dampf die einzige Wärmequelle. Wenn die Charge anfänglich kalt ist, muß der Dampf kondensieren und seine latente Wärme abgeben, bis die Charge auf die Destillationstemperatur erwärmt ist. Nachdem die Destillation begonnen hat, wird eine sehr kleine Wärmemenge dadurch gewonnen, daß der Dampf sich entsprechend der Differenz zwischen Zuleitungsdruck und Betriebsdruck abkühlt, doch ist dies ganz zu vernachlässigen. Wenn der Apparat an irgendeiner Stelle Wärme verliert, so muß nicht allein dieser Wärmeverlust durch die Kondensation weiterer Dampfmengen ausgeglichen werden, sondern es kondensiert auch das zu destillierende Material, dessen Kondensat dann in die Blase zurückläuft, wodurch die Ausbeute je kg Dampf sehr herabgesetzt wird. Sehr gute Wärmeisolation der Dampfdestillationsapparate ist daher unbedingt erforderlich, auch soll ihr Fassungsvermögen groß sein im Vergleich zur anfänglichen Charge. Es ist nicht unmöglich, daß eine Dampfmenge in dem Apparat kondensiert werden muß, die das Mehrfache des Volumens des abdestillierten Materials ausmacht. Bei der Destillation sehr hochsiedender Stoffe, wie z. B. der Fettsäure, wird die Dampfheizung durch direktes Feuer ergänzt.

Beispiel 22. 378 l Terpentin je Stunde sollen der Dampfdestillation bei atmosphärischem Druck unterworfen werden. Die Verdampfungswärme des Terpentins ist 74 gcal je g, sein Molekulargewicht 136, sein spez. Gewicht 0,865. Wieviel Dampf von 0,4 atü werden je Stunde benötigt? Wie würde sich die Destillation bei 300 mm abs. Druck gegenüber der bei atm. Druck stellen? Anwärmung der Charge und Wärmeverluste können vernachlässigt werden.

L ö s u n g: Aus Abb. 172 ist zu entnehmen, daß sich die Kurven für Terpentin und für Wasser bei atm. Druck bei 95,5 °C schneiden. Bei dieser Temperatur ist der Dampfdruck des Terpentins 114 mm, der des Wassers 646 mm. Nach Gleichung (200) ist das Gewichtsverhältnis des Terpentins zum Wasser im Produkt

$$\frac{G_a}{G_b} = \frac{114 \cdot 136}{646 \cdot 18} = 1{,}333 .$$

378 l Terpentin sind $378 \cdot 0{,}865 = 327$ kg Terpentin. Da das Gewichtsverhältnis des Terpentins zum Wasser 1,33 ist, gehen

$$\frac{327}{1{,}333} = 246 \text{ kg Wasser in das Produkt über.}$$

Die erforderliche Wärme beträgt $327 \cdot 74 = 24\,200$ kcal. Der Dampf hat eine Temperatur von 108,5 °C. Der mit dem Produkt übergehende Dampf kühlt sich von 108,5 auf 95,5 °C ab und gibt dabei ab

$$246 \cdot 0{,}48 \cdot (108{,}5 - 95{,}5) = 1535 \text{ kcal} .$$

Der Rest der erforderlichen Wärme muß durch Kondensation des Dampfes und Abkühlung auf 95,5 °C geliefert werden. Dabei werden je kg Dampf frei:

Verdampfungswärme	534 kcal/kg
Fühlbare Wärme ...	13 ,,
Summe	547 kcal/kg.

Das Gewicht des kondensierten Dampfes wird also

$$\frac{24200-1535}{547} = 41{,}5 \text{ kg}.$$

Der Gesamtdampfverbrauch wird demnach $246 + 41{,}5 = 287{,}5$ kg/h. Bei 300 mm abs. Druck ergibt sich folgendes:

Destillationstemperatur	72 °C
Wasserdampfdruck	255 mm
Terpentindampfdruck	45 mm
Gewichtsverhältnis Terpentin zu Wasser	1,334
Gewicht des Dampfes im Produkt . . .	245 kg
Gesamtwärmebedarf[1]	24200 kcal je Std.
Wärme vom Dampf im Produkt . . .	4300 kcal je Std.
Gewicht des kondensierten Dampfes . .	35 kg
Gesamtdampfverbrauch	280 kg.

X. Gasabsorption.

Dieses Kapitel wird sich mit den Vorgängen beschäftigen, bei welchen aus einer Gasmischung ein Bestandteil durch die Behandlung mit einer Flüssigkeit entfernt wird. Ähnliche Operationen werden manchmal durchgeführt, indem man ein Gas mit einem fein verteilten festen Stoffe zusammenbringt, aber die Theorie dieser Vorgänge ist noch ziemlich ungeklärt und kann infolgedessen in diesem Buche noch nicht besprochen werden. Es kann im Betriebe der Fall sein, daß mehr als ein Bestandteil des Gases durch die verwendete Flüssigkeit entfernt wird. Im folgenden jedoch wird vorausgesetzt, daß es sich nur um einen Stoff handelt.

Immer wenn ein Gas mit einer Flüssigkeit behandelt werden soll, findet man, daß die Geschwindigkeit, mit der der lösliche Bestandteil in Lösung geht, im allgemeinen ziemlich niedrig ist. Infolgedessen muß eine möglichst große Oberfläche für die Wechselwirkung zwischen den zwei Phasen vorgesehen werden. Diese kann erreicht werden, indem man das Gas in Form von sehr feinen Bläschen durch eine Flüssigkeitsschicht aufsteigen läßt. In praxi wird es jedoch meistens für vorteilhafter gehalten, die Flüssigkeit zu verteilen oder ihr eine große Oberfläche zu geben und das Gas über diese Oberfläche streichen zu lassen. In manchen Fällen, wo die Absorptionsgeschwindigkeit groß ist, ist es

[1] Über die Abhängigkeit der Verdampfungswärme des Terpentins von der Temperatur sind keine Daten bekannt. Der Größenordnung nach kann sie aber nur gering sein im Vergleich zur Genauigkeit der Rechnung.

nicht erforderlich, besondere Maßnahmen zu treffen, um die zwei Phasen in innige Berührung zu bringen; diese Fälle sind aber verhältnismäßig selten.

Gasabsorptionsapparate.

Die Betriebsapparate für die Gasabsorption sind noch immer sehr verschieden, es gibt noch keine ausgesprochenen Typen, keine charakteristischen Konstruktionen einzelner Herstellerfirmen, die beschrieben werden müßten. Die Gasabsorption wird beinahe immer entweder in Zerstäubungskammern oder, noch allgemeiner, in Türmen durchgeführt, die mit irgendeinem Material gefüllt sind, über das die Flüssigkeit verteilt wird, während das Gas von unten nach oben durch den Turm geleitet wird.

Eigenschaften der Turmfüllung. Die Eigenschaften, welche eine den Ansprüchen genügende Turmfüllung haben sollte, sind folgende:

1. Niedriges Gewicht je Volumeneinheit: Das Schüttgewicht der Füllung beeinflußt nicht nur das Gesamtgewicht, das von dem Turmfundament getragen werden muß, sondern auch die Konstruktion des Turmgehäuses selbst. Eine Füllung, die ohne weiteres in den Turm geschüttet wird, übt einen Seitendruck auf die Wandungen aus. Hat nun die Füllung ein hohes Schüttgewicht, so werden die Kosten der Turmkonstruktion dementsprechend hoch.

2. Große Oberfläche je Volumeneinheit: Eine aus dem Zweck der Füllung ohne weiteres hervorgehende Forderung.

3. Großer freibleibender Querschnitt: Dieser ist wichtig, weil dadurch der Reibungswiderstand im Turm und somit die für die Zirkulation des Gases aufzuwendende Kraft bestimmt werden. Auch würde einem kleinen freibleibenden Querschnitt eine hohe Geschwindigkeit bei einer gegebenen Gasmenge entsprechen. Oberhalb einer gewissen Grenzgeschwindigkeit liegt aber die Gefahr vor, daß Flüssigkeit aus dem Turm mitgerissen wird.

4. Großes freibleibendes Volumen: In manchen Fällen, wie z. B. bei der Absorption von Stickstoffoxyden, wo der Ablauf der Reaktionen in der Gasphase eine bestimmte Zeit erfordert, kann auch diese Eigenschaft der Turmfüllung wichtig werden. In anderen Fällen ist sie bedeutungslos.

5. Geringes Gewicht der zurückgehaltenen Flüssigkeit: Dies ist ganz allgemein ein Vorteil, da dadurch das Gewicht der Turmfüllung herabgesetzt wird und die Flüssigkeit so schnell als möglich den Turm wieder verläßt. In einigen besonderen Fällen kann es allerdings auch als Nachteil angesehen werden, besonders dort, wo die Reaktion zwischen Gas und Flüssigkeit langsam vor sich geht, oder wo die Löslichkeit des Gases in der Flüssigkeit klein ist. In Säuretürmen ist es (mit Rücksicht auf

eventuelle Entleerung des Turmes) im allgemeinen wünschenswert, wenn wenig Flüssigkeit zurückgehalten wird.

Außer den hier geforderten Eigenschaften wird verlangt, daß die Füllung billig ist, ausreichende mechanische Festigkeit hat und von den in den Türmen reagierenden Materialien nicht angegriffen wird.

Arten der Turmfüllung. Im Laufe der Zeit sind sehr viele verschiedenartige Turmfüllungen vorgeschlagen worden. Sie können folgendermaßen eingestellt werden:

1. Steinbrocken: Ihre Verwendung liegt nahe, da sie immer zur Verfügung stehen, es ist aber nicht immer einfach, ein Material zu finden, das den chemischen Ansprüchen genügt. Diese Füllung hat verschiedene Nachteile, deren hauptsächlichste ihr großes Gewicht, ihre relativ kleine Oberfläche je Volumeneinheit und ihr kleiner freibleibender Querschnitt sind. Heute wird sie nur in zwei wichtigen Fällen angewendet: Erstens in Glovertürmen bei der Herstellung der Schwefelsäure in Gestalt gebrochenen Quarzes und zweitens in einem der Systeme zur Herstellung der Lauge für die Sulfitzellstoffabrikation, wo gebrochener Kalkstein Verwendung findet. In diesem letzteren Falle soll die hergestellte Lösung in dem Turm mit dem Kalkstein reagieren, so daß hier zwei Operationen gleichzeitig durchgeführt werden.

2. Koks: Koks hat den Vorteil des geringen Gewichtes und der großen Oberfläche je Gewichtseinheit. Seine Nachteile sind geringer freibleibender Querschnitt und das Vorhandensein einiger schwach löslicher Bestandteile, die in die Lösung übergehen. Er ist ferner ziemlich zerreiblich. Die Oberfläche ist nicht so groß wie man eigentlich denken sollte, da viele der Poren so klein sind, daß sie vollständig mit der Flüssigkeit ausgefüllt werden, so daß sie nicht zur Vergrößerung der Oberfläche beitragen, die für die Reaktion der Gasphasen mit der Flüssigkeit in Betracht kommt. Koks ist im allgemeinen billig und überall erhältlich, und in vielen kleinen und einfach liegenden Betriebsfällen ist seine Verwendung gerechtfertigt.

3. Steinzeugfüllkörper: Bei der Gasabsorption wird so häufig eine Säure als Lösemittel verwendet, daß säurefestes Steinzeug eine sehr weite Verbreitung als Füllmaterial für Türme gefunden hat. Es wird für diesen Zweck in mannigfaltiger und dem Zweck angepaßter Form geliefert.

Als Füllmaterial für Türme können auch gewöhnliche rechteckige Steine in Ziegelformat dienen, die hochkant gesetzt werden, aber diese Turmfüllung ist sehr schwer und besitzt nur eine kleine Oberfläche je Volumeneinheit, sie kann aber so ausgeführt werden, daß ein großes freibleibendes Volumen und ein großer freibleibender Querschnitt erzielt werden. Alle möglichen Arten besonders geformter Steine wurden schon vorgeschlagen und fanden auch Verwendung, aber es ist nicht erforderlich, hier genauer darauf einzugehen. Eine Zeitlang wurden Guttmankugeln sehr empfohlen. Diese Kugeln sind hohle runde Steinzeugkörper, in deren Wandung, solange der Ton noch plastisch ist, mehrere Löcher gedrückt werden, so daß im Innern kraterähnliche Erhöhungen entstehen. Man nahm an, daß auch der innere Raum der Hohlkugeln mitwirkte. Das ist aber nicht der Fall, da im Innern der Kugeln sowohl das Gas wie auch die Flüssigkeit stagnieren.

4. Raschigringe: Sie haben als Turmfüllung die weiteste Verbreitung gefunden. Raschigringe sind zylindrische Ringe, deren Länge gleich dem Durchmesser ist und deren Wandstärke so dünn ist, wie es das Material erlaubt. Steinzeug-Raschigringe haben Durchmesser von 50—150 mm bei einer Wandstärke von 9—18 mm. Wenn Ringe aus Metall verwendet werden können, wird die Füllung erheblich leichter und ergibt einen größeren freien Querschnitt und ein größeres freies Volumen. Raschigringe werden immer einfach in den Turm gefüllt und niemals regelmäßig gesetzt. Bei ihnen ergeben sich die besten Verhältnisse hinsichtlich des Gewichtes je Volumeneinheit, freibleibenden Volumens, freibleibenden Querschnitts und Gesamtoberfläche von allen bekannten Turmfüllungen. Steinzeug-Raschigringe werden manchmal mit einem oder zwei Stegen im Innern hergestellt, wodurch die Oberfläche vergrößert wird ohne erhebliche Verminderung des Querschnittes.

5. Spiralringe: Auf besonderen Maschinen werden Steinzeug-Formkörper für die Turmfüllung hergestellt, die die äußeren Abmessungen der Raschigringe haben, im Innern jedoch mit einem Schraubengang versehen sind, wodurch der lichte Querschnitt des Ringes teilweise oder vollkommen ausgefüllt wird. Derartige Ringe werden immer aufgesetzt und niemals einfach geschüttet. Es wird behauptet, daß dieser innere Schraubengang einen innigeren Kontakt zwischen Gas und Flüssigkeit herstellt. Er vergrößert die Oberfläche ohne erhebliche Verminderung des freien Querschnittes oder des freien Volumens, dagegen werden die Kosten für die Füllung erhöht, besonders durch die Arbeit beim Einbau.

Reibungsverlust in der Turmfüllung. Der Reibungswiderstand des gefüllten Turmes hat praktische Bedeutung, da bei hohem Reibungswiderstand für die Bewegung des Gases durch das Absorptionssystem zuviel Kraft verbraucht wird. Gleichung (20) und Abb. 12 können nicht ohne weiteres angewendet werden, weil D, der Durchmesser der Leitung, unbekannt ist; außerdem ist die Rauheit der Wandungen größer als bei einem Rohr, weswegen Φ' mit einem noch unbekannten Faktor multipliziert werden müßte.

Berichte über ins einzelne gehende Versuche, die den Zweck hatten, die richtigen Konstanten für die Gleichung (20) zur Anwendung auf Absorptionstürme zu bestimmen, sind niemals veröffentlicht worden.

Zeisberg[1] hat über Versuche zur Feststellung der Reibung der Luft in einer Anzahl verschiedener Turmfüllungen berichtet. Beschränkt man sich auf dieses Gas allein, so daß γ und Z konstant sind, und auf einen genügend kleinen Geschwindigkeitsbereich, der weit genug oberhalb der kritischen Geschwindigkeit liegt, so daß die Änderung von Φ bedeutungslos wird, so schrumpft Gleichung (20) zusammen auf

$$\Delta p = \zeta \cdot H c^2. \tag{200}$$

Da der Querschnitt der Leitung im Turm unbekannt ist, kann c nicht berechnet werden. Allgemein wird indessen statt des wahren c ein fiktiver Wert für die Rechnung benutzt, der auf den Querschnitt des

Widerstandszahlen ζ für Absorptionstürme.
Die Werte für ζ sind mit 10^{-5} zu multiplizieren.

Füllung	ζ_d^d	ζ_w^d	ζ_c^d	ζ_d^s	ζ_w^s	ζ_c^s	ζ_d^p	ζ_w^p	ζ_c^p
Quarz 150 mm	522	540	540	—	—	—	—	—	—
„ 75 „	909	990	1250	—	—	—	—	—	—
„ 50 „	3460	3560	3900	—	—	—	—	—	—
„ 12—25 „	6050	7780	9855	—	—	—	—	—	—
Koks 75 „	684	730	845	—	—	—	—	—	—
„ 12—30 „	2600	3420[1]	—	—	—	—	—	—	—
Glatte Ringe 100×75 mm .	459	504	567	225	306	342	—	288	306
Ringe mit Rillen 75×75 mm	459	504	567	279	378	522	234	252	252
Spiralringe 75×75 mit Rillen	405	486	567	486	486	549	—	—	—
„ 150×150 „ „	—	—	—	342	423	450	216	279	315
Heckenbleiknerblöcke mit Rillen 150 mm	144	324	324	315	342	342	234	252	252
Raschig-Ringe 25 mm . . .	3100	3100	3100	—	—	—	—	—	—
Steine hochkant, nicht versetzt	—	—	—	—	—	—	279	279	387
Steine, hochkant versetzt .	—	—	—	—	—	—	162	216	279
„ „ „ . .	—	—	—	—	—	—	279	297	315
„ „ „ . .	—	—	—	—	—	—	387	387	666
Steine versetzt, abwechselnd flach	—	—	—	—	—	—	369	432	513

[1] Mit 92%iger Schwefelsäure angefeuchtet anstatt mit Wasser.

Die Bezeichnungen haben folgende Bedeutung:

ζ_d trockene Füllung.

ζ_w Füllung mit Wasser angefeuchtet, Wasser abgelaufen.

ζ_c mit Wasser berieselt, und zwar mit einer Menge von etwa 55 l je m^2 Turmquerschnitt je min.

ζ^d Füllung in den Turm geschüttet.

ζ^s Füllung in Schichten aufgesetzt, jedoch die Körper einer Schicht nicht notwendigerweise zu den Körpern der folgenden Schicht passend.

ζ^p Füllung in dem Turm aufgesetzt, so daß die Vertikalachsen der Körper in der einen Schicht mit den in den anschließenden Schichten übereinstimmen.

Δ_p Druckverluste infolge Reibung in mm H_2O.

---

[1] Trans. Amer. Inst. chem. Engr. Bd. 12 II (1919) S. 231.

leeren Turmes bezogen ist. Wird diese Definition von *c* zugrunde gelegt, so kann Gleichung (200) umgeformt werden

$$\Delta p = \frac{\zeta \cdot H \cdot V^2}{F^2}, \tag{201}$$

worin *V* das Volumen der Luft in m³ ist, die je Minute durch den Turm strömt; *F* der Querschnitt des leeren Turmes in m²; für die Größe *H* wird im allgemeinen die Höhe der Füllung im Turm eingesetzt, da die Länge der vielverzweigten Luftwege, die in Wirklichkeit durchströmt werden, nicht gemessen werden kann.

Der Querschnitt der tatsächlich durchströmten Wege wird beeinflußt durch die Flüssigkeitsmenge, welche durch die Füllung herabrieselt. Um dies zu berücksichtigen, wurden die Werte von ζ unter verschiedenen Bedingungen durch Versuche bestimmt. Ebenso wurde ζ für verschiedene Arten der Turmfüllung ermittelt. Die von Zeisberg festgestellten Ergebnisse sind in den Tabellen[1] auf S. 283 und 284 zusammengestellt.

Eigenschaften von Turmfüllungsmaterial.

Füllung	Freier Raum in %	Oberfläche m² je m³	Gewicht kg je m³	Stückzahl je m³
Quarz 150 mm	44	20,6	1425	—
„ 75 „	46	41,5	1375	—
„ 50 „	46	61,5	1410	—
„ 12—25 „	47	165,0	1410	—
Koks 75 mm	58	41,5	465	—
Glatte Ringe 100×75 mm 1. .	64	65,5	800	955
2. .	51	88,5	1055	1270
3. .	51	88,5	1055	1270
Ringe mit Rillen 1.	65	78,8	770	1870
2.	57	98,5	975	2360
3.	55	102	1010	2470
Spiralringe mit Rillen 75×75 2.	72	72	640	1690
3.	64	94,8	850	2220
Spiralringe mit Rillen 150×150 2.	58	49	850	283
3.	58	49	850	283
Heckenbleiknerblöcke mit Rillen				
150 mm 1.	72	35	625	148
2.	62	47	830	198
3.	62	47	830	198
Raschig-Ringe 25 mm	73	190	640	27500
Steine, hochkant, nicht versetzt	59	34,3	990	565
Steine, hochkant, versetzt . .	75	21	560	335
„ „ „ . .	55	38	1090	620
„ „ „ . .	45	46,0	1300	742
Steine, versetzt, abwechselnd flach	49	43	1230	706

1. = geschüttet wie Index ^{d}. 2. = aufgesetzt wie Index ^{s}. 3. = regelmäßig aufgesetzt wie Index ^{p}.

[1] Siehe auch genaue Beschreibung und Einteilung einer Anzahl verschiedener Turmfüllungen von Butcher: Industrial Chemist 1928 S. 446—448.

Der Gebrauch dieser Tabellen sei durch das folgende Beispiel erläutert:

Beispiel 23. Welcher Druckunterschied ist erforderlich, um 7,1 m^3 Luft je Minute durch ein Absorptionssystem zu drücken, das aus fünf hintereinandergeschalteten Türmen von 610 mm Durchmesser besteht? Die Türme sind 3,05 m hoch mit 75-mm-Spiralringen besetzt. Über die Füllung zirkulierten 24,4 l Wasser je m^2 Turmquerschnitt und min. Reibungsverluste in Rohrleitungen sind zu vernachlässigen.

Lösung. Die in Gleichung (201) einzusetzenden Daten sind:

$$H = 5 \cdot 3{,}05 = 15{,}25 \text{ m},$$
$$V = 7{,}1 \text{ m}^3,$$
$$F = 0{,}292 \text{ m}^2,$$
$$\zeta_c' = 522 \cdot 10^{-5}$$
$$\Delta_p = \frac{\zeta \cdot H \cdot V^2}{F^2} = \frac{522 \cdot 10^{-5} \cdot 15{,}25 \cdot (7{,}1)^2}{(0{,}292)^2}.$$
$$\Delta_p = 48 \text{ mm } H_2O.$$

Konstruktion der Türme. Bei vielen Gasabsorptionen wird eine Säurelösung angewendet oder erzeugt. Die Türme müssen infolgedessen aus säurebeständigen Materialien hergestellt sein. Früher wurde ganz allgemein säurefestes Steinzeug hierfür benutzt. Dies wird in Form von Ringen geliefert mit Durchmessern bis zu 1,20 m und mit Muffenanschlüssen und -verbindungen. Besondere Boden- und Deckelteile mit Ein- und Auslaßstutzen für Gas und Flüssigkeit sind ebenfalls erhältlich. Früher wurde auch Eisensiliziumguß für diese Zwecke verwendet und seit kurzer Zeit ist es möglich geworden, den ganzen Apparat aus nichtrostendem Stahl aufzubauen. Stahl- oder Bleitürme werden mit säurefestem Steinzeug ausgekleidet, das mit Zement oder pulverisierter Kieselsäure mit Wasserglas oder Bleiglätte und Glyzerin vermauert wird. Oft ist auch die gewöhnliche Konstruktion aus Stahlblechen möglich. In einigen Fällen werden Türme aus Holz benutzt, die im wesentlichen nur aus langen schmalen Behältern bestehen, deren Stäbe mit Nut und Feder versehen sind und mit Zugbändern zusammengehalten werden. Die Einführung des nichtrostenden Stahles wird wahrscheinlich die Turmkonstruktion ganz erheblich vereinfachen.

Hat ein Turm mehr als einige Zoll Durchmesser, so sind Vorrichtungen erforderlich, welche die Flüssigkeit so verteilen, daß die Füllung vollständig berieselt wird. Diese Vorrichtungen können aus einfachen, durchlochten Platten oder aus Streudüsen bestehen. Es ist auch eine ganze Anzahl anderer Konstruktionen möglich, je nach der Genialität des Erbauers. Viele kleine Flüssigkeitsströme sind immer wenigen großen Strömen vorzuziehen. Bei sehr hohen Türmen mit dichter Füllung kann sich der Einbau von horizontalen Lochplatten als notwendig erweisen, um das Gewicht der Füllung auf die Turmwandungen zu übertragen. Wenn die Gesamthöhe des Turmes für die Durchführung der

Reaktion in einem einzigen Turme zu groß wird, werden mehrere niedrigere Türme hintereinandergeschaltet. Durch diese Türme soll dann Gas und Flüssigkeit im Gegenstrom fließen. Manchmal tritt auch der Fall ein, daß die Flüssigkeitsmenge, die für die Aufnahme des löslichen Gases erforderlich ist, zu gering wird, als daß die gesamte Oberfläche der Füllung berieselt werden kann. Dann wird durch jeden Turm eine größere Flüssigkeitsmenge gepumpt, von welcher nur ein Teil zu dem in der Reihe folgenden Turm übergeleitet wird. Eine derartige Anordnung ist in Abb. 173 schematisch dargestellt.

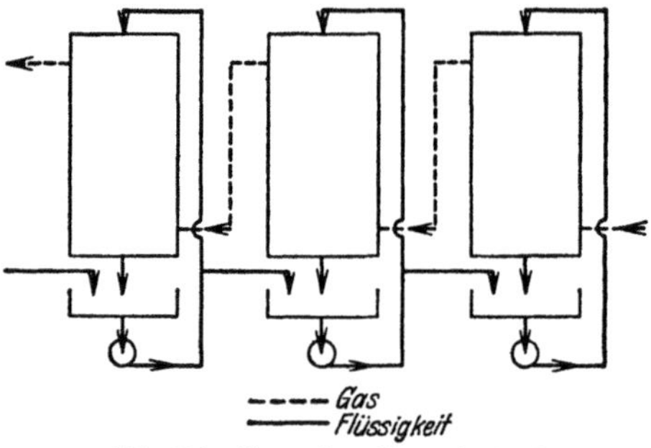

Abb. 173. Absorptionstürme in Reihe mit Flüssigkeitsumlauf.

Turille. Bei der Absorption von Salzsäure geht die Reaktion so schnell vor sich, und es wird so viel Wärme erzeugt, daß es notwendig wird, die Reaktion zu verlangsamen. Dies geschieht durch Verminderung der Berührungsfläche und hat den Zweck, eine unzulässige Temperatursteigerung zu verhindern. Man benutzt dabei sogenannte

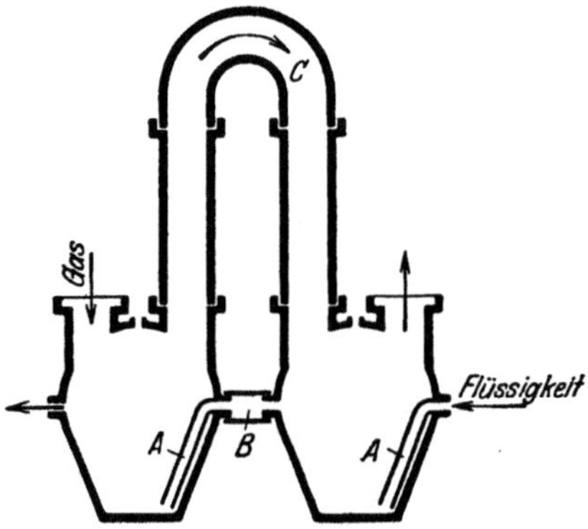

Abb. 174a.
Einfache Turille oder Wolffsche Flaschen.
A Flüssigkeitseintritt. *B* Flüssigkeitsübertritt.
C Gasanschlüsse.

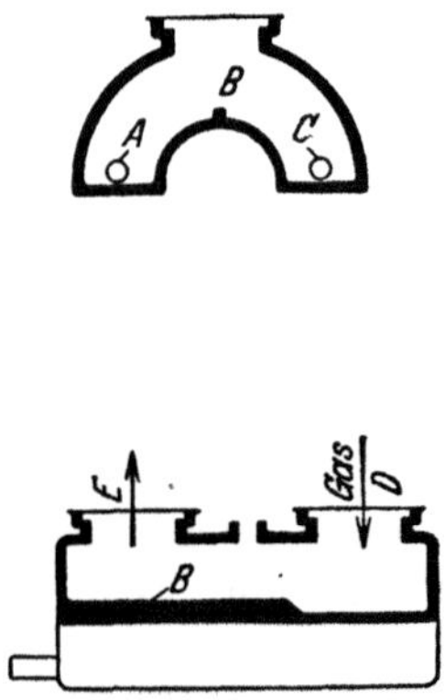

Abb. 174b. Cellarius-Turill.
A Flüssigkeitseintritt.
B Rippe. *C* Flüssigkeitsaustritt. *D* Gaseintritt.
E Gasaustritt.

Turille, in welchen das Gas in einem schmalen Strom über fast stehendes Wasser geleitet wird. Abb. 174 zeigt zwei verschiedene Formen der Turille. Das in Abb. 174a dargestellte Gefäß wird auch manchmal mit dem Namen „Wolffsche Flasche" bezeichnet. Die absorbierende Flüssigkeit fließt durch die Rohre *A* von einem Gefäß zum anderen. Die Rohrverbindungen werden durch Gummimanschetten *B* hergestellt. Das Gas strömt in entgegengesetzter Richtung durch die Rohre *C*. Die in Abb. 174b dargestellte Form hat man gewählt, um die Wärmestrahlung zu vergrößern. Sie ist unter der Bezeichnung „Cellarius Turill“ bekannt geworden. Die Flüssigkeit tritt bei *A* an der Stirnwand der Turille ein. Die Rippe *B* leitet die Flüssigkeit zunächst nach hinten, dann wieder vorwärts zu dem Austrittsrohr, das bei *C* angeschlossen wird. Die Flüssigkeit wird nur so hoch gehalten, daß die Rippe *B* noch über die Oberfläche hervorragt. Das Gas tritt bei *D* ein, bei *E* aus. Die Verbindungen für Wasser zwischen den Turillen werden aus Glasrohren mit Gummimanschetten hergestellt. Die Gasleitungen bestehen aus normalem Steinzeugrohr.

Theorie der Gasabsorption.

Der Vorgang der Absorption eines Bestandteiles aus einer Gasphase durch eine Flüssigkeit muß von zwei Gesichtspunkten aus betrachtet werden: 1. Vom Gleichgewichtszustand und 2. von der Reaktionsgeschwindigkeit aus.

Gleichgewicht (Löslichkeit). Über der Lösung eines Gases in einer Flüssigkeit hat das Gas bei bestimmter Temperatur und Konzentration einen bestimmten Partialdruck. Die lösende Flüssigkeit hat ebenfalls ihren eigenen Partialdruck, jedoch ist dieser für den Vorgang der Gasabsorption nebensächlich.

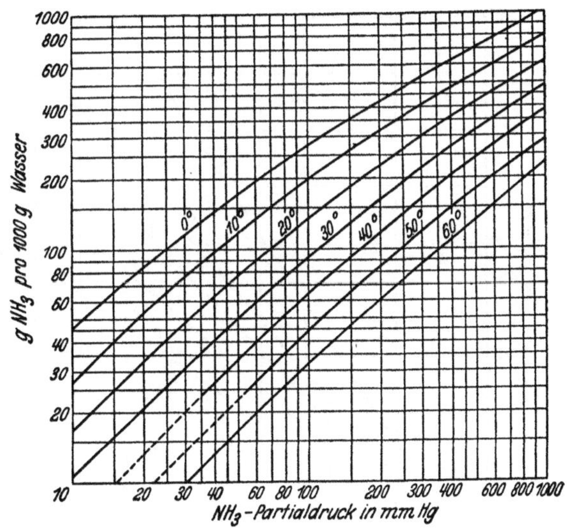

Abb. 175. Löslichkeit von Ammoniak in Wasser.

Verschiedene Gase zeigen sehr große Verschiedenheiten in den Partialdrücken, welche von ihren Lösungen bei Gleichgewicht ausgeübt werden. Bildet das Gas z. B. mit der absorbierenden Flüssigkeit eine stabile chemische Verbindung, so wird sein Partialdruck für verschiedene Konzentrationen innerhalb eines weiten Bereiches gleich Null sein, vorausgesetzt, daß noch etwas von der absorbierenden Komponente ungebunden vorhanden ist. Wenn dagegen z. B. Sauerstoff in Wasser gelöst wird, werden von sehr dünnen Lösungen hohe Partialdrücke des Sauerstoffes ausgeübt. Dies wird auch so ausgedrückt, daß man sagt, der Sauerstoff sei in Wasser wenig löslich. Im allgemeinen heißt es, daß die Löslichkeit um so größer ist je niedriger der Partialdruck des gelösten Gases über einer Lösung bestimmter Konzentration ist. Die Abb. 175, 176 und 177 geben für verschiedene Konzentrationen die Dampfdrücke eines sehr löslichen Gases (Ammoniak)[1], eines Gases mittlerer Löslichkeit (Schwefeldioxyd)[1] und eines wenig löslichen Gases (Sauerstoff).

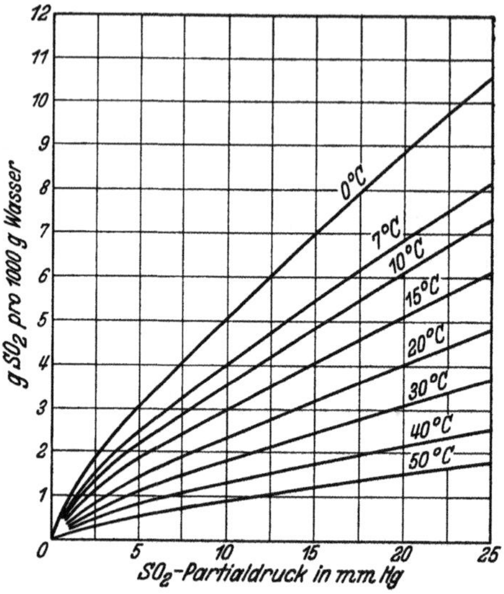

Abb. 176a. Löslichkeit von Schwefeldioxyd in Wasser.

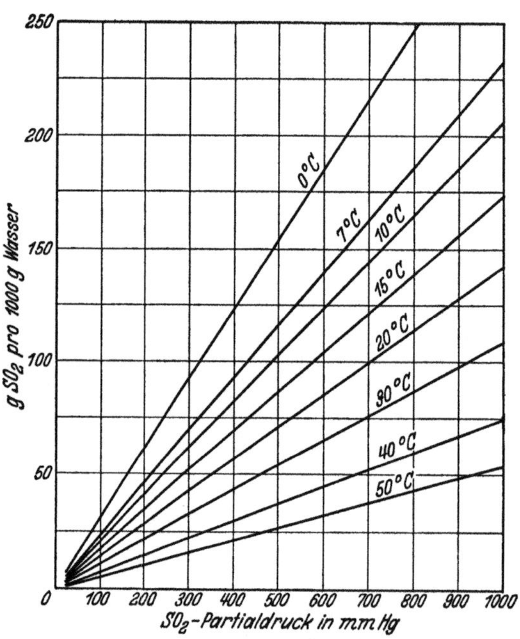

Abb. 176b. Löslichkeit von Schwefeldioxyd in Wasser (Fortsetzung der Kurven der Abb. 176a.).

Es möge hierbei bemerkt werden, daß eine gegebene Flüssigkeitsmenge jede Menge von jedem Gase lösen kann, gleichgültig, ob es leicht oder wenig löslich ist; maßgebend ist nur der Partialdruck des gelösten Gases, das mit der Flüssigkeit in Berührung steht. Der Ausdruck „wenig löslich" bedeutet nur, daß ein höherer Partialdruck des mit der Flüssigkeit in Berührung stehenden Gases erforderlich ist, um eine Lösung bestimmter Konzentration zu erhalten, während ein sehr lösliches Gas dieselbe Konzentration bei einem niedrigeren Partialdruck ergibt. Z. B. übt eine 32%ige Lösung von Salzsäure bei 30° C einen Partialdruck des Chlorwasserstoffes von 44,5 mm Quecksilber aus. Wenn nun mit der Lösung ein Gas in Berührung kommt, das genügend Chlorwasserstoff enthält, so daß dessen

[1] Sherwood: Ind. Engng. Chem. Bd. 17 (1925) S. 745—747.

Partialdruck höher ist als 44,5 mm, so löst sich Chlorwasserstoff in der Flüssigkeit, bis der Partialdruck des Chlorwasserstoffes im Gas gleich 44,5 mm Hg wird, vorausgesetzt, daß die Gasmenge klein und die Lösungsmenge groß genug ist. Ganz allgemein wird, wenn ein Gasabsorptionsprozeß bis zum Gleichgewichtszustand durchgeführt wird, der Partialdruck des gelösten Stoffes in der Gasphase gleich dem von der flüssigen Phase ausgeübten sein. Die konzentrierteste Lösung, die überhaupt bei einem Gasabsorptionsprozeß hergestellt werden kann, selbst wenn der Prozeß den völligen Gleichgewichtszustand erreicht, ist die, in welcher der Partialdruck des gelösten Stoffes gleich dem anfänglichen Partialdruck des gelösten Stoffes in der Gasphase ist.

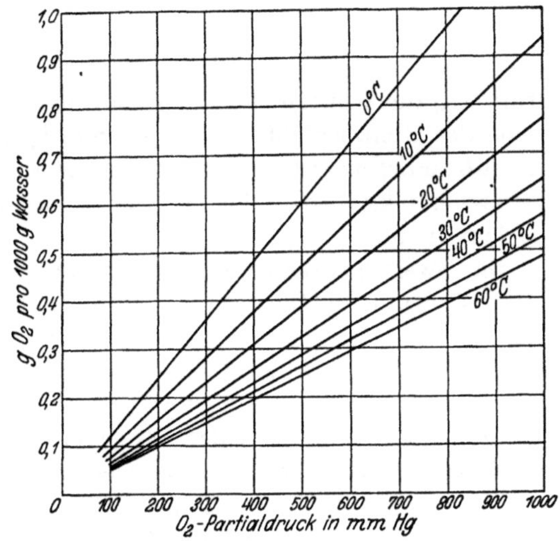

Abb. 177. Löslichkeit von Sauerstoff in Wasser.

Geschwindigkeit der Absorption.

Aus der Erörterung des Diffusionsprozesses in Kapitel VI geht hervor, daß im allgemeinen ein Stoff, der aus einem inerten Gas mittels einer Flüssigkeit herausgewaschen wird, nacheinander zwei Grenzschichten durchdringen muß: 1. Eine Grenzschicht der Gasphase und 2. eine Grenzschicht der Flüssigkeit. In Kapitel VI war gezeigt worden, daß die Diffusionsgeschwindigkeit der Komponente a durch eine ruhende Gasgrenzschicht, die zur Hauptsache aus einer unbeteiligten Komponente b besteht, durch folgende Gleichung gegeben ist:

$$\frac{Q_a}{t \cdot F} = \frac{k_w}{x_g \cdot p_{bm}} (p_{ag} - p_{ai}), \tag{98}$$

worin Q_a das Gewicht der Komponente a in kg, t die Zeit in Stunden, F die senkrecht zur Richtung der Diffusion der Komponente a gemessene Fläche in m², x_g die Dicke der Grenzschicht in m, p_{bm} der mittlere Partialdruck der Komponente b in der Grenzschicht in at, p_{ag} der Partialdruck der Komponente a an einer Seite der Grenzschicht in at, p_{ai} der Partialdruck der Komponente a an der anderen Seite der Grenzschicht und k_w der Diffusionskoeffizient ist. Es wurde ferner in Kapitel VI gezeigt, daß, wenn p_{bm} das arithmetische Mittel der Partialdrücke der

Komponente b ist, Gleichung (98) nur gültig ist, solange das Verhältnis von p_{bi} zu p_{bg} von 1 nicht zuviel abweicht. Die entsprechende Gleichung für die Diffusion einer einzelnen Komponente durch eine Flüssigkeitsgrenzschicht ist

$$\frac{Q_a}{t \cdot F} = \frac{(C_{ai} - C_{al}) \cdot d}{x_l}, \tag{106}$$

worin C_{ai} die Konzentration der diffundierenden Komponente an einer Seite der Grenzschicht ist, gemessen in kg je m³, C_{al} die Konzentration der diffundierenden Komponente an der anderen Seite der Grenzschicht, gemessen in kg je m³, d der Diffusionskoeffizient, x_l die Dicke der Grenzschicht in m.

Die Zweischichtentheorie der Absorption[1]. Die Gleichungen (98) und (106) sind auf die Gasabsorption anwendbar, da sie für eine Gas- und eine Flüssigkeitsschicht in gegenseitiger Berührung gelten. Dann ist p_{ag} der Partialdruck der diffundierenden Komponente a in dem Hauptstrom des Gases, p_{ai} der Partialdruck von a an der Grenzfläche, C_{ai} die Konzentration von a in der Flüssigkeit an der Grenzfläche und C_{al} die Konzentration von a in der Gesamtheit der Flüssigkeit. In Übereinstimmung mit der Annahme, daß in der Grenzfläche Gleichgewicht herrscht, werden p_{ai} und C_{ai} Koordinaten der Löslichkeitskurve der Komponente a in der Flüssigkeit bei der jeweiligen Temperatur. Weiterhin ist, da die durch die Gasgrenzschicht fließende Menge von a gleich der durch die Flüssigkeitsgrenzschicht fließenden ist, die Größe $\frac{Q_a}{t \cdot F}$ in beiden Fällen gleich und

$$\frac{Q_a}{t \cdot F} = \frac{k_w}{x_g \cdot p_{bm}} (p_{ag} - p_{ai})) = \frac{(C_{ai} - C_{al}) \cdot d}{x_l}. \tag{202}$$

Da es praktisch nicht möglich ist, die Dicke der Grenzschichten x_g und x_l zu messen, werden die beiden Grenzschichtkoeffizienten folgendermaßen definiert:

$$k_g = \frac{k_w}{x_g \cdot p_{bm}} \tag{203}$$

und

$$k_l = \frac{d}{x_l}. \tag{204}$$

Gleichung (202) wird dann

$$\frac{Q_a}{t \cdot F} = k_g (p_{ag} - p_{ai}) = k_l (C_{ai} - C_{al}). \tag{205}$$

Aus Gleichung (205) geht hervor, daß die Geschwindigkeit der Gasabsorption für jeden vorliegenden Wert p_{ag} und C_{al} von den Löslichkeitsverhältnissen des Gases und der Flüssigkeit und ferner von den Werten der beiden Koeffizienten k_g und k_l abhängt. Wenn die Daten

---

[1] Whitman: Chem. metallurg. Engng. Bd. 29 (1923) S. 147.

der Löslichkeit bekannt sind, und wenn ferner k_g und k_l bekannt sind, sind die einzigen Unbekannten p_{ai} und C_{ai}. Zur Bestimmung dieser Unbekannten sind zwei Beziehungen vorhanden: Gleichung (205) und die Löslichkeitskurve.

Beispiel 24. Die Löslichkeit von Ammoniak in Wasser kann bei 30° C durch die Gleichung ausgedrückt werden

$$\text{I.} \qquad p = 1{,}01\ C,$$

worin p in mm Hg-S. und C in Gramm NH_3 je 1000 cm³ Lösung gemessen wird. Diese Gleichung kann in dem Bereich $p = 0$ bis $p = 40$ angewendet werden.

Eine Mischung von 10% Ammoniak und 90% Luft (dem Volumen nach) bei 760 mm Hg-S. ist in Berührung mit einer wässerigen Ammoniaklösung von 2,5 g NH_3 je Liter. Die Luftgeschwindigkeit ist so groß, daß

$$\frac{k_g}{k_l} = 0{,}7\,,$$

worin k_g in g je h, cm², at Druckdifferenz und k_l in g je h, cm², g/cm³ Konzentrationsdifferenz gemessen ist.

a) Zu berechnen ist die Ammoniakkonzentration und der Partialdruck des Ammoniaks an der Grenzfläche. Der Gesamtdruck beträgt 760 mm.

b) Dasselbe, wenn die Ammoniakkonzentration in der Flüssigkeit 0 ist.

Lösung. a) Nach Gleichung (205) ist:

$$\frac{k_g}{k_l} = \frac{C_{ai} - C_{al}}{p_{ag} - p_{ai}}.$$

Da k_g für eine Partialdruckdifferenz in at angegeben ist, müssen p_{ag} und p_{ai} ebenfalls in at gemessen werden. Ebenso müssen C_{ai} und C_{al} in g/cm³ gemessen werden, weil k_l auf diese Einheit bezogen ist.

Daher

$$\text{I.} \qquad 760\, p_{ai} = 1{,}01 \cdot 1000 \cdot C_{ai}$$

$$p_{ai} = 1{,}33\, C_{ai}\,.$$

Gegeben sind:

$$C_{al} = 0.0025 \text{ g/cm}^3 \ (2{,}5 \text{ g/l})$$

$$p_{ag} = 0{,}1 \text{ at},$$

$$\text{also II.} \qquad \frac{C_{ai} - 0{,}0025}{0{,}1 - p_{ai}} = \frac{k_g}{k_l} = 0{,}7;$$

aus den Gleichungen I und II werden C_{ai} und p_{ai} berechnet:

$$C_{ai} = 0{,}0349 \text{ g/cm}^3$$

$$p_{ai} = 0{,}0464 \text{ at}.$$

Die Partialdruckdifferenz in der Gasgrenzschicht ist

$$0{,}100 - 0{,}0464 = 0{,}0536 \text{ at} = 40{,}8 \text{ mm Hg}.$$

Die Konzentrationsdifferenz in der Flüssigkeitsgrenzschicht ist

$$0{,}0349 - 0{,}0025 = 0{,}0324 \text{ g/cm}^3 = 32{,}4 \text{ g/l}.$$

b) Wenn die Ammoniakkonzentration in der Flüssigkeit 0 ist, wird Gleichung II

$$\frac{C_{ai}}{0{,}1 - p_{ai}} = 0{,}7;$$

dann ergibt sich aus I und II

$$C_{ai} = 0{,}0364 \text{ g/cm}^3$$

$$p_{ai} = 0{,}0484 \text{ at}.$$

In diesem Falle wird die Partialdruckdifferenz in der Luftgrenzschicht $0{,}100 - 0{,}0484 = 0{,}0516$ at oder 39,2 mm Hg und die Konzentrationsdifferenz in der Flüssigkeitsgrenzschicht 0,0364 g/cm³ oder 36,4 g/l.

Faktoren, welche die Grenzschichtkoeffizienten beeinflussen. Aus der Ableitung der Gleichungen (203) und (204) geht hervor, daß die Koeffizienten k_g und k_l abhängen: erstens von den eigentümlichen Diffusionskoeffizienten und zweitens von den Dicken der Grenzschichten. Die Einflüsse der verschiedenen Faktoren auf diese Größen sind in den Kapiteln VI und VII erörtert worden und brauchen hier nicht wiederholt zu werden.

Zahlenangaben, die allgemeine Bedeutung hätten, sind spärlich[1]. Wie es bei vielen Grundoperationen der Fall ist, werden die Leistungsfaktoren am besten durch ein Experiment mit kleineren Mengen bestimmt, oder aus den im Betriebe gewonnenen Daten in geeigneter Weise berechnet.

Einfluß der Löslichkeit. Eine erhebliche Vereinfachung in der Berechnung der Gasabsorptionsprozesse kann in den Fällen stattfinden, wo die Löslichkeit des absorbierten Gases entweder sehr hoch oder sehr gering ist. Bei der Absorption eines sehr löslichen Gases wie Ammoniak in Wasser, wird selbst dann, wenn C_{ai} groß ist, p_{ai} klein sein, so daß es gegen p_{ag} vernachlässigt werden kann. Gleichung (205) kann deshalb, ohne einen großen Fehler zu machen, geschrieben werden

$$\frac{Q_a}{t \cdot F} = k_g \cdot p_{ag}\,. \tag{206}$$

Die physikalische Bedeutung dieser Vereinfachung ist die, daß der absorbierte Stoff, wenn er erst einmal durch die Gasgrenzschicht diffundiert ist, infolge der sehr hohen Löslichkeit so begierig von der Flüssigkeit aufgenommen wird, daß der Widerstand in der Flüssigkeitsgrenzschicht bedeutungslos wird, und allein der Widerstand in der Gasgrenzschicht das Tempo der Absorption bestimmt.

Im anderen Falle, wo das Gas eine sehr geringe Löslichkeit hat, ist C_{ai} klein, selbst wenn p_{ai} groß ist, das bedeutet, daß die treibende Kraft für die Diffusion in der Flüssigkeit, $C_{ai} - C_{al}$, notwendigerweise klein ist und daß p_{ai} und p_{ag} im wesentlichen gleich sind. Hier ist der Widerstand gegen die Diffusion in der Flüssigkeitsgrenzschicht der bestimmende Faktor, der die Geschwindigkeit der Absorption angibt, und die Gleichung (205) kann in der Form geschrieben werden:

$$\frac{Q_a}{t \cdot F} = k_l (C_{ai} - C_{al})\,. \tag{207}$$

Der Widerstand in der Gasgrenzschicht ist vernachlässigt.

In Fällen mittlerer Löslichkeit muß man die Widerstände in beiden Schichten in Betracht ziehen und Gleichung (205) in der vollständigen Form benutzen.

[1] Siehe Haslam, Hersey and Kean: Ind. Engng. Chem. Bd. 16 (1924) S. 1224. — Greenwalt: Ind. Engng. Chem. Bd. 18 (1926) S. 1291. — Haslam, Ryan and Weber: Trans. Amer. Inst. chem. Engr. Bd. 15 (1923) S. 177; Principles of Chemical Engineering 2d Ed., S. 705—715.

Gesamtkoeffizient. Henrys Gesetz. Gerade wie bei der Behandlung des Wärmeüberganges sich die Benutzung von Gesamtkoeffizienten, die aus den Grenzschichtkoeffizienten hervorgehen, als nützlich erwies, so kann man auch bei der Gasabsorption Gesamtkoeffizienten einführen, welche Funktionen der einzelnen Grenzschichtkoeffizienten sind. Hier tritt aber eine Komplikation auf, die bei dem Wärmeübergang nicht vorhanden ist. Beim Wärmeübergang ist als treibende Kraft die Temperaturdifferenz anzusehen, ohne Rücksicht darauf, ob die Wärme durch einen festen Stoff, eine Flüssigkeit oder ein Gas fließt. Bei der Diffusion ist dagegen die treibende Kraft in der Flüssigkeitsgrenzschicht eine Konzentrationsdifferenz und in der Gasgrenzschicht eine Partialdruckdifferenz. Es ist also notwendig, C_{ai} in gleichen Einheiten wie p_{ai} auszudrücken, bevor ein Ausdruck für einen Gesamtkoeffizienten aus den beiden Grenzschichtkoeffizienten abgeleitet werden kann. Die einfachste Beziehung zwischen diesen beiden Größen gibt Henrys Gesetz (siehe S. 249).

$$C_{ai} = H \cdot p_{ai}\,, \tag{208}$$

worin H eine Konstante ist und von der Temperatur abhängt. In Kapitel IX war gezeigt, daß Henrys Gesetz nicht allgemein anwendbar ist und für jedes System vor der Anwendung experimentell bewiesen werden muß. Es paßt indessen gut genug in vielen wichtigen Fällen.

Wenn C_{ag} die dem Partialdruck p_{ag} entsprechende Konzentration ist, so ist

$$C_{ag} = H \cdot p_{ag}\,, \tag{209}$$

und wenn p_{al} der Partialdruck ist, der der Konzentration C_{al} entspricht, so ist

$$C_{al} = H \cdot p_{al}\,. \tag{210}$$

Es folgt nach Elimination von p_{ai}, C_{ai} und C_{al} aus den Gleichungen (205), (208) und (210), daß

$$\frac{Q_a}{t \cdot F} = \frac{1}{\frac{1}{H k_l} + \frac{1}{k_g}} (p_{ag} - p_{al})\,. \tag{211}$$

Eliminiert man p_{ai}, C_{ai} und p_{ag} aus den Gleichungen (204), (208) und (209), so ergibt sich

$$\frac{Q_a}{t \cdot F} = \frac{1}{\frac{1}{k_l} + \frac{H}{k_g}} (C_{ag} - C_{al})\,. \tag{212}$$

Werden die Gesamtkoeffizienten K_g und K_l durch die Gleichungen

$$\frac{1}{K_g} = \frac{1}{H k_l} + \frac{1}{k_g} \tag{213}$$

und

$$\frac{1}{K_l} = \frac{1}{k_l} + \frac{H}{k_g} \tag{214}$$

definiert, so nehmen die Gleichungen (211) und (212) die Form an

$$\frac{Q_a}{t \cdot F} = K_g\,(p_{ag} - p_{al}) \tag{215}$$

und

$$\frac{Q_a}{t \cdot F} = K_l\,(C_{ag} - C_{al})\,. \tag{216}$$

Berechnung von Absorptionstürmen.

Wenn die Koeffizienten k_g und k_l bekannt sind, liefert uns Gleichung (205) die Möglichkeit der numerischen Berechnung von Absorptionsapparaten. Da aber die Zusammensetzungen des Gases und der Flüssigkeit von Ort zu Ort im Apparat verschieden sind, muß die Gleichung des Vorganges als Differentialgleichung aufgestellt und integriert werden.

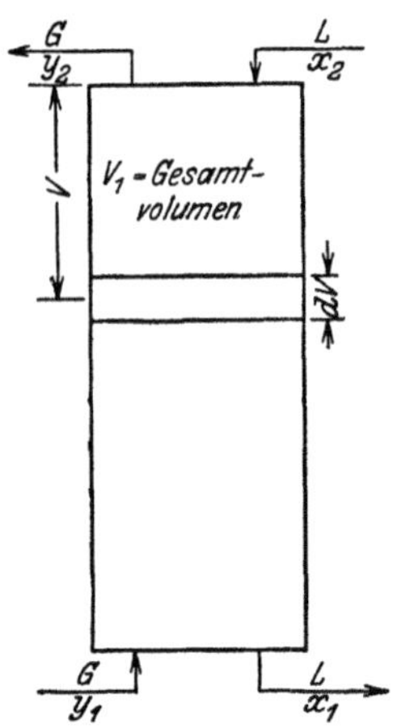

Abb. 178. Schema eines Absorptionsturmes.

Wir betrachten einen Gegenstromabsorptionsturm mit Füllung, der schematisch in Abb. 178 dargestellt ist. Es soll bedeuten:

G das Gewicht in kg des trockenen inerten Gases, das je Zeiteinheit den Turm passiert;

L das Gewicht in kg der absorbierenden Flüssigkeit, das je Zeiteinheit durch den Turm fließt;

y_1 das Gewicht in kg des absorbierbaren Stoffes im eintretenden Gas je kg inerten Gases;

y_2 das Gewicht in kg des absorbierbaren Stoffes im ausgehenden Gas je kg inerten Gases;

x_1 das Gewicht in kg des absorbierbaren Stoffes in der ausgehenden Flüssigkeit je kg reiner absorbierenden Flüssigkeit;

x_2 das Gewicht in kg des absorbierbaren Stoffes in der eintretenden Flüssigkeit je kg reiner absorbierender Flüssigkeit;

V_1 das Turmvolumen in m^3;

a die wirksame Berührungsfläche in m^2 je m^3 des Turmvolumens.

In Kapitel VII hat es sich als vorteilhaft erwiesen, die die Diffusion durch die Gasgrenzschicht verursachende Kraft durch die Differenz der Feuchtigkeit anstatt durch die Partialdruckdifferenz auszudrücken. Es war gezeigt worden, daß, wenn auch dies Verfahren nicht ganz streng genau ist, es um so mehr zutrifft, je geringer die Feuchtigkeit wird. Dasselbe Verfahren ist bei Berechnungen der Gasabsorption empfehlenswert. Daher ist die treibende Kraft für die Diffusion in der Gasgrenzschicht: $y - y_i$ und die in der Flüssigkeitsgrenzschicht $x_i - x$, wenn y das Gewicht in kg des absorbierbaren Stoffes im Gas je kg inerten Gases, x das Gewicht in kg des absorbierbaren Stoffes in der Flüssigkeit je kg reiner absorbierender Flüssigkeit, y_i das Gewicht in kg des absorbierbaren Stoffes an der Gasflüssigkeitsgrenzfläche je kg inerten Gases und x_i das Gewicht in kg des absorbierbaren Stoffes an der Grenzfläche je kg reiner absorbierender Flüssigkeit ist. Wenn die Einheiten der treibenden Kräfte geändert werden, so werden natürlich die numerischen Größen der Koeffizienten k_g und k_l sich ändern. Diese neuen Koeffizienten seien mit k_g' und k_l' bezeichnet.

Wir betrachten das kleine Volumen dV des Turmes in Abb. 178. Die Austauschfläche in diesem Teile hat die Größe $a\,dV$ in m^2 gemessen. Der vom Gas zur Flüssigkeit übergehende Stoff ist nach der Stoffbilanz

$$G\,dy = L\,dx = \frac{dQ}{t}. \tag{217}$$

Die Vorgangsgleichung (Gleichung 205) nimmt die Form an:

$$\frac{dQ}{t} = k_g'(y - y_i)\,a\,dV = k_l'(x_i - x)\,a\,dV. \tag{218}$$

Aus den Gleichungen (217) und (218) ergibt sich

$$G\,dy = k_g'(y - y_i)\,a\,dV = L\,dx = k_l'(x_i - x)\,a\,dV. \tag{219}$$

Graphische Integration der Vorgangsgleichungen.

Die Benutzung der Gleichung (219) wird sehr vereinfacht, wenn man die graphische Methode von Walker, Lewis und McAdams benutzt[1]. Diese Methode besteht darin, daß in einem einzigen Diagramm die Gleichgewichtskurve, d. h. y_i über x_i und eine Betriebslinie, d. h. y über x, gezeichnet werden.

Die Bestimmung der Betriebslinie. Die Gleichung der Betriebslinie erhält man aus einer Bilanz des gelösten Stoffes für den Teil der Säule bis zu dem Abschnitt dV. An Hand der Abb. 178 ergibt sich aus der Feststellung, daß die von dem Gasstrom in dem unteren Teil des Turmes abgegebene, in Lösung gegangene Stoffmenge von der Flüssigkeit aufgenommen ist:

$$G(y_1 - y) = L(x_1 - x). \tag{220}$$

Dies ist die Gleichung einer geraden Linie mit der Neigung $\frac{L}{G}$, welche die Punkte (x_1, y_1) und (x, y) schneidet. Wird sie für die Endbedingungen aufgestellt, d. h. wird eine Bilanz des gelösten Stoffes für den ganzen Turm aufgestellt, so erhält man

$$G(y_1 - y_2) = L(x_1 - x_2). \tag{221}$$

Daraus geht hervor, daß dieselbe gerade Linie auch durch den Punkt (x_2, y_2) gehen muß, so daß, wenn die vier Anfangs- und Endzusammensetzungen x_1, x_2, y_1 und y_2 bekannt sind, die Betriebslinie leicht eingezeichnet werden kann. Die Neigung dieser Linie ist bestimmt durch $\frac{L}{G}$.

Abb. 179 zeigt die Gleichgewichtsverteilung für Wasserdampf zwischen den Phasen Ätznatronlösung und Luft bei 20° C. In diesem Diagramm geben die Abszissen die kg Wasser je kg Ätznatron und die

[1] Principles of Chemical Engineering 2d Ed., S. 675—698.

Ordinaten die kg Wasser je kg trockener Luft. Wenn eine Mischung von Luft und Wasserdampf mit einer bestimmten Zusammensetzung, z. B. 0,01 kg Wasser je kg trockener Luft, mit einer Ätznatronlösung bei 20° C zusammengebracht wird, so wird Wasser aus der Luft von jeder Lösung aufgenommen, welche weniger als 3,72 kg Wasser je kg Ätznatron enthält. Dagegen wird Wasserdampf von der Lösung an das Luftwasserdampfgemisch abgegeben bei jeder Konzentration, die höher ist als 3,72 kg Wasser je kg Ätznatron. Das Luftwasserdampfgemisch ist im Gleichgewicht mit einer Lösung, die 3,72 kg Wasser je kg Ätznatron enthält.

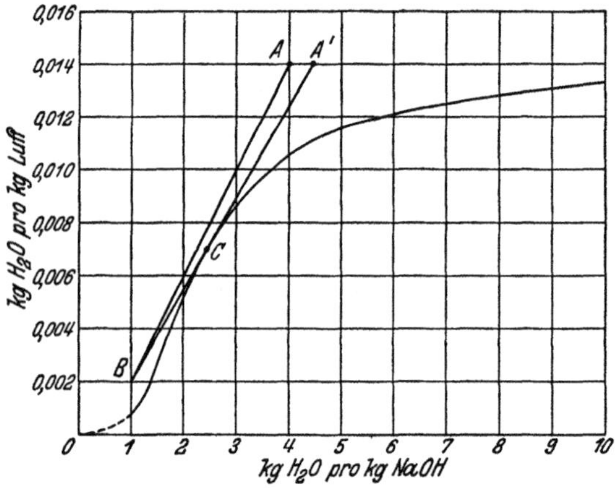

Abb. 179. Gleichgewicht zwischen Lösungen von Ätznatron und feuchter Luft.

Kleinstes Verhältnis von Flüssigkeit zum Gas. Wenn die Betriebslinie in Abb. 179 eingetragen wird, ergibt sich etwa eine Linie AB, und zwar gilt dies z. B. für den besonderen Fall, wo $x_1 = 4$, $y_1 = 0{,}014$, $x_2 = 1{,}0$, $y_2 = 0{,}002$ ist. Die Koordinaten eines jeden Punktes der Linie AB entsprechen den Zusammensetzungen der Flüssigkeits- und Gasphase an einem bestimmten Punkte des Apparates. So ist Luft, welche 0,01 kg Wasser je kg trockener Luft enthält, in Berührung mit einer Lösung, welche 3 kg Wasser je kg Ätznatron enthält. Diese Lösung ist konzentrierter als die, welche mit der dort vorhandenen Luft im Gleichgewicht wäre, daher kann hier eine Absorption stattfinden. Ebenso ist jeder andere Punkt der Linie AB in Berührung mit konzentrierteren Lösungen als dem Gleichgewicht entsprechen würde, solange, wie die Linie AB noch links oder über der Gleichgewichtskurve liegt. Wo sie die Gleichgewichtskurve tangiert, wie z. B. die Linie $A'B$ im Punkte C, sind Flüssigkeits- und Gasphase im Gleichgewicht, und an der Stelle kommt der Prozeß zum Stillstand. Es würde tatsächlich einen unendlich hohen Turm erfordern, um z. B. den Punkt C zu erreichen, da ja, wenn sich die Linie $A'B$ der Gleichgewichtskurve nähert, die treibende Kraft immer kleiner und schließlich $= 0$ wird, aus welchem Grunde das Turmvolumen unendlich groß werden müßte. Infolgedessen kann man praktisch mit keinem Turm jemals einen solchen Berührungspunkt erreichen. Wenn nun die dem Berührungspunkt entsprechenden Bedingungen schon unmöglich sind, so ist es klar, daß Verhältnisse, bei welchen die Betriebslinie die Gleichgewichtskurve schneidet, ebenfalls unmöglich sind. Die Neigung der Linie AB ist $\frac{L}{G}$, d. h. sie gibt das Verhältnis vom Gas zur absorbierenden Flüssigkeit. Das bedeutet, daß für gegebene Werte von dreien der vier Endkonzentrationen, z. B. x_2, y_1 und y_2, das Verhältnis von absorbierender Flüssigkeit zu trockenem Gas ein Minimum hat, das nicht unterschritten werden kann, und daß es für x_1 ein Maximum gibt, welches noch erreichbar ist. Z. B. ist, wenn x_2, y_1 und y_2 die Werte 1,0; 0,014 und 0,002 haben, das kleinste Verhältnis von Flüssigkeit zum Gas gegeben durch die Neigung der Betriebslinie $A'B$. Der dem geringsten Flüssigkeitsdurchfluß entsprechende Wert von x_1 würde 4,4 kg Wasser je kg Ätznatron betragen. Das Maximum des Verhältnisses von trockener Luft zum Ätznatron ist

$$\frac{4{,}40 - 1{,}00}{0{,}014 - 0{,}002} = 283{,}3\,.$$

Gasgrenzschicht ausschlaggebend. Es war gezeigt worden, daß für sehr lösliche Gase der Widerstand der Flüssigkeitsgrenzschicht gegen den Vorgang der Absorption zu vernachlässigen ist und der Widerstand der Gasgrenzschicht allein den Ausschlag gibt. In solchen Fällen ist die Zusammensetzung der Flüssigkeit an der Grenzfläche im wesentlichen gleich der der Gesamtmasse der Flüssigkeit ($x = x_i$), und die Zusammensetzung der Gasphase an der Grenzfläche ist gleich der Gleichgewichtszusammensetzung der Flüssigkeit. In Abb. 180 ist an dem Punkte im Turm, wo die flüssige Phase $x = x_i$ kg absorbierbaren Stoffes je kg lösende Flüssigkeit enthält, die Zusammensetzung der Gasphase an der Grenzfläche y_i, und x_i und y_i sind Koordinaten eines Punktes auf der Gleichgewichtskurve. Die Zusammensetzung der Gesamtmasse des Gases ist y. Die treibende Kraft in der Gasgrenzschicht an diesem Punkte ist $y - y_i$, und diese treibende Kraft ist im Diagramm dargestellt durch den Vertikalabstand ab.

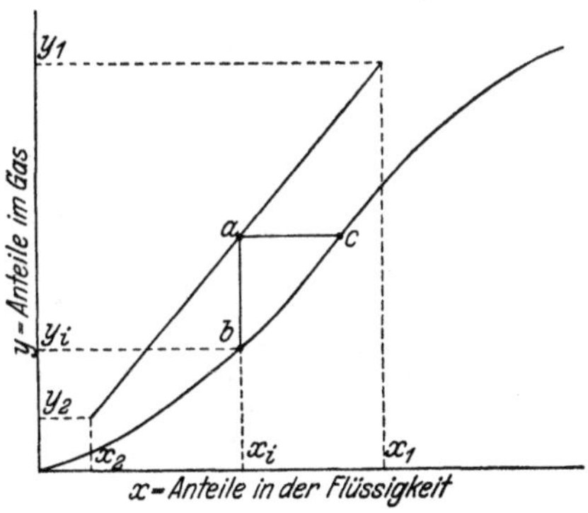

Abb. 180. Diagramm des Absorptionsturmes.

Die Gleichung (219) kann in folgender Form geschrieben werden:

$$\int_{y_1}^{y_2} \frac{dy}{y - y_i} = \frac{k_g' \cdot a}{G} \int_{V=0}^{V=V_1} dV = \frac{k_g' a \cdot V_1}{G}\,. \tag{222}$$

Die linke Seite kann graphisch integriert werden, indem man die Werte von $\frac{1}{y - y_i}$ als Ordinaten über korrespondierenden Werten von y als Abszissen aufträgt und die unter der Kurve zwischen den Grenzwerten $y = y_2$, $y = y_1$ liegende Fläche bestimmt. Wenn k_g' entweder aus den Betriebsergebnissen einer Anlage gleicher Bauart oder aus Ergebnissen von in kleinerem Maßstabe durchgeführten Versuchen ermittelt wird, so kann V_1 berechnet werden.

Beispiel 25. In einem mit Füllkörpern besetzten Absorptionsturm wird die Feuchtigkeit der Luft mittels einer Ätznatronlösung absorbiert. Die Luft tritt ein mit einer Feuchtigkeit von 0,012 kg je kg trockener Luft und geht aus mit 0,004 kg je kg. Die in den Turm eintretende Lösung besteht aus 50%igem NaOH. Die Lösung verläßt den Turm mit 25% NaOH.

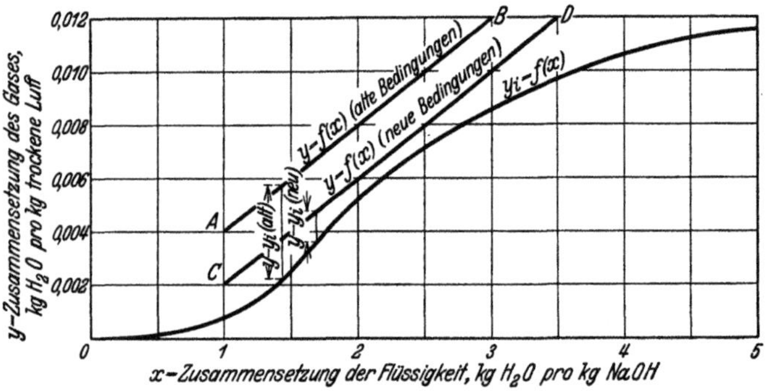

Abb. 181. Zu Beispiel 25.

Die Höhe des Turmes soll so weit vergrößert werden, daß die Feuchtigkeit der austretenden Luft nur noch 0,002 kg je kg trockener Luft beträgt, ohne daß die Menge oder Zusammensetzung der eintretenden Luft und eintretenden Lösung geändert werden. Die Temperatur beträgt 20° C.

a) Welches ist die Zusammensetzung der den Turm verlassenden Lösung unter den neuen Bedingungen.

b) Um wieviel Prozent ist die Höhe des Turmes zu vergrößern?

Lösung. Das Diagramm für diese Aufgabe gibt Abb. 181. Die Linie AB ist die Kennlinie für den Betrieb unter den früheren Bedingungen. Die Endkoordinaten sind:

$$x_1 = 75/25 = 3 \text{ kg } H_2O \text{ je kg NaOH}$$
$$y_1 = 0{,}012 \text{ kg } H_2O \text{ je kg trockene Luft}$$
$$x_2 = 50/50 = 1 \text{ kg } H_2O \text{ je kg NaOH}$$
$$y_2 = 0{,}004 \text{ kg } H_2O \text{ je kg trockene Luft.}$$

Unter den neuen Bedingungen geht die Kennlinie durch den Punkt C mit den Koordinaten $x_2 = 1$, $y_2 = 0{,}002$ mit derselben Neigung wie die frühere Kennlinie da das Verhältnis von NaOH zur Luft nicht geändert ist. Damit ist die Lage der Kennlinie für die neuen Verhältnisse gegeben (in der Abb. C—D) und durch den Schnittpunkt dieser Linie mit der Linie $y_1 = 0{,}012$ die Konzentration der abfließenden Flüssigkeit. Dieser Schnittpunkt ist in der Abbildung mit D bezeichnet, die Abszisse ist $x_1 = 3{,}5$ und die Konzentration der abfließenden Lösung ist $\frac{1}{4{,}5} \cdot 100 = 22{,}2\%$ NaOH.

b) Die Berechnung der prozentualen Vergrößerung des Turmvolumens geschieht durch zweimalige Anwendung der Gleichung (222), einmal für die alten und zum zweiten Male für die neuen Verhältnisse.

Für die alten Verhältnisse wird:

$$\int_{y=0,004}^{y=0,012} \frac{dy}{y-y_i} = \frac{k_g' a}{G} \int_{V=0}^{V=V_1} dV = \frac{k_g' a}{G} \cdot V_{1\,\mathrm{alt}}\,.$$

Für die neuen Verhältnisse wird:

$$\int_{y=0,002}^{y=0,012} \frac{dy}{y-y_i} = \frac{k_g' \cdot a}{G} V_{1\,\mathrm{neu}}\,.$$

Durch Division der beiden Gleichungen erhält man:

$$\frac{V_{1\,\mathrm{neu}}}{V_{1\,\mathrm{alt}}} = \frac{\int_{0,002}^{0,012} \frac{dy}{y-y_i}}{\int_{0,004}^{0,012} \frac{dy}{y-y_i}}\,,$$

und die Lösung erhält man als das Verhältnis zweier Integrale, welche graphisch integriert werden können, indem man die Werte $\frac{1}{y-y_i}$ über y aufträgt und, wie schon öfter erläutert, integriert. Hierfür dient die folgende Tabelle, Abb. 182 enthält die Kurven.

Alte Bedingungen			Neue Bedingungen		
y	$y-y_i$	$\frac{1}{y-y_i}$	y	$y-y_i$	$\frac{1}{y-y_i}$
0,012	0,0034	292	0,012	0,0023	435
0,010	0,0028	357	0,010	0,0014	715
0,008	0,0028	357	0,008	0,00085	1175
0,006	0,0034	294	0,006	0,00085	1175
0,004	0,0032	312	0,004	0,0014	714
—	—	—	0,002	0,0012	834

Die Flächen unter der unteren und oberen Kurve Abb. 182 sind 2,60 und 8,76, daher

$$\frac{V_{1\,(\mathrm{neu})}}{V_{1\,(\mathrm{alt})}} = \frac{8,76}{2,60} = 3,37\,.$$

Als neues Volumen ergibt sich also das um 237% vergrößerte alte Volumen. Diese erhebliche Steigerung ist begründet durch das Heranrücken der Betriebslinie an die Gleichgewichtskurve, wodurch die treibende Kraft für die Diffusion in der Mitte des Turmes sehr klein wird. Dies zeigt auch das Minimum in der für die graphische Integration gezeichnete Kurve für die neuen Bedingungen in Abb. 182.

Dies Beispiel zeigt, wieviel man aus Betriebsergebnissen schließen kann, ohne daß die numerischen Werte der in Frage kommenden Koeffizienten bekannt sind oder berechnet zu werden brauchen.

Flüssigkeitsgrenzschicht ausschlaggebend. Wie für den Fall, daß die Gasgrenzschicht ausschlaggebend ist, läßt sich für den umgekehrten Fall, daß die Flüssigkeitsgrenzschicht den Vorgang der Diffusion beherrscht, während die Gasgrenzschicht zu vernachlässigen ist, die Gleichung ableiten

$$\int_{x_2}^{x_1} \frac{d\,x}{x_i - x} = \frac{k_l' a \cdot V_1}{L}. \tag{223}$$

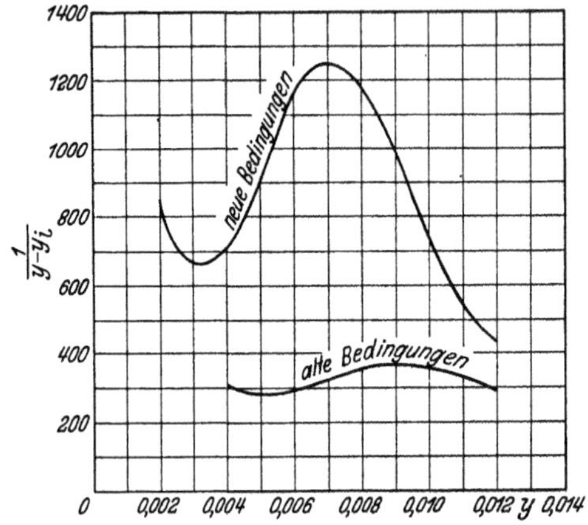

Abb. 182. Zu Beispiel 25 (Integration).

Das Integral auf der linken Seite wird graphisch ermittelt, indem man die Werte von $\frac{1}{x_i - x}$ über den Werten von x aufträgt und in bekannter Weise integriert. Der numerische Wert von x_i für jeden angenommenen Wert von x ist dem Diagramm zu entnehmen. Es ist der horizontale Abstand zwischen Betriebslinie und Gleichgewichtskurve (vergleiche Linie ac in Abb. 180).

Allgemeiner Fall. Wenn der Vorgang der Absorption eine Funktion beider Koeffizienten ist, ohne daß einer beherrschend überwiegt, kann das Diagramm leicht für diesen Fall eingerichtet werden. Aus der Gleichung (219) geht hervor, daß

$$\frac{y - y_i}{x_i - x} = \frac{k_l'}{k_g'}. \tag{224}$$

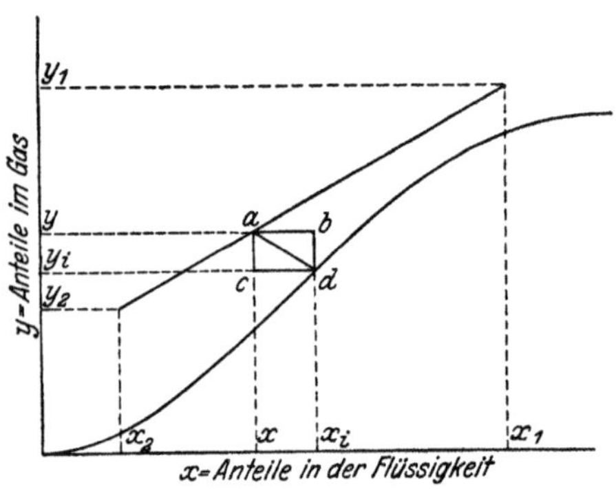

Abb. 183. Diagramm des Absorptionsturmes für Gas mittlerer Löslichkeit.

Diese Gleichung sagt aus, daß das rechtwinklige Dreieck, dessen Seiten $y - y_i$ und $x_i - x$ sind, eine Hypothenuse besitzt, deren Neigung zur x-Achse $\frac{k_l'}{k_g'}$ ist. So ist in Abb. 183 ac ein Maß für $y - y_i$ und ab ein Maß für $x_i - x$. Die Neigung der Linie ad muß also gleich sein dem Verhältnis $\frac{k_l'}{k_g'}$. Um daher die treibenden Kräfte in beiden Grenzschichten an einer Stelle des Absorptionsturmes zu bestimmen, wo die Flüssigkeit die Zusammensetzung x und der Dampf die Zusammensetzung y hat, ist es nur erforderlich, eine Linie durch den Punkt (x, y) zu ziehen, welche nach rechts unten mit der Neigung $\frac{k_l'}{k_g'}$ verläuft. Die Koordinaten des Schnittpunktes dieser Linie mit der Gleichgewichtskurve sind die Werte von y_i und x_i an der betrachteten Stelle im Absorptionsturm.

Die Integrationen in den Gleichungen (222) und (223) werden ausgeführt, indem man die reziproken Werte von ac bzw. ab aufträgt.

Allgemeiner Fall, Henrys Gesetz gültig. Henrys Gesetz wird im allgemeinen in Partialdrücken und Molfraktionen oder Konzentrationen (siehe Gleichung 172 und 208) angegeben. Es kann auch in stöchiometrischen Einheiten, die in den Diagrammen benutzt werden, aufgestellt werden. In dieser letzteren Form lautet Henrys Gesetz

$$y = \psi \cdot x, \tag{225}$$

worin ψ eine Konstante ist. In diesem Falle ist die Gleichgewichtskurve eine gerade Linie, und es ist nicht erforderlich, die graphische Integration anzuwenden, selbst wenn beide Grenzschichtkoeffizienten berücksichtigt werden müssen. Abb. 184 zeigt das Absorptionsdiagramm für diesen Fall. Die zwei Dreiecke $a c d$ und $a' c' d'$ stellen die Bedingungen an zwei verschiedenen Punkten in dem Apparat dar.

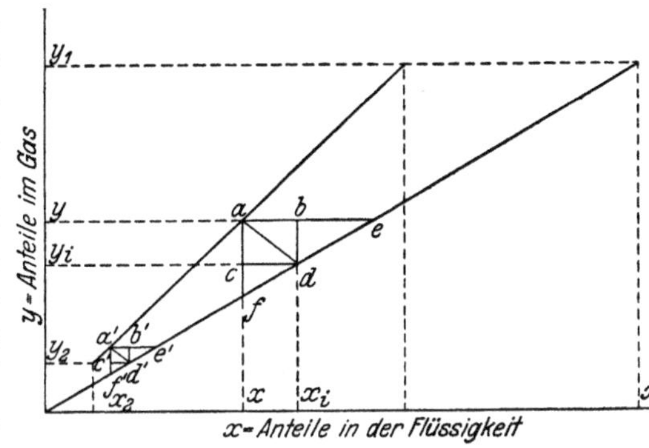

Abb. 184. Diagramm des Absorptionsturmes mit Benutzung von Henrys Gesetz.

Die Abschnitte ac und $a'c'$ entsprechen den treibenden Kräften in der Gasgrenzschicht und die Abschnitte ab und $a'b'$ den treibenden Kräften in den Flüssigkeitsgrenzschichten an den betrachteten Stellen. Da die Linien $a'd'$ und ad parallel sind (eine merkliche Veränderung des Wertes $\frac{k_g'}{k_l'}$ tritt in dem Turm nicht auf) und da die Gleichgewichtskurve eine gerade Linie ist, sind die Dreiecke $a'c'd'$ und acd ähnlich, ebenso die Dreiecke $a'd'f'$ und adf. Da $\frac{ac}{af}$ gleich $\frac{a'c'}{a'f'}$ ist, und da die beiden Punkte ganz beliebig gewählt waren, so stehen die Vertikalabschnitte af und $a'f'$ in ganz bestimmtem konstantem Verhältnis zu der treibenden Kraft in der Gasgrenzschicht. Ferner ändern sich diese Abschnitte $a'f'$ und af linear mit y, da sie zwischen geraden Linien liegen. Infolgedessen ist die treibende Kraft $y - y_i$ in Gleichung (222) gegeben durch die Gleichung

$$y - y_i = A\,y + B, \tag{226}$$

worin A und B Konstanten sind und wo $y - y_i$ die treibende Kraft in der Gasgrenzschicht ist. Die Differentiation der Gleichung (226) ergibt

$$d\,(y - y_i) = A\,d\,y\,, \tag{227}$$

Gleichung (222) kann in folgender Form geschrieben werden:

$$\int\limits_{y_1 - y_{i1}}^{y_2 - y_{i2}} \frac{d\,(y - y_i)}{y - y_1} = \frac{k_g'\,a\,A\,V_1}{G}\,. \tag{228}$$

Die Größen y_{i2} und y_{i1} werden aus x_1 und x_2 nach Gleichung (225) berechnet. Durch Integration der Gleichung (228) folgt, daß

$$ln\,\frac{y_2 - y_{i2}}{y_1 - y_{i1}} = \frac{k_g' \cdot a \cdot A \cdot V_1}{G}\,. \tag{229}$$

Die Konstante A wird aus Gleichung (226) berechnet. Es ist nämlich für $y = y_1 : y - y_i = y_1 - y_{i1}$ und für $y = y_2 : y - y_i = y_2 - y_{i2}$, daher $y_1 - y_{i1} = A\,y_1 + B$; $y_2 - y_{i2} = A\,y_2 + B$, woraus

$$A = \frac{(y_1 - y_{i1}) - (y_2 - y_{i2})}{y_1 - y_2}\,. \tag{230}$$

Wenn dieser Wert von A in Gleichung (229) eingesetzt wird, lautet die Gleichung

$$G\,(y_1 - y_2) = \frac{Q}{t} = k_g' \cdot a \cdot V_1 \frac{(y_1 - y_{i1}) - (y_2 - y_{i2})}{ln\,\frac{y_1 - y_{i1}}{y_2 - y_{i2}}} = k_g' \cdot a \cdot V_1 \cdot (\varDelta\,y)_m\,, \tag{231}$$

worin

$$(\varDelta\,y)_m = \frac{(y_1 - y_{i1}) - (y_2 - y_{i2})}{ln\,\frac{y_1 - y_{i1}}{y_2 - y_{i2}}}\,. \tag{232}$$

Mit anderen Worten: Es kann die gewöhnliche integrierte Form der Vorgangsgleichung benutzt werden und als treibende Kraft das logarithmische Mittel eingesetzt werden, wenn die Gleichgewichtskurve eine gerade Linie ist. Ebenso läßt sich zeigen, daß

$$L\,(x_1 - x_2) = \frac{Q}{t} = k_l'\,a \cdot V_1 \frac{(x_{i1} - x_1) - (x_{i2} - x_2)}{ln\,\frac{x_{i1} - x_1}{x_{i2} - x_2}}\,. \tag{233}$$

Berechnungen für Absorptionstürme mit Glockenböden. Wenn ein Turm mit Glockenböden als Absorptionsapparat benutzt wird, kann von der Einführung der theoretischen Böden Gebrauch gemacht[1] und die Zahl der theoretischen Böden graphisch an Hand der Stufenmethode bestimmt werden. Abb. 185 gibt ein Beispiel einer derartigen Rechnung. Die Erklärung des Diagrammes geht aus dem in Kapitel IX über die Rektifizierkolonnen Gesagten hervor.

Abtreiben. Die Umkehrung der Absorption ist das Abtreiben. Dabei wird aus einer Flüssigkeit, welche einen Stoff in Lösung hält, letzterer

[1] Baker: Trans. Amer. Inst. chem. Engr. Bd. 15I (1923) S. 195—216.

abgetrieben, indem man die Flüssigkeit mit einem Gas in Berührung bringt, in welches der Stoff übergeht. Die Berechnungen und Diagramme für diesen Fall unterscheiden sich von denen der Gasabsorptionen nur dadurch, daß die Betriebslinie unter der Gleichgewichtskurve liegt. Das folgende Beispiel gibt die Berechnung einer Abtreibekolonne mit Glockenböden.

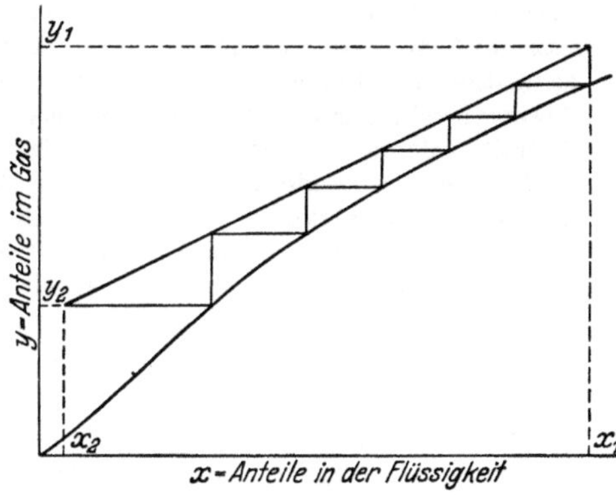

Abb. 185. Diagramm des Absorptionsturmes mit Glockenböden.

Beispiel 26. Aus Koksofengas wird Leichtöl mittels eines Absorptionsöles in einem Gegenstrom-Absorptionsturm, der mit Füllkörpern ausgestattet ist, absorbiert. Das angereicherte Öl aus dem Fuße dieses Turmes wird in einen zweiten mit Böden ausgestatteten Turm gepumpt, in welchem das Leichtöl aus dem Absorptionsöl mittels überhitzten Dampfes abgetrieben wird. Wasser- und Leichtöldampf werden kondensiert, das Leichtöl wird durch Absetzen gewonnen. Das arme Absorptionsöl aus dem Fuße des Abtreibeturmes wird wieder gekühlt und zum Absorptionsturm zurückgepumpt. Wärmeaustauscher, Kühler und Vorwärmer sorgen dafür, daß das Absorptionsöl in den Absorptionsturm mit 21° C eingeht. Dies ist auch die Betriebstemperatur des Turmes. Die Abtreibeanlage geht mit einer Temperatur von 127° C; mit derselben Temperatur geht das Absorptionsöl hier ein. Abb. 186 gibt das Betriebsschema.

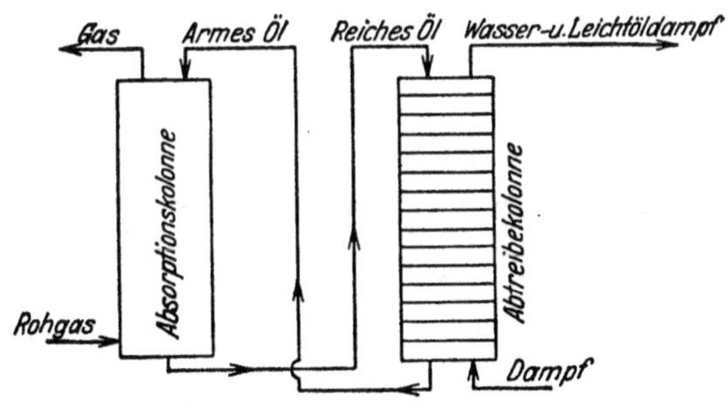

Abb. 186. Zu Beispiel 26.

Die Rohgasmenge beträgt täglich 480000 m³, berechnet auf 760 mm Hg 15° C und trockenes, leichtölfreies Gas. Das absorbierende Öl-Leichtölgemisch folgt Raoults Gesetz und den Gasgesetzen, wenn das Molekulargewicht des Absorptionsöles mit 230 und das des Leichtöls mit 80 eingesetzt wird. Das angereicherte Öl enthält 4 Gewichtsprozente, das arme 0,2 Gewichtsprozent Leichtöl. Die Abtreibeanlage enthält 14 Böden. Das aus dem Koksofen gewonnene Leichtöl beläuft sich auf 29400 kg je Tag. 2940 kg Leichtöl sind in dem ausgehenden Gase noch enthalten. Strahlung soll vernachlässigt werden.

Der Dampfdruck des Leichtöls bei 127° C beträgt 2300 mm Hg, bei 21° C nur 70 mm Hg. Der Dampfdruck des Absorptionsöles kann vernachlässigt werden. Der Dampfverbrauch der Abtreibeablage ist 30000 kg je Tag. Der Druck in der Abtreibeanlage beträgt 0,42 kg/cm² Überdruck.

Die Gleichgewichtskurve für das System im Absorber nach Raoults Gesetz berechnet, hat folgende Gleichung:

$$y_i = 0{,}0865\, x_i,$$

worin y_i = Anzahl der Mole Leichtöl je Mol des leichtölfreien Koksofengases, x_1 = Anzahl der Mole Leichtöl je Mol leichtölfreien Absorptionsöles ist.

Zu berechnen ist:

a) Der Wirkungsgrad der Böden in der Abtreibeanlage.

b) Die Zusammensetzung des ausgehenden Koksofengases, wenn der Dampfverbrauch der Abtreibeanlage auf 31700 kg je Tag erhöht wird, unter der Annahme, daß die Mengen des leichtölfreien Absorptionsöles und Rohgases sowie die Konzentration des Rohgases nicht geändert werden. Man kann voraussetzen, daß der Absorptionskoeffizient der Absorptionskolonne und der Bodenwirkungsgrad der Abtreibekolonne von der Erhöhung des Dampfverbrauches nicht beeinflußt werden.

Lösung. a) Bodenwirkungsgrad der Abtreibeanlage. Es müssen Punkte auf der Gleichgewichtskurve für die Abtreibeanlage berechnet werden. Da die Zusammensetzung des leichtölfreien Koksofengases nicht bekannt ist, ist es ratsam, alle Zusammensetzungen in Molen Leichtöl je Mol inertes Gas oder Flüssigkeit auszudrücken.

Der Gesamtdruck in der Anlage ist:

$$1{,}033 + 0{,}42 = 1{,}453 \text{ kg/cm}^2 \text{ oder } 1070 \text{ mm Hg}.$$

Der Partialdruck des Leichtöles über einer Mischung von Leicht- und Absorptionsöl, das x_i Mol Leichtöl je Mol Absorptionsöl enthält, ist nach Raoults Gesetz

$$p_L = 2300 \frac{x_i}{1 + x_i},$$

während der des Dampfes ist

$$p_D = 1070 - 2300 \frac{x_i}{1 + x_i}.$$

Das Molverhältnis vom Leichtöl zu Dampf in der Gasphase ist daher

$$y_i = \frac{p_L}{p_D} = \frac{2300 \frac{x_i}{1 + x_i}}{1070 - 2300 \frac{x_i}{1 + x_i}} = \frac{x_i}{0{,}465 - 0{,}535\, x_i}.$$

Für x_i werden verschiedene Werte angenommen und y_i daraus berechnet, wie folgende Tabelle angibt:

$x_i = \frac{\text{Mol Leichtöl}}{\text{Mol Absorptionsöl}}$	$y_i = \frac{\text{Mol Leichtöl}}{\text{Mol Dampf}}$
0,03	0,0668
0,05	0,1142
0.08	0,1893
0,10	0,2425
0,12	0,299
0,15	0,390
0,18	0,488

Die Gleichgewichtskurve $y_i = f(x_i)$ ist in Abb. 187 gezeichnet. Um die Betriebslinie einzuzeichnen, werden die Endkoordinaten dieser Linie, d. h. die Konzentrationen von Gas und Flüssigkeit am Anfang und Ende berechnet.

$\frac{29\,400}{80} = 367$ Mole Leichtöl sind in dem Dampf, der die Abtreibeanlage verläßt, enthalten. Durch die Kolonne gehen $\frac{30\,000}{18} = 1667$ Mol Dampf. Die Konzentration im ausgehenden Dampf ist mithin $y_2 = \frac{367}{1667} = 0{,}22$ Mol Leichtöl je Mol Dampf. Da das reiche Öl beim Eingang in die Kolonne oben 4% Leichtöl enthält und die Molekulargewichte 80 resp. 230 sind ist die Konzentration der eingehenden Flüssigkeit

$$x_2 = \frac{4 \cdot 230}{96 \cdot 80} = 0{,}12 \text{ Mol Leichtöl je Mol Absorptionsöl.}$$

Die Konzentration des armen Öles beim Ausgang aus der Kolonne ist $x_1 = \frac{0{,}2 \cdot 230}{99{,}8 \cdot 80} = 0{,}00576$ Mol Leichtöl je Mol Absorptionsöl. Der eingehende Dampf enthält kein Leichtöl, also ist $y_1 = 0$. Durch die Punkte mit den Koordinaten 0,00576; 0 und 0,12; 0,22 ist die Betriebslinie festgelegt.

Die Stufenkonstruktion ergibt etwas mehr als acht theoretische Böden. Der über acht hinausgehende Bruchteil kann geschätzt werden durch die Überlegung, daß ein voller neunter Boden die Konzentration des Dampfes von 0,208 Mol Leichtöl je Mol Dampf (Punkt *b* in Abb. 187) auf 0,281 (Punkt *a* in Abb. 187) erhöhen würde. Tatsächlich braucht nur die Konzentration 0,22 erreicht zu werden. Der Bruchteil des letzten Bodens wird also geschätzt durch das Verhältnis

$$\frac{\overline{cb}}{\overline{ab}} = \frac{0{,}22 - 0{,}208}{0{,}281 - 0{,}208} = \sim 0{,}2\,.$$

Die Anzahl der theoretischen Böden ergibt sich damit zu 8,2. Da 14 Böden vorhanden sind, ist der Wirkungsgrad der Böden

$$\frac{8{,}2 \cdot 100}{14} = \sim 58{,}5\,\%\,.$$

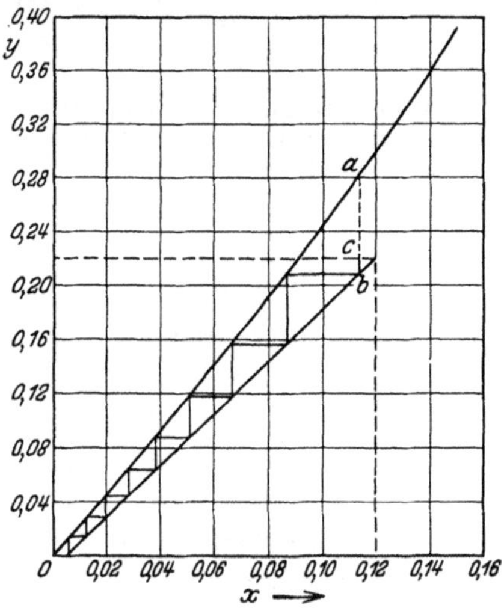

Abb. 187. Zu Beispiel 26 (alte Bedingungen).

b) Zusammensetzung des ausgehenden Gasgemisches, wenn die Dampfmenge 31700 kg je Tag beträgt.

Für diese neuen Bedingungen werde gesetzt:

y_2' = Mol Leichtöl je Mol inertes Gas beim Verlassen des Absorbers.

x_1' = Mol Leichtöl je Mol leichtölfreies Absorptionsöl in der den Absorber verlassenden Flüssigkeit.

x_2' = Mol Leichtöl je Mol leichtölfreies Absorptionsöl eingehend in den Absorber.

Die Molzahl des inerten Gases je Tag ist wie oben

$$\frac{480\,000 \cdot 273}{22{,}4 \cdot (273 + 21)} = 19\,900 \text{ Mol}\,.$$

Die Molzahl des Absorptionsöles wird aus den unter a gegebenen Daten aus der Leichtölbilanz berechnet. Sie ist:

$$\frac{367}{0{,}12 - 0{,}00576} = 3210 \text{ Mol Absorptionsöl je Tag.}$$

Die Leichtölbilanz für den unter den neuen Verhältnissen arbeitenden Absorber ist folgende: $19\,900\,(y_1' - y_2') = 3210\,(x_1' - x_2')\,,$

y_1' = Mol-Verhältnis des Leichtöles zum inerten Dampf in den Absorber eingehend. Aus dem Koksofen kommen insgesamt

gewonnenes Öl 29 400 kg
in Gas 2 940 „

$$32\,340 \text{ kg} = \frac{32\,340}{80} = 404 \text{ Mole Leichtöl}\,,$$

$$y_1' \text{ wird also } \frac{404}{19\,900} = 0{,}0203\,,$$

damit wird (I) $19\,900\,(0{,}0203 - y_2') = 3210\,(x_1' - x_2')\,.$

Eine zweite Beziehung zwischen den Größen y_2', x_1' und x_2' findet man durch zweimalige Anwendung der Gleichung (231) auf die alten und neuen Bedingungen und Division, wodurch eine Reihe von Koeffizienten herausfällt.

Für die neuen Bedingungen gilt:

$$G(y_1 - y_2') = k_g a \cdot V_1 \frac{(y_1 - 0{,}0865\, x_1') - (y_2' - 0{,}0865\, x_2')}{ln \dfrac{y_1 - 0{,}0865\, x_1'}{y_2' - 0{,}0865\, x_2'}}$$

und für die alten Bedingungen:

$$G(y_1 - y_2) = k_g \cdot a \cdot V_1 \frac{(y_1 - 0{,}0865\, x_1) - (y_2 - 0{,}0865\, x_2)}{ln \dfrac{y_1 - 0{,}0865\, x_1}{y_2 - 0{,}0865\, x_2}}.$$

In diesen Gleichungen ist $y_i = 0{,}0865\, x_i$ durch die Gleichung der Gleichgewichtskurve (siehe oben) gegeben. Ferner ist $y_1' = y_1$, da daran nichts geändert. Durch Division erhält man

$$\text{(II)} \quad \frac{y_1 - y_2'}{y_1 - y_2} = \frac{(y_1 - 0{,}0865\, x_1') - (y_2' - 0{,}0865\, x_2')\, ln \dfrac{y_1 - 0{,}0865\, x_1}{y_2 - 0{,}0865\, x_2}}{(y_1 - 0{,}0865\, x_1) - (y_2 - 0{,}0865\, x_2)\, ln \dfrac{y_1 - 0{,}0865\, x_2'}{y_2' - 0{,}0865\, x_2'}},$$

Die hier einzusetzenden Werte sind:

$$y_1 = 0{,}0203$$
$$y_2 = \frac{2940}{80 \cdot 19900} = 0{,}001\,84\,,$$
$$x_1 = 0{,}12\,,$$
$$x_2 = 0{,}005\,76\,.$$

Werden diese Werte und der für y_2' aus der Gleichung (I) in die Gleichung (II) eingesetzt, so ergibt sich

$$\text{(III)} \qquad x_1' = 0{,}489\, x_2' + 0{,}1167\,.$$

Die Gerade dieser Gleichung ist in der Abb. 188 gezeichnet und mit „Absorber" bezeichnet.

Eine zweite Beziehung zwischen x_1' und x_2' wird aus der Abtreibung abgeleitet. Für die neuen Verhältnisse ist die Neigung der Kennlinie in Abb. 187:

$$\frac{3210 \cdot 18}{31\,700} = 1{,}82\,.$$

Zieht man nun eine Anzahl von Kennlinien mit dieser Neigung durch verschiedene Punkte der x-Achse, d. h. für verschiedene Werte von x_2' und zeichnet auf jeder dieser Linien die 8,2 Stufenschritte ein, so erhält man für jeden Wert von x_2' einen zugeordneten Wert von x_1'. Danach kann die Kurve $a\,b$ (Abb. 188) gezeichnet werden, die die Gerade cd in einem bestimmten Punkte schneidet. Die Koordinaten dieses Punktes erfüllen dann alle Bedingungen. Seine Koordinaten sind:

$$x_1' = 0{,}119 \quad \text{und} \quad x_2' = 0{,}0048\,,$$

den Wert von y_2' findet man aus Gleichung (I)

$$y_2' = 0{,}0203 - \frac{3210}{19900}(0{,}119 - 0{,}0048) = 0{,}0019\,.$$

Vergleich von Partialdruck und Konzentration als treibende Kräfte. Im vorliegenden Kapitel sind zwei treibende Kräfte eingeführt worden, nämlich Partialdruckdifferenzen und Konzentrationsdifferenzen, letztere ausgedrückt durch die Gewichte der absorbierbaren Komponente je Gewichtseinheit des unbeteiligten Trägers. Ein Hinweis auf S. 186, 194 und 294/295 zeigt, daß der Partialdruck einen genaueren Maßstab ergibt und daß die Anwendung des Gewichtsverhältnisses zu einem um so größeren Fehler führt, je mehr die Konzentration der absorbierbaren Komponente zunimmt. Indessen sind die Angaben in Konzentrationsverhältnissen viel bequemer als die ersteren, da ihre Verwendung eine gerade Betriebslinie ergibt. Im allgemeinen muß ein Koeffizient experimentell bestimmt werden, und wenn dieser Koeffizient beim Versuch und der Berechnung, die sich auf den Versuch gründet, in Gewichtseinheiten ausgedrückt wird, wird der Fehler nur klein, wenn Versuch und Berechnung denselben Konzentrationsbereich umfassen. Für genaue Berechnungen kann das Diagramm für die Beziehung zwischen x und y in Gewichtseinheiten gezeichnet und dann nach Gleichung (107) auf Partialdrücke umgestellt werden.

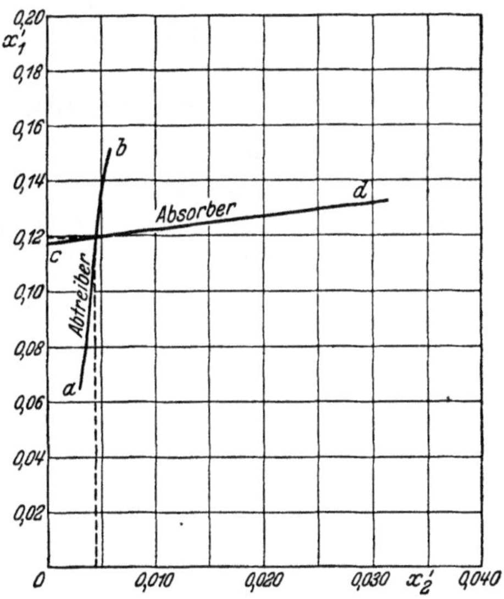

Abb. 188. Zu Beispiel 26 (neue Bedingungen).

XI. Extraktion.

Dieses Kapitel wird sich mit den Vorgängen beschäftigen, welche bei der Entfernung eines löslichen Bestandteiles aus einem festen Stoff durch Anwendung eines Lösemittels ablaufen. Die hierbei stattfindenden Operationen sind sehr wichtig, nicht nur in der chemischen Industrie, sondern auch in anderen Industriezweigen. Im allgemeinen wird angenommen, daß Wasser als Lösemittel dient. Es kann natürlich auch jedes andere Lösemittel benutzt werden, je nach den Erfordernissen des vorliegenden Falles. Die Theorie ist noch ganz unvollständig, und es sind bisher nur wenige quantitative Forschungsarbeiten auf diesem Gebiete gemacht worden. Infolgedessen sind die Apparate bisher mehr nach dem Gefühl und nach der Betriebserfahrung entwickelt worden als nach theoretischen Erkenntnissen des zu lösenden Problemes. Obwohl Apparate in vielen verschiedenen Formen gebraucht werden, kann man sie ungefähr in zwei Gruppen einteilen: Die erste umfaßt die Apparate, welche für verhältnismäßig grobkörnige Feststoffe benutzt werden, die zweite Gruppe umfaßt die Apparate, welche für ausreichend fein verteilte Feststoffe Anwendung finden, die in der Lösung in Suspension bleiben. Der Grenzfall der Extraktion besteht in der Lösung des vollständig löslichen Feststoffes. Dieser Vorgang unterscheidet sich von den übrigen Fällen nur dadurch, daß kein unlöslicher Rückstand in erheblichen Mengen übrigbleibt.

Extraktionsapparate.

Die zur Lösung grober Feststoffe benutzten Apparate werden in drei Hauptklassen eingeteilt: offene Behälter, Diffusionsbatterien und Klassierer. Die für fein verteilte Feststoffe benutzten Extraktionsapparate sind gewöhnlich Rührwerke und Eindicker.

Apparate zur Lösung grober Feststoffe.

Offene Behälter. Die einfachste und älteste Form eines Extraktionsapparates, die heute noch verhältnismäßig viel Verwendung findet, besteht in einem offenen Behälter, der einen Doppel- oder Filterboden irgendeiner Art enthält. Das Material wird in diesen Behälter gefüllt. Das lösende Mittel wird oben zugeführt und durchdringt die Materialschicht von oben nach unten, wo es unterhalb des Doppelbodens abgezogen wird. In solchen Behältern wird das Lösemittel nicht einfach über die Feststoffe verteilt, sondern der ganze Behälter ist mit Lösemittel gefüllt.

Die Filterböden werden in fast unendlicher Verschiedenheit ausgeführt. Abb. 189 zeigt einige Bauarten. Durchlochte Bretter werden auf an ihrer Unterseite ausgezahnte Traglatten gelegt (Abb. 189a). Oder man legt Stäbe von dreieckigem Querschnitt auf ebensolche Traglatten und füllt den Zwischenraum zwischen ihnen mit Kies aus, welcher als Filtermedium dient (Abb. 189b). Auch einfache Latten werden als Bodenbelag benutzt. Die Zwischenräume zwischen ihnen müssen dann klein genug sein, damit die Stücke mittlerer Größe noch zurückgehalten werden (Abb. 189c).

Abb. 189d zeigt eine oft ausgeführte Befestigung eines Filtertuches. Auf den Boden des Behälters werden mit wenigen Zentimetern Zwischenraum Traglatten gelegt. Ein Band oder Reifen wird auf dem Boden 15—25 mm von der Wandung entfernt befestigt. Das Filtertuch wird so groß geschnitten, daß es über den Raum zwischen diesem Band und der Seitenwandung des Behälters hinüberreicht und wird dann abgedichtet, indem man ein Hanftau in die Vertiefung zwischen Band und Wand hineintreibt.

In manchen Fällen ist die Lösegeschwindigkeit so groß, daß ein einmaliger Durchgang des Wassers durch die Materialschicht schon eine ausreichende Extraktion ergibt. Nach einer Waschung mit frischem

Wasser, wodurch die anhaftende Lösung entfernt wird, werden die Feststoffe ausgeräumt. Solche Behälter sind oft für Handarbeit eingerichtet; aber es ist mehr zu empfehlen, an der Seite oder im Boden Öffnungen vorzusehen, durch welche die restlichen Feststoffe unter Verwendung eines Schlauches herausgespült werden.

Bei der Verwendung von nur einem Behälter würde die überhaupt erhältliche konzentrierteste Lösung durch Auflösung der löslichen Bestandteile in einer Behälterfüllung erreicht werden. Wenn eine stärkere Lösung als diese hergestellt werden muß, wird vom Gegenstrom Gebrauch gemacht. Hierfür ist eine Reihe von Behältern erforderlich,

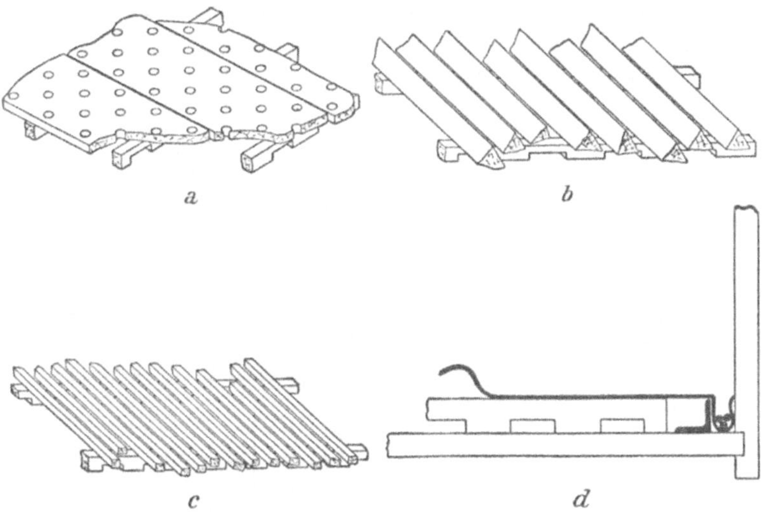

Abb. 189. Konstruktion von Filterböden.
a Gelochte Bretter auf Tragleisten. *b* Auflager für Kiesfilter. *c* Auflager für grobes Filtermaterial oder Filtertuch. *d* Befestigung des Filtertuches.

welche, ebenso ausgerüstet wie der schon beschriebene, Feststoffe in verschiedenen Stadien der Extraktion enthalten. Man nennt eine solche Apparatur „eine Extraktionsbatterie". Frischwasser wird in dem Behälter zugeführt, welcher die schon am weitesten extrahierten Feststoffe enthält. Aus ihm fließt das Wasser der Reihe nach durch mehrere Behälter und wird schließlich aus dem Behälter abgezogen, der zuletzt mit Feststoffen beschickt wurde. Die Feststoffe bleiben solange in jedem Behälter liegen, bis sie vollständig extrahiert sind. Die Rohrleitungen, durch welche die Flüssigkeit geleitet wird, sind so eingerichtet, daß das Frischwasser in jedem Behälter zugeführt und starke Lösung aus jedem Behälter abgezogen werden kann. So ist es möglich, einen Tank nach dem anderen zu füllen bzw. zu entleeren. Die angeschlossenen Behälter in der Batterie werden immer im Gegenstrom durchflossen, indem man mit dem Wasserzufluß und dem Lösungsabfluß immer um einen Behälter weitergeht, wenn das Material aufgegeben bzw. ausgeräumt ist. Ein derartiger Prozeß wird manchmal mit dem Namen „Shanks-Prozeß" bezeichnet. Er wurde zuerst bei der Lösung des Natriumkarbonats aus dem Glühprodukt beim Le Blanc-Prozeß durchgeführt. Seine wichtigste Anwendung findet er gegenwärtig bei dem Extraktionsprozeß in den Chilenischen Salpeterwerken. Man begegnet ihm aber auch in vielen anderen Fällen, besonders bei der Herstellung von Gerbextrakten.

Diffusionsbatterie. Die Diffusionsbatterie ist nichts anderes als eine

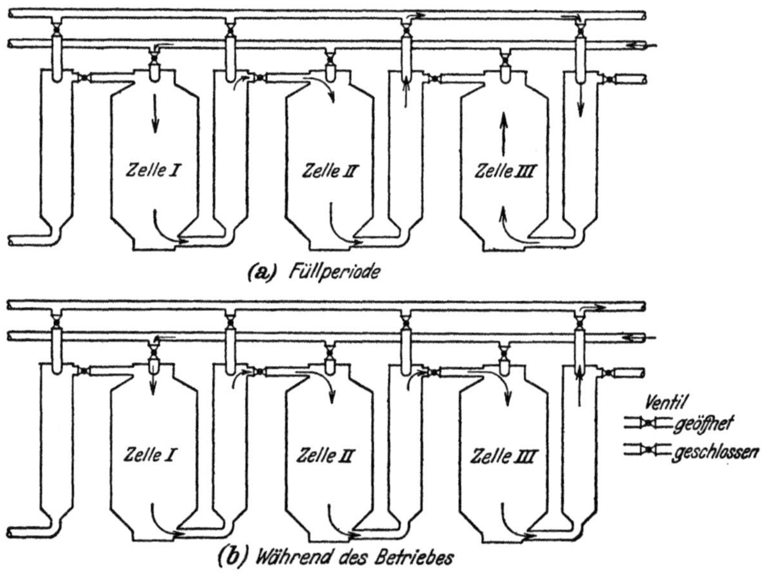

Abb. 190. Schema einer Diffusionsbatterie.

Extraktionsbatterie, angewendet auf Materialien, durch welche das Wasser nicht infolge der Schwere dringt, sondern durch welche es unter Druck gepumpt wird. Infolgedessen unterscheidet sie sich von dem Shanks-Prozeß durch die Anwendung geschlossener Kessel an Stelle der offenen Behälter. Infolge ihrer Anwendung in der Rübenzuckerindustrie liegt die Anordnung der Ventile und Rohre im großen und ganzen fest. Obwohl die Rübenzuckerindustrie das wichtigste Anwendungsgebiet der Diffusionsbatterie ist, findet man sie auch bei der Fabrikation von Gerb- und Textilfarbstoffen, bei der Lösung des Karbonats in der Soda- und des Sulfates, in der Papierfabrikation, bei der Stärkeherstellung und ähnlichen Industrien.

Abb. 190 gibt von dem Prinzip der Diffusionsbatterie eine schematische Darstellung. Hier ist ihre Anwendung bei der Extraktion der

Rübenschnitzel beschrieben, doch ist ihre Betriebsweise für jedes andere Material die gleiche. Für jeden Kessel, Zelle genannt, ist ein Vorwärmer vorgesehen, weil der Diffusionsprozeß durch höhere Temperaturen beschleunigt wird. Manchmal fehlt dieser Vorwärmer, und ein einfaches Rohr ersetzt ihn. Zwei Hauptleitungen sind erforderlich, eine für Wasser und eine für die Lösung. Jede Zelle muß drei Ventile haben. In Abb. 190 sind die offenen Ventile als leere Kreise und die geschlossenen Ventile als Punkte gezeichnet.

In Abb. 190 ist die Zelle *1* beinahe erschöpft und Zelle *3* ist gerade frisch beschickt. Der Raum zwischen den Schnitzeln in Zelle *3* ist daher mit Luft gefüllt. Das Wasser wird der Zelle *1* oben zugeführt, strömt in der Zelle nach unten, durch den Vorwärmer aufwärts, wieder nach unten durch die Zelle *2* und wieder aufwärts durch deren Vorwärmer. Es ist nicht angängig, nun die Lösungen gleich von oben in Zelle *3* eintreten zu lassen, weil dadurch die Luft eingeschlossen werden würde. Ferner ist die frische Beschickung kalt und daher zusätzliche Erwärmung wünschenswert. Infolgedessen strömt die Flüssigkeit von dem Vorwärmer der Zelle *2* durch die Leitung für die Lösung zunächst abwärts durch den Vorwärmer der Zelle *3* und dann nach oben durch die Zelle *3* selbst. Ein Entlüftungsventil oben auf dieser Stelle dient dazu, die Luft zu entfernen. Wenn durch dieses Ventil Flüssigkeit austritt, werden die Ventile schnell so umgestellt, wie Abb. 190 zeigt. Die Flüssigkeit fließt nun von oben nach unten durch die Zelle *3* aufwärts durch ihren Vorwärmer und fort zur weiteren Behandlung. Diese Betriebsweise, wie sie in Abb. 190 dargestellt ist, wird solange durchgeführt, bis Zelle *1* vollständig extrahiert ist, dann ist eine andere Zelle rechts von den gezeichneten bereits gefüllt. Zelle *1* wird entleert, das Wasser wird in Zelle *2* zugeführt, und der Prozeß nimmt seinen Fortgang.

Die Anordnung einer Diffusionsbatterie ist in Abb. 191 dargestellt. Ein Vergleich mit Abb. 190 wird die Bedeutung der Rohre und Ventile ergeben. Manchmal werden die Zellen im Kreise angeordnet. Wenn die Batterie in einer Linie aufgestellt ist, um an Bodenfläche zu sparen, muß ein drittes Rohr vorgesehen werden, das das Rücklaufrohr genannt wird und dazu dient, die Lösung von dem einen Ende der Batterie zum anderen zu leiten, wenn die erste und letzte Zelle der Reihe nicht auch die erste und letzte Zelle des Prozesses sind.

Der Dorrklassierer (siehe S. 443) kann nur zur Lösung von körnigem Material benutzt werden, das nicht so fein ist, daß es mit dem Lösemittel in Suspension bleibt, aber den zu lösenden Stoff in einer solchen Form enthält, daß er durch Oberflächenwaschung extrahiert werden kann. Für diesen Zweck werden gewöhnlich mehrere Apparate der Reihe nach hintereinander verwendet; Feststoffe und Flüssigkeit durchfließen sie im Gegenstrom.

Extraktion von feinem Material.

Wenn der zu extrahierende Stoff so fein gemahlen ist, daß er in der Löseflüssigkeit durch Rühren in Suspension gehalten werden kann,

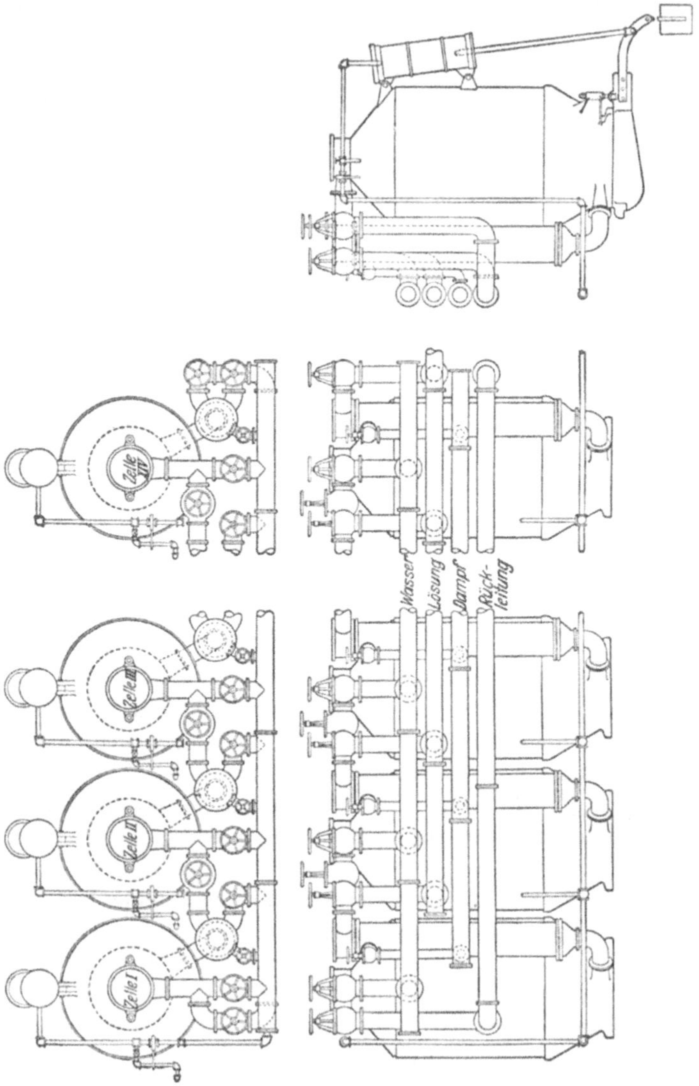

Abb. 191. Diffusionsbatterie.

wird der Extraktionsapparat sehr einfach. Im allgemeinen ist hierzu erforderlich, daß der Feststoff zu einer Feinheit von etwa 200 Maschen gemahlen wird. Dies kann nur bei verhältnismäßig sprödem Material erreicht werden, daher werden die hier zu beschreibenden Methoden für die Lösung von Erzen oder Niederschlägen angewendet. Typische Prozesse für diese Methode sind die Extraktion von Gold durch Zyanlösungen, die Herstellung von Aluminiumlösungen aus dem Bauxit durch Behandlung mit Schwefelsäure, die Kaustifikation des Natriumkarbonats mit Ätzkalk und ähnliche Operationen. Bei allen diesen Anwendungen ist der Zyanlaugeprozeß vorbildlich gewesen, der schon lange durchgebildet war, bevor die Methode auch auf andere chemische Verfahren übertragen wurde.

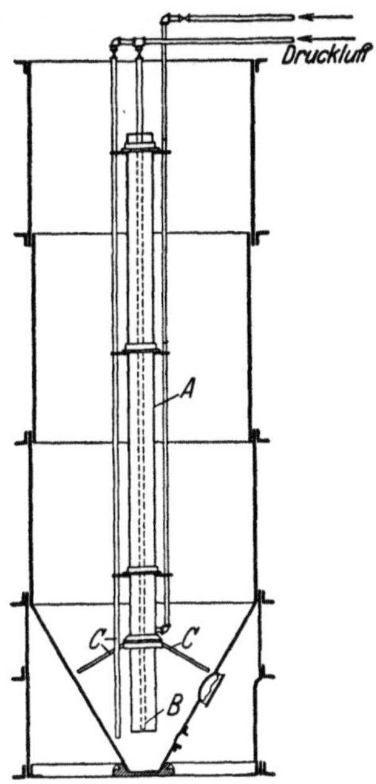

Abb. 192. Pachuka-Tank. *A* Steigrohr. *B* Luftdüse. *C* Luftrohre zum Auflokkern nach dem Absetzen.

Diese Extraktionsprozesse erfordern nur einen Apparat, in welchem der fein verteilte Feststoff in der Flüssigkeit in Suspension gehalten werden kann. Daran anschließend sind im allgemeinen Spezialapparate für die Trennung des Feststoffes und die Wiedergewinnung der klaren Lösung erforderlich, doch sind dieses eigentlich besondere Apparate, die nicht direkt zur Extraktionsapparatur gehören. Behälter jeder Art, die mit Rührwerken versehen sind, seien es Propeller, Quirle oder Druckluftrührer, können für den Extraktionsprozeß benutzt werden. Nur zwei Spezialkonstruktionen haben so weite Verbreitung gefunden, daß sie besonderer Beschreibung wert sind.

Pachucatank. Dieser Apparat (Abb. 192) ist ein hoher zylindrischer Behälter mit einem konischen Boden. Das Verhältnis der zylindrischen Höhe zum Durchmesser beträgt etwa 3 bis 5. In der Mitte des Behälters befindet sich ein senkrechtes Rohr *A*, das oben und unten offen ist und in seinem Innern das Luftzuführungsrohr enthält, welches unten in der Luftdüse *B* endigt. Flüssigkeit und Feststoff werden durch die Druckluft im Innern des Steigrohres gehoben, so daß die Zirkulation ausreicht, die Feststoffe in Suspension zu halten. Wenn eine zeitweise Unterbrechung der Druckluftzufuhr eintritt, so können sich die Feststoffe in dem konischen Teil so fest absetzen, daß die Zirkulation nicht wieder in Gang kommt. Es werden daher einige Hilfsluftrohre *C* eingebaut, die an verschiedenen Stellen und in verschiedener Höhe im Konus endigen und dazu dienen, die abgesetzten Feststoffe aufzulockern.

Der Dorrührer. Dieses Rührwerk (Abb. 193) hat sehr weite Verbreitung gefunden. Es enthält gleichfalls ein zentrales Steigrohr *A*, in dem ein Druckluftheber eingebaut ist, doch ist hier der Behälter flacher und mit ebenem Boden ausgestattet. Das zentrale senkrechte Steigrohr dient ferner gleichzeitig als Welle, auf welcher sowohl oben (*B*) wie auch unten (*C*) einige Arme befestigt sind. Die Arme unten werden mit Kratzern besetzt, die in einem gewissen Winkel stehen, so daß sie das auf dem Boden abgesetzte Material nach der Mitte zu dem Steigrohr schieben. Die oberen Arme haben die Form von Rinnen und nehmen die im Steigrohr aufsteigende Masse auf. Sie sind mit einer Anzahl von Löchern versehen, so daß sie die Suspension bei der Rotation über

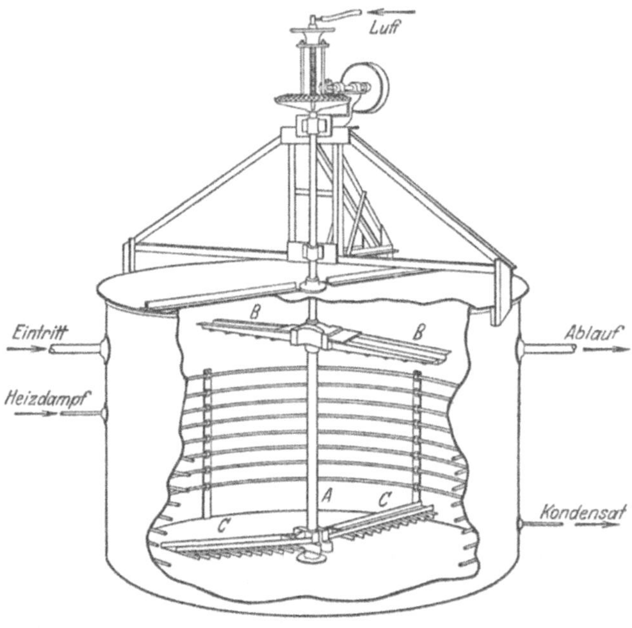

Abb. 193. Dorr-Rührer. *A* Steigrohr. *B* Verteilerrinnen. *C* Schaufeln.

die Oberfläche des Behälters verteilen. Die unteren Arme werden gewöhnlich heb- und senkbar angeordnet, um sie, wenn die Antriebskraft ausbleibt, anheben zu können, damit sie nicht in dem sich absetzenden Material stecken bleiben, wodurch ein Wiederanfahren erschwert oder unmöglich gemacht würde. Der in Abb. 193 dargestellte Rührer ist noch mit einer Heizschlange versehen.

Jeder zur Extraktion benutzte Rührer kann entweder kontinuierlich oder diskontinuierlich arbeiten. Die einfachste Methode besteht darin, eine Charge von Feststoffen und Lösungsmitteln in den Rührer aufzugeben und diese Charge so lange zu rühren, bis die Lösung fertig ist, worauf sie vollständig abgelassen wird. Handelt es sich um große Mengen, so ist kontinuierliche Arbeitsweise besser am Platze. In diesem

Falle wird der Rührer mit Ein- und Auslaßrohren an gegenüberliegenden Stellen versehen, wie in Abb. 193 dargestellt ist.

Kontinuierliche Auswaschung fein verteilter Feststoffe. Bei den vorhergehenden Erörterungen war angenommen, daß aus einem Feststoff ein löslicher Bestandteil extrahiert werden sollte. Ist dies geschehen, so bleibt der unlösliche Feststoff weiter suspendiert und auch nach einer Klärung bleibt eine gewisse Menge der Lösung an den Feststoffen haften. Diese anhaftende Flüssigkeit muß meistens ebenfalls wiedergewonnen werden. Diese Wiedergewinnung kann auch als ein Extraktionsprozeß angesehen werden, meistens aber wird er als Auswaschung bezeichnet. In sehr vielen Fällen entsteht bei einer chemischen Reaktion ein Niederschlag, der ausgewaschen werden muß. In diesem Falle ist kein löslicher Bestandteil in dem Feststoff vorhanden gewesen, der entfernt werden müßte, sondern es ist nur erforderlich, die anhaftende Lösung von den Feststoffteilchen zu entfernen, und man hat es deshalb dann genau genommen nicht mit einem Extraktionsprozeß zu tun.

Diese Auswaschung kann so ausgeführt werden, daß man den Niederschlag mit Wasser aufrührt, absetzen läßt, die überstehende klare Lösung abzieht und diesen Vorgang je nach den zu stellenden Ansprüchen öfter wiederholt. Man kann hierbei jedesmal frisches Lösungsmittel nehmen oder das Gegenstromprinzip anwenden, d. h. nur für die letzte Waschung, wenn der Niederschlag schon beinahe ausgewaschen ist, frisches Wasser verwenden. Das einmal benutzte Waschwasser wird dann für die nächste Charge für die vorletzte Waschung, für die folgende für die drittletzte und so fort benutzt. Bei geringen Mengen kann diese Operation hintereinander in demselben Rührwerk, das auch für die Extraktion benutzt war, durchgeführt werden. Bei großen Mengen, wo kontinuierliche Arbeitsweise empfehlenswert ist, ist ein Wechsel der Rührwerke erforderlich. Solche Apparaturen mit mehreren Rührwerken sind bekannt als „Gegenstromdekantation".

Der Dorreindicker. Der für die Gegenstromdekantation meistbenutzte Apparat ist der Dorreindicker. Er besteht aus einem Behälter mit flachem Boden, der im Verhältnis zur Tiefe einen großen Durchmesser hat und mit langsam rotierender Mittelwelle ausgerüstet ist, auf welcher eine Anzahl von Armen sitzt. Die Mischung von Flüssigkeit und fein verteilten Feststoffen wird in ein zentral eingebautes Gefäß aufgegeben, so daß der Inhalt in dem Hauptbehälter so wenig wie möglich beunruhigt wird. Der Durchmesser des Behälters ist so groß, daß die Verweilzeit jedes Flüssigkeitsteilchens in ihm ausreicht, die Feststoffe abzusondern. Die klare Flüssigkeit fließt über die Ränder des Behälters in eine rundherum laufende Rinne, während die sehr langsam bewegten Arme am Boden die abgesetzten Feststoffe nach der Mitte befördern, wo sie abgezogen werden. In Abb. 194 ist ein

Doppeleindicker dargestellt, d. h. zwei gesonderte, voneinander unabhängige Eindicker sind übereinander in dem Behälter angeordnet, um an Grundfläche zu sparen. Der Dorreindicker ist im Grunde nur ein

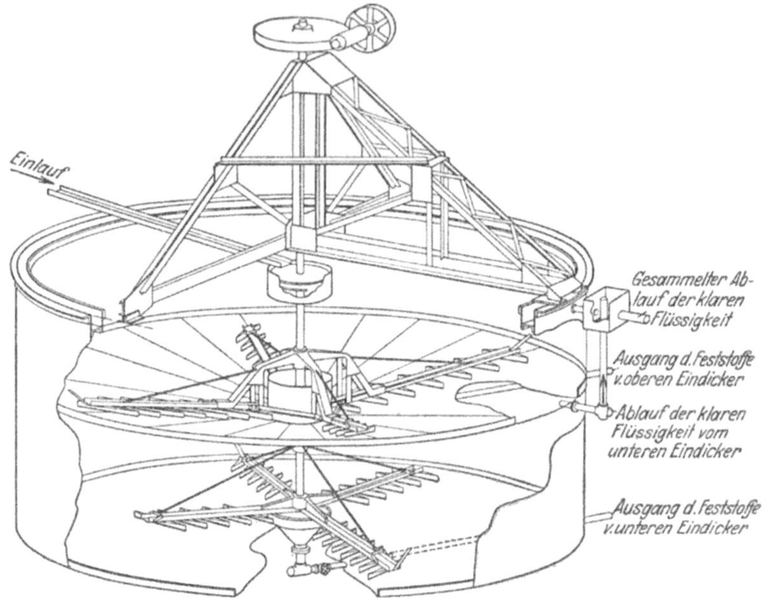

Abb. 194. Dorr-Eindicker.

Apparat zur Trennung von Feststoffen von Flüssigkeiten; aber er ist für die hier zu besprechenden Waschprozesse sehr brauchbar.

Gegenstromdekantation. Abb. 195 stellt das Schema einer Dorr-Gegenstromdekantation dar, wie sie für die Kaustifikation des Natrium-

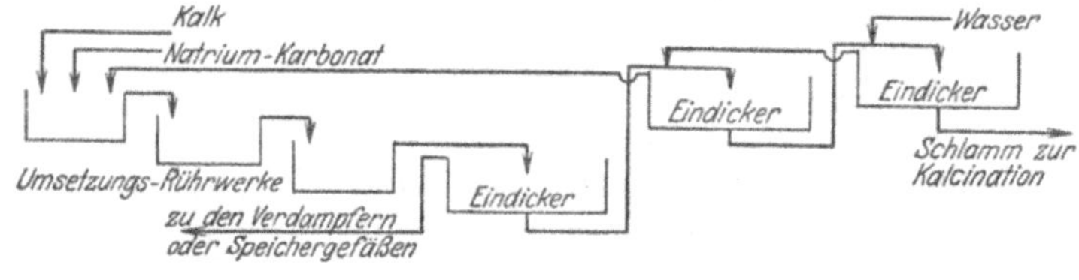

Abb. 195. Schema einer Gegenstromdekantation.

karbonats Anwendung findet. Ein oder mehrere Rührer werden in Reihe geschaltet, das Fassungsvermögen dieser Rührer ist der Materialmenge so angepaßt, daß jedes Feststoffteilchen lange genug in den Rührern verbleibt, um vollständig extrahiert oder umgesetzt zu werden. Die Mischung von Feststoffen und Flüssigkeit geht aus dem letzten Rührer in den ersten Eindicker. Der Überlauf aus diesem Eindicker stellt das Produkt dar, der aus diesem Eindicker unten abgezogene

Schlamm wird in einen zweiten Eindicker gepumpt, wo er mit dem Überlauf aus dem dritten Eindicker zusammenkommt. In dem Aufgabegefäß des zweiten Eindickers werden diese beiden Eingänge gemischt, der Überlauf aus dem zweiten Eindicker gelangt zu den Rührwerken und dient dort als Lösemittel, während der unten abgezogene Schlamm aus dem zweiten Eindicker in den dritten Eindicker gepumpt wird, wo er mit frischem Wasser zusammenkommt. Es können auch mehr als drei Eindicker hintereinander erforderlich werden, je nach der Eigenschaft des Materials und den Anforderungen, welche man an die Wiedergewinnung der anhaftenden Lösung stellt. In einer derartigen Gegenstrom-Dekantationsanlage muß die Menge der unten abgezogenen Feststoffe sehr genau geregelt werden, was im allgemeinen mit Diaphragmapumpen, die durch Regelexzenter angetrieben werden, erreicht wird.

Theorie der Extraktion.

Die Theorie der Extraktion wird unter zwei Gesichtspunkten behandelt: 1. Unter der Annahme, daß genügend Zeit zur Verfügung steht, so daß das Gleichgewicht während des Prozesses erreicht wird, und 2. ausgehend von der Geschwindigkeit der Extraktion, bevor das Gleichgewicht erreicht wird. Wenn man die erste Annahme macht, und gewisse Prozesse, wie z. B. selektive Adsorption ausschließt, ist es möglich, auf Grund von Stoffbilanzen Extraktionsprozesse vorauszuberechnen, möge es sich um einfache Chargen oder um kontinuierliche Gegenstrombehandlungen von Feststoffen in Lösungen handeln.

Rechnungen, welche auf der Erreichung des Gleichgewichtes beruhen. Wenn hinsichtlich des Gleichgewichtes in der Extraktion und Auswaschapparatur gewisse Annahmen gemacht werden, so beschränkt sich die Berechnung auf die Aufstellung von Stoffbilanzen. Diese zu machenden Annahmen sind: 1. Die Waschflüssigkeit wird vollständig und gleichmäßig mit der Lösung, welche an der Oberfläche der Feststoffe anhaftet, gemischt und 2. der Feststoff übt keine adsorbierende Wirkung auf das Lösemittel aus, sondern ist vollständig inert. Ein Zahlenbeispiel folgt:

Beispiel 27. Die in Abb. 195 dargestellte Apparatur soll für die Kaustifikation von Natrium-Karbonat mit Kalk zur Erzeugung von Ätznatronlösung dienen. Die Gleichung dieses Prozesses ist:

$$Na_2CO_3 + Ca(OH)_2 = CaCO_3 + 2\,NaOH\,.$$

Die Anlage soll 10 t Ätznatron in 24 Stunden herstellen in Form von Lösung mit einem Gehalt von 9,5 t Ätznatron je 100 t Wasser. Der aus jedem Eindicker abgezogene Schlamm wird 1 Teil Wasser auf 1 Teil Feststoff dem Gewicht nach enthalten.

Lösung. Mit X, Y, Z seien die Konzentrationen des Ätznatrons im 1., 2. und 3. Eindicker bezeichnet, ausgedrückt in t NaOH je t Wasser. Nach der Aufgabe ist $X = 0{,}095$. Für 10 t NaOH werden 10 mal $\frac{100}{80} = 12{,}5$ t $CaCO_3$ Niederschlag je Tag gebildet, da das Molekulargewicht des $CaCO_3$ 100 und das des 2 NaOH 80 ist. Da das Verhältnis von Feststoffen zum Wasser in dem Schlamm aus jedem Eindicker 1:1 ist, werden aus jedem Eindicker mit 12,5 t Feststoffen 12,5 t Flüssigkeit abgezogen, in welcher Ätznatron gelöst ist. Der Überlauf aus dem 1. Eindicker enthält 10 t Ätznatron als Lösung mit einem Gehalt von 0,095 t je t Wasser. Er wird infolgedessen aus 10 t Ätznatron und $\frac{10}{0{,}095} = 105{,}3$ t Wasser bestehen. Da nur Schlamm an dem einen Ende und fertige Lösung an dem anderen Ende aus der Apparatur ausgehen, muß die Gesamtwassermenge, die in dem 3. Eindicker zugeführt wird, gleich der Wassermenge sein, die mit der konzentrierten Lösung und in dem Schlamm abgeführt wird, d. h. $= 105{,}3 + 12{,}5 = 117{,}8$ t Wasser je Tag. Die Ätznatronbilanz für jeden Eindicker kann nun folgendermaßen aufgestellt werden:

1. Eindicker: $117{,}8 \cdot Y + 10 + 12{,}5 \cdot Z = 105{,}3 \cdot X + 12{,}5 \cdot X$
2. Eindicker: $117{,}8 \cdot Z + 12{,}5 \cdot X = 117{,}8 \cdot Y + 12{,}5 \cdot Y$
3. Eindicker: $12{,}5 \cdot Y = 117{,}8 \cdot Z + 12{,}5 \cdot Z$.

Aus den Gleichungen ergibt sich: $X = 0{,}096$
$Y = 0{,}010$
$Z = 0{,}00098$.

Der Ätznatronverlust mit dem Schlamm aus dem letzten Eindicker ist daher $12{,}5 \cdot 0{,}00098 = 0{,}0122$ t oder etwa 0,1%.

Ein zweiter Fall, der mit Hilfe der Stoffbilanzen berechnet werden kann, ist durch Howley[1] behandelt worden. Dieser Fall betrifft die Behandlung einer bestimmten Feststoffmenge nacheinander mit frischen Flüssigkeitsmengen. Wenn a das Lösemittelverhältnis ist oder das Volumen des bei der Waschung abgezogenen Lösemittels, dividiert durch das Volumen des in den Feststoffen zurückbleibenden Löse-

Prozentuale Extraktion bei verschiedenen Lösemittelverhältnissen und verschiedener Anzahl Waschungen. Jede Waschung mit frischem Lösemittel.

Lösemittelverhältnis	Zahl der Waschungen							
	1		2		3		4	
	% extrahiert	Vol. d. Lösung	% extrahiert	Vol. d. Lösung	% extrahiert	Vol. d. Lösung	% extrahiert	Vol. d. Lösung
1	50,00	1	75,00	2	87,50	3	93,75	4
2	66,67	2	88,89	4	96,30	6	98,76	8
3	75,00	3	93,75	6	98,44	9	99,61	12
4	80,00	4	96,00	8	99,20	12	99,84	16
5	83,33	5	97,22	10	99,54	15	99,92	20
6	85,71	6	97,96	12	99,71	18	99,96	24
7	87,50	7	98,44	14	99,81	21	99,98	28
8	88,89	8	98,76	16	99,86	24	99,98	32
9	90,00	9	99,00	18	99,90	27	99,99	36
10	90,90	10	99,17	20	99,92	30	99,99	40

[1] Ind. Engng. Chem. Bd. 9 (1917) S. 866; Bd. 12 (1920) S. 493.

mittels, so ist das Verhältnis der ursprünglich vorhandenen Menge löslichen Materials zu der zurückbleibenden für:

eine Waschung $\frac{1}{a+1}$ drei Waschungen $\frac{1}{(a+1)^3}$

zwei Waschungen $\frac{1}{(a+1)^2}$ n Waschungen $\frac{1}{(a+1)^n}$.

Die sich ergebenden Werte sind in der Tabelle auf S. 318 für einige Fälle berechnet.

Wenn die Waschung im Gegenstrom geschieht, so bleibt nach n Waschungen zurück:

$$\frac{1}{1+a+a^2+a^3+\ldots a^n}, \tag{235}$$

Die sich aus dieser Formel ergebenden Werte sind für einige Fälle in der folgenden Tabelle zusammengestellt:

Prozentuale Extraktion bei verschiedenen Lösemittelverhältnissen und verschiedener Anzahl der Waschungen. Gegenstromlaugerei.

Lösemittel-verhältnis	Zahl der Waschungen					
	1	2	3	4	5	6
1	50,00	66,67	75,00	80,00	83,33	85,71
2	66,67	85,71	93,33	96,77	98,42	99,21
3	75,00	92,31	97,50	99,17	99,73	99,91
4	80,00	95,24	98,82	99,71	99,93	—
5	83,33	96,77	99,36	99,87	99,97	—
6	85,71	97,67	99,61	99,94	—	—
7	87,50	98,24	99,75	99,96	—	—
8	88,89	98,63	99,83	99,98	—	—
9	90,00	98,90	99,88	99,99	—	—
10	90,90	99,10	99,91	—	—	—

Geschwindigkeit der Extraktion. Auf den Vorgang der Extraktion können genau dieselben Prinzipien angewendet werden wie auf andere Diffusionsvorgänge. Wir betrachten ein Teilchen, welches lösliches Material enthält und mit einer Flüssigkeit in Berührung kommt, welch letztere für die Extraktion dienen soll. Die Konzentration des gelösten Stoffes in der Lösung ist zu jeder Zeit C. Zur gleichen Zeit sei die Konzentration an der Grenzfläche C_0. Dieser Wert von C_0 kann gleich oder ungleich sein der Konzentration in dem Feststoff selbst, je nach der Struktur und dem Aufbau des Feststoffes. In jedem Falle ist die Geschwindigkeit der Diffusion von der Grenzfläche in die Flüssigkeit proportional der Differenz $C_0 - C$. Eine allgemeine Berechnung der Geschwindigkeit der Extraktion würde die Kenntnis der Geschwindigkeit der Diffusion voraussetzen, die in dem Feststoff selbst stattfindet, gerade so wie bei der Diffusion die Proportionalitätskonstante oder der Grenzschichtkoeffizient für den Übergang des diffundierenden Stoffes von der Grenzfläche in das Lösemittel bekannt sein muß. Es lassen sich hier gewisse Fälle unterscheiden.

1. Ist der Feststoff ganz unangreifbar und jeder Einwirkung des Lösemittels entzogen und befindet sich auf seiner Oberfläche eine Grenzschicht von starker Lösung, so beruht der Prozeß einfach auf dem Ausgleich der Konzentrationen in dem Hauptteil des Lösemittels und der Grenzschicht. Ein derartiger Prozeß verläuft sehr schnell und in verhältnismäßig kurzer Berührungszeit wird praktisch vollständiges Gleichgewicht hergestellt. Dies trifft besonders dann zu, wenn gerührt und das System angewärmt wird, so daß die Viskosität niedrig und der Diffusionskoeffizient verbessert wird.

2. Ist das lösliche Material in dem Innern eines durchlässigen unlöslichen Feststoffes gleichmäßig verteilt, z. B. Soda oder Nitrat, so ist die Geschwindigkeit der Diffusion des gelösten Feststoffes zur Grenzfläche der bestimmende Faktor für die Geschwindigkeit der Extraktion. In solchen Fällen ist durch Herabsetzung der Dicke der Flüssigkeitsgrenzschicht wenig zu erreichen, doch wird der Prozeß erheblich beschleunigt durch feine Auf- und Verteilung des Feststoffes.

3. Wenn der zu extrahierende feste Stoff undurchdringlich ist und die löslichen Teile in ihm in sehr feinen Teilchen, Täfelchen oder Nadeln verteilt sind, so ist die wirksame Oberfläche der löslichen Teilchen nur ein außerordentlich kleiner Bruchteil der Gesamtoberfläche des Feststoffes, woraus sich eine sehr langsame Extraktion ergibt. In diesen Fällen ist es am besten, den Feststoff so fein zu mahlen, daß die einzelnen Teilchen löslichen Materials freigelegt werden.

Ein weiterer typischer Fall der Extraktion liegt vor bei solchen Substanzen wie Zuckerrübenschnitzeln und Eichenrinde, wo das zu extrahierende Material zelligen Aufbau hat und der Prozeß eine Diffusion des gelösten Stoffes durch die Zellwände darstellt, welche als halbdurchlässige Membranen wirken. Bei diesem Vorgang spielt die Osmose eine Rolle und die Diffusion von Kristalloiden durch Kolloide. Hier ist der lösliche Bestandteil äußerst fein in der Gesamtmasse des unbeteiligten Feststoffes aufgeteilt. Man sollte daher denken, daß es logisch wäre, das Material sehr fein zu mahlen, aber dieses Mahlen müßte das Material in einer solchen Feinheit ergeben, daß jede einzelne Zelle aufgebrochen wird. Wenn man sich nun vorstellt, daß die einem 200-Maschensieb (entspricht Gewebe Nr. 80 bis 100 nach DIN 1171)[1] entsprechende Feinheit die Grenze darstellt, bis zu welcher noch gemahlen werden kann, und daß ein Teilchen, welches durch ein 200-Maschensieb geht, immer noch Hunderte von Einzelzellen enthält, so erkennt man die Undurchführbarkeit dieses Vorschlages. Außerdem enthält in einigen Fällen, besonders in dem der Extraktion des Rübenzuckers,

[1] Anmerkung des Übersetzers.

die Zelle noch andere Substanzen als Zucker in Lösung. Wenn nun das Material so fein zerteilt wird, daß die Zellenwände zertrümmert werden, würden auch unerwünschte lösliche Verunreinigungen in die Lösung übergehen, während, wenn die Extraktion durch direkte Diffusion stattfindet, einige dieser Verunreinigungen infolge ihres hohen Molekulargewichtes zurückgehalten werden. Materialien dieser Art sollten nicht so fein aufgeteilt werden, daß die Schnitzel eine Masse bilden, die von dem Lösungsmittel nicht durchdrungen werden kann. Gleichzeitig sollen die Schnitzel aber auch die größtmögliche Oberfläche haben, um die Berührungsfläche zwischen Lösemittel und Feststoff zu vergrößern. Die Diffusionsprozesse werden beschleunigt, wenn so hohe Temperaturen als möglich angewendet werden und jeder Grenzschichtwiderstand wird herabgesetzt durch hohe Geschwindigkeit des Lösemittels mit entsprechend großer Turbulenz und Verringerung der Grenzschichtdicke. Wenn die Geschwindigkeit des Lösemittels an den Schnitzeln entlang groß ist, kann die für die Erreichung hoher Konzentrationen erforderliche Zeit nur dann zur Verfügung stehen, wenn der Weg des Lösemittels entsprechend lang ist. Dies wird bei Diffusionsbatterien durch Hintereinanderschaltung einer entsprechenden Zahl von Zellen erreicht. Die Extraktion von Eichenrinde geht ziemlich schnell vor sich. Die Geschwindigkeit des Lösemittels braucht nicht so hoch zu sein und 4—6 Zellen sind gewöhnlich ausreichend. Bei der Extraktion von Rübenzucker geht die Diffusion langsam vor sich, die Geschwindigkeit des Lösemittels ist hoch, so daß 10—14 Zellen in Reihe hintereinander geschaltet werden müssen, um eine ausreichende Berührungszeit zu gewährleisten.

Zahlenangaben über die Geschwindigkeit der Extraktion verschiedener Stoffe, welche als Grundlage für exakte Berechnungen von Extraktionssystemen dienen könnten, sind praktisch nicht vorhanden, infolgedessen können nur die schon erwähnten qualitativen Feststellungen gemacht werden. In den verschiedenen Industrien, in welchen die Extraktion vorkommt, werden die Apparategrößen und die Reaktionszeiten auf Grund empirischer Erfahrungen festgestellt.

XII. Kristallisation.

Die fabrikatorische Kristallisation unterscheidet sich in gewissem Sinne erheblich von der laboratoriumsmäßigen Durchführung. Für rein wissenschaftliche Arbeiten werden nur die Forderungen nach möglichst hoher Ausbeute und möglichster Reinheit der Kristalle erhoben. Dieselben Forderungen spielen auch bei der fabrikatorischen Kristallisation eine Rolle, aber außerdem werden hier noch bestimmte Bedingungen hinsichtlich Größe und Aussehen der Kristalle gestellt. Oft genug sind diese Forderungen unbegründet. Z. B. werden von gewissen Stoffen große Kristalle gefordert, wo kleinere Kristalle durchaus ebensogut oder besser die später gestellten Anforderungen erfüllen könnten. In einigen Fällen werden ganz bestimmte Kristallformen verlangt, z. B. Nadeln. In anderen Fällen ist es schwierig, Kristalle zu verkaufen, die zusammengewachsen sind, d. h. wo der einzelne Kristall mit verschiedenen anderen zusammen ein Stück bildet. Der Käufer stellt oft die Bedingung, daß das Produkt eine bestimmte Größe haben muß, infolgedessen müssen die Kristallisationsprozesse in der Fabrik nicht nur von der theoretischen, sondern auch von dieser kaufmännischen Seite aus betrachtet werden.

Kristallformen. Die einzige logische und anerkannte Methode der Einteilung der Kristalle beruht auf den Winkeln zwischen den Flächen. Die Wissenschaft, die sich mit diesen Fragen beschäftigt, ist die Kristallographie. Nach diesem System werden die typischen Kristallformen nicht mit der relativen Größe der Flächen in Beziehung gesetzt, da ja die relative Entwicklung der Flächen keine charakteristische Konstante eines bestimmten Stoffes ist. Jeder Stoff aber kristallisiert immer so, daß der Winkel zwischen bestimmten Flächen in jedem Falle derselbe bleibt und für den betreffenden Stoff charakteristisch ist. Z. B. ist das Würfelsystem dadurch charakteristisch, daß seine Flächen auf drei gleichwertige Achsen, von welchen jede rechtwinklig zu den beiden anderen steht, bezogen werden können.

Eine einfache Anordnung von Flächen, die zu diesem System zu rechnen ist, ist die rechtwinklige Stellung der Flächen auf den Achsen — wie die Flächen des gewöhnlichen Würfels. Der Kristall kann ein symmetrischer Würfel, eine Nadel, eine Tafel oder ein Konglomerat unvollkommener Kristalle sein. Solange die Flächen rechtwinklig zueinanderstehen, ist er kristallographisch betrachtet ein Würfel. Dasselbe gilt von jeder anderen Zusammenstellung von Flächen, die auf dieselben Achsen bezogen werden können, z. B. Flächen des Oktaeders, des Dodekaeders usw., in jedem Falle sind es nicht die relative Ausdehnung der Flächen oder die Oberflächenform des Kristalles, die für die Einreihung der Kristallform in eine bestimmte Klasse maßgebend sind, sondern allein die Winkel der Flächen.

Es gibt sechs Klassen von Kristallen je nach der Anordnung der Achsen, auf welche die Winkel bezogen werden. Diese Klassen sind:

kubisch: 3 gleiche Achsen, rechtwinklig zueinander;
tetragonal: 3 Achsen, rechtwinklig, eine länger als die beiden anderen;
orthorhombisch: 3 Achsen, rechtwinklig, jedoch alle verschieden lang;
hexagonal: 3 gleichlange Achsen in einer Ebene, die Winkel von 60° einschließn, 1 Achse rechtwinklig zu dieser Ebene aber nicht notwendigerweise von gleicher Länge wie die anderen Achsen;

monoklinisch: 2 Achsen rechtwinklig in einer Ebene. Eine 3. Achse in einem schiefen Winkel zu dieser Ebene;

triklinisch: 3 Achsen in schiefen Winkeln zueinander.

Kristallmodifikation. Der Ausdruck „Kristallmodifikation" ist gebräuchlich, um die relative Entwicklung der verschiedenen Formentypen zu bezeichnen. Z. B. kristallisiert Natriumchlorid aus wässerigen Lösungen nur mit kubischen Formen. Wenn aber Natriumchlorid aus einer wässerigen Lösung kristallisiert, die Spuren von Harnstoff enthält, so sind die Kristalle oktaedrisch. Beide Kristallformen gehören zu dem kubischen System, unterscheiden sich aber im Aufbau. Ob ein Stoff in symmetrischen Kristallen, in Tafeln, Nadeln oder Prismen kristallisiert, ist gewöhnlich abhängig von den Bedingungen, unter welchen die Kristalle wachsen, und unabhängig von seiner kristallographischen Klasse oder Modifikation. Das Wort Modifikation ist manchmal nicht ganz korrekt zur Bezeichnung dieser äußeren Form in Gebrauch, eigentlich dient es nur zur Bezeichnung der Anordnung der Flächen und nicht zur Kennzeichnung der Gestalt des Kristalles.

Theorie der Kristallisation.

Die Theorie der Kristallisation hat sich nicht allein auf die Gleichgewichtsbedingungen und die Geschwindigkeit des Kristallwachstums zu erstrecken, sondern auch auf einen anderen Vorgang, nämlich die Bildung des Kristalles. Der Ursprungskristall bei oder unmittelbar nach seiner Bildung wird ein Kristallkeim genannt. Im folgenden sollen betrachtet werden: 1. die Gleichgewichtsbeziehungen, 2. die Bildung der Kristallkeime und 3. das Wachsen der Kristalle.

Gleichgewichte und Ausbeuterechnungen. Jeder Feststoff, der mit seiner Lösung in Berührung steht, löst sich auf, wenn die Lösung nicht gesättigt ist, oder er wächst auf Kosten der Lösung, wenn diese übersättigt ist. In jedem Falle wird das Gleichgewicht durch die Löslichkeit des Feststoffes in dem Lösemittel bestimmt. Im allgemeinen hängt die Löslichkeit des Feststoffes hauptsächlich von der Temperatur ab. Daneben wird sie noch etwas beeinflußt von der Art des Materials und dem Druck. Für alle gewöhnlich gelagerten Fälle indessen können die letzten beiden Faktoren vernachlässigt werden und die Löslichkeitsangaben werden in Kurven gemacht, welche die Löslichkeiten in passenden Einheiten als Funktion der Temperatur darstellen.

Manche Stoffe haben eine stetig verlaufende Löslichkeitskurve in dem betrachteten Temperaturbereiche. Die Löslichkeitskurven anderer Stoffe zeigen wiederum ausgeprägte Unstetigkeiten. Als Beispiel ist die Löslichkeitskurve des Natriumthiosulfates in Abb. 196 dargestellt. Die Kurvenstücke 1, 2 und 3 geben die Löslichkeit dieses Stoffes, wenn die Konzentrationen in Teilen $Na_2S_2O_3$ auf hundert Teile Wasser angegeben sind. Diese Art der Konzentrationsangabe durch die Menge des gelösten wasserfreien Salzes, selbst wenn das kristallisierte Salz Kristallwasser enthält, ist allgemein gebräuchlich. Die Unstetigkeiten in der Kurve entsprechen Übergängen in der Zusammensetzung der stabilen, festen Phase. Zwischen 0 und 48,2° C ist das Pentahydrat ($Na_2S_2O_3 \cdot 5\,H_2O$) die stabile Phase. Von 48,2—66,5° C ist es das Dihydrat $Na_2S_2O_3 \cdot 2\,H_2O$), während oberhalb von 66,5° C das wasserfreie Thiosulfat in Berührung mit seiner Lösung in stabiler Form existiert.

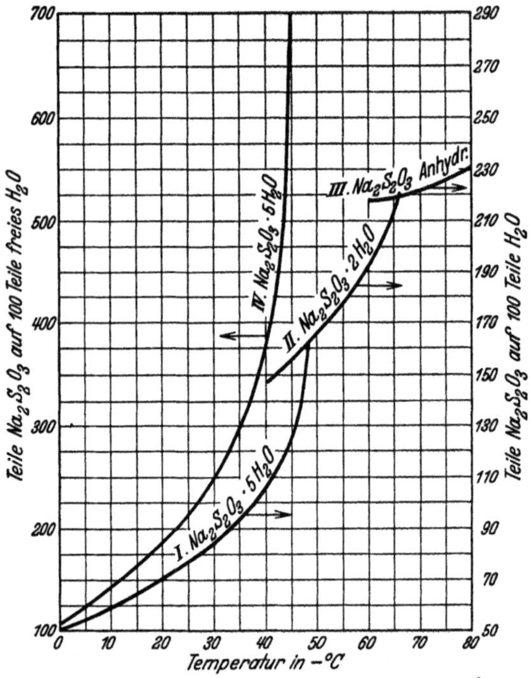

Abb. 196. Löslichkeit von Natriumthiosulfat.

Z. B. tritt, wenn eine heiße Lösung mit 90 Teilen $Na_2S_2O_3$ auf 100 Teile Wasser abgekühlt wird, die erste Kristallisation (vorausgesetzt, daß die Lösung nicht erheblich unterkühlt wird) bei einer Temperatur von 34,5° C auf, und die Kristalle bestehen aus Pentahydrat. Wenn eine Lösung mit 190 Teilen $Na_2S_2O_3$ auf 100 Teile Wasser auf 60° C gekühlt wird, kristallisiert Dihydrat aus, während eine Lösung mit 230 Teilen $Na_2S_2O_3$ bei der Abkühlung auf 79° C Kristalle des wasserfreien Salzes erbringt.

Die meisten Kristallisationsprozesse werden so langsam durchgeführt und die Oberfläche des Feststoffes, die mit der Lösung in Berührung steht, ist so groß, daß am Ende des Prozesses die Mutterlauge bei der Endtemperatur gesättigt ist. Zwar können bei einigen Stoffen, welche sehr langsam kristallisieren, z. B. Rohrzucker, die Lösungen erheblich übersättigt sein, auch noch in Berührung mit festem Zucker, im allgemeinen indessen kann die Endkonzentration der Mutterlauge der Löslichkeitskurve entnommen werden. Die Ausbeute eines Kristallisationsprozesses kann daher aus den Angaben über die Löslichkeit berechnet werden, wenn die Anfangskonzentration und die Endkonzentration bekannt sind.

Die Berechnung der Ausbeute ist bei einem Stoff, der wasserfrei kristallisiert, sehr einfach. Es ist nur die Differenz zwischen der anfänglichen Zusammensetzung der Lösung und der Löslichkeit, die der Endtemperatur entspricht, zu berechnen, um die Ausbeute zu erhalten. Die Angaben der Konzentration müssen auf den Wassergehalt der Lösung bezogen werden und nicht in %-Feststoffen gemacht werden. Falls während des Vorganges Verdampfung erfolgt, muß dieses berücksichtigt werden.

Wenn der Stoff mit Kristallwasser kristallisiert, ist diese einfache Berechnung nicht mehr möglich, da ja das feste Salz eine bestimmte Menge Wasser enthält, welche der Mutterlauge entzogen wird und daher als Lösemittel nicht mehr in Betracht kommt. In diesem Falle bezieht man alle Angaben über die Zusammensetzungen auf das Hydrat einerseits und andererseits auf das freie lösende Wasser, da dieses letztere während des Kristallisationsprozesses mengenmäßig konstant bleibt und die auf dieser Grundlage beruhenden Angaben der Zusammensetzung subtrahiert werden können. In Abb. 196 ist die Kurve 4 für das Pentahydrat in dieser Weise berechnet.

Beispiel 28. Wie groß ist die Ausbeute an Natrium-Thiosulfat, wenn eine 60%ige Lösung auf 20° C abgekühlt wird?

Lösung. Die eingehende Lösung enthält 60 Teile $Na_2S_2O_3$ in 40 Teilen Wasser. Aus Abb. 196, Kurve 1 entnimmt man, daß bei 20° C die Löslichkeit 70 Teile $Na_2S_2O_3$ auf 100 Teile Wasser beträgt. Diese Zahlen müssen umgerechnet werden auf Teile $Na_2S_2O_3 \cdot 5\,H_2O$ auf 100 Teile freies Wasser, indem man das Verhältnis der Molgewichte des wasserfreien und wasserhaltigen Salzes benutzt:

	$Na_2S_2O_3 : (Na_2S_2O_3 \cdot 5\,H_2O) = 158 : 248$					Hydrat auf 100 Teile freies Wasser kg
	Gesamt-Wasser kg	$Na_2S_2O_3$ kg	$Na_2S_2O_3 \cdot 5\,H_2O$ kg	Hydrat Wasser kg	freies Wasser kg	
Eingangslösung . .	40	60	94,2	34,2	5,8	1625
Ausgangslösung . .	100	70	109,9	39,9	60,1	183

Bei der Abkühlung der eingehenden Lösung auf die Endtemperatur wird das freie Wasser nicht beeinflußt und ergibt daher eine einwandfreie Grundlage für den Vergleich. Die Zahlen der letzten Kolonne können also subtrahiert werden, um die Ausbeute zu erhalten: 1625 kg — 183 kg = 1442 kg. Diese Ausbeute erhält man aus der Menge 60%iger Lösung, welche 100 kg freies Wasser enthält oder aus 1625 + 100 = 1725 kg Lösung. Die Ausbeute beträgt 1442 kg Kristalle aus 1725 kg Lösung oder 83,6 kg Kristalle aus 100 kg 60%iger Lösung.

Bildung der Kristallkeime. Für die Bildung von Kristallen in einer Lösung ist zunächst die Bildung von kleinsten kristallinen Teilchen oder Kristallkeimen erforderlich und weiter ist erforderlich, daß diese kleinen Kristallkeime wachsen. Der Vorgang kann daher in zwei Abschnitte geteilt werden: 1. Die Bildung und 2. das Wachsen dieser Kristallkeime. Der erste Abschnitt, die Keimbildung, ist noch nicht vollständig erforscht. Wenn eine Lösung oder ein Stoff, der eine normale Löslichkeit besitzt (d. h. eine Löslichkeit, welche mit steigender Temperatur zunimmt), über ihren Sättigungspunkt hinaus abgekühlt wird, so bilden sich mehr oder weniger Kristallkeime je nach der Geschwindigkeit der Abkühlung, der Geschwindigkeit und Art des Rührens, der Temperatur der Lösung und der Impfung mit Staub. Fernerhin ändert sich die Zahl der Keime sehr mit der Art des Stoffes und mit den Eigenschaften und der Menge etwa vorhandener Verunreinigungen. Im allgemeinen begünstigen schnelles Abkühlen, kräftiges Rühren, hohe Temperatur und niedriges Molekulargewicht die Bildung einer großen Anzahl von Keimen, während langsame Abkühlung, Ruhe, hohes Molekulargewicht und niedrige Temperatur die Bildung einer geringeren Zahl von Keimen bewirken. Der Einfluß der Temperatur ist wahrscheinlich hauptsächlich dem Umstand zuzuschreiben, daß die Viskosität der Lösung von der Temperatur abhängig ist.

Einige Stoffe können in ihren Lösungen sehr übersättigt vorliegen, ohne daß es zur Bildung von Kristallen kommt, wenn die Lösung in Ruhe gelassen wird und Staub oder andere Feststoffe, an welchen die Kristallisation ansetzen kann, sorgfältig ferngehalten werden. Ein Beispiel hierfür ist gewöhnlicher Rohrzucker. Andere Stoffe dagegen, z. B. Kochsalz, lassen eine merkliche Übersättigung nicht zu, sondern beginnen unmittelbar nach der Abkühlung unter ihre Sättigungstemperatur zu kristallisieren.

Es sind verschiedene Hypothesen aufgestellt worden, um die Bildung der Kristallkeime zu erklären, keine indessen ist zweifelsfrei. Es ist bekannt, daß ein mechanischer Stoß in einer übersättigten Lösung oft die plötzliche Bildung eines Schauers sehr feiner Kristalle verursacht und daß man durch das Zufügen einiger weniger Kristallkeime oder Impfkristalle zu einer übersättigten Lösung denselben Vorgang hervorrufen kann. Die Anwesenheit geringer Mengen von Fremdstoffen besonders von Kolloiden beeinflußt die Bildung der Kristallkeime und ihr späteres Wachsen merklich.

Geschwindigkeit des Wachstums der Kristalle.

Die bisherigen Forschungen über das Wachstum eines Kristalles nach seiner Bildung haben besseren Erfolg gehabt, als die über die Bildung des Kristallkeimes selbst. Es ist einleuchtend, daß, wenn ein Kristall in einer Lösung suspendiert ist und auf Kosten des gelösten Stoffes wächst, der gelöste Stoff zu den Kristallflächen diffundieren muß. Dieser Vorgang der Diffusion ist in Kapitel VI behandelt worden. Da die Diffusion in einer Flüssigkeitsgrenzschicht stattfindet, so ist als treibende Kraft die Differenz zwischen der Konzentration in der Gesamtmenge der Lösung und der Konzentration der Flüssigkeit unmittelbar an der Kristallfläche anzusehen, während der zu überwindende Widerstand in dem Widerstand der Grenzschicht an der Kristallfläche zu suchen ist. Die Frage, ob letzterer der einzige bei der Kristallisation in Frage kommende Widerstand ist oder nicht, ist sehr umstritten. Die meisten Beobachtungen lassen darauf schließen, daß außer dem Diffusionswiderstand an der Grenzfläche ein weiterer Widerstand vorhanden ist, und daß die Geschwindigkeit der Kristallisation eine Funktion von zwei aufeinanderfolgenden Widerständen ist. Unterstützt wird diese Ansicht durch den experimentell bewiesenen Umstand, daß die Geschwindigkeit des Wachsens der verschiedenen Flächen eines Einkristalles nicht für alle Fälle gleich ist. Wenn die Flüssigkeitsgrenzschicht der einzige in Betracht kommende Faktor wäre, müßten alle Flächen desselben Kristalles mit gleicher Geschwindigkeit bei gleichen äußeren Verhältnissen wachsen, da ja alle Flächen mit einer Grenzschicht gleicher charakteristischer Zusammensetzung in Berührung stehen. Wenn dagegen jede Fläche eine ihr eigentümliche Geschwindigkeit des Wachsens zeigt, so muß die Wachstumsgeschwindigkeit von Fläche zu Fläche verschieden sein, was auch experimentell bewiesen ist. Das Verhältnis dieser Wachstumsgeschwindigkeiten ist konstant, daher behält ein Kristall, der einmal gebildet ist und unter konstanten äußeren Bedingungen wächst, während des Wachsens immer eine geometrisch ähnliche Form.

Die spezifischen Konstanten der Wachstumsgeschwindigkeit der Kristallflächen sind für einige Stoffe unter einigen Bedingungen angenähert bestimmt; doch sind diese spezifischen Konstanten zu wenig bekannt, als daß sie praktisch in erheblichem Maße angewendet werden dürften. Auf alle Fälle hängt die Wachstumsgeschwindigkeit irgendwie mit der Gesamtkonzentrationsdifferenz zwischen der Gesamtmasse der Lösung und der Sättigungskonzentration des Stoffes bei der Grenzflächentemperatur zusammen.

Siebanalysen. Kristalline Materialien werden ebenso wie andere Feststoffe feiner Körnung im allgemeinen nach Siebanalysen bestimmt. Eine Siebanalyse eines Materials wird durchgeführt, indem man eine Probe auf das gröbste eines Satzes von Normalsieben nimmt. Die Eigenschaften und Abmessungen dieser Siebe sind im Anhang 9 angegeben. Unter diesem gröbsten Siebe sind die anderen feineren Siebe der Reihe nach mit abnehmender Maschengröße angeordnet. Die Maschen sind sorgfältig genormt und die Dimensionen der Öffnungen sind genau bekannt. Der Siebsatz mit der Probe auf dem obersten Sieb wird während einer vorgeschriebenen Zeit in einer bestimmten Weise geschüttelt, entweder von Hand oder maschinell. Die auf jedem Sieb befindlichen Kristalle werden dann gewogen. Wenn man die auf jedem Sieb gewonnene Menge in Prozenten der ursprünglichen Probe über der Nummer des Siebes aufträgt, erhält man die Kurve der Differentialsiebanalyse. Kurve *A* in Abb. 197 ist eine Differentialsiebanalyse. Es wurden hier

z. B. 0,6% der Probe auf dem Sieb mit 8 Maschen je Zoll zurückgehalten. Weitere 11,3% auf dem nächsten Sieb mit 10 Maschen je Zoll, weitere 29,3% auf dem Sieb mit 14 Maschen, 29,5% auf dem Sieb mit 20 Maschen usw.

Die zweite Methode, die Siebanalyse graphisch darzustellen, wird die summierte Siebanalyse genannt, welche durch die Kurve B in Abb. 197 beispielsweise dargestellt ist. Die Punkte auf dieser Kurve werden bestimmt, indem man die einzelnen Siebfraktionen, die bis zu und einschließlich eines bestimmten Siebes zurückgehalten werden, zusammenzählt. So wird der Punkt der Summenkurve für das Sieb mit 14 Maschen gewonnen, indem man 0,6%, 11,3%, 29,3% zusammenzählt, woraus sich 41,2 ergibt. Die Ordinate eines jeden Punktes auf der Summenkurve ergibt in Prozenten der untersuchten Probe den Anteil, dessen Körnung gröber ist als die Öffnungen, die dem auf der Abszissenachse angegebenen Sieb entsprechen. Jeder Punkt der Summenkurve kann so gedeutet werden. Die Punkte der Differentialkurve dagegen haben nur dann eine Bedeutung, wenn die für die Analyse benutzten Siebe der Reihe nach bekannt sind, weil die durch die Differentialkurve angegebenen Mengen Teilchen enthalten, deren Größe auch nach oben begrenzt ist.

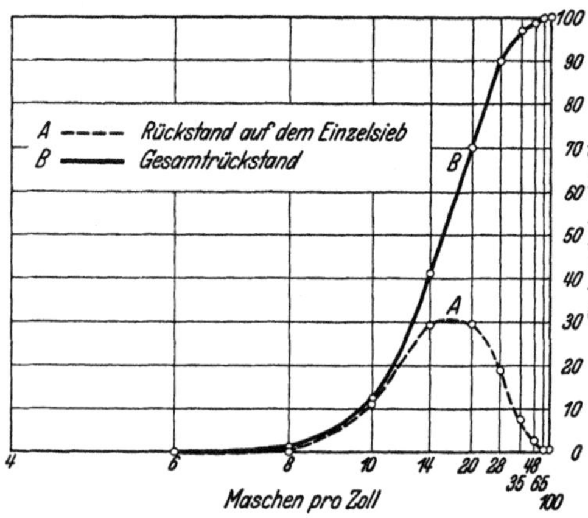

Typische Siebanalyse.

Siebskala Verhältnis 1,414 Öffnungen mm	Maschen pro Zoll	% Rückstand auf dem Sieb	Gesamtrückstand
3,33	6	0,0	0,0
2,35	8	0,6	0,6
1,66	10	11,3	11,9
1,17	14	29,3	41,2
0,83	20	29,5	70,7
0,59	28	18,5	89,2
0,42	35	7,6	96,8
0,30	48	2,4	99.2
0,21	65	0,7	99,9
0,15	100	0,1	100,0

Abb. 197. Siebanalysen.

Berechnung der Siebanalyse eines Produktes. Das hier zu betrachtende Problem[1] besteht im folgenden: Eine gesättigte Lösung, in welcher eine dem Gewichte und der Siebanalyse nach bekannte Menge von Impfkristallen vorhanden ist, soll unter bekannten Bedingungen ab-

[1] McCabe: Ind. Engng. Chem. Bd. 21 (1929) S. 30, 112.

gekühlt werden. Wie groß wird das Gewicht, und wie fällt die Siebanalyse der Kristalle nach der Abkühlung aus, wenn die Bildung neuer Kristallkeime vernachlässigt werden kann?

Dieses Problem ist wichtig, weil in moderneren Kristallisationsanlagen zunächst die Bildung von Kristallkeimen erfolgt, worauf die gesättigte Lösung langsam abgekühlt wird, um die Kristallkeime wachsen zu lassen. Die Lösung des gestellten Problemes hängt von der Beantwortung zweier Fragen ab:

1. Wieviel Material wird gefällt?
2. Wie verteilt sich das gefällte Material auf die Impfkristalle?

Die Antwort auf die erste Frage betrifft die Ausbeute, und die hier durchzuführende Rechnung ist bereits auf S. 325 besprochen worden. Die Beantwortung der zweiten Frage besteht in der Bestimmung der Größenverteilung und der Siebanalyse des Produktes.

Wachsen des Einkristalles. Wir betrachten einen einzelnen Kristall, welcher in einer langsam abgekühlten Lösung wächst, während er durch ein geeignetes Rührwerk in Suspension gehalten wird. Die Konzentration in der Lösung werde mit C und mit C_0 die Sättigungskonzentration bezeichnet, die der Temperatur des Kristalles entspricht. Dann ist die Übersättigung $C - C_0$. Jede Fläche des Kristalles wird in jedem Augenblick mit bestimmter Geschwindigkeit, die in g je cm² je Stunde gemessen werden kann, vergrößert. Die Geschwindigkeit des Wachsens einer Fläche steht in gewisser Beziehung zu der Übersättigung. Diese Beziehung selbst ist unbekannt, da ja der Vorgang an der Grenzfläche der Beobachtung nicht zugänglich ist. Es wird gezeigt werden, daß diese Beziehung auch nicht bekannt zu sein braucht. Für jede Fläche kann eine Differentialgleichung aufgestellt werden. Die Gleichungen für verschiedene Flächen sind:

$$\begin{aligned} \frac{dG_1}{dt} &= k_1 \cdot F_1[f(C - C_0)], \\ \frac{dG_2}{dt} &= k_2 \cdot F_2[f(C - C_0)], \\ &\cdots\cdots\cdots\cdots \\ \frac{dG_n}{dt} &= k_n \cdot F_n[f(C - C_0)], \end{aligned} \tag{236}$$

worin $G_1, G_2 \ldots G_n$ das Gewicht des auf den verschiedenen Flächen niedergeschlagenen Stoffes ist, $F_1, F_2 \ldots F_n$ die Größe dieser Flächen, $k_1, k_2 \ldots k_n$ die Gesamtkonstante der Kristallisation auf den Flächen, t die Zeit, $C - C_0$ die Übersättigung der Lösung unmittelbar an dem Kristall und n die Anzahl der Flächen ist.

Da der Kristall unter gleichbleibenden äußeren Bedingungen wächst ist seine Gestalt zu jeder Zeit der anfänglichen geometrisch ähnlich.

Wenn F die Gesamtoberfläche des Kristalles zur Zeit t ist, dann ist:

$$\begin{aligned} F_1 &= a_1 \cdot F, \\ F_2 &= a_2 \cdot F, \\ &\cdots\cdots \\ F_n &= a_n \cdot F, \end{aligned} \tag{237}$$

worin $a_1 + a_2 + \cdots + a_n = 1$ ist.

Wegen der Konstanz der Kristallform sind die Brüche $a_1, a_2 \ldots a_n$ während des Wachsens des Kristalles konstant.

Wenn die Werte von $F_1, F_2 \ldots F_n$ der Gleichung (237) in Gleichung (236) eingesetzt und die sich ergebenden Gleichungen addiert werden, so findet man, daß

$$\begin{aligned} \frac{dG_1 + dG_2 + \cdots + dG_n}{dt} &= \frac{dG}{dt} \\ &= (k_1 \cdot a_1 + k_2 a_2 + \cdots k_n \cdot a_n) F [f(C - C_0)] \end{aligned} \tag{238}$$

worin dG die gesamte Gewichtszunahme des Kristalles ist.

Wenn L der lineare Abstand zwischen zwei beliebigen Ecken eines Vieleckes ist, sind Gewicht und Oberfläche dieses Vieleckes gegeben durch die Ausdrücke:

$$G = \gamma \cdot b \cdot L^3, \tag{239}$$

$$F = c \cdot L^2, \tag{240}$$

worin γ die Dichte des Vieleckes, b und c Konstanten sind, die für alle geometrisch ähnlichen Körper gleich sind, und L der Abstand zwischen entsprechenden Punkten der einzelnen Körper ist.

Da der Kristall unter konstant bleibenden äußeren Bedingungen wächst und seine geometrische Gestalt sich nicht ändert, werden die Gleichungen (239) und (240) während aller Stadien des Wachsens des Kristalles erfüllt und b und c sind während des Prozesses konstant. Aus Gleichung (239) folgt, daß

$$dG = 3 \cdot \gamma b L^2 dL. \tag{241}$$

Durch Einsetzen der Werte von F und dG aus den Gleichungen (240) und (241) in die Gleichung (238) ergibt sich ferner:

$$\frac{dL}{dt} = \frac{(k_1 \cdot a_1 + k_2 \cdot a_2 + \ldots + k_n \cdot a_n) \cdot c \cdot [f(C - C_0)]}{3\gamma \cdot b}. \tag{242}$$

Da $k_1, k_2 \ldots k_n$, $a_1, a_2 \ldots a_n$, γ, b und c sämtlich Konstanten sind, kann Gleichung (242) in folgender Form geschrieben werden:

$$\frac{dL}{dt} = K[f(C - C_0)], \tag{243}$$

worin K eine Konstante ist mit dem Werte

$$K = \frac{(k_1 \cdot a_1 + k_2 \cdot a_2 + \cdots + k_n \cdot a_n) \cdot c}{3\gamma \cdot b}.$$

Das ΔL-Gesetz. Wir betrachten nun einen zweiten Kristall desselben Stoffes, der geometrisch dieselbe Form hat und in derselben Lösung suspendiert ist, aber in der Größe von dem ersten abweicht. Leiten wir eine Differentialgleichung für diesen zweiten Kristall ab, so wird sie identisch mit Gleichung (243), wenn die Strecke L der beiden Kristalle auf geometrisch entsprechende Ecken bezogen wird. Aus dieser Tatsache folgt ein wichtiges Prinzip:

Alle geometrisch ähnlichen Kristalle desselben Stoffes in derselben Lösung wachsen mit gleicher Geschwindigkeit, wenn das Wachstum gemessen wird durch die Längenänderung einer Strecke, welche in allen Kristallen geometrisch entsprechenden Punkten zugeordnet wird.

In der vorstehenden Ableitung waren zwei Annahmen gemacht. Die erste war, daß C_0 für alle Kristalle denselben Wert hat. Die einzige Möglichkeit einer Veränderung von C_0 von Kristall zu Kristall ist die Veränderung der Löslichkeit mit der Größe des Teilchens. Diese Annahme ist gültig, da ja solche Löslichkeitsdifferenzen zu vernachlässigen sind, wenn die Kristalle nicht sehr klein sind.

Die zweite Annahme ist, daß es möglich ist, eine Anzahl von Kristallen unter so genau identischen Bedingungen zu halten, daß überall gleiche Resultate erzielt werden. Dieses mit wenigen Kristallen zu erreichen, ist natürlich schwierig. Bei einer sehr großen Zahl von Kristallen kann aber im Mittel diese Wirkung erwartet werden.

Da jeder Kristall mit gleicher Geschwindigkeit wächst, wird auch das Gesamtwachstum aller Kristalle das gleiche sein. Wenn ΔL die Zunahme einer linearen Dimension eines Kristalles ist, so ist gleichzeitig ΔL auch gleich der Zunahme der entsprechenden Dimension jedes anderen Kristalles und unabhängig von der anfänglichen Größe des Kristalles.

Diese Folgerung führt zu einer theoretischen Lösung des Problemes, die Siebanalyse des Produktes vorherzubestimmen, wenn die Siebanalyse der Impfkristalle und die Ausbeute bekannt sind. Die ausführliche Berechnungsmethode folgt hier.

Kurve der Zahl der Kristalle in Abhängigkeit von der Größe. Wir betrachten die Summenkurve der Siebanalyse von 100 g Impfkristallen, die in Abb. 198 beispielsweise angegeben sei. Die Bedeutung dieses Diagrammes ist folgende: Die Abszisse jeden Punktes auf der Kurve gibt das Gewicht der Kristalle, welche nicht durch die Öffnung eines Siebes gehen, dessen lichte Maschenweite durch die Ordinate des Punktes angegeben wird. Wenn D die Größe der Öffnung eines Siebes und W das Gewicht der Kristalle ist, die durch dieses Sieb nicht mehr hindurchfallen, ist die Gleichung der Kurve die folgende:

$$W = \Phi(D)\,, \tag{244}$$

worin Φ eine unbekannte Funktion ist.

Es wird eine bestimmte Kristallgröße geben, welche gerade durch ein gegebenes Sieb geht. Diese Größe hat eine bestimmte lineare Abmessung L. Wenn alle diese Kristalle geometrisch ähnlich sind, muß ein bestimmtes Verhältnis zwischen dem Wert L eines jeden einzelnen Kristalles und der Größe der Sieböffnung bestehen, die allein nur diesen Kristall hindurchläßt. Nimmt man an, daß dieses Verhältnis das gleiche für alle Siebe ist, so lautet diese Annahme mathematisch ausgedrückt:

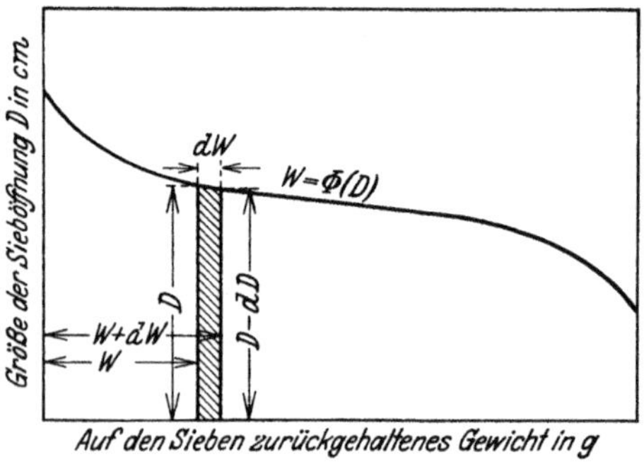

Abb. 198. Kurve der Gleichung (244).

$$\alpha \cdot D = L\,, \tag{245}$$

worin α eine Konstante und unabhängig von D ist.

Es ist erwünscht, aus der Summenkurve der Siebanalyse eine Integralkurve der Zahl der Kristalle N in Anhängigkeit von D zu erhalten. Die Abszisse eines jeden Punktes dieser Kurve stellt dann die Zahl der Kristalle dar, welche nicht mehr durch ein Sieb gehen, dessen Öffnungen durch die Ordinate des Punktes angegeben sind. Vorausgesetzt, daß solche Kurven für die Impfkristalle und für das Produkt vorliegen und daß für beide Kurven dasselbe Koordinatensystem benutzt wurde, so ergeben sich Kurven, wie in Abb. 199 dargestellt. Betrachten wir einen Impfkristall n. Dieser Kristall geht gerade durch eine Öffnung von D_1 cm Seitenlänge. Wenn er gewachsen ist, geht er noch gerade durch eine Öffnung mit D_2 cm Seitenlänge. ΔD soll die Zunahme von D bedeuten. Dann ergibt sich aus Gleichung (245)

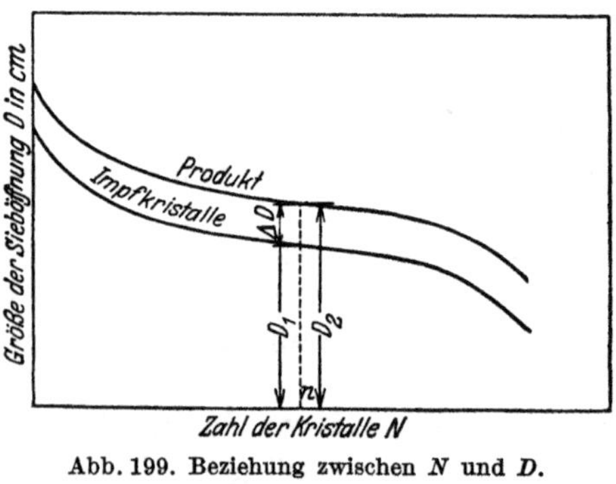

Abb. 199. Beziehung zwischen N und D.

$$\alpha\,\Delta\,D = \alpha\,(D_2 - D_1) = \Delta\,L\,. \tag{246}$$

Hierin ist α konstant, und $\Delta\,L$ ist für alle Kristalle dasselbe. Der Vertikalabstand der beiden Kurven der Abb. 199 ist daher für alle Punkte auf den Kurven konstant, und wenn die eine der beiden Kurven und $\Delta\,D$ von einem einzigen Kristall bekannt sind, kann die andere Kurve gezeichnet werden.

Nunmehr soll die Konstruktion der Kurve für N in Abhängigkeit von D beschrieben werden.

Wir betrachten zunächst irgendeinen Punkt auf der Summenkurve der Siebanalyse der Impfkristalle. Dieser Punkt möge die Koordinaten W und D (Abb. 198) haben. Diese Koordinaten bedeuten, daß von 100 g Impfkristallen, W g nicht mehr durch eine Sieböffnung gehen, die D cm Seitenlänge hat.

Betrachten wir nun einen Punkt in unmittelbarer Nähe des Punktes mit den Koordinaten (W, D). Die Koordinaten des zweiten Punktes sind dann $W + dW$ und $D - dD$. Dann werden dW g der Keimkristalle sich zwischen zwei Sieben finden, welche Öffnungen mit D bzw. $D - dD$ cm Seitenlänge haben. Die mittlere lineare Dimension des Kristalles in der Siebfraktion dW ist L, worin $L = \alpha \cdot D$ ist. Das Gewicht eines einzelnen Kristalles ist $\gamma \cdot b \cdot L^3$, und die Zahl der Kristalle in dieser Siebfraktion ist

$$dN = \frac{dW}{\gamma \cdot b L^3} = \frac{dW}{\gamma \cdot \alpha^3 \cdot b \cdot D^3}. \tag{247}$$

Die Gesamtzahl der Kristalle, die zu groß sind, um durch das Sieb mit der Öffnung D cm zu gehen, ist

$$N = \frac{1}{\gamma \cdot \alpha^3 \cdot b} \int_0^W \frac{dW}{D^3}. \tag{248}$$

Um den numerischen Wert von N zu erhalten, muß die Größe $\alpha^3 \cdot \gamma \cdot b$ berechnet werden. Obwohl das spezifische Gewicht γ des Kristalles im allgemeinen bekannt ist, ist die Bestimmung von α und b umständlich. Für den Zweck der Vorausberechnung der Siebanalyse ist es aber nicht erforderlich, diese Konstanten auszurechnen. Die Kurven genügen hierfür, wenn N', das durch die Gleichung

$$N' = \alpha^3 b N \tag{249}$$

definiert ist, über D aufgetragen wird und die Gleichung (248) in folgender Form benutzt wird

$$N' = \frac{1}{\gamma} \int_0^W \frac{dW}{D^3}. \tag{250}$$

Die Koordinaten der Punkte auf der Kurve N' als Funktion von D, welche zu irgendeiner gegebenen Siebanalyse gehören, können durch graphische Integrationen der Gleichung (250) bestimmt werden, da die Summenkurve der Siebanalyse die Beziehung zwischen W und D gibt.

Anwendung des ΔL-Gesetzes. Gleichung (250) kann für die Impfkristalle in der Differentialform geschrieben werden

$$d N_s' = \frac{d W_s}{\gamma D_s^3} \tag{251}$$

und für das Produkt

$$d N_p' = \frac{d W_p}{\gamma (D_s + \Delta D)^3}, \tag{252}$$

worin sich die Indizes s und p auf die Impfkristalle bzw. das Produkt beziehen. Da dieselben Kristalle sowohl die Impfkristalle wie auch das Produkt bilden, ist $dN_s' = dN_p'$ und daher

$$\frac{d W_s}{\gamma \cdot D_s^3} = \frac{d W_p}{\gamma (D_s + \Delta D)^3}. \tag{253}$$

Aus dieser Gleichung folgt, daß

$$W_p = \int_0^{W_s} \left(1 + \frac{\Delta D}{D_s}\right)^3 d W_s. \tag{254}$$

Da ΔD unabhängig von D_s und W_s ist, kann der zu jedem Wert von W_s gehörige Wert von W_p durch graphische Integration der Gleichung (254) ermittelt werden, insoweit wie die Kurve der Siebanalyse der Keimkristalle eine Beziehung zwischen D_s und W_s aufstellt.

Die Berechnung der Ausbeute und der Siebanalyse des Produktes bei einem Kristallisierprozeß geht also nach folgender Disposition vor sich:

1. Ist die theoretische Ausbeute aus dem Verhältnis der Impfkristalle zur Lösung und der Löslichkeitsänderung des Stoffes während des Prozesses zu berechnen.

2. Wird ein Wert von ΔD angenommen und das Gewicht des Produktes berechnet, das diesem angenommenen Werte entspricht, durch Integration der Gleichung (254) innerhalb des Bereiches $W_s = 0$ bis $W_s = 100$.

3. Wenn der so berechnete Wert von W_p nicht mit dem unter 1. berechneten übereinstimmt, ist ΔD durch Probieren so zu bestimmen, daß Übereinstimmung zwischen dem berechneten Gewicht des Produktes in beiden Fällen erreicht ist.

Mit Benutzung des korrigierten Wertes ΔD wird die Integralkurve der Gleichung (254) gezeichnet.

5. W_p wird als Funktion von Δ_p in einem Diagramm aufgetragen. Die Daten für diese Kurve sind nunmehr bekannt, da die Integralkurve der Gleichung (254) die Beziehung zwischen W_p und W_s feststellt, D_s durch die Siebanalysenkurve der Impfkristalle als Funktion von W_s gegeben ist und $D_p = D_s + \Delta D$ ist.

6. Aus dieser Kurve von W_p als Funktion von D_p werden die Werte von W_p entnommen, die den Abmessungen der verschiedenen Sieböffnungen entsprechen, und als Prozente des gesamten Produktes berechnet. Das Resultat ist die Summenkurve der Siebanalyse des Pro-

duktes. Die Differentialkurve der Siebanalyse wird daraus leicht durch Subtraktion abgeleitet.

Folgendes Beispiel soll die Behandlung einer derartigen Aufgabe erläutern.

Beispiel 29. Ein Swenson-Walker-Kristallisator kühlt Chlorkaliumlösung. Die Ausgangstemperatur beträgt 60° C, die Ausgangsmenge 795 kg gesättigte Lösung und 75 kg Kristalle je Stunde. Die Kristalle haben folgende Siebanalyse:

Maschen je Zoll	Sieböffnung cm	Siebanalyse in % Differential	Summe
auf 12	0,1397	0,0	0,0
14	0,1168	0,1	0,1
16	0,0991	2,9	3,0
20	0,0833	12,7	15,7
24	0,0701	13,0	28,7
28	0,0589	25,8	54,5
32	0,0495	19,6	74,1
35	0,0417	13,3	87,4
42	0,0351	6,3	93,7
48	0,0295	3,6	97,3
60	0,0246	1,0	98,3
65	0,0208	1,2	99,5
durch 65	0,0175 (geschätzt)	0,5	100,0

a) Wie groß würde das Gewicht des Produktes sein?

b) Wie würde seine Siebanalyse ausfallen, wenn durch Hinzufügen weiterer Kühler die Ausgangstemperatur von 60 auf 30° C herabgesetzt wird?

Die Löslichkeit des Chlorkaliums bei 60° C beträgt 45 Teile auf 100 Teile Wasser, bei 30° C 37,35 Teile auf 100 Teile Wasser.

Lösung. Frage a wird aus den Löslichkeitsangaben beantwortet. Da das ausfallende Chlorkalium wasserfrei ist und da die oben gegebenen Zahlen sich auf das Gewicht des Wassers beziehen, beträgt die Erhöhung der Ausbeute beim Abkühlen von 60 auf 30° C $45{,}0 - 37{,}35 = 7{,}65$ kg je 100 kg Wasser. Da der Kristallisator $\frac{100}{145} \cdot 795 = 550$ kg Wasser verarbeitet, ergibt sich eine Zunahme von $5{,}50 \cdot 7{,}65 = 42$ kg. Bei der Abkühlung auf 30° erhält man also $75 + 42 = 117$ kg Kristalle je Stunde. Damit ist Frage a beantwortet.

Um die Siebanalyse des neuen Produktes zu bestimmen, wird, wie auf S. 334 angegeben, vorgegangen. Die Siebanalyse der Impfkristalle ist oben gegeben, die zweite und vierte Reihe der Tabelle enthalten D_s bzw. W_s bezogen auf 100 kg Impfkristalle. Die Menge des Produktes beträgt je 100 kg Impfkristalle $\frac{117}{75} \cdot 100 = 156$ kg. Die Gewichtszunahme danach also 56 kg je 100 kg Impfkristalle. Damit ist der erste Abschnitt der Rechnung für Frage *b* erledigt.

Der zweite Abschnitt besteht in dem Aufsuchen des zu dieser Gewichtszunahme von 56 kg je 100 kg Impfkristalle passenden Wertes von ΔD durch Ausprobieren. Dies geschieht durch Annahme eines Wertes von ΔD, Berechnung des Integrals der Gleichung (254) zwischen den Grenzen $W_s = 100$ und $W_s = 0$ und Ermittlung des entsprechenden Wertes von W_p. Ergibt sich für letzteres 156, so ist ΔD richtig angenommen.

Ohne die erfolglosen Versuche hier anzuführen, wurde gefunden, daß, wenn

$\Delta D = 0{,}009$ ist, die Ausbeute sich genau genug ergibt. Daß dieser Wert richtig ist, wird in folgendem Abschnitt gezeigt.

Der nächste Schritt ist $\Delta D = 0{,}009$ in Gleichung (254) einzusetzen und die Integralkurve zu berechnen. Dies geschieht, indem man die Werte $\left(1 + \frac{0{,}009}{D_s}\right)^3$ als Ordinaten über W_s aufträgt. Die Beziehung zwischen D_s und W_s erhält man, indem man die zweite Reihe der Tabelle der Siebanalysen über den Werten der

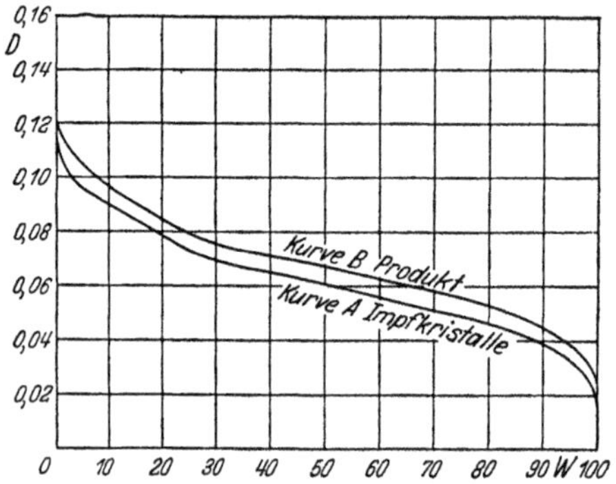

Abb. 200. Zu Beispiel 29.

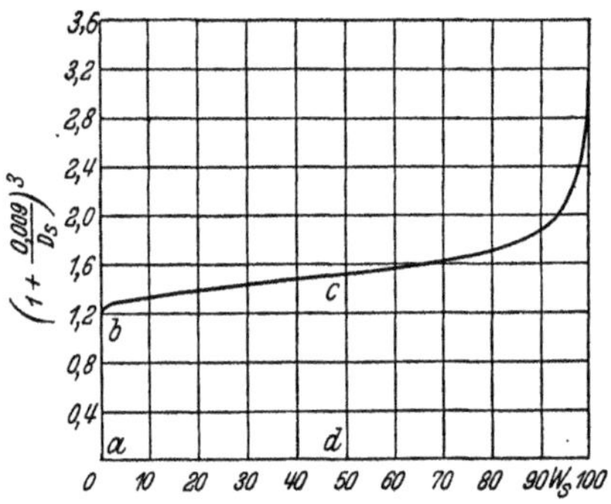

Abb. 201. Zu Beispiel 29.

vierten Reihe aufträgt. Diese Kurve ist die Kurve A der Abb. 200. Die Koordinaten der Kurve $\left(1 + \frac{0{,}009}{D_s}\right)^3 = f(W_s)$ sind in der folgenden Tabelle zusammengestellt und die Kurve ist in Abb. 201 verzeichnet:

W_s	D_s	$\left(1 + \frac{0{,}009}{D_s}\right)^3$	W	D_s	$\left(1 + \frac{0{,}009}{D_s}\right)^3$
0	0,1397	1,21	50,0	0,0611	1,51
0,1	0,1168	1,25	60,0	0,0563	1,56
3,0	0,0991	1,30	70,0	0,0514	1,62
5,0	0,0960	1,31	80,0	0,0466	1,70
10,0	0,0901	1,33	90,0	0,0391	1,86
20,0	0,0789	1,38	95,0	0,033	2,06
30,0	0,0695	1,44	98,0	0,027	2,37
40,0	0,0653	1,47	100,0	0,0175	3,47

Die Integralkurve der Gleichung (254) erhält man durch Bestimmung der Flächen unter der Kurve der Abb. 201 zwischen der x-Achse, der Ordinate $x = 0$ und der Ordinate $x = W_s$, wobei W_s von 0 bis 100 variiert. Z. B. entspricht der Punkt der Integralkurve mit der Abzisse $W_s = 50$ der Fläche *abcda* der Abb. 201.

Die Ordinaten der Punkte der Integralkurve, welche durch die Integration der Kurve Abb. 201 ermittelt sind, also die den Werten von W_s entsprechenden Werte W_p darstellen, sind:

W_s	W_p	W_s	W_p	W_s	W_p
5	6,4	50	70,3	90	135,8
10	13,0	60	85,7	95	145,5
20	26,6	70	101,5	97,5	151,0
30	40,8	80	118,0	100	157,4
40	55,4	85	126,7		

Man sieht, daß sich für $\Delta D = 0{,}009\ W_p = 157{,}4$ ergibt, was sich mit der theoretischen, berechneten Ausbeute von 156 kg je 100 kg Impfkristallen genügend deckt.

Die Kurve von W_p über W_s ist in Abb. 202 gezeichnet.

Der nächste Schritt ist nun die Bestimmung von W_p in Abhängigkeit von D_p, d.h. die Größenverteilung des Produktes. Es ist ratsam, D_p Werte zuzuordnen, die gebräuchlichen Maschenweiten der Siebe entsprechen, die entsprechenden Werte von D_s zu ermitteln, indem man 0,009 von diesen Werten D_p abzieht, die entsprechenden Werte von W_s der Kurve A in Abb. 200 zu entnehmen und dann die Werte von W_p aus Abb. 202 abzulesen.

Die Integral- und Differentialanalysen werden daraus schnell berechnet. Der Gang der Rechnung ist in folgender Tabelle enthalten:

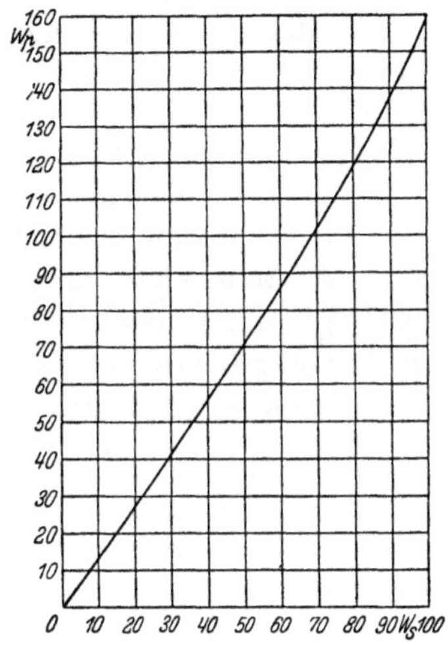

Abb. 202. Integralkurve Beispiel 29.

Maschen je Zoll	D_p	$D_s = D_p - 0{,}009$	W_s	W_p	Siebanalyse des Produktes Summe	Differential
auf 12	0,1397	0,1307	0,0	0,0	0,0	0,0
14	0,1168	0,1078	0,6	1,0	0,6	0,6
16	0,0991	0,0901	10,0	13,0	8,3	7,7
20	0,0833	0,0743	23,7	32,4	20,8	12,5
24	0,0701	0,0611	49,6	70,3	44,6	23,8
28	0,0589	0,0499	73,2	107,3	68,2	23,6
32	0,0495	0,0405	88,5	134,0	85,1	16,9
35	0,0417	0,0327	95,1	145,7	92,5	7,4
42	0,0351	0,0261	96,2	152,5	96,8	4,3
48	0,0295	0,0205	99,5	156,2	99,2	2,4
60	0,0246	0,0156	100,0	157,4	100,0	0,8

Die Kurve B der Abb. 200 stellt die Summenkurve der Siebanalyse des Produktes dar.

Kristallisierapparate.

Die Kristallisation ist eine der Grundoperationen, die man sehr wenig studiert hat, und für welche die Betriebsapparate verhältnismäßig wenigen und einfachen Grundzügen folgend entwickelt wurden. Die Apparate kann man einteilen wie folgt:

1. Chargenweise betriebene oder diskontinuierlich wirkende Apparate.
   a) Luftkühlung, ohne Rührung,
   b) künstliche Kühlung mit Rührung.
2. Kontinuierlich wirkende Apparate.
   a) Swenson-Walker,
   b) Wulff-Bock.
3. Vakuumkristallisatoren.

Kristallisation in Behältern. Lange Jahre hindurch wurde kristallisiert, indem eine heiße, beinahe gesättigte Lösung hergestellt und in offene, rechteckige Behälter gefüllt wurde, in welchen sie stehenblieb, abkühlte und Kristalle ausschied. Man impfte diese Behälter nicht, verwendete keine Rührwerke oder machte sonst irgendeinen Versuch, die Kristallisation zu beschleunigen oder in irgendeiner Weise zu beeinflussen. Manchmal wurden Stangen oder Stricke in die Behälter eingehängt, um eine zusätzliche Oberfläche für die Kristalle zu schaffen und wenigstens einen Teil des Produktes frei von Ablagerungen zu halten, die sich auf dem Boden des Behälters ansammelten.

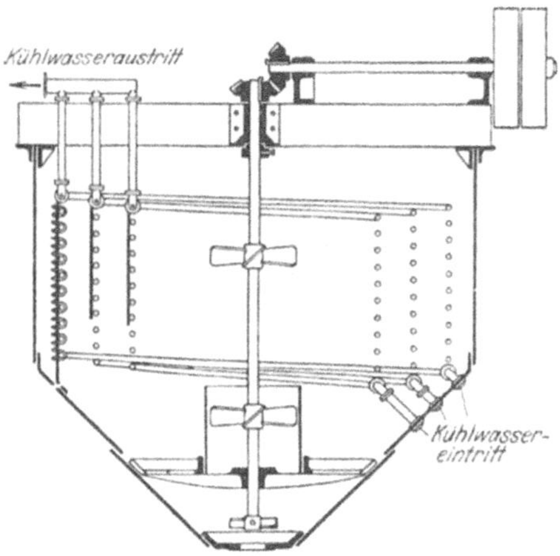

Abb. 203.
Kristallisator mit Rührwerk für Chargenbetrieb.

Unter derartigen Bedingungen geht die Kristallisation nur langsam vor sich. Die Kristalle können groß werden und erhebliche Einschlüsse enthalten. Diese Einschlüsse bestehen aus Mutterlauge, mit der natürlich auch Verunreinigungen in das Produkt gebracht werden. Wenn die Behälter genügend abgekühlt waren, worüber gewöhnlich einige Tage vergingen, wurde die überstehende Mutterlauge abgezogen und die Kristalle von Hand ausgeräumt. Letzteres erforderte viel Handarbeit, und oft kamen dabei alle die Unreinigkeiten, die sich auf dem Boden des Behälters abgesetzt hatten, mit in das Produkt. Die erforderliche Grundfläche und die in der Apparatur festgelegte Stoffmenge werden sehr groß. Die weite Verbreitung dieser Kristallisiermethode hat viele unkritische Verbraucher veranlaßt, große Kristalle zu verlangen, da Reinheit mit Größe verwechselt wurde. Diese Ansicht ist wahrscheinlich dadurch entstanden, daß die größeren Kristalle aus den Kristallisiergefäßen weniger durch die Ablagerungen auf dem Boden verunreinigt waren als ein Haufen kleinerer Kristalle.

Chargenweise betriebene Kristallisatoren mit Rührwerk. Man hatte schon lange erkannt, daß die von den Vorfahren übernommene Methode der Kristallisation Vergeudung von Stoff, Arbeit und Grundfläche bedeutete, und daß künstliche Kühlung erstrebenswert wäre. Abb. 203 zeigt einen hierfür eingerichteten Apparat. Durch die Kühlschlangen wird Wasser gepumpt, während die Lösung mit Hilfe der auf der Zentralwelle sitzenden Propeller gerührt wird. Diese Rührung erfüllt zwei Aufgaben: 1. Sie erhöht die Geschwindigkeit des Wärmeüberganges und stellt eine gleichmäßigere Temperaturverteilung in der Lösung her. 2. Hält sie die Kristalle in Suspension und schafft dadurch die Bedingungen für gleichmäßigeres Wachsen, anstatt daß sich große Kristalle oder Kristallhaufen bilden. Ferner führt die Rührung im Verein mit der schnelleren Kühlung zur Bildung einer größeren Zahl von Kristallkeimen, verglichen mit der des Kristallisierbehälters. Daher ist das Produkt aus diesen gerührten Kristallisatoren nicht nur gleichförmiger, sondern auch sehr viel feiner als das aus den alten Kristallisierschiffen. Die bei diesen Rührwerken auftretenden Schwierigkeiten sind: 1. Daß man es im wesentlichen mit einem diskontinuierlichen, d. h. chargenweise durchzuführenden Prozeß zu tun hat und 2. daß die Löslichkeit in der in Ruhe befindlichen Grenzschicht an der Oberfläche der Kühlschlangen am geringsten ist; infolgedessen ist das Kristallwachstum hier am schnellsten, und die Schlangen sind sehr bald mit einer Kristallmasse bedeckt, welche den Wärmeübergang hemmt. Das Streben nach größeren Leistungen und kontinuierlicher Arbeitsweise führte zu Apparatetypen, die im folgenden zu besprechen sind.

Kontinuierliche Kristallisatoren.

Swenson-Walker-Kristallisator. Der am besten bewährte Kristallisator in den Vereinigten Staaten ist der „Swenson-Walker-Kristallisator" (siehe Abb. 204). Er besteht aus einer offenen Mulde *A*, etwa 600 mm breit, mit halbzylindrischem Boden, einem Wassermantel *B*, der von außen an die Mulde geschweißt ist, und einem langsamlaufenden Rührer *C*, der so dicht als möglich über den Boden der Mulde streicht. Dieser Apparat wird in der Regel 3 m lang gebaut, für größere Leistungen werden mehrere zusammen verbunden. Die mit einer Welle gerührten Apparate werden im allgemeinen nicht länger als 12 m ausgeführt. Wenn größere Längen erforderlich sein sollten, verwendet man gewöhnlich mehrere derartige Kristallisatoren, einen über dem anderen, und läßt die Lösung mit natürlichem Gefälle von einem zum anderen überlaufen.

Die konzentrierte, heiße Lösung wird an dem einen Ende dieser Mulde eingeführt, das Kühlwasser fließt durch den Kühlmantel in entgegengesetzter Richtung. Um die Kristallgröße zu beeinflussen, ist es manchmal erwünscht, eine zusätzliche Kühlwassermenge an bestimmten Stellen einzuführen. Wenn alles richtig eingestellt ist, so beginnt die Bildung der Kristallkeime kurz hinter der Stelle, wo die Lösung eingeführt wird. Diese Kristallkeime wachsen regelmäßig während des Durchströmens der Lösung durch den Kristallisator.

Die Aufgabe des Spiralrührers ist nicht so sehr die der Rührung oder Weiterbeförderung der Kristalle. Sein hauptsächlichster Zweck ist, erstens die Ansammlung von Kristallen auf der Kühlfläche zu zerstören und zweitens die schon gebildeten Kristalle hochzuheben und sie durch die Lösung niederrieseln zu lassen. Auf diese Weise wird erreicht, daß die Kristalle wachsen, indem sie frei in der Flüssigkeit suspendiert sind. Sie sind daher im allgemeinen jeder einzelne schön gebildet, beinahe vollkommen gleichmäßig groß und frei von Einschlüssen oder Anhäufungen.

Am Ende des Kristallisators kann ein Überlauf angeordnet werden, durch welchen die Kristalle und die Mutterlauge zusammen auf Abtropftafeln oder Salzfänger überfließen. Die Mutterlauge wird in den Prozeß zurückgeführt, die feuchten Kristalle werden abgezogen, um auf einer Zentrifuge weiter getrocknet zu werden. In anderen Fällen hebt eine kurze geneigte Transportschnecke die Kristalle aus der Lösung und

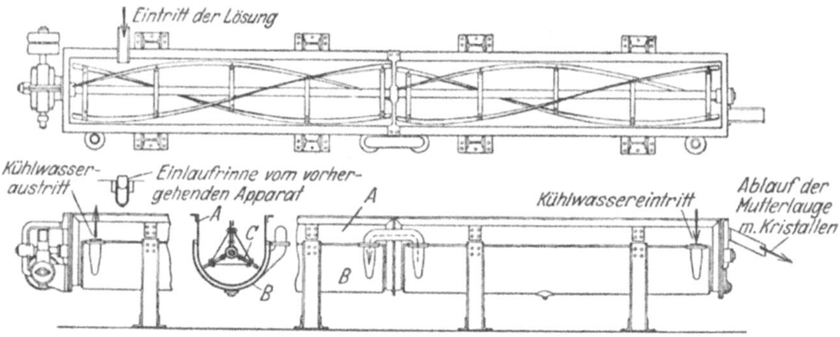

Abb. 204. Swenson-Walker-Kristallisator. *A* Mulde. *B* Kühlmantel. *C* Rührer.

gibt sie in die Zentrifuge auf, während die Mutterlauge an einer anderen günstig gelegenen Stelle überfließt. Der Vorteil der letzteren Anordnung besteht in einer großen Raum- und Materialersparnis und einer Vereinfachung des Betriebs.

Der Wulff-Bock-Kristallisator. Der Wulff-Bock-Kristallisator[1] hat in Deutschland und England große Verbreitung gefunden, ist jedoch in den U. S. A. bisher noch nicht verwendet worden. Er besteht aus einem offenen Trog, der etwas geneigt auf Rollen so montiert wird, daß er hin- und hergeschaukelt werden kann. Eine Anzahl sich fast über den ganzen Querschnitt erstreckender Querwände leitet die Flüssigkeit im Zickzack. Gekühlt wird allein durch natürliche Konvektion. Infolgedessen ist seine Leistungsfähigkeit geringer als die des Swenson-Walkers. Der Bock-Kristallisator hat den Vorteil geringer Betriebskosten, obwohl diese auch nicht niedriger sind als die des Swenson-Walker, und daß infolge der weniger energischen Kühlung größere Kristalle hergestellt werden können als im Swenson-Walker. Sein hauptsächlichster Nachteil ist seine geringe Leistungsfähigkeit.

[1] Griffiths: J. Soc. chem. Ind. Bd. 44 (1925) S. 7T.

Vakuumkristallisatoren. Wenn eine warme gesättigte Flüssigkeit in einen Kessel eingeführt wird, in welchem ein Unterdruck herrscht, der einem Siedepunkt der Lösung entspricht, der tiefer liegt als die Eintrittstemperatur, so muß ein Teil der eingeführten Lösung verdampfen und durch die adiabatische Verdampfung abkühlen. Nicht nur infolge der Abkühlung, sondern auch infolge der Verdampfung erfolgt Kristallisation, wodurch die Ausbeute erhöht wird. Solche Kristallisatoren sind verhältnismäßig neu, es gibt nur ein oder zwei derartige Apparate in den Vereinigten Staaten. Zweifellos jedoch wird die Entwicklung infolge der mit diesen Apparaten erzielten Erfolge in diesem Sinne fortschreiten.

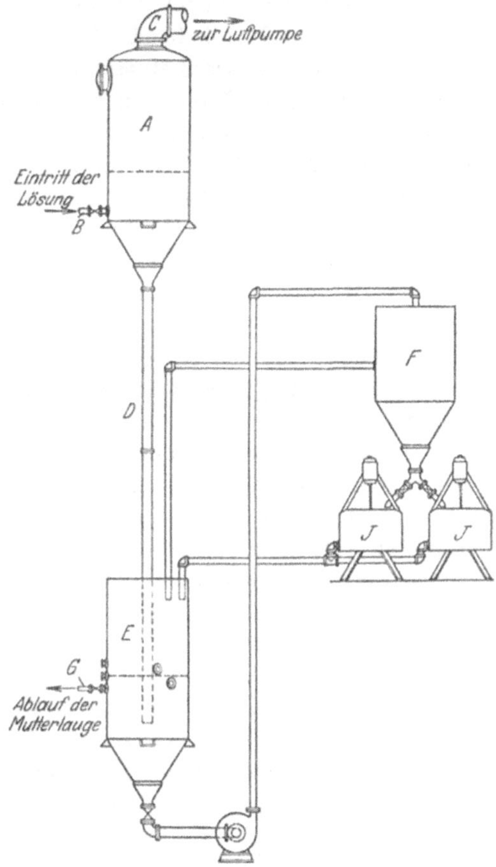

Abb. 205. Vakuumkristallisator.
A Kristallisiergefäß. *B* Eintritt der Lösung. *C* Dampfaustritt. *D* Barometrisches Fallrohr. *E* Fallrohrbrunnen. *F* Kristallfänger. *G* Austritt der Mutterlauge. *J* Zentrifugen.

Ein Vakuumkristallisator ist sehr einfach und enthält keine bewegten Teile. Er kann daher aus säurefesten Materialien und sogar mit Blei- oder Gummiauskleidung hergestellt werden. Seine Leistung ist unbeschränkt. Durch die Anwendung von Dampfstrahlejektoren, ähnlich den in Abb. 108 dargestellten, lassen sich sehr niedrige Temperaturen und sehr große Ausbeuten erreichen, wobei gleichzeitig die geringste Stoffmenge in Form von Mutterlauge wieder in den Prozeß zurückzuführen ist. Die Anordnung dieses Apparates ist beispielsweise in Abb. 205 dargestellt.

Der eigentliche Kristallisator ist der Behälter *A* mit konischem Boden. Die Lösung tritt bei *B* ein. Der Brüden wird bei *C* durch den Ejektor oder irgendeine andere Vakuumpumpe abgezogen. Die plötzliche Verdampfung in der Lösung ruft eine erhebliche Wallung in dem Kristallisator hervor, so daß die Kristalle in Suspension gehalten werden bis sie die gewünschte Größe haben. Sie fallen dann durch das barometrische Fallrohr *D*. Der Kristallbrei mit seiner Mutterlauge wird von dem Brunnengefäß des Fallrohres aufgenommen. Die Kristalle setzen sich ab und werden als Suspension zu dem Behälter *F* gepumpt, von dem aus sie den Zentrifugen zugeführt werden. Die aus den Behältern *F* und den Zentrifugen *J* abfließende Flüssigkeit geht nach dem Brunnengefäß wieder zurück. Die klare Mutterlauge fließt nach der Dekantation durch einen der Auslässe *G* aus dem Brunnengefäß ab.

Der Hauptposten unter den Betriebskosten des Vakuumkristallisators ist der ziemlich hohe Betrag für die Vakuumpumpe.

Betrieb des Kristallisators. Bei der Verwendung von Kristallisierschiffen mit natürlicher Kühlung gibt es keine Möglichkeit, die Bildung der Kristallkeime oder des Kristallwachstums zu beeinflussen. Bei anderen Kristallisatoren kann darauf ein gewisser Einfluß ausgeübt werden. Man hat gefunden, daß im allgemeinen die Zahl der gebildeten Kristallkeime um so größer ist, je schneller die Abkühlung auf die Temperatur erfolgt, bei der die Lösung in den Zustand der Sättigung kommt. Es ist möglich, daß bei einer zu großen Temperaturdifferenz so viele Kristallkeime gebildet werden, daß der in der Lösung verbleibende Rest nicht genügt, die Kristalle zu einer gewünschten Größe wachsen zu lassen. Infolgedessen sollte die Kühlung bis zu dem Punkte allmählich stattfinden, wo die Kristallkeime gebildet werden. In dem kontinuierlich arbeitenden Swenson-Walker-Kristallisator z. B. ruft, wenn die Temperatur im Eingangsende des Kristallisators niedriger ist als die Sättigungstemperatur der eintretenden Lösung, die plötzlich erfolgende Abkühlung die Bildung einer außerordentlich großen Anzahl von Kristallkeimen hervor. Es entsteht infolgedessen ein sehr feines Produkt. Es ist daher erwünscht, die Temperatur am Eintrittsende etwas oberhalb der Sättigungstemperatur zu halten, so daß dort kein plötzliches Abschrecken eintritt.

Nachdem sich die Kristallkeime gebildet haben, ist es ratsam, die Geschwindigkeit der Kristallisation so einzurichten, daß alles ausgefällte Material auf den schon vorhandenen Kristallkeimen niedergeschlagen wird, ohne daß sich neue Keime bilden. Dies wird in dem Wulff-Bock-Kristallisator durch die langsame Luftkühlung erreicht, und hierin liegt die Erklärung dafür, daß dieser Apparat im allgemeinen grobe Kristalle liefert. In dem Swenson-Walker soll die Geschwindigkeit der Abkühlung so gleichmäßig als irgend möglich sein. Sie kann dort, wo sich die Kristallkeime bilden, noch etwas langsamer eingestellt werden. Bei vielen Salzen wird eine erhebliche Wärmemenge frei, wenn sie aus ihrer Lösung kristallisieren. Diese Kristallisationswärme kann das Mehrfache der fühlbaren Wärme ausmachen, welche aus der Lösung abgeführt werden muß. An der Stelle der Kristallkeimbildung wird ein größerer Teil dieser Kristallisationswärme frei als an anderen Stellen des Kristallisators. Es ist deshalb zur Erzielung gleichmäßiger Temperaturerniedrigung erforderlich, in diesem Abschnitte des Kristallisators mehr Kühlwasser zuzuführen. Wenn das Gut infolge eines ungünstigen Verhältnisses von Kristallen zur Mutterlauge zu dickflüssig oder die Mutterlauge infolge zu niedriger Temperatur zu viskos wird, oder wenn aus irgendeinem anderen Grunde die freie Bewegung der Kristalle in der Mutterlauge verhindert ist, entstehen durch weitere Abkühlung neue Kristallkeime infolge der verhinderten Diffusion des Materials auf die Kristallflächen. Aus diesem Grunde kann die Endkonzentration und die Endtemperatur in keinem Kristallisator über ein gewisses Maß hinausgetrieben werden, ohne daß die Bildung einer unzulässigen Menge feinen Materials erfolgt. Ein weiterer Grund dafür, eine gewisse Menge von Mutterlauge in dem Produkt zu lassen, ist der, daß die Kristallisation von unerwünschten Verunreinigungen frei gehalten wird.

Zusammenbacken der Kristalle.

Ein schwieriges Problem, das oft beim Umgehen mit kristallinischen Produkten auftritt, ist ihre Neigung zusammenzubacken oder zusammenzuwachsen. Diese Erscheinung führt oft zu Mißständen in Silos oder bei Produkten, welche in Fässern gehandelt werden, ist aber am unangenehmsten, wenn die Kristalle in kleinen Packungen verkauft werden. Dieses unerwünschte Zusammenbacken tritt in verschiedenem Maße auf von lose zusammenhängenden Kristallen, die zwischen den Fingern auseinanderfallen, bis zu festen Klumpen, die nur mit Gewalt zu zerkleinern sind. Die übliche Forderung des Kunden, daß das Material sich fließend aus der Packung schütten lassen muß, macht die Verhinderung des Zusammenbackens zu einer wichtigen Aufgabe des Fabrikanten.

Kritische Feuchtigkeit. Ebenso wie der Druck des Wasserdampfes durch seine Temperatur bestimmt ist, ist auch der Dampfdruck jeder Lösung durch ihre Temperatur bestimmt. Er ist etwas niedriger als der Druck des Wasserdampfes über Wasser bei der gleichen Temperatur. Wenn eine gesättigte Lösung mit Luft in Berührung gebracht wird, in welcher der Partialdruck des Wasserdampfes niedriger ist als der Dampfdruck der Lösung, so tritt Verdampfung aus der Lösung ein. Wenn andererseits die Luft mehr Feuchtigkeit enthält, so wird die Lösung Wasser aus der Luft absorbieren, und zwar so lange, bis sie so verdünnt ist, daß ihr Dampfdruck gleich dem Partialdruck des Wasserdampfes in der Luft ist, mit welcher die Lösung in Berührung steht. Wenn ein Kristall eines löslichen Salzes mit Luft in Berührung kommt, welche weniger Wasser enthält als dem Gleichgewicht mit der gesättigten Lösung entspricht, muß der Kristall trocken bleiben, weil ja, wenn er mit einer Schicht der gesättigten Lösung umgeben wäre, aus dieser Lösung notwendigerweise Wasser verdampfen würde. Wenn andererseits der Kristall mit Luft in Berührung gebracht wird, welche mehr Feuchtigkeit enthält als dem Gleichgewicht mit der gesättigten Lösung entspricht, wird der Kristall feucht werden und mit der Zeit so viel Wasser absorbieren, daß er sich vollständig auflöst und die entstandene Lösung so weit verdünnt ist, daß das Gleichgewicht der Wasserdampfdrücke wieder hergestellt ist. Bei den im allgemeinen vorliegenden Raumtemperaturen ändert sich der Dampfdruck einer Lösung in der Weise mit der Temperatur, daß er ungefähr einen konstanten Bruchteil des Wasserdampfdruckes bei der gleichen Temperatur ausmacht. Gesättigte Natrium-Chloridlösung z. B. hat einen Dampfdruck von etwa 80% des Wasserdampfdruckes bei der gleichen Temperatur. Wenn Natrium-Chlorid mit Luft in Berührung gebracht wird, deren relative Feuchtigkeit größer ist als 80%, so absorbiert es Feuchtigkeit, während es in Berührung mit Luft von weniger als 80% relativer Feuchtigkeit ein festes Salz bleibt. 80% relative Feuchtigkeit stellt daher die Grenze dar, oberhalb welcher Natrium-Chlorid immer feucht wird und unterhalb welcher es immer trocken bleibt. Wenn dem Kristall noch Verunreinigungen aus der Mutterlauge anhaften (bei Natrium-Chlorid können solche Verunreinigungen in Kalzium- und Magnesium-Chlorid bestehen) kann die kritische Feuchtigkeit höher oder niedriger sein als beim reinen Salz, je nachdem, ob die Verunreinigungen Lösungen ergeben, welche größere oder geringere Dampfdrücke aufweisen als das Salz selbst. Infolgedessen kann die kritische Feuchtigkeit einer Handelsware erheblich von der kritischen Feuchtigkeit des reinen Stoffes abweichen.

Verhinderung des Zusammenbackens. Wenn eine kleine Menge Natrium-Chlorid für eine kurze Zeit einer Atmosphäre ausgesetzt wird, deren Feuchtigkeit größer ist als die kritische, dann aber wieder in eine solche zurückgebracht wird, deren Feuchtigkeit geringer ist, so wird das Salz zunächst etwas Feuchtigkeit aufnehmen und dann diese Feuchtigkeit wieder verlieren. Wenn die Kristalle groß sind oder sich nur an verhältnismäßig wenigen Punkten gegenseitig berühren und große Zwischenräume zwischen ihnen frei sind, so wird voraussichtlich das Zusammenwachsen infolge dieser zeitweiligen Lösung und der erfolgenden Wiederverdampfung nicht erheblich sein, vorausgesetzt, daß die Einwirkung der feuchten Atmosphäre nicht zu lange dauerte. Wenn andererseits die Kristalle sehr fein oder die Zwischenräume zwischen ihnen klein sind oder die Einwirkung der feuchten Atmosphäre sehr lange dauerte, so kann genügend Feuchtigkeit absorbiert worden sein, um die Zwischenräume zwischen den Kristallen vollkommen mit gesättigter Lösung auszufüllen. Verdampft diese Lösung später, so werden die Kristalle zu einer festen Masse zusammenwachsen. Um das Zusammenbacken solcher Salze zu verhindern, ist also auf folgendes zu achten: 1. Möglichst hohe kritische Feuchtigkeit. 2. Gleichmäßige Körnung des Produktes, möglichst großes freies Volumen zwischen den Kristallen und möglichst wenig Berührungspunkte. 3. Ein Überzug von fein pulverisiertem inertem Material, welches erhebliche Mengen von Feuchtigkeit absorbieren kann.

Die erste Bedingung (möglichst hohe kritische Feuchtigkeit) ist oft gleichbedeutend mit der Forderung, daß Fremdstoffe möglichst weitgehend entfernt sind, z. B. Kalzium-Chlorid aus dem Kochsalz, freie Säure aus Salzen, die aus saurer Lösung gefällt wurden, usw. Es ist oft der Fall, daß die Verunreinigungen eine niedrigere kritische Feuchtigkeit haben als das Produkt selbst, doch ist dies durchaus zufällig. Um den Porenraum zu vergrößern, ist es nicht erforderlich, größere Kristalle herzustellen, wohl aber ist dafür eine möglichst gleichmäßige Körnung wichtig. Für eine bestimmte Kristallform und für der Größe nach vollkommen gleichmäßige Kristalle ist das freie Volumen von der Korngröße unabhängig. Sehr verschiedene Größe der Körner vermindert dagegen das freie Volumen sehr schnell. Andererseits hat ein feines Produkt mehr Berührungspunkte je Volumeneinheit als ein grobes, woraus sich seine größere Neigung zum Zusammenbacken erklärt. Das dritte Hilfsmittel ist nicht immer anwendbar. Beispiele hierfür sind: Das Bestäuben von Tafelsalz mit Magnesia und Trikalziumsulfat und das Bestäuben von Kalzium-Chlorid mit 25% H_2O mit wasserfreiem Kalzium-Chlorid.

Der Schmelzpunkt einiger mit Wasser kristallisierender Salze liegt so nahe an der Raumtemperatur, daß sie manchmal unter Bedingungen lagern müssen, unter welchen das Schmelzen schon beginnt. Hier gelten wieder dieselben Überlegungen; denn wenn der prozentuale freie Raum groß ist oder die Punkte gegenseitiger Berührung gering an Zahl sind, reicht die Menge des geschmolzenen Stoffes nicht aus, die Kristalle beim Wiedererhärten zusammenzuschweißen. Wenn infolge außerordentlich kleiner Kristallgrößen oder sehr verschiedener Größen das Porenvolumen zu weit vermindert ist oder die Berührungspunkte zu zahlreich werden, dann können die Kristalle beim Wiedererhärten fest zusammenwachsen. In diesem Falle kann ebenfalls das Zusammenbacken zum Teil durch das Bestäuben der Kristalle mit irgendeinem Puder verhindert werden. Bei diesen mit Wasser kristallisierenden Salzen kann dieser Puder aus dem Salz selbst hergestellt werden, indem man es so trocknet, daß eine sehr dünne Oberflächenschicht entwässert wird.

XIII. Filtration.

Die Trennung fester Stoffe von Flüssigkeiten kann durch eine große Anzahl verschiedener Operationen bewirkt werden, deren Anwendung abhängig ist von dem Charakter der Feststoffe und ihrem Verhältnis zur Flüssigkeit in dem zu trennenden Gemisch. Wenn die Feststoffmenge im Verhältnis zur Flüssigkeitsmenge relativ klein ist, wird die Trennung gewöhnlich mit Filtration bezeichnet. Wenn der Anteil der Feststoffe in der Suspension größer wird, spricht man mehr vom „Pressen" oder „Zentrifugieren". Merkwürdigerweise aber wird die Zentrifuge auch für gewisse Trennungen benutzt, wo die Menge der Feststoffe beinahe unendlich klein ist. Die gewöhnlich mit Filtration bezeichnete Operation ist im allgemeinen die wichtigste für die Trennung fester Stoffe von Flüssigkeiten. Sie soll daher hier eingehender behandelt werden als das Zentrifugieren. Charakteristisch für die Filtration ist, daß die dafür verwendeten Apparate fast ganz nach praktischen Erwägungen entwickelt wurden, ohne Benutzung irgendeiner Theorie. Die Grundlagen einer Filtrationstheorie sind auch heute noch zum mindesten fragwürdig, und es ist noch nicht möglich gewesen, sie so weit zu entwickeln, daß ihre Anwendung sehr großen Einfluß haben könnte. Infolgedessen gibt es eine sehr große Anzahl verschiedener Filtrationsapparate, die je nach dem Anwendungsgebiet in den verschiedenen Industrien auf Grund ganz spezieller Anforderungen entstanden sind.

Filtrationsapparate.

Eine einfache Einteilung der vielen verschiedenen Typen von Filtrationsapparaten, welche alle bekannten Filter umfaßt, ist nicht möglich. Die folgende Aufstellung ist nicht vollständig, enthält aber wenigstens die wichtigsten Arten:

1. Sandfilter: a) offen,
b) mit Überdruck.
2. Filterpressen: Kammerpressen / Rahmenpressen — mit Auswaschung / ohne Auswaschung — mit offenem Auslauf / mit geschloss. Auslauf.
3. Scheibenfilter: a) Moore, b) Kelly, c) Sweetland, d) Vallez.
4. Kontinuierlich arbeitende Drehfilter: a) Oliver,
b) Dorrco.

Sandfilter. Das einfachste Filter ist ein Gefäß aus Holz mit gelochtem Boden und mit losem Sand gefüllt. Filter dieser Art sind oft verwendet worden, aber das moderne Sandfilter ist weiter entwickelt, und seine Entwicklung ist heute fast abgeschlossen. Es ist hauptsächlich dort anwendbar, wo verhältnismäßig kleine Mengen von Feststoffen aus der Flüssigkeit entfernt werden sollen und wo es sich um sehr große Flüssigkeitsvolumina handelt, die auf billige Weise verarbeitet werden müssen.

Abb. 206 zeigt die typische Ausführung eines Sanddruckfilters, wie sie für die Filtration von Kesselspeisewasser oder für ähnliche Wasserreinigungszwecke gebraucht werden. Unten in dem Behälter, entweder auf einem Doppelboden montiert oder an eine Sammelleitung angeschlossen, die in Beton eingebettet liegt, befinden sich zahlreiche Siebe *A*. Diese bestehen aus Messing und haben enge eingesägte Schlitze. Über diesen Sieben wird eine mehrere Zoll starke Schicht von mäßig grobem Kies geschüttet, darüber eine Sandschicht, welche das eigentliche Filtermedium bildet. Die Sandschicht kann 0,6—1,3 m hoch sein. Während des Betriebes wird das zu filternde Wasser oben hinter einer Prallplatte zugeführt, wodurch das Aufrühren des Sandbettes durch die Strömung verhindert wird. Das filtrierte Wasser wird durch die Siebe unten abgezogen. Wenn die Durchflußgeschwindigkeit durch die auf dem Sand niedergeschlagenen Verunreinigungen bis zu einem gewissen Grade verzögert ist, wird das Filter rückwärts gespült. Hierbei wird das Spülwasser durch die Siebe zugeführt, so daß es von unten durch das Sandbett strömt und durch den Abschluß, welcher normalerweise zum Wassereinlaß dient, abfließt. Dies Wasser geht in den Abwasserkanal. Es ist natürlich, daß Sandfilter dieser Art nur zur Abscheidung von Niederschlägen dienen können, die aus dem Sande durch diese Rückspülung wieder entfernt werden können und wertlos sind. Niederschläge gelatinöser Art oder Niederschläge, welche aus irgendeinem anderen Grunde so auf dem Sande haften, daß sie nicht durch Rückspülung entfernt werden können oder Niederschläge, welche zurückgewonnen werden müssen, können in einem Sandfilter nicht abgeschieden

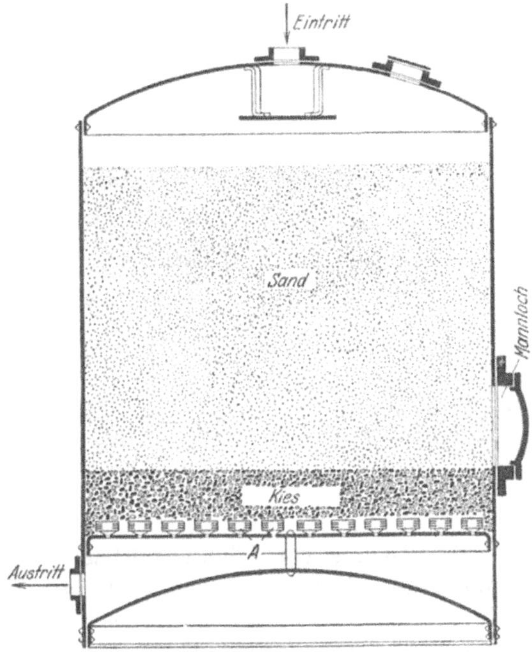

Abb. 206. Sanddruckfilter. *A* Siebe.

werden. Die Anordnung der Ventile an einem Sanddruckfilter liegt heute vollkommen fest und ist in Abb. 207 dargestellt.

Die Leistungsfähigkeit des Sandfilters mittlerer Größe, z. B. für Speisewasser, beträgt etwa 80—150 Liter je Minute und m^2 Filterfläche. Für sehr große Wassermengen würde also die erforderliche Zahl solcher Druckfilter sehr groß werden. Infolgedessen hat man eine andere Art entwickelt, welche offenes oder Rapid-Sandfilter genannt wird. Im allgemeinen ist der Betrieb eines derartigen Filters ganz dem des Filters nach Abb. 206 gleich, mit der Ausnahme, daß der Sand nicht in geschlossenen Druckbehältern, sondern in großen offenen Betonbehältern liegt. Diese Filterart wird hauptsächlich zur Filtration von städtischen Gebrauchswässern verwendet. Der Chemieingenieur hat daher in seiner Praxis nur selten mit ihm zu tun. Andererseits haben z. B. Papierfabriken sehr große Mengen sauberen Wassers nötig, und in solchen Fällen bietet das offene Sandfilter die einzige Möglichkeit, diese Wassermengen zu reinigen.

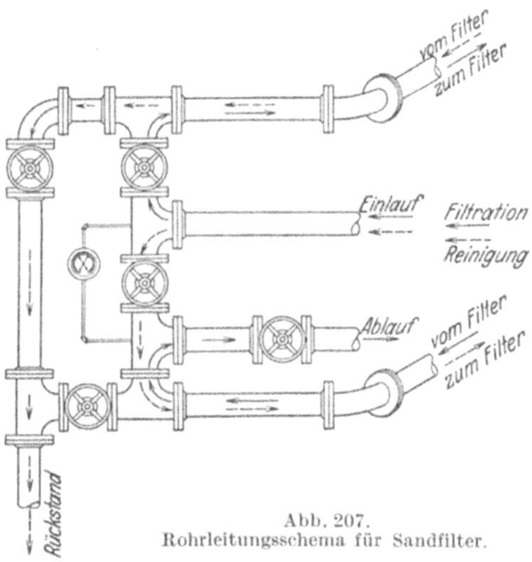

Abb. 207.
Rohrleitungsschema für Sandfilter.

Verwendung von Fällungsmitteln. Es ist häufig der Fall, daß die Menge des abzufiltrierenden Feststoffes so gering ist, oder daß seine Verteilung so fein ist, daß er sich im Sandfilter nicht abscheiden läßt. Wo organische Stoffe vorhanden sind, kann die Gefahr bakterieller Infektion auftreten; das Sandfilter aber kann Bakterien als solche nicht auffangen. Wenn diese Aufgabe gestellt ist, fügt man gewöhnlich dem Wasser vor der Filtration Koagulierungsmittel zu, entweder Ferrosulfat oder Aluminiumsulfat. Diese beiden Salze werden in dem meist alkalischen Wasser hydrolysiert und bilden einen flockigen Niederschlag von Eisen- oder Aluminiumhydroxyd. Dieser Niederschlag adsorbiert fein verteilte suspendierte Stoffe und sogar Bakterien, selbst wenn er dem Wasser nur in außerordentlich geringen Mengen zugesetzt wird. Die entstandenen Flocken werden dann trotz ihrer Feinheit von dem Sandfilter aufgefangen.

Filterpressen.

Die Filterpresse ist in der chemischen Industrie einer der ältesten Apparate. Obwohl in vielen Fällen heute Apparate verwendet werden können, die der Filterpresse überlegen sind, so wird sie sich doch auch heute noch in vielen anderen Fällen bewähren. Viele tausende Filterpressen stehen noch im Betriebe in einer erstaunlichen Mannigfaltigkeit des Aufbaues. Diese Mannigfaltigkeit indessen erstreckt sich nur auf nebensächlichere Teile.

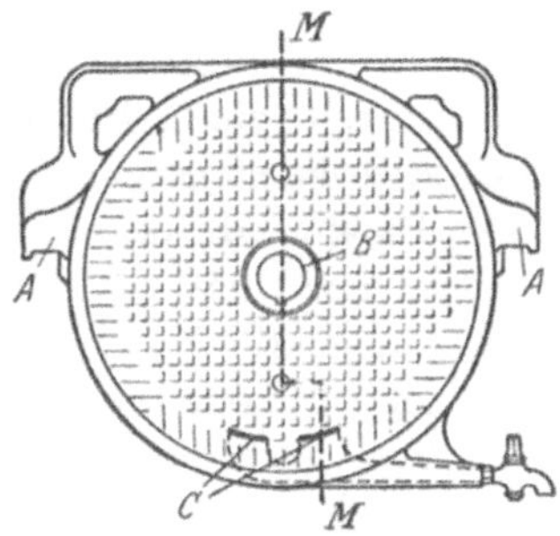

Abb. 208.
Platte einer Kammerfilterpresse.
A Auflagepratzen. *B* Massekanal.
C Austrittsöffnungen.

Kammerpressen. Die einfachste und billigste Filterpresse ist bekannt unter dem Namen „Kammerpresse“. Die Stirnansicht einer Platte ist in Abb. 208, ein Schnitt längs der Linie *MM* der Abb. 208 ist in Abb. 209 dargestellt. Von außen gesehen stellt sich die Kammerpresse dem Beschauer so dar, wie die Presse, die in Abb. 210 gezeigt wird. Ein schweres feststehendes Kopfstück aus Gußeisen ist in einem zweckentsprechenden Gestell montiert und trägt die erforderlichen Rohranschlüsse. Von diesem Kopfstück gehen zwei horizontale Holme aus, die am anderen Ende durch das Endstück gestützt werden. Diese Holme tragen die Platten, welche mit den Auflagebügeln *A* Abb. 208 versehen sind. Die Platten bestehen gewöhnlich aus Gußeisen, 300—1000 mm im Durchmesser, bei etwa 12 mm Stärke in der Mitte und einem erhabenen Rande von 12—50 mm Höhe. Die Platten können entweder viereckig oder kreisrund sein. In der Mitte einer jeden Platte ist ein Loch, welches nach einem Rohranschluß am Kopfstück, durch den die Masse zugeführt wird, ausgerichtet ist. Über jede Platte wird ein Filtertuch gezogen, wie in Abb. 209 angegeben ist. Das Filtertuch hat ebenfalls ein Loch, dem Loch in der Mitte der Platte entsprechend. Es ist hier auf der Platte mit Hilfe der Manschetten *B* befestigt. Letztere werden entweder zusammengeschraubt oder sind mit Bajonettverschluß ausgestattet. Wenn alle Platten mit Filtertuch bezogen sind, wird ein schweres Endstück hinter die letzte gehängt und alle zusammen mittels einer schweren Schraubspindel oder durch hydraulischen Druck dicht zusammengepreßt. Die Filtertücher dienen als Packungen zwischen den aneinanderliegenden Rändern der Platten. Wenn nun die Masse durch den Anschluß in der Mitte des Kopfstückes in die Presse gepumpt wird, so wird sie den ganzen Raum zwischen den Filtertüchern ausfüllen.

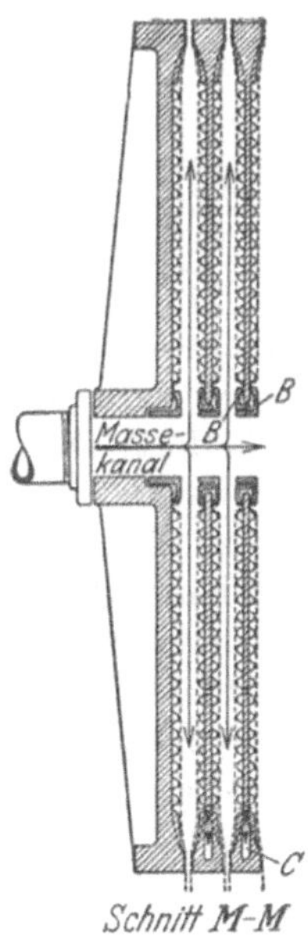

Abb. 209.
Schnitt durch eine Kammerfilterpresse.
B Manschetten.
C Austrittsöffnungen.

Das Filtrat dringt durch die Tücher, läuft an der Riffelung auf den Stirnflächen der Platten herab und tritt durch die Löcher *C* unten aus den Platten aus. Diese Löcher *C* stellen die Verbindung mit dem Ablaufhahn dar. Durch den Filterdruck werden die Tücher auf die Stirnflächen der Platten gedrückt. In dem Raum zwischen den Platten, der durch die erhabenen Ränder gebildet ist, geht die Bildung des Filterkuchens vor sich. Daher ist die Höhe der erhabenen Ränder der Platten durch die Kuchenstärke bestimmt, durch welche das Filtrat noch mit dem zulässigen Druck gedrückt werden kann. Wenn der Kuchen die Kammern ausgefüllt hat, wird die Schraubspindel gelöst, das Endstück zurückgezogen und die Platten auf den Holmen verschoben, wodurch die Kuchen herausfallen.

Von der beschriebenen Ausführung gibt es eine Reihe von Abweichungen. Die Masse kann durch einen Kanal, der seitlich anstatt in

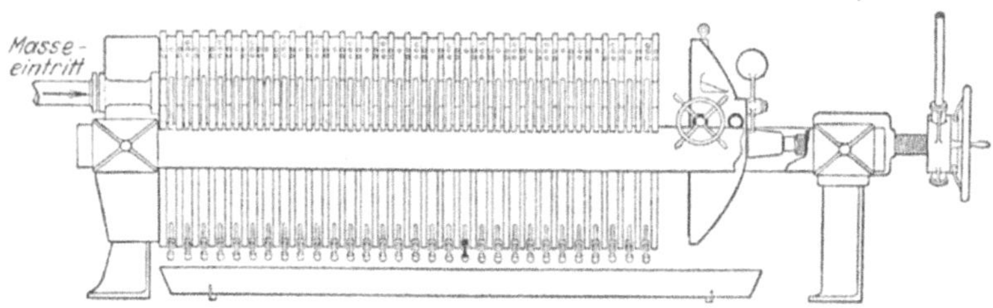

Abb. 210. Rahmenfilterpresse.

der Mitte liegt, zugeführt werden, die Ausläufe der Platten können in einem geschlossenen Rohr anstatt über der offenen Ablaufrinne endigen Durch keine dieser Änderungen wird indessen das Prinzip der Arbeitsweise geändert. Die Kammerpresse ist die einfachste und billigste Filterpresse, aber sie ist ungeeignet für die Auswaschung des Kuchens. Es ist auch schwierig, ein glattes Ausräumen des Kuchens zu erzielen und, was noch mehr ins Gewicht fällt, der Verbrauch an Filtertüchern ist erheblich.

Rahmenpressen. Befriedigender und anpassungsfähiger als die Kammerpresse ist die Rahmenpresse. Diese Presse besteht aus Platten mit nur sehr wenig erhabenen Rändern und leeren Rahmen, die abwechselnd in das gleiche Gestell, das auch für die Kammerpresse Verwendung findet, eingehängt werden. Die Seitenansicht einer Rahmenpresse stellt Abb. 210 dar, die Stirnansicht von Platten und Rahmen Abb. 211, und den Längsschnitt durch einen Teil der zusammengebauten Presse Abb. 212. Beim Zusammenbau einer derartigen Presse wird ein Filtertuch über jede Platte gehängt, aber nicht über den Rahmen. Dieses Filtertuch hat natürlich Löcher, welche zu den Löchern in den Platten und Rahmen passen, so daß nach dem Zusammenbau der Presse durch diese Öffnungen zusammenhängende Kanäle durch die ganze Presse gebildet werden. Auf dem feststehenden Kopfstück befinden sich die Rohrleitungsanschlüsse für diese Kanäle. Der Kanal für die Masse hat nur Öffnungen, welche nach dem Innern der Rahmen führen. Die Platten sind unten mit Bohrungen versehen, welche die Stirnseiten der Platten mit den Auslaufhähnen verbinden. Einzelheiten des Ablaufes sind in Abb. 211a und b dargestellt. Wenn das zu filtrierende Material durch den Massekanal gepumpt wird, so füllt es zunächst den Innenraum der Rahmen aus. Beim Weiterpumpen kommt die Presse auf Druck, das Filtrat geht durch die Tücher, läuft an den Stirnseiten der Platten herab und verläßt die Presse durch die Auslaufhähne. Wenn die Presse voll ist, wird sie geöffnet und entleert gerade so, wie es für die Kammerpresse beschrieben war. Bei der bisher beschriebenen Anordnung kann der Kuchen nicht ausgewaschen werden. Er wird daher noch eine gewisse Menge des Filtrates enthalten, wodurch entweder Verluste entstehen oder unerwünschte Bestandteile in dem Kuchen zurückbleiben.

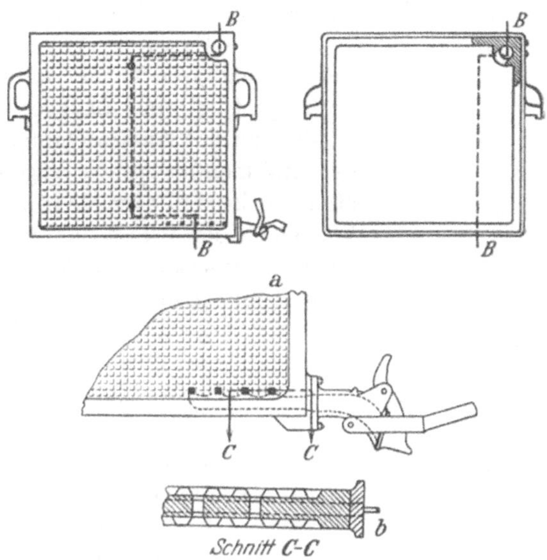

Abb. 211. Platte und Rahmen einer Filterpresse mit offenem Auslauf ohne Auswaschung.
a Ansicht. *b* Schnitt des Auslaufes.

Der offene Auslauf, der in den Abb. 210, 211 und 212 dargestellt ist, ist das Gebräuchliche. Jede Platte liefert einen sichtbaren Filtratstrom in die Sammelrinne, so daß, wenn irgendwo ein Tuch beschädigt ist oder das Filtrat trübe läuft, die betreffende Platte abgeschlossen werden kann, bevor die ganze Charge verunreinigt ist. Wenn das Filtrat heiß oder flüchtig ist, oder der offene Auslauf aus

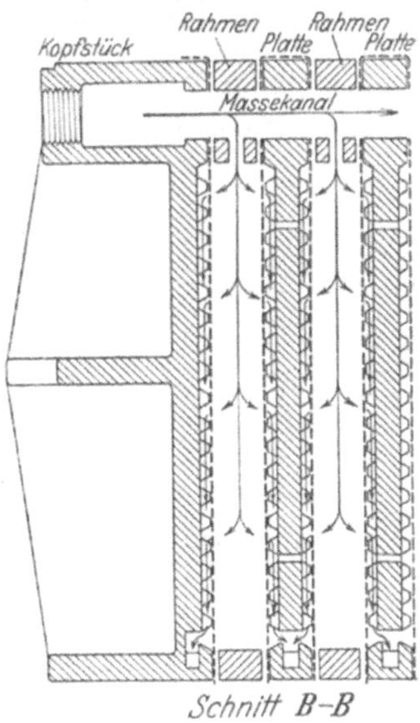

Abb. 212. Schnitt durch eine Rahmenfilterpresse ohne Auswaschung.

irgendeinem anderen Grunde unerwünscht ist, wird das Filtrat von einem dem Massekanal ähnlichen Kanal aufgenommen (siehe Abb. 213). Wenn jedoch hier das Filtrat trübe ist, ist die Feststellung des oder der beschädigten Tücher unmöglich, die ganze Presse muß dann geöffnet und nachgesehen werden.

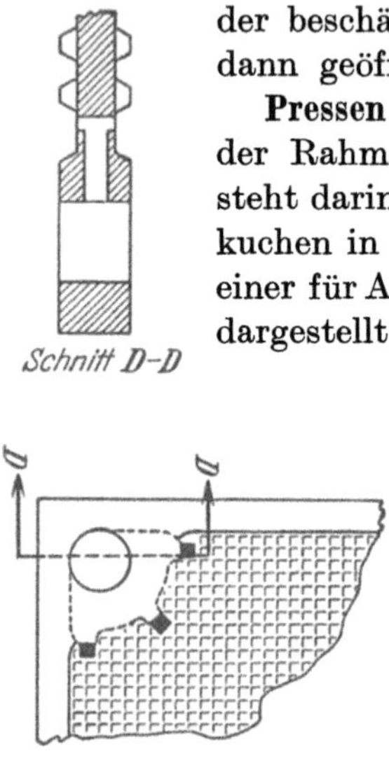

Abb. 213. Einzelheiten des geschlossenen Auslaufkanals.

Pressen mit Auswaschung. Der hauptsächlichste Vorteil der Rahmenfilterpresse gegenüber der Kammerpresse besteht darin, daß es verhältnismäßig einfach ist, den Filterkuchen in der Presse auszuwaschen. Platten und Rahmen einer für Auswaschung eingerichteten Presse sind in Abb. 214 dargestellt. Abb. 215 zeigt einen Schnitt durch einen Teil der zusammengebauten Presse. Man bemerkt, daß hier zwei verschiedene Arten von Platten verwendet werden, welche sich durch die Anschlüsse an die Kanäle unterscheiden. Um diese zwei Arten von Platten zu unterscheiden, ist es allgemein üblich, außen an den Platten kleine Knöpfe anzugießen, die beim Zusammenstellen der Presse für die Arbeiter als Erkennungszeichen dienen. Die Platte in Abb. 214a ist eine Einknopfplatte, die in Abb. 214c eine Dreiknopfplatte, während die Rahmen immer zwei Knöpfe haben. Die Presse wird so zusammengesetzt, daß die Reihenfolge der Knöpfe 1, 2, 3, 2, 1, 2, 3, 2, 1 usw. ist. Die verschiedenen Kanäle führen zu Anschlüssen an dem feststehenden

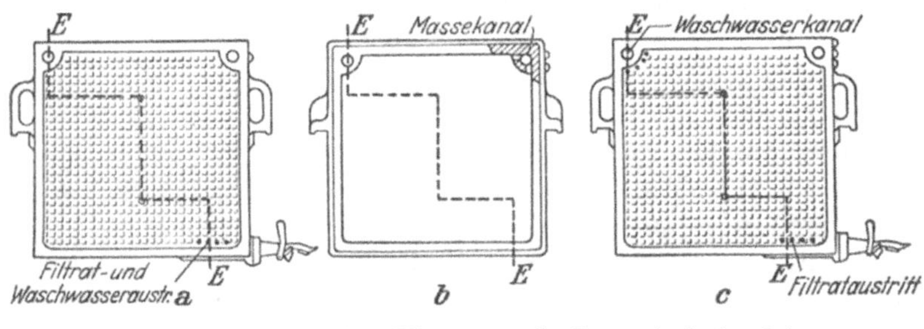

Abb. 214. Platten und Rahmen einer Filterpresse mit offenem Auslauf und Auswaschung. *a* Platte mit ungerader Nummer. *b* Rahmen. *c* Platte mit gerader Nummer.

Kopfstück. Während der Filtration ist der Waschwasserkanal mit einem Ventil am Kopfstück der Presse verschlossen. Das zu filtrierende Material wird in den Massekanal gepumpt. Dieser besitzt nur Öffnungen zu den Rahmen. Die Rahmen füllen sich, und die Filtration verläuft wie für die Presse ohne Auswaschung beschrieben. Wenn die Filtration beendigt und ein fester Kuchen gebildet ist, werden der Massezulauf und die Auslaßhähne an allen Dreiknopfplatten geschlossen. Dann wird das Wasser in den Waschwasserkanal geleitet. Dieser Waschwasserkanal ist durch Öffnungen, mit beiden Stirnflächen der Dreiknopfplatten verbunden. Das Waschwasser dringt also bei allen diesen Platten zwischen die Platte und das Tuch. Da aber die Auslaßhähne dieser Platten geschlossen sind, muß das Wasser den Kuchen durchdringen. Danach sammelt es sich vor den Stirnflächen der Einknopfplatten und läuft durch deren geöffnete Auslaßhähne ab. Aus dem Vergleich der Abb. 212 und 215 geht hervor, daß das Waschwasser den ganzen Kuchen, das Filtrat bei der Filtration aber nur die halbe Kuchenstärke durchdringen muß. Der Theorie nach sollte der erhöhte Widerstand im Kuchen das Wasser veranlassen, sich gleichmäßig über die Stirnfläche der Dreiknopfplatten zu verteilen und gleichmäßig durch den Kuchen zu dringen. Es ist aber festgestellt, daß die Auswaschung immer am besten unmittelbar bei dem Waschwassereintritt und am schlechtesten an den entfernteren Stellen erfolgt. Daher werden viele Pressen mit Auswaschung mit zwei Waschwasserkanälen ausgerüstet, die an diagonal gegenüberliegenden Ecken der Platten angeschlossen werden. Zunächst wird dann durch den einen Kanal und darauf noch durch den zweiten gewaschen.

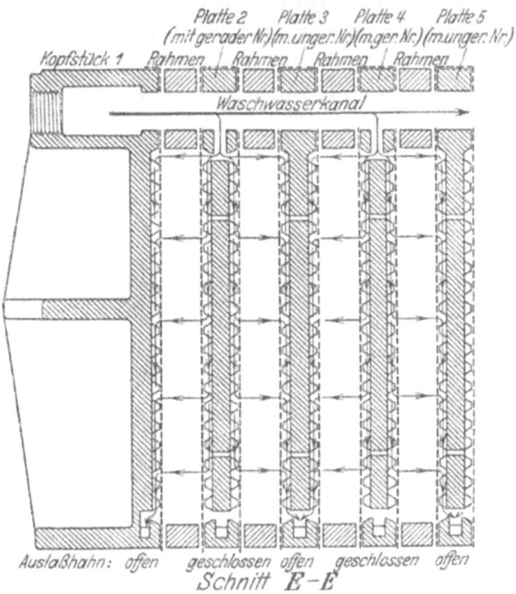

Abb. 215. Schnitt durch eine Rahmenfilterpresse mit Auswaschung während des Waschens.

Wenn eine Rahmenpresse mit Auswaschung auch für geschlossenen Auslauf eingerichtet werden soll, müssen zwei getrennte Ablaufkanäle vorhanden sein, so daß die Dreiknopfplatten während der Auswaschung abgeschaltet werden können. Ein derartiger Plattensatz ist in Abb. 216 dargestellt. Filterpressen können außerdem mit Kanälen zum Heizen oder Kühlen ausgestattet werden.

In den Einzelheiten können sich die Pressen verschiedener Herstellerfirmen sehr unterscheiden. Diese Unterschiede sind jedoch nur äußerlich, und die Bestimmung, zu welcher Art irgendeine Presse gehört, ist, wenn man den Vorgang bei der Filtration und Auswaschung verstanden hat, verhältnismäßig einfach. Abb. 217 zeigt verschiedene

Ausführungen von Platten und Rahmen; der Leser möge selbst die Art der Presse bestimmen, zu welcher diese Teile gehören. Mit gleichen Buchstaben gekennzeichnete Platten gehören zusammen.

Werkstoffe. Gewöhnlich wird die Filterpresse aus Gußeisen hergestellt. Sie kann aus jedem anderen Metall, das gießbar ist, angefertigt werden, wird dadurch aber meist zu teuer. Für Flüssigkeiten, welche Gußeisen angreifen, kann man mit Blei oder Hartgummi bekleidete Platten und Rahmen erhalten; es sind auch Filterpressen aus Holz erhältlich. Die letzteren erfordern jedoch sehr sorgfältige Behandlung, wenn sie dicht und in betriebsfähigem Zustande bleiben sollen, da das Holz die Neigung hat, sich zu werfen und zu reißen.

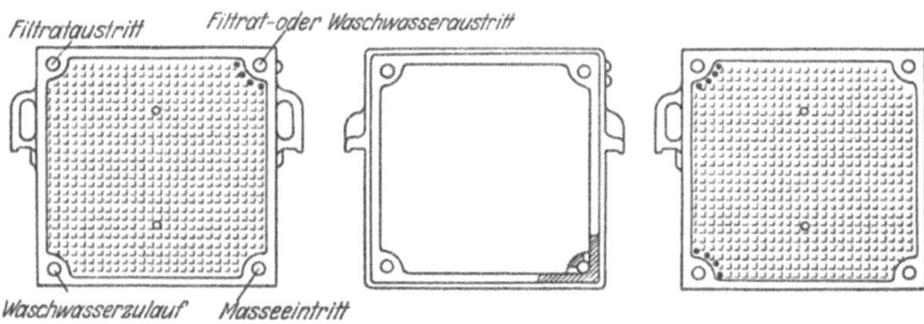

Abb. 216. Platten und Rahmen einer Filterpresse mit Auswaschung und geschlossenem Auslauf.

Das gebräuchlichste Filtermedium ist irgendein Baumwollgewebe oder Köper. Verschiedene Gewebearten können verwendet werden vom leichten Baumwollschirting bis zum schweren Kantonflanell, ja selbst Packleinwand. Wo das Filtermedium fein sein muß, aber wo die Drücke so hoch sind, daß das Tuch gefährdet ist, wird ein schweres grobes Tuch von Packleinwand oder Jute verwendet und darüber ein feineres Baumwolltuch gelegt. Bei der Filtration von Ölen werden an Stelle des Tuches Papierfilter benutzt, doch vertragen diese nur die niedrigsten Drücke und müssen immer durch ein schweres Gewebe unterstützt werden. Auch Drahtgewebe wird in für Filterzwecke ausreichenden Feinheiten geliefert. Es wird aber auf Filterpressen nur selten benutzt, häufiger findet man es bei den später zu beschreibenden Scheibenfiltern. Bei weitem am gebräuchlichsten ist die gußeiserne Presse mit stählernen Holmen, mit einer mittels Hebel und Klinke betätigten Druckschraube und mit baumwollenen Filtertüchern.

Scheibenfilter.

Wenn auch die Filterpresse für sehr viele Zwecke sehr gut geeignet ist, ist sie doch dort nicht angebracht, wo es sich um sehr große Mengen von Schlamm handelt oder wo auf vollkommene Auswaschung mit geringen Waschwassermengen Wert gelegt wird, da sich in dem Preßkuchen immer Kanäle bilden. Die nunmehr zu beschreibenden Filter

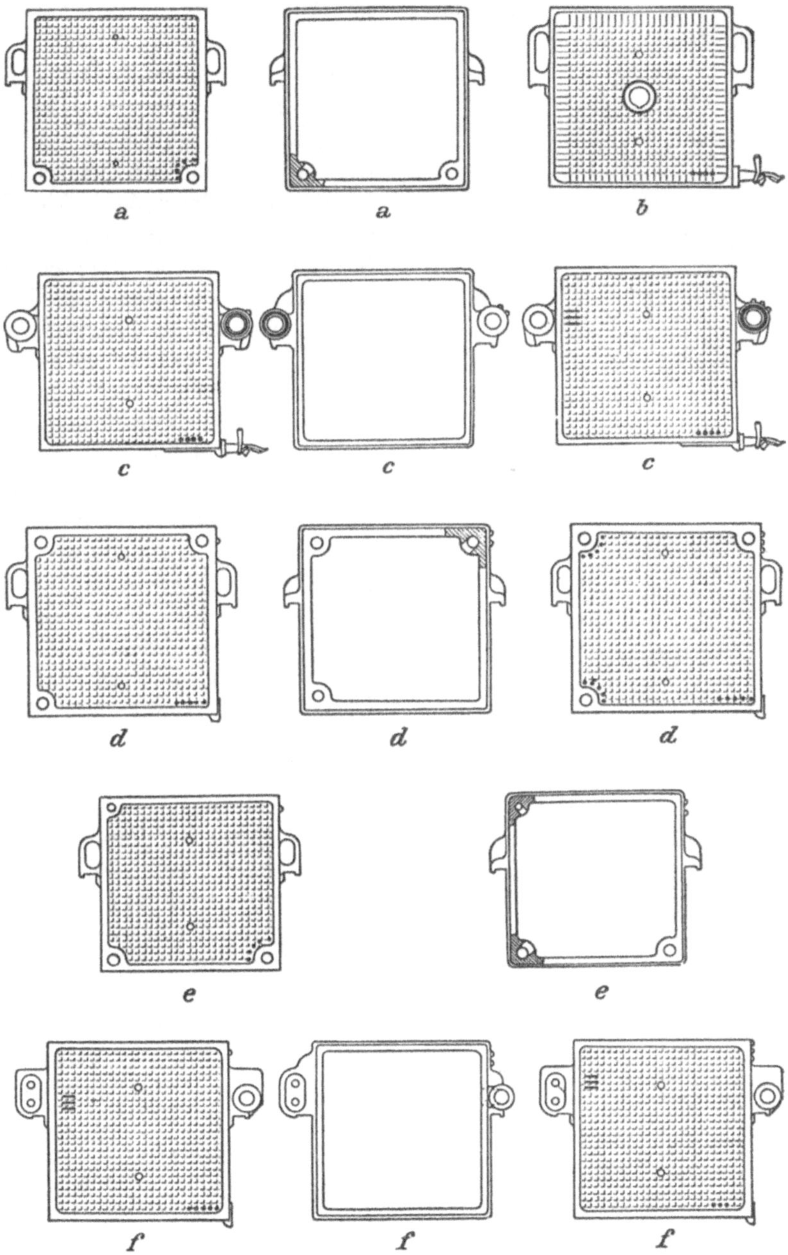

Abb. 217. Platten und Rahmen von Filterpressen.

sind zuerst in den metallurgischen Industrien entwickelt worden. Sie sind in den eben erwähnten Fällen geeigneter als die gewöhnliche Filterpresse und erfordern weniger Handarbeit. Andererseits sind ihre Anschaffungskosten höher und die Apparatur im allgemeinen etwas komplizierter.

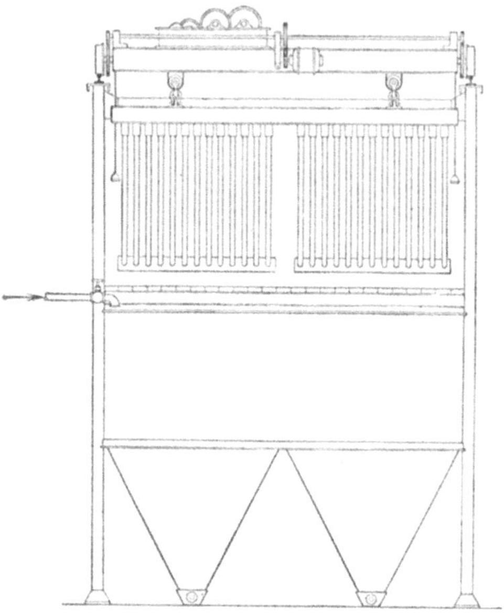

Abb. 218. Moorefilter.

Das Moorefilter. Das erste Scheibenfilter, das im Betriebe Eingang fand, war das Moorefilter (Abb. 218). Sein wichtigster Teil ist der Filterkörper, der in Abb. 219 dargestellt ist. Dieser Filterkörper besteht aus einem rechteckigen Rahmen *A*, der oben aus Holzbalken und im übrigen aus zölligem Eisenrohr besteht. Senkrecht in dem Rahmen sind hölzerne Distanzstreifen *B* angeordnet. Über diesen Rahmen wird ein Sack *C* aus Filtertuch gespannt, der zwischen den Holzbalken eingeklemmt und zwischen den Distanzstreifen gesteppt wird. Das untere Rohr *D* ist gelocht oder geschlitzt. Es wird durch den Anschluß *E* und die Sammelleitung *F* unter Vakuum gesetzt. Eine Anzahl dieser Filterscheiben wird an einen Kran gehängt, Abb. 218, die Saugrohre werden in einer Sammelleitung vereinigt. Zum Filter gehören außer dem Satz Filterkörper drei oder noch mehr Behälter, von welchen einer in Abb. 218 mit dargestellt ist. In einem dieser Behälter befindet sich die Masse, die gefiltert werden soll. Der zusammengebaute Filterkörper wird in diesen Behälter eingetaucht und die Sammelleitung an Vakuum angeschlossen. Während das Filtrat durch das Filtertuch gesaugt wird, bleibt der Schlamm in einer Schicht außen auf den Filterkörpern zurück.

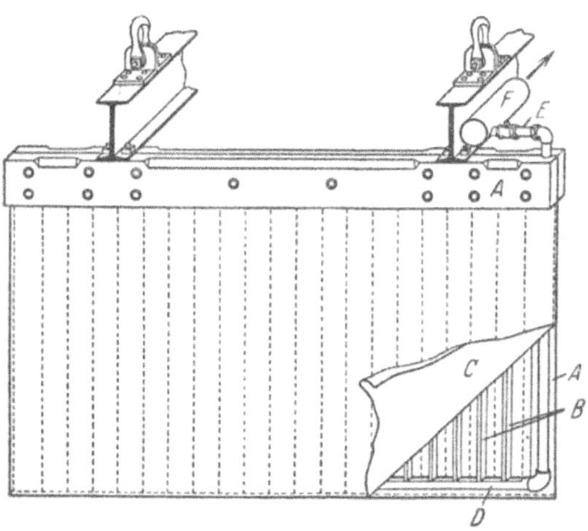

Abb. 219. Moorefilterkörper.
A Gerüst. *B* Distanzstreifen. *C* Filtertuch. *D* Sammelrohr. *E* Schauglas. *F* Sammelleitung.

Ist die günstigste Dicke des Kuchens erreicht, so wird der Filterkörper durch den Kran aus dem ersten Behälter herausgeschoben, über einen zweiten gefahren, welcher Wasser enthält, hier eingetaucht und wieder unter Vakuum gesetzt. Das durch den Kuchen dringende Wasser wäscht ihn durch direkte Verdrängung des noch vorhandenen Filtrats, da es genau denselben Weg nimmt wie vorher das Filtrat. Wenn die Auswaschung soweit wie erwünscht durchgeführt ist, wird der Filterkörper in einen dritten Behälter gebracht, wo Druckluft in das Innere der Filterkörper geblasen und dadurch der ausgewaschene Schlamm abgeworfen wird. Es können auch mehrere Waschbehälter vorgesehen sein, wobei dann nur die letzte Waschung mit reinem Wasser vorgenommen

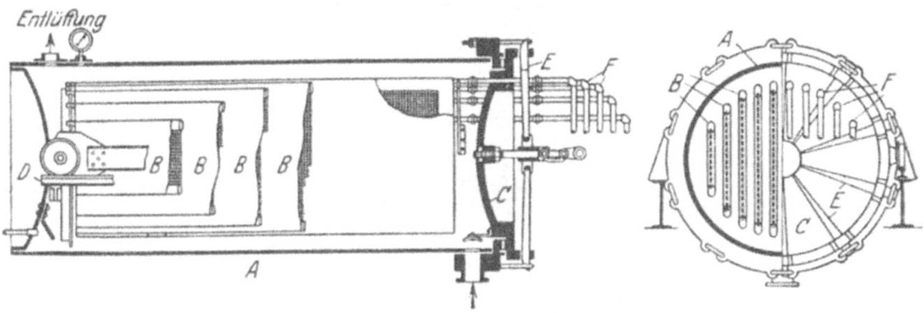

Abb. 220. Kelly-Filter.
A Gehäuse. *B* Filterkörper. *C* Deckel. *D* Schienen. *E* Verschluß. *F* Filtrataustritt.

wird, während für die vorhergehenden Waschungen immer das Waschwasser der jeweils folgenden Stufe verwendet wird. Der Zweck dieser Gegenstromwaschung ist der, schließlich ein Waschwasser mit größerer Konzentration zu erhalten als bei einer Waschung in einer Stufe erreichbar ist. Das Moorefilter wird heute nicht mehr verwendet, da es sehr viel Bodenfläche erfordert, umständlich im Betriebe ist und der höchst erreichbare Filterdruck nur 1 at beträgt. Es hat jedoch historische Bedeutung, weil es das erste Scheibenfilter war, aus dem alle anderen Filter dieser Art hervorgegangen sind.

Das Kellyfilter. Um an Grundfläche zu sparen und die Möglichkeit der Anwendung höherer Drücke zu schaffen, wurden dann andere Scheibenfilter entwickelt. Das älteste Filter dieser Art ist das Kellyfilter (Abb. 220). Dieses Filter besteht aus einem zylindrischen Gehäuse *A*, in welchem die Filterscheiben *B*, welche denen des Moorefilters sehr ähnlich sind, untergebracht sind. Sie sind an dem einen Ende mit dem abziehbaren Kopfstück *C* fest verbunden. Das freie Ende des Filterkörpers wird von einem Rahmen getragen, welcher auf den Schienen *D*, die an der Wandung des Außenzylinders angebracht sind, leicht zu verschieben ist. Das abziehbare Kopfstück ist an dem zylindrischen Mantel durch die Hebelschnellverschlüsse *E* zu befestigen, so daß der

Filterkörper leicht heraus- und hereingeschoben werden kann. Die Wirkungsweise des Filters ist folgende: Die Masse wird in das Gehäuse gepumpt und unter Druck gesetzt, so daß das Filtrat durch das Filtertuch dringt und durch die Anschlüsse F, welche für jeden Filterkörper außen an dem losnehmbaren Kopfstück vorgesehen sind, abläuft. Zum Waschen wird das Wasser einfach nach dem Schlamm in das Filter gedrückt. Das Waschwasser nimmt durch den Kuchen denselben Weg wie das Filter, die Waschung beruht also auf direkter Verdrängung. Zum Ausräumen werden die Filterkörper ausgefahren, komprimierte

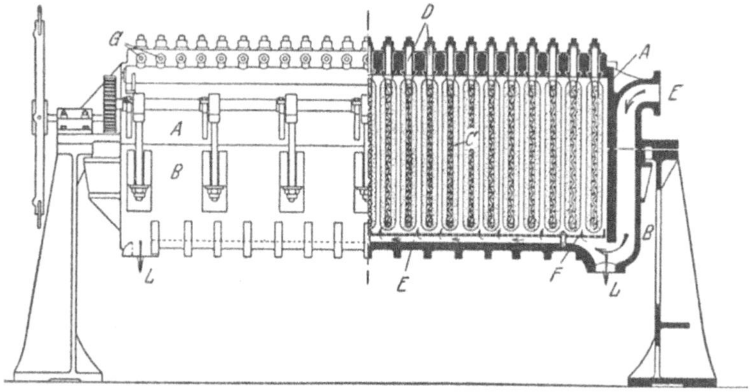

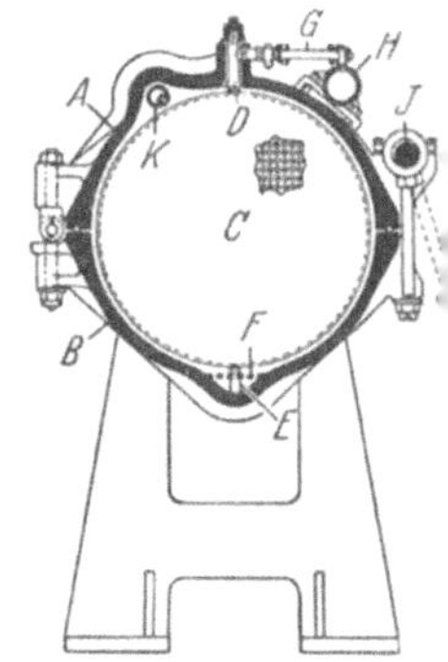

Abb. 221. Sweetland-Filter. Abb. 222. Querschnitt des Sweetland-Filters.
A Gehäuse, feststehender Teil. *B* Gehäuse, aufklappbarer Teil. *C* Filterkörper. *D* Filtrataustrittsrohre. *E* Eintrittkanal. *F* Verteilerplatte. *G* Schaugläser. *H* Filtratsammelleitung. *J* Exzenter. *K* Waschwasserleitung. *L* Ablaßöffnung.

Luft in das Innere der Scheiben geblasen und der Kuchen abgeworfen. Der hauptsächlichste Nachteil der Kellypresse ist der, daß jeder Filterkörper infolge der vertikalen Anordnung in der horizontal liegenden zylindrischen Trommel seine besondere Form hat, woraus eine Ungleichmäßigkeit der Filtrierung und Waschung entsteht.

Sweetlandpresse. Die Sweetlandpresse ist später entwickelt worden. Sie ist in den Abb. 221 und 222 dargestellt. Diese Presse besteht aus einem horizontal liegenden zylindrischen Gehäuse A, dessen untere Hälfte B an einer Seite in Scharnieren hängt und aufgeklappt werden kann. Die kreisrunden Filterkörper C sind quer in dem Gehäuse angeordnet. Sie hängen in der oberen Hälfte des Gehäuses an den Filtratauslaßkanälen D. Die zu filtrierende Masse wird durch den Kanal E unten in das Gehäuse gedrückt und durch die gelochte Platte F verteilt. Das Filtrat dringt durch die flachen Seiten der Filterkörper. Jeder Körper besitzt sein eigenes Schauglas G vor der gemeinsamen Sammelleitung H. Wenn die Filtration beendigt ist, wird Waschwasser auf demselben Wege wie das Filtrat eingeleitet. Die Presse wird geleert, indem man den Exzenter *J* löst, den unteren Teil *B* des Zylinders aufklappt und den Kuchen mit Wasser losschwemmt, welches durch den Kanal *K* (Abb. 222 in der linken oberen Ecke) eingeleitet wird. Es ist auch möglich, die Presse zu entleeren, ohne sie zu öffnen; das losgeschwemmte Material geht dann durch die Anschlüsse *L*, Abb. 221, fort. Die Sweetlandpresse besitzt den Vorteil großer Filterfläche je Grundflächeneinheit, guter Auswaschwirkung, niedriger Bedienungskosten und kleinen schädlichen Raumes im Filter. Sie ist der wichtigste Vertreter der Scheibenfilter.

Die Konstruktion der Filterkörper ist seit den Tagen des Moorefilters sehr viel weiter entwickelt worden. Zur Zeit besteht der Filterkörper aus einem grobmaschigen Sieb aus ziemlich starkem Draht,

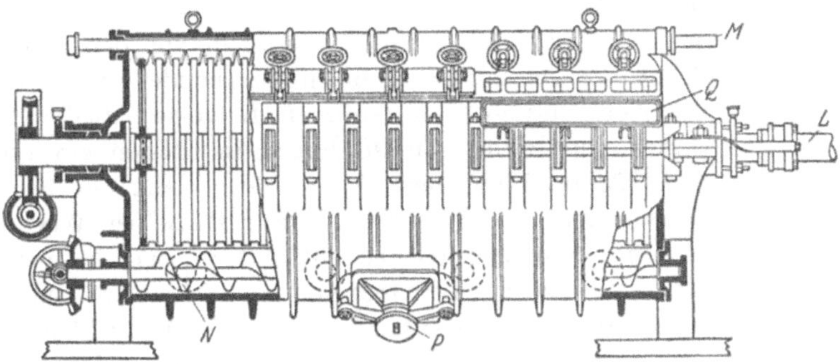

Abb. 223. Seitenansicht des Vallez-Filters.
L Filtrataustritt. *M* Waschwasserleitung. *N* Ausräumeschnecke. *P* Ausräumöffnung. *Q* Revisionsöffnung.

welches am Umfang durch einen Metallrahmen gefaßt ist. Oben an dem Rahmen ist das Nippel befestigt, durch welches das Filtrat abgeleitet wird und welches gleichzeitig zur Befestigung des Filterkörpers dient. Über das Sieb wird dann ein Sack aus Filtertuch gezogen, welcher dicht um den Rand der Filterscheibe genäht wird und mit einem Kragen, der sich um das Nippel legt, versehen ist. Häufig wird auch in diesen modernen Filtern Filterstoff aus Metalldraht verwendet. Ein einfaches Drahtgewebe kann nicht fein genug angefertigt werden, um als Filtermedium zu dienen, es sei denn, daß es aus außerordentlich feinen Drähten hergestellt ist. In diesem Falle würde seine Festigkeit gering sein. Metallfiltertuch wird aus lose gedrehten Drahtlitzen mit der erforderlichen Zahl von Litzen je Zoll gewebt. Nach dem Weben wird es gewalzt, wodurch die Litzen ausgebreitet werden, so daß ein genügend kompaktes und starkes Filtermedium entsteht.

Das Vallezfilter. Das Vallezfilter, Abb. 223 und 224, besteht aus einem horizontalen, zylindrischen Gehäuse mit runden Filterkörpern, die wie in der Sweetlandpresse rechtwinklig zu der Achse des Zylinders stehen. Es unterscheidet sich aber von der Sweetlandpresse dadurch, daß diese Scheiben auf einer Mittelwelle sitzen, die während der Filtration rotiert. In den Abbildungen ist das Gehäuse horizontal geteilt dargestellt. Diese Teilung dient aber nur für den Zusammenbau. Das Gehäuse wird während des Betriebes nicht geöffnet. Die Filterkörper werden aus einem doppelt geflochtenen Drahtsieb *B*, welches zwischen den gelochten Metallplatten *A* liegt, hergestellt und auf der Nabe *C* befestigt. Über die gelochten Metallplatten werden die Scheiben *G* aus Filtertuch oder Drahtgewebe gelegt, welche durch die Klemmringe *E* und *F* gehalten werden. Ein Distanzring *D* gibt der Scheibe die erforderliche Stärke und Steifigkeit. Die Naben *C* sind auf der Mittelwelle verschiebbar und werden auf ihr durch Keile *K* festgekeilt. Das Filtrat fließt von den Scheiben durch die Durchlässe *K* in entsprechende Bohrungen in der Welle und läuft bei *L* ab. Im Betriebe tritt die Masse durch eine Reihe von Öffnungen im Boden ein, die in Abb. 223 punktiert gezeichnet sind. Wenn der Kuchen gebildet ist, wird Waschwasser auf demselben Wege eingeleitet. Soll der Kuchen entfernt werden, so wird er entweder von den Scheiben mit komprimierter Luft, die bei *L* eintritt, abgeblasen oder mit Wasserstrahlen durch die Düsen *M* abgespült. In jedem Falle befördert die Schnecke *N* den Schlamm zu dem Schlammauslaß *P*. Im Gehäuse werden die aufklappbaren Schauöffnungen *Q* vorgesehen, welche während der Filtration nach zeitweisem Abstellen des Druckes geöffnet werden können, um festzustellen, ob sich der Kuchen richtig bildet. Bei normalem Betrieb indessen ist es nicht erforderlich, die Filtration zur Feststellung der Kuchenbildung zu unterbrechen. Ein Kuchenstärkezeiger, welcher aus einer beweglichen Stange mit einem Seitenarm und Tastscheibe besteht und von außen betätigt wird, ermöglicht die Messung der Kuchenstärke während des Betriebes.

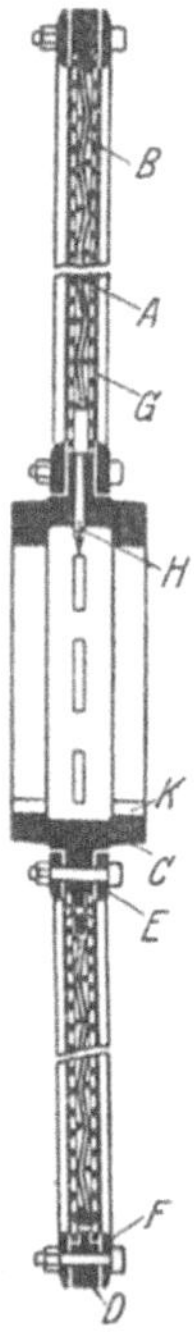

Abb. 224. Filterkörper des Vallez-Filters. *A* Lochplatten. *B* Metallfiltertuch. *C* Nabe. *D* Distanzring. *E*, *F*, Befestigungsflanschen. *G* Filtermedium. *H* Filtratöffnungen. *K* Keilnut.

In allen bisher beschriebenen Filtern setzen sich die schwereren Teilchen unten im Kuchen ab, sobald der zu entfernende Niederschlag schwere und leichte Teilchen gleichzeitig enthält. Die leichten Teilchen werden oben auf dem Kuchen zurückgehalten. Daraus ergibt sich nicht nur eine ungleichmäßige Kuchenstärke, sondern es führt auch dazu, daß die Hauptmenge des Waschwassers durch den Teil des Kuchens, der aus den gröberen Teilchen gebildet ist, geht und die feineren Teilchen nicht gewaschen werden. Diese Schichtenbildung kann solches Ausmaß annehmen, daß der unten gebildete grobe Kuchen nicht mehr auf den Filterkörpern haften bleibt. Der hauptsächlichste Vorteil des Vallezfilters ist der, daß infolge der Rotation dieser Filterkörper die Schichtenbildung vermieden wird und die Dichte des Kuchens auf dem ganzen Filterkörper gleichmäßig ist.

Kontinuierlich arbeitende Drehfilter.

Schon immer hatte man erkannt, daß die intermittierende Arbeitsweise aller bisher beschriebenen Filtertypen ernste Nachteile hatte. Etwa um 1906 wurde das erste kontinuierliche Filter auf den Markt gebracht, und dieses Filter ist heute noch der wichtigste Vertreter dieser Apparate.

Oliverfilter. Der Hauptteil des Oliverfilters (Abb. 225) ist eine horizontal gelagerte zylindrische Trommel *A*. Die Abmessungen dieser Trommel können von 0,3 m Durchmesser, bei 0,3 m Länge bis zu 5 m Durchmesser und 7 m Länge variieren. Ihr Umfang ist durch erhöhte Stege *C*, die parallel zur Achse laufen, in eine Anzahl von Segmenten oder Zellen B eingeteilt. Jedes Segment besitzt ein oder mehrere Saugrohre *D*. Der Trommelmantel zwischen den Stegen dient als Auflager für das Filtermedium. Er besteht entweder aus Holzleisten, aus schwerem Drahtgeflecht oder sonst einem zweckmäßigen Material. Über die ganze Trommel wird dann das Filtermedium, entweder Tuch oder Metallgewebe, gelegt, je nach dem Zweck, für den das Filter dienen soll. Dieses Filtermedium wird von einer festgewickelten Drahtbewehrung festgehalten.

Die Trommel ist beiderseits mit Zapfen gelagert und rotiert, etwa zur Hälfte in einen Bottich eintauchend, in welchem sich das zu filternde Material befindet. Sämtliche Sauge- und Abflußrohre führen zu einem automatischen Steuerorgan, das sich an einem der Zapfen befindet. Jede Sektion der Trommel wirkt unabhängig von den anderen als Filter. Wenn bei der Rotation der Trommel sich eine Zelle der Oberfläche der Flüssigkeit im Troge nähert, wird diese Zelle mit Hilfe des automatischen Steuerorganes unter Vakuum gesetzt und weiter während beinahe der ganzen Umdrehung unter Vakuum gehalten. Die Tourenzahl der Trommel wird so eingestellt, daß während der Eintauchzeit ein Filterkuchen von gewünschter Schichtstärke auf der Trommelmantelfläche entsteht. Die halbe Umdrehung der Trommel, während welcher die Zelle nicht eingetaucht ist, kann in vier Abschnitte eingeteilt werden: In dem ersten wird das noch in der Schicht befindliche Filtrat abgesaugt, im zweiten wird gewaschen, im dritten das Waschwasser abgesaugt und schließlich im vierten der Kuchen abgeworfen. Während der ersten drei Abschnitte steht die Zelle noch unter Vakuum. Die Waschung wird mittels einer oder mehrerer Düsen durchgeführt. Wenn die Zelle sich der Abwurfstelle nähert, wird das Vakuum durch das automatische Steuerorgan abgestellt und komprimierte Luft in das Innere der Zelle geleitet. Ein Abstreifmesser entfernt den Kuchen, der von der

Druckluft gelockert ist. Das automatische Steuerorgan trennt auch das

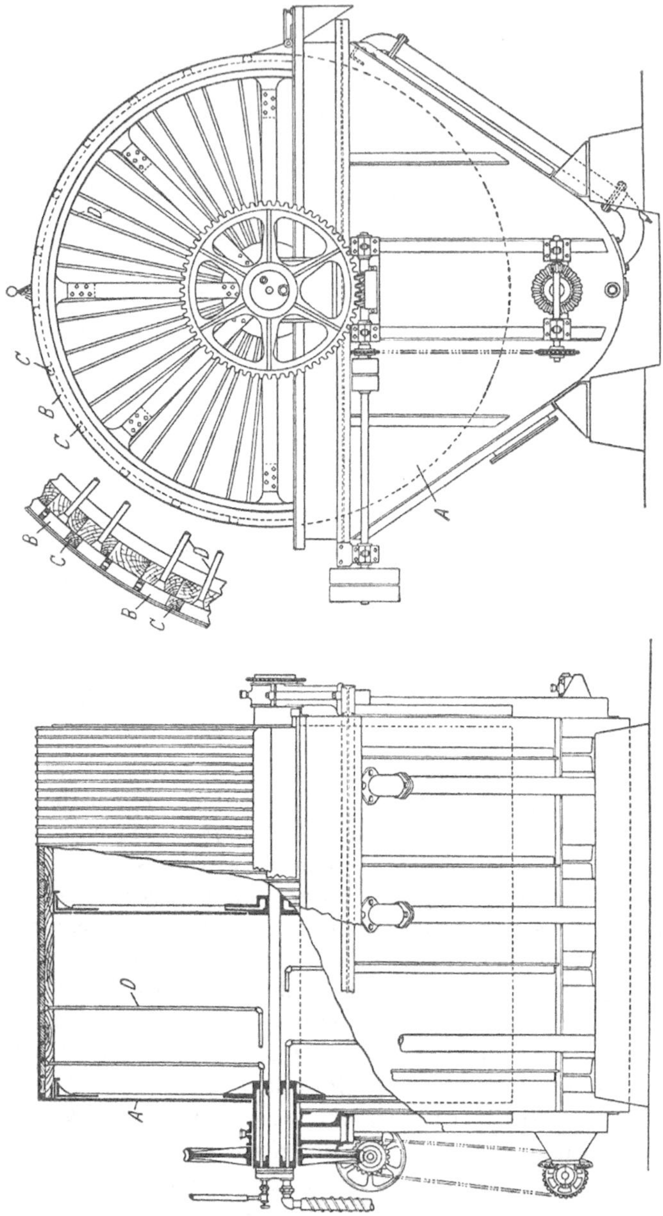

Abb. 225. Oliver-Filter. *A* Filtertrommel. *B* Filterkammern. *C* Trennleisten. *D* Filtrat- und Luftrohre.

Filtrat vom Waschwasser und, wenn mehr als eine Waschung stattfindet, die einzelnen Waschwässer.

Das Steuerorgan ist in Abb. 226 schematisch dargestellt. Die Steuerscheibe ist mit der Trommel verbunden, rotiert mit ihr und ist an die Rohre, welche die Verbindung zu den Zellen herstellen, angeschlossen. Jedes Loch der Steuerscheibe hat Verbindung mit einer Zelle der Trommel. Der feststehende Schieberspiegel wird dicht auf die Steuerscheibe gedrückt und rotiert nicht mit. Er trägt die Anschlüsse für Filtrat und Waschwasser, die zu getrennten Rezipienten führen, welche von einer Vakuumpumpe unter Vakuum gehalten werden. Eine konzentrische Aussparung in dem feststehenden Schieberspiegel paßt auf die runden Löcher der Steuerscheibe. Diese Aussparung ist auf der Zeichnung in zwei Abschnitte eingeteilt. Der erste Abschnitt wird an die Filtratleitung, der andere an die Waschwasserleitung angeschlossen. Die Trennung zwischen beiden Abschnitten wird durch einen genau passenden Steg hergestellt, dessen Stellung je nach den Anforderungen des Betriebes geändert werden kann, um die Trennung zwischen Filtrat und Waschwasser je nach der Konzentration des letzteren einzustellen. Komprimierte Luft wird durch das kleine Loch an einer Seite der feststehenden Platte zugeführt. Wenn die Steuerscheibe mit der Trommel rotiert, so laufen die Löcher, an welche die Verbindungsrohre mit den Zellen angeschlossen sind, unter den verschiedenen Abschnitten des Ausschnittes im Schieberspiegel vorbei, nacheinander unter dem Filtrat-, dann unter dem Waschwasser- und schließlich unter dem Druckluftanschluß. Für Waschwasser können auch zwei oder mehrere Unterabschnitte eingerichtet werden, wenn aufeinanderfolgende Waschungen Waschwässer verschiedener Konzentration oder verschiedene Flüssigkeiten, die gesondert aufgefangen werden müssen, liefern.

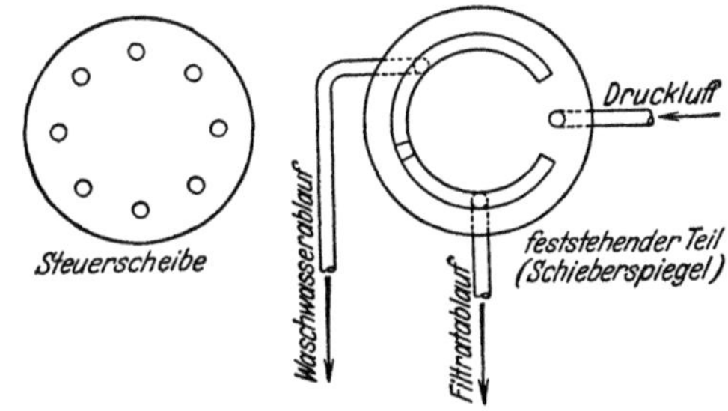

Abb. 226. Steuerorgane des Oliver-Filters.

Das Oliverfilter ist für verschiedene Zwecke entwickelt worden: Für die Filtration von feinem und gelatinösem Niederschlag, dessen Kuchen sich nur in etwa 3 mm Stärke bildet, ebenso wie für die Filtration von Salzen, deren Kuchen etwa 100 mm stark werden kann. Das Oliverfilter bewältigt auch Flüssigkeiten in der Nähe ihres Siedepunktes, wenn auch der Betrieb um so schwieriger wird, je heißer die Lösung ist, weil dann geringerer Unterdruck angewendet werden muß, damit das Filtrat nicht zu sieden beginnt. Für sehr poröse Kuchen z. B. Salze, wo große Luftmengen mit geringem Druckabfall durch den Kuchen gesaugt werden, werden die Steuerorgane mit sehr großen Querschnitten ausgeführt, so daß bei Salzfiltern der Durchmesser des Steuerorganes beinahe so groß wie der Durchmesser der Trommel ist. Da der Inhalt des Troges unter der Trommel auch Neigung zum Absetzen haben kann, sind die Tröge der meisten Filter der hier beschriebenen Art mit Rührwerken ausgestattet. Die Wirkung dieser mechanischen Rührer kann bei sehr schwierigen Materialien noch durch Einleiten von Filtrat durch Düsen unterstützt werden. Beim Filtrieren von sehr groben kristallinen Niederschlägen kann auch die Zufuhr der Masse von oben auf die Trommel geschehen und der Trog fortgelassen werden. Um den Kuchen mit möglichst niedrigem Feuchtigkeitsgehalt zu gewinnen, kann auch ein Teil der Trommel von einer Haube umgeben sein, durch welche heiße Luft zugeführt wird.

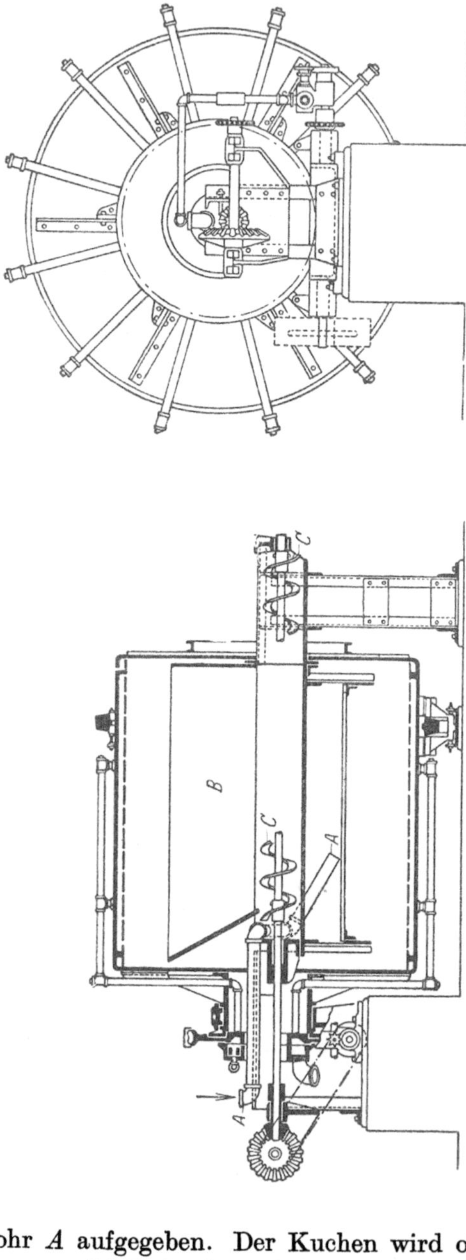

Abb. 227. Dorrco-Filter. *A* Zulaufrohr. *B* Schurre. *C* Ausräumschnecke.

Das Dorrcofilter. Das Dorrcofilter (Abb. 227) ist eigentlich ein Oliverfilter mit vertauschten Seiten. Die Konstruktion der Filterzellen ist der des Oliverfilters ähnlich, nur daß sie auf die innere Oberfläche der Trommel gesetzt sind, anstatt wie beim Oliverfilter auf die äußere. Das zu filternde Material wird in das Innere der Trommel durch das Rohr *A* aufgegeben. Der Kuchen wird oben von der Trommel abgeblasen und fällt in einen Tichter *B*, aus welchem er durch die Schnecke

C abtransportiert wird. Die hauptsächlichste Anwendung findet das Dorrcofilter bei der Filtration schwerer Niederschläge oder solcher, welche aus feinen und groben Teilchen bestehen, wenn es schwierig ist, die gröberen Teilchen im Trog des Oliverfilters in Suspension zu halten.

Filterbetrieb.

Die im Betriebe zu filternden Schlämme sind sehr verschieden: Körnig, nicht zusammendrückbar, gut zu filtrierendes oder schleimiges und kolloidales Material, das zusammendrückbar ist oder dazu neigt, das Filtertuch zu verstopfen, und dessen vollkommene Abscheidung aus der Flüssigkeit im allgemeinen sehr schwierig ist. Die zunächst wichtigste, die Filtrationsfähigkeit bestimmende, charakteristische Eigenschaft des Schlammes ist seine Struktur, ob er körnig ist und einen porösen Kuchen bilden kann oder ob er kolloidal ist und einen undurchlässigen Kuchen bildet. Die Filtration eines Niederschlages von Bariumsulfat oder Kalziumkarbonat unterscheidet sich erheblich von der des Eisenhydroxyds. Eine zweite für die Filtration wichtige Eigenschaft des Schlammes ist seine Zusammendrückbarkeit. Der nicht zusammendrückbare Schlamm bildet einen Kuchen, in welchem der Widerstand im wesentlichen unabhängig vom Druck ist, während beim zusammendrückbaren Schlamm der Widerstand je Volumeneinheit des Kuchens schnell zunimmt, wenn der Druck erhöht ist.

Filtrationshilfsmittel. Für die Filtration von schwierigen Schlämmen werden verschiedene Hilfsmittel gebraucht. Ein solches Hilfsmittel ist ein festes Material, fein verteilt, aber aus harten widerstandsfähigen Teilchen bestehend, die einen nicht zusammendrückbaren Kuchen bilden. Sie können auf zweierlei Art verwendet werden. Erstens indem sie zur Bildung einer Anschwemmfilterschicht benutzt werden, d. h. es wird eine dünne Schicht aus dem Hilfsmaterial auf der Filterfläche hergestellt, bevor der eigentlich zu filtrierende Schlamm in den Apparat gelangt. Die Anschwemmfilterschicht verhindert die kolloidalen Partikel des Schlammes daran, so in das Filtertuch einzudringen, daß dessen Widerstand zu hoch wird. Sie erleichtert ferner die Entfernung des Kuchens nach der Filtration. Die Anschwemmfilterschicht und nicht das Filtertuch selbst bildet das eigentliche Filtermedium.

Der zweite Weg ist die Beimengung des Filtrationshilfsmaterials in einem gewissen Prozentsatz zu dem Schlamm, bevor dieser in die Presse kommt. Das Vorhandensein des Hilfsmittels erhöht die Porösität des Kuchens, erniedrigt seine Zusammendrückbarkeit und vermindert den Widerstand während der Filtration. Das wichtigste Filtrationshilfsmittel, das im Handel erhältlich ist, ist unter dem Namen „Filtercel“ bekannt oder auch als Diatomeenerde oder Kieselgur. Es besteht aus sehr kleinen Kieselsäurepanzern der Diatomeen, die in prähistorischen

Zeiten in Kalifornien und anderen Orten sich ablagerten. Diese Kieselgur hat folgende charakteristischen Eigenschaften: Sie besteht erstens aus reiner Kieselsäure und zweitens aus lauter einzelnen, individuellen Teilchen, die, wenn auch von sehr geringer Größe, soch sehr kompliziert aufgebaut sind und daher eine sehr große Oberfläche für die Absorption der Kolloide besitzen. Filtercel wird als ein weicher Stein bergmännisch gewonnen und pulverisiert, wenn es als Filterhilfsmittel dienen soll. Einige Sorten werden einer besonderen Behandlung unterworfen, um ihre Absorptionseigenschaften zu verbessern. Jedes andere körnige, nicht zusammendrückbare Material kann aber ebenfalls als Filtrationshilfsmittel einem zusammendrückbaren Schlamm mit gutem Erfolge zugesetzt werden. Z. B. ist die Verwendung von gefälltem Kalziumkarbonat oder irgendeinem anderen sandigen, kristallinen Niederschlage für diesen Zweck möglich.

Einfluß des Anfangsdruckes. Es muß hier darauf hingewiesen werden, daß im allgemeinen das Filtergewebe selbst nur in seltenen Fällen, wenn überhaupt jemals, das eigentliche Filtermedium darstellt. Mikrophotographien von Geweben und Niederschlägen pflegen im allgemeinen zu zeigen, daß die Durchschnittsgröße des Teilchens erheblich geringer ist als die durchschnittliche Größe der Poren zwischen den Fasern. Das eigentliche Filtermedium ist eine Schicht des Niederschlages selbst, welcher sich in der Oberfläche des Gewebes verfangen hat. Es ist daher erklärlich, daß die Bildung dieser ersten Schicht von ausschlaggebender Wichtigkeit für eine zufriedenstellende Filtration ist.

Wenn der Anfangsdruck hoch ist, werden die ersten Partikel zu einer dichten Masse zusammengedrückt, welche die Poren des Tuches fast ganz verstopft. Die Folge davon ist, daß für den Rest der Operation die Filtrationsgeschwindigkeit niedrig ist. Wenn der Schlamm nicht homogen ist, d. h. wenn er sowohl kristalline wie auch kolloidale Teilchen enthält, so verursacht ein höherer Anfangsdruck ein Eindringen der kolloidalen Partikel in die Poren zwischen den körnigen Teilchen und vermindert damit die Filtrationsgeschwindigkeit in hohem Maße. Wenn andererseits der Anfangsdruck niedrig ist, so bleibt die erste Schicht des Niederschlages poröser, und die Filtrationsgeschwindigkeit pflegt höher zu sein. Auch dringt diese Schicht nicht in die Fasern des Gewebes ein, wodurch eine saubere Abnahme des Kuchens vom Tuch möglich ist. Bei einem niedrigen Anfangsdruck kann es vorkommen, daß der erste Vorlauf aus der Presse trüb ist. Dies wird aber mehr als ausgeglichen durch die schnellere Filtration und die daraus resultierende größere Durchsatzmenge.

Druckregelung. Wenn die Stärke des Kuchens wächst, wächst natürlich auch sein Widerstand, und es ist erforderlich, höheren Druck anzuwenden, um eine bestimmte Durchflußmenge je m^2 zu erzielen.

Wenn bei einer bestimmten Durchflußmenge je Zeiteinheit ein ideal aufgebauter Kuchen entsteht, ohne daß die Poren des Kuchens mit den zusammendrückbaren Teilchen des Schlammes in nachteiliger Weise verstopft werden, so scheint es logisch, eine konstante Durchflußgeschwindigkeit bei der Filtration aufrechtzuerhalten, indem während der Filtration der Druck entsprechend gesteigert wird. Im Betriebe ist indessen diese Methode nicht leicht zu befolgen. Im allgemeinen besteht immer die Neigung, die Presse von Anfang an mit vollem Druck zu betreiben. Wenn statt dessen anfänglich ein mäßiger Druck angewendet werden würde, bis eine gute Selbstfilterschicht auf dem Tuch gebildet ist, dann könnte im weiteren Verlauf der Filtration der Druck bis auf den höchst zulässigen Wert gesteigert werden und die Filtration unter konstantem Druck und allmählicher Abnahme der Durchflußgeschwindigkeit mit zufriedenstellender Gesamtleistung der Anlage durchgeführt werden.

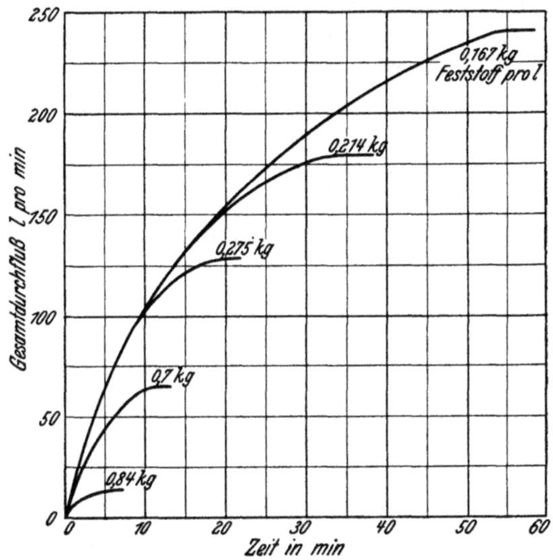

Abb. 228. Typische Filtrationskurven.

Wenn das Gesamtvolumen des Filtrates, das von Anfang an bei konstantem Druck erhalten wird, über der Zeit als Abszisse aufgetragen wird, ergeben sich Kurven wie in Abb. 228 dargestellt. Jede Kurve bezieht sich auf eine Filtration eines Schlammes mit dem neben der Kurve angegebenen Gehalt an Feststoffen. Alle Filtrationen wurden bei dem gleichen Druck durchgeführt. Man bemerkt, daß für jede einzelne Filtration die Filtrationsgeschwindigkeit mit der Zunahme der Kuchenstärke zunächst langsam, dann schneller abnimmt (vgl. die Neigung der Kurven in Abb. 228) und zum Schluß außerordentlich rasch vermindert wird. Je kristallinischer der Niederschlag ist, um so mehr entspricht die Durchflußgeschwindigkeit der Dicke des Kuchens. Der Knick der Kurven der Filtrationsgeschwindigkeit tritt dann auf, wenn der Rahmen der Filterpresse völlig gefüllt ist.

Für ganz zusammendrückbare Schlämme gilt nicht in allen Fällen, daß die Durchflußgeschwindigkeit mit dem Druck zunimmt. Bei niedrigem Druck ist die Steigerung der Filtrationsgeschwindigkeit bei einer leichten Druckerhöhung größer als ihre Abnahme infolge der Erhöhung des Widerstandes, die durch das Zusammendrücken des Schlammes hervorgerufen wird. Wenn aber der Druck weiter gesteigert wird, so gleichen sich diese beiden Faktoren aus und man erhält bei einem gewissen Drucke, der als kritischer Druck bezeichnet wird, ein Maximum der Durchlaufgeschwindigkeit. Für Drücke, welche höher sind als dieser kritische Druck ist die Zunahme des Widerstandes infolge der Kompression des Schlammes größer als die Zunahme der treibenden Kraft, die der Drucksteigerung entspricht, und der Enderfolg ist eine Abnahme der Durchlaufgeschwindigkeit bei gleichzeitiger Drucksteigerung. Daher sollten Filtrationen bei einem unterhalb des kritischen liegenden Druck ausgeführt werden. Diese Erscheinung tritt bei nichtzusammendrückbaren Schlämmen nicht auf.

Schichtenbildung. Um das beste Resultat zu erzielen, soll, besonders wenn der Kuchen gewaschen werden muß, der in dem Filter vorhandene Schlamm so homogen als irgend möglich gehalten werden. In einer Filterpresse ist es praktisch undurchführbar, die Schichtenbildung zu verhindern. Wenn der Schlamm nicht homogen ist, so haben die größeren und schwereren Partikel das Bestreben, sich in dem Rahmen unten anzusammeln, während sich die feineren und leichteren oben anhäufen. Daraus ergibt sich im allgemeinen, daß der Widerstand für den Durchfluß des Filtrates und ebenso für den des Wassers unten im Rahmen geringer ist als oben. Das Auswaschen ist erschwert, da ja nur ein kleiner Teil des Waschwassers durch den oberen Teil des Kuchens geht. Um den oberen Teil des Kuchens richtig auszuwaschen, muß man es in Kauf nehmen, daß eine große Menge Waschwasser ungenützt durch den schon ausgewaschenen unteren Teil strömt, woraus sich eine Verdünnung des Waschwassers ergibt. Diese Schichtenbildung tritt bei den meisten hier beschriebenen Filtern auf. Das einzige Filter, in welchem die Schichtenbildung mit Sicherheit vermieden wird, ist das Vallezfilter.

Hilfsmaschinen für Filter. Für Filterpressen ist im allgemeinen eine sehr einfache Hilfsapparatur erforderlich. Das Material, das gefiltert werden soll, sollte in Behältern gestapelt werden, welche mit Rührern versehen sind, so daß in die Presse eine gleichförmige Suspension gelangt, wenn die Presse nicht von einem Eindicker aus beschickt wird. In diesem Falle wäre die Gleichförmigkeit des Zuflusses durch die Wirkung des Eindickers selbst gewährleistet. Die besten Pumpen zum Speisen von Filterpressen sind Zentrifugalpumpen, da sie ohne Stöße drücken und, wie sich aus ihrer Charakteristik ergibt, der von ihnen erzeugte Druck steigt, wenn die Durchflußgeschwindigkeit abnimmt. Kolbenpumpen sind nicht empfehlenswert, weil die Stöße in der Druckleitung den Kuchen unerwünscht dicht machen.

Das Filtrat aus der gewöhnlichen Filterpresse mit offenem Auslauf läuft gewöhnlich in eine offene Rinne, welche an einem Ende einen

Ablauf hat, an welchen Sammelbehälter für Filtrat und Waschwasser angeschlossen sind. Sie kann auch mit zwei Anschlüssen am Ende verwendet werden, wovon ein Anschluß zu dem Filtratbehälter und der zweite zu einem Waschwasserbehälter führt. Die Ausläufe in der Rinne werden gewöhnlich mittels hölzerner Stopfen geschlossen. Es können auch zwei Rinnen nebeneinander angeordnet sein; der Ablauf aus jeder Platte wird dann mittels schwenkbarer Leitbleche in die richtige Rinne geleitet.

Die Scheibenfilter erfordern gewöhnlich eine etwas kompliziertere Anlage. Ein Sweetlandfilter mit Hilfseinrichtungen ist in Abb. 229 schematisch dargestellt. Der Behälter *A* enthält das Material für die Anschwemmfilterschicht. Der Behälter *B* enthält das zu filtrierende

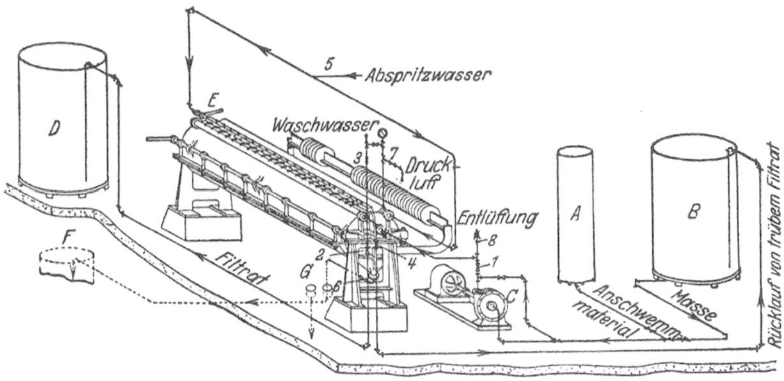

Abb. 229. Sweetland-Filter und Hilfsapparate.
A Behälter für Anschwemmaterial. *B* Behälter für zu filtrierendes Material. *C* Filterpumpe. *D* Filtratbehälter. *E* Hebel zum Drehen des Abspritzrohres. *F* Behälter zur Aufnahme des Presseninhaltes vor Beginn des Ausräumens. *G* Anschluß an den Abwasserkanal. *1* Regelventile. *2* Filtratauslaßventil. *3* Waschwasserventile. *4* Rücklaufventil für trübes Filtrat. *5* Ventil für Abschwemmwasser. *6* Rückstandauslaßventil. *7* Druckluftventil. *8* Entlüftungsventil.

Material. *A* und *B* sind unter Zwischenschaltung von Ventilen an die Pumpe *C* angeschlossen, so daß aus dem einen oder dem anderen Behälter durch das Ventil *1* in das Filter gepumpt werden kann. Das Ablaufrohr des Filters ist über das Ventil *2* an ein Aufnahmegefäß *D* für Filtrat angeschlossen. *3* ist das Ventil für Waschwasser. Für die Aufnahme des Waschwassers ist gewöhnlich ein zweiter Behälter vorgesehen, wenn der Kuchen nach der Filtration gewaschen werden soll. Wenn das Filtrat zu Beginn der Filtration trübe läuft, wird der Ablauf durch das Ventil *4* nach dem Behälter *B* zurückgeleitet. Nachdem die Filtration und Waschung beendet ist, wird durch den Anschluß *5* Wasser an beiden Enden des Spülrohres durch drehbare Verbindungen eingeleitet. Das Spülrohr kann mittels des Hebels *E* gedreht werden, um die Wasserstrahlen nach allen Teilen der Filterscheiben hinzuleiten. Bevor mit diesem Spülen begonnen wird,

wird alles unfiltrierte Material aus der Presse durch das Rohr *6* nach dem Behälter *F* abgezogen, aus dem es nach dem Behälter *B* zurückgeleitet wird. Wenn die Presse entleert ist, wird der Kuchen durch das Rohr *6*, welches nun über den Anschluß *G* geschwenkt ist, fortgespült. Der Anschluß *G* führt in den Abwasserkanal. Falls erwünscht, kann das Filtertuch mittels komprimierter Luft durch den Anschluß *7* abgeblasen werden, wobei die Luft aus der Presse durch den Anschluß *8* entweicht. Wenn an Stelle der Abspülung des Kuchens die Presse trocken entleert werden soll, wird unter ihr zwischen den zwei Trägern eine Schurre angeordnet. Aus dieser wird der Filterkuchen entweder mit einer Schnecke entfernt oder fortgeschwemmt.

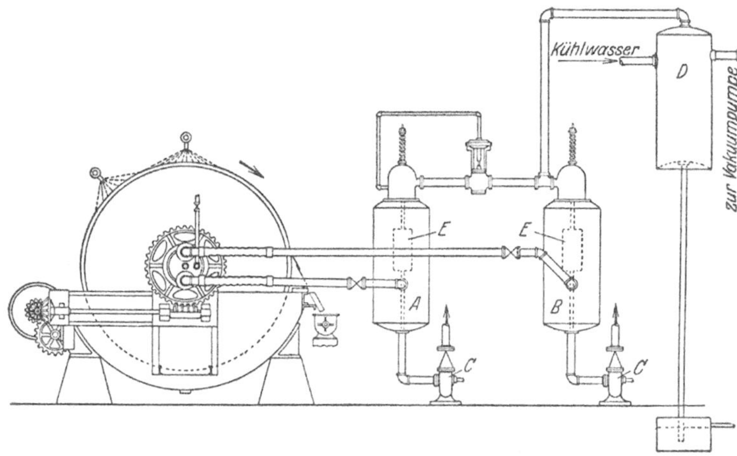

Abb. 230. Oliverfilter und Hilfsapparaturen. *A* Filtratbehälter. *B* Waschwasserbehälter. *C* Zentrifugalpumpen. *D* Kondensator. *E* Schwimmerventile.

Bei Filtern, die mit Vakuum arbeiten, wie das Oliver- und Dorrcofilter, ist die Anordnung ganz anders, wie aus Abb. 230 zu ersehen ist. Eine Vakuumpumpe ist an die zwei Rezipienten, von welchen der eine *A* für Filtrat und der andere *B* für Waschwasser dient, angeschlossen. Diese Rezipienten sind mit flexiblen Rohren an den feststehenden Teil des Steuerorganes angeschlossen. Aus den Rezipienten wird die Flüssigkeit mittels der Zentrifugalpumpen *C* entfernt. Da die Pumpen aus dem Vakuum saugen, müssen sie speziell für diesen Zweck eingerichtet werden. Wenn das Filtrat heiß ist, so daß die von den Vakuumpumpen angesaugten Gase erhebliche Wasserdampfmengen führen, wird ein Kondensator *D* zwischen den Rezipienten und der Vakuumpumpe angeordnet, um den Wasserdampf zu kondensieren und das von der Pumpe zu fördernde Volumen zu verringern. Da trockene Vakuumpumpen mit kleinen schädlichen Räumen gebaut werden und im allgemeinen mit verhältnismäßig hoher Umdrehungszahl laufen, muß der Eintritt von flüssigem Wasser in die Vakuumpumpe sicher verhindert werden. Man versieht daher die Rezipienten für Filtrat und Waschwasser mit durch Schwimmer gesteuerten Entlastungsventilen *E*. Wenn aus irgendeinem Grunde die die Flüssigkeit aus dem Rezipienten abziehende Pumpe nicht ordnungsmäßig arbeitet und der Rezipient sich bis oben füllt, öffnet der Schwimmer das Entlastungsventil, wodurch das Vakuum zerstört wird und die Zentrifugalpumpe wieder richtig ansaugen kann. Gleichzeitig wird aber auch die Wirkung des Filters aufgehoben, bis die richtigen Betriebsbedingungen wieder hergestellt sind. Auf der Trommel kann zwei- oder noch mehrfach gewaschen werden. Dann wird zwischen Filter und Vakuumpumpe eine entsprechende Anzahl von Waschwasserrezipienten vorgesehen, soweit es erwünscht ist, die Waschwässer getrennt zu halten.

Vergleich der Filtertypen.

Nachdem hier eine Reihe verschiedener Filterkonstruktionen beschrieben worden ist, erhebt sich die Frage, welches Filter für einen bestimmten Zweck zu wählen ist. Oft entscheidet man sich nach der Gewohnheit oder nach der in besonderen Industrien eingeführten Praxis. Eine logische Entscheidung ist schwierig zu treffen.

Anwendungsgebiet der Filterpresse. Die Rahmenfilterpresse ist das billigste Filter je Einheit der Filterfläche und beansprucht die geringste Grundfläche. Öffnung und Entleerung einer Rahmenpresse besonders bei größeren Abmessungen verursacht aber viel Arbeit. Infolgedessen wird der Betrieb mit der Filterpresse untragbar teuer, wenn große Mengen von Feststoffen abzufiltrieren sind, besonders in dem Falle, daß der Feststoff Abfallprodukt ist. Ausschlaggebend sind aber die Kosten für Arbeit und Anlage berechnet auf das Produkt und nicht auf eine Operation. Infolgedessen wird in der Farbstoffindustrie die Filterpresse gewöhnlich verwendet, obwohl das Verhältnis von Feststoffen zur Flüssigkeit groß ist. Zum Teil ist hierfür maßgebend, daß diese Stoffe selten in einem kontinuierlichen Prozeß hergestellt werden oder in so großen Mengen, daß ein automatisches Filter dauernd in Gang gehalten werden kann. Zum anderen aber besonders deswegen, weil der Wert des Kuchens außergewöhnlich hoch ist und in der Filterpresse der Feststoff ohne Verlust und in der Form von Kuchen gewonnen wird, die in Horden- oder Plattentrocknern weiter behandelt werden können, so daß die Lohnkosten je Werteinheit des Produktes niedrig werden.

Anwendungsgebiet der Scheibenfilter. Andererseits sind in solchen Verfahren wie der Extraktion von Gold aus den Erzen nach dem Zyanidverfahren, wo außerordentlich große Volumina wertloser Feststoffe je Werteinheit des zu gewinnenden Materials abfiltriert werden müssen, die Scheibenfilter oder die kontinuierlich rotierenden Filter die einzig möglichen. Die Wahl zwischen Scheibenfilter und Filterpresse wird zum Teil nach dem Gesichtspunkte der Lohn- und festen Kosten getroffen, zum anderen Teil, der meist ausschlaggebend ist, nach der für die Waschung anzuwendenden Methode. Gerade letzterer Punkt wird nicht immer genügend beachtet. Bei der Rahmenfilterpresse wird das zu filternde Material in der Mitte des Rahmens zugeführt und strömt in irgendeiner Richtung auf die Platten zu. Während der Waschung strömt das Waschwasser von einer Platte durch den Kuchen zur anderen Platte und folgt dabei ganz anderen Kanälen als das Filtrat. Daher sind die ersten Waschwässer mehr oder weniger mit Filtrat gemischt. Der Erfolg ist der, daß das erste Waschwasser aus der Presse verdünnter ist als die Flüssigkeit, die gefiltert wurde, und die Konzentration des

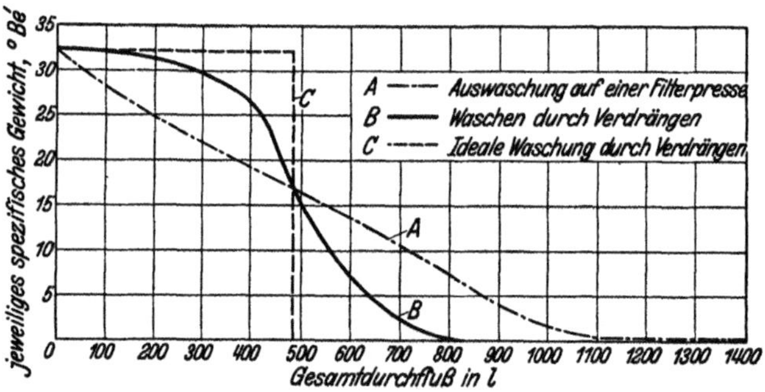

Abb. 231. Typische Auswaschkurven.

Waschwassers nimmt allmählich ab nach einer Kurve, ähnlich der Kurve *A* in Abb. 231.

Das Scheibenfilter dagegen ermöglicht Verdrängungswaschung. Das Waschwasser folgt genau dem Wege, den das Filtrat genommen hat. Anstatt sich mit dem Filtrat zu mischen und von Anfang an verdünnt anzufallen, drängt das Waschwasser das Filtrat vor sich her, so daß die ersten während der Waschung anfallenden Mengen genau so konzentriert sind, wie das Filtrat selbst war. Wenn zwischen Filtrat und Waschwasser keine Mischung einträte, müßte nach der Verdrängung des Filtrates das Waschwasser plötzlich die Konzentration 0 haben, und der Vorgang würde etwa durch die Kurve *C* Abb. 231 darzustellen sein. In praxi entsteht immer eine Mischung, doch fällt bei der Verdrängungswaschung die Konzentration, wenn erst einmal verdünnte Lösung auftritt, sehr schnell und es ist möglich, Waschwasser mit einer Konzentration von praktisch 0 zu erhalten, nach Anwendung einer noch zu rechtfertigenden Menge Waschwassers. Dieser Vorgang wird durch die Kurve *B* in Abb. 231 dargestellt. Für die Entfernung einer bestimmten Menge löslichen Materials aus dem Kuchen verlangt die Verdrängungswaschung nicht nur kleineres Waschwasservolumen und ergibt also nicht nur konzentrierteres Waschwasser, sondern ein Teil des Waschwassers fällt auch noch in so hohen Konzentrationen an, daß es dem Filtrat ohne unzulässige Verdünnung zugesetzt werden kann. Wo das Filtrat der wertvolle Bestandteil ist und besonders dort, wo es später eingedampft werden muß, haben die Scheibenfilter sich als die vorteilhaftesten gezeigt.

Anwendungsgebiet der kontinuierlichen Drehfilter. Das kontinuierliche Drehfilter ist im allgemeinen für die Verfahren bestimmt, in welchen der Niederschlag ein großes Volumen hat, wo der Prozeß kontinuierlich läuft und wo die Lohnkosten niedrig gehalten werden müssen. Das Anwendungsgebiet des Drehfilters nimmt rasch zu. Seiner allgemeinen Anwendung steht entgegen, daß es ungeeignet ist, Feststoffe zu verarbeiten, die sowohl schweres Material, das sich rasch absetzt, wie auch feines Material, welches sich nicht absetzt, enthalten. In solchen Fällen ist es fast unmöglich, daß auf dem Vakuumdrehfilter der Kuchen richtig gebildet wird. Wo der Niederschlag verhältnismäßig geringe Menge hat und schmierig oder kolloidal ist, ist das Vakuumdrehfilter nicht anwendbar. Ebenso ganz allgemein dort nicht, wo große Drücke erforderlich sind, oder wo die Menge der abzufiltrierenden Feststoffe außerordentlich gering ist.

Eine Anordnung, welche bei vielen Filtrationen Anwendung findet, ist die Vorschaltung eines Dorreindickers vor das Filter. Der Betrieb des Eindickers ist so viel billiger als der des Filters, daß immer, wenn ein genügend klarer Überlauf aus dem Eindicker erhalten wird, die Filtrationskosten erheblich herabgesetzt werden, da nur noch ein Bruchteil der Stoffmenge durch das Filter zu gehen braucht. Diese Anordnung allein schafft die Möglichkeit der Anwendung des kontinuierlichen Drehfilters in solchen Fällen, wo sonst eine Filterpresse oder ein Scheibenfilter erforderlich wäre.

Ist der Niederschlag so grob und körnig oder das Verhältnis von Feststoffen zur Flüssigkeit so groß, daß das Material weder als Suspension gepumpt, noch zu einem zusammenhängenden Kuchen geformt werden kann, so ist die Verwendung irgendeines Filters nicht mehr möglich. Dann beginnt das Anwendungsgebiet der Zentrifugen. Neuerdings indessen sind die kontinuierlichen Drehfilter so weit entwickelt worden, daß sie mit manchen Mischungen fertig werden, für die man früher Zentrifugen für notwendig hielt. Die Abscheidung des in Verdampfern gebildeten kristallisierten Salzes, ist wohl der wichtigste dieser Fälle.

Theorie der Filtration.

Die Theorie der Filtration soll die Antwort geben auf folgende Fragen: Welches Filtratvolumen kann in einer bestimmten Zeit erhalten werden, wenn die Bedingungen der Filtration und die Art des Filters gegeben sind?

Welches Waschwasservolumen kann während einer bestimmten Zeit durch den Kuchen geleitet werden?

In welchem Verhältnis werden die Konzentrationen im Waschwasser und die angewandte Waschwassermenge stehen?

Trotz vieler sorgfältiger Untersuchungen kann eine befriedigende Antwort auf diese Frage nicht gegeben werden. Im folgenden sollen die auf diesem Gebiete gemachten Fortschritte aufgezählt werden.

Die theoretische Lösung dieser Fragen ist erschwert durch die Tatsache, daß verschiedene Schlämme sehr verschiedene charakteristische Eigenschaften haben und daß der Durchflußwiderstand eines jeden im höchsten Maße abhängig ist von Temperatur, Art seiner Erzeugung und Alter. Es ist sehr schwierig, besonders bei kolloidalen Schlämmen, einmal erhaltene Ergebnisse auch nur mit der Genauigkeit von einigen 100% zu wiederholen, selbst wenn die verschiedenen Chargen unter anscheinend vollkommen gleichen Bedingungen gemacht worden sind.

Einige Filtrationstheorien sind sehr genau und enthalten eine große Zahl empirischer Konstanten. Manche Ergebnisse werden kompliziert durch das Auftreten besonderer Erscheinungen zu Beginn der Filtration, wenn der Kuchen noch dünn ist und der Widerstand der Presse und des Filtertuches den Hauptteil des Gesamtwiderstandes ausmacht. Auch werden während dieses ersten Abschnittes der Filtration die ersten Feststoffteilchen mehr im Innern des Filtertuches als auf ihm zurückgehalten, während das eigentliche Filtermedium während der Filtration die erste dünne Schlammschicht ist, die in dem Tuch sich fängt und nicht das Tuch selbst. Glücklicherweise sind diese Komplikationen von geringer Bedeutung für die Ableitung einer praktischen Filtrationstheorie. Für die Zwecke des Chemieingenieurs ist der Teil der Filtration von Interesse, während dessen der Kuchen verhältnismäßig dick ist, die Anfangskomplikationen vorüber sind und der Widerstand der Presse einen verhältnismäßig kleinen Teil des Gesamtwiderstandes ausmacht. Weiterhin ist jede Theorie nur dann anwendbar, wenn Versuchsdaten vorhanden sind, aus welchen die erforderlichen empirischen Konstanten abzuleiten sind.

Die Filtrationsgleichung von Lewis. Dem eben Gesagten gemäß ist eine einfache Theorie, welche die wenigsten Konstanten benutzt, das beste Bild der charakteristischen Eigenschaften irgendeines vorliegenden Schlammes gibt und für den Teil der Filtration gilt, wo der Widerstand im Kuchen den größten Teil des Gesamtwiderstandes ausmacht, vom Standpunkt des Chemieingenieurs aus die beste. Diese Forderung erfüllt vielleicht am besten die von Lewis[1] entwickelte Theorie.

Die Grundgleichung dieser Theorie ist aus folgenden Überlegungen aufgestellt:

[1] Principles of Chemical Engineering 2d Ed., pp. 363—372.

Die Durchflußgeschwindigkeit des Filtrates durch ein Filter ist in jedem Augenblick proportional zu einer treibenden Kraft und umgekehrt proportional zu dem Widerstande. Als treibende Kraft ist die Druckdifferenz vor und hinter dem Filter anzusehen. Diese Druckdifferenz kann in zwei Teile geteilt werden: Eine Druckdifferenz zu Lasten der Presse und des Filtermediums und eine zu Lasten des Kuchens. Während des größten Teiles der Operation ist der Widerstand der Presse und des Filtermediums ein kleiner Bruchteil des Gesamtwiderstandes. Daher berücksichtigt die Theorie nur den Widerstand des Kuchens. Wenn R der Widerstand des Kuchens, V das Volumen des Filtrates in m^3 bis zur Zeit t vom Beginn der Filtration an und P die Druckdifferenz zu Lasten des Kuchens ist, gilt die Gleichung

$$\frac{dV}{dt} = \frac{P}{R}. \tag{255}$$

Der Widerstand kann auf den Widerstand eines Einheitswürfels bezogen werden, genau so, wie der Widerstand beim Wärmefluß oder elektrischen Strom. Wenn r dieser spezifische Widerstand ist, F die Filterfläche in m^2 (rechtwinklig zur Strömungsrichtung des Filtrates gemessen) und L die Stärke des Kuchens in m zur Zeit t, dann ist

$$R = \frac{r \cdot L}{F}. \tag{256}$$

Aus naheliegenden Gründen ist es untunlich, L während der Filtration wirklich zu messen. L muß der Menge der Feststoffe, welche bis zur Zeit t abgeschieden sind, proportional sein, und daher auch proportional zu V. Wenn v das Verhältnis des Volumens der Feststoffe in m^3 zum Volumen des Filtrates in m^3 ist, so ist

$$L = \frac{V \cdot v}{F} \tag{257}$$

und

$$R = \frac{r \cdot V \cdot v}{F^2}. \tag{258}$$

Wenn der Schlamm starr und homogen ist, ist r unabhängig vom Druck und der Durchflußgeschwindigkeit. Wenige Schlämme haben indessen diese Eigenschaften. Die meisten praktisch vorkommenden Schlämme sind entweder zusammendrückbar, nicht homogen oder beides. Für solche Schlämme ist r nicht konstant.

Der Einfluß der Zusammendrückbarkeit zeigt sich darin, daß, wenn der Druck wächst, der spezifische Widerstand ebenfalls wächst. Der Faktor v nimmt etwas ab, aber das Gesamtresultat ist eine Erhöhung des Produktes $r \cdot v$. Von einem rein empirischen Standpunkt aus wird diese Wirkung dadurch berücksichtigt, daß r als Exponentialfunktion des Druckes P ausgedrückt und gesetzt wird

$$r = r' P^s. \tag{259}$$

Aus den Gleichungen (255), (258) und (259) ergibt sich als Grundgleichung die Differentialgleichung für homogene Schlämme:

$$\frac{dV}{dt} = \frac{P \cdot F^2}{V \cdot v \cdot r' \, P^s} = \frac{P^{1-s} \cdot F^2}{v \cdot r' \cdot V}, \qquad (260)$$

wenn der Schlamm nicht zusammendrückbar ist, ist $s = 0$.

Homogene Schlämme. Gleichung (260) kann integriert werden, wenn die Art der Operation bekannt ist. Im allgemeinen wird eine von zwei Arten vorliegen, konstanter Druck oder konstanter Durchlauf. Für konstanten Durchlauf wird Gleichung (260)

$$\frac{V}{t} = \text{const} = \frac{P^{(1-s)} \cdot F^2}{v \cdot r' \cdot V}, \qquad (261)$$

oder

$$\frac{V^2}{F^2} = \frac{P^{(1-s)} \cdot t}{v \cdot r'}. \qquad (262)$$

Für konstanten Druck ergibt die Integration

$$\frac{V^2}{F^2} = \frac{2\,P^{(1-s)} \cdot t}{v \cdot r'}. \qquad (263)$$

Die Konstanten v und r' werden zu einer einzigen Konstanten, die experimentell für den vorliegenden Schlamm bestimmt wird, zusammengezogen. Daher wird die Gleichung (262), wenn die Filtration bei konstantem Durchlauf ausgeführt wird, in folgender Form verwendet

$$\left(\frac{V}{F}\right)^2 = K \cdot P^{(1-s)} \cdot t, \qquad (264)$$

und, wenn die Filtration bei konstantem Druck stattfindet,

$$\frac{V^2}{F^2} = K' \cdot t, \qquad (265)$$

wo K und K' experimentell bestimmt werden.

Theoretisch sollten die Werte von s und r', die durch eine Filtration bei konstantem Durchfluß experimentell bestimmt sind, mit den Werten derselben Konstanten, die aus Versuchen bei konstantem Druck gewonnen sind, übereinstimmen. Infolge der großen Schwierigkeit, gleichmäßige Proben zu erhalten, ist dies aber gewöhnlich nicht der Fall, und zwar besonders nicht bei der Konstanten r'. Es ist daher am besten, diese Konstanten durch Versuche zu bestimmen, welche unter den gleichen Bedingungen durchgeführt werden, die auch im Betriebe vorliegen sollen.

Nicht homogene Schlämme. Wenn der Schlamm zusammendrückbar und dabei auch nicht homogen ist, wie es bei Schlämmen der Fall ist, in welchen Filterhilfsmittel enthalten sind, so wächst der spezifische Widerstand r im Verlauf der Filtration infolge der Einwirkung der Strömung der Flüssigkeit auf die Verteilung der feinsten Teilchen im

Kuchen. Die Strömung befördert diese Teilchen von der Rückseite des Kuchens näher an das Filtertuch. Daraus ergibt sich eine Erhöhung des Gesamtwiderstandes. Am einfachsten wird dies durch folgende empirische Gleichung berücksichtigt:

$$\left(\frac{V}{F}\right)^m = K \cdot P^n \cdot t\,, \tag{266}$$

worin m, K, n Konstanten sind. Ist $m = 2$, dann wird $n = 1 - s$, wie im Falle des homogenen kompressiblen Kuchens. Wenn der Kuchen nicht homogen ist, ist m gewöhnlich etwas kleiner als 2, es kann aber auch unter Umständen größer als 2 sein.

Eine Gleichung dieser Art paßt für beide Arten der Filtration sowohl für konstanten Druck wie auch für konstanten Durchfluß. In beiden Fällen müssen die Koeffizienten experimentell bestimmt werden. Für konstanten Durchfluß wird Gleichung (266)

$$\frac{V}{t} = \text{const} = \frac{K \cdot P^n \cdot F^m}{V^{m-1}}\,. \tag{267}$$

Schlämme mit Filtrationshilfsmitteln. Ein besonders wichtiger Fall liegt dann vor, wenn der Kuchen nicht zusammendrückbar und nicht homogen ist, wie es der Fall ist, wenn Filterhilfsmittel angewendet werden. Ist von letzterem genügend vorhanden, so daß der Druck von dem nicht zusammendrückbaren Gebäude aus dem Filterhilfsmittel[1] aufgenommen wird und der Schlamm sich in den Räumen zwischen den Teilchen des Filterhilfsmittels fängt, so pflegt ein Kuchen dieser Art vorzuliegen. Wenn der Kuchen nicht zusammendrückbar ist, ist der Widerstand unabhängig vom Druck, und der Druckabfall durch den Kuchen ist konstant, wenn die Filtration bei konstantem Durchlauf stattfindet. Das heißt, L ist eine Konstante. Da L proportional zu V ist, ist $\frac{P}{V}$ ebenfalls konstant und n in Gleichung (267) muß $= m - 1$ werden, da alle anderen Größen der Gleichung Konstanten sind. Die Menge eines Filterhilfsmittels, bei der sich Koeffizienten m und n ergeben, so daß die Gleichung

$$n = m - 1 \tag{268}$$

erfüllt ist, ist daher die richtige Menge, um diese Verhältnisse zu schaffen. Ist ein Überschuß des Filterhilfsmittels verwendet, so geht dies aus der Gleichung (268) zwar nicht hervor, aber sie zeigt, wieviel des Filterhilfsmittels wirksam ist.

Die Bestimmung der Koeffizienten wird am besten durch das folgende Beispiel eines konkreten Falles gezeigt:

---

[1] Weber u. Hershey: Ind. Engng. Chem. Bd. 18 (1926) S. 341.

Beispiel 30. Filtrationsreihenversuche mit einem gewissen Schlamm bei konstantem Druck ergaben die folgenden Resultate:

bei 7,03 kg/cm²		bei 5,27 kg/cm²		bei 3,51 kg/cm²		bei 1,76 kg/cm²	
t min	*V* cm³	*t* min	*V* cm³	*t* min	*V* cm³	*t* min	*V* cm³
1,25	600	2,25	800	2,00	700	2,00	600
2,92	1000	4,00	1100	3,75	1000	3,92	900
6,00	1500	6,17	1400	6,00	1300	6,50	1200
8,33	1800	8,75	1700	8,83	1600	9,67	1500
11,25	2100	11,92	2000	12,17	1900	13,33	1800
14,50	2400	15,58	2300	16,00	2200	17,67	2100
18,33	2700	19,67	2600	20,42	2500	22,58	2400
22,58	3000	24,42	2900	25,33	2800	28,17	2700
27,50	3300	29,50	3200	30,83	3100	34,42	3000
32,84	3600	35,50	3500	37,08	3400	41,58	3300
				42,58	3600	49,08	3575

Die Versuchspresse enthielt zwei Kuchen und hatte eine Gesamtfilterfläche von etwa 900 cm². Die Kuchen waren 16 mm stark. Aus den oben gegebenen Daten sind m, K und n der Gleichung (266) zu bestimmen. Welche charakteristischen Eigenschaften der Schlämme sind aus den Werten dieser Konstanten abzuleiten?

Lösung: Gleichung (266) wird folgendermaßen umgeformt:

$$\text{(I)} \qquad V^m = K \cdot F^m P^n \cdot t\,.$$

Für alle Versuche war F konstant, für jeden einzelnen war P konstant. Für jeden einzelnen Versuch kann die Gleichung (I) daher geschrieben werden:

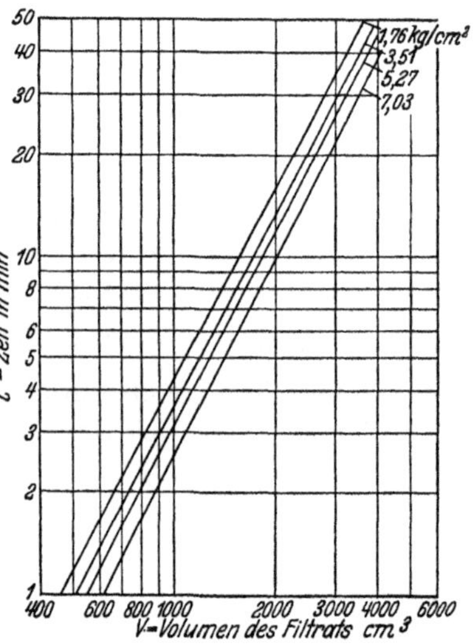

Abb. 232.
Zu Beispiel 30 (Bestimmung von m).

$$\text{(II)} \qquad V^m = \alpha \cdot t\,,$$

worin α eine Konstante ist.

Wird Gleichung (II) logarithmiert:

$$\text{(III)} \qquad m \log V = \log t + \log \alpha$$

und werden die Daten eines jeden Versuches auf logarithmischem Papier mit V als Abszissen und t als Ordinaten aufgetragen, so müssen sich, wenn Gleichung (II) erfüllt wird, gerade Linien ergeben. Die Neigung dieser Linien ist m. Aus Abb. 232 ergeben sich demnach folgende Werte von m:

Druck, kg/cm²	m
7,03	1,96
5,27	1,92
3,51	1,96
1,76	1,86
im Mittel	1,925

Zur Bestimmung der Konstanten n wird folgendermaßen vorgegangen:

Da $F = 900$ cm² und $m = 1{,}925$, kann Gleichung (266) geschrieben werden:

$$\text{(IV)} \qquad \left(\frac{V}{900}\right)^{1{,}925} = K \cdot P^n \cdot t\,.$$

Wenn diese Gleichung (IV) für einen bestimmten Wert von V in allen Einzelversuchen angewendet wird, dann ergibt sich ein ganz bestimmter Wert von t

für diesen Wert von V. Diese Werte von t können der Abb. 232 entnommen werden. So wird, wenn für V der Wert 1000 cm³ angenommen wird:

$$\text{(V)} \qquad \left(\frac{1000}{900}\right)^{1,925} = K \cdot P^n \cdot t = 1,225\,,$$

worin t die Zeit ist, zu welcher $V = 1000$ wird. Die Werte von t werden durch die Schnittpunkte der Vertikalen $V = 1000$ mit den Geraden in Abb. 232 bestimmt. Diese Werte sind:

Druck P kg/cm²	Zeit t, min für $V = 1000$
1,76	4,40
3,51	3,64
5,27	3,15
7,03	2,57

Gleichung (V) wird logarithmiert:

$$\text{(VI)} \qquad \log t = \log \frac{1,225}{K} - n \log P$$

und t als Ordinate über den Abszissen P aufgetragen. Die Neigung der Geraden ist gleich $-n$. Aus Abb. 233 ergibt sich der Wert des Exponenten n zu 0,39. Die Punkte in Abb. 233 fallen nicht genau in die Gerade, da dieses Diagramm sehr von der Genauigkeit der Abb. 232 abhängt. Mit Rücksicht auf die Schwierigkeit von Filtrationsversuchen kann man aber mit der Bestimmung der Konstanten n zufrieden sein.

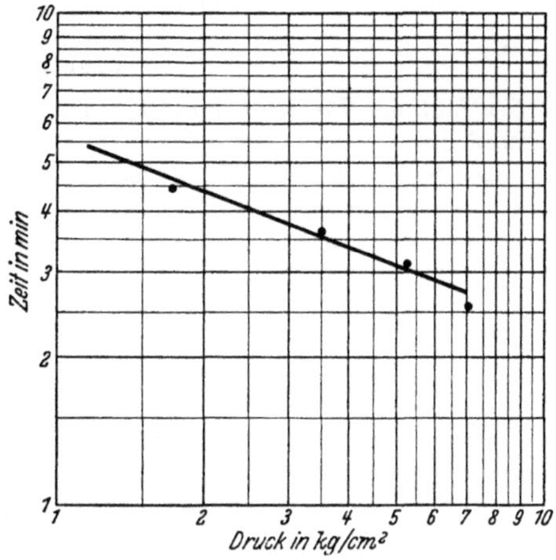

Abb. 233. Zu Beispiel 30 (Bestimmung von n).

Die Konstante K wird gefunden, indem man die Koordinaten eines Punktes der Geraden in Abb. 233 in die Gleichung (VI) einsetzt. Für $P = 7,03$ ist $t = 2,70$ und

$$\text{(VII)} \qquad \log 2,7 = \log \frac{1,225}{K} - 0,39 \log 7,03\,,$$

woraus $K = 0,212$.

Die bisher gebrauchten Einheiten sind für technische Anwendungen unbequem. V soll in m³, F in m² und t in Stunden ausgedrückt werden. In den bisher gebrauchten Einheiten lautet die Gleichung (266)

$$\text{(VIII)} \qquad \left(\frac{V_{\text{cm}^3}}{F_{\text{cm}^2}}\right)^{1,925} = 0,212\, P^{0,39}_{\text{kg/cm}^2} \cdot t_{\text{min}}\,.$$

In den neuen Einheiten: V' in m³, F' in m² und t' in Stunden muß sie geschrieben werden:

$$\text{(IX)} \qquad \left(\frac{V'}{F'}\right)^{1,925} = 0,001\,798\, P^{0,39} \cdot t'\,.$$

Da der Wert von m nicht ganz 2 ist, ist der Schlamm zwar nicht ganz, aber fast homogen. Andererseits ist n sehr viel kleiner als 1 und der Schlamm also sehr zusammendrückbar.

Beispiel 31. Ein Schlamm mit den Eigenschaften des Schlammes im Beispiel 30 soll in einer Rahmenfilterpresse mit 48 Rahmen, 25 mm stark und 915 mm Seitenlänge, gefiltert werden. Die Nettofilterfläche jeder Seite jeder Platte ist 85 × 85 cm². Die Presse faßt 0,88 m³ Kuchen. Die Filtration wird mit dem konstanten Druck von 1,76 kg/cm² durchgeführt. Wieviel Zeit ist zum Füllen der Rahmen erforderlich?

Lösung. Bei den Versuchen im Beispiel 30 war die Versuchspresse gefüllt, wenn die Filtratmenge 3600, 3500, 3600 und 3575 cm³ betrug, im Mittel also 3580 cm³. Das Kuchenvolumen bei den Versuchen betrug $\frac{900 \cdot 1,6}{2} = 720$ cm³. Das Verhältnis von Kuchenvolumen zu Filtratvolumen beträgt also

$$\frac{720 \text{ cm}^3}{3580 \text{ cm}^3} = \frac{1}{5}.$$

Hier faßt die Presse 0,88 m³ Kuchen, es werden also $5 \cdot 0,88 = 4,4$ m³ Filtrat anfallen.

Die in Gleichung (266) einzusetzenden Daten sind also:

$V = 4,4$ m³ $\qquad m = 1,925$

$F = 0,85 \cdot 0,85 \cdot 2 \cdot 48 = 69,3$ m² $\qquad n = 0,39$

$P = 1,76$ kg/cm² $\qquad K = 0,001\,798$

$$\left(\frac{4,4}{69,3}\right)^{1,925} = 0,001\,798 \cdot 1,76^{0,39} \cdot t,$$

daraus ergibt sich $t = \sim 2$ Std. 13 Min.

Auswaschung: Es wird im allgemeinen angenommen, daß nach Beendigung der Filtration, wenn nach der Masse Waschwasser durch den Apparat gedrückt wird, der Widerstand der Volumeneinheit des Kuchens gegen den Durchfluß des Waschwassers ebenso groß ist, wie er gegen den Durchfluß des Filtrats war. Bei Filtern, in welchen wirkliche Verdrängungswaschung stattfindet (Scheibenfilter), trifft dies ungefähr zu, unter Berücksichtigung einiger Änderungen, die durch die geringere Viskosität des Waschwassers gegenüber der des Filtrats auftreten. Daher ist bei diesen Filtern der Durchfluß des Waschwassers konstant und gleich dem Durchfluß bei der Filtration am Ende des Prozesses.

Gleichung (264), (265), (266) geben die Gesamtmenge des Filtrates, das bis zur Zeit t gewonnen ist. Wenn diese Gleichungen differenziert werden, ergibt sich die Filtrationsgeschwindigkeit. Daher wird Gleichung (264) für die Filtration bei konstantem Durchfluß

$$\frac{V}{F} = \sqrt{K\,P^{1-s} \cdot t} = \text{const} \tag{269}$$

und Gleichung (265) für konstanten Druck

$$\frac{d\,\frac{V}{F}}{d\,t} = \frac{K' \cdot F}{2\,V} \tag{270}$$

und die allgemeine Gleichung (266)

$$\frac{d\,\frac{V}{F}}{d\,t} = \frac{K\,P^n}{m\left(\frac{V}{F}\right)^{m-1}}. \tag{271}$$

Setzt man in die passende Gleichung die Endbedingungen der Filtrationsperiode ein, so erhält man die Durchlaufgeschwindigkeit am Ende der Filtrationsperiode. Für Filter mit reiner Verdrängungswaschung kann dieser Wert als auch für die Waschung gültig und als während der Waschung konstant angesehen werden.

Für die Rahmenfilterpresse können dieselben Gleichungen zur Bestimmung des Durchlaufes am Ende der Filtrationsperiode benutzt werden. Die für die Waschung zur Verfügung stehende Oberfläche ist aber nur halb so groß wie die Filterfläche, und das Waschwasser muß die ganze Stärke des Kuchens durchdringen, während das Filtrat nur den halben Kuchen zu durchströmen hatte. Daher ist anzunehmen, daß der Widerstand je Volumeneinheit des Kuchens verdoppelt wird. Infolgedessen wird die Durchflußmenge während der Waschung etwa ein Viertel der Druchlaufmenge am Ende der Filtrationsperiode sein. Diese Annahmen sind jedoch nicht so stichhaltig wie die für die Scheibenfilter. In der Rahmenpresse folgt das Waschwasser nicht den Wegen, welche das Filtrat nahm. Obwohl angenommen wird, daß der Kuchen gleichförmig ist, so trifft doch diese Annahme in Wirklichkeit niemals zu. Diese neuen Wege des Waschwassers können einen größeren oder geringeren Widerstand haben als die von dem Filtrat eingeschlagenen. Infolgedessen ist die Annahme, daß die Durchlaufgeschwindigkeit bei der Waschung ein Viertel der am Ende der Filtrationsperiode beträgt, nur sehr angenähert.

Beispiel 32. Die Presse in Beispiel 31 soll mit 0,14 m^3 Wasser gewaschen werden. Wieviel Zeit ist dafür erforderlich?

Lösung. Die in Gleichung (271) einzusetzenden Werte sind:

$$\frac{V}{F} = \frac{4{,}4}{69{,}3} = 0{,}0636 \qquad P = 1{,}76$$

$$n = 0{,}39$$

$$K = 0{,}001798 \qquad m = 1{,}925$$

$$\frac{d\frac{V}{F}}{dt} = \frac{0{,}001\,798 \cdot 1{,}76^{0{,}39}}{1{,}925 \cdot 0{,}0636^{0{,}925}} = 0{,}0149 \text{ m}^3 \text{ je m}^2 \text{ je h}.$$

Die Durchflußgeschwindigkeit am Ende der Filtration ist also $\sim 0{,}015$ m^3 Filtrat je m^2 und h. Die Durchflußgeschwindigkeit beim Waschen ist nur $^1/_4$ davon, d. h. 0,00375 m^3 je m^2 und Std. Die für das Waschen erforderliche Zeit beträgt mithin

$$\frac{0{,}14}{0{,}0037 \cdot 69{,}3} = 0{,}546 \text{ h} = 33 \text{ min}.$$

Zentrifugen.

Eine Zentrifuge ist ein Apparat, in welchem die Zentrifugalkraft zur Trennung fester Stoffe von Flüssigkeiten ausgenutzt wird. Sie ist im wesentlichen eine Fortentwicklung eines Gefällefilters, wobei die auf die Flüssigkeit einwirkende Kraft durch die Zentrifugalwirkung ungeheuer vermehrt wird und nicht allein auf die Schwerkraft beschränkt bleibt.

Die durch die Zentrifugalwirkung entwickelte Kraft ist durch folgende Gleichung gegeben:

$$P = \frac{G \cdot u^2}{g \cdot R}, \tag{272}$$

worin G das Gewicht der rotierenden Masse in kg; u die Umfangsgeschwindigkeit der Trommel in m/sek; R der Radius der Trommel in m; g die Beschleunigung durch die Schwerkraft ist. Ist n die Umdrehungszahl je Minute, dann ist $u = \frac{2 \cdot \pi \cdot R \cdot n}{60}$. Dieser Wert für u und für g der numerische Wert von 9,81 m je sek² eingesetzt, ergibt

$$P = 0{,}001118\, G \cdot R \cdot n^2. \tag{273}$$

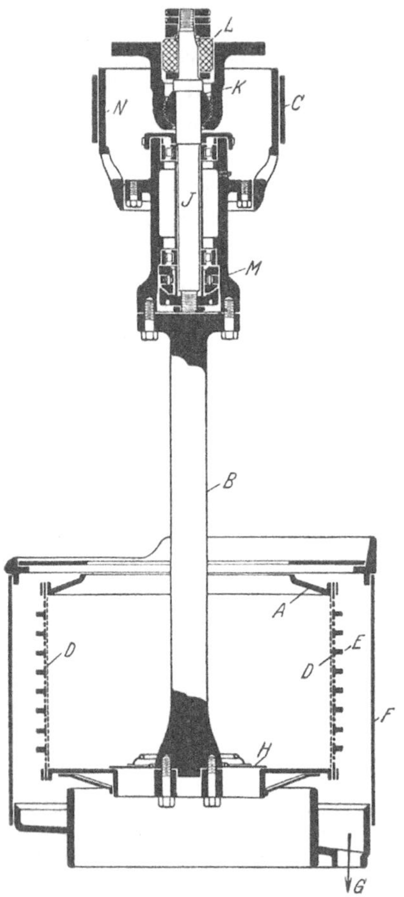

Abb. 234. Hängende Westonzentrifuge. *A* Trommel. *B* Hauptwelle. *C* Antriebsriemen. *D* Sieb. *E* Verstärkungsrippen. *F* Gehäuse. *G* Flüssigkeitsablauf. *H* verschließbare Öffnung zum Ausräumen der Feststoffe. *J* Stillstehende Welle. *K* Kugelgelenk. *L* Gummipuffer. *M* Drucklager. *N* Riemenscheibe.

Zentrifugen können eingeteilt werden in diskontinuierlich wirkende, die ihrerseits wieder in Zentrifugen mit Oben- und Untenentleerung eingeteilt werden können, in kontinuierlich wirkende und Superzentrifugen.

Diskontinuierlich wirkende Zentrifugen. Ein Beispiel einer hängenden Zentrifuge mit Untenentleerung gibt Abb. 234. Diese Maschine besteht aus einer rotierenden Trommel *A*, welche an einer Vertikalwelle *B* aufgehängt ist, die mittels des Riemens *C* auf hohe Umdrehungszahlen gebracht wird. Die Wände der Trommel sind gelocht und mit einem Sieb *D* im Inneren bekleidet. Außen angebrachte Reifen *E* aus Stahl geben der Trommel die erforderliche Festigkeit. Die Trommel wird umschlossen von einem feststehenden Gehäuse *F*, in dem sich das Filtrat sammelt, welches durch die Löcher im Trommelmantel austritt. *G* ist der Filtratablauf. Eine derartige Maschine wird chargenmäßig betrieben. Die Charge wird in die zunächst stillstehende Trommel gefüllt, die Antriebskraft eingeschaltet und die Trommel auf die höchste Umdrehungsgeschwindigkeit gebracht. Nach einer gewissen Zeit wird die

Antriebskraft abgestellt, die Trommel abgebremst und zum Stillstand gebracht. Das Bronzeventil im Boden der Trommel wird angehoben, die Feststoffe von den Trommelwänden abgekratzt und durch die Öffnung ausgeräumt. Hierbei läuft die Trommel gewöhnlich mit niedriger Umdrehungszahl. Einzelheiten der Konstruktion sind durch die hohe Umdrehungsgeschwindigkeit bedingt. Z. B. ist die Welle mit der Trommel nur an einem einzigen Punkte unterstützt. Abb. 234 zeigt die Aufhängung. Eine kurze feststehende Welle *J* hängt in dem Kugelgelenk *K*, doch wird ihre Bewegungsmöglichkeit durch einen Gummipuffer *L* oben etwas eingeschränkt. Diese stehende Welle ist umschlossen von der rotierende Hohlwelle *M*, welche in einem Kugellager an *J* hängt und unten die Welle *B* mit der Trommel, oben die Riemenscheibe *N* trägt. Durch diese Anordnung ist die Möglichkeit gegeben, daß die ganze Maschine mehr oder weniger um das Kugelgelenk pendeln kann. Eine derartige Bewegung ist durchaus erforderlich, weil die starre Führung der Welle zwischen festen Lagern unausführbar schwere Konstruktionen voraussetzen würde, damit die bei auch nur geringer Exzentrizität auftretenden Kräfte aufgenommen werden können. Alle Zentrifugen ruhen auf einem Kugelgelenk oder einem nachgiebigen Lager, wenn auch die Konstruktionen in Einzelheiten erheblich abweichen. Die verschiedenen Ausführungen verschiedener Firmen unterscheiden sich nur in diesen mechanischen Teilen und nicht in ihrer Betriebsweise.

Die Maschine, die in Abb. 234 dargestellt ist, ist durch die Bodenentleerung vorzugsweise für chemische Fabriken geeignet, weil körnige Produkte bequem ausgeräumt werden können. Zentrifugen werden auch in der Textilindustrie viel verwendet, hier sind die Maschinen gewöhnlich mit festem Boden ausgerüstet, so daß das Gewebe nach oben herausgenommen werden muß. In diesem Falle sind die Maschinen oft mit untenliegendem Antrieb versehen, doch kann auch die Type mit Bodenentleerung mit letzterem ausgestattet sein. Eine derartige Maschine ist in Abb. 235 dargestellt. Die Trommel *A* ist oben an einer kurzen starren Welle *B* montiert, die von einem Drucklager *C*, das unten angeordnet ist, getragen und zwischen zwei Rollenlagern in einer Buchse *D* geführt wird. Diese Buchse wird in ihrer Lage durch feste Gummipuffer *E* gehalten. Infolgedessen ist, obwohl die Welle fest in der Buchse gelagert ist, letzterer die Möglichkeit zu etwa erforderlichen geringen Bewegungen zwischen den Gummipuffern gegeben. Zentrifugen mit Antrieb von unten können ebenfalls mit Bodenentleerung versehen sein, doch sind dann die Konstruktionen unhandlicher als bei den von oben angetriebenen Maschinen. Daher haben die Maschinen mit Antrieb von unten gewöhnlich Obenentleerung, und ihr Hauptanwendungsgebiet ist die Textil- und Wäschereiindustrie.

Die Zugkräfte, die in dem Trommelmantel auftreten, sind groß, weshalb der Mantel ziemlich schwer und die Löcher klein sein müssen und ihre Zahl nicht sehr hoch sein darf. Eine gebräuchliche Lochteilung ist z. B. für Löcher von $^1/_8''$ bis $^3/_{16}''$ 12—19 mm. Diese Lochung ist viel zu grob, um damit den gewünschten Grad der Trennung zu erreichen. Daher wird der Trommelmantel entweder mit einem Drahtgewebe oder feinem gelochten Blech ausgelegt, welches zur eigentlichen Filtration

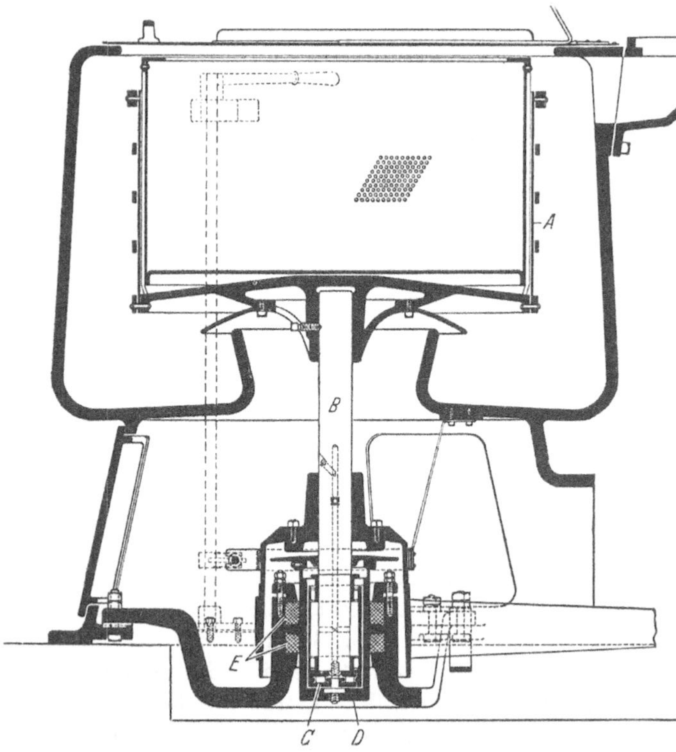

Abb. 235. Zentrifuge mit Antrieb von unten.
A Trommel. *B* Hauptwelle. *C* Drucklager. *D* Buchse. *E* Gummipuffer.

dient. Wenn dieses Sieb oder Drahtgeflecht einfach in den Trommelmantel eingelegt würde, so kämen nur die Teile zur Wirkung, welche gerade über den Löchern über dem Trommelmantel zu liegen kommen. Infolgedessen wird zwischen Drahtsieb und Trommelmantel gewöhnlich eine Zwischenlage von grobem Drahtgeflecht oder schwach gewelltem Blech gelegt, das ebenfalls mit großen Löchern versehen ist. Damit wird das feine Filtersieb von dem Trommelmantel entfernt gehalten und der Flüssigkeit die Möglichkeit gegeben, zwischen dem Sieb und dem Material zu den Löchern im Trommelmantel zu gelangen.

Wenn die Zentrifuge für die Filtration von kristallinen Produkten bestimmt ist, werden heutzutage gewöhnlich automatische Vorrichtungen zum Ausräumen des Produktes benutzt. Eine solche automatische Vorrichtung besteht aus einem Schabemesser, das während des Zentrifugierens den Trommelmantel nicht erreicht. Nach Beendigung des Zentrifugierens wird das Schabemesser über die Trommel geschwenkt, mit Hebeln und Schrauben niedergebracht und mit einem Handhebel gegen den Trommelmantel gedrückt. Dabei läuft die Trommel mit niedriger Umdrehungszahl und gleichzeitig wird das Schabemesser langsam gesenkt. Auf diese Weise wird die ganze Charge von der Wandung abgeschabt und durch die Zentralbodenöffnung ausgeräumt.

Kontinuierliche Zentrifugen. Der Betrieb der gewöhnlichen Zentrifuge ist teuer, weil für ihre Beaufsichtigung viel Lohn aufgewendet werden muß und der Kraftverbrauch groß ist. Die Trägheit der Trommel und der Charge ist groß, so daß, um die Maschine auf die erforderliche

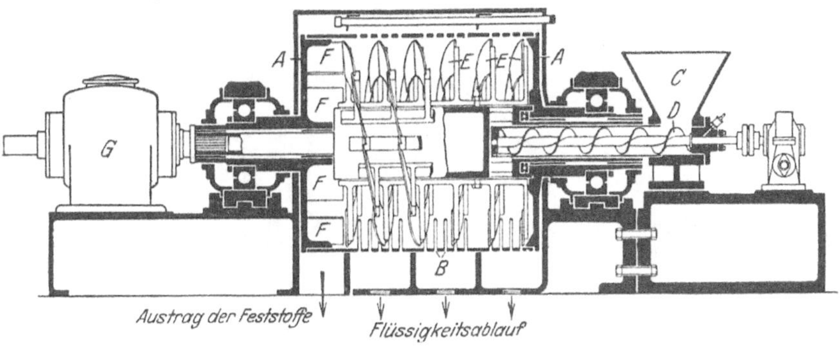

Abb. 236. Kontinuierlich arbeitende Laughlin-Zentrifuge.
A Rotierende Trommel. *B* Flüssigkeitsaustrittsöffnungen. *C* Aufgabetrichter. *D* Aufgabeschnecke. *E* Kratzer. *F* Austrittsöffnungen für Feststoffe. *G* Antrieb.

Tourenzahl zu bringen, das Mehrfache der Kraft aufgewendet werden muß, die erforderlich ist, um die Tourenzahl später aufrechtzuerhalten. Jahrelang wurden Versuche gemacht, kontinuierliche Zentrifugen zu bauen, doch erst kürzlich ist damit ein Erfolg erzielt worden.

Die kontinuierliche Laughlin-Zentrifuge ist in Abb. 236 dargestellt. Ein horizontaler Zylinder *A* rotiert mit hohen Tourenzahlen. Er ist mit den Schlitzen *B* versehen und mit einem Sieb ausgelegt, gerade wie die gewöhnliche Zentrifuge. Das Material wird aus dem Trichter *C* von der Förderschnecke *D* aufgegeben und sofort durch die Zentrifugalkraft an den Trommelmantel geschleudert. Im Innern der Trommel befindet sich der spiralförmige Kratzer *E*, der mit einer von der Trommel etwas abweichenden Tourenzahl angetrieben wird. Dadurch erfolgt ein langsames Abkratzen des Gutes von der Trommelwand und ein Befördern nach dem Ausräumende, wo die Öffnungen *F* in dem Trommelmantel angeordnet sind, durch welche das Material ausgeworfen wird. Trommel und Kratzer werden beide gesondert angetrieben. Die erforderliche Verschiedenheit der Tourenzahl wird durch das Rädergetriebe D hergestellt. Diese Maschine ist verhältnismäßig neuen Datums.

Die kontinuierliche Elmore-Zentrifuge ist in Abb. 237 dargestellt. Der Hauptantrieb erfolgt durch die kurze vertikale Welle A. In der Mitte der Maschine befindet sich eine kurze Vollwelle B, die mit einer gewissen Tourenzahl angetrieben wird und ein hohler Zapfen C, der mit

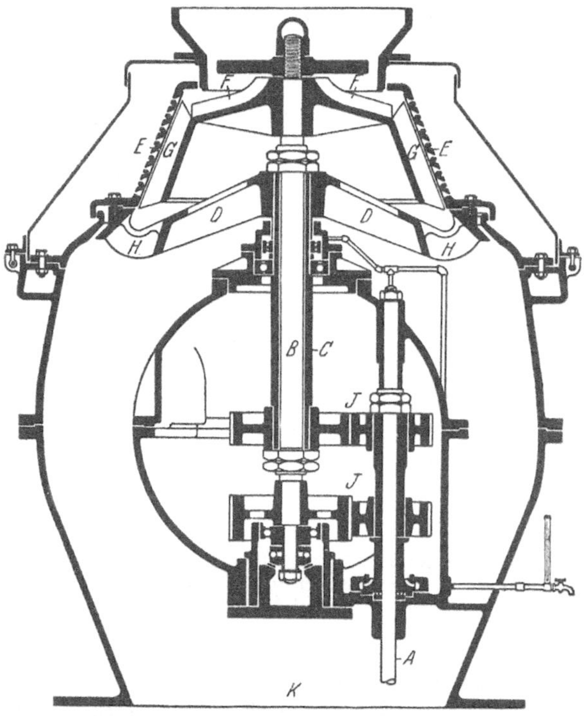

Abb. 237. Kontinuierlich arbeitende Elmorezentrifuge.
A Antriebswelle. *B* Innenwelle. *C* Außenwelle. *D* Bock. *E* Rotierende Trommel. *F* Kratzerträger. *G* Kratzer. *H* Ausfallöffnungen für Feststoffe. *J* Antriebsgetriebe. *K* Ausfall für Feststoffe.

einer etwas höheren Tourenzahl angetrieben wird. Oben auf der Hohlwelle befindet sich der Bock D, welcher eine konische Trommel E trägt, die gelocht ist und mit einem Sieb wie gewöhnlich ausgelegt wird. Die massive Welle trägt oben einen zweiten Bock E, an welchem die spiralförmigen Kratzer G befestigt sind. Die geringe Differenz der Tourenzahlen der beiden Wellen (etwa 5 Umdrehungen auf 1000) ergibt in der Trommel ein Abschaben des Gutes von oben nach unten. Unten werden die Feststoffe durch die Öffnungen H zwischen den Armen des Bockes, welcher die Trommel trägt, ausgeworfen. Die Antriebsräder sind sämtlich in ein Gehäuse eingeschlossen. Die Feststoffe fallen durch eine Schurre K aus.

Die Superzentrifuge. Aus Gleichung (272) geht hervor, daß die auf ein Teilchen ausgeübte Zentrifugalkraft umgekehrt proportional zum Radius der Trommel und direkt proportional zum Quadrat der Geschwindigkeit ist. Andererseits ist die Beanspruchung in der Trommelwandung proportional zur ersten Potenz der Geschwindigkeit. Wenn der Radius der Trommel um 50% verringert und gleichzeitig die Umdrehungszahl verdoppelt wird, dann ist die Geschwindigkeit der Trommel und damit die Zugbeanspruchung im Mantel nicht verändert, aber die Zentrifugalkraft ist verdoppelt. Wo also eine schwierige Trennung nur durch große Zentrifugalkräfte zu erreichen ist, ist es ratsam, den Durchmesser der Trommel klein und die Geschwindigkeit groß zu machen, wenn auch dadurch das Fassungsvermögen der Maschine verringert wird. Eine derartige Maschine, die Sharples-Zentrifuge, ist in Abb. 238 dargestellt. Die Trommel A ist hier zu einem verhältnismäßig langen vertikalen Zylinder ausgebildet. 110 mm ist der größte noch verwendete Durchmesser. Die Trommel hängt an der biegsamen Welle B auf Drucklagern C. Ihr unteres Ende läuft frei und wird nur durch das Führungslager D an zu großen Ausschlägen verhindert. Die zu zentrifugierende Flüssigkeit wird von unten in die Trommel durch eine feststehende Zuleitung E eingeführt. Innerhalb der Trommel sind drei Stege F angeordnet, welche die Flüssigkeit zwingen, mit derselben Geschwindigkeit wie der Umfang der Trommel zu rotieren. Die Flüssigkeit wird durch die Zentrifugalkraft aufwärts getrieben und fließt bei G über,

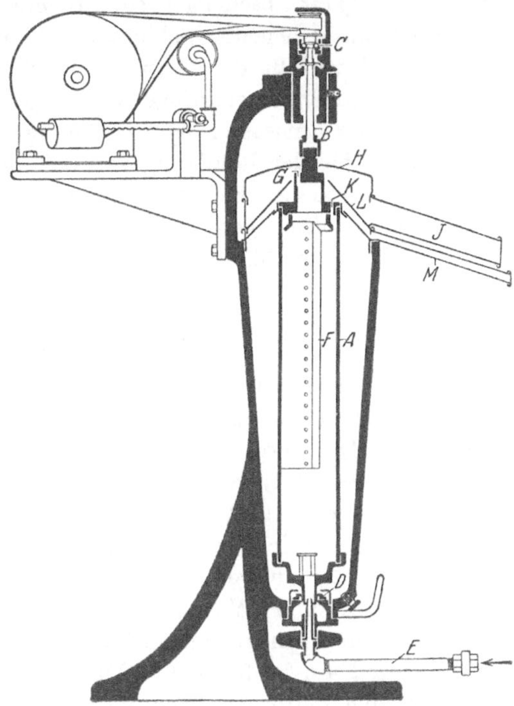

Abb. 238. Sharples-Super-Zentrifuge.
A Trommel. B Antriebswelle. C Hauptlager. D Führungsbuchse. E Zulaufrohr. F Flügel. G Flüssigkeitsaustritt. H Deckel, J Ablaufrohr. K Austrittsöffnungen der schweren Flüssigkeit. L Innerer Deckel. M Ablauf der schweren Flüssigkeit.

wo sie in der Haube aufgefangen wird und durch die Öffnung J abläuft. Diese Maschine kann verwendet werden, um ganz geringe Mengen von Feststoffen aus der Flüssigkeit abzuscheiden. Die Feststoffe sammeln sich auf der inneren Oberfläche der Trommel an und werden nur nach längeren Zeiträumen entfernt. Soll die Maschine zwei Flüssigkeiten einer Emulsion trennen oder aus einer Suspension mit Feststoffen eine klare Flüssigkeit abscheiden, so wird eine dünne unmittelbar auf dem Trommelmantel liegende Schicht bei K in die zweite Haube L ausgeworfen und verläßt den Apparat durch die Rinne M unterhalb der Rinne J. Die Superzentrifuge wird angewendet bei der Filtration von Firnis, bei der Entwässerung von Flüssigkeiten, bei der Klärung von Ölemulsionen, bei der Reinigung von Schmieröl, bei kolloidalen Wachsen und vielen ähnlichen Fällen, wo Emulsionen zu trennen sind oder sehr geringe Feststoffmengen entfernt werden müssen. Die Trommel rotiert mit Umdrehungszahlen, die um 15000 je Minute liegen.

XIV. Mischen.

Jeder Versuch, das Mischen, wie es jetzt ausgeübt wird, systematisch zu untersuchen, ist aus zwei Gründen von vornherein zum Scheitern verurteilt. Der erste ist die erschreckende Vielfältigkeit von Mischmaschinen aller Art, wodurch jede systematische Klassifikation unmöglich gemacht wird, und der zweite ist das vollständige Fehlen irgendeiner Theorie, welche uns instand setzen würde, die Wirkungsweise dieser Apparate zu verstehen, quantitative oder qualitative Vorausberechnungen ihrer Wirkung anzustellen oder aus den vorhandenen verschiedenen Apparatetypen diejenige auszuwählen, die für irgendeinen Prozeß am besten paßt. Man findet im allgemeinen überhaupt, daß, je mangelhafter die Theorie irgendeiner Operation bekannt ist, die Mannigfaltigkeit der dafür benutzten Apparatetypen um so größer ist. Andererseits findet man bei den Operationen, deren Theorie zum wenigsten teilweise erforscht ist und deren Apparaturen hinsichtlich ihrer Wirkungsweise in quantitativer Beziehung vorherbestimmt werden können, daß die allgemein verwendeten Apparate zu einer kleinen Anzahl gut unterscheidbarer Typen gehören. In diesem Kapitel kann daher nur eine Anzahl von Beispielen von Mischmaschinen aufgezählt werden und nur in wenigen Fällen wird eine Angabe des Anwendungsgebietes der betreffenden Apparate in großen Zügen möglich sein.

Es besteht ein ziemliches Durcheinander hinsichtlich der Ausdrücke Mischen, Rühren, Umwälzen und Kneten. Mit Ausnahme des letzten, der sich immer auf die Behandlung von plastischen Massen bezieht, werden diese Ausdrücke in der Technik nicht mit genau definierter Bedeutung benutzt. Mischen, möglicherweise der umfassendste von allen, ist als Überschrift für dieses Kapitel gewählt worden; es soll aber nicht versucht werden, zwischen Rühren, Umwälzen und Mischen zu unterscheiden.

Ganz grob kann das Gebiet des Mischens in drei Abschnitte eingeteilt werden, nämlich das Mischen von Flüssigkeiten, das Mischen von Flüssigkeiten mit Feststoffen und das Mischen von Feststoffen mit Feststoffen. Unglücklicherweise bestehen zwischen diesen Gebieten keine festen Grenzen, so daß ein Apparat, der zum Mischen von Flüssigkeiten mit Flüssigkeiten brauchbar ist, ebenso zum Mischen von Flüssigkeiten mit Feststoffen benutzt werden kann, solange diese nicht vorherrschen. In dem Grenzgebiet zwischen dem Mischen von nur Feststoffen und dem Mischen von Flüssigkeiten, in welchen die Feststoffe anfangen, vorzuherrschen, findet man im allgemeinen die Knetmaschinen. Es gibt sehr wenige Apparate zum Mischen von Feststoffen mit Feststoffen, die nicht ebensogut, schlimmstenfalls mit einer nur geringen Änderung, zum Mischen kleiner Flüssigkeits- mit großen Feststoffmengen gebraucht werden könnten. Infolgedessen wird durch eine Einteilung nach dem oben angeführten Gesichtspunkt nicht genau zwischen den Apparatetypen unterschieden. Die im folgenden beschriebenen Apparate sind nur ungefähr geordnet, von den ersten Typen, die zum Mischen von Flüssigkeiten mit Flüssigkeiten oder zum Mischen von großen Mengen von Flüssigkeiten mit kleinen Feststoffmengen gebraucht werden bis zu den Apparaten des letzten Gebietes, welche zum Mischen von Feststoffen mit Feststoffen dienen.

Rührwerke. Die einfachste Form eines Mischapparates besteht in einem horizontalen Rührarm auf einer senkrechren Welle im unteren Teil des Behälters. Der Rührarm kann aus einem Balken mit rechteckigem Querschnitt, einem senkrecht stehenden Brett oder aus einem abgeschrägten Balken bestehen, der bei der Rotation die Masse auch nach oben wirft. Es können auch mehrere Rührarme auf einer Welle angebracht werden, deren Enden verbunden werden, so daß sie den sogenannten Gatterrührer bilden, oder es können an den Wänden des Behälters in den Zwischenräumen zwischen den rotierenden Rührern feststehende Arme angebracht sein, welche die Strömung brechen. Wenn dieser Rührer in einem geschlossenen Druckkessel eingebaut ist, streicht ein Rührarm, der auch der Bodenform angepaßt wird, gewöhnlich so dicht an den Wänden entlang als möglich. In kleinen Druckkesseln wird der Rührer oft auf einer Welle montiert, die starr genug und genügend starr gelagert ist, so daß kein Spurlager im Innern des Druckgefäßes erforderlich ist. In offenen Behältern dagegen wird die Konstruktion im allgemeinen leichter gehalten und ein Spurlager im Behälterboden verwendet. Abb. 239 zeigt verschiedene Arten von Rührwerken, angewendet in verschiedenen Behältern.

Trotz des Vorherrschens des gewöhnlichen Rührwerks mit Rührarmen, sind in der Literatur nur wenige Daten über seine Wirkungsweise zu finden. Die interessierenden Veränderlichen sind die Zeit und die Kraft, die zur Herstellung einer homogenen Mischung erforderlich sind, ausgedrückt als Funktionen der Tourenzahl des Rührers in einem bestimmten Apparat bei der Verarbeitung eines bestimmten Materials. Abb. 240 zeigt den Verlauf der charakteristischen Kurve, die man bei einem einfachen Rührwerk mit Armen erhält[1]. Diese Kurven wurden experimentell an einem vertikalen Behälter von 2300 Liter Inhalt bestimmt. Der Rührer bestand aus einem Balken, 100 × 100 mm, dessen eine Kante abgeschrägt war. Der Behälter hatte 1500 mm Durchmesser bei 1500 mm Höhe. Die Rührarme reichten bis auf 150 mm an die Wandung heran.

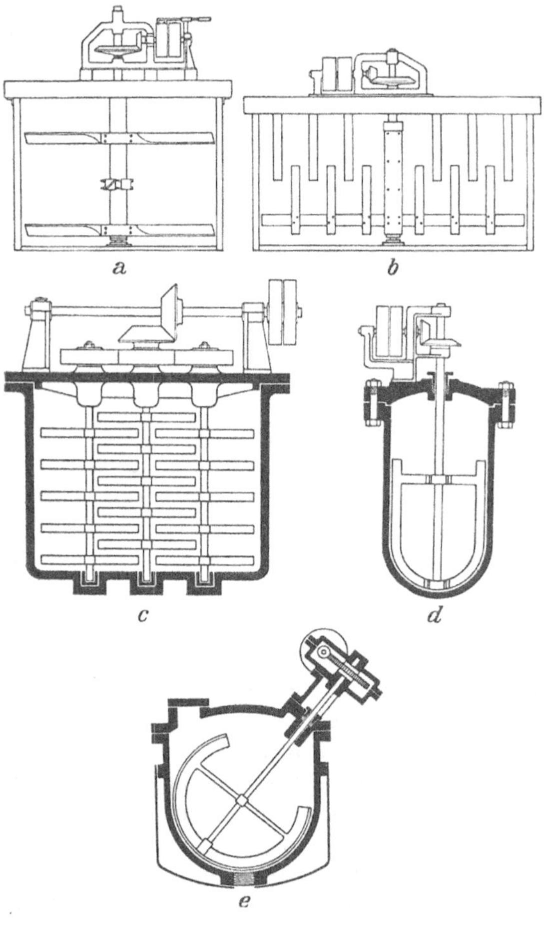

Abb. 239. Verschiedene Ausführungsformen von Rührwerken.

Die bei diesen Experimenten verwendeten Materialien waren Wasser und starke Salzlösung. Die Salzlösung wurde zuerst in den Behälter gebracht und bildete unten eine Schicht. Die Rührung wurde als beendigt angesehen, wenn der Behälterinhalt überall dieselbe, konstante, elektrische Leitfähigkeit hätte. Die Kurven *1* und *2* zeigen die Beziehung zwischen der Zeit, die für vollständige Mischung erforderlich war, und der Umdrehungszahl des Rührwerkes, während die Kurven *3* und *4*

[1] Wood, Whittemore u. Badger: Chem. metallurg. Engng. Bd. 27 (1922) S. 1176.

den Kraftbedarf als Funktion der Umdrehungszahl angeben. Die Kurven *2* und *4* wurden ermittelt nach dem Einbau von 4 Prallwänden 25 × 100 mm, die senkrecht 50 mm von der Wandung des Behälters entfernt angeordnet wurden. Die Kurven *1* und *3* geben die ohne diese Prallwände erhaltenen Resultate. Man sieht, daß, wenn die Tourenzahl erhöht wird, ein Punkt erreicht wird, wo die für vollständige Mischung erforderliche Zeit nicht mehr erheblich abgekürzt wird, aber der Kraftbedarf sehr schnell wächst. Ein derartiges Rührwerk sollte deshalb mit niedrigerer Umdrehungszahl laufen als diesem Punkte entspricht. Aus den Kurven geht hervor, daß bei einer bestimmten Umdrehungszahl durch die Anordnung von Prallwänden wohl die Rührzeit herabgesetzt, aber der Kraftbedarf entsprechend erhöht wird.

Die Kurve zeigt ferner, daß selbst ein so einfacher Apparat überraschend schnell mischt. Es sind nur sehr wenige Minuten erforderlich bei sehr mäßigem Kraftbedarf. Man hat vorgeschlagen, diese Kurven besser als Funktionen der Umfangsgeschwindigkeit des Rührarmes auszudrücken als auf die Umdrehungszahl des Rührers zu beziehen.

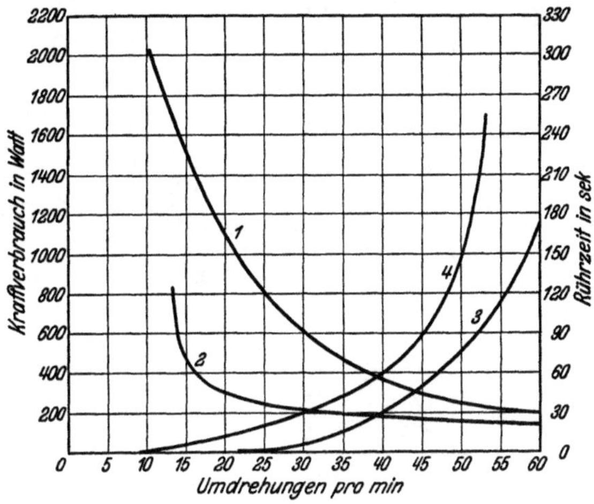

Abb. 240. Charakteristische Kurven von Rührwerken. Kurve *1:* Rührzeit als Funktion der Umdrehungszahl, einfaches Rührwerk. Kurve *2:* Rührzeit als Funktion der Umdrehungszahl, Rührwerk mit Wellenbrechern. Kurve *3:* Kraftverbrauch als Funktion der Umdrehungszahl, einfaches Rührwerk. Kurve *4:* Kraftverbrauch als Funktion der Umdrehungszahl, Rührwerk mit Wellenbrechern.

Vorausgesetzt, daß diese Verallgemeinerung richtig ist (bisher ist sie durch Versuche noch nicht bestätigt), so erhalten die Kurven der Abb. 240 allgemeinere Bedeutung, wenn man berücksichtigt, daß eine Umdrehung des Versuchsrührwerkes je Minute eine Umfangsgeschwindigkeit von 0,064 m je Sekunde bedeutet.

Propeller. Schnellaufende Propeller genau derselben Art, wie sie für den Antrieb von Schiffen benutzt werden, haben eine dem gewöhnlichen Rührwerk analoge Wirkung. Die Arten von Propellerrührwerken sind beinahe unendlich zahlreich. Abb. 241 zeigt drei Anordnungen von Propellern. Der Einfluß solcher Veränderlichen wie Größe des Propellers im Verhältnis zum Behälter, Steigung, Umdrehungszahl und Stellung des Propellers in dem Behälter, ganz abgesehen von Kombinationen von zwei oder mehr Propellern, die auf derselben Welle oder auf verschiedenen Wellen montiert sind, in derselben oder in verschiedenen Richtungen rotieren, ist noch niemals experimentell ermittelt worden. Es kann auch keine allgemeine Regel für die wirksamste Methode gegeben werden. Der einzige Weg, der zur Lösung dieses Problemes führen könnte, besteht darin, in mühsamer Arbeit die charakteristischen Kurven für alle Arten und für alle Bedingungen aufzustellen und die verschiedenen Werte der oben erwähnten Veränderlichen in weitem Maße zu verändern. Diese Arbeit ist aber noch in keiner Weise in Angriff genommen. Ein Diagramm indessen, das die Wirkungsweise eines typischen Propellerrührers zeigt, ist in Abb. 242 dargestellt. Daraus ist zu ersehen, daß der Verlauf der Kurve derselbe ist wie der der Kurven in Abb. 240 und daß es unnötig ist, hohe Tourenzahlen anzuwenden, um schnelles Durchrühren zu erzielen. Tatsächlich sind hohe Tourenzahlen unwirtschaftlich, da sie einen Kraftverbrauch mit sich bringen, der zu dem Gewinn an Zeit in gar keinem Verhältnis steht. Indessen ist dabei zu berücksichtigen, daß die bei diesen Versuchen benutzten Stoffe, Salzsole und Wasser, viel leichter zu mischen sind als schwere Stoffe mit größerer Viskosität.

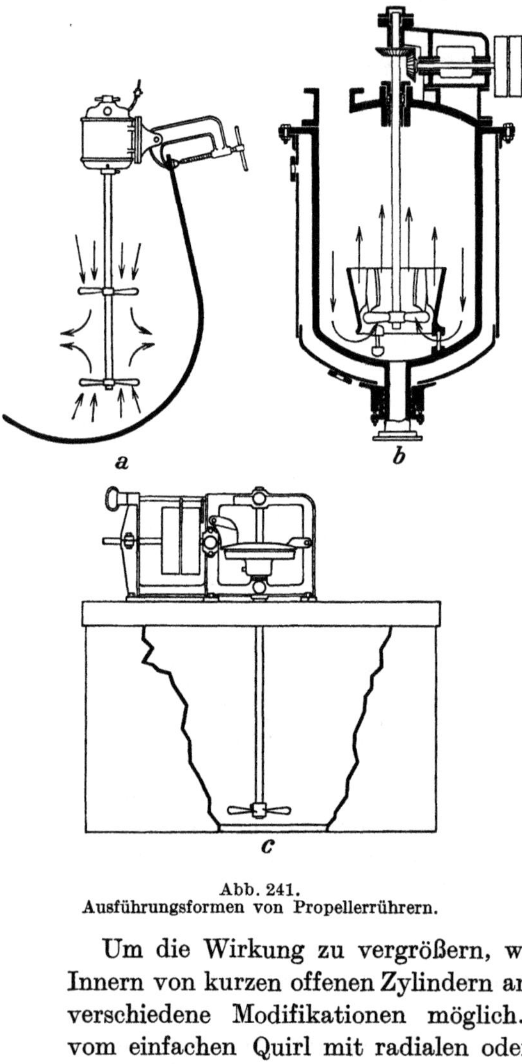

Abb. 241.
Ausführungsformen von Propellerrührern.

Um die Wirkung zu vergrößern, wird der Propeller manchmal im Innern von kurzen offenen Zylindern angebracht (Abb. 241 b). Hier sind verschiedene Modifikationen möglich. Man findet Propellerformen vom einfachen Quirl mit radialen oder spiralförmigen Rührarmen bis zu Ausführungen, die im wesentlichen genau den Laufrädern von Zentrifugalpumpen entsprechen. Diese ziehen die Flüssigkeit an der Nabe ein und werfen sie am Umfang aus, genau wie eine Zentrifugalpumpe, nur mit dem Unterschied, daß hier kein Gehäuse vorhanden ist. Diese

Propeller erfassen möglicherweise je Zeiteinheit eine größere Flüssigkeitsmenge und erteilen ihr eine größere Geschwindigkeit als die einfachen Propeller.

Andere Rührmaschinen. Flüssigkeiten können auch gerührt werden, indem man komprimierte Luft oder andere komprimierte Gase in Blasen durch sie aufsteigen läßt. Um dadurch aber ausreichende Rührung zu erzielen, ist es erforderlich, erhebliche Luftvolumina anzuwenden und diese Luft sehr fein zu verteilen. Gewöhnlich werden hierfür Schlangen oder Verteilerrohre verwendet, die unten in dem Behälter angeordnet werden und mit einer großen Zahl sehr kleiner Löcher versehen sind. Der Kraftverbrauch für diese Art der Rührung kann viel größer werden als der für einen Propeller oder ein gewöhnliches Rührwerk erforderliche.

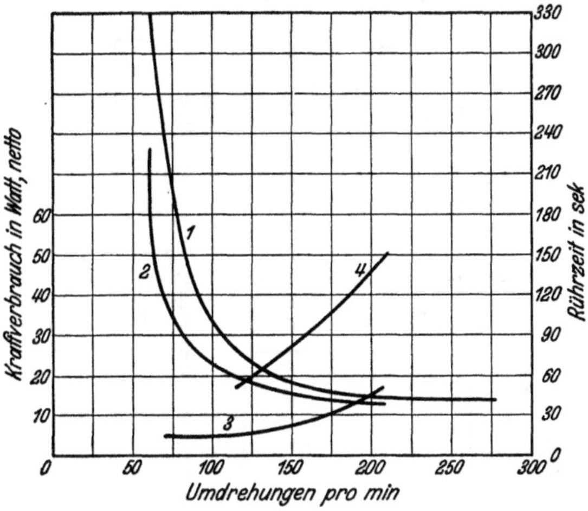

Abb. 242. Charakteristische Kurven von Rührwerken. Kurve *1:* Rührzeit als Funktion der Umdrehungszahl, 300-mm-Propeller, 1500 mm Behälterdurchmesser, Rührwerk 300 mm über dem Boden. Kurve *2:* Rührzeit als Funktion der Umdrehungszahl, 300-mm-Propeller, 1500 mm Behälterdurchmesser, Rührer 450 mm über dem Boden. Kurve *3:* Kraftverbrauch als Funktion der Umdrehungszahl, Propeller 300 mm über dem Boden. Kurve *4:* Kraftverbrauch als Funktion der Umdrehungszahl, Propeller 450 mm über dem Boden.

Anstatt die Luft über den ganzen Querschnitt des Behälters zu verteilen, kann sie unter einem zentral stehenden Rohr zugeführt werden, welches als Steigrohr dient. Die in diesem Steigrohr geförderte Menge wird über die Oberfläche des Behälters verteilt. Viele Rührapparate dieser Art werden benutzt, um Feststoffe mit Flüssigkeiten in Suspension zu halten. Der Dorr-Rührer (Abb. 193) und Pachuca-Tank (Abb. 192) sind Beispiele hierfür.

Eine andere Rührmethode besteht darin, den Behälterinhalt mit einer neben dem Behälter stehenden Pumpe dauernd umzuwälzen, indem unten abgesaugt und oben hineingefördert wird. Bei dieser Anordnung wird ein häufiger Fehler dadurch gemacht, daß eine zu kleine Pumpe verwendet wird. Um genügend zu wirken, muß die Pumpe imstande sein, den gesamten Behälterinhalt in verhältnismäßig kurzer Zeit umzuwälzen. Der Wirkungsgrad eines Laufrades in einer außen stehenden Pumpe ist augenscheinlich geringer als der eines in dem Behälter selbst angeordneten Propellers. Dieses Rühren durch Umwälzung ist oftmals bequem, wenn eine verhältnismäßig kleine Menge eines Materials mit einer verhältnismäßig großen Menge eines anderen gemischt werden soll, da das in geringer Menge zuzusetzende Material in der Saugeleitung zugeführt werden kann und beim Passieren des Laufrades der Pumpe dem Flüssigkeitsstrom absolut gleichmäßig beigemischt wird.

Wölfe. Dieser Ausdruck wird oft für eine Maschinentype angewendet, die in der Bäckereiindustrie Verwendung findet. In dieser Maschine werden Flüssigkeiten mit mäßigen Feststoffmengen verrührt oder zwei sich nicht mischende Flüssigkeiten emulgiert. Die Maschine besteht aus einer Drahtpeitsche, welche mit verhältnismäßig hoher Tourenzahl in einem Behälter rotiert, und dabei um den Mittelpunkt des Behälters gedreht wird. Der Ausdruck „Wolf" wird auch für eine Maschine in der Papierindustrie angewendet, in diesem Falle hat er die Aufgabe, Fasern zu zerreißen und nicht eine Mischung herzustellen.

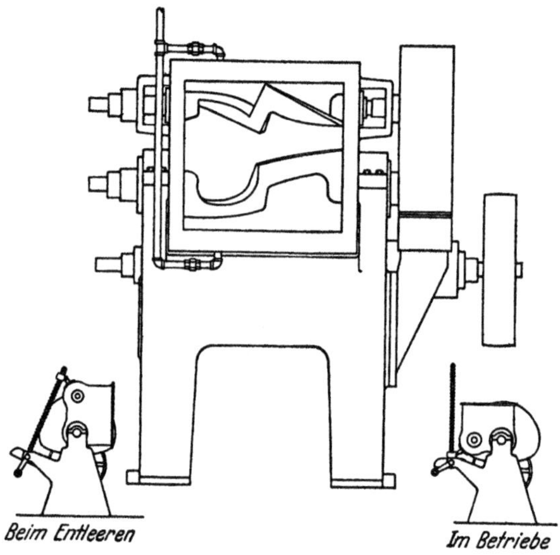

Abb. 243. Knetmaschine.

Knetmaschinen. Zur Mischung viskoser Massen von Pasten, Kitten, Breien aller Art oder sonstigen steifen Materialien dienen Knetmaschinen. Die Entwicklung der Knetmaschine für den allgemeinen Gebrauch ist bereits abgeschlossen. Sie besteht aus einem offenen Trog mit ungefähr halbzylindrischem Boden. Innerhalb dieses Troges drehen sich zwei horizontal angeordnete, etwa Z-förmig gestaltete Messer, und zwar so, daß das von dem einen Messer aufwärtsgeführte Material unmittelbar darauf durch das andere Messer wieder nach unten gedrückt wird. Diese Maschinen werden in großen Abmessungen gebaut und sind für sehr große Antriebskräfte eingerichtet. Sie können zum Heizen oder Kühlen mit Doppelwandungen versehen und so geschlossen ausgeführt werden, daß flüchtige Lösemittel zurückgehalten werden. Sie arbeiten immer chargenweise und sind deswegen so aufmontiert, daß sie maschinell gekippt werden können. Abb. 243 stellt eine derartige Maschine dar. Das Hauptbild zeigt die Maschine in der gekippten Stellung, um die Messer zur Ansicht zu bringen.

Außer diesen Knetmaschinen werden Mischmaschinen in großer Mannigfaltigkeit in besonderen Industrien verwendet. Einige davon werden in dem Kapitel über Brechen und Mahlen beschrieben werden, z. B. wird das Mischen des Kautschuks und das Einverleiben des Schwefels gewöhnlich mittels Walzen vorgenommen, die für diesen Zweck etwa dreimal so lang wie dick sind und im Innern mit Wasserkühlung versehen werden. Die hintere Walze läuft gewöhnlich mit höherer Umdrehungszahl als die vordere. Viele Mahlvorgänge bestehen zu einem wichtigen Teil aus einer Mischoperation, so daß es manchmal schwierig ist, zu unterscheiden, ob eine Maschine als Mischer oder als Mühle anzusprechen ist.

Trockenmischer. Die vollständige Mischung von zwei trockenen Pulvern ist schwierig und noch schwieriger zu kontrollieren. Es ist überhaupt sehr schwierig zu entscheiden, ob eine Charge gleichmäßig

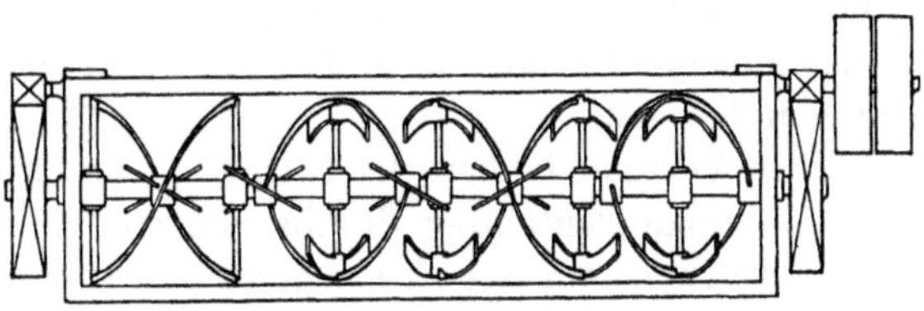

Abb. 244. Trockenmischer.

gemischt ist oder nicht. Obwohl eine trockene Mischung auch kontinuierlich durchgeführt werden kann, wird Chargenbetrieb noch oft vorgezogen. Die Chargen werden in halbzylindrischen Trögen gemischt, die gewöhnlich des Staubes wegen mit Deckeln versehen sind und mit Rührern aus spiralig gewundenen Bändern ausgerüstet werden. Diese Spiralbänder sind oft so angeordnet, daß das eine rechtgängig und das andere linksgängig ist, so daß das Material fortwährend in dem Troge hin und her befördert wird. Ein derartiger Mischer ist in Abb. 244 dargestellt. Es gibt auch hier verschiedene Arten von Spiralbandrührern und Schneckentransporteuren. Der vielleicht beste Mischer für kontinuierliche Arbeitsweise besteht aus Schnecken verschiedener Länge mit Rührschaufeln.

XV. Brechen und Mahlen.

Die gebräuchlichen Ausdrücke für die Operationen, welche die mechanische Zerkleinerung von Feststoffen betreffen, werden selten mit sehr genauer Eindeutigkeit benutzt. Die Ausdrücke „Brechen und Mahlen“ werden gewöhnlich im Zusammenhang benutzt, um die größere oder kleinere Zerkleinerung zu kennzeichnen, aber der einzelne Ausdruck hat keine bestimmte Bedeutung. Im allgemeinen versteht man unter Mahlen eine weitergehende Zerkleinerung als unter Brechen.

Trotz der verbreiteten Anwendung von Zerkleinerungsmaschinen für Hartstein im Bergbau ist die theoretische Grundlage der mechanischen Zerkleinerung von Feststoffen wenig bekannt. Wie auf gewissen anderen Gebieten hat das Fehlen einer Theorie und die alleinige Benutzung empirisch gewonnener Erfahrungen zu einer erheblichen Verschiedenheit von Maschinentypen geführt. Mehr durch natürliche Auslese als durch Überlegung haben sich gewisse Maschinen für das Brechen von Hartsteinen durchgesetzt und daraus hat sich in der Bergbauindustrie in den letzten Jahren eine gewisse Normalisierung bestimmter Maschinentypen herausgebildet.

Abgesehen von der Hartsteinindustrie besteht in den Anwendungsgebieten, welche den Chemieingenieur interessieren, durchaus noch keine Einheitlichkeit. Infolgedessen muß sich dieses Kapitel hauptsächlich auf eine Beschreibung der Mahlmaschinen beschränken und auf die Angabe, wo die betreffenden Apparate eingeführt sind, obwohl diese Einführung meist mehr auf Tradition und Gewohnheit als auf begründeten Überlegungen beruht.

Wegen der großen Verschiedenheit der Maschinen ist es außerordentlich schwierig, eine starre Einteilung durchzuführen. Der einzige Gesichtspunkt, nach welchem gewisse Grenzen zwischen den Maschinenarten aufgestellt werden können, ist die Einteilung in Grobbrecher, Mittel- und Feinmühlen. Grobbrecher werden definiert als Maschinen, welchen Stücke jeder Größe aufgegeben werden können. Feinmühlen sind Maschinen, welche bis zur Feinheit des 200-Maschensiebes mahlen. Mittelmühlen nennt man die Maschinen, welche nur Stücke bestimmter Größe verarbeiten und das Produkt nicht bis zur Feinheit des 200-Maschensiebes mahlen.

Danach können die verschiedenen Maschinen folgendermaßen eingeteilt werden:

I. Grobbrecher:	a) Backenbrecher.	1. Blake,	
		2. Dodge.	
	b) Rundbrecher.		
II. Mittelmühlen:	a) Walzen,	e) Pochwerke,	
	b) Scheiben,	f) Desintegratoren (Schlagstiftmühlen),	
	c) Kollergänge,		
	d) Glockenmühlen,	g) Hammermühlen.	
III. Feinmühlen:	a) Buhrstone,		
	b) Walzenmühlen,		
	c) Zentrifugalmühlen	1. Raymond,	3. Fuller-Lehigh,
		2. Griffin,	4. Ringwalzen.
	d) Kugel- und Rohrmühlen.		

Grobbrecher.

Maschinen dieser Art werden gewöhnlich dann angewendet, wenn das aufzugebende Material 35—60 mm oder mehr im Durchmesser hat.

Die größten Brecher dieser Art sind imstande, Steine bis zu 1,50 m Durchmesser zu zerkleinern. Kein anderer Brecher kann in diesen Größen gebaut werden.

Blake-Backenbrecher. Es gibt zwei voneinander verschiedene Backenbrecher: Den Blake-Brecher und den Dodge-Brecher. Der

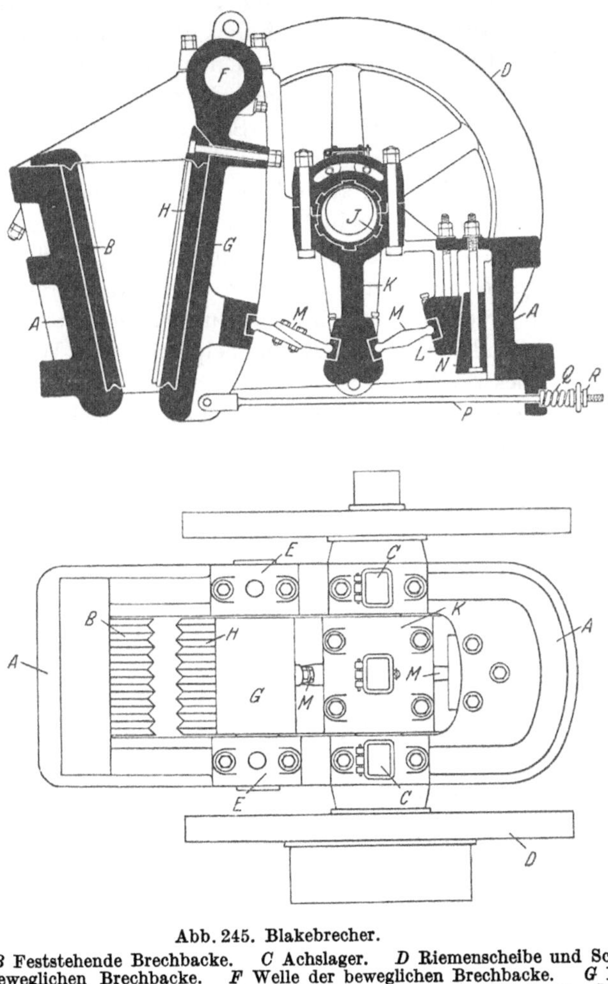

Abb. 245. Blakebrecher.

A Rahmen. *B* Feststehende Brechbacke. *C* Achslager. *D* Riemenscheibe und Schwungrad. *E* Lager der beweglichen Brechbacke. *F* Welle der beweglichen Brechbacke. *G* Bewegliche Brechbacke. *H* Verschleißplatte. *J* Exzenter. *K* Exzenterstange. *L* Widerlager. *M* Schwinghebel. *N* Einstellkeilstück. *P* Zugstange. *Q* Rückzugfeder. *R* Einstellmutter.

Blake-Brecher ist der bei weitem verbreitetste, während man den Dodge-Brecher selten antrifft. Das wesentliche des Blake-Brechers geht aus Abb. 245 hervor. Blake-Brecher werden von vielen Firmen hergestellt, jede baut ihre eigenen Konstruktionen. Es soll nicht der Anspruch erhoben werden, daß die in Abb. 245 dargestellte Konstruktion die beste ist; die Abbildung soll nur dazu dienen, die diesem Brecher eigentümlichen Einzelteile zu zeigen. Er besteht aus einem im wesentlichen rechteckigen Rahmen *A* aus Gußeisen oder Stahl. An dem einen Ende dieses Rahmens ist die feststehende Backe *B* befestigt, vertikal oder geneigt. Sie wird aus weißem Gußeisen, Manganstahl oder einem anderen Material, das besonders verschleißfest ist, hergestellt. Die Oberflächen der Brechbacken sind gewöhnlich mit Rillen versehen, um den Druck auf verhältnismäßig kleine Flächen wirken zu lassen. Am anderen Ende des Rahmens sind zwei Lager *C* angeordnet, in welchen eine schwere Welle läuft, die auf der einen Seite das Rad *D* trägt, das gleichzeitig als Antriebsscheibe und als Schwungrad dient. Ein zweites Paar Lager *E* trägt eine Welle *F*, an welcher die bewegliche Backe *G* hängt, die ebenfalls mit einer Verschleißplatte *H* ausgestattet ist. Zwischen den Lagern *C* ist die Welle als Exzenter *J* ausgebildet, welcher die Exzenterstange *K* antreibt. Zwischen der Exzenterstange und der schwingenden Brechbacke *G* einerseits und dem festen Widerlager *L* andererseits befinden sich zwei Kniehebelplatten *M*. Wenn die Hauptwelle rotiert, beschreibt die Exzenterstange auf- und abgehende Bewegungen, die Hebel *M* übersetzen diese auf- und niedergehenden Bewegungen in eine hin- und hergehende Bewegung der beweglichen Backe *G*. Das Widerlager kann einstellbar sein oder nicht. Im ersteren Falle besteht es aus den zwei keilförmigen Stücken *L* und *N*, durch deren gegenseitige Verstellung der Abstand zwischen der feststehenden und beweglichen Brechbacke verändert und somit die Feinheit des Produktes eingestellt wird. Die bewegliche Backe *G* wird von der Zugstange *P* mit Hilfe der Feder *Q* und des Stellrades *R* gegen den Schwinghebel *M* zurückgezogen.

Falls zufälligerweise Eisenstücke in den Brecher geraten, können außerordentliche Beanspruchungen auftreten, wenn nicht Vorkehrungen getroffen sind, den Brecher in diesem Falle zu entlasten. Bei der Maschine, die in der Abbildung dargestellt ist, besteht der eine Schwinghebel aus zwei Teilen, welche mit Bolzen zusammengehalten werden. Diese Bolzen werden mit Absicht als schwächster Teil des Brechers ausgeführt. Wenn ein Gegenstand, der unter Umständen zerstörende Kräfte hervorrufen könnte, zwischen die Backen gerät, werden diese Bolzen abgeschert und die bewegliche Backe weicht weit genug zurück, so daß der das Hindernis bildende Gegenstand herausfällt. Diese Anordnung schafft also die Sicherheit, daß der Bruch an einer vorher bestimmten Stelle eintritt, wo er leicht und schnell wieder beseitigt werden kann, ehe ein wichtiger Teil der Maschine zerstört ist.

Der größte Weg wird beim Schwingen von dem unteren Rande der beweglichen Backe zurückgelegt. Beim Zurückgehen der Backe kann das Material frei aus dem Maul herausfallen, wodurch die Einbettung der gröberen Stücke in feinem Material und dessen Anhäufung vermieden wird. Hierdurch unterscheiden sich der Dodge- und der Blake-Brecher grundlegend.

Der Dodge-Brecher ist in Abb. 246 dargestellt. Seine Konstruktion und Wirkungsweise sind der des Blake-Brechers ähnlich, mit dem Unterschied, daß beim Dodge-Brecher die bewegliche Backe um ihren unteren Rand schwingt. Bei der Konstruktion nach Abb. 246 ist die bewegliche Backe *A* zu einem Hebelarm verlängert, welcher von einer Exzenterstange *C* geführt wird. Kniehebel werden nicht verwendet. Bei dem Dodge-Brecher wird der größte Weg von dem an der Aufgabeseite liegenden Rande der Backe zurückgelegt. An dieser Stelle tritt auch der niedrigste Druck auf. Es ist hier also gerade umgekehrt wie bei dem Blake-Brecher, und man sollte meinen, daß der Blake-Brecher den logischeren Aufbau hat. Als Vorteil des Dodge-Brechers wird aber angeführt, daß, da die kleinste Bewegung der Backe an der Ausfallseite geschieht, das Produkt gleichmäßiger anfällt. Dies wird aber durch die Erfahrung im Betriebe nicht bestätigt und außerdem hat der Dodge-Brecher die Neigung, sich mit feinem Material zu verstopfen. Daher

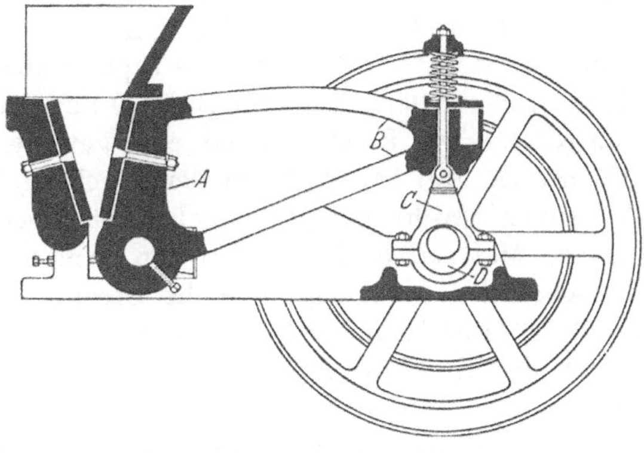

Abb. 246. Dodgebrecher. *A* Bewegliche Brechbacke. *B* Hebel der beweglichen Brechbacke. *C* Exzenterstange. *D* Exzenter.

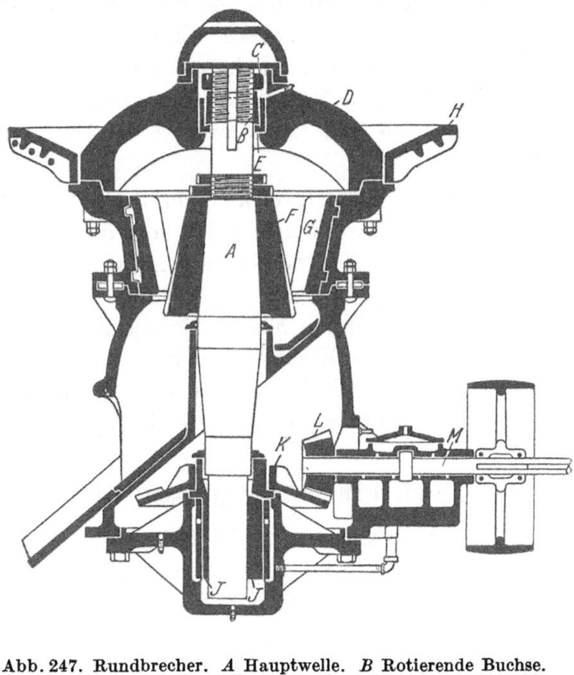

Abb. 247. Rundbrecher. *A* Hauptwelle. *B* Rotierende Buchse. *C* Stellmutter. *D* Bock. *E* Festes Lager. *F* Brechkegel. *G* Mahlring. *H* Aufgabetrichter. *J* Exzentrische Buchse. *K* Antriebskegelrad. *L* Antriebsritzel. *M* Antriebswelle.

wird er selten verwendet, und der Blake-Brecher ist bei weitem der gebräuchlichste.

Rundbrecher. Auch dieser Brecher wird von einer großen Zahl von Firmen hergestellt mit vielen Unterschieden in der Konstruktion. Abb. 247 stellt eine ungefähr als typisch anzusehende Ausführung dar. Eine Welle *A* hängt an dem Bock *D* mit der Buchse *B* und der Stellmutter *C*. Die Buchse *B* hat eine gewisse Bewegungsfreiheit in der Buchse *E*. Auf der Welle ist der Brechkegel *E* befestigt, der von den konkaven Brechbacken *G* umgeben ist. Das in den Trichter *H* aufgegebene Material fällt zwischen den Armen des Bockes *D* nach unten zwischen den Brechkegel und die Brechbacken. Das untere Ende der Welle *A* läuft in einem Lager in einer exzentrischen Buchse *J*, welche durch das Kegelrad *K*, das Ritzel *L* und die Antriebswelle *M* angetrieben wird. Bei der Rotation dieses exzentrischen Lagers beschreibt die Welle *A* einen Kegelmantel ohne selbst zu rotieren, so daß zwischen dem Brechkegel und den Brechbacken nacheinander an allen Punkten des Umfanges genau dieselbe Wirkung eintritt wie zwischen den Brechbacken des Blake-Brechers. Eine eigene Rotation der Welle *A* und des Brechkegels *E* ist möglich; da aber die Reibung zwischen den Brechflächen und dem Material so viel größer ist als zwischen der Welle und dem exzentrischen Lager, rotiert die Welle im allgemeinen wenig oder gar nicht.

Weil der Kreiselbrecher eher als rotierende Maschine denn als hin- und hergehende anzusehen ist, sind die Beanspruchungen in ihm gleichförmiger, sein Kraftverbrauch ist gleichmäßiger und seine Leistungsfähigkeit ist größer als die der hin- und hergehenden Backenbrecher. Aus diesen Gründen nimmt für die Zerkleinerung von Hartsteinen die Verbreitung des Kreiselbrechers mehr und mehr zu, während wir die Backenbrecher allmählich nur noch in kleineren Anlagen finden, wo die Anschaffungskosten den Ausschlag geben.

Zerkleinerungsmaschinen für Mittelfeinheit.

Den Maschinen für mittelfeine Zerkleinerung kann das Gut weder in beliebiger Größe aufgegeben werden, noch liefern sie ein Produkt, das durch das 200-Maschensieb geht. Die Apparate dieser Art sind unter sich sowohl hinsichtlich der Bauart sehr verschieden als auch hinsichtlich der Stoffe, für welche sie verwendet werden, der Stückgröße des aufgegebenen Materials und der Feinheit des Produktes, das sie herstellen. Einigen kann das Material in Stückgrößen bis zu 40—50 mm aufgegeben werden, für andere muß es die Feinheit des 40- oder 60-Maschensiebes haben. Die einen stellen ein Produkt her mit 2—4 mm Korngröße, andere wieder liefern noch ein Produkt, welches durch das

100-Maschensieb geht. Es ist nicht möglich, genau zu sagen, worin die Vorteile oder Nachteile der verschiedenen Typen bestehen.

Walzen. Walzenmühlen haben sich als zweite Stufe einer Zerkleinerung hinter den Rundbrechern eingeführt. Sie werden in sehr weit variierenden Größen hergestellt, weil sie nicht geeignet sind, die Stückgröße in einem Mahlgang erheblich zu reduzieren. Abb. 248 zeigt eine Konstruktion, die etwa allgemein gebräuchlich ist. Ein schweres Gehäuse *A* trägt die festen Lager *B*, in welchen sich eine Welle *C* mit der aufmontierten Walze *D* dreht. Diese festgelagerte Welle trägt auch die Hauptantriebsscheibe *E*. Die andere Seite der Grundplatte ist hergerichtet wie ein Drehbankbett, hier sind die verschiebbaren Lager *F* für die Walze *D'* angeordnet. Diese Lager werden durch die starken Federn *G* gehalten mit Hilfe der Zugstange *H*, welche ganz durch die Grundplatte reicht und ein zweites Widerlager bei *J* hat. Durch diese Anordnung wird der verschiebbaren Walze etwas Spielraum zum Ausweichen gegeben, falls Eisenstücke mit dem Aufgabegut zwischen die Walzen gelangen. In ihrer normalen Stellung wird die verschiebbare Walze durch die Zwischenscheiben *K* fixiert. Mit diesen Scheiben wird auch der Abstand zwischen den Walzen und

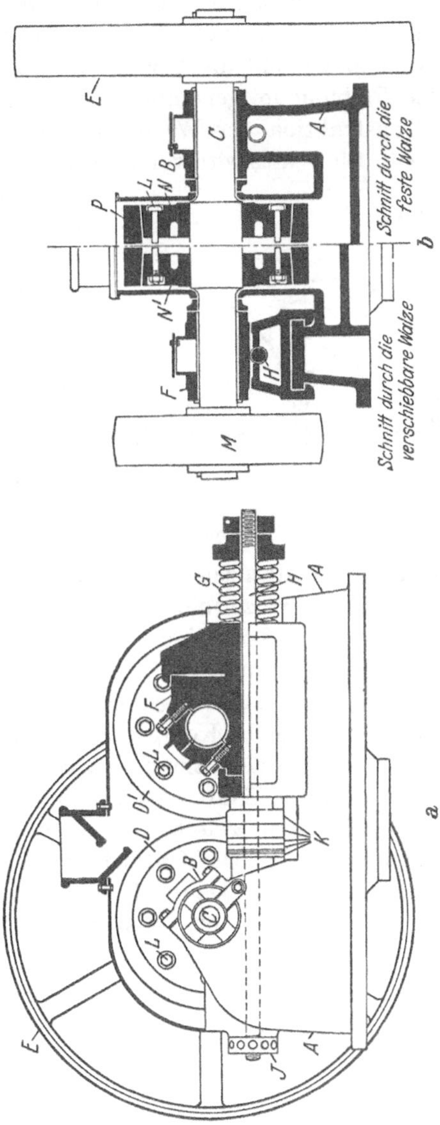

Abb. 248. Brechwalze. *a* Ansicht. *b* Schnitt.
A Grundplatte. *B* Festes Lager. *C* Welle der festen Walze. *D* Feste Walze. *D'* Verschiebbare Walze. *E* Hauptantriebsscheibe. *F* Verschiebbares Lager. *G* Druckfeder. *H* Zugstange. *J* Einstellmutter. *K* Zwischenlegscheiben. *L* Bolzen. *M* Antriebsscheibe der verschiebbaren Walze. *N*, *N'* Walzenträger. *P* Walzen.

damit die Feinheit des Produktes reguliert. Der Druck, der von den Federn G ausgeübt wird, ist so bemessen, daß die bewegliche Walze gewöhnlich an den Zwischenscheiben anliegt und die Maschine eine bestimmte Öffnungsweite hat. Die bewegliche Walze wird von der Riemenscheibe M angetrieben. Die Hauptantriebskraft greift aber an der Scheibe E an und die bewegliche Walze wird zur Hauptsache infolge der Reibung mitgenommen.

Die Konstruktion der Walzen selbst ist aus dem Querschnitt zu entnehmen. Die Walze wird von zwei Gußstücken gehalten, von welchen das eine N fest auf die Walze aufgepreßt ist, während das andere N' in der Längsrichtung verschiebbar ist. Die Walze ist im Innern schwach konisch gestaltet; werden also die beiden Gußkörper auf der Welle mittels der Bolzen L zusammengezogen, so wird der Mantel zentrisch festgepreßt. Letzterer ist aus kohlenstoffreichem oder Manganstahl geschmiedet.

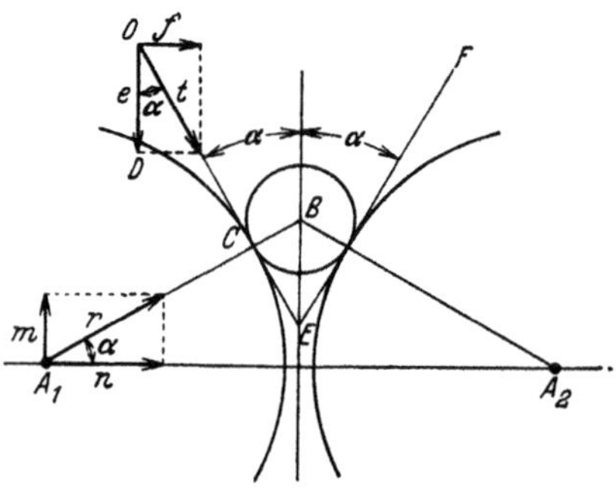

Abb. 249. Theorie der Brechwalzen.

Theorie der Mahlwalzen. In Abb. 249 seien A_1 und A_2 die Mittelpunkte der beiden Walzen eines Paares, B sei ein kugelförmiges Teilchen, welches gerade von den beiden Walzen erfaßt wird. Dann wirkt eine bestimmte Kraft r auf das Teilchen in einer Richtung, die um den Winkel α von der Verbindungslinie der Walzenmittelpunkte abweicht. Diese Kraft r kann in die Komponenten m und n zerlegt werden. Ferner wirkt eine Kraft t in dem Sinne, daß das Teilchen zwischen die Walzen gezogen wird. Diese Kraft t hängt ab von der Kraft r und von dem Reibungskoeffizienten zwischen dem zu zerkleinernden Material und der Walzenoberfläche. Die Kraft t kann ebenfalls in zwei Komponenten e und f zerlegt werden. Da die Richtung der Kraft t senkrecht auf der Richtung der Kraft r steht, so ist der Winkel COD ebenfalls gleich α. Ist μ der Reibungskoeffizient, dann ist

$$t = \mu \cdot r. \tag{274}$$

Man kann folgende Gleichungen ableiten:

$$m = r \sin \alpha \tag{275}$$

$$e = t \cos \alpha = \mu \cdot r \cos \alpha. \tag{276}$$

Die Kräfte e und m wirken in entgegengesetzter Richtung. Die Kraft e versucht das Material zwischen die Walzen zu ziehen, während die Kraft m versucht, es von den Walzen zu entfernen. Damit das Teilchen zwischen die Walzen gezogen und zerrieben wird, muß e größer als m sein:

$$\mu r \cos\alpha > r \sin\alpha \tag{277}$$

$$\mu > \operatorname{tang}\alpha\,, \tag{278}$$

mit anderen Worten der Tangens des Winkels α muß kleiner sein als der Reibungskoeffizient. Der Reibungskoeffizient ist verschieden für verschiedene Stoffe, es ist aber aus Erfahrungen im Betriebe festgestellt, daß als mittlerer Wert des Winkels α etwa 16° gewählt werden kann. Der Winkel OEF, der das Doppelte des Winkels α beträgt, wird der Erfassungswinkel genannt.

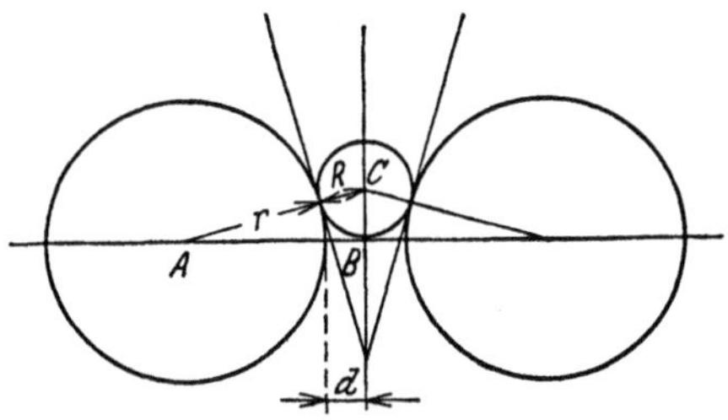

Abb. 250. Erfassungswinkel von Brechwalzen.

Es besteht eine bestimmte Beziehung zwischen dem Walzendurchmesser und der Größe des aufgegebenen und zerkleinerten Materials. In Abb. 250 sei R der Radius des größten noch zuzulassenden Teilchens in dem aufgegebenen Material, d ist die halbe kürzeste Entfernung zwischen den Walzen. Dann ist in dem $\triangle ABC$ der Winkel $CAB = \alpha$, $AB = r + d$ und $AC = r + R$. Es wird also

$$\cos\alpha = \frac{AB}{AC} = \frac{r+d}{r+R}, \tag{279}$$

da für die meist vorliegenden Bedingungen $\alpha = 16°$ ist, $\cos\alpha = 0{,}961$, wird der Durchmesser der Walze durch die Größe des aufgegebenen Materials und des Produktes durch die Gleichung

$$0{,}961 = \frac{r+d}{r+R} \tag{280}$$

bestimmt.

Beispiel 33. Wie groß muß der Durchmesser eines Walzenpaares sein, dem das Gut mit der einer Kugel von 40 mm Durchmesser entsprechenden Größe aufgegeben wird, wenn der Reibungskoeffizient 0,35 ist und das Produkt auf 12 mm zerkleinert werden soll?

Lösung. Da $\mu > \operatorname{tang}\alpha$ (Gleichung 278), muß $\operatorname{tang}\alpha < 0{,}35$, d. h. $\alpha < 19°$ 17°. Sicherheitshalber wird α mit 18° angenommen. Gleichung (279) ergibt dann

$$\cos 18° = 0{,}951 = \frac{r+6}{r+20}.$$

Der Durchmesser der Walzen muß also 532 mm betragen. Da die Walzen in runden Massen hergestellt werden, wird ein Durchmesser von 500 mm gewählt.

Theoretisch sollte die Mengenleistung eines Walzenbrechers dem Volumen nach einem fortlaufenden Bande entsprechen, dessen Breite mit der Walzenlänge und dessen Dicke mit der lichten Öffnung zwischen den Walzen übereinstimmt. Daraus folgt, daß

$$C = \frac{3600 \cdot u \cdot b \cdot 2 \cdot d}{1000} = 7{,}2 \cdot u \cdot b \cdot d\,, \qquad (281)$$

worin C die theoretische Leistung in m^3 je h, u die Umfangsgeschwindigkeit der Walzen in m je sek, b die Länge der Walzen in m, d (siehe Abb. 250) der halbe kleinste Abstand der Walzen in mm ist. Wenn n die Drehzahl der Walzen je Minute und D der Durchmesser der Walzen in m ist, wird $u = \frac{\pi \cdot n \cdot D}{60}$. Ist Q die Leistung in t je h bei einem Material, dessen spezifisches Gewicht γ ist, dann wird

$$Q = 0{,}377 \cdot u \cdot D \cdot d \cdot b \cdot \gamma\,. \qquad (282)$$

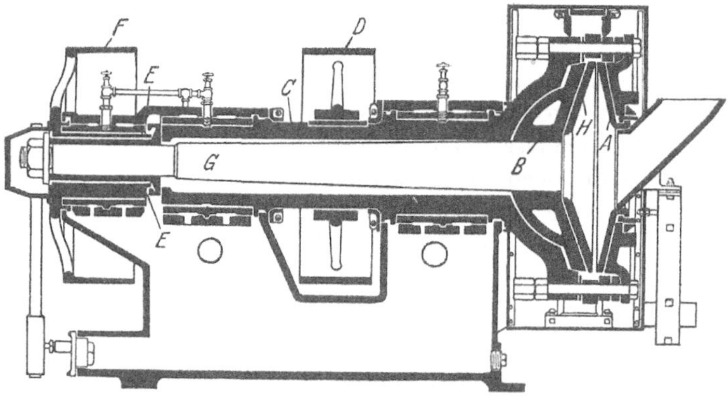

Abb. 251. Symons Scheibenbrecher.
A, *H* Mahlplatten. *B* Kugeliges Lager. *C* Hohlwelle. *D* Antriebsscheibe der Hohlwelle. *E* Exzentrische Buchse. *F* Antriebsscheibe der Vollwelle. *G* Vollwelle.

Tatsächlich ist die stündliche Durchsatzmenge eines Walzenpaares $^1/_3$—$^1/_{10}$ der so berechneten Menge.

Theoretisch kann die Geschwindigkeit der Brechwalzen beliebig hoch sein, vorausgesetzt, daß die Walzen einen richtigen Erfassungswinkel haben. In Wirklichkeit aber rutscht das Material auf den Walzen und wird nicht zwischen sie gezogen, wenn die Geschwindigkeit zu groß ist. Andererseits wird, wenn die Geschwindigkeit zu niedrig ist, die Leistungsfähigkeit unzulässig herabgesetzt. Die übliche Umfangsgeschwindigkeit beträgt 1,8—2,5 m je sek. Ihre oberste Grenze liegt vielleicht bei 5 m je sek.

Symons Scheibenbrecher. Diese Maschine ist in Abb. 251 dargestellt. Eine horizontal festgelagerte Hohlwelle C trägt an einem Ende einen Käfig, der mit konischen Mahlplatten ausgelegt ist. Angetrieben wird sie durch die Riemenscheibe D. Eine zweite Welle G wird an einem Ende in dem kugeligen Lager *B* geführt, während das andere Ende in der exzentrischen Büchse *E* liegt. Sie wird durch die Riemenscheibe *F* angetrieben, welche mit gleicher Tourenzahl wie die Scheibe *D* läuft. Diese zweite Welle trägt die Mahlplatten *H*. Die Bewegung des exzentrischen Lagers *E* nähert die Mahlplatten einander an einer Seite des Umfanges und entfernt sie voneinander an der gegenüberliegenden Seite. Dadurch entsteht eine brechende Wirkung, die der des Kreiselbrechers ähnlich ist, doch ist diese Maschine nicht für so grobes Aufgabematerial geeignet wie der Rundbrecher. Sie wird nur in der Hartsteinindustrie verwendet.

Kollergänge. Hierunter fallen eine ganze Reihe von Mühlen und Mischmaschinen. Die älteste ist wahrscheinlich die „Arastra". Diese besteht aus einer runden, roh mit Steinen belegten Platte, in deren Mitte eine vertikale Welle angeordnet ist. Auf dieser Welle sind Arme angebracht, an welchen schwere Steine mittels Ketten angehängt sind. Die Mittelwelle wurde früher mit Pferden oder Ochsen angetrieben und die Steine über das auf der Platte ausgebreitete Material gezogen. Diese primitive Anordnung hat weite Verbreitung gefunden, ist heute aber natürlich durchaus veraltet. Die daraus weiter ausgebildeten Maschinen wurden aber vielfach verwendet.

Die erste Verbesserung bestand darin, daß die Mittelwelle von einer Kraftmaschine angetrieben wurde und die Steine durch schwere Räder ersetzt wurden. Diese Mühle war bekannt unter dem Namen „chilenische Mühle" und wurde seinerzeit in der Hartsteinindustrie viel verwendet. Aus ihr ist der Putty-Chaser hervorgegangen, der aber eigentlich mehr als Mischmaschine denn als Mühle dient. Er besteht aus einem feststehenden Teller, der mehrere 100 kg des Mahlgutes aufnehmen kann. In der Mitte des Tellers steht eine vertikale Welle, die mittels Kegelrädern und Ritzeln angetrieben wird und gewöhnlich in einem schweren A-förmigen Rahmen gelagert ist. An dieser vertikalen Welle ist ein kurzer horizontaler Arm befestigt, auf welchem ein schweres aus Stahl oder Granit bestehende Rad läuft. Ferner befindet sich auf der vertikalen Welle gewöhnlich ein Messer oder eine Pflugschar, welche das Material von dem Außenrande des Tellers wieder unter das Rad befördert. Außer der drückenden Wirkung des Rades wird eine reibende Wirkung ausgeübt, infolgedessen ist die Maschine brauchbar zum Mischen von so konsistenten Massen wie Glaserkitt.

Die einzige heute noch verwendete Maschine dieser Art hat einen rotierenden Teller, während die Horizontalwelle steht. Diese Maschine wird in der Tonindustrie viel gebraucht, ist jedoch sonst kaum anzutreffen. Sie wird gewöhnlich Trockenpfanne oder Naßpfanne genannt, je nachdem, ob der Ton mit oder ohne Zufuhr von Wasser gemahlen wird. Sie ist zum Brechen von harten Steinen nicht brauchbar.

Abb. 252 zeigt eine Trockenpfanne. Zwei schwere A-förmige Rahmen *A* sind oben durch ein Joch *B* verbunden, welches die Lager für die Mittelwelle und die Horizontalantriebswelle *D* trägt, auf welcher die Riemenscheibe und das Antriebsritzel für das Kegelrad sitzen. Die Mittelwelle ruht in einem Spurlager *E* und trägt den Teller *F*, der 1—3 m im Durchmesser und 0,15—0,5 m tief ist. In der Mitte des Tellers ist ein Verschleißring *G* aus Stahl- oder weißen Gußeisenplatten angeordnet, auf welchen die schweren gußeisernen Räder *H* laufen. Diese Läufer werden von kurzen Wellen gehalten, die in Lagerbüchsen *J* an beiden Seiten ruhen. Diese Lagerbüchsen sind nicht fest, sondern können sich

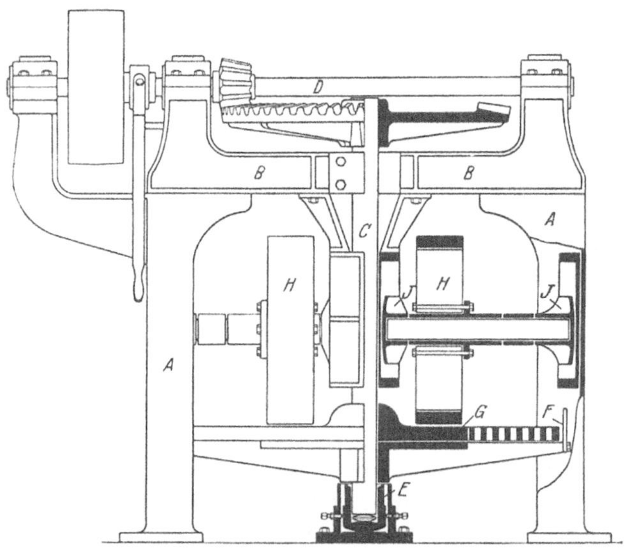

Abb. 252. Trockenpfanne.
A Rahmen. *B* Joch. *C* Königswelle. *D* Antriebswelle. *E* Spurlager. *F* Teller. *G* Verschleißplatte. *H* Mahlkörper. *J* Lagerbuchsen.

in vertikalen Schlitzen auf und nieder bewegen, so daß die Räder mit ihrem ganzen Gewicht auf den Teller drücken. Gewöhnlich wird ein Kratzer angeordnet, der das Material beim Rotieren des Tellers dauernd vor die Räder wirft.

Der ganze Tellerboden kann dicht sein, wenn die Maschine chargenweise betrieben wird und die Charge nach Beendigung des Mahlens von Hand ausgeschaufelt wird. Wenn die Tellerfläche zwischen dem Verschleißring und dem äußeren Umfang aus gelochten Platten besteht, so kann auch das genügend fein gemahlene Material durch die Lochung herausfallen, während nur das grobe Material von den Kratzern wieder unter die Räder geworfen wird. Dann arbeitet der Kollergang kontinuierlich, entweder trocken oder naß; mit anderen Worten, das Material fällt durch die Lochung oder es wird mit Wasser hindurchgeschwemmt.

Glockenmühlen. Die in Fabriken mit dem Namen „Glockenmühle“ bezeichnete Mühle ist der gewöhnlichen kleinen Kaffeemühle ähnlich. In Abb. 253 ist diese Mühle beispielsweise dargestellt. Eine senkrechte Welle *A*, von unten mit Kegelrädern angetrieben, trägt konische Mahlkörper *B*, deren Spitze nach oben zeigt. Der Teil der Welle, auf welchem die Mahlkörper sitzen, hat quadratischen Querschnitt, so daß die Mahlkörper leicht verschoben werden können, während sie sich mit der Welle drehen. Das Gehäuse der Mühle besteht aus zwei Teilen *C*. Jeder hat

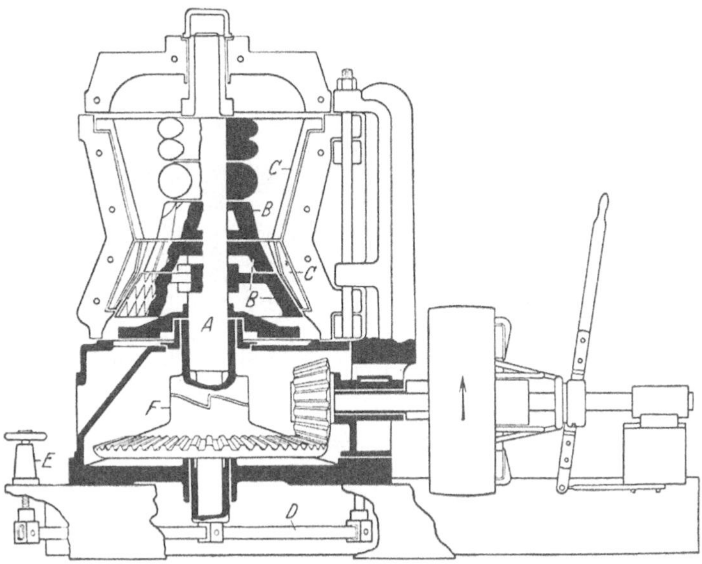

Abb. 253. Glockenmühle.
A Hauptwelle. *B* Rotierende Mahlkörper. *C* Feststehende Mahlkörper. *D* Einstellhebel. *F* Verschiebbare Kupplung. *E* Einstellschraube.

die Form eines abgestumpften Kegels. Die Wirkungsweise der Maschine geht aus der Abbildung ohne weiteres hervor. Interessant ist bei dieser Maschine die Vorrichtung, die Feinheit des Mahlgutes einzustellen. Das Lager der vertikalen Welle ruht auf einem Hebel *D*, dessen eines Ende an dem Gehäuse fest, dessen anderes Ende mit Handrad und Schraube *E* einstellbar angeordnet ist. Durch Drehen des Handrades kann die Welle gehoben werden, wodurch das Spiel zwischen dem rotierenden Kegel und dem unteren Teil des Gehäuses vermindert wird und ein feineres Produkt entsteht. Umgekehrt wird das Produkt gröber, wenn die Welle gesenkt wird, aber gleichzeitig wird die Durchsatzmenge vermehrt. Die Kupplung *F* ermöglicht die Einstellung des

Mahlkörpers in senkrechter Richtung, ohne daß das Kegelradgetriebe verschoben wird. Diese Mühle ist für bröcklige Materialien, z. B. Kalkstein, brauchbar, unbrauchbar für Hartstein oder schmierendes Material.

Pochwerke. Eine Mühlenart, die heute praktisch nicht mehr zu finden ist, aber großes historisches Interesse besitzt, ist das Pochwerk. Abb. 254 zeigt eine Ausführungsart. Es besteht aus einem Rahmen, in welchem eine Anzahl vertikaler Stempel angeordnet sind. Jeder Stempel ist mit einem Hammer *B*, einem Schuh *C* und einem Anschlag *D* versehen. Eine horizontale Welle *E* ist quer in dem Rahmen ange-

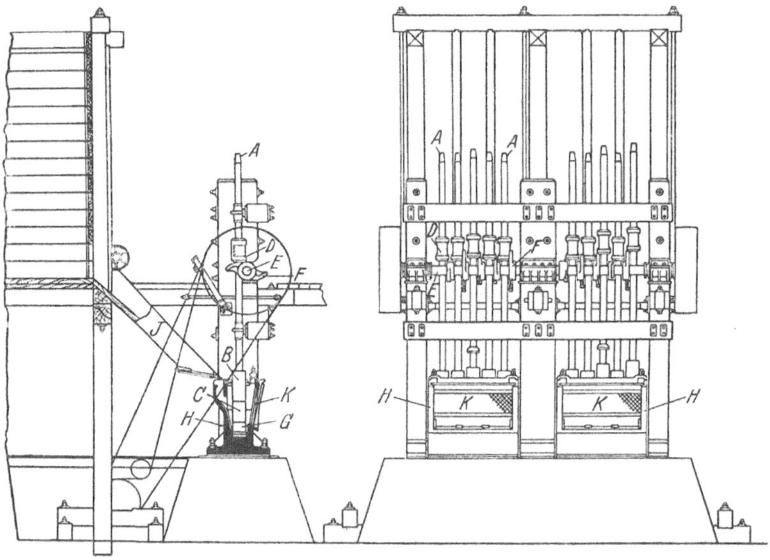

Abb. 254. Pochwerk.
A Stempel. *B* Hammer. *C* Hammerschuh. *D* Knaggen. *E* Antriebswelle. *F* Nocken. *G* Ambos. *H* Mörser. *J* Aufgabeschurre. *K* Sieb.

ordnet und trägt für jeden Stempel einen Nocken *F*, mit welchem bei jeder Umdrehung der Welle der betreffende Stempel gehoben und fallengelassen wird. Stempel, Schuh und Hammer haben ein Gewicht von 450—900 kg. Der Schuh zertrümmert beim Fallen auf den Amboß *G* das Material. Der Amboß befindet sich in einem Troge *H*, genannt „Mörser", in welchen von hinten durch die Schurre *J* das Material aufgegeben wird. Der Trog ist vorn mit den Sieben *K* versehen, durch welche das gemahlene Material die Mühle verläßt. Stampfmühlen werden gewöhnlich naß betrieben, d. h. Wasser oder Zyanlösung wird mit dem Erz aufgegeben und spült das Produkt durch die Siebe. Die Stampfmühlen sind fast überall durch modernere Mühlen ersetzt, welche einen besseren mechanischen Wirkungsgrad haben.

Schlagstiftmühlen. Eine Mühle, die oft Desintegrator genannt wird, weil sie imstande ist, faseriges Material, das nicht zu hart ist, zu zerreißen, ist die Schlagstiftmühle. Die Mahlkörper bestehen aus zwei oder mehr Käfigen, die aus den Scheiben A gebildet werden, in welche die Stifte B parallel zur Welle eingesetzt sind. Der in Abb. 255 dargestellte Desintegrator hat vier derartige Käfige, zwei davon auf der Scheibe A, welche durch die Welle D und die Riemenscheibe C angetrieben wird, die anderen zwei auf der Scheibe A', welche durch die Welle D' und die Riemenscheibe C' in entgegengesetzter Richtung angetrieben wird. Die rotierenden Käfige sind von einem Gehäuse umschlossen; das Material wird in die Mitte des innersten Käfiges aufgegeben. Die Zentrifugalkraft, hervorgerufen durch die schnelle Rotation

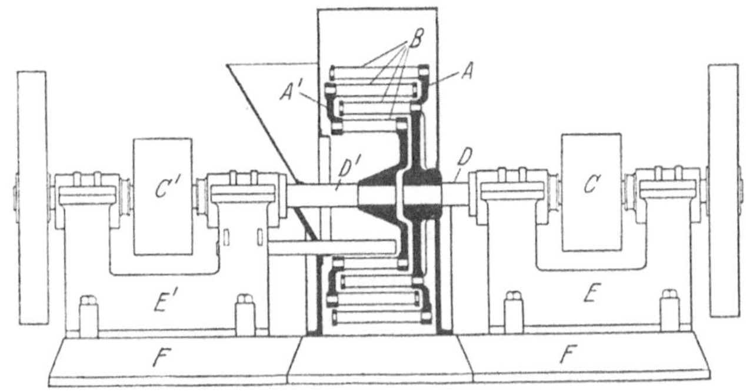

Abb. 255. Desintegrator (Schlagstiftmühle).
A, A' Umlaufende Scheiben. B Desintegratorstifte (Schlagstifte). C, C' Antriebsscheiben. D, D' Antriebswellen. E, E' Lagerböcke, F Grundplatte.

der Käfige, wirft das Material aus einem Käfig in den anderen. Es wird fast ganz durch den Stoß der Stifte zerkleinert und ist zertrümmert oder desintegriert, wenn es in das äußere Gehäuse gelangt. Die Maschine ist so konstruiert, daß entweder der Lagerbock E oder E_1 in Schlitzen auf der Grundplatte F zurückgezogen werden kann, um das Innere zugänglich zu machen. Diese Mühle ist für bröcklige Materialien wie Kohle und Kalkstein brauchbar, auch für faserige Materialien wie Knochen usw. Sie wird hauptsächlich in der Düngemittelindustrie verwendet.

Hammermühlen. Mit diesem gemeinsamen Namen werden viele Brech- und Mahlmaschinen bezeichnet, deren Wirkung mehr auf plötzlichem Schlag als auf länger wirkendem Druck beruht. Abb. 256 stellt eine derartige Maschine dar. Eine Anzahl von Scheiben A sind nebeneinander auf der Mittelwelle B befestigt. Zwischen diesen Scheiben hängen in Scharnieren die Hämmer C, welche die Form von einfachen rechteckigen Stahlplatten haben, etwa 4—12 mm stark. Die eine Seite des Gehäuses wird durch die Brechplatten *D* aus weißem Gußeisen oder Manganstahl gebildet. Der Boden besteht aus einer Gräting aus gehärteten Stäben *E*. Die Welle dreht sich mit hoher Tourenzahl. Durch die Zentrifugalkraft werden die Hämmer radial herausgeschwungen.

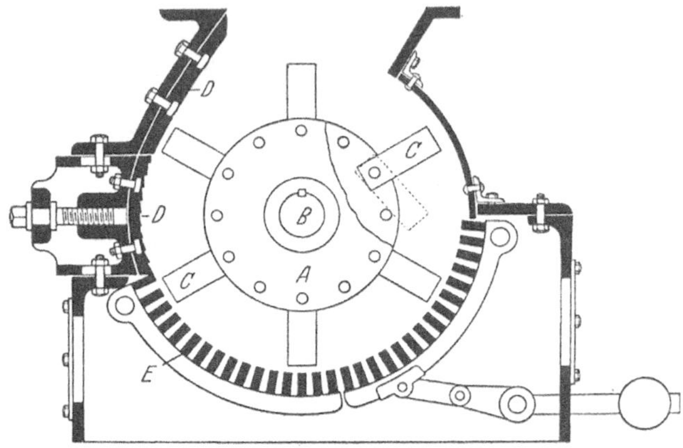

Abb. 256. Hammermühle.
A Rotierende Scheiben. *B* Welle. *C* Hämmer. *D* Mahlplatten. *E* Gräting.

Sprödes oder zerreibliches Material, wie Kohle, Asphalt, Kalkstein, wird im Inneren der Mühle herumgeworfen und durch den Stoß gegen die Brechplatten oder gegen die Hämmer zertrümmert, bis es fein genug ist, um die Gräting zu passieren. Benutzt man Hämmer verschiedenen Gewichtes und Siebplatten verschiedenen Querschnittes, so können auf der Mühle spröde Stoffe, wie Kohlen, auch faserige Stoffe, wie Eichenrinde, verarbeitet werden. Bei der Konstruktion ist auf leichte Auswechslung verschlissener Hämmer Rücksicht genommen. Die Ausführung nach Abb. 256 besitzt eine Gräting, welche teilweise in Scharnieren aufgehängt ist, so daß sie aufgeklappt werden kann, um etwa in die Mühle gelangtes, zu hartes Material zu entfernen. Für sprödes Material, auch für Kohle oder Kalkstein, ist der Querschnitt der Grätingstangen gewöhnlich rechteckig, wie in Abb. 256 dargestellt. Für das Zerkleinern faseriger Materialien erhalten die Grätingstangen eine Schneidkante (vgl. Abb. 257). Es gibt eine ganze Reihe verschiedener Ausführungsarten dieser Hammermühlen, die sich in Einzelheiten der Konstruktion und der Form der Hämmer unterscheiden.

Abb. 257.
Stabprofile der Grätings für Hammermühlen.

Die Wirkungsweise aller dieser Mühlen ist aber im wesentlichen die gleiche.

Es gibt Hammermühlen mit kleineren Hämmern, die nur in einem einzigen Ring angeordnet sind. In solchen Fällen wirken sowohl die Grätingstangen als auch die Gehäuseseiten als Mahlflächen. Diese Mühlen werden zum Mahlen von Harz, Pech, Kork und ähnlichen weichen oder faserigen Stoffen benutzt.

Einwalzenbrecher. Eine Zerkleinerungsmaschine, welche hier eingeordnet werden muß, weil sie hauptsächlich durch Stoß und Schlag wirkt, aber auch nicht als Hammermühle bezeichnet werden kann, ist der Einwalzenbrecher. Die Walze ist gewöhnlich mit Rillen oder Zähnen verschiedener Form ausgestattet und dreht sich mit verhältnismäßig hoher Tourenzahl. Ihre Wirkungsweise ist ähnlich der der Hammermühle, indem der Mahleffekt durch die Zähne, welche das Material gegen Brechplatten werfen, ausgeübt wird. Das Mahlen erfolgt also mehr durch Stoß und Schlag als durch Druck. Solche Maschinen werden in verschiedenen Ausführungsformen geliefert und sind zum Brechen von Kohlen sehr weit verbreitet.

Abb. 258. Einwalzenbrecher.

Feinmühlen.

Die hierzu zu rechnenden Maschinen sind sämtlich dadurch charakterisiert, daß sie ein Produkt herstellen, welches zum größten Teil durch das 200-Maschensieb geht. Das Passieren dieses Siebes ist das Kriterium für Feinmahlung, nicht etwa weil diese Feinheit eine Grenze der Teilchengröße darstellt, sondern weil das 200-Maschensieb das feinste ist, das im allgemeinen für Prüfzwecke benutzt wird. Es können zwar noch feinere Siebe hergestellt werden, aber dann sind die Drähte so fein, und das Weben so feinen Tuches aus Drähten mit der für Prüfzwecke zu fordernden gleichmäßigen Maschengrößen ist so schwierig, daß Siebe mit mehr als 200 Maschen nicht mit der erforderlichen Genauigkeit hergestellt werden können und auch nicht die Lebensdauer haben, die von Prüfsieben verlangt werden muß.

Buhrstone-Mühlen. Die Buhrstone-Mühle ist wahrscheinlich die älteste Mühle überhaupt, von der heute noch Vertreter anzutreffen sind. Bis vor verhältnismäßig kurzer Zeit wurde sie zum Mahlen des Weizenmehles verwendet und manchmal wird selbst heute noch Korn damit gemahlen. Viele kleine Buhrstone-Mühlen werden noch benutzt zum Mahlen von Farben, kosmetischen und pharmazeutischen Präparaten. Abb. 259 stellt eine Buhrstone-Mühle mit unterem Antrieb dar. Man unterscheidet unteren oder oberen Antrieb bei Buhrstone-Mühlen nicht nach der Lage des Antriebsmechanismus, sondern danach, ob der untere oder obere Stein bewegt wird. Abb. 259 zeigt, daß der obere Stein in dem Gehäuse vermittels eines Metallbandes *B* festgehalten wird. Der untere Stein *D* wird von einem Bock *E* getragen, der mittels der Welle *F*

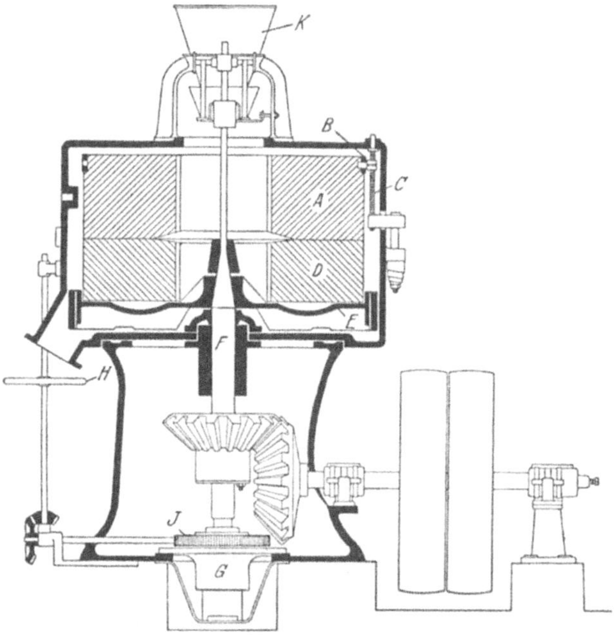

Abb. 259. Buhrstone-Mühle.
A Oberer Stein *B* Bandage. *C* Stehbolzen. *D* Unterer Stein. *E* Steinträger. *F* Königswelle. *G* Spurlager. *H* Einstellhandrad. *J* Einstellschneckenrad. *K* Aufgabetrichter.

angetrieben wird. Die Welle *F* ruht auf einem Spurlager *G*. Mit dem Handrad *K* und Schneckentrieb *E* kann der ganze Antriebsmechanismus in senkrechter Richtung verschoben werden, um die Feinheit des Produktes zu regulieren. Das Material wird aus dem Trichter *K* aufgegeben und auf der Fläche zwischen den beiden Steinen verteilt. Das Material drängt sich zwischen den Steinen durch und gelangt durch die Ausfallöffnung aus der Mühle. Die verwendeten Steine bestehen aus einer besonderen Sorte Sandstein, welche nur an wenigen Stellen gewonnen wird. Mahlsteine aus Frankreich werden oft für die besten gehalten.

Eine besondere Eigentümlichkeit der Buhrstone-Mühle ist die Zurichtung der Mahlflächen. Diese Zurichtung liegt seit vielen Jahren fest.

Ihr Ursprung ist ungewiß. Abb. 260 zeigt, wie die Nuten angeordnet werden. Wenn der obere Stein umgedreht wird, so daß die Mahlflächen beider Steine, des oberen und unteren, nach oben liegen, ist die Nutenanordnung in beiden Steinen gleich. Wenn der obere Stein richtig in der Mühle liegt, so kreuzen sich die Nuten des oberen und unteren Steines in einem spitzen Winkel. Der Schnittpunkt zweier Nuten wandert bei der Rotation von innen nach außen. Das zu mahlende Material befindet sich zum größten Teil in den Nuten, die Wirkung der Buhrstone-Mühle beruht daher mehr auf einer Abscherung als auf der Reibung. Die Anwendung der Buhrstone-Mühle zum Mahlen von Korn geht allmählich zurück, modernere Walzenmühlen treten an ihre Stelle.

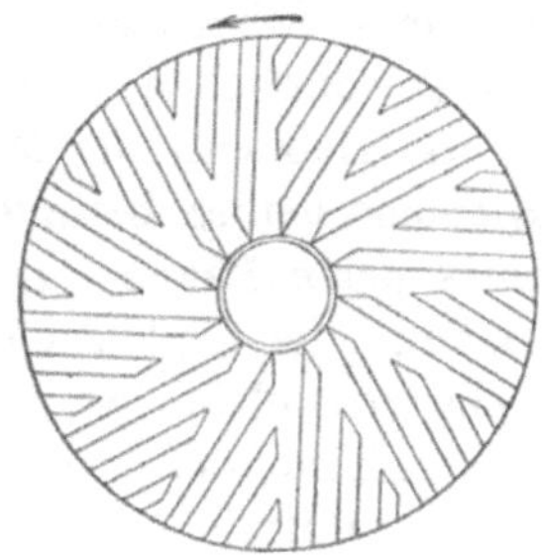

Abb. 260. Zurichtung der Mahlsteine.

Walzenmühlen. Die Walzenmühle wird zur Zeit zum Mahlen von Korn in der Mühlenindustrie ausschließlich benutzt. Sie ist aber zum

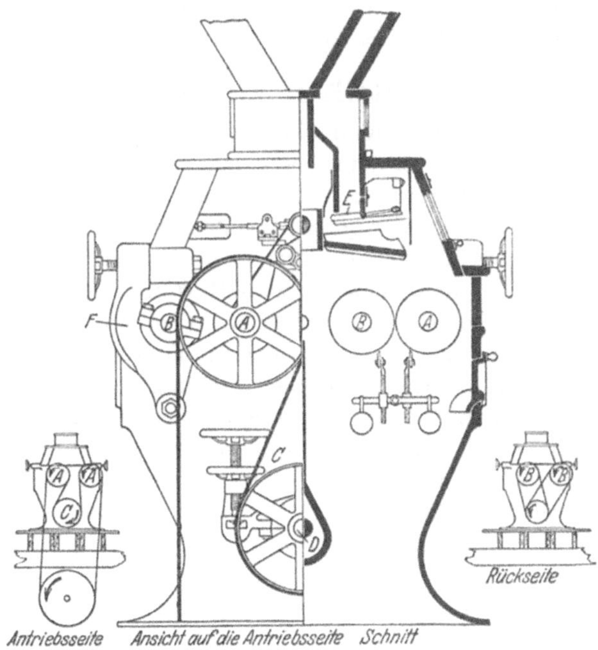

Abb. 261. Walzenmühle.
A Schnelle Walzen. *B* Langsame Walzen. *C* Umlenkscheibe. *D* Leerwelle. *E* Aufgabeapparat. *F* Winkelhebel.

Mahlen jedes mäßig zähen Materials, das sehr fein pulverisiert werden muß, ebenso brauchbar. Eine Ausführungsform der Walzenmühle ist in Abb. 261 dargestellt. Sie besitzt zwei Walzenpaare. Die Walzen eines Paares drehen sich gegeneinander. Sie sind mit Rillen versehen, und eine Walze jeden Paares rotiert schneller als die andere. Daraus ergibt sich eine Scherwirkung an Stelle des senkrechten Druckes, wie er in der gewöhnlichen Brechwalze zur Anwendung kommt. Abb. 261 zeigt die Antriebsseite der Mühle, halb in Ansicht und halb im Schnitt. Die Riemenscheiben befinden sich auf den Wellen der schnellen Walzen *A* eines jeden Paares. Der Antriebsriemen wird um alle diese Scheiben und um die Umlenkscheibe *C* gelegt. Diese Scheibe treibt eine Leerwelle *D*, welche bis zur anderen Seite der Mühle hinüberreicht. Von diesem Ende der Leerwelle werden die langsamen Walzen *B* eines jeden Paares mittels Riemen angetrieben. Direkt über den Walzen sind Aufgabeschwingschuhe *E* angeordnet, welche das zu zerkleinernde Material gleichmäßig auf beide Walzenpaare aufgeben.

Die eine Walze eines jeden Paares ist in feststehenden Lagern gelagert. Die andere Walze läuft in Lagern, welche auf den schwenkbaren Hebeln *F* montiert sind. Auf diese Weise kann der Abstand zwischen den Walzen und daher die Größe der Formänderung bei jedem Durchgang des Materials eingestellt werden.

Zentrifugalmühlen.

Die Gruppe der Zentrifugalmühlen umfaßt diejenigen Mühlen, in welchen die Mahlung durch einen oder mehrere rotierende Mahlkörper geschieht. Die Mahlkörper üben auf das zu mahlende Material einen Druck aus, der teilweise oder ganz durch Zentrifugalkräfte erzeugt wird. Diese Mühlen haben weite Verbreitung gefunden für die Feinmahlung von Materialien, von der Kohle bis zum Hartstein und Zementklinker. Hier können nur wenige Typen beschrieben werden.

Raymond-Mühle. Bei der Raymond-Mühle (Abb. 262) sind Mahlmaschine und Windsichter zusammen vereinigt. Die Grundplatte *A* trägt einen vertikalen Aufsatz *B*, durch welchen die vertikale Antriebswelle *C* geführt wird. Diese Welle ruht unten in einem Spurlager und wird mit Kegelrädern angetrieben. Oben an der Welle befindet sich ein Bock mit zwei oder mehr Armen *D*, welche in einem Joch endigen. In jedem dieser Joche hängt an einer kurzen horizontalen Welle *F* eine vertikale Welle *E*. Diese vertikal hängenden Wellen tragen unten je einen Mahlkörper *G* aus Manganstahl oder hartem Gußeisen. Der Mahlkörper kann um die hängende Vertikalwelle *E* rotieren und mit ihr um die kurze horizontale Welle *F* in dem Joch schwingen. Wenn die Hauptwelle *C* mit ihrem Bock rotiert, werden durch die Zentrifugalkraft die Mahlkörper gegen den Mahlring *H* gedrückt. Letzterer ist auswechselbar. Die Mahlkörper zerdrücken das Material mehr als daß sie es zerreiben. Diese zahlreichen beweglichen Teile müssen sehr sorgfältig konstruiert werden, um zu verhindern, daß die Lagerflächen durch den Staub verderben.

Unten im Gehäuse ist ringsherum eine Reihe von Öffnungen mit nach innen gerichteten Leitblechen *J* vorgesehen. Außen um diese Öffnung ist ein leichtes Blechgehäuse *K* angebracht, in welches Luft mit geringem Überdruck geblasen wird. Diese Luft strömt in der Mühle nach oben, nimmt das genügend feine Material mit und befördert es

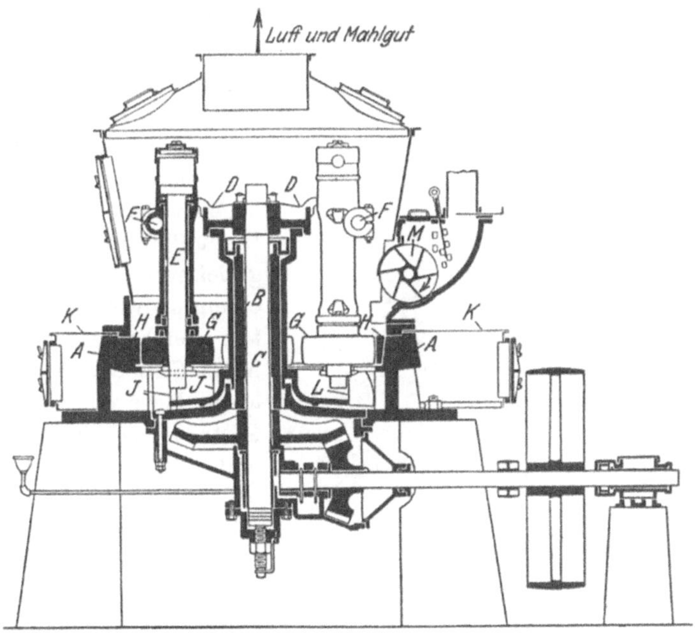

Abb. 262. Raymondmühle.
A Grundplatte. *B* Zentrale Hohlwelle. *C* Hauptwelle. *D* Bock. *E* Mahlkörperwellen. *F* Horizontale Wellen. *G* Mahlkörper. *H* Mahlring. *J* Leitbleche. *K* Gehäuse. *L* Rührwerkzeug. *M* Aufgabekulissenwalze.

oben aus dem Gehäuse zu einem Staubabscheider. Material, das noch nicht fein genug ist, fällt in dem Mühlengehäuse wieder nach unten, wird durch die Kratzer *L* aufgenommen und wieder an den Mahlring geschleudert. Es bleibt so lange in der Mühle, bis es so fein gemahlen ist, daß es von dem Luftstrom getragen werden kann. Die Materialfeinheit kann also durch Regelung der Luftmenge eingestellt werden. Da das Mühlengehäuse unter höherem Druck steht als die Umgebung, muß eine automatische Zuteilvorrichtung für das Aufgabegut vorhanden sein. Diese besteht aus einem Aufgabetrichter und einer Zellenschleuse *M*, welche das Material in regulierbaren Mengen in die Mühle befördert, aber den Austritt von Luft aus dem Gehäuse verhindert. Die Trennung des Materialstaubes von dem Luftstrom wird in Apparaten vorgenommen, die im nächsten Kapitel beschrieben werden.

Die Griffin-Mühle. Die Griffin-Mühle wirkt nach einem Prinzip, das dem der Raymond-Mühle sehr ähnlich ist, nur wird hier eine einzige Welle und ein einziger Mahlkörper verwendet. Die Trennung des Produktes von dem Luftstrom wird mittels Sieben vorgenommen.

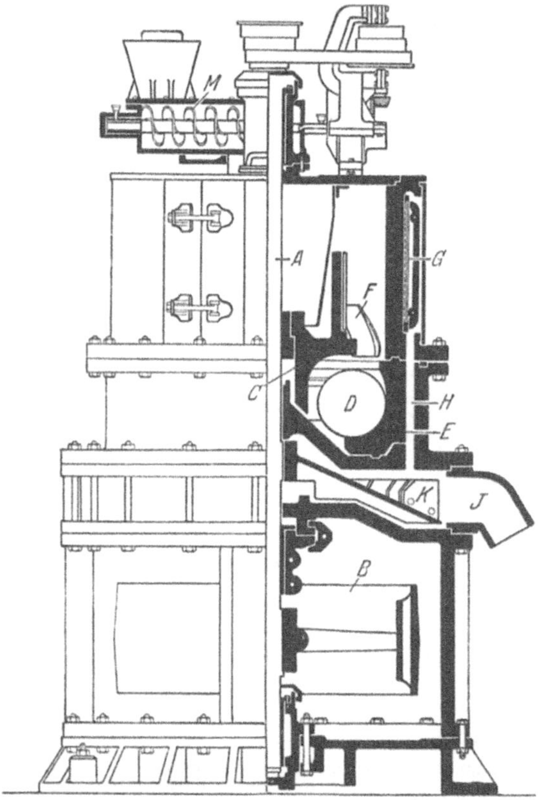

Abb. 263. Fuller-Lehigh-Mühle.
A Königswelle. *B* Antriebsscheibe. *C* Kugelkäfig. *D* Mahlkugeln. *E* Kugelbahn. *F* Ventilatorflügel. *G* Sieb. *H* Weg des Mahlgutes. *J* Ausfallöffnung. *K* Flügel des Hauptventilators. *M* Aufgabeschnecke.

Die Fuller-Lehigh-Mühle. Diese Mühle (Abb. 263) hat eine vertikale Welle *A*, welche durch die Riemenscheibe *B* im unteren Teil der Mühle angetrieben wird. Auf dieser Welle befindet sich ein Käfig *C* mit Puffern, welche große, gußeiserne Kugeln *D* in einem schweren geschmiedeten oder hartgegossenen Gehäuse *E* rollen. Das zu mahlende Material wird in der Mitte der Mühle aufgegeben und fällt in die Rinne, in welcher die Kugeln laufen. Der Käfig mit den Puffern trägt ferner Ventilatorflügel *F*, welche das genügend feine Material gegen ein senkrecht stehendes Sieb *G* blasen. Das Material, das durch dieses Sieb geht, fällt durch den Raum *H* in dem Gehäuse und wird durch die Öffnung *J* von einem anderen Ventilator *K* ausgeblasen. Letzterer erzeugt auch den Zug durch die Mühle. Die Aufgabevorrichtung dieser Mühle besteht in einer kurzen Schnecke *M*. Sie ist besonders für die Mahlung von Kohlen und Zementklinker verwendet worden. Andere Ausführungsarten enthalten einen besonderen Windsichter im oberen Teil.

Ringwalzenmühlen. Die Ringwalzenmühle gehört genau genommen nicht zu den Zentrifugalmühlen. Sie wird aber hier mit aufgezählt, weil ihre Wirkungsweise und ihr Anwendungsgebiet denen der eben beschriebenen Mühlen ähnlich sind. Wie aus Abb. 264 zu ersehen ist, werden die Walzen selbst nicht angetrieben, nur der Mahlring *A* wird mit der horizontalen Welle *B* in Bewegung gesetzt. Im Innern des Mahlkörpers stehen drei sich selbst nicht drehende Zapfen *C*, auf welchen drei Mahlwalzen *D* laufen. Diese Zapfen werden von den Hebeln *E* getragen, welche um die auf dem Deckel gelagerten Zapfen *F* schwingen. Die freien Enden aller drei Hebel werden nahe dem Mittelpunkt des Deckels durch die Stellschraube *G* in dem schweren Joch *H* nach innen gedrückt. Das Joch *H* wird von den Federn *J* gehalten. Die Stellschraube und die beweglichen Schenkel der Winkelhebel berühren sich auf Kugelflächen, so daß jeder Hebel unabhängig von den andern schwingen kann. Das zu mahlende Material wird durch eine Schurre von oben aufgegeben; infolge der rotierenden Bewegung des Mahlringes wird es durch die Zentrifugalkraft ausgeworfen. Das Produkt verläßt das Mühlengehäuse durch eine Öffnung am Boden.

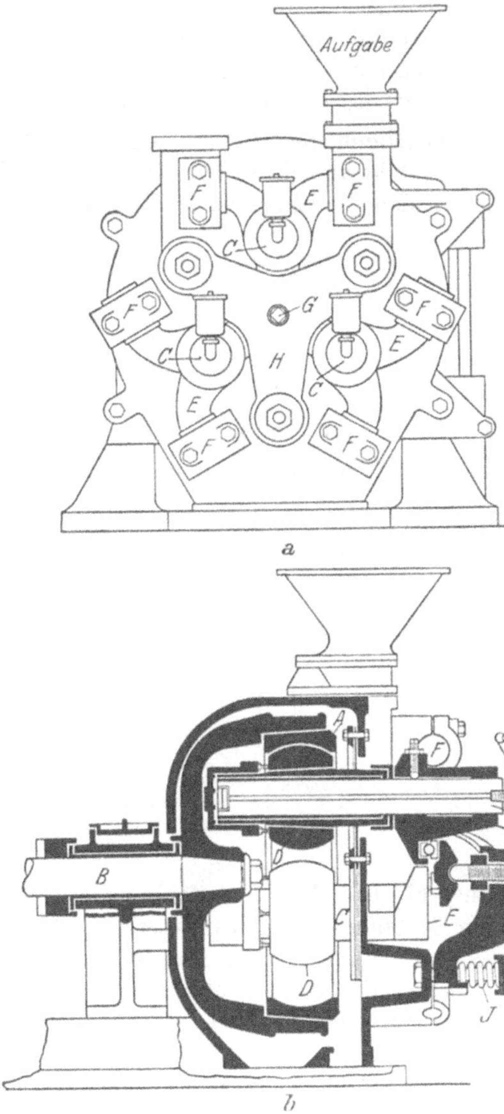

Abb. 264. Ringwalzenmühle.
a Seitenansicht. *b* Schnitt. *A* Mahlring. *B* Antriebswelle. *C* Feststehende Wellen. *D* Mahlwalzen. *E* Winkelhebel. *F* Stützpunkt der Winkelhebel. *G* Einstellschraube. *H* Joch. *J* Druckfeder.

Kugel- und Rohrmühlen.

Eine sehr wichtige Gruppe der Feinmühlen bilden die Kugel- und Rohrmühlen. Unterschieden werden diese beiden Arten heute meist nach dem Verhältnis ihrer Länge zum Durchmesser, nach der Größe des aufgegebenen Materials und der Art der Kugeln. Beide bestehen im wesentlichen aus einem horizontalen Zylinder, der langsam um seine Längsachse rotiert und Kugeln aus Flintstein, Stahl und anderen Materialien enthält. Aufgegeben wird an dem einen Ende des Zylinders; der Stoß der Kugeln auf das Material bewirkt dessen Feinmahlung.

Kugelmühlen. Abb. 265 zeigt einen Schnitt durch eine Kugelmühle. Sie besteht aus einem horizontalen Zylinder *A*, dessen Länge ungefähr gleich dem Durchmesser ist. Er ist im Innern mit schweren Platten *G*

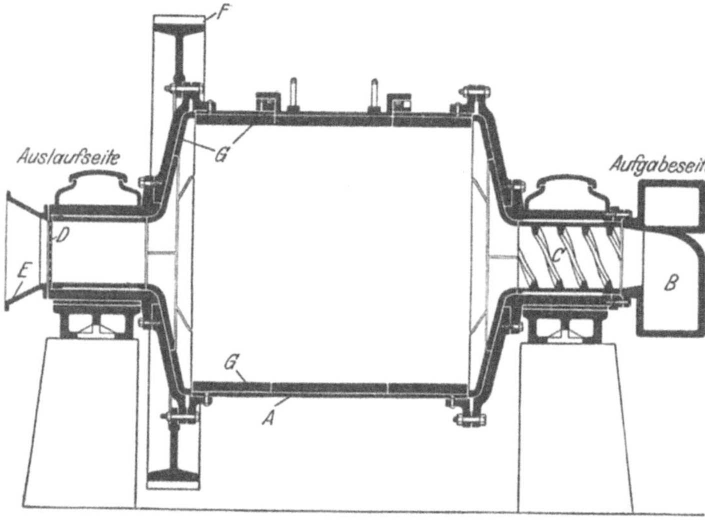

Abb. 265. Kugelmühle.
A Gehäuse. *B* Schöpfer. *C* Aufgabeförderer. *D* Auslaufsieb. *E* Auslauftrichter. *F* Antriebszahnrad. *G* Auskleidung.

ausgekleidet. An der Aufgabeseite, auf dem Bild rechts, befindet sich ein Schöpfer *B*, der das Material in die Förderschnecke *C* hebt, welche es in die Mühle bringt. Das Gesamtgewicht der Kugeln, die Größe der Kugeln, die Tourenzahl und die Aufgabenmenge sind so zu regeln, daß das fertige Produkt, welches durch das Sieb *D* und den Auslauftrichter *E* die Mühle verläßt, die gewünschte Feinheit besitzt. Das Ausfallsieb ist ein grobmaschiges Sieb, das nicht so sehr dazu dient, die Teilchen auszusondern, welche noch nicht fein genug gemahlen sind, sondern vielmehr die Kugeln zurückhalten soll, welche schon in den Auslaufkanal gekommen sein sollten. Die Mühle wird mittels Zahnrad *F* angetrieben. Die im Betriebe befindliche Mühle enthält gewöhnlich Kugeln verschiedener Größe. Diese Kugeln werden zwar nicht in verschiedenen Größen eingefüllt, aber da sie mit der Zeit durch den dauernden Gebrauch verschleißen, müssen neue große Kugeln von Zeit zu Zeit nachgeliefert werden.

Wenn die Mühle mit hoher Geschwindigkeit rotiert, wird mehr Kraft verbraucht, dabei pflegt aber die Feinheit bei gleicher Durchsatzmenge oder die Durchsatzmenge bei gleicher Feinheit erhöht zu werden. Ferner wird das Produkt um so feiner, je kleiner die Kugeln sind. Schließlich hängt die Auslaufgeschwindigkeit von der Aufgabegeschwindigkeit ab, und das Produkt wird um so gröber, je mehr aufgegeben wird.

Die Auskleidung des Gehäuses einer Kugelmühle kann entweder glatt zylindrisch sein oder abgestuft. Die Mühlen können ferner trocken oder naß mahlen.

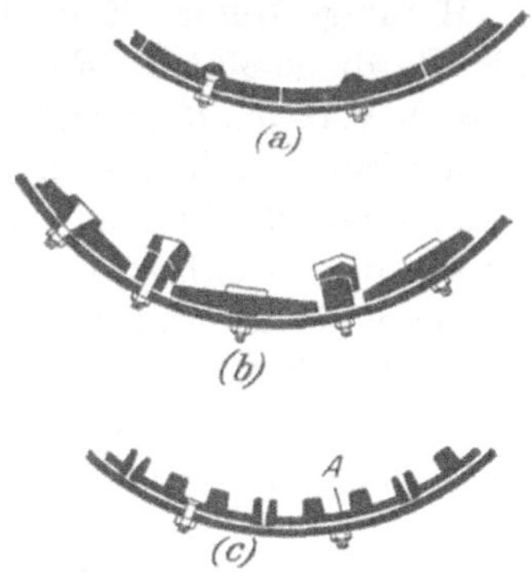

Abb. 266. Formen der Auskleidung von Kugelmühlen.

Rohrmühlen. Eine Rohrmühle hat im großen und ganzen dieselbe Wirkungsweise wie eine Kugelmühle und unterscheidet sich nur dadurch von dieser, daß ihre Länge erheblich größer ist als ihr Durchmesser. Im allgemeinen wird sie mehr mit Flintsteinen als mit Metallkugeln beschickt. Die mittlere Größe dieser Kugeln ist kleiner als in der Kugelmühle. Was oben über die Kugelmühle gesagt wurde, gilt auch für die Rohrmühle. Letztere liefert unter gleichen Umständen ein feineres

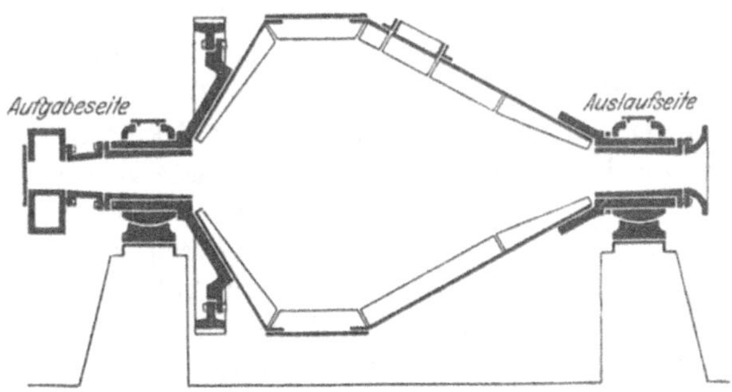

Abb. 267. Hardingemühle.

Produkt als eine Kugelmühle. Rohrmühlen werden viel zum Mahlen von Hartsteinen und von Portlandzementklinker verwendet und, weil ihr Betrieb einfach und ihre Tourenzahl niedrig ist.

Die Auskleidung der Rohrmühlen kann in großer Mannigfaltigkeit bezogen werden. Drei Beispiele hierfür gibt Abb. 266. Im allgemeinen wird nach Verschleiß der Auskleidung diese allein ersetzt, während das äußere Gehäuse bestehen bleibt. Bei der Ausführung nach c klemmen sich die Mahlkugeln in die Aussparungen A und bilden die eigentliche

Mahlfläche. Sie erneuern sich automatisch, wenn sie zersplittern oder herausfallen.

Bei einer Abart der Kugelmühle werden an Stelle der Kugeln oder Steine Stangen, welche parallel zur Längsachse des Rohres liegen, als Mahlkörper verwendet.

Hardinge-Mühle. Eine andere Abart der Kugel- oder Rohrmühle ist die Hardinge-Mühle. Für das Prinzip dieser Mühle war maßgebend, daß es vorteilhaft scheint, wenn die kleineren Kugeln in der Nähe des Auslaufendes gehalten werden, wo sie die feinste Mahlung ergeben, wenn schon die Mühlen im allgemeinen Kugeln verschiedener Größe infolge der fortschreitenden Abnutzung enthalten. Bei der Hardinge-Mühle wird dies erreicht, indem das Auslaufende konisch gestaltet ist, wodurch sich die kleinsten Kugeln automatisch aussondern und an dem konischen Ende ansammeln, während die größten Kugeln in dem zylindrischen Teil verbleiben.

Theorie des Mahlens.

Trotz der weiten Verbreitung von Brech- und Mahlmaschinen sind alle bisherigen Versuche, eine Theorie des Brechens zu entwickeln oder mathematische Formeln dafür aufzustellen, erfolglos geblieben. Zwei Haupttheorien sind aufgestellt worden, bekannt unter den Namen „Rittingers" und „Kicks" Gesetz. Keine von beiden gibt die Wirkungsweise einer Mahlmaschine genau wieder; die Wahrheit liegt in vielen Fällen ungefähr zwischen den Resultaten beider Theorien.

Rittingers Gesetz. Rittingers Gesetz des Mahlens gründet sich auf die Annahme, daß die für den Mahlprozeß aufzuwendende Energie der abgescherten Fläche proportional ist. Zur Erklärung dieser Annahme betrachten wir den Würfel in Abb. 268. Jede Kante dieses Würfels hat die Länge D. Er soll in kleinere Würfel zerlegt werden, deren Kanten die Länge d haben sollen. In Abb. 268 ist ein Verhältnis von D zu d wie 4 zu 1 vorausgesetzt. Dieses Verhältnis sei mit n bezeichnet. Aus Abb. 268 ist zu ersehen, daß dann $n - 1$ Bruchflächen in jeder der drei Richtungen entstehen, mit anderen Worten: Beim Zerlegen des Würfels in kleinere Würfel entsteht eine Scherfläche von $3 \cdot (n - 1) \cdot D^2$ Flächeneinheiten. Nimmt man an, daß A mkg erforderlich sind, um 1 m^2 der neuen Oberfläche zu erzielen, so ist die Arbeit, die erforderlich ist, einen Würfel mit der Kantenlänge D in kleinere Würfel mit der Kantenlänge d zu zerlegen:

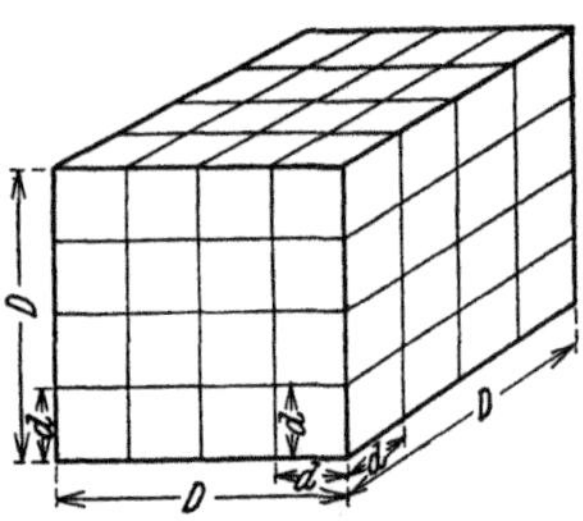

Abb. 268.
Ableitung von Rittingers Gesetz.

$$N = 3\,A D^2 (n - 1)\,. \qquad (283)$$

Auf 1 m³ zu zerkleinerndes Material kommen $\frac{1}{D^3}$ unzerkleinerte Würfel. Man kann annehmen, daß, wenn die unzerkleinerten Körper nicht vollkommene Würfel sind, doch das Verhältnis der Flächen des tatsächlichen Körpers zu der Fläche des genauen Würfels gleicher Dimension für alle Größen dasselbe ist. Dieses Verhältnis sei mit K bezeichnet. Werden diese Größen in Gleichung (283) eingesetzt und wird berücksichtigt, daß $n = \frac{D}{d}$, so erhält man die Gleichung

$$N_{\text{je m}^3} = \frac{1}{D^3}(3\,A\,D^2 \cdot K)\,(n-1) = 3\,A\,K\left(\frac{1}{d} - \frac{1}{D}\right), \qquad (284)$$

welche Rittingers Gesetz genannt wird.

1 t eines Materials, dessen spezifisches Gewicht 1 ist, hat ein Volumen von 1 m³, 1 t Material, dessen spezifisches Gewicht s ist, hat ein Volumen von $\frac{1\ \text{m}^3}{s}$. Da 1 PS = 75 mkg je sek., so folgt, daß die zum Brechen von 1 t Material je Stunde erforderliche Leistung in PS gegeben ist durch die Gleichung

$$N_{\text{PS je t je h}} = \frac{3\,A\,K\left(\frac{1}{d} - \frac{1}{D}\right)}{s \cdot 75 \cdot 3600} = \frac{0{,}000\,0111\,A \cdot K}{s} \cdot \left(\frac{1}{d} - \frac{1}{D}\right). \qquad (285)$$

Da es unmöglich ist, A oder K direkt zu bestimmen und Veränderungen im spezifischen Gewicht in der Formel nicht berücksichtigt werden können — eine Änderung im spezifischen Gewicht bringt meist auch eine Änderung in dem Verhalten des Materials mit sich, wodurch A und K beeinflußt werden —, so wird Rittingers Gesetz am besten in folgender Form geschrieben:

$$\text{PS} = C\left(\frac{1}{d} - \frac{1}{D}\right), \qquad (286)$$

worin C eine Konstante ist, die aus Versuchen mit einer Maschine gleichen Typs und mit dem gleichen Material abzuleiten ist, wobei die Durchsatzmenge nicht zu sehr von der beabsichtigten abweichen darf.

Beispiel 34. In einen Brecher werden Steine aufgegeben, deren mittlere Stückgröße 22 mm beträgt. Die mittlere Größe des gebrochenen Produktes beträgt 7,9 mm, die Menge 13,6 t je Stunde. Bei dieser Stundenleistung sind für die Mühle 8 PS, bei Leerlauf 0,5 PS erforderlich. Wie groß würde der Kraftbedarf sein, wenn dieselbe Stundenmenge auf eine mittlere Größe von 2,5 mm zerkleinert wird?

Lösung. Die Mühle verbraucht 7,5 PS, allein für das Brechen. Der neue Kraftbedarf ist gegeben durch folgenden Ansatz:

$$\frac{7{,}5}{N_n} = \frac{\left(\frac{1}{7{,}9} - \frac{1}{22}\right)}{\left(\frac{1}{2{,}5} - \frac{1}{22}\right)},$$

$$\frac{7{,}5}{N_n} = 0{,}23\,, \qquad N_n = 32{,}6\,.$$

Insgesamt sind erforderlich $N_t = 32{,}6 + 0{,}5 = \sim 33$ PS.

Kicks Gesetz. Kicks Gesetz setzt voraus, daß die zum Brechen eines Stoffes erforderliche Energie proportional ist dem Logarithmus des Verhältnisses zwischen Anfangs- und Enddurchmessern. Dies bedeutet, daß, wenn eine bestimmte Energiemenge erforderlich ist, um ein bestimmtes Gewicht von Würfeln mit 25 auf 12,5 mm Kantenlänge zu zerkleinern, dieselbe Energiemenge erforderlich ist, um Würfel von 12 auf 6 mm Kantenlänge oder von 6 auf 3 mm Kantenlänge usw. zu zerkleinern. Nach diesem Gesetz würde es z. B. die doppelte Energiemenge beanspruchen, wenn die Größe der aufgegebenen Körper auf $^1/_9$ statt auf $^1/_3$ herabgesetzt wird. Kicks Gesetz kann durch die folgende Gleichung ausgedrückt werden:

$$N_{\mathrm{PS}} = K \log \frac{D}{d}, \tag{287}$$

worin K eine Konstante, D und d die Anfangs- und Endgrößen sind.

Beispiel 35. Welcher Kraftbedarf ergibt sich in Beispiel 34 nach Kicks Gesetz? Lösung. Gleichung (287) lautet für den vorliegenden Fall:

$$7{,}5 = K \log \frac{22}{7{,}9} = K \cdot 0{,}4448,$$
$$K = 16{,}85;$$

für eine Größe des Produktes von 2,5 mm sollte also die Antriebskraft werden

$$N_n = 16{,}85 \log \frac{22}{2{,}5} = 16{,}85 \cdot 0{,}9445,$$
$$N_n = 15{,}9.$$

Insgesamt wären demnach erforderlich $N_t = 15{,}9 + 0{,}5 = \sim 16{,}5$ PS.

Aus den Beispielen ist zu ersehen, daß sich je nach der Anwendung von Rittingers oder Kicks Gesetz sehr verschiedene Resultate ergeben.

Betrieb von Mahlanlagen.

Aufgabe des Mahlgutes. Ob nun für die Mahlung Rittingers Gesetz oder Kicks Gesetz maßgebend ist, der Hauptteil der Kraft wird beim Mahlen der feineren Teilchen verbraucht. Infolgedessen ist es, wenn ein vorliegendes Material auf z. B. 10 Maschen Feinheit gemahlen werden soll, eine Kraftverschwendung, ein Mahlgut herzustellen, in welchem ein großer Teil eine Feinheit entsprechend 20 oder 50 Maschen hat. Um ein Minimum an zu feinem Material im Produkt zu erzielen, soll im allgemeinen die Aufgabe für jede Mahlanlage so eingestellt werden, daß das Produkt frei von den Mahlflächen herabfällt und kein Anhaften auf den Mahlkörpern und Anhäufen von feinem Material um die gröberen Stücke eintritt.

Viele Maschinen, z. B. die Backenbrecher, Kreiselbrecher, Brechwalzen und ähnliche Maschinen machen sich selbst von dem Gute frei, wenn sie nicht überfüttert werden und das zu verarbeitende Material nicht „klamm“ oder schmierig ist. Bei anderen Maschinen und eigentlich auch bei allen, welche schmieriges Material verarbeiten, sind Vorrichtungen erforderlich, um das Verstopfen zu verhindern. Es sind verschiedene automatische Aufgabevorrichtungen konstruiert worden, die bei vielen Maschinen anwendbar sind. Eine Mahlmaschine kann auch betrieben werden, indem Wasser oder eine Lösung über das Material geleitet wird. Der Zweck dieser Maßnahme ist, die feinen Teilchen fortzuschwemmen und nur die groben zurückzulassen und der Einwirkung der Mahlfläche auszusetzen. Der gleiche Grund ist maßgebend für die Anwendung der Windsichtung in der Raymond- oder Fuller-Lehigh- und ähnlichen Mühlen. Eine andere Methode, das Verstopfen der Mahlmaschinen zu vermeiden, den Kraftverbrauch herabzusetzen und die Menge zu feinen Gutes zu verringern, wird im nächsten Abschnitt beschrieben.

Mahlen mit geschlossenem Kreislauf. Dieser Ausdruck bezieht sich auf eine Kombination von Mahl- oder Brechmaschinen mit einer Vorrichtung zur Trennung des Gutes nach Teilchengröße, so daß das gesamte Produkt aus der Mahlmaschine durch die Sichtanlage geht. Die von der Sichtanlage durchgelassenen Teilchen stellen das Produkt dar, die größeren werden zur Mühle zurückbefördert.

Die Vorrichtung zum Sichten nach der Teilchengröße könnte in einem Sieb irgendeiner Art bestehen. Da der Kraftverbrauch erst dann schneller wächst, wenn die Feinheit größer wird, so folgt, daß das Mahlen im geschlossenen Kreislauf, wenn auch vorteilhaft für jede Zerkleinerungsmaschine, sich um so vorteilhafter auswirkt, je feiner das Produkt sein muß. Für ganz feine Produkte sind aber Siebe am wenigsten geeignet. Das Mahlen im geschlossenen Kreislauf wird daher meist mit Hilfe eines Flüssigkeitsstromes durchgeführt, welcher sowohl die Zerkleinerungsmaschine wie auch die Sichtanlage durchläuft (siehe S. 442).

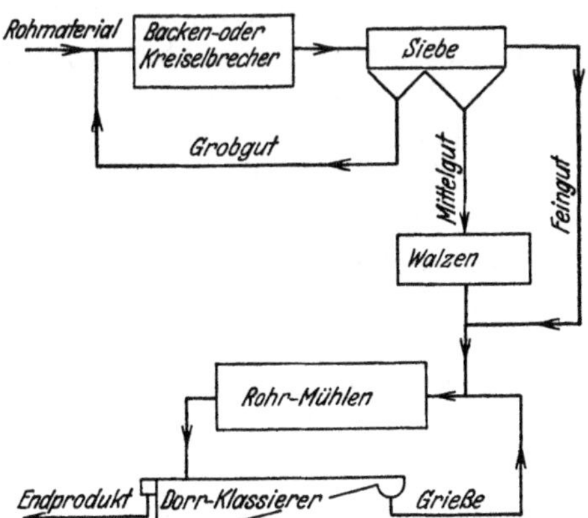

Abb. 269. Schema einer Mahlanlage mit Kreislauf.

Sehr oft findet man dies System bei Kugel- oder Rohrmühlen angewendet, welche naß mahlen. In diesem Falle empfiehlt sich der Dorr-Klassierer (siehe S. 443) als ein einfacher Apparat zur Trennung der Übergröße von der Untergröße. Gleichzeitig erfüllt er die Aufgabe, die Übergröße genügend weit zu befördern, so daß sie vom Auslauf des Klassierers sofort wieder zum Einlaufende der Rohrmühle gelangt und äußere Fördereinrichtungen auf ein Minimum beschränkt bleiben. Abb. 269 gibt das Schema der Apparatur einer

Mahlanlage mit geschlossenem Kreislauf, unter Verwendung von Grob- und Mittelbrechern und einer Kombination von Rohrmühle und Dorr-Klassierer.

XVI. Klassieren.

Dieses Kapitel soll sich mit den Operationen beschäftigen, welche den Zweck haben, Feststoffe der Größe nach zu trennen. Einige der hier zu beschreibenden Apparate können auch zur Trennung verschiedener Feststoffe benutzt werden, indem der Unterschied im spezifischen Gewicht oder sonstiger Eigenschaften benutzt wird. Da diese Apparaturen denjenigen sehr ähnlich sind, welche nur der Größe nach trennen, so werden sie hier in diesem Kapitel mit behandelt. Das Klassieren spielte bei der Aufbereitung von Erzen früher eine weit wichtigere Rolle als in der eigentlichen chemischen Industrie. Da aber die dort eingeführten Verfahren allgemein für die Trennung von Feststoffen wichtig sind, werden sie in diesem Kapitel mit behandelt werden.

Siebe.

Die Wirkungsweise der Klassierer ist ebenso wie die der Brech- und Mahlmaschinen, am besten durch den Vergleich von Siebanalysen des aufgegebenen Materials und des Produktes zu verfolgen. Solche Siebanalysen sind uns bereits in Kapitel XII begegnet. Siebanalysenkurven sind in Abb. 197 dargestellt.

Prüfsiebe. Es ist eine alte Gewohnheit, die für Prüfzwecke gebrauchten Siebe nur durch die Angabe der Maschenzahl je Zoll zu kennzeichnen. Eine auf derartige Angaben gegründete Siebanalyse gibt den prozentualen Gewichtsanteil des Materials an, der durch das 10-Maschensieb hindurchfällt und auf dem 20-Maschensieb zurückbleibt bzw. durch das 20-Maschensieb fällt und auf dem 30-Maschensieb zurückbleibt usw. Solche Angaben sind ganz bedeutungslos und sollten in dieser Form niemals gemacht werden, wenn nicht die Siebe selbst genau gekennzeichnet werden. Der Grund hierfür ist der, daß Drahtgewebe irgendeiner Anzahl von Maschen je Zoll aus Drähten mit sehr verschiedenen Stärken gewebt werden und sich mit dem Drahtdurchmesser natürlich auch die lichte Maschenweite des Siebes ändert. Aus der S. 425 folgenden Tabelle geht hervor, wie bedeutungslos eine Angabe, wie z. B. „30-Maschensieb“, sein kann und daß z. B. je nach der Wahl der Drahtstärke Siebe von 20—35 Maschen je Zoll mit derselben lichten Maschenweite hergestellt werden können.

Um hier eine Klärung herbeizuführen, sind verschiedene Normalsiebskalen vorgeschlagen worden, nach welchen sowohl die Drahtstärken wie die Anzahl der Maschen je Zoll so bestimmt sind, daß ein bestimmtes Verhältnis zwischen den Öffnungen des einen Siebes und

Maschen	Drahtdurchmesser mm	Lichte Öffnung mm	Maschen	Drahtdurchmesser mm	Lichte Öffnung mm
30	0,43	0,41	20	0,81	0,46
30	0,36	0,49	22	0,71	0,45
30	0,30	0,54	26	0,51	0,47
30	0,25	0,59	28	0,46	0,45
30	0,20	0,64	30	0,38	0,46
			35	0,28	0,45

des ihm in der Skala nächstfolgenden hergestellt wird. Der gebräuchlichste Normalsiebsatz ist durch die Tyler-Normalsiebskala definiert, deren Grundlage ein 200-Maschensieb aus Draht ist, dessen Stärke 0,053 mm beträgt, woraus sich eine lichte Maschenweite von 0,073 mm ergibt. Die folgenden gröberen Siebe haben Maschen und Drahtdurchmesser, die so bestimmt sind, daß die Fläche der Öffnung des einen Siebes ungefähr doppelt so groß ist wie die Fläche der Öffnung des nächst feineren. Das bedeutet, daß die linearen Abmessungen der Öffnungen in zwei aufeinanderfolgenden Sieben im Verhältnis $1:\sqrt{2}$ stehen. Eine Tabelle dieser Siebabmessungen ist im Anhang IX gegeben.

Drahtsiebe. Siebe sind mit sehr verschiedenen Maschenzahlen und Gewichten für bestimmte Maschenzahlen erhältlich. Bei den meisten Sieben ist der Draht doppelt gebogen, wodurch er besser in seiner Lage gehalten wird. Das Normalsieb hat gewöhnlich in beiden Richtungen dieselbe Maschenzahl. Es sind aber auch Spezialgewebe zu bekommen, bei welchen dies nicht der Fall ist. Ein oft gebrauchtes Sieb ist z. B. das sogenannte ton-cap-Sieb, welches in der einen Richtung ungefähr die doppelte Maschenzahl hat als in der anderen. Im allgemeinen ist, wenn die Öffnung des Siebes nicht quadratisch ist, die Größe des das Sieb noch passierenden Teilchens durch die kleinere Abmessung der Öffnung bestimmt und nicht durch die größere. Siebe sind aus allen möglichen Metallen zu beziehen. Eisen, Messing und Kupfer sind die am meisten gebrauchten. Für sehr feine Trennungen wird manchmal Seidentuch benutzt.

Für besondere Zwecke ist auch gelochtes Blech an Stelle von Sieben im Gebrauch. Die gestanzten Löcher können rund oder rechteckig sein. Die zwischen den Löchern stehenbleibenden festen Stege haben die verschiedensten Formen. Eine Platte mit einer großen Anzahl von Löchern und schwachen Stegen hat zwar eine große Leistungsfähigkeit, wird aber sehr schnell verschleißen und umgekehrt. Im allgemeinen wird bei größeren Öffnungen als 25 mm lieber eine Platte mit runden Löchern als ein Drahtsieb verwendet.

Siebarten.

Da Siebe zum Klassieren von Materialien benutzt werden von mehreren Zentimetern bis zu Bruchteilen eines Millimeters Maschenweite, sind Siebmaschinen konstruiert worden, die sich hinsichtlich Unempfindlichkeit, Bewegung des Gutes und Konstruktionsmaterial sehr unterscheiden. Eine Einteilung, die im großen und ganzen auf der Feinheit beruht, ist die folgende:

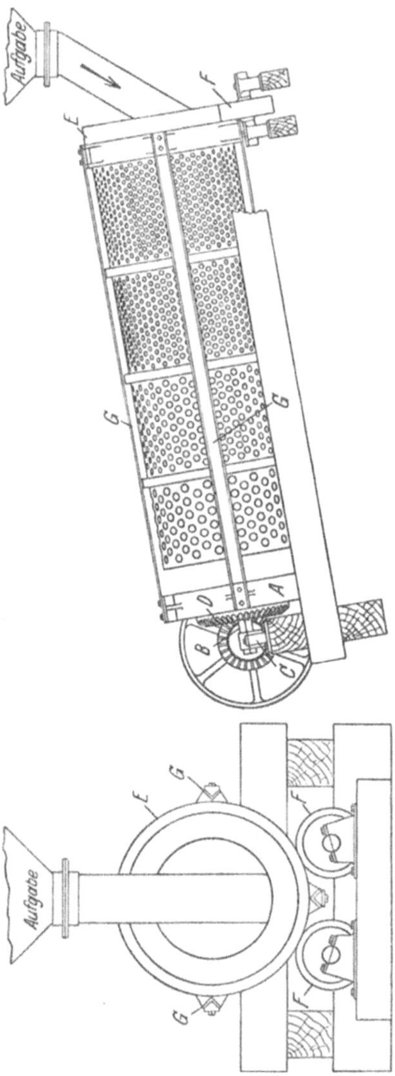

Abb. 270. Siebtrommel. *A* Auslaufkopf. *B* Zapfen. *C* Traglager. *D* Antriebskegelräder. *E* Laufring. *F* Tragrollen. *G* Profileisenrahmen.

1. Grizzlies (Grubenroste) werden für grobes Absieben von schweren Stücken benutzt und sind sehr robust gebaut;
2. Trommeln sind rotierende Siebe, die für ziemlich grobe Stücke verwendet werden;
3. Schüttelsiebe werden für feine Produkte verwendet und
4. Vibrationssiebe ebenfalls für feine Siebung.

Grizzlies (Grubenroste). Ein Grizzly ist ein einfacher Apparat, der nur aus einem Rost, der aus Flacheisen hergestellt ist, besteht. Gewöhnlich wird dieser Rost geneigt angeordnet. Das Material rollt über diese Neigung herab. Die Neigung und damit der Weg des Materials ist parallel zu den Flacheisen. Die Flacheisen haben manchmal keilförmigen Querschnitt, oben stärker als unten, so daß sie verhältnismäßig hoch gewählt werden können, ohne daß zu befürchten ist, daß sich das Material in den Schlitzen festklemmt. Der Grubenrost ist oft auch als kurzes endloses Transportband ausgebildet, so daß die Übergröße abgeworfen wird, während das Material der richtigen Größe durchfällt. Es wird nur für die gröbste Trennung benutzt.

Trommeln. Eine Trommel besteht aus einem rotierenden Zylinder aus gelochten Blechen oder Drahtsieben. Sie ist an beiden oder an einem Ende offen. Ihre Achse liegt horizontal oder schwach geneigt, so daß das Material bei der Rotation des Zylinders durch die Trommel wandert. Sie eignet sich am besten zur Verarbeitung von verhältnismäßig grobem

Material (15 mm oder darüber). Hinsichtlich der Konstruktion und des Aufbaues bestehen größere Unterschiede. Eine Ausführungsform ist in Abb. 270 dargestellt. Das Auslaufende wird von einem Gehäuse *A* gebildet, in welches die Welle *B*, die in der Lagerbüchse *C* liegt, eingesetzt ist. An diesem Ende greift auch über das Antriebsgetriebe *D* die Antriebskraft an, welche die Trommel in Drehung versetzt. Das andere Ende der Trommel besteht aus einem schweren Ring *E*, welcher auf den Rollen *F* ruht. Zwischen diesen beiden Köpfen sind schwere Stangen oder Winkeleisen *G* angebracht, an welchen die gelochten Platten mit Stahlbändern befestigt werden. Die Übergröße verläßt die Trommel durch einen ringförmigen Schlitz zwischen der letzten Platte und dem Gehäuse *A*.

Verschiedene Anordnungen von Trommeln sind schematisch in Abb. 271 dargestellt. Am einfachsten ist es, wenn die Lochung in

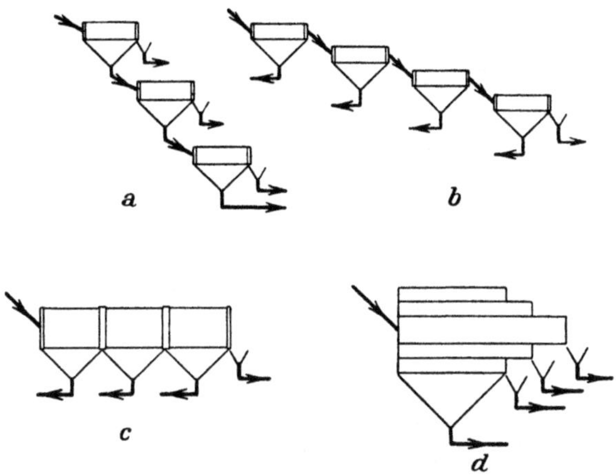

Abb. 271. Anordnung von Trommelsieben.
a Sieb einer Größe auf jeder Trommel, gröbstes Sieb zuerst. *b* Sieb einer Größe auf jeder Trommel, feinstes Sieb zuerst. *c* Sieb verschiedener Maschenweite auf einer Trommel. *d* Siebe verschiedener Maschenweite auf konzentrischen Trommeln.

gleicher Größe über die ganze Länge des Zylinders reicht. Die Übergröße fällt aus dem niedrigeren Ende der Trommel in einen Trichter oder eine Schurre. Wenn ein Material nach mehreren Größen getrennt werden soll, werden mehrere Trommeln in Reihe hintereinandergeschaltet. In der ersten ist die Lochung am gröbsten. Das durch das Sieb fallende Material, die Untergröße, wird der nächsten Trommel aufgegeben. Die Anordnung der Trommeln untereinander, wie in Abb. 271*a* angegeben, ermöglicht bequemes Arbeiten. Wenn die erste Trommel die feinste Lochung hat, geht die Übergröße in die nächste Trommel und es ist am bequemsten, die aufeinanderfolgenden Siebe hintereinanderzustellen, wie in Abb. 271*b* dargestellt ist. Für kleine Leistungen gibt es noch die Möglichkeit, daß ein einziger Zylinder mit verschiedenen Lochungen von der feinsten am Aufgabeende bis zur gröbsten am Auslaufende versehen wird. Diese Anordnung ist in Abb. 271 *c* dargestellt. In diesem Falle wird unter jedes Feld mit gleicher Lochung ein besonderer Trichter gesetzt. Diese Anordnung hat jedoch den Nachteil, daß die schwächste Platte oder das empfindlichste Sieb mit den feinsten Öffnungen dem größten Verschleiß unterworfen ist. Eine vierte Möglichkeit der Anordnung von Trommeln (Abb. 271 *d*) besteht darin, die verschiedenen Zylinder konzentrisch ineinanderzulegen. Der innerste Zylinder ist der längste und trägt die gröbste Lochung. Die weiter nach außen folgenden sind immer kürzer und mit

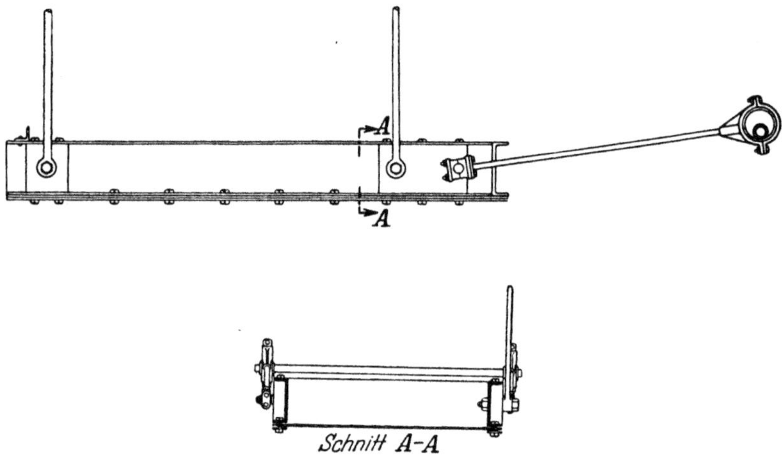

Abb. 272. Schüttelsieb.

feineren Lochungen versehen. Der Vorteil dieser Anordnung besteht darin, daß die größte Aufgabemenge auf das stärkste Sieb gelangt, doch ist die Konstruktion komplizierter und teurer. Wenn in einer Trommel feinere Trennungen vorgenommen werden sollen, so kann der Zylinder an Stelle der gelochten Platten oder des groben Drahtsiebes mit feinem Draht- oder Seidentuch bekleidet werden. Ein derartiger Apparat wird gewöhnlich ein Reel (Beutelmaschine) genannt. Reels werden meist für sehr feine Trennungen benutzt; es müssen dann Vorrichtungen vorhanden sein, die das Verstopfen des Siebes verhindern. Das Verstopfen entsteht durch das Festklemmen von Teilchen, die nicht klein genug sind, um durch die Öffnungen zu gehen, wodurch ein erheblicher Bruchteil der Siebfläche seiner Wirkung beraubt werden kann. Feine Siebe neigen mehr zum Verstopfen als grobe. Bei allen Feinsieben müssen daher Vorrichtungen zur Verhinderung des Verstopfens vorgesehen werden. An den Reels werden gewöhnlich außen irgendwie rotierende Bürsten angebracht. Da bei solchen feinen Trennungen erhebliche Staubmengen erzeugt werden, sind diese feinen Siebmaschinen fast immer in Gehäusen eingeschlossen, und Aufgabegut und Produkt werden durch Transportschnecken zu- bzw. abgeführt.

Schüttelsiebe. In manchen Fällen, wenn es sich um Teilchengrößen des Produktes von 10 mm und darunter bis zu den größten Feinheiten handelt, kann eine Größentrennung auf ebenen oder schwach geneigten Sieben vorgenommen werden, die in hin- und hergehende Bewegung gesetzt werden. Derartige Siebe können in der verschiedensten Weise konstruiert sein; meistens sind sie aber verhältnismäßig sehr einfach. Abb. 272 zeigt eine derartige einfache Anordnung. Der Rahmen besteht aus U-Eisen und ist in Stangen aufgehängt, so daß er frei beweglich ist.

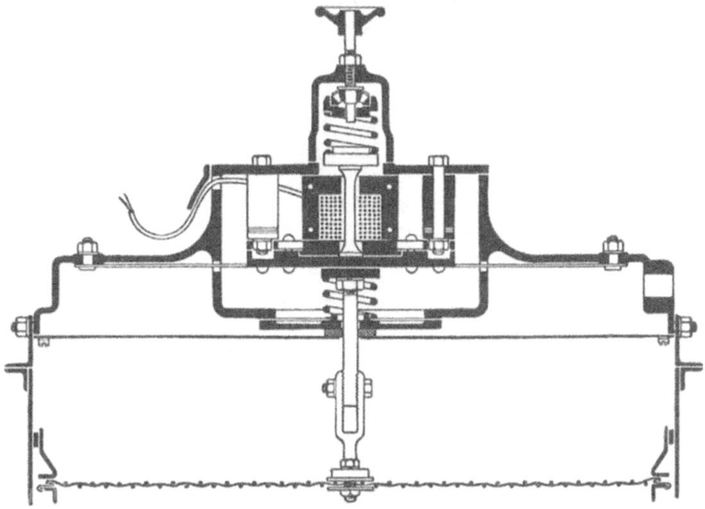

Abb. 273. Summersieb.

Die Schüttelbewegung wird mittels eines gewöhnlichen Exzenters oder einer Kurbel hervorgerufen. Das Sieb kann direkt auf den Rahmen genietet werden oder es wird auf einen leicht auswechselbaren Rahmen gelötet, der auf dem Tragrahmen festgeschraubt wird.

Vibrationssiebe. Um die Leistungsfähigkeit ebener Siebe zu erhöhen, werden sie oft geneigt aufgestellt. In solchen Fällen wird das Sieb nicht nur geschüttelt oder hin- und herbewegt, sondern vibriert sehr schnell, um die Teilchen in dauernder Bewegung zu halten und das Verstopfen des Siebes zu verhindern. Die Vibration kann auf folgende Weise bewirkt werden: An das Siebende werden Stifte geheftet, die durch das Gehäuse gehen. Auf diese Stifte schlagen in Scharnieren hängende Hämmer, welche durch rotierende Wellen in Bewegung gesetzt werden. Es können auch ein oder zwei leichte U-Eisen an der Unterseite des Siebrahmens befestigt werden, welche sich auf Exzenter stützen. Eines der bestbekannten Vibrationssiebe ist der Summer (siehe Abb. 273).

Das Siebgewebe ist zwischen Schienen gespannt und kann in der Mitte auf- und abgezogen werden. Über dem Siebgehäuse ist ein Wechselstrommagnet aufgehängt, dessen Anker mit dem Siebgewebe verbunden wird. Auf diese Weise werden Vibrationsschwingungen mit hoher Frequenz erzielt mit dem Erfolg, daß große Leistungen und störungsfreies Arbeiten des Siebes erreicht werden.

Ein anderes weit verbreitetes Sieb ist das Rotexsieb (Abb. 274). Hier sind die Siebe beinahe horizontal angeordnet. Unter dem eigentlichen Sieb befindet sich ein viel gröberes Unterstützungssieb *B*. Auf diesem Unterstützungssieb sind in gewissen Abständen hölzerne Leisten *C* mit geneigten Seiten angebracht. Zwischen den beiden Sieben liegt eine Anzahl von Gummikugeln *D*. Die Schüttelbewegung des Siebes schleu-

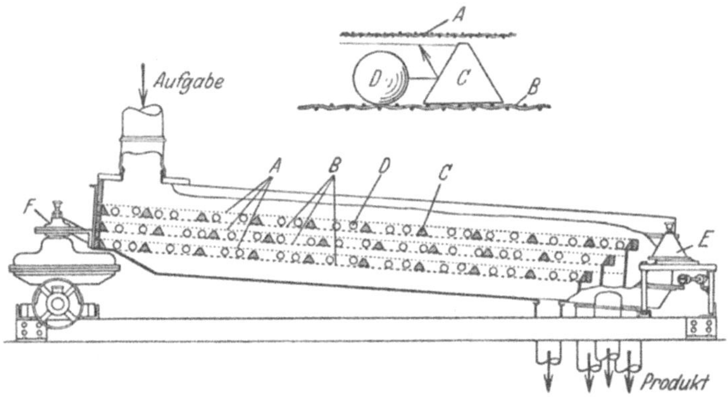

Abb. 274. Rotexsiebe.
A Klassiersiebe. *B* Grobe Stützsiebe. *C* Hölzerne Distanzstreifen. *D* Gummikugeln. *E* Gleitlager. *G* Exzentrisches Lager.

dert die Gummikugeln herum, die von den schrägen Seiten der Holzleisten nach oben gegen das eigentliche Siebgewebe abprallen. Der ganze Siebmechanismus stützt sich an dem unteren Ende auf die beiden Gleitflächen *E*, am oberen Ende auf den einen Träger *F*, welcher vermittels eines auf einem schweren Schwungrad exzentrisch sitzenden Bolzens in Bewegung gesetzt wird.

Alle ebenen oder geneigten Schüttel- oder Vibrationssiebe können eine oder mehrere Trennungen in einem einzigen Apparat vornehmen. Ist nur ein einziges Siebgewebe vorhanden, so fallen nur zwei Produkte an, Übergröße und Untergröße. Es ist aber möglich, zwei oder mehrere Siebgewebe übereinander in demselben Rahmen anzuordnen, wie in Abb. 274 dargestellt ist. Die gröberen Gewebe liegen oben, die feineren unten. Zwischen ihnen ist genügend freier Raum, und die Siebe sind verschieden lang, so daß am Ende eines jeden Gewebes eine Ausfallschurre angeordnet werden kann. In einem derartigen Apparat können mit n-Geweben $n + 1$-Fraktionen erzielt werden.

Luftfilter.

Im allgemeinen wird der Ausdruck Filtration auf die Trennung von Feststoffen aus Flüssigkeiten angewendet; logischerweise aber gehört auch die Trennung von Feststoffen aus Gasen unter denselben Begriff. Letztere wird nur in diesem Kapitel mitbehandelt, weil sie die einzige Methode darstellt, um aus einem Gas oder einem Luftstrom Feststoffe abzutrennen, welche feiner sind als die üblichen Siebe (etwa 200 Maschen). Fein verteilte Feststoffe können aus Gasen mit Hilfe folgender Apparate abgeschieden werden:

1. Zyklon,
2. Schlauchfilter,
3. Cottrell,
4. Spezielle Luftfilter.

Zyklone. Wenn eine nicht ganz vollständige Abtrennung genügt und wenn der abzuscheidende Feststoff nicht gar zu fein verteilt ist, so kann zur Abtrennung die Wirkung der Zentrifugalkraft nutzbar gemacht werden. Den hierfür benutzten Apparat nennt man allgemein einen Zyklon. Er ist in Abb. 275 dargestellt. Aus der Abbildung ist zu ersehen, daß der Apparat im wesentlichen aus einem kurzen senkrechten Zylinder besteht, der oben mit einem flachen Deckel, unten mit einem konischen Boden verschlossen ist. Die mit Feststoffen beladene Luft wird tangential oben in den zylindrischen Teil eingeleitet. Die Zentrifugalkraft wirft die Feststoffteilchen nach außen gegen die Wandung; von dort fallen sie in den Trichter. Der Luftauslaß befindet sich gewöhnlich in der Mitte des Deckels und hat meist eine Fortsetzung im Innern, wodurch das direkte Entweichen der Luft verhindert werden soll. Zyklone finden Anwendung zur Sammlung von Holzspänen, schwerem und grobem Staub und überhaupt immer dort, wo das abzuscheidende Material nicht zu fein ist.

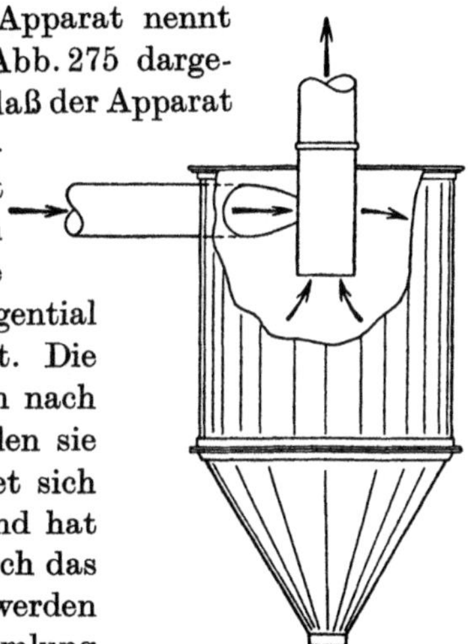

Abb. 275. Zyklonstaubabscheider.

Schlauchfilter. Wenn eine vollständigere Trennung erreicht werden muß, als in einem Zyklon möglich ist, so ist das Schlauchfilter die nächste Stufe. Hier wird die zu filtrierende Luft in lange zylindrische Beutel aus Baumwolle oder Wolle geleitet, so daß der zu entfernende Staub in deren Innern zurückgehalten wird. Die Luft kann zeitweise abgestellt werden, um die Beutel zu schütteln, wobei der Staub in einen Sammeltrichter fällt. Vom gewöhnlichen Staubsauger, der im Haushalt gebraucht wird, ist das Schlauchfilter allgemein bekannt. Abb. 276 zeigt die Konstruktion eines Schlauchfilters mit mehreren Schläuchen. Eine Anzahl gewebter Schläuche A ist in einem Blechgehäuse B aufgehängt. Im allgemeinen tritt das zu filtrierende Gas von unten bei C ein, strömt nach oben in die Schläuche, durch deren Wandung und verläßt das Gehäuse durch die Hauptleitung D, welche zu einem saugenden Ventilator führt. Letzterer ist so bemessen, daß der ganze Apparat unter einem geringen Unterdruck gehalten wird. Während der Filtrationszeit

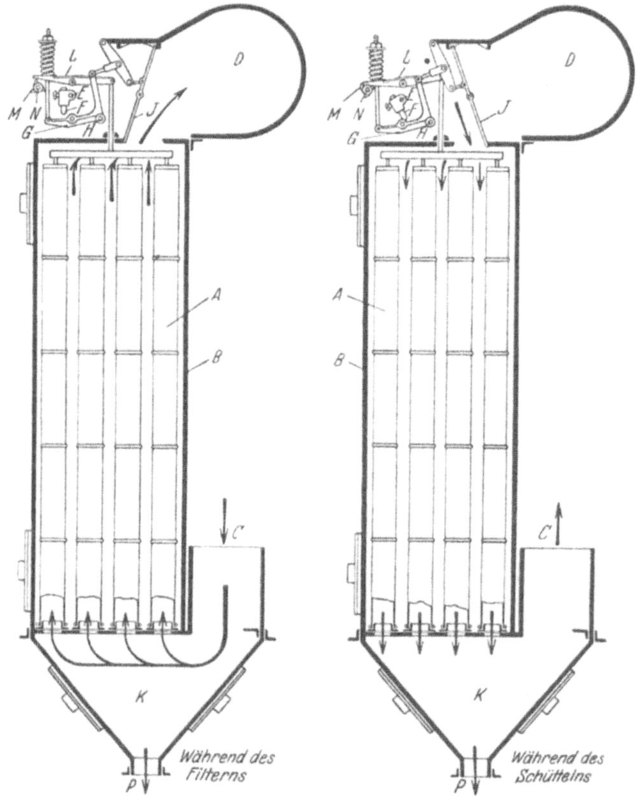

Abb. 276. Schlauchfilter.

A Filterschläuche. *B* Gehäuse. *C* Gaseintritt. *D* Sammelleitung für abziehendes Gas. *E* Langsam laufende Welle. *F* Nocke. *G* Winkelhebel. *H* Drehpunkt des Winkelhebels. *J* Drosselklappe. *K* Staubsammeltrichter. *L* Schüttelhebel. *M* Schüttelnocken. *N* Nockenwelle. *P* Materialauslauf.

werden die Schläuche straff gehalten. Die Welle E rotiert sehr langsam, so daß einige Minuten vergehen, ehe die Nocke F gegen den Winkelhebel G stößt und ihn um seinen Aufhängepunkt H dreht. Dadurch wird die Stellung der Drosselklappe J verändert. Die neue Stellung ist in Abb. 276 ebenfalls dargestellt. Da immer mehrere Gehäuse zusammenarbeiten, tritt nun die Luft von oben in das Gehäuse ein und zieht nach unten rückwärts durch den Anschluß C in die anderen Gehäuse ab, wodurch der Staub von den Schlauchwandungen entfernt wird. Gleichzeitig werden die

Beutel heftig geschüttelt, indem durch den Winkelhebel *G* der zweiarmige Hebel *L* in den Bereich der Nocke *M* auf der schnellrotierenden Welle *N* gebracht wird. Der größte Teil des Staubes fällt in den konischen Teil *K*, woraus er von Zeit zu Zeit durch eine Schleuse, welche sich bei *P* anschließt, entfernt wird. Diese hier beschriebenen Apparate arbeiten ganz automatisch. Man kann in ihnen große Filterflächen je m² Grundfläche unterbringen.

Abb. 277 stellt den Perfektionsstaubsammler dar, welcher in Getreidemühlen verwendet wird, um den explosiblen Staub aus der Luft zu entfernen. Eine große Zahl von Gewebeschläuchen *A* sind auf dem

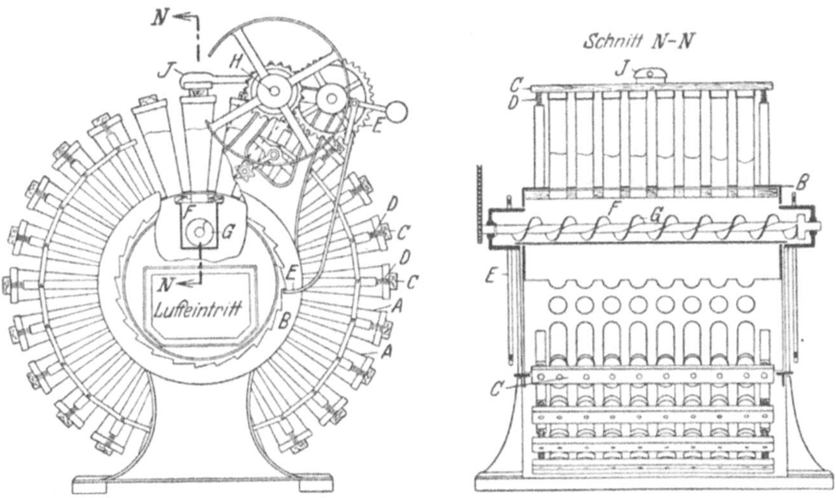

Abb. 277. Staubsammler.
A Filterschläuche. *B* Eintrittstrommel. *C* Tragstange der Filterschläuche. *D* Federn. *E* Klinkenantrieb. *F* Staubsammelkammer. *G* Staubschnecke. *H* Nockenwelle. *J* Hämmer.

Umfang einer Trommel *B* angebracht. Die Zugstange *C* an den Enden der Schläuche einer Reihe wird durch eine Feder *D* gehalten, so daß normalerweise die Schläuche straff gezogen sind. Die staubbeladene Luft wird in die Trommel geleitet und strömt durch sämtliche Schläuche mit Ausnahme der Reihe, welche gerade oben senkrecht steht. Eine Klinke *E* dreht die Trommel *B* langsam immer um den Winkel, welcher der Entfernung der Schlauchreihen entspricht. Die Schläuche kommen oben über eine Ausfallkammer *F* zu stehen, in welcher eine Schnecke *G* zur Entfernung des Staubes läuft. Während die Schläuche in dieser Stellung stehen, werden sie durch die auf der schnellaufenden Welle *H* befindlichen Nocken und die Hämmer *J* heftig geschüttelt, so daß sie den Staub in das Ausfallgehäuse *F* fallen lassen. Dieses Filter arbeitet ebenfalls kontinuierlich und automatisch.

Cottrell-Gasreiniger. Wenn Feststoffe in Suspension enthaltendes Gas der Wirkung eines starken, gleichgerichteten elektrischen Feldes ausgesetzt wird, so werden die suspendierten Teilchen durch Induktion elektrisch und durch einen der beiden Pole angezogen. Wenn die eine Elektrode scharfe Spitzen oder Kanten hat, während die andere glatt ist, so ist es möglich, das tragende Gas selbst zu ionisieren und dadurch eine Gasströmung in der Richtung auf die glatte Elektrode hin zu erreichen, wodurch die Staubabscheidung begünstigt wird.

Das gleichgerichtete Hochspannungsfeld (gewöhnlich 50000 bis 60000 Volt) kann durch direkte Erzeugung einer Gleichstromspannung der erforderlichen Höhe nicht gut hergestellt werden. Wechselstrom aber ist unbrauchbar, da die Kraftrichtung immer nach derselben Elektrode hin gerichtet sein muß. Die gleichgerichtete Hochspannung wird daher gewöhnlich erzeugt, indem Wechselstrom in einem gewöhnlichen Transformator auf hohe Spannung transformiert und der hochgespannte Wechselstrom durch einen besonderen Gleichrichter gleichgerichtet wird. Letzterer besteht aus einer Scheibe, die mit der der Frequenz des Wechselstromes entsprechenden Tourenzahl durch einen Synchronmotor in Drehung versetzt wird. Auf dieser Scheibe sind Kontakte so angebracht, daß sie den feststehenden Kontakten im Momente des Erreichens der höchsten Spannung gegenüberstehen. Damit erzielt man ein pulsierendes aber gleichgerichtetes elektrostatisches Feld.

Der einfachste Cottrell-Apparat besteht aus einer Anzahl vertikaler Rohre, deren innere Oberfläche als Auffangelektrode dient. Senkrecht in der Mitte eines jeden Rohres hängt ein Draht, der gewöhnlich aus mehreren Litzen, Glimmergeweben und feinen Drähten zusammengezwirnt ist, um die erforderlichen Entladepunkte zu schaffen. Wegen der vorkommenden hohen Spannungen müssen die Einzelheiten der Konstruktion sehr sorgfältig überlegt und ausgeführt sein, wenn die erforderliche Isolation erreicht werden und Stromverluste durch Kriechströme vermieden werden sollen.

Der Cottrell-Prozeß ist mit Erfolg für die Entfernung feinen Staubes aus Abgasen aller Art verwendet worden. Beispiele hierfür sind: Das Niederschlagen von feinstem Erz, Bleioxyd oder Arsenik aus den Abgasen von Schmelzöfen, die Fällung von Pottasche enthaltendem Staub aus den Abgasen von Zementdrehöfen, die Wiedergewinnung von Phosphorpentoxyd aus Phosphor und andere. Da die Tröpfchen einer in Luft oder Gas suspendierten Flüssigkeit ebenfalls durch das elektrische Feld beeinflußt werden, können auch sie durch den Cottrell entfernt werden. So ist in vielen Prozessen die Entfernung von Säurenebeln durch den Cottrell gelungen. Permanente Gase können auf diesem Wege nicht getrennt werden, wenn aber Gase vorliegen, welche beim Hinzukommen von Wasserdampf flüssige Nebel bilden, wie z. B. SO_3 oder

HCl, so können die Gase zunächst in Nebel verwandelt und dann durch den Cottrell abgeschieden werden.

Spezielle Luftfilter. In vielen Prozessen ist es erforderlich, die Luft soweit als möglich von jedem Staube zu reinigen, z. B. bei der Trocknung von Lebensmitteln und anderen Stoffen, welche bakterienfrei gehalten werden müssen, bei der Herstellung von photographischen Filmen und ähnlichen Prozessen. In solchen Fällen kann die Luft durchaus ausreichend gereinigt werden, indem sie durch ein Kissen aus Stahlspänen oder einem ähnlichen dicht zusammengepreßten, faserigen Material geleitet wird, welches mit einem schweren Öl benetzt wird. Die beim Durchströmen durch die Kanäle auftretenden Wirbel bringen jedes Luftteilchen irgendwo mit der ölbenetzten Oberfläche in Berührung, so daß die Staubbeseitigung zu einem sehr hohen Prozentsatz erreicht werden kann. Auch die waschende Wirkung von Wasserstrahlen bei der Luftbefeuchtung bzw. Trocknung hat eine staubbeseitigende Wirkung.

Theorie des Absetzens.

Wenn die Trennung von Teilchen vorgenommen werden soll, die zu klein sind, als daß sie noch mit Sieben abgesiebt werden könnten, macht man Gebrauch von dem Unterschied der Absetzgeschwindigkeit verschieden großer oder verschieden zusammengesetzter Teilchen. Betrachten wir z. B. zwei Teilchen, welche im Wasser verschiedene Absetzgeschwindigkeit haben, in einer aufwärtsgerichteten Wasserströmung. Wenn die Strömungsgeschwindigkeit des Wassers so eingestellt wird, daß sie zwischen den Absetzgeschwindigkeiten der beiden Teilchen liegt, wird das sich langsam absetzende Teilchen von dem Wasser nach oben geführt, während das sich schneller absetzende Teilchen dem Wasserstrom entgegen nach unten fällt und also eine Trennung erfolgen muß.

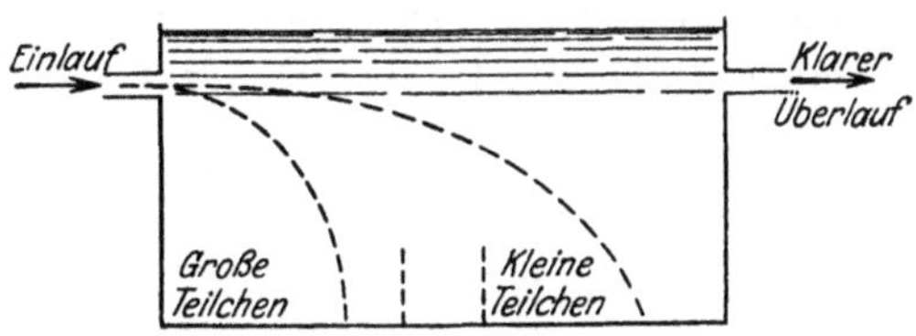

Abb. 278. Einfache Naßtrennung.

Dasselbe kann erreicht werden, indem man einen Wasserstrom langsam horizontal durch einen Behälter leitet, wie in Abb. 278 schematisch dargestellt. Wenn die beiden Teilchen in den Behälter, durch den das Wasser strömt, gebracht werden, fangen sie gleichzeitig an, sich abzusetzen. Jedes besitzt mit dem Wasser eine Horizontalbewegung gleicher Größe, jedoch erreicht das sich schnell absetzende Teilchen den Boden des Behälters vor dem langsam sinkenden, d. h. näher an der Eintrittsseite.

Man erkennt aus diesen Überlegungen, daß die Konstruktion und

Einteilung derartiger Absetzapparate auf den Gesetzen des Absetzens fester Teilchen in Flüssigkeitsströmen beruht.

Allgemeines Gesetz des Absetzens. Wir betrachten ein Teilchen bestimmter Form mit dem spezifischen Gewicht γ' und der Größe D, welches gerade aus dem Ruhezustande beginnt, sich in einer stehenden Flüssigkeit mit dem spezifischen Gewicht γ' und der Viskosität Z abzusetzen. Infolge der Wirkung der Schwerkraft wird das Teilchen beschleunigt. Sobald es sich aber relativ zur Flüssigkeit bewegt, übt diese infolge der Reibung einen wachsenden Widerstand aus. Es muß also der Zustand eintreten, daß der Reibungswiderstand genau so groß wird wie die Wirkung der Schwerkraft. Dann wird die Beschleunigung gleich 0, und das Teilchen sinkt von nun an mit einer bestimmten konstanten Geschwindigkeit weiter. Diese Geschwindigkeit sei c.

In Kapitel II, S. 23, war gezeigt worden, daß der von der Flüssigkeit auf den festen Körper, welcher in der Flüssigkeit eine Relativbewegung ausführt, ausgeübte Widerstand durch die Gleichung (19) gegeben ist:

$$\frac{F}{A} = \frac{\gamma \cdot c^2}{g} \cdot \Phi\left(\frac{D \cdot c \cdot \gamma}{Z}\right), \tag{19}$$

worin F der Gesamtwiderstand, A die Benetzungsfläche des festen Körpers, c die Geschwindigkeit der Flüssigkeit längs des festen Körpers, γ das spezifische Gewicht, Z die Viskosität der Flüssigkeit und Φ eine Funktion ist, die experimentell bestimmt werden muß. Da die Benetzungsfläche A dem Quadrat der Teilchengröße proportional ist, gilt Gleichung

$$F = \frac{\alpha \cdot D^2 \cdot \gamma \cdot c^2}{g} \cdot \Phi\left(\frac{D \cdot c \cdot \gamma}{Z}\right), \tag{288}$$

worin α eine Konstante ist.

Wenn die Geschwindigkeit c konstant ist, muß der Widerstand F gleich der Schwerkraft sein. Da das Volumen des Teilchens proportional ist zur dritten Potenz des Durchmessers, gilt

$$F = B \cdot D^3 (\gamma' - \gamma), \tag{289}$$

worin B eine Konstante ist.

Widerstand und Schwerkraft werden gleichgesetzt:

$$B \cdot D^3 (\gamma' - \gamma) = \frac{\alpha \cdot D^2 \cdot \gamma \cdot c^2}{g} \cdot \Phi\left(\frac{D \cdot c \cdot \gamma}{Z}\right). \tag{290}$$

Wirbelfreier Widerstand — Stokes' Gesetz. In Kapitel II war gezeigt worden, daß bei der Anwendung der Gleichung (19) auf den Widerstand der Flüssigkeitsströmung in Rohren die Funktion

$$\Phi\left(\frac{D \cdot c \cdot \gamma}{Z}\right) = \frac{Z}{D \cdot c \cdot \gamma} \tag{291}$$

wird, wenn die Geschwindigkeit einen gewissen Wert nicht überschreitet, und daß unter diesen Bedingungen der Widerstand allein auf der

Reibung beruht und nicht auf der Bildung von Wirbeln. Oberhalb dieser kritischen Geschwindigkeit indessen tritt Wirbelbildung auf, welche den Widerstand erhöht, und die Form der Funktion $\Phi\left(\frac{D \cdot c \cdot \gamma}{Z}\right)$ wird komplizierter. Für erheblich über der kritischen liegende Geschwindigkeiten wird der Einfluß der Viskosität klein, der Widerstand ist fast ganz durch die Wirbelbildung veranlaßt und die Funktion $\Phi\left(\frac{D \cdot c \cdot \gamma}{Z}\right)$ wird im wesentlichen eine Konstante. Infolge der allgemeinen Gültigkeit der Gleichung (19) kann vorausgesetzt werden, daß beim Absetzen dieselben Erscheinungen auftreten; bei geringer Geschwindigkeit wird der Widerstand auf die Viskosität, bei höheren Geschwindigkeiten auf die Wirbelbildung zurückzuführen sein. Diese Annahme hat sich als wahr erwiesen. Für geringe Geschwindigkeiten wird Gleichung (290), wenn für $\Phi\left(\frac{D \cdot c \cdot \gamma}{Z}\right)$ der Ausdruck $\frac{Z}{D \cdot c \cdot \gamma}$ eingesetzt wird,

$$B \cdot D^3 (\gamma' - \gamma) = \frac{\alpha \cdot D^2 \cdot \gamma \cdot c^2 \cdot Z}{g \cdot D \cdot c \cdot \gamma} \tag{292}$$

oder nach der Geschwindigkeit c aufgelöst

$$c = \frac{B \cdot D^2 (\gamma' - \gamma) \cdot g}{\alpha \cdot Z}\,. \tag{293}$$

Für Teilchen mit Kugelform hat Stokes' die Konstante B auf theoretischem Wege bestimmt, und Gleichung (293) wird daher Stokes' Gesetz genannt. Wenn c die Fallgeschwindigkeit in m/sek, D der Durchmesser in mm, γ' das spezifische Gewicht des Feststoffes in t/m³, γ das spezifische Gewicht der Flüssigkeit in t/m³, Z die Viskosität in Zentipoisen ist, so lautet Stokes' Gesetz

$$c = 2{,}25\, \frac{D^2 (\gamma' - \gamma)}{Z}\,. \tag{294}$$

Diese Gleichung gilt nur für Teilchen mit Kugelform, welche bei wirbelfreiem Widerstand in einer unendlich großen Flüssigkeitsmenge fallen, so daß sie von anderen Teilchen oder Behälterwänden nicht beeinflußt werden. Wenn das Teilchen nicht Kugelgestalt hat, so hat die Konstante in Gleichung (294) nicht den Wert 2,25, und Gleichung (293) wird am besten in folgender Form geschrieben

$$c = k_v\, \frac{D^2 (\gamma' - \gamma)}{Z}\,, \tag{295}$$

worin α, B und g zu einer Konstante k_v für wirbelfreien Widerstand zusammengezogen sind.

Wirbelwiderstand. Tritt ein Widerstand auf Grund von Wirbelbildung auf, wie es bei Geschwindigkeiten oberhalb eines gewissen kritischen Wertes der Fall ist, so wird $\Phi\left(\frac{D \cdot c \cdot \gamma}{Z}\right)$ im wesentlichen konstant, und Gleichung (290) nimmt die Form an

$$c = k_e \sqrt{\frac{D(\gamma' - \gamma)}{\gamma}}, \tag{296}$$

worin k_e eine Konstante ist.

Die Gleichungen (295) und (296) sagen aus, daß c für einen gegebenen Stoff und eine gegebene Flüssigkeit bei wirbelfreiem Widerstand proportional ist zu D^2 und bei Wirbelwiderstand zu $\sqrt{D}$. Infolgedessen muß sich beim Auftragen von c über D auf logarithmischem Papier eine gerade Linie ergeben, welche im Bereiche des wirbelfreien Widerstandes

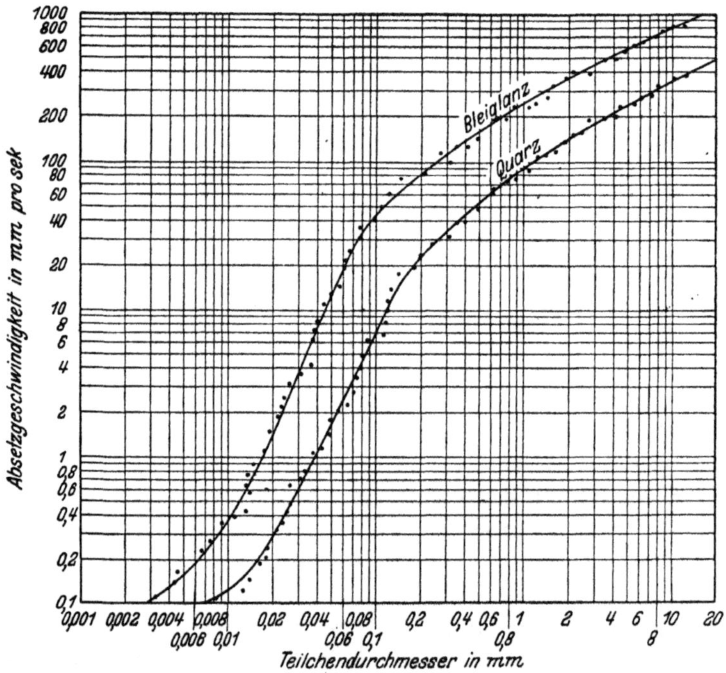

Abb. 279. Beziehung zwischen Teilchendurchmesser und Absetzgeschwindigkeit (Richards).

die Neigung 2 und im Bereiche des Wirbelwiderstandes die Neigung 0,5 hat. Abb. 279[1] stellt die Resultate von Versuchen dar, welche sowohl für Quarz wie für Bleiglanz die Theorie sehr genau bestätigen.

Gerade wie bei der Flüssigkeitsströmung in Rohren sind auch hier die Geschwindigkeiten oberhalb der kritischen wichtiger als die Geschwindigkeiten unterhalb der kritischen ohne Wirbelbildung. Im allgemeinen ist für letzteres Gebiet die Absatzgeschwindigkeit und die Teilchengröße so gering, daß es untunlich ist, eine Klassierung unter diesen Verhältnissen vorzunehmen. Allein der Prozeß des Absetzens,

[1] Richards: Ore Dressing. 1st Ed., Bd. 3, S. 1424. McGraw-Hill Book Company, Inc. 1909.

d. h. die Trennung feiner Feststoffteilchen von Flüssigkeiten durch Dekantation, verläuft gewöhnlich bei Geschwindigkeiten unterhalb der kritischen.

Auf die meisten Klassierprozesse trifft Gleichung (296) besser zu als Gleichung (295), da solche Prozesse unter Bedingungen stattfinden, wo Wirbelbildung auftritt und die Geschwindigkeiten groß genug sind, um die praktische Anwendung zu ermöglichen. Diese Prozesse können die Trennung von Teilchen gleichen Materials, aber verschiedener Größe bezwecken, oder auch die Trennung von Teilchen gleicher Größe, jedoch aus zwei oder mehreren Stoffen mit verschiedenem spezifischen Gewicht bestehend, oder schließlich die Trennung verschiedener Stoffe, wobei die Teilchen in einem erheblichen Bereich gleiche Größe haben. Auch Verschiedenheiten der Formen können von Einfluß sein, da die Konstante k_e je nach der Form des Teilchens variiert.

Freies Absetzen — gestörtes Absetzen. Gleichung (296) kann immer nur dann angewendet werden, wenn die Teilchen sich gegenseitig nicht beeinflussen. In diesem Falle spricht man von freiem Absetzen. Wenn die Teilchen so dicht aneinanderliegen, daß die Bewegung des einen mit der des anderen zusammengerät, müssen andere Faktoren eingeführt werden, und Gleichung (296) paßt in der oben gegebenen Form nicht mehr. Für den unter solchen Bedingungen ausgeführten Prozeß wird der Ausdruck „gestörtes Absetzen" benutzt.

Für freies Absetzen, wo die Teilchen zwar verschiedene Größe haben, aber hinsichtlich Stoff und Gestalt gleich sind, liefert Gleichung (296), da k_e, γ' und γ in diesem Falle konstant sind, den einfachen Ausdruck

$$c = K\sqrt{D}. \tag{297}$$

Wenn die Teilchengrößen bekannt sind und die Geschwindigkeit eines Teilchens bestimmt ist, kann die der anderen berechnet werden. Die Strömungsgeschwindigkeit der Flüssigkeit kann dann so eingerichtet werden, daß sie zwischen den so bestimmten Werten liegt, wodurch die Teilchen der Größe nach getrennt werden.

Trennung verschiedener Stoffe auf Grund verschiedenen spezifischen Gewichtes. Handelt es sich um Teilchen zweier verschiedener Stoffe, die aber hinsichtlich Größe und Gestalt gleich sind, so wird Gleichung (296) für jeden Stoff aufgestellt. Ist γ_a' das spezifische Gewicht des einen Stoffes, γ_b' das des anderen und sind die Geschwindigkeiten c_a bzw. c_b, so sind

$$c_a = k_e\sqrt{\frac{D(\gamma_a'-\gamma)}{\gamma}}, \tag{298}$$

$$c_b = k_e\sqrt{\frac{D(\gamma_b'-\gamma)}{\gamma}}, \tag{299}$$

worin k_e eine Konstante ist. Durch Division der beiden Gleichungen

(298) und (299) erhält man

$$\frac{c_a}{c_b} = \frac{\sqrt{\gamma_a' - \gamma}}{\sqrt{\gamma_b' - \gamma}}. \tag{300}$$

Die Geschwindigkeiten der Teilchen sind also proportional zu den Quadratwurzeln aus den Differenzen zwischen den spezifischen Gewichten der Stoffe und der Flüssigkeit.

Wenn nun zwei verschiedene Stoffe vorhanden sind und die Teilchen beider Stoffe verschiedene Größen haben, so muß ein großes Teilchen des leichteren Stoffes dieselbe Geschwindigkeit wie ein kleineres Teilchen des schwereren Stoffes annehmen können. Dies wird aus der graphischen Darstellung in Abb. 280 klar, wo die Geschwindigkeiten über den Durchmessern für zwei Stoffe aufgezeichnet sind. Der Stoff a hat der Annahme nach das höhere spezifische Gewicht. Nehmen wir an, es handele sich um eine Mischung der Teilchen a und b, deren Größen in dem Bereich zwischen M und N liegen. In diesem Falle ist das langsamste und kleinste Teilchen von a schneller als das schnellste und größte Teilchen von b. Infolgedessen wird sich der Stoff a insgesamt schneller absetzen als der Stoff b, und eine vollständige Trennung durch freies Absetzen ist möglich. Betrachten wir dagegen eine Mischung der Stoffe a und b, deren Teilchengrößen zwischen R und S liegen, so ist das langsamste Teilchen von a mit dem Durchmesser R erheblich langsamer als das schnellste Teilchen des Stoffes b mit dem Durchmesser S und jedes Teilchen von a, dessen Größe zwischen R und S' liegt, hat dieselbe Geschwindigkeit wie ein größeres Teilchen des Stoffes b, dessen Größe zwischen R' und S liegt. In diesem Falle sind also drei Fraktionen möglich: eine Fraktion, welche nur aus dem Stoff b besteht. Die Teilchen dieser Fraktion haben Größen zwischen R und R', eine Fraktion, welche nur aus dem Stoff a besteht mit Teilchengrößen zwischen S' und S, und drittens eine gemischte Fraktion beider Stoffe a und b, in welcher die Teilchen des Stoffes a Größen zwischen R und S' haben und die des Stoffes b zwischen R' und S.

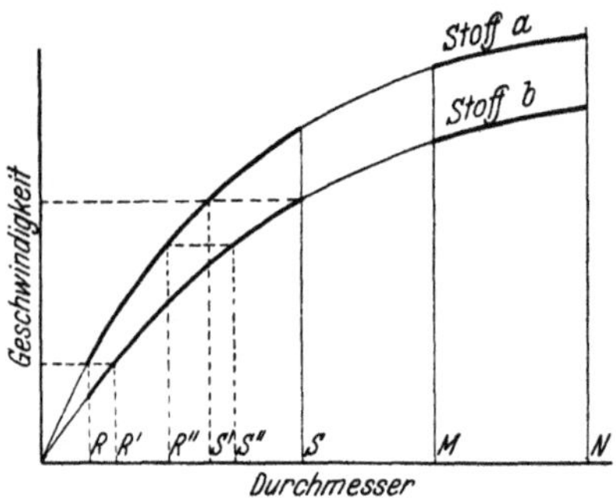

Abb. 280. Trennung zweier Stoffe auf Grund verschiedener Absetzgeschwindigkeiten.

Gleiche Absetzgeschwindigkeit. Die Beziehung zwischen Teilchengrößen und gleichen Absetzgeschwindigkeiten erhält man durch zweimaligen Ansatz der Gleichung (296) und Gleichsetzen von c_a und c_b:

$$c_a = k_e \sqrt{\frac{D_a(\gamma_a' - \gamma)}{\gamma}} = k_e \sqrt{\frac{D_b(\gamma_b' - \gamma)}{\gamma}} \quad \text{oder} \quad \frac{D_a}{D_b} = \frac{\gamma_b' - \gamma}{\gamma_a' - \gamma}. \tag{301}$$

Gleichung (301) kann zur Berechnung von R' und S' aus R, S und den spezifischen Gewichten der beiden Stoffe benutzt werden. Man bemerkt, daß das Verhältnis der Durchmesser von Teilchen der Stoffe a und b, die sich mit gleichen Geschwindigkeiten absetzen, konstant und nur abhängig ist von den spezifischen Gewichten der Stoffe und der Flüssigkeit. Daher ist auch das Verhältnis von S zu S' dasselbe wie von R' zu R oder von R'' zu S''.

Beispiel 36. Quarz- und Bleiglanzpartikel sollen unter Ausnutzung ihres verschiedenen spezifischen Gewichtes getrennt werden. Ein hydraulischer Klassierer mit freiem Absetzen wird verwendet. Das spezifische Gewicht des Quarzes ist 2,65, das des Bleiglanzes 7,5. Die Anfangsmischung besteht aus Partikeln von 0,00052 bis 0,0025 cm Größe. Man erhält drei Fraktionen: Eine aus reinem Quarz, eine aus reinem Bleiglanz und eine aus einem Gemisch beider bestehend. Wie groß sind die Teilchen beider Stoffe in dieser dritten Fraktion?

Lösung. Nach Gleichung (301) ist in der Fraktion der Durchmesser des größten Bleiglanzteilchens:

$$D_b = 0{,}0025 \frac{(2{,}65 - 1)}{(7{,}5 - 1)} = 0{,}000\,635 \text{ cm}$$

und der Durchmesser des kleinsten Quarzteilchens

$$D_a = 0{,}000\,52 \frac{(7{,}5 - 1)}{(2{,}65 - 1)}$$

$$= 0{,}000\,52 \cdot 3{,}94 = 0{,}002\,05 \text{ cm}.$$

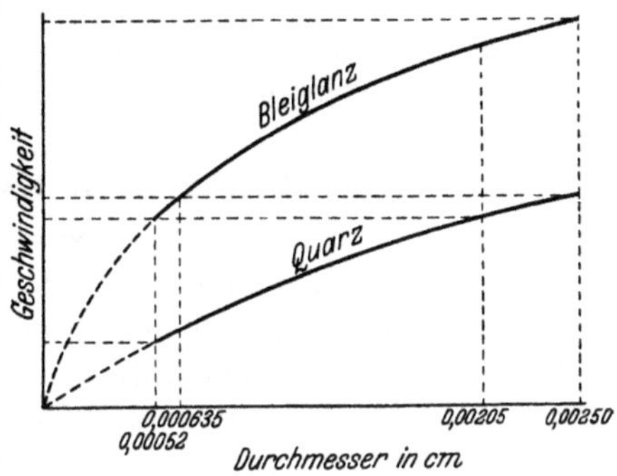

Abb. 281. Lösung von Beispiel 36.

Die Größen der drei Fraktionen sind in Abb. 281 im Diagramm dargestellt. Die erste Fraktion besteht ganz aus Bleiglanz, Teilchengröße 0,0025 bis 0,000635 cm; die zweite besteht aus Quarzpartikeln 0,00205 bis 0,0025 cm und Bleiglanzpartikeln 0,00052 bis 0,000635 cm und die dritte ist nur Quarz 0,00052 bis 0,00205 cm.

Vorteile des verzögerten Absetzens. Es war oben schon erwähnt, daß, wenn die Partikel sich gegenseitig beeinflussen, der Prozeß als verzögertes Absetzen bezeichnet wird und Gleichung (296) nicht mehr gültig ist. Wenn dagegen an Stelle von γ, dem spezifischen Gewicht der Flüssigkeit allein, das scheinbare spezifische Gewicht der Mischung aus Flüssigkeit und Feststoffen eingesetzt wird, wird Gleichung (296) dem Vorgang ungefähr entsprechen. Die Mischung der Teilchen miteinander wirkt denn so, als ob die Flüssigkeit selbst ein höheres spezifisches Gewicht hätte. Aus Gleichung (301) geht hervor, daß, wenn γ größer wird und γ_a' kleiner ist als γ_b' das Verhältnis der Durchmesser von mit gleicher Geschwindigkeit sinkenden Teilchen $\frac{D_a}{D_b}$ größer wird. Darin besteht also die Wirkung des verzögerten Absetzens, daß die Trennung verbessert wird. Wenn beim freien Absetzen eine mittlere Fraktion auftritt, kann die Menge dieser mittleren Fraktion vermindert werden bzw. ganz fortfallen, wenn verzögertes Absetzen stattfindet.

Verzögertes Absetzen hat außerdem noch andere Vorteile: 1. wird die Leistungsfähigkeit des Apparates verbessert, da ein größeres Stoffgewicht durch einen gegebenen Querschnitt durchgesetzt werden kann; 2. werden durch die Zusammenstöße zwischen den Teilchen alle kleinen oder leichten Teilchen, die sich an größeren oder schwereren anheften, abgestoßen.

Beispiel 37. Der Klassierer aus Beispiel 37 wird mit demselben Material beschickt, aber mit gestörtem Absetzen betrieben, so daß das mittlere spezifische Gewicht 1,6 ist. Zu berechnen sind die mittleren Teilchengrößen von Quarz und Bleiglanz in der mittleren Fraktion unter diesen Bedingungen.

Lösung. Wenn eine mittlere Fraktion auftritt, werden die größten Bleiglanzpartikel die Größe haben

$$D_b = 0{,}0025 \frac{(2{,}65 - 1{,}6)}{(7{,}5 - 1{,}6)} = 0{,}000\,445 \text{ cm}.$$

Da alle Bleiglanzteilchen im Aufgabegut größer sind, tritt keine mittlere Fraktion auf, und eine vollständige Trennung ist möglich.

Hydraulisches Klassieren und Trennen.

Aus der Theorie des Absetzens geht hervor, daß die Trennung sowohl nach der Verschiedenheit der Größe wie auch nach der des spezifischen Gewichtes stattfinden kann. Nach der Göße trennen wohl auch Siebe, doch wird das Absieben großer Stoffmengen im Betriebe sehr teuer, sobald die Teilchengröße viel kleiner als 1 mm wird, da diese feinen Teilchen agglomerieren oder sich in den Maschen der Siebe festsetzen.

Durch freies Absetzen können größere Teilchen von kleineren getrennt werden. Ein Apparat, in welchem das freie Absetzen vorgenommen wird, wird gewöhnlich Klassierer genannt. In ihm vollzieht sich die Trennung allein nach der Größe. Durch verzögertes Absetzen kann eine Fraktion, deren Teilchen im wesentlichen gleiche Größe, aber verschiedene spezifische Gewichte haben, den Stoffen nach getrennt werden. Die diesem Zwecke dienenden Apparate werden im allgemeinen als Separatoren bezeichnet.

Ein dritter Prozeß, der mit Sedimentation bezeichnet wird, dient dazu, die in einer Flüssigkeit suspendierten Teilchen zu einem konzentrierteren Schlamm zu sammeln, welcher filtriert oder getrocknet werden kann.

Hydraulische Klassierer. Klassierer werden in zwei Hauptklassen eingeteilt: Solche, bei welchen nur das mit dem Gute zugeführte Wasser die Trennung zwischen großen und kleinen Teilchen bewirkt, und solche, bei welchen außerdem noch Wasser zugeführt wird, welches man im allgemeinen mit Spülwasser bezeichnet.

Einfache Klassierer. Die erste Art von Klassierern, bei welchen kein Spülwasser angewendet wird, arbeitet nach dem Prinzip des freien Absetzens und trennt nur größere von kleineren Teilchen. Die kleineren

Teilchen werden dann einer folgenden Behandlung unterworfen, durch welche sie nach dem verschiedenen spezifischen Gewicht getrennt werden. Die größeren Teilchen gehen in die Mahlanlage zurück und werden danach dem Scheideprozeß zum zweiten Male unterworfen.

Spitzkasten. Einer der bestbekannten Klassierer dieser Art ist der Spitzkasten. Er besteht aus einer Anzahl von pyramidenförmigen auf der Spitze stehenden Behältern, welche der Reihe nach größer und tiefer werden. Die Suspension von feingemahlenem Erz im Wasser, oft „Trübe" genannt, fließt in horizontaler Richtung von dem kleinsten zum größten Behälter. Die Geschwindigkeit wird infolgedessen von Abteilung zu Abteilung geringer. Die größten Teilchen setzen sich bereits in der ersten Abteilung ab. In jeder folgenden ist der Durchmesser der abgesetzten Teilchen kleiner, die allerkleinsten Teilchen werden mit dem Wasser fortgeführt und fließen aus dem letzten Behälter über. Abb. 282 stellt diesen Klassierer schematisch dar. Wenn die Entleerung der einzelnen Kästen unten direkt geschehen würde, würde bei der vorhandenen hydrostatischen Höhe die Ausflußgeschwindigkeit zu groß werden und unzulässige Wirbelbildung auftreten. Man verlegt deshalb den Auslauf an die Seite, wodurch diese Schwierigkeit behoben wird.

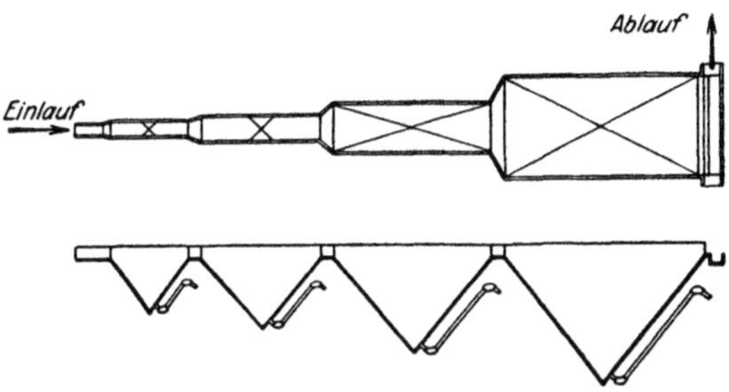

Abb. 282. Spitzkasten.

Der Dorr-Klassierer. Die Durchsatzmenge ist beim Spitzkasten ziemlich beschränkt, außerdem ist der Bedarf an Grundfläche schon für verhältnismäßig kleine Leistungen bedeutend. Für größere Leistungen wird daher im allgemeinen der Dorr-Klassierer oder ein ähnlicher Apparat verwendet. Abb. 283 stellt den Dorr-Klassierer dar. Er besteht aus einem rechteckigen Behälter mit geneigtem Boden. Ein Rechen *A* wird in geringer Entfernung über dem Boden gezogen, dann gehoben und zurück in die Anfangsstellung geführt. Die Vertikalbewegungen werden durch die Winkelhebel *C* und *D* veranlaßt, welche durch den Nocken *E* angetrieben werden. Die hin- und hergehende Bewegung parallel zum Boden wird durch die Schubstange *F* und die Kurbel *G* bewirkt. Eine von Hand betätigte Winde *H* dient dazu, den Rechen anzuheben, falls die Antriebskraft ausbleibt, um sein Steckenbleiben zu verhindern. Die Aufgabe erfolgt kurz vor der tiefsten Stelle bei *J*, das feine Material läuft als Suspension bei *K* über. Die groben Teilchen setzen sich zu Boden und werden durch den Rechen auf dem geneigten Boden nach oben aus dem Wasser geschafft. Sie fallen bei *L* an. Der Rechen dreht und wendet das Material, so daß eine vollständigere Abscheidung des Schlammes und der feinen Partikelchen, die etwa mit den groben herabgesunken sind, erreicht wird. Der Dorr-Klassierer findet viel Verwendung im Anschluß an Naßmahlprozesse, weil die Größen des Produktes innerhalb eines weiten Bereiches beeinflußt werden können. Diese Beeinflussung der Größe wird erreicht durch Verändern der Aufgabe und der Tourenzahl des Rechens. Kurz vor dem Überfall der groben Teilchen kann mit Wasserstrahlen gespült werden. Mehrere Einheiten des Dorr-Klassierers können hintereinander aufgestellt werden und in Reihe arbeiten, um den Grad der Trennung zu verbessern.

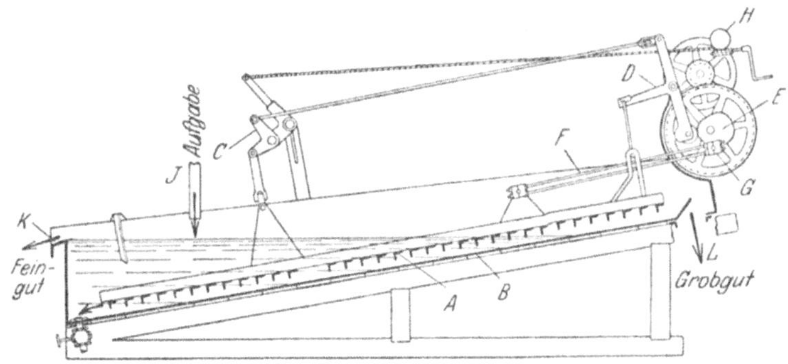

Abb. 283. Dorrklassierer.
A Rechen. *B* Behälterboden. *C*, *D* Winkelhebel. *E* Nocken. *F* Schubstange. *G* Kurbel. *H* Handwinde. *J* Einlauf. *K* Überlauf des feinen Materials. *L* Abwurf des groben Materials.

Klassierer mit Spülwasser. Klassierer, bei welchen Spülwasser verwendet wird, ergeben eine Trennung, die nicht allein auf der Größe der Teilchen beruht. Es ist in gewissem Maße mit ihnen möglich, eine Trennung auf Grund des spezifischen Gewichtes zu erzielen. Ist z. B. eine Mischung von zwei Komponenten mit verschiedenem spezifischen Gewicht auf gleiche Feinheit gemahlen, so ist es möglich, diese beiden Komponenten zu trennen, indem man sie in einem aufwärtssteigenden Strom einer Flüssigkeit sich absetzen läßt. Wenn die Geschwindigkeit der Wasserströmung etwas größer ist als die freie Absetzgeschwindigkeit der leichteren Komponente, so wird sich nur die schwerere Komponente auf dem Boden des Behälters absetzen, während die leichtere von dem nach oben strömenden Wasser nach oben geführt wird. Ein derartiger Apparat erfordert natürlich viel sorgfältigeres Mahlen und Absieben. In vielen Fällen geht ihm eine Behandlung des Gutes in einem Klassierer der schon beschriebenen Art voran. Wird eine Reihe derartiger Klassierer, in welchen verschiedene Geschwindigkeiten eingehalten werden, verwendet, so ist es möglich, auch ohne vorheriges Klassieren oder besonderes Behandeln der Teilchen eine Trennung der Produkte zu erzielen. Aus der Theorie des Absetzens geht hervor, daß diese Apparate die Trennung nach dem spezifischen Gewicht nicht so scharf durchführen, wie die hydraulischen Separatoren, bei welchen das verzögerte Absetzen durchgeführt wird.

Doppelkonusklassierer. Der in Abb. 284 veranschaulichte Doppelkonusklassierer kann als Beispiel für diese Apparate dienen. Das Rohmaterial wird in den inneren Konus *A* aufgegeben, während das Spülwasser bei *B* zugeführt wird. Die sich im Innern des Konus absetzenden Teilchen treffen bei *C* auf einen nach oben gerichteten Wasserstrom. Die feinen Partikel gehen mit dem Wasser nach oben und verlassen den Apparat durch die rund herumlaufende Rinne *D*, während die groben Teilchen in die Kammer *E* fallen und nach einiger Zeit abgezogen werden. Der zu erreichende Grad der Trennung kann eingestellt werden durch Regulierung der Spülwassermenge bei *B* und Veränderung der Lage des inneren Konus *A* mittels des Handrades *F*.

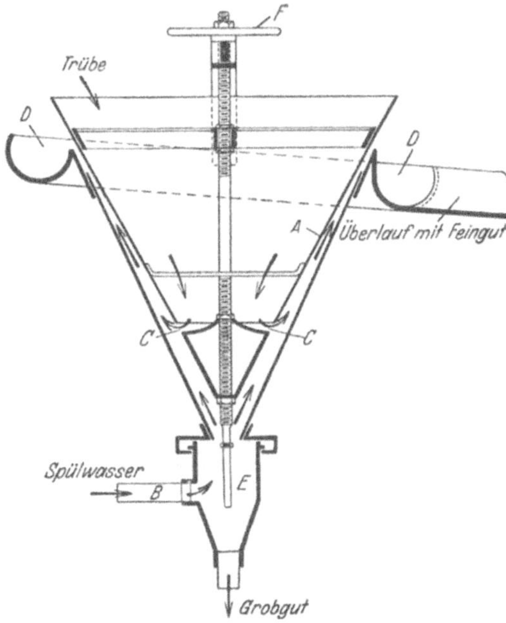

Abb. 284. Doppelkonusklassierer.
A Innerer Konus. *B* Zutritt des Spülwassers. *C* Mischöffnung. *D* Überlaufrinne. *E* Sammelraum für grobes Material.

Hydraulische Separatoren. Es war ausgeführt worden, daß ein hydraulischer Separator die Trennung von Teilchen verschiedenen spezifischen Gewichtes durch Anwendung verzögerten Absetzens durchführt.

Setzkästen. Das beste Beispiel für diese Arbeitsweise ist der Setzkasten (Abb. 285). Er besteht aus einem Gehäuse mit unten zusammengezogenen Wandungen. Mitten in diesem Gehäuse befindet sich eine nur bis zur halben Höhe von oben reichende Längswand. Die eine Seite des Gehäuses wird oben durch das Sieb *A* abgeschlossen, auf welchem das zu trennende Material ausgebreitet wird. Das ganze Gehäuse wird bis über die Oberfläche des aufgegebenen Materials mit Wasser gefüllt. Auf der anderen Seite der Mittellängswand befindet sich ein Plunger oder Kolben *B*, der durch einen Exzenter auf einer rotierenden Welle in kleine auf- und niedergehende Bewegungen versetzt wird. Durch diese Bewegung des Kolbens wird das Wasser schnell durch die Materialschicht auf- und abbewegt. Meist wird auch auf der Kolbenseite Spülwasser zugeführt, welches das feinste Material über den oberen Rand des Setzkastens in einen eventuell folgenden Apparat spült. Infolge der auf- und niedergehenden Bewegung wird das Gut in vier Schichten getrennt. Die oberste Schicht besteht aus den kleinsten Teilchen und enthält die mittleren und feineren Partikel des leichteren Stoffes und die feinsten Teilchen des schwereren. Im Verlauf der Operation wird diese Schicht mit dem Spülwasserstrom in den nächsten Apparat geführt. Die zweite Schicht besteht aus großen Teilchen des leichteren Stoffes, gemischt mit den Teilchen mittlerer Größe des schweren Stoffes. Diese Schicht wird von Zeit zu Zeit mechanisch entfernt und geht zur Mahlanlage zurück. Die dritte Schicht besteht aus Teilchen der schweren Substanz, welche zu groß sind, als daß sie durch das Sieb gehen können. Auch diese Schicht wird von Zeit zu Zeit entfernt. Die vierte Schicht besteht aus Teilchen der schwereren Substanz, welche klein genug sind, um durch das Sieb zu fallen. Sie sammeln sich unten in dem konischen

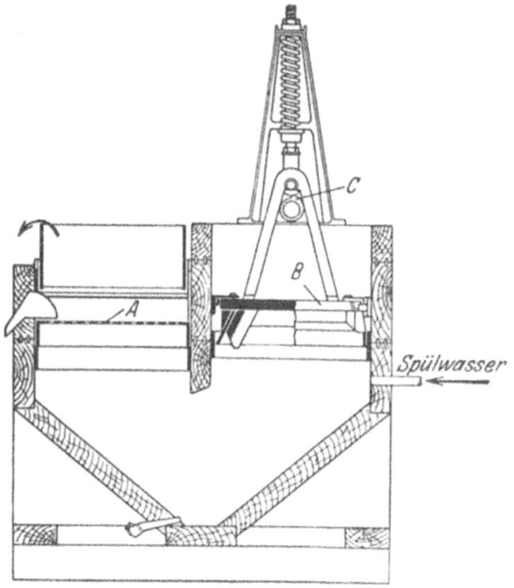

Abb. 285. Hydraulische Setzmaschine. *A* Sieb. *B* Plunger. *C* Exzenter.

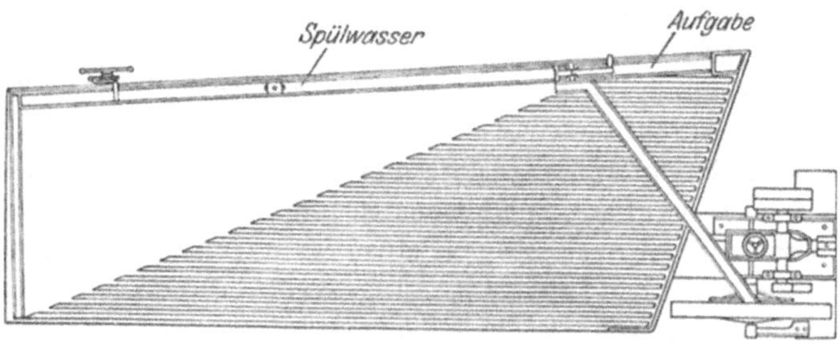

Abb. 286. Wilfleytisch.

Teil des Setzkastens an. Die oben erwähnte hin- und hergehende Bewegung dient hauptsächlich dazu, die kleineren Teilchen in Suspension zu halten.

Wilfley-Tisch. Der Wilfley-Tisch (Abb. 286) ist ebenfalls ein Klassierapparat, in welchem verzögertes Absetzen stattfindet. Er besteht aus einem flachen Tisch mit parallelen Rippen oder Furchen, welche sich in der Richtung der größten Ausdehnung des Tisches erstrecken und auf einer Diagonallinie endigen. Der ganze Tisch ist gegen die Horizontale um etwa 3° geneigt, so daß die Eintrittsseite am höchsten liegt. Das die feinen Partikel führende Wasser fließt diagonal über den Tisch. Letzterer wird in seiner Längsrichtung durch Schubstange und Hebel hin- und herbewegt. Die schwereren Teilchen setzen sich hinter den Rippen ab und werden durch die Schüttelbewegung des Tisches allmählich in den Rinnen entlang weitergeführt. Sie fallen auf der schon erwähnten Diagonalen an. Die feinen Teilchen werden vom Wasser über die Rippen getragen und fallen der Eintrittsseite gegenüber an. Abb. 287[1] zeigt schematisch die Wirkungsweise eines Wilfley-Tisches. Das gewaschene schwere Material (Konzentrat) fällt bei *A* an. Bei *B* fällt etwas schweres Material mit an, das einer nochmaligen Waschung unterzogen wird. Bei *C* ist die Menge schweren Materials zu gering, um eine nochmalige Behandlung zu lohnen. Das feine leichtere Material, der Schlamm, wird bei *D* abgeführt.

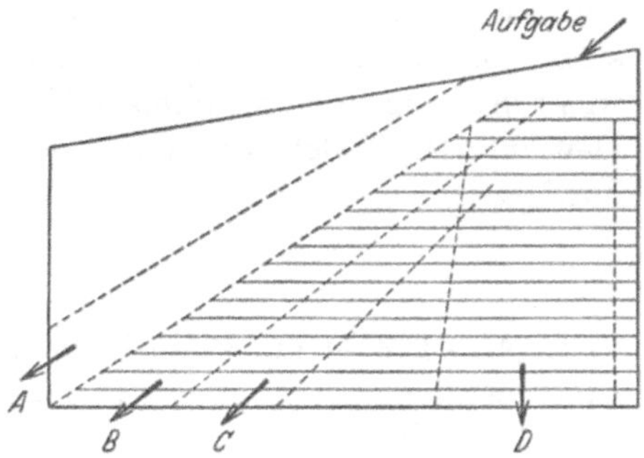

Abb. 287. Schema des Wilfleytisches. *A* Konzentrat. *B* Mittelprodukt. *C* Grober Abfall. *D* Feiner Abfall.

Windsichtung und Abscheidung.

Eine Trennung von Teilchen der Größe nach kann in besonderen Fällen auch im Luftstrom vorgenommen werden,

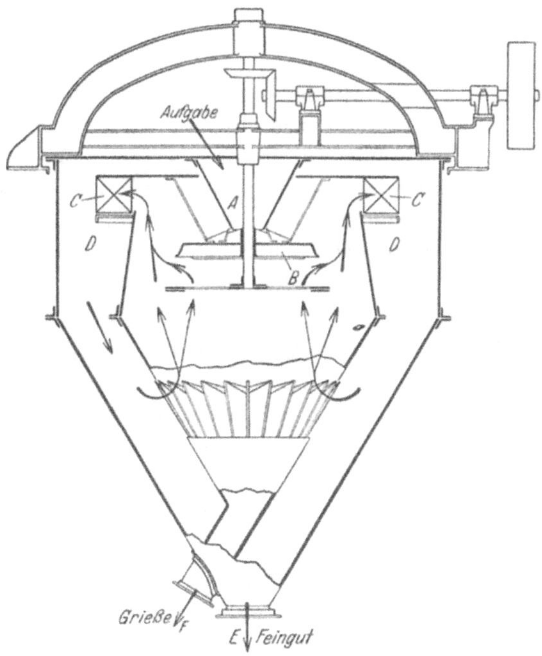

Abb. 288. Windsichter. *A* Aufgabetrichter. *B* Rotierende Platte. *C* Ventilatorflügel. *D* Absetzkammer. *E* Auslauf für feines Material. *F* Auslauf für Griese.

[1] Richards: Ore Dressing. 3rd Ed. p. 1470. Mc Graw-Hill Book Company, Inc. 1909.

denn durch die Verwendung von Luft anstatt Wasser ist eine wesentliche Änderung kaum zu erwarten. In diesem Falle ist Gleichung (296) gewöhnlich anwendbar, da sich ja die Teilchen mit einer Geschwindigkeit absetzen, die in dem Bereiche liegt, in welchem der Wirbelwiderstand maßgebend ist und freies Absetzen erfolgt. Das spezifische Gewicht des tragenden Mediums γ ist aber viel kleiner als das spezifische Gewicht der Teilchen γ' und Gleichung (296) vereinfacht sich dadurch zu:

$$c = k_e \sqrt{\frac{D\gamma'}{\gamma}}. \tag{302}$$

In Abb. 288 ist ein Windsichter beispielsweise dargestellt. Die Aufgabe geschieht bei A. Das Gut fällt auf die rotierende Platte B. Von derselben Welle wird das Ventilatorrad C angetrieben, wodurch eine Luftströmung hervorgerufen wird, deren Verlauf durch Pfeile in der Abbildung angegeben ist. Feine Teilchen werden von der Luftströmung erfaßt und in den Raum D mitgeführt, in welchem die Luftgeschwindigkeit so herabgesetzt wird, daß der Staub zu Boden fällt und bei E abgezogen werden kann. Die zu schweren Teilchen fallen gegen den Luftstrom zu Boden und werden bei F entfernt.

Sedimentation.

Im Grunde kann die Sedimentation auch als ein Klassiervorgang angesehen werden, da mit ihr fein verteilte Teilchen aus der Flüssigkeit ausgeschieden werden sollen. Dieselbe Aufgabe hatte auch die Filtration, von welcher Kapitel XIII handelt. Sedimentation wird nur dann angewendet, wenn sich die Suspensionen rasch absetzen und eine Filtration nicht durchführbar ist, ehe der Schlamm nicht durch Sedimentation eingedickt ist.

Sedimentationsapparate. Der einfachste Apparat zur Durchführung einer Sedimentation besteht in einem vertikalen Behälter, der mit einer Vorrichtung ausgerüstet ist, welche gestattet, die klare Flüssigkeit in verschiedenen Höhen abzuziehen. Diese Behälter haben konische Böden, an welchen geeignete Auslaßvorrichtungen für den eingedickten Schlamm vorgesehen werden. Der heute wichtigste Absetzapparat ist der Dorr-Eindicker, der bereits auf S. 315 beschrieben wurde.

Maßnahmen zur Erhöhung der Absetzgeschwindigkeit. Aus der Theorie des Absetzens geht hervor, daß die Teilchengröße auf die Absetzgeschwindigkeit großen Einfluß hat, da sie in der Gleichung (295) im Quadrat steht. Die Sedimentation wird daher erheblich beschleunigt, wenn die Teilchengröße vermehrt wird. Dies kann geschehen durch:

a) Wachsen der größeren Teilchen auf Kosten der kleineren durch Agglomeration.

b) Zusammenballen der kleineren Teilchen durch Zufügen eines koagulierenden Elektrolyten.

Theorie der Sedimentation. Die Absetzgeschwindigkeit der oberen Grenze der Suspension ist bestimmt durch die Größe der kleinsten Teilchen. Wenn die Teilchengrößen nicht gar zu verschieden sind, ist die Grenze zwischen der sich absetzenden Trübe und der überstehenden klaren Flüssigkeit vollkommen scharf. Es ist wichtig, die Zeit zu berechnen, die für das Absinken dieser Grenzlinie um einen gewissen Betrag erforderlich ist, wenn die Bedingungen des Vorganges bekannt sind.

Da die Sedimentation kleiner Teilchen, wie sie im allgemeinen durchgeführt wird, ein Absetzen ist, für welches ein Widerstand durch Wirbelbildung nicht in Frage kommt, ist Stokes' Gesetz oder Gleichung (295) anwendbar. Experimentell ist gefunden, daß die Absetzgeschwindigkeit eines Schlammes mit Teilchen einheitlicher Größe für den ersten Teil des Vorganges konstant ist, solange die Teilchen verhältnismäßig weit voneinander entfernt sind und sich gegenseitig nicht stören. Diese Anfangsgeschwindigkeit wird aber bald vermindert, und zwar um so mehr, je mehr der Endzustand erreicht ist. Robinson[1] hat gezeigt, daß diese Geschwindigkeitsabnahme darauf zurückzuführen ist, daß sowohl die Dichte wie auch die Viskosität der Suspension zunehmen, je konzentrierter die Trübe wird. γ und Z der Gleichung (295) sind also mit dem Fortschreiten des Vorganges veränderlich und die Absetzgeschwindigkeit wird vermindert. Die Gleichung (295) sollte also als Differentialgleichung aufgestellt werden:

$$\frac{dX}{dt} = k D^2 \left(\frac{\gamma' - \gamma}{Z}\right), \tag{303}$$

worin X die Höhe der Trübe, D die mittlere Teilchengröße, γ' das spezifische Gewicht des Teilchens, γ das spezifische Gewicht der Suspension, Z die Viskosität der Suspension, t die Zeit und k eine Konstante ist. Gleichung (303) kann in der Form

$$\frac{Z\,dX}{\gamma' - \gamma} = k D^2\,dt \tag{304}$$

graphisch integriert werden, wenn γ und Z als Funktionen von X feststellbar sind.

Die Viskosität Z wird am bequemsten bestimmt als eine Funktion der „relativen Konzentration". Letzteren Begriff definierte Robinson als das Verhältnis der schließlichen Höhe der Trübe nach unendlicher Absetzzeit zur jeweiligen Höhe der Trübe. Die relative Konzentration wächst während des Verlaufes des Prozesses und erreicht den Maximalwert 1, wenn der Absetzprozeß zum Stillstand gelangt ist oder nach unendlicher Zeit.

[1] Ind. Engng. Chem. Bd. 18 (1926) S. 869.

Die relative Konzentration kann berechnet werden aus der anfänglichen Höhe und Konzentration der Trübe, ihrem spezifischen Gewicht und dem eigentlichen spezifischen Gewicht der festen Teilchen. Am Ende des Prozesses sind die Teilchen, wenigstens theoretisch, so aufeinandergelagert, als ob überhaupt keine Flüssigkeit vorhanden wäre. Daher haben die vollständig abgesetzten Teilchen das gewöhnliche Schüttgewicht der Masse. Nehmen wir z. B. eine anfängliche Höhe des Schlammes von X_0 an. Dabei sei die Anfangskonzentration C_0 cm³ Feststoff je cm³ Trübe. γ_b' sei das Schüttgewicht der Feststoffe und der Querschnitt des Absetzraumes betrage 1 cm². Dann wird die am Ende des Prozesses zu erreichende Höhe des Schlammes $\frac{X_0 \cdot C_0 \cdot \gamma'}{\gamma_b'}$ sein, und die relative Konzentration R zu der Zeit, in welcher der Schlamm auf die Höhe X abgesunken ist, wird sein

$$R = \frac{X_0 C_0 \gamma'}{\gamma_b' X}. \tag{305}$$

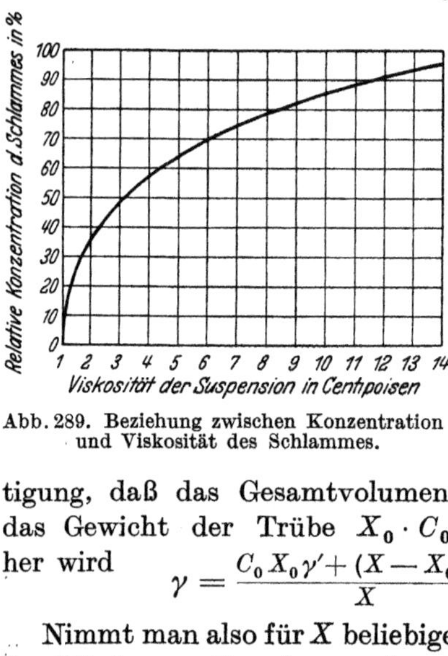

Abb. 289. Beziehung zwischen Konzentration und Viskosität des Schlammes.

Die Abhängigkeit des Wertes Z von H wird am besten durch experimentelle Bestimmung der Beziehung zwischen Z und R bestimmt. Als Beispiel ist in Abb. 289 die Kurve für Kieselsäureteilchen mit einem mittleren Durchmesser von 0,00859 cm gegeben[1].

Die mittlere Dichte der Suspension γ wird für jeden Wert von X berechnet unter der Berücksichtigung, daß das Gesamtvolumen der Trübe X cm³ beträgt, während das Gewicht der Trübe $X_0 \cdot C_0 \cdot \gamma' + (X - X_0 \cdot C_0)$ g beträgt. Daher wird

$$\gamma = \frac{C_0 X_0 \gamma' + (X - X_0 C_0)}{X} = \frac{C_0 X_0 (\gamma' - 1) + X}{X}. \tag{306}$$

Nimmt man also für X beliebige Werte an, so können die entsprechenden Werte von R und γ aus den Gleichungen (305) und (306) berechnet und die entsprechenden Werte von Z einer Viskositätskurve ähnlich der in Abb. 289 dargestellten entnommen werden.

Beispiel 38. Beim Absetzen von Kieselsäure in Wasser wurden folgende Daten ermittelt:

Mittlerer Durchmesser der Teilchen in cm	0,00174
Spezifisches Gewicht der Kieselsäure in g je cm³	2,54
Schüttgewicht in g je cm³	1,16
Anfangskonzentration im Wasser Volumenprozent Feststoff	21,0
Anfängliche Höhe cm	100
Höhe nach 1000 sek: cm	60

Die Kurve der Viskosität in Beziehung zur Konzentration siehe Abb. 289.

[1] Robinson: a. a. O.

a) Zu berechnen ist die Konstante k in der Gleichung

$$\frac{dX}{dt} = k \cdot D^2 \left(\frac{\gamma' - \gamma}{Z}\right).$$

b) Es ist erwünscht, die Absetzkurve $[X = f(t)]$ für Kieselsäurepartikel von 0,000895 cm Durchmesser anfangend mit einer Anfangskonzentration von 14,4 Volumenprozent zu berechnen. Die Kurve der Viskosität in Beziehung zur relativen Konzentration ist die gleiche wie für Teil a. Das Schüttgewicht dieser Teilchen ist 0,935 g je cm³. Die gewünschte Kurve soll in dem Bereich $X = 200$ cm bis $X = 100$ cm berechnet und gezeichnet werden.

Lösung. Teil a: Berechnung der Konstante k. — Für vorliegenden Fall ist:

$X_0 = 100$ cm $\gamma_b' = 1{,}16$ g je cm³
$C_0 = 0{,}21$ cm³ Feststoff je cm³ insgesamt $\gamma' = 2{,}54$ g je cm³
$D = 0{,}00174$ cm.

Die relative Konzentration ist daher

$$\text{(I)} \qquad R = \frac{100 \cdot 0{,}21 \cdot 2{,}54}{1{,}16\,X} = \frac{46}{X}$$

und die Dichte der Suspension ist

$$\text{(II)} \qquad \gamma = \frac{0{,}21 \cdot 100 \cdot (2{,}54 - 1) + X}{X} = \frac{32{,}35 + X}{X}.$$

Gleichung (304) lautet:

$$\frac{Z\,dX}{2{,}54 - \frac{32{,}35 + X}{X}} = k \cdot 0{,}00174^2 \cdot dt$$

oder

$$\int_{60}^{100} \frac{X \cdot Z \cdot dX}{1{,}54\,X - 32{,}35} = k \cdot 0{,}00174^2 \int_{1000}^{0} dt = -1000 \cdot 0{,}00174^2 \cdot k.$$

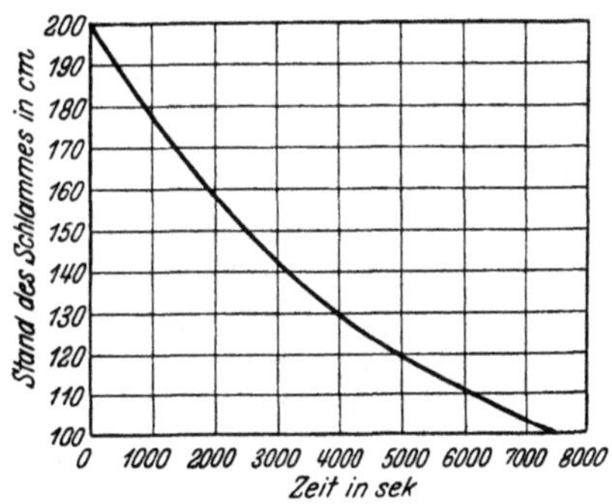

Abb. 290. Lösung von Beispiel 38

Die Grenzen dieser Gleichung ergeben sich aus der Tatsache, daß für $X = 100$, $t = 0$ und für $X = 60$, $t = 1000$ ist.

Das linksstehende Integral wird graphisch ermittelt, indem Werte von X angenommen und die entsprechenden Werte von R und Z aus Gleichung I und Abb. 289 bestimmt werden, der Ausdruck $\frac{X \cdot Z}{1{,}54\,X - 32{,}35}$ als Funktion von X aufgetragen und die unter dieser Kurve liegende Fläche zwischen $X = 60$ und $X = 100$ ausgemessen wird. Das so bestimmte Integral ist -160, daher wird

$$k = \frac{160}{1000 \cdot 0{,}00174^2} = 52\,800.$$

b) Absetzkurve für kleinere Teilchen. — Hier ist

$X_0 = 200$ cm $\gamma_b' = 0{,}935$ g je cm³
$C_0 = 0{,}144$ cm³ Feststoff je cm³ insgesamt $\gamma' = 2{,}54$ g je cm³
$D = 0{,}000893$ cm $k = 52\,800$.

Die relative Konzentration ist

$$R = \frac{200 \cdot 0{,}144 \cdot 2{,}54}{0{,}935\,X} = \frac{78{,}2}{X}.$$

Die Dichte der Suspension ist:

$$\gamma = \frac{0{,}144 \cdot 200 \cdot (2{,}54 - 1) + X}{X} = \frac{44{,}4 + X}{X}.$$

Dann lautet Gleichung (304):

$$\int\limits_X^{200} \frac{Z\,d\,X}{2{,}54 - \frac{44{,}4 + X}{X}} = 52\,800 \cdot 0{,}000\,893^2 \int\limits_t^0 d\,t = 0{,}0423\,t.$$

Die Integralkurve dieser Gleichung ergibt die gewünschte Absetzkurve. Das Integral wird auf die gewöhnliche Weise für beliebige Werte von X berechnet und die dementsprechenden Werte von t durch Division der Integralwerte durch 0,0423 bestimmt. Die Resultate sind in nebenstehender Tabelle zusammengestellt:

Höhe X cm	Integral	Zeit t sek
200	0	0
180	35,5	840
160	79,1	1870
140	134,4	3180
120	208,2	4930
100	317,5	7500

Die gewünschte Kurve ist in Abb. 290 gezeichnet.

Flotation.

Während der letzten 25 Jahre ist die Flotation für die Trennung und Klassierung von Feststoffen mehr und mehr in Aufnahme gekommen, besonders in den metallurgischen Industrien, während sie in der rein chemischen Industrie noch nicht so eingeführt ist. Es liegt kein Grund vor, warum man die Flotation nicht allgemein anwenden sollte, und wahrscheinlich wird sie weitere Verbreitung finden, wenn erst ihre Prinzipien und Eigenheiten besser bekannt sind. Die Entwicklung des Flotationsprozesses ist dadurch gekennzeichnet, daß Probieren und Versuchen dabei die Hauptrolle spielten, und es muß zugegeben werden, daß die Wissenschaft mit der Vervollkommnung dieses Prozesses nicht Schritt gehalten hat. Einige der grundlegenden Prinzipien sind heute noch umstritten. An der Brauchbarkeit des Flotationsprozesses besteht jedoch kein Zweifel, denn nachdem im Jahre 1912 nur einige Tausend Tonnen Erz der Flotation unterworfen wurden, werden heute nahezu $^3/_4$ der gesamten Erzkonzentration durch Flotation vorgenommen.

Einteilung der Flotationsprozesse. Die Flotationsverfahren können in drei Klassen eingeteilt werden: 1. Die auf der Oberflächenspannung beruhende Methode. 2. Ölagglomeriermethode. 3. Schaumflotationsmethode.

Methoden, die auf der Oberflächenspannung beruhen. Diese beruhen auf der Tatsache, daß manche Stoffe von Wasser oder anderen Flüssigkeiten leicht, andere gar nicht benetzt werden. Z. B. lassen sich manche Sulfide nicht benetzen und bleiben daher auf der Wasseroberfläche, wenn die Teilchen fein genug sind, gerade wie man eine Stahlnadel auf dem Wasser schwimmen lassen kann, obwohl doch das spezifische Gewicht der Nadel das Mehrfache das des Wassers ist. Silikate und Oxyde, welche den Hauptbestandteil der Verunreinigungen der Erze bilden, werden vom Wasser gut benetzt und sinken unter. Es ist daher möglich, die Substanzen nach dem Grad ihrer Benetzungsfähigkeit zu trennen. Bei den zuerst entwickelten Flotationsmethoden wurde ausschließlich dieses Prinzip angewendet. Es ist aber wieder aufgegeben worden, weil die Durchführung sehr großer Aufmerksamkeit bedarf und die wissenschaftlichen Erkenntnisse gering waren. Die Ausnutzung der Oberflächenspannung ergibt aber hochgrädige Konzentrate.

Ölagglomeriermethoden. Diese Methoden beruhen auf der Tatsache, daß manche Stoffe in Gegenwart von Wasser verzugsweise mit Öl benetzt werden können. Sie agglomerieren dadurch in einem gewissen Grad und bilden Anhäufungen von Teilchen, welche leichter als ein gleiches Volumen Wasser sind. Diese Haufen von Teilchen steigen an die Oberfläche, wo sie abgeschöpft werden. Die hierauf beruhenden Verfahren waren niemals sehr erfolgreich und werden heute in der Industrie nicht mehr angewendet.

Schaumflotation. Die Schaumflotationsmethoden sind die einzigen, die Erfolge zeitigten. Bei ihnen spielt, wie der Name andeutet, die Bildung eines beständigen Schaumes eine Rolle. Bei der Durchführung dieses Prozesses werden das fein verteilte Mineral, Wasser und Öl unter dem Zutritt von Luft zusammengerührt. Um einen beständigen Schaum zu erzielen, ist die Erhöhung der Viskosität der Blasenhäute erforderlich. Dies ist der Zweck der Zugabe des Öles. Es adsorbiert oder sammelt (an der Oberfläche der Blasen) die mineralischen Partikel aus der Trübe, so daß sich Grenzflächen mit größerer Viskosität als der des Wassers oder des Öles oder der Mischung beider bilden. Es ist die Gegenwart des Feststoffes, welcher die Viskosität der Blasenhäute in dem Schaum zuzuschreiben ist (siehe S. 157).

Die für die Schaumflotation erforderliche Ölmenge hängt von drei Faktoren ab: 1. Dem Verhältnis des Minerals, das konzentriert werden soll. 2. Der Menge des Wassers. 3. Dem Grade der Belüftung. Der Erfolg der Schaummethode scheint in der Erhöhung der Viskosität der Blasenhäute zu liegen. Daher wird der Prozeß durch jede Maßnahme wirksam unterstützt, welche den Erfolg hat, diese Viskosität zu vergrößern. Verschiedene Ölarten oder andere Stoffe vergrößern die Viskosität. Das hat zur Aufstellung einer langen Liste sogenannter Schäumer und Sammler geführt, welche in der Flotationsliteratur zu finden ist.

Sehr viele Maschinen zur Durchführung der Trennung mittels Flotation sind bereits konstruiert worden, manche mit Erfolg, manche ohne Erfolg. Erfolgreich waren eigentlich nur die Maschinen für die Schaumflotation, so daß sich die Beschreibung hier auf diese beschränkt.

Die Callowzelle. Abb. 291 stellt die abgeänderte Callowzelle dar, die einer der erfolgreichen Apparate ist. Sie besteht aus einem Gehäuse mit geneigtem Boden, an dessen tiefstem Punkte ein Ablauf vorgesehen ist. Der geneigte Teil des Bodens ist aus porösem Material hergestellt und mit einer Lage Baumwolltuch bedeckt. Durch dieses Tuch wird ein stetiger Luftstrom geleitet. Das aufgegebene Material, welches aus einer Mischung von Öl, Wasser und dem Mineral besteht, wird an dem flachen Ende des Behälters zugeführt. Die Luft wirbelt

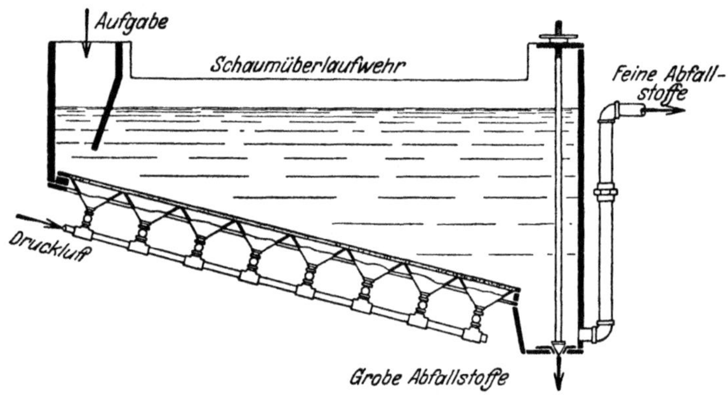

Abb. 291. Flotationszelle (Callow).

die Mischung heftig auf und verursacht die Bildung einer dicken Schaumschicht auf der Wasseroberfläche. Dieser Schaum trägt das Mineral, das gewonnen werden soll. Er fließt an den Seiten der Zelle über und wird nach Apparaten geleitet, in welchen der Schaum wieder zerstört wird. Das Material, das von dem Schaum nicht hochgetragen wird, wird in zwei Fraktionen abgezogen. Die groben Teile setzen sich unten ab und werden von Zeit zu Zeit entfernt; die feineren Teile bleiben in Suspension und fließen durch ein Ablaufrohr ab. Diese Zellen können hintereinander- oder parallelgeschaltet werden. Mit einer Zelle von 3 m Länge und 0,6 m Breite werden 32—72 t Erz je Tag konzentriert.

Aufarbeitung des Flotationsschaumes. Die letzte Stufe im Flotationsprozeß ist die Aufarbeitung des Schaumes. Manche Schäume werden schnell aufgearbeitet, indem sie über einen Wilfley-Tisch geleitet werden. Am gebräuchlichsten ist aber die Verwendung von Eindickern mit nachfolgender Filtration, welche häufig mittels Oliverfiltern durchgeführt wird.

XVII. Fördern und Wägen.

Die Förderung von festen Stoffen ist genau so wichtig wie die Förderung von Flüssigkeiten. Obwohl man im allgemeinen überall, wo es nur möglich ist, die Materialien in flüssiger Form fördert, so tritt doch noch oft der Fall ein, wo sie in fester Form zu transportieren sind. Die Wahl der geeigneten Fördereinrichtung wird von einer großen Zahl von Faktoren beeinflußt, von welchen die wichtigsten sind: Fördermenge und Größe des Materials und die Richtung der Förderung, ob horizontal, vertikal oder schräg.

Meist werden Fördereinrichtungen mehr auf Grund empirischer Erfahrungen gewählt als auf Grund spezieller Überlegungen. Zum Teil ist die Veranlassung hierfür in besonderen Eigenschaften des Fördergutes, zum anderen Teil in den in jedem Fall besonders liegenden äußeren Verhältnissen zu suchen. Eine Einteilung der wichtigeren Förderanlagen ist folgende:

I. Förderbänder.
II. Kettenförderer. a) Kratzer, b) Platten, c) Becherwerke, d) Elevatoren.
III. Förderschnecken.
IV. Pneumatische Förderanlagen.

Förderbänder. Ein Förderband ist im Grunde ein sehr einfaches Fördermittel. Es besteht im wesentlichen aus einem endlosen Gurt, auf welchem das Gut transportiert wird. Ein Förderband für große Förderleistung ist aber eine ziemlich verwickelte Einrichtung, da es aus sehr vielen verschiedenen Teilen besteht, deren Entwurf und Aufbau Aufgabe von Spezialisten ist. Hinzu kommt, daß für die Beschickung und den Abwurf, sofern diese nicht von Hand geschehen, wie es bei schon gepackten Materialien der Fall ist, besondere Einrichtungen notwendig sind.

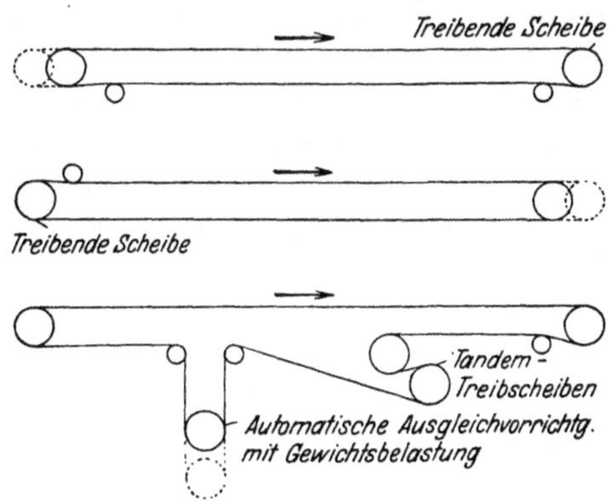

Abb. 292. Verschiedener Antrieb von Transportbändern.

Das Förderband besteht aus Baumwolle oder Gummi, manchmal wird auch Balata verwendet. Es laufen auch einige Bänder aus sehr dünnem Stahlblech. Die gewebten Bänder können aus einer oder mehreren Lagen bestehen, je nach dem, welche Ansprüche bei der vorliegenden Breite gestellt werden.

Förderbandantrieb. Einige Anordnungen des Antriebes von Förderbändern sind in Abb. 292 schematisch angedeutet. Der einfachste

Antrieb besteht aus einer nackten Riemenscheibe, die von irgendeiner Kraftquelle angetrieben wird. Dies ist ausführbar, so lange die zu übertragende Kraft klein genug ist, um durch die Reibung zwischen Band und Scheibe übertragen zu werden. Doch ist bei dieser Anordnung sowohl die Berührungsfläche wie auch der Reibungskoeffizient klein. Bei größeren Anforderungen werden die Scheiben mit Gummi oder Leder bekleidet, um den Reibungskoeffizient zu erhöhen. Genügt diese Maßnahme noch nicht, so werden Tandemantriebe verwendet, wobei der Riemen über zwei Scheiben vor- und zurückgeführt wird. Meist befindet sich die Antriebsscheibe an dem Abwurfende, sie kann aber auch am Aufgabeende liegen, doch ist dann die Zugbeanspruchung im Band größer.

Lauf- und Tragrollen. Das Band läuft auf Tragrollen, die bei besseren Ausführungen mit Kugellagern ausgestattet sind, während bei den

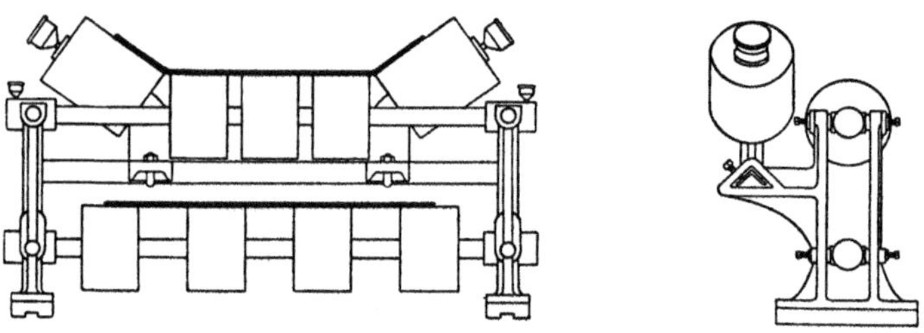

Abb. 293. Lauf- und Tragrollen von Transportbändern.

billigeren gewöhnlich Gleitlager mit Staufferbüchsenschmierung verwendet werden. Im allgemeinen sind die Tragrollen so gestellt, daß der Riemen eine Mulde bildet. Dadurch wird es möglich, eine größere Menge des Fördergutes je lfd. m auf dem Band unterzubringen. Das rücklaufende Ende des Bandes liegt auf leichteren Rollen und ist meistens flach. Manchmal sind Tragrollen und Rücklaufrollen auf denselben Rollenträgern angebracht (Abb. 293).

Spannvorrichtungen. Bei jedem längeren Förderband entstehen durch Temperatur- und Luftfeuchtigkeitsänderung Längenänderungen von solcher Größe, daß ihr Ausgleich erforderlich ist, um das Förderband straff zu halten. Solche Ausgleichvorrichtungen sind in Abb. 294 dargestellt. Ihre Wirkungsweise geht aus den Abbildungen hervor.

Aufgabevorrichtungen. Die einfachste Aufgabevorrichtung für ein Förderband besteht nur in einem Trichter. Die Neigung der Seiten dieses Trichters sollte so gewählt sein, daß die Horizontalkomponente der Auslaufgeschwindigkeit des Materials ungefähr mit der Bandgeschwindigkeit übereinstimmt. Zweckmäßigere Aufgabevorrichtungen bestehen in kurzen Band- oder Plattenförderern, welche auf den Hauptförderer abwerfen, ferner in Schüttelsieben, Trommelspeisern, Schwingschuhen und Zellenwalzen. Einige Beispiele sind in Abb. 295 gegeben.

Abwurfvorrichtungen. Soll der Abwurf des Materials nur am Ende des Förderbandes geschehen, so sind besondere Einrichtungen hierfür nicht nötig, da das Material von selbst vom Band fällt. Ist es dagegen nötig, auch nach Stellen vor dem Ende des Bandes zu fördern, so müssen besondere Einrichtungen hierfür vorhanden sein. Derartige Einrichtungen sind: 1. Kratzer, 2. Sturzrollen, 3. Abwurfwagen.

Ein Kratzer besteht in einer quergestellten Holz- oder Blechplatte, welche das Material vom Band nach einer oder beiden Seiten ablenkt und abwirft. Sturzrollen werden an Stelle einiger gewöhnlicher Tragrollen angeordnet und stehen so schräg, daß das Gut nach einer Seite von dem Band herabgleitet. Sie haben den Nachteil, daß der Riemen auf einer verhältnismäßig langen Strecke schräglaufen muß und der Abwurf auch nicht an einer engbegrenzten Stelle, sondern auf einer längeren Strecke erfolgt. Ein Ab-

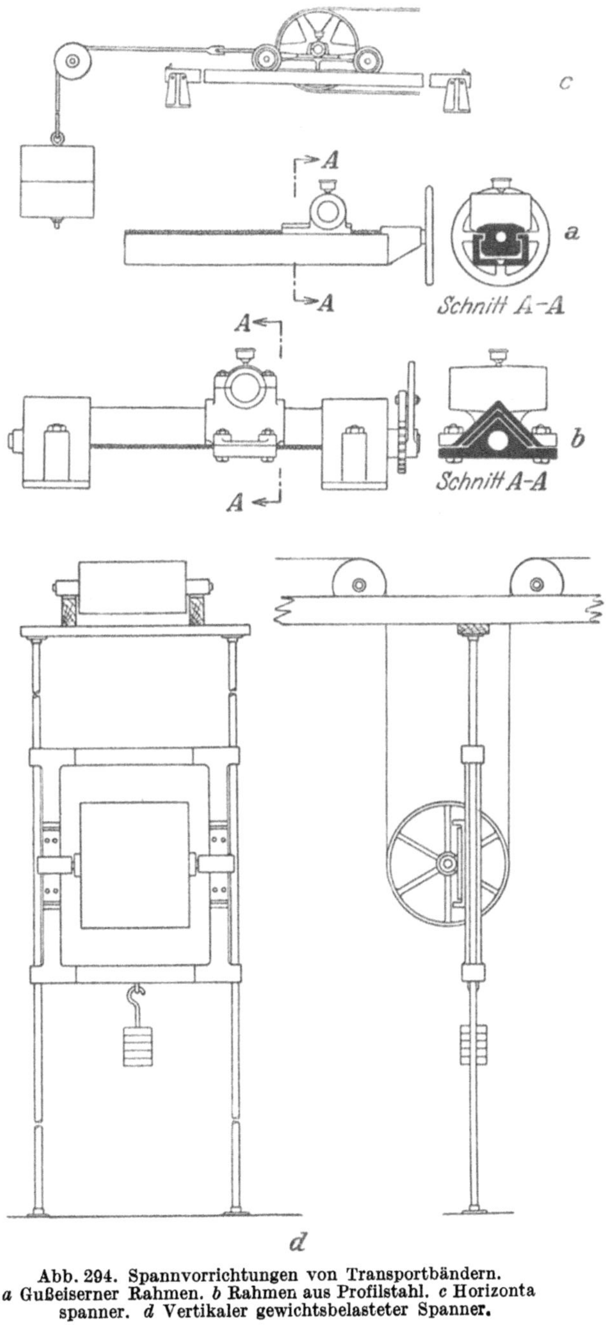

Abb. 294. Spannvorrichtungen von Transportbändern. *a* Gußeiserner Rahmen. *b* Rahmen aus Profilstahl. *c* Horizonta spanner. *d* Vertikaler gewichtsbelasteter Spanner.

wurfwagen besteht im wesentlichen aus zwei Scheiben A und B in einem Rahmen (siehe Abb. 296), die so angeordnet sind, daß der Riemen auf eine kurze Strecke wieder zurückgeführt wird.

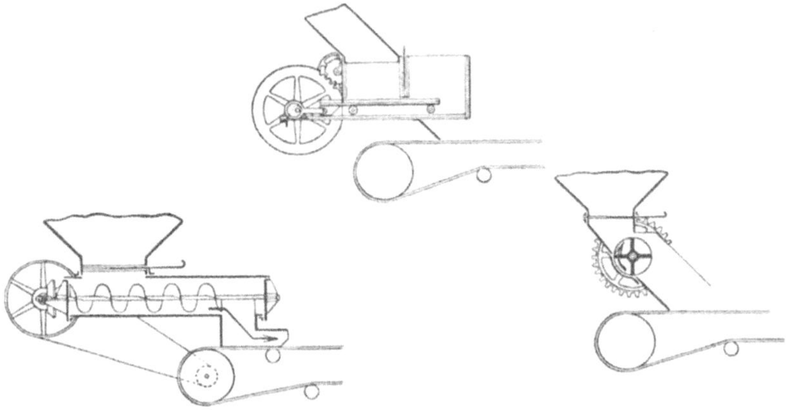

Abb. 295. Aufgabeapparate für Transportbänder.

Dadurch fällt das Material über die erste Umlenkscheibe ab in eine darunter angeordnete Schurre und wird nach einer oder beiden Seiten abgeleitet. Abwurfwagen können feststehend sein, selbstfah-

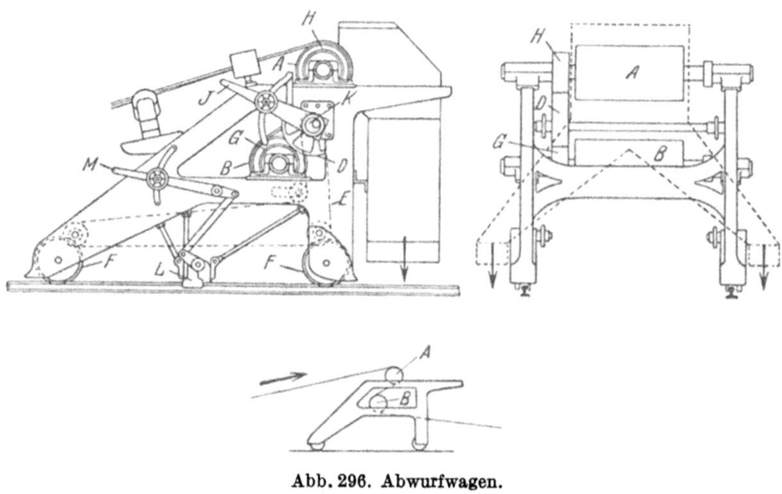

Abb. 296. Abwurfwagen.
A Abwurfscheibe. *B* Umlenkscheibe, *D* Reibrad. *E* Treibketten. *F* Räder. *G*, *H* Reibscheiben *J* Einstellhebel der Reibscheiben. *K* Exzenter der Reibscheibe. *L* Klemmbacken. *M* Klemmbackenhebel.

rend und von Hand verfahrbar. Letztere bieten die Möglichkeit, das Förderband an jeder Stelle zwischen Aufgabe- und Endscheibe zu entladen. Neben dem Förderband sind Schienen angeordnet, auf welchen der Abwurfwagen läuft. Der in Abb. 296 dargestellte Abwurfwagen wird beim Fahren durch das Förderband selbst angetrieben. Die Riemenscheibe *D* treibt durch die Kette *E* die Laufräder des Wagens an. *D* kann mittels des Hebels *J* und des Exzenters *H* von Hand gegen die Scheibe *G*, die auf derselben Welle wie die Riemenscheibe *B* läuft, oder gegen die Scheibe *H*, welche mit der Scheibe *A* auf einer Welle sitzt, gedrückt werden. Der Abwurfwagen kann also in beiden Richtungen fahren. An der gewünschten Stelle wird er mit den durch den Hebel *M* betätigten Klemmbacken an den Schienen festgeklemmt. Abwurfwagen werden entweder an einen bestimmten Platz gestellt, bis der von dort zu beschickende Bunker gefüllt ist, oder der Hebel *J* wird durch Anschläge automatisch umgelegt, so daß der Abwurfwagen dauernd auf einer bestimmten Strecke hin- und herläuft.

Berechnung von Förderbändern.

Die vollständige Berechnung großer Förderbandanlagen sollte man Spezialisten überlassen; denn eine große Förderbandanlage erfordert erhebliches Anlagekapital und sollte deswegen sorgfältig entworfen werden. Für Überschlagsschätzungen lassen sich aber einige einfache Anleitungen geben.

Breite und Geschwindigkeit des Bandes. Die Fördermenge eines Bandes ist durch zwei Faktoren bestimmt: 1. den Querschnitt des auf dem Bande liegenden Gutes und 2. die Bandgeschwindigkeit. Der Querschnitt des Gutes ist seinerseits von drei Faktoren abhängig: der Breite des Riemens, der Form des Riemens, ob eben oder muldenförmig, und der Stückgröße des Gutes. Bei verhältnismäßig feinen Materialien ist dieser Querschnitt bei richtiger Aufgabe gleichmäßig; enthält aber das Gut große unregelmäßige Stücke, so rollen diese von einem schmalen Bande herunter, was durch unregelmäßige Aufgabe begünstigt wird.

Manche Lieferfirmen von Förderbändern haben Tafeln oder Formeln aufgestellt, nach welchen die Abmessungen und der Kraftverbrauch von Förderbändern geschätzt werden können. Die Abb. 297, 298 und 299 sind dem Katalog der Robins Conveying Belt Company entnommen[1]. Zur Bestimmung der Breite und Geschwindigkeit des Riemens dient die Tafel Abb. 297. Die gestrichelt eingezeichnete Linie gibt die Anleitung zur Benutzung dieser Tafel. Es wäre nur noch zu bemerken, daß die Breite des Riemens manchmal besser nach den Abmessungen der größten Stücke bestimmt wird, als nach dem tatsächlichen Gewicht des durchschnittlichen Querschnitts. Die links unten angegebene Skala ist für diesen Zweck vorgesehen.

---

[1] Anm. des Übersetzers: Diese Tafeln, im Original in amerikanischen Maßen, sind auf metrisches Maß umgerechnet und umgezeichnet.

Im allgemeinen sollen Förderbänder nicht mit größerer Geschwindigkeit als 1 m je Sekunde laufen. Die Anschaffungskosten der Förder-

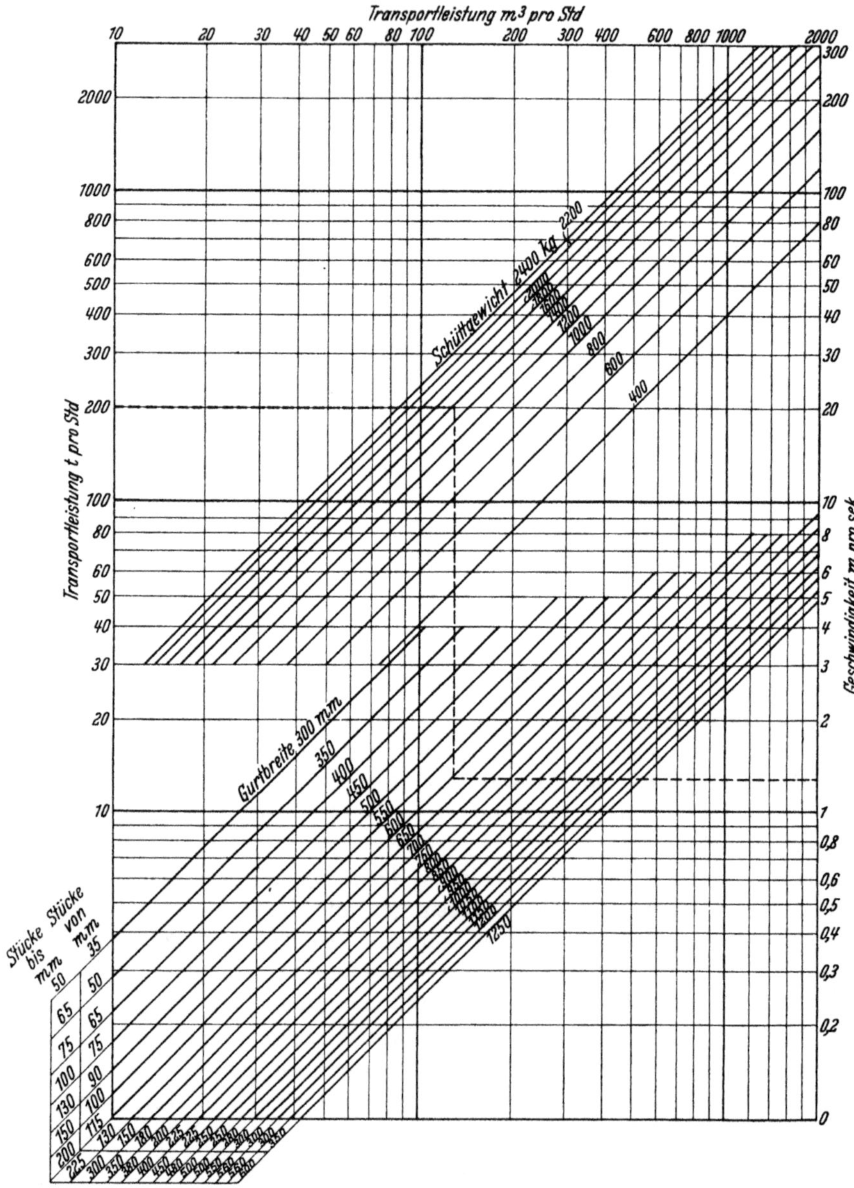

Abb. 297. Tafel zur Berechnung der Bandbreite und Geschwindigkeit.

bandanlage sind von der Geschwindigkeit des Bandes nahezu unabhängig. Bei kleinen Geschwindigkeiten wird also die Anlage infolge zu großer Breite des Riemens zu teuer. Geschwindigkeiten von 2,5 m je Sekunde sollen aber nicht überschritten werden, da sie zu vorzeitigem Verschleiß des Riemens führen. Auch führen höhere Geschwindigkeiten zu leicht zum Verstauben leichter Materialien.

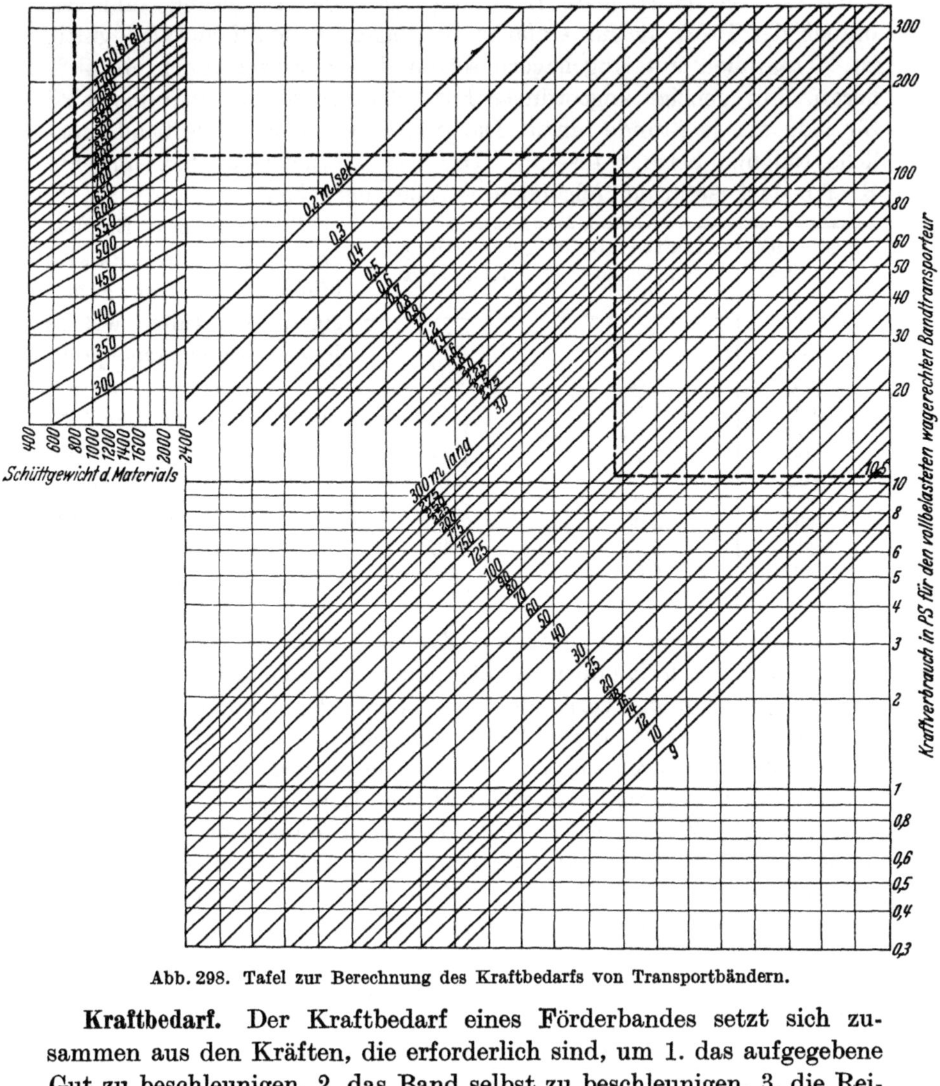

Abb. 298. Tafel zur Berechnung des Kraftbedarfs von Transportbändern.

Kraftbedarf. Der Kraftbedarf eines Förderbandes setzt sich zusammen aus den Kräften, die erforderlich sind, um 1. das aufgegebene Gut zu beschleunigen, 2. das Band selbst zu beschleunigen, 3. die Reibung der Tragrollen zu überwinden, 4. eventuell vorhandene Abwurfwagen anzutreiben, 5. bei geneigter Aufstellung das Gut zu heben. Die genaue Formulierung all dieser Faktoren wird dadurch kompliziert, daß die verschiedenen Reibungskräfte nicht genau bekannt sind, und das Gewicht des Bandes selbst, weil abhängig von der Antriebskraft, zunächst ebenfalls noch nicht bekannt ist. Die von den Herstellerfirmen in den Katalogen angegebenen Formeln beruhen auf erheblichen Vereinfachungen. Abb. 298 dient zur angenäherten Bestimmung des Kraftbedarfes. Der gestrichelte Linienzug gibt die Anweisung zum Gebrauch der Tafel, die für einfache Gleitlager in den Tragrollen gültig ist. Tragrollen mit Kugellagern setzen den Kraftverbrauch um 40% herab. Für geneigt angeordnete Förderbänder rechne man 0,004 PS für jede mt je Stunde hinzu. Die größte bei einem Förderband mögliche Neigung beträgt 15—20°. Der von Abwurfwagen beanspruchte Kraftbedarf ist in der folgenden Tabelle angegeben.

Breite des Bandes mm	Kraftbedarf für 1 Abwurfwagen Gleitlager PS	Kugellager PS
300	0,75	0,50
350	1,00	0,75
400	1,00	0,75
450	1,50	1,25
500	1,50	1,25
600	1,75	1,25
750	2,50	1,75
900	3,00	2,50
1050	4,00	3,00
1200	5,00	3,25
1350	6,00	5,00
1500	7,00	6,00

Gewicht des Bandes. Die Stärke des Bandes hängt ab von der zulässigen Belastung, welche jeder Gewebeeinlage je cm Breite zugemutet werden darf. Es werden hier Zahlen genannt von 3÷5,5 kg je cm Breite je Einlage. Die Differenz beruht hauptsächlich auf dem verschieden angenommenen Sicherheitsfaktor. Neuerdings werden die größeren Zahlen bevorzugt.

Um den Förderbandbetrieb überhaupt zu ermöglichen, muß eine gewisse Vorspannung vorhanden sein, damit das Band nicht auf den Scheiben rutscht. Wird das Band beschickt, so wirkt in dem oberen Ende außer der durch die Vorspannung gegebenen Zugkraft noch die Antriebskraft, während das rücklaufende Ende nur durch die Vorspannung beansprucht wird. Beide Faktoren müssen also zur Berechnung der Stärke des Bandes bekannt sein. Abb. 299 dient zur angenäherten Berechnung der Zahl der Einlagen und gibt gleichzeitig einen Hinweis auf die Wahl des Antriebes. In dieser Abbildung sind ziemlich niedrige Beanspruchungen je cm Breite je Einlage zugrunde gelegt. Man erhält daher Bandstärken, welche eine gute Lebensdauer gewährleisten. Der eingezeichnete gestrichelte Linienzug gibt über die Benutzung der Tafel Aufschluß. Man ersieht aus der Tafel, daß unterschieden ist zwischen der Beanspruchung durch die Antriebskraft allein und der Beanspruchung einschließlich der Vorspannung, die von der Wahl des Antriebes abhängig ist. Die beiden punktierten Linien in der Linienschar rechts unten geben die Grenzen an, zwischen welchen die Bandstärken liegen sollen. Die links von diesen punktierten Linien

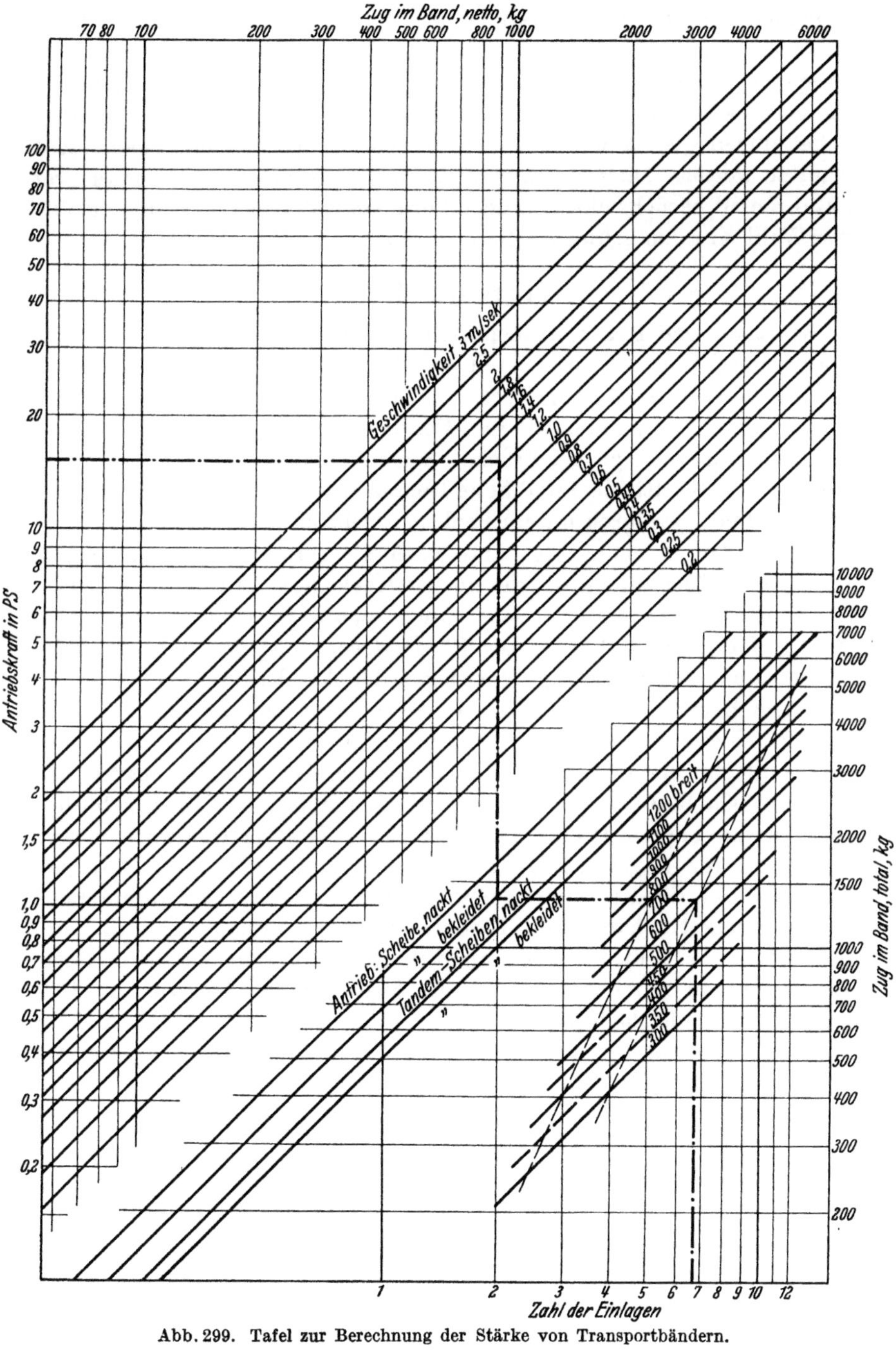

Abb. 299. Tafel zur Berechnung der Stärke von Transportbändern.

liegenden Punkte würden Bänder ergeben, die so dünn sind, daß sie zwischen den Tragrollen durchhängen; die rechts gelegenen Punkte entsprechen Riemen, die zu dick sind, um die Muldenform anzunehmen. Es sei nochmals betont, daß diese Tafeln nur für überschlägige Schätzungen dienen können, aber für endgültige Berechnungen nicht benutzt werden sollen. Für letztere wären noch eine Reihe anderer Faktoren zu berücksichtigen, doch wird wenigstens ein Irrtum, welcher zur Wahl eines zu schmalen Bandes führen könnte, vermieden.

Kettenförderer.

Kratzer. Der Kratzertransporteur ist die einfachste und billigste Fördereinrichtung. Sein Vorteil beruht auf niedrigen Herstellungskosten, vielseitiger Anwendbarkeit, der Möglichkeit ihn bei größeren Neigungen zu verwenden als das Förderband und seiner Eignung für den Transport auch großer Stücke. Seine Nachteile sind der verhältnismäßig große Kraftbedarf und hohe Reparaturkosten, wenn er im Dauerbetrieb steht. Dadurch unterscheidet er sich durchaus von dem Transportband, bei welchem Vor- und Nachteile gerade umgekehrt liegen. Wo also die Belastung groß, die Förderstrecke lang ist und die Anschaffungskosten gegen die Betriebs- und Reparaturkosten zurücktreten, ist das Förderband, bei kurzer Förderstrecke dagegen, geringer oder intermittierender Belastung, Vorwiegen der Anschaffungskosten gegenüber den Betriebskosten ist der Kratzertransporteur zu wählen.

Den Kratzertransporteur kann man unter Umständen selbst mit Werksmitteln herstellen. Abb. 300 zeigt einige Ausführungsformen. In Abb. 300*a* läuft die Kratzerkette in einer hölzernen Rinne, gefördert wird in der oberen Rinne. Ein derartiger Kratzertransporteur wird verwendet für Sägemehl, Holzspäne oder anderes leichtes Material, welches durch die Kette nicht beschädigt wird. Auch das untere Ende der Kratzerkette kann zum Fördern benutzt werden, wenn es wünschenswert erscheint, die Kette nicht in dem Fördergut laufen zu lassen. Abb. 300*b* und *c* stellen schon teurere Ausführungen dar. In Abb. 300*b* wird noch die gleiche Kette wie in Abb. 300*a* verwendet, jedoch sind die Kratzer selbst aus Blech angefertigt, und die der Reibung ausgesetzten Stellen sind mit Verschleißplatten versehen. Für die Ausführung nach Abb. 300*c* werden Doppelketten benutzt. Die Reibung wird durch Verwendung von Rollen noch weiter herabgesetzt.

Die Fördermenge eines Kratzertransporteurs für ein Material, das etwa 800 kg Schüttgewicht je m^3 besitzt und waagerecht gefördert wird, ist der Tabelle auf S. 465 zu entnehmen.

Für Stoffe mit anderem Schüttgewicht kann die Fördermenge diesem proportional berechnet werden. Die Geschwindigkeit des Kratzertransporteurs beträgt gewöhnlich 0,5 m je Sekunde. Die Fördermenge eines geneigten Kratzertransporteurs beträgt, bezogen auf die Fördermenge bei waagerechter Förderung, bei einer Neigung von:

$$20° = 77\%, \quad 30° = 55\%, \quad 40° = 33\%.$$

Abmessung der Kratzer mm	kg je Kratzer	Abmessung der Kratzer mm	kg je Kratzer
100 × 250	6,5	200 × 450	27
100 × 300	8,5	200 × 500	32
125 × 300	10,5	200 × 600	40
125 × 375	14	250 × 600	52
150 × 450	18		

Die Stephens-Adamson Manufacturing Company gibt folgende Formel zur Berechnung des Kraftbedarfs von Kratzertransporteuren:

$$N = 0{,}0447 \cdot c \cdot L \cdot F \cdot W_c + 0{,}0061 \cdot T\,(L' \cdot F' + H)\,, \qquad (307)$$

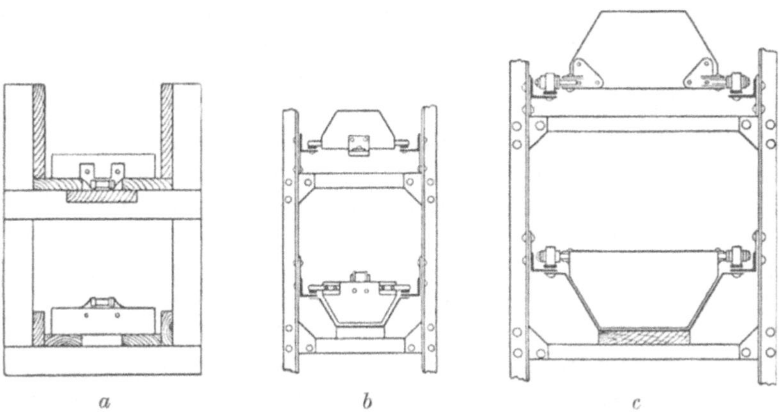

Abb. 300. Kratzertransporteure.
a Kratzer aus Holz. *b* Kratzer aus Stahl mit Verschleißstücken. *c* Stahlkratzer mit Rollenkette.

worin N die Motorleistung in PS, c die Geschwindigkeit der Kette in m/sek, L die horizontal projizierte Länge des Förderers in m, F der Reibungsfaktor für Ketten und Kratzer, und zwar:

Kratzer auf Gleitschuhen, $F = 0{,}6$, Rollenkette $F = 0{,}5$,
Einfache Zugkette $F = 0{,}6$, Rollenkette mit Lagerbuchsen $F = 0{,}2$,

W_c das Gewicht von Ketten und Kratzern im Hin- und Rücklauf in kg je lfd. m Förderlänge, T die Materialmenge je h in t, L' die horizontal projizierte Länge des beschickten Teiles in m, F' der Reibungsfaktor des Gutes (für Kohlen 0,6), H die Förderhöhe in m ist.

Plattenbandförderer. Plattentransporteure werden für die verschiedensten Zwecke verwendet, gewöhnlich aber nur dort, wo es sich um schwere Belastung und kurze Förderstrecken handelt. Ihre Ausführung ist ebenso verschieden, von der einfachen, mit Werksmitteln hergestellten bis zur hochwertigen Förderanlage, deren Herstellung Aufgabe von Spezialfirmen ist.

Das Plattenförderband besteht aus zwei Ketten, zwischen welchen waagerecht hölzerne Bretter oder eiserne Bleche befestigt sind, so daß sie eine endlose Bahn bilden. Unterschiede bestehen in der Form der Kette und der Ausbildung der Tragplatten.

Pendelbecherwerke. Werden zwischen die Ketten des Plattentransporteurs pendelnde Becher gehängt, so ergibt sich ein Fördermittel, das hinsichtlich vielseitiger Verwendung, aber auch Höhe der Anschaffungskosten an der Spitze steht. Der Vorteil des Pendelbecherwerks besteht in der Möglichkeit in waagerechter und senkrechter Richtung, auch abwechselnd, zu fördern. Das Füllen der Becher geschieht durch besondere Aufgabeapparate, die jeweils den Inhalt eines Bechers zuteilen, oder auch kontinuierlich, wenn die Ränder der Becher übereinandergreifen. Die Entladung durch Kippen der Becher ist an beliebigen Stellen mittels einstellbarer Anschläge möglich.

Elevatoren. Während die größtmögliche Neigung bei Förderbändern 15—20° und bei Kratzertransporteuren 30° beträgt, fördern Elevatoren in jeder Neigung bis zur senkrechten. Sie bestehen aus Ketten oder Gurten, an welche Becher verschiedener Form gehängt werden. Die Geschwindigkeit der Elevatoren beträgt bei leichteren Materialien etwa 0,75—1,25 m/sek. Bei dieser Geschwindigkeit wird das Material von den Bechern ausgeworfen, ohne daß weitere Vorrichtungen erforderlich sind. Für schwere Materialien oder niedrigere Geschwindigkeiten werden besondere Entladevorrichtungen benutzt. Hierbei wird die Kette durch eine zweite Scheibe unter die oberste Scheibe zurückgebogen, so daß der Abwurf senkrecht erfolgt. Die Rückseite der Becher leitet dabei das aus dem folgenden Becher fallende Material in die Auslaufschurre.

Elevatoren werden immer an der oberen Scheibe angetrieben. Die untere Scheibe ist verstellbar, um Längendehnungen der Kette oder des Gurtes auszugleichen. Bei körnigem Material können die Becher direkt aus dem Ventilatorfuß schöpfen. Elevatoren sind manchmal offen, gebräuchlicher aber ist es, sie in Schächte einzuschließen.

Transportschnecken.

Die Transportschnecke ist ein sehr wichtiges Fördermittel für mehlige oder breiige Stoffe auf kurze Entfernung. Die Form der Schnecke wird sehr verschieden ausgeführt: Es gibt Schnecken, die aus Flacheisen gewickelt sind oder aus gußeisernen Flügeln bestehen, auch werden mit besonderen Rührflügeln versehene Schneckengänge verwendet. Die folgenden Tafeln enthalten die Förderleistungen von Schnecken nach Angaben von H. W. Saldwell & Son. Co. Die angegebenen Mengen beziehen sich auf Dauerleistungen. Um sie zu erreichen, muß die Schnecke regelmäßig beschickt werden, auch dürfen die Traglager den Schneckentrog nicht zu sehr verengen. Die Förderleistungen gelten nur für die angegebenen Tourenzahlen, für niedrigere Tourenzahlen müssen sie proportional verringert werden.

Korn.

Größe der Schnecke mm	Umdrehungen je min	m³ je Std.
75	200	1,00
100	200	2,00
125	190	5,00
150	180	7,00
175	175	10,00
200	175	21,00
225	175	26,00
250	165	35,00
300	165	63,00
350	160	85,00
400	160	145

Sand, Kies oder Asche, trocken, ohne große Klumpen oder Steine.

Größe der Schnecke mm	Umdrehungen je min	m³ je Std.
75	125	0,56
100	125	1,20
125	120	2,7
150	115	3,50
175	110	5,00
200	105	10,00
225	100	12,00
250	95	15,00
300	90	26,00
350	85	34,00
400	80	56,00

Kohle, gesiebt oder kleinstückig, ohne Stücke größer als 25 mm.

Größe der Schnecke[1] mm	Umdrehungen je min	m³ je Std.	t je Std.
175	110	7,6	6,1
200	105	15,4	12,3
225	100	18,4	14,8
250	95	23,8	19,0
300	90	41,0	33,0
350	85	54,0	43,0
400	80	103	71,5

Zement.

Größe der Schnecke mm	Umdrehungen je min	m³ je Std.
150	125	5,00
175	115	6,75
200	110	13,5
225	100	15,5
250	100	21,0
300	90	35,0
350	90	46,5
400	85	78

[1] Kleine Schnecken sind für Kohlenförderung nicht zu empfehlen.

Kraftbedarf von Förderschnecken. Die folgende, von der gleichen Firma angegebene Formel kann zur Berechnung des Kraftbedarfes dienen. Auch sie bezieht sich auf Dauerleistungen und gibt Höchstwerte.

$$N = \frac{K \cdot G \cdot \gamma \cdot L}{273}, \tag{308}$$

worin

$K = 1{,}2$ für Korn, $= 2{,}5$ für Kohlen, Zement usw. $= 4$ für Sand, Asche usw., G die Fördermenge in m³/h, γ das Gewicht des Fördergutes in t/m³, L die Länge der Schnecke in m ist.

Pneumatische Förderanlagen.

Zum Fördern von nur ganz leichten und mehligen Stoffen dienen pneumatische Förderanlagen. Hier wird das Material in einem Luftstrom suspendiert gefördert. Der Staubsauger ist hierfür ein allgemein bekanntes Beispiel. Es gibt verschiedene Systeme, alle erfordern eine Pumpe oder einen Ventilator zur Erzeugung des Luftstromes, einen Staubabscheider zur Trennung der größeren Teilchen und gewöhnlich noch ein Schlauchfilter zur Absonderung des Staubes. In der einfachsten Ausführung (Abb. 301) erzeugt eine Verdrängerpumpe *A* ein mäßiges Vakuum in dem Rohrleitungssystem. Das Material wird durch eine Düse *B* angesaugt und wird durch den Luftstrom in den Zyklon-Staubabscheider befördert. Staubt das Material so, daß die Pumpe gefährdet sein könnte, so wird ein Schlauchfilter *D* zwischen dem Zyklon und der Pumpe angeordnet.

Die pneumatische Förderung ist vorzüglich geeignet für Materialien, welche unangenehm stauben, z. B. pulverisierte Soda, Blei oder Arsenik

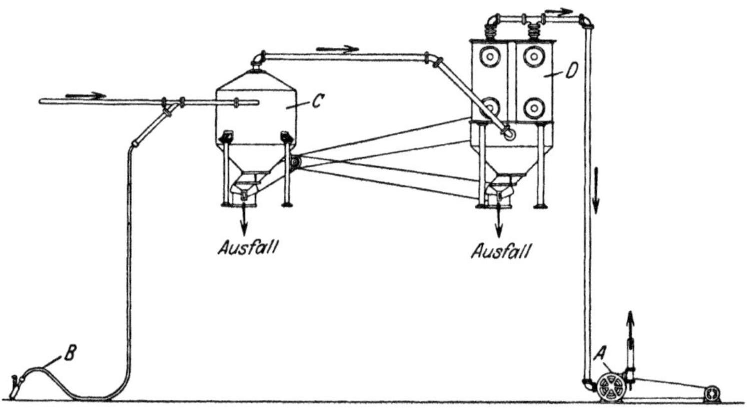

Abb. 301. Pneumatische Förderanlage.
A Saugpumpe. *B* Düse. *C* Zyklonstaubabscheider. *D* Staubfilter.

Sie ist auch für sehr voluminöse Stoffe anwendbar, z. B. Holzspäne, getrocknete Rübenschnitzel und ähnliches. Die Luftgeschwindigkeit kann bis zu 25 m/sek betragen. Es sind erforderlich etwa 3—6 m^3 Luft je kg zu fördernden Materials, je nach den Eigenschaften und den spezifischen Gewichten der Fördergüter, der Förderstrecke, Förderhöhe usw. Ein Nachteil dieser Förderung ist der verhältnismäßig große Kraftverbrauch.

Wägen.

In der chemischen Fabrik muß neben dem Abwiegen von einzelnen Chargen oft das Gewicht eines kontinuierlichen Stromes von Flüssigkeiten oder Feststoffen festgestellt werden. Infolgedessen können die Wägevorrichtungen eingeteilt werden in Vorrichtungen zum Wägen einzelner Chargen und kontinuierliche Wägevorrichtungen.

Tafelwaagen. Auf die Konstruktion und den Gebrauch der bekannten Tafelwaage braucht hier nicht näher eingegangen zu werden.

Zur Bestimmung des Gewichtes einer Flüssigkeit, welche einen bestimmten Querschnitt passiert, können Methoden angewendet werden, die in Kapitel II besprochen wurden. Wo dies aus irgendeinem Grunde nicht möglich ist, kann die Menge auch direkt in einem Behälter abgemessen werden. In diesem Falle ist es gewöhnlich ratsam, zwei Meßbehälter zu verwenden, wovon der eine sich füllt, während der andere geleert wird, ohne daß der Flüssigkeitsstrom unterbrochen wird. Es gibt auch automatische Waagen für Flüssigkeiten. Bei diesen wird ein Behälter bis zu einem bestimmten Gewicht gefüllt, dann der Flüssigkeitsstrom abgestellt, der Behälter gekippt und die Zahl der Kippungen gezählt. Es gibt auch Wassermesser, welche das Volumen messen, indem Behälter abwechselnd bis zu einem gewissen Niveau automatisch gefüllt und entleert werden.

Automatische Waagen. Der Mechanismus dieser Waagen ist zu kompliziert, um ihn hier im einzelnen besprechen zu können. Im wesentlichen besteht eine automatische Waage aus einem an einem Waagebalken aufgehängten Gefäß, das durch ein bestimmtes Gegengewicht ausbalanciert ist. Wenn durch das in den Behälter eingefüllte Material das Gegengewicht gehoben wird, treten verschiedene Hebel in Aktion, welche den Zulauf des Materials abstellen, den Behälter unten öffnen und die Zahl dieser Spiele registrieren. Wenn sich der Behälter geleert hat und durch das Gegengewicht wieder angehoben wird, wird er wieder geschlossen und der Zulauf des Materials angestellt. Derartige automatische Waagen kann man für Leistungen von wenigen Gramm bis zu einer Tonne und mehr je Füllung erhalten. Die kleineren automatischen Waagen sind gewöhnlich mit automatischen Packmaschinen vereinigt, so daß das Gewicht der Einzelpackung festgestellt wird.

Weightometer. Wo Feststoffe auf einem Transportband gefördert werden, kann ihr Gewicht durch ein Weightometer (siehe Abb. 302) kontinuierlich registriert werden. Auf einer bestimmten Länge wird der Gurt von einem beweglichen Rahmenwerk *B* getragen, welches in einem System *C* von Hebeln hängt, ähnlich wie die Plattform einer Tafelwaage. Der Zählmechanismus (Abb. 302) besteht aus einem Rad *D*, das in dem Rahmen *E* so gelagert ist, daß es absolut frei rotiert. Auf dem Umfang dieses Rades sind eine Reihe von Rollen *F* dicht aneinandergesetzt. Ein kurzer endloser Riemen *G* wird mit einer Geschwindigkeit angetrieben, die in einem gewissen Verhältnis zu der des Transportbandes steht. Der Rahmen *E* kann um seine Horizontalachse schwingen. Ein Hebel *H* an seinem Ende ist mit dem Waagebalken *J* verbunden. Wenn das Förderband *A* leer ist, stellt sich der Rahmen *E* so ein, daß das Rad *D* rechtwinklig zur Bewegungsrichtung des Riemens

G steht. In dieser Stellung tritt keine Kraftkomponente auf, welche das Rad *D* dreht. Wenn sich auf dem Transportband *A* Material befindet, so steigt der Waagebalken *J* und dreht dadurch den Rahmen *E*, so daß das Rad *D* in einem Winkel zu der Bewegungsrichtung des Rie-

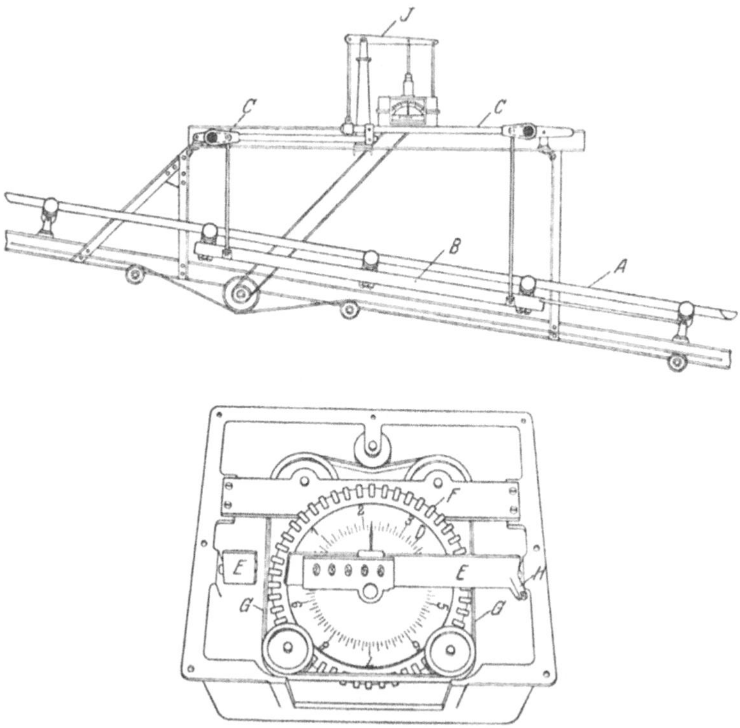

Abb. 302. Weightometer.
A Transportband. *B* Tragrahmen. *C* Hebel. *D* Zählrad. *E* Rahmen für das Zählrad. *F* Rollen. *G* Zählriemen. *H* Arm. *J* Waagebalken.

mens *G* steht, wodurch nun eine Kraftkomponente auftritt, die das Rad *D* um seine Achse dreht. Ein einfacher Zählmechanismus, welcher die Zahl der Umdrehungen des Rades *D* registriert, genügt daher, sobald die Wägevorrichtung geeicht ist, das Gesamtgewicht der von dem Transportband geförderten Stoffe zu bestimmen.

Anhänge.

I. Verluste in Rohrformstücken, ausgedrückt durch das Verhältnis der äquivalenten geraden Rohrlänge zum Durchmesser (für turbulente Strömung)[1].

90° Bogenstücke	$1 \div 2^1/_2''$	30
	$3 \div 6''$	40
	$7 \div 10''$	50
Kegelventil	$1 \div 2^1/_2''$	45
	$3 \div 6''$	60
	$7 \div 10''$	75
Schieber, voll geöffnet		$6 \div 8$
T-Stück, gleicher Abzweig $1 \div 4''$		60
90° Krümmer, innerer Durchmesser wie das Rohr:		
Radius der Krümmungsmittellinie gleich Rohrdurchmesser		20
„ „ „ „ „ $2 \div 8''$ Durchmesser		10
Kreuzstück (Durchdringung zweier Zylinder)		50

[1] Principles of Chemical Engineering 2d Ed. p. 100.

II.

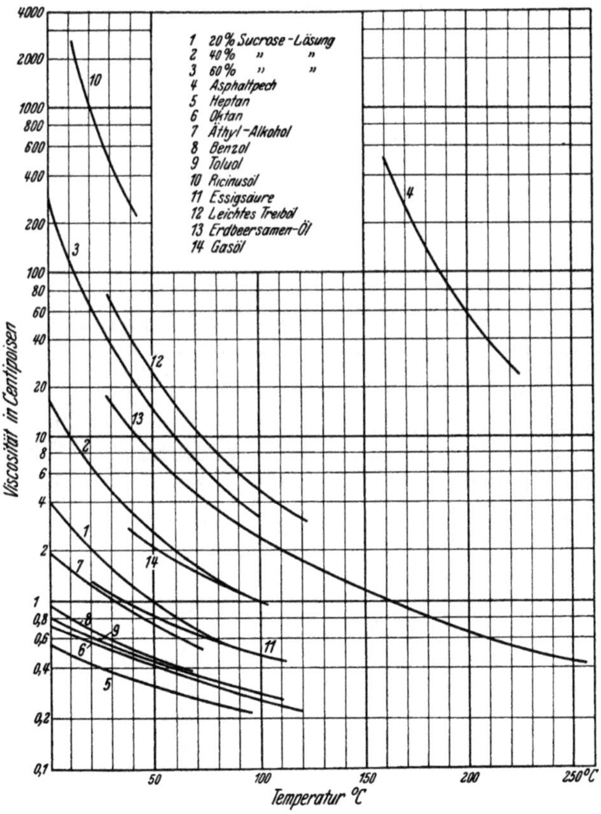

Abb. 303. Viskosität von Flüssigkeiten.

III.

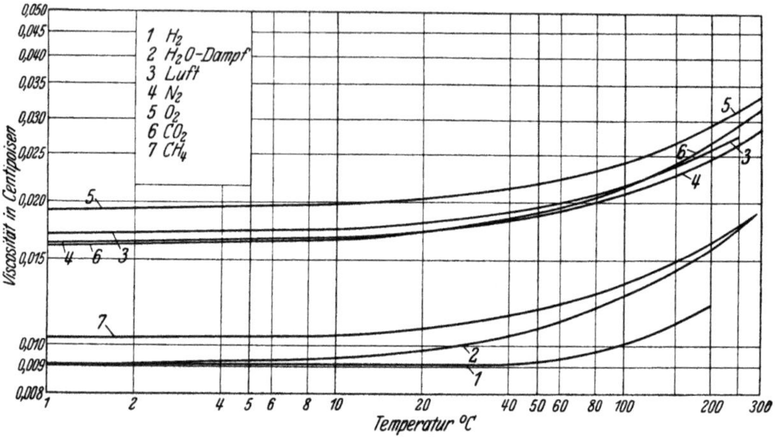

Abb. 304. Viskosität von Gasen.

IV. Briggs Normalien für Eisenrohr.

Nennstärke Zoll	Durchmesser mm außen	Durchmesser mm innen	Querschnittsfläche cm² außen	Querschnittsfläche cm² innen	Länge je m² der äußeren Oberfläche	Länge je m² der inneren Oberfläche	Zahl der Schraubengänge je Zoll
1/8	10,3	6,8	0,832	0,365	30,9	46,5	27
1/4	13,7	9,2	1,48	0,67	23,2	34,4	18
3/8	17,1	12,5	2,31	1,23	18,6	25,4	18
1/2	21,3	15,8	3,57	1,96	14,9	20,1	14
3/4	26,7	20,9	5,59	3,44	11,9	15,2	14
1	33,4	26,6	8,75	5,56	9,53	11,94	11 1/2
1 1/4	42,2	35,0	13,95	9,65	7,55	9,08	11 1/2
1 1/2	48,3	41,0	18,3	13,1	6,6	7,78	11 1/2
2	60,4	52,5	28,6	21,6	5,26	6,05	11 1/2
2 1/2	73	62,8	41,8	30,8	4,35	5,07	8
3	89	78	62,0	47,6	3,58	4,08	8
4	114	102	102,5	82,0	2,78	3,11	8
6	168	154	223	186,0	1,89	2,06	8
8	219	203	377	322	1,45	1,57	8
10	273	255	585	508	1,16	1,25	8
12	324	305	822	730	0,98	1,04	8

V. Normal-Kondensatorrohre[1].

Äußerer Rohrdurchmesser Zoll	Nr.[2] der B.-Lehre	Gewicht[3] je lfd. m kg	Gewicht[3] je 10 m² äußere Oberfläche kg	Wandstärke mm	Innerer Durchmesser mm	Innerer Umfang mm	Äußere Oberfläche je lfd. m m²	Innere Oberfläche je lfd. m m²	Lichte Querschnittsfläche cm²	Strömungsgeschwindigkeit bei Durchfluß von 1 l je sek
5/8	16	0,625	125,0	1,65	12,55	39,6	0,05	0,0396	1,245	8,04
	17	0,565	113,0	1,47	12,92	40,6	0,05	0,0406	1,318	7,60
	18	0,500	97,2	1,245	13,39	42,2	0,05	0,0422	1,405	7,12
	20	0,353	70,8	0,89	14,10	44,3	0,05	0,0444	1,56	6,41
	22	0,287	57,6	0,71	14,45	45,5	0,05	0,0455	1,64	6,10
3/4	16	0,764	127,5	1,65	15,75	49,5	0,06	0,0496	1,950	5,12
	17	0,690	115,0	1,47	16,1	50,6	0,06	0,0506	2,035	4,92
	18	0,587	107,0	1,245	16,55	52,0	0,06	0,0520	2,155	4,64
	20	0,429	71,6	0,89	17,25	54,3	0,06	0,0543	2,35	4,25
1	16	1,04	130,5	1,65	22,1	69,5	0,08	0,0695	3,84	2,60
	17	0,94	117,3	1,47	22,45	70,5	0,08	0,0706	3,95	2,53
	18	0,802	100,3	1,245	22,9	72,0	0,08	0,0720	4,12	2,43
	20	0,578	72,6	0,89	23,6	74,2	0,08	0,0742	4,38	2,28
1 1/4	16	1,32	132,5	1,65	28,4	89,5	0,10	0,0894	6,34	1,575
	17	1,188	119,0	1,47	28,8	90,5	0,10	0,0905	6,53	1,53
	18	1,010	101,3	1,245	29,3	92,0	0,10	0,0921	6,74	1,485
	20	0,728	73,0	0,89	30,0	94,3	0,10	0,0942	7,06	1,415
1 1/2	10	3,14	262	3,3	31,3	98,6	0,12	0,0985	7,71	1,295
	12	2,60	217	2,77	32,6	102,3	0,12	0,1031	8,34	1,200
	14	2,02	168,5	2,11	34,0	106,2	0,12	0,1067	9,03	1,105
	16	1,602	129	1,65	34,8	109,5	0,12	0,1098	9,50	1,050
2	10	4,290	269	3,3	44,0	138,0	0,1595	0,1380	15,16	0,66

[1] Braun: Amer. Soc. Nav. Engr. Bd. 29 (1917) S. 345.

[2] Nr. bezieht sich auf die Wandstärke, die nach der Birmingham-Drahtlehre bezeichnet wird. Höhere Nr. entsprechen geringeren Wandstärken.

[3] Gewichtsangaben bezogen auf Messing 60—40%. Für reines Kupfer sind die Tabellenwerte mit 1,05 zu multiplizieren.

VIa. Wärmeleitfähigkeit von festen Stoffen[1].

mkcal/m², ° C, h.

Stoff	0° C	21° C	100 ° C
Aluminium	176	176	180
Messing (70/30)	90	94	108
Messing (ohne nähere Angabe)	—	71,5 ÷ 94	—
Bronce 85,7% Cu, 7,15% Zn, 6,4% Sn	47	50,7	61
Kupfer	343	338	328
Siliciumeisen	—	44,8	—
Eisen, geschmiedet	52,2	52,2	52,2
Eisen, gegossen	—	32,8 ÷ 38,8	—
Blei	30	29,5	29,2
Monel	—	22,4	—
Nickel	50,6	50,6	50,6
Silber	354	357	358
Stahl 0,1% C	39	38,9	38,5
Zinn	57,5	57,5	50,7
Zink	97,5	97,5	94
Kohlensaurer Kalk (Kesselstein)	—	0,74 ÷ 2,24	—
Gips	0,6 ÷ 1,1	—	—
Glas	—	0,388 ÷ 0,82	—
Hartgummi	—	0,031	—
Petroleum und Schmieröle	—	0,105 ÷ 0,125	—
Porzellan	—	0,9	—
Kochsalz	0,49	—	—
Magnesia	—	—	0,06
Asbest	—	—	0,18

Stoff	21 ° C	100 ° C	980 ° C
Steine:			
Carborundum	—	—	8,35
Mauerwerk	—	—	0,120
Silocel	—	—	0,045
Portlandzement	0,75	—	—
Kork	—	0,045	—

[1] Badger: Wärmeübergang und Verdampfung, p. 11. Chemical Catalogue Co. 1926.

VIb. Wärmeleitfähigkeit von Gasen[1].

Gas	λ bei 0° C	λ bei 100° C	Zunahme je 1° C
Luft	0,0205	0,0259	0,000 054
Ammoniak	0,0165	0,0256	0,000 091
Kohlensäure	0,0122	0,0177	0,000 055
Wasserstoff	0,1440	0,1820	0,000 373
Methan	0,0262	—	—
Stickstoff	0,0204	0,0259	0,000 054
Sauerstoff	0,0205	0,0258	0,000 054

[1] Badger a. a. O.

VIc. Wärmeleitfähigkeit von Flüssigkeiten[1].

Flüssigkeit	λ bei 30° C	λ bei 75° C	Flüssigkeit	λ bei 30° C	λ bei 75° C
Normalpentan	0,116	0,110	Normalbutanol	0,145	0,140
Leuchtpetroleum . . .	0,128	0,121	Iso-amyl-Alkohol . . .	0,128	0,125
Petroläther.	0,112	0,109	Äthyläther	0,118	0,112
Methanol	0,182	0,177	Aceton.	0,154	0,145
Äthanol	0,155	0,149	Schwefelkohlenstoff . .	0,137	0,130
Isopropanol	0,133	0,131			

[1] Bridgman: Proc. Amer. Acad. Arts Sci. Bd. 59, Nr. 7, S. 141. Dezember 1923.

VII. Spezifische Wärme von Gasen in kcal je kg-Mol, Temperaturen in ° abs. (Momentanwerte).[1]

Einatomige Gase (He; A) . . . . $= 4,98$

Wasserstoff (H_2) . . . . $= 6,85 + 2,88 \cdot 10^{-3} \cdot \Theta + 2,2 \cdot 10^{-7} \cdot \Theta^2$

Zweiatomige Gase (N_2; O_2; CO; HCl) . . . $= 6,75 + 6,05 \cdot 10^{-4} \cdot \Theta + 1,3 \cdot 10^{-7} \cdot \Theta^2$

Chlor . . . . $= 8,58 + 3,06 \cdot 10^{-4} \cdot \Theta$

Wasserdampf . . . . $= 8,22 + 1,5 \cdot 10^{-4} \cdot \Theta + 1,35 \cdot 10^{-6} \cdot \Theta^2$

CO_2; SO_2 . . . . $= 7,7 + 5,3 \cdot 10^{-3} \cdot \Theta - 0,84 \cdot 10^{-6} \cdot \Theta^2$

Ammoniak (NH_3) . . . . $= 6,70 + 6,3 \cdot 10^{-3} \cdot \Theta$

Methan (CH_4) . . . . $= 5,90 + 9,6 \cdot 10^{-3} \cdot \Theta$.

[1] Eastmann: U. S. Bur. Mines Tech. Paper 445, 1929.

VIII. Wärmeleitvermögen, spezifisches Gewicht und Viskosität des Wassers (bei Temperaturen zwischen 0 und 100 ° C).

Temperatur °C	Wärmeleitzahl λ $\frac{kcal \cdot m}{m^2 \cdot °C \cdot h}$	Spez. Gewicht γ kg/m³	Viskosität Zentipoisen	Temperatur °C	Wärmeleitzahl λ $\frac{kcal \cdot m}{m^2 \cdot °C \cdot h}$	Spez. Gewicht γ kg/m³	Viskosität Zentipoisen
0	0,477	999,8	1,794	52	0,552	987,1	0,529
2	0,480	999,9	1,675	54	0,554	986,1	0,513
4	0,483	1000,0	1,570	56	0,557	985,1	0,498
6	0,486	1000,0	1,475	58	0,560	984,1	0,484
8	0,489	999,9	1,390	60	0,563	983,1	0,470
10	0,491	999,8	1,310	62	0,566	982,1	0,456
12	0,494	999,6	1,240	64	0 569	981,0	0,443
14	0,497	999,3	1,175	66	0,572	979,9	0,431
16	0,500	990,0	1,118	68	0,575	978,8	0,419
18	0,503	998,6	1,063	70	0,578	977,6	0,407
20	0,506	998,2	1,010	72	0,581	976,5	0,396
22	0,509	997,7	0,960	74	0,584	975,3	0,385
24	0,511	997,2	0,916	76	0,587	974,2	0,375
26	0,514	996,7	0,875	78	0,589	973,1	0,366
28	0,517	996,2	0,838	80	0,592	971,8	0,357
30	0,520	995,7	0,803	82	0,595	970,5	0,348
32	0,523	995,1	0,770	84	0,598	969,2	0,340
34	0,526	994,4	0,738	86	0,601	967,9	0,332
36	0,529	993,7	0,708	88	0,604	966,6	0,324
38	0,532	993,0	0,680	90	0,607	965,2	0,317
40	0,534	992,2	0,654	92	0,610	963,9	0,310
42	0,537	991,4	0,629	94	0,613	962,5	0,303
44	0,540	990,6	0,606	96	0,616	961,1	0,296
46	0,543	989,7	0,585	98	0,619	959,7	0,290
48	0,546	988,8	0,565	100	0,622	958,4	0,284
50	0,549	988,0	0,546	102	0,625	957,0	—

IX. Tyler-Normalsiebskala.

Diese Siebskala geht aus von einer lichten Maschenweite von 0,0735 mm. Das ist die lichte Maschenweite eines Siebes mit 200 Maschen je Zoll und 0,0555 mm Drahtstärke, das als Normalsieb vom Bureau of Standards of the U. S. Government angenommen ist. Das Öffnungsverhälltnis zweier aufeinanderfolgender Siebe beträgt nach der eigentlichen Skala $1:\sqrt{2}$, für feinere Siebanalysen sind jedoch zwischen je zwei Siebe weitere Siebe zwischengeschoben, die in der nachstehenden Tabelle mit * bezeichnet sind. Dadurch ist das Öffnungsverhältnis zweier aufeinanderfolgender Siebe der Tabelle $1:\sqrt[4]{2}$.

Zum Vergleich sind bei der Übersetzung in den drei letzten Spalten der Tabelle Nummer, Maschenzahl je cm² und lichte Maschenweite der ungefähr entsprechenden Siebe nach DIN 1171 angegeben.

Die gröberen Siebe werden in Amerika nicht nach der Maschenzahl, sondern nach der lichten Öffnung bezeichnet.

Maschen	Lichte Öffnung in Zoll	Lichte Maschenweite in mm	Drahtstärke in mm	Zum Vergleich DIN 1171		
				Nr.	Maschenzahl je cm²	Lichte Maschenweite in mm
	3	ca. 71	5,2			
	2	ca. 46	4,88			
	1 1/2	ca. 34,3	3,75			
	1	26,67	3,75			
*	7/8	22,43	3,43			
	3/4	18,85	3,43			
*	5/8	15,85	3,05			
	1/2	13,33	2,60			
*	7/16	11,20	2,60			
	3/8	9,423	2,34			
2 1/2*	5/16	7,925	2,24			
3	1/4	6,68	1,77			
3 1/2*		5,613	1,65	1 E[1]	1	6,00
4		4,699	1,65			
5*		3,962	1,12			
6		3,327	0,915	2 E[1]	4	3,00
7*		2,794	0,833			
8		2,362	0,813			
9*		1,981	0,838	3 E[1]	9	2,00
10		1,651	0,888	4	16	1,5
12*		1,397	0,712			
14		1,168	0,635	5	25	1,2
16*		0,991	0,597	6	36	1,02
20		0,833	0,437			
24*		0,701	0,33	8	64	0,75
28		0,589.	0,292	10	100	0,60
32*		0,495	0,276	12	144	0,49
35		0,417	0,286	14	196	0,43
42*		0,351	0,254	16	256	0,385
48		0,295	0,233	20	400	0,300
60*		0,246	0,178	24	576	0,250
65		0,208	0,183	30	900	0,200
80*		0,175	0,142			
100		0,147	0,107	40	1600	0,150
115*		0,124	0,0965	50	2500	0,120
150		0,104	0,066	60	3600	0,102
170*		0,088	0,061	70	4900	0,088
200		0,074	0,0533	80	6400	0,075
				100	10000	0,060

[1] Ergänzungssiebe des chemischen Laboratoriums für Tonindustrie.

Sachverzeichnis.

Buchdruckerei Otto Regel G. m. b. H., Leipzig.

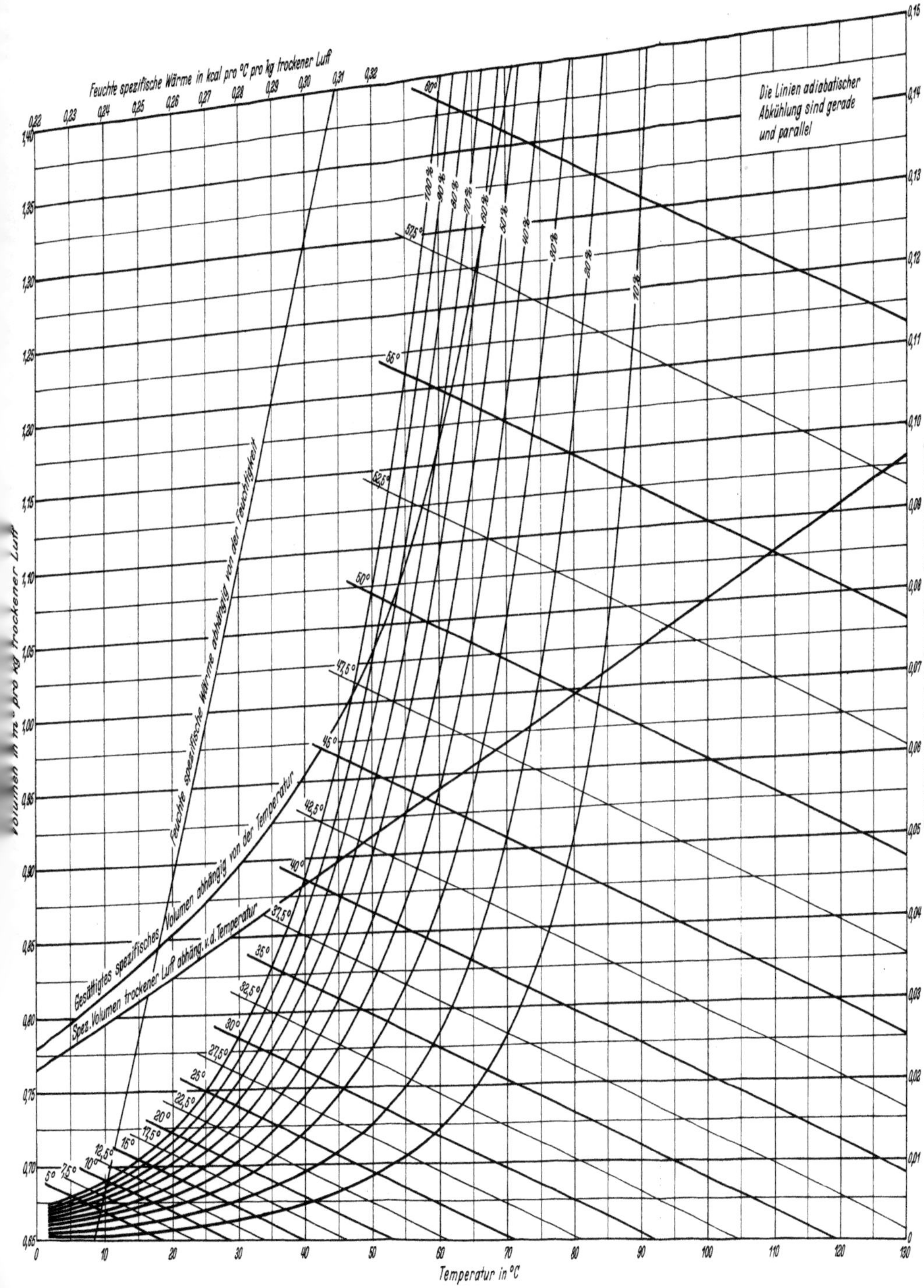

Badger–McCabe–Kutzner, Chem.-Ingenieurwesen. Abb. 119. Feuchtigkeitstafel. Verlag von Julius Springer in Berlin.

***Waeser-Dierbach, Der Betriebs-Chemiker.** Ein Hilfsbuch für die Praxis des chemischen Fabrikbetriebes. Von Chemiker Dr.-Ing. **Bruno Waeser.** Vierte, ergänzte Auflage. Mit 119 Textabb. und zahlreichen Tabellen. XI, 340 Seiten. 1929. Gebunden RM 19.50

. . . Das Buch ist durchaus ein praktisches Hilfsbuch, nicht für Sondergebiete, sondern vielmehr für das allgemein praktisch Notwendige in dem großen Gebiet der chemischen Technik. Dadurch weist es zugleich dem jungen Chemiker beim Eintritt in die Fabrik Wege, die Lücken auszufüllen, die sich für ihn beim Übergang von der Universität in die Praxis ergeben. Aber es wird sicherlich auch von den in der Betriebspraxis Erfahrenen zur Hand genommen werden. Nach einer kurzen Einführung, hauptsächlich für den jungen Anfänger bestimmt, behandelt es im ersten Kapitel die Hilfsmittel der Betriebstechnik: Zunächst die Baustoffe und ihre Bearbeitung, dann die mechanischen und maschinellen Hilfsmittel, denen ein Abschnitt über die Instandhaltung der Apparatur und Betriebseinrichtung angefügt ist. In den nächsten Kapiteln kommt es auf die baulichen Anlagen zu sprechen und auf die Arbeiten des Betriebschemikers, sowohl die Arbeiten im Laboratorium und bei Erfindungen, wie die dann folgende Ausarbeitung für den Großbetrieb und dessen Überwachung. Besonders interessant und beachtenswert ist das folgende Kapitel über die Vorschriften zur Verhütung von Unfällen und Betriebsgefahren und über die Einrichtung der Unfallstation. Eingehend werden die verschiedenen üblichen Arbeitsmethoden besprochen und die Verwertung der Nebenprodukte und Abfälle. Das Kapitel „Kalkulieren“ wird in der heutigen Zeit des schärfsten Konkurrenzkampfes besonders dankbar aufgenommen werden. Ein Kapitel über Aufbewahrung und Versand der Erzeugnisse beschließt das Buch, dessen Gebrauch durch ein gutes Sachregister wesentlich erleichtert wird.

„Deutsche Färberzeitung“

***Berl-Lunge, Taschenbuch für die anorganisch-chemische Großindustrie.** Herausgegeben von Professor Ing.-Chem. Dr. phil. **E. Berl,** Darmstadt. Siebente, umgearbeitete Auflage. 1930. Erster Teil: Text. Mit 19 Textabbildungen. XIX, 402 Seiten. Gebunden. Zweiter Teil: Nomogramme. Mit einem Lineal. (4 Seiten Text und 31 Tafeln.) In Mappe.
Text und Nomogramme zusammen RM 37.50

Berl-Lunge, Chemisch-technische Untersuchungsmethoden. Unter Mitwirkung zahlreicher Fachleute herausgegeben von Professor Ing.-Chem. Dr. phil. **Ernst Berl,** Darmstadt. Achte, vollständig umgearbeitete und vermehrte Auflage. In 5 Bänden.

*Erster Band. Mit 583 in den Text gedruckten Abbildungen und 2 Tafeln. L, 1260 Seiten. 1931. Gebunden RM 98.—

Zweiter Band. 1. Teil. Mit 215 in den Text gedruckten Abbildungen und 3 Tafeln. LX, 878 Seiten. 1932. Gebunden RM 69.—
2. Teil. Mit 86 in den Text gedruckten Abbildungen. IV, 917 Seiten. 1932. Gebunden RM 69.—
(Beide Teile werden nur zusammen abgegeben.)

Dritter Band. Mit 184 in den Text gedruckten Abbildungen. XLVIII, 1380 Seiten. 1932. Gebunden RM 98.—

(Band IV und V befinden sich in Vorbereitung.)

***Einführung in die technische Behandlung gasförmiger Stoffe.** Von Dipl.-Ing. Dr. phil. **W. Bertelsmann** und Dr.-Ing. **F. Schuster.** Mit 288 Abbildungen im Text. X, 411 Seiten. 1930.
RM 38.—; gebunden RM 40.—

* *Auf alle vor dem 1. Juli 1931 erschienenen Bücher wird ein Notnachlaß von 10 % gewährt.*

GPSR Compliance

The European Union's (EU) General Product Safety Regulation (GPSR) is a set of rules that requires consumer products to be safe and our obligations to ensure this.

If you have any concerns about our products, you can contact us on ProductSafety@springernature.com

In case Publisher is established outside the EU, the EU authorized representative is:

Springer Nature Customer Service Center GmbH
Europaplatz 3
69115 Heidelberg, Germany

Batch number: 10682411

Printed by Printforce, the Netherlands